Die Trockentechnik

Grundlagen, Berechnung, Ausführung und
Betrieb der Trockeneinrichtungen

Von

Dipl.-Ing. M. Hirsch

Beratender Ingenieur V. B. I.

Mit 234 Textabbildungen
einer schwarzen und 2 zweifarbigen
i-x-Tafeln für feuchte Luft

Springer-Verlag Berlin Heidelberg GmbH
1927

Copyright 1927 by Springer-Verlag Berlin Heidelberg
Ursprünglich erschienen bei Julius Springer in Berlin 1927
Softcover reprint of the hardcover 1st edition 1927

ISBN 978-3-662-27397-5   ISBN 978-3-662-28884-9 (eBook)
DOI 10.1007/978-3-662-28884-9

Additional material to this book can be downloaded from http://extras.springer.com

Vorwort.

Über die Trockentechnik liegen zahlreiche Arbeiten vor, so daß die Praxis für die allgemeine Voraussage der Betriebsbedingungen brauchbare Anhaltspunkte besitzt und für den Entwurf von Trockeneinrichtungen über gute Vorbilder verfügt. Es fehlt jedoch ein wissenschaftliches Werk, das die Theorie des Trocknens erschöpfend behandelt, die Methode liefert, um den Trockenvorgang in allen Teilen zahlenmäßig zu beherrschen und die maßgebenden Stoffeigenschaften des Trockengutes restlos klärt. Diese Lücken zu schließen, ist die Aufgabe der vorliegenden Arbeit.

Der erste Teil behandelt die wissenschaftlichen Grundlagen und rechnerischen Verfahren. In den Werken über Wärmelehre wird die Theorie des Trockenvorganges stiefmütterlich behandelt. Es war daher notwendig, weit auszuholen. Daß dabei vielfach von Grund aus aufgebaut werden mußte, ergab sich aus der Tatsache, daß bisher in einschlägigen Untersuchungen die wichtige hygroskopische Eigenschaft des Trockengutes so gut wie gar nicht beachtet und die Ermittelung der Trockenzeit fast ausnahmslos als Aufgabe der Erfahrung angesehen wurde. Die üblichen Zuschläge zu den rechnerisch ermittelten Zahlen waren daher häufig von gleicher Größenordnung wie diese Zahlen selbst. Für die Untersuchung des Trockenvorganges hat Verfasser der bildlichen Darstellung den Vorzug vor Zahlentafeln gegeben. Er konnte hierbei auf der wichtigen Veröffentlichung von Mollier: Ein neues Diagramm für Dampf-Luftgemische (Z. V. d. I. 1923) aufbauen, die eine neuartige Darstellung des Zustandes feuchter Luft im i-x-Bild behandelt, die Bilanzgleichung des Trockners entwickelt und Anweisung für die Anwendung des Gefundenen auf die Verfolgung des Trockenvorganges gibt. Wenn das wissenschaftliche Ergebnis der vorliegenden Arbeit befriedigen wird, so liegt dies nicht zuletzt an der Befruchtung durch die Molliersche Abhandlung, deren Lektüre dem Studium dieses Buches vorausgehen sollte. Hieran anlehnend, hat sich Verfasser die erweiterte Aufgabe gestellt, den zeitlichen Verlauf der Veränderung von Trockenmittel und Trockengut festzulegen und ein Zustandsbild des Trockenvorganges zu entwickeln, das möglichst alle Nebeneinflüsse berücksichtigt. Die Untersuchungen umfassen sowohl die reine Lufttrocknung als auch Verfahren, bei denen die beheizten Flächen zur unmittelbaren Erwärmung des Trockengutes dienen. Zahlenbeispiele erläutern die Anwendung der entwickelten Berechnungsmethoden. Ihre Ergebnisse stehen in guter Übereinstimmung mit den Tatsachen. Die Frucht aus diesem ersten Teil stellt für den Leser keine leichte Ernte dar. Es bedarf gründlicher Vertiefung, um die vielfach neuartigen Begriffe und Darstellungsformen voll in sich aufzunehmen. Das Ziel, den ganzen Trockenvorgang mit klarem Blick zu durchdringen, sollte die Mühe lohnen.

Der zweite Teil behandelt praktische Gesichtspunkte. Es bestehen zahlreiche Wege, einen Trockenvorgang durchzuführen. Diese Möglichkeiten mußten daher systematisch geordnet und kritisch beleuchtet werden, um die Wahl zwischen den verschiedenen Verfahren zu erleichtern. Als Ziel der angewandten Trockentechnik bleibt anzustreben, die Stoffeigenschaften des Trockengutes so weit zu klären, daß für seine Verarbeitung ein ganz bestimmtes Verfahren als bestgeeignet gewählt werden kann. Gelingt dies, so wird die Gestaltung des Trockners von den Grundsätzen des Trockenverfahrens beherrscht und von der Eigenart des Trockengutes fast vollständig unabhängig. Die Darstellung des ausgeführten Trockners in Anlehnung an das Trockenverfahren allein genügt alsdann und führt zu einer aus Herstellungsgründen wünschenswerten Typisierung. Im gegenwärtigen Stande der Wissenschaft ist dieses Ziel noch nicht erreicht. Wenn daher hier zunächst die Bauweise der Trockner untersucht wird, wie sie durch die gewählte Arbeitsweise, ohne Rücksicht auf die Trockengutsart, bedingt ist, so blieb es nötig, die Gestaltungsfrage nochmals bei der Besprechung der Gutseigenschaften zu streifen. Der Schluß beschäftigt sich mit der Untersuchung der zweckmäßigen Betriebsführung und wird um so mehr ausbaufähig, je weiter die angestrebte streng wissenschaftliche Auffassung bei der Untersuchung ausgeführter Anlagen durchdringt.

Das Gelingen des zweiten Teiles war davon abhängig, daß einschlägige Maschinenbauanstalten Unterlagen über neuzeitliche Bauweise von Trocknern zur Verfügung stellten. Für die erhaltene Unterstützung schuldet der Verfasser besonderen Dank. Die Verlagsbuchhandlung hat mit vorbildlicher Großzügigkeit die Arbeit gefördert, meine Frau durch bewährte kameradschaftliche Mitarbeit ihr Zustandekommen neben anstrengender Berufstätigkeit gesichert.

Frankfurt a. M., Februar 1927.

M. Hirsch.

Inhaltsverzeichnis.

Erster Teil: Grundlagen und Berechnung.

Seite

I. Allgemeine physikalische Grundlagen der künstlichen Trocknung 1

A. Mittel zur künstlichen Trocknung 1
  1. Die Wirkung mechanischer Kräfte 1
  2. Die Wirkung der Wärme 2
    a) Verdampfen 2
    b) Verdunsten 2
    c) Kondensieren 6
  3. Physikalisch-chemische Verfahren 7
B. Bindung und Art der Feuchtigkeit 7
  1. Reine Flüsssigkeiten 7
    a^I) Haftwasser 7
    b^I) Haftflüssigkeit, nicht Wasser 8
    a^{II}) Kapillarwasser 8
    b^{II}) Kapillare Flüssigkeit, nicht Wasser 9
    a^{III}) Quellwasser 9
    b^{III}) Quellflüssigkeit, nicht Wasser 9
  2. Lösungen 9
    a^I) Kristallisierende Lösung als Haftflüssigkeit 9
    b^I) Kolloidale Lösung als Haftflüssigkeit 11
    a^{II}) Kristallisierende Lösung als Kapillarflüssigkeit 11
    b^{II}) Kolloidale Lösung als Haftflüssigkeit 11
    a^{III}) Kristallisierende Lösung als Quellflüssigkeit 11
    b^{III}) Kolloidale Lösung als Quellflüssigkeit 11
  3. Feuchte und hygroskopische Körper 12
  4. $\dfrac{\mathfrak{P}}{P''}$-$\mathfrak{x}$-Bild 13

II. Wärmebilanz des Trockenvorganges 16
A. Die Wärmebilanzgleichung für Trocknung mit Luft (Verdunstung) . . 16
B. Die Wärmebilanzgleichung für Trocknung ohne Luft (Verdampfung) . . 18

III. Nutzleistung und Verluste beim Trockenvorgang. Das vollkommene Trockenverfahren 19

IV. Bildliche Darstellung des Zustandes von feuchten Gasen und Gut 23
A. Das Molliersche i-x-Bild für wasserhaltige Luft 23
B. Das Molliersche i-x-Bild für allgemeine feuchte Gase 27
C. Kühlgrenze und Zustandspunkt des Gutes im i-x-Bilde 28
D. Das i-$\mathfrak{x}$-Bild für feuchtes Gut 34
E. Der Randmaßstab im i-x-Bilde 36

V. Wechselwirkung zwischen feuchten Gasen und Gut . . 38
A. Wechselwirkung zwischen feuchten Gasen und tropfbaren Flüssigkeiten. Die Trockenkraftlinie $\varkappa$ für feuchtes Gut 38
B. Wärmeübergangszahl zwischen feuchten Gasen und tropfbaren Flüssigkeiten 42
  1. Kritische Geschwindigkeit w_k 42
  2. Die Wärmeübergangszahl α und α_v 44
  3. Wärmestrahlung 48

Seite

C. Einfluß der Stoffeigenschaften auf die Wechselwirkung zwischen Gasen und festen Körpern 49

D. Die Beziehung zwischen α und α'. 54

E. Wärmeübertragung zwischen Gas und Gut bei veränderlichen Verhältnissen. Das Trockenzeitbild (x-z-Bild) 63

VI. Voraussetzungen für die Berechnung des Trockenvorganges 75

A. Wetterverhältnisse 75

B. Beeinflussung der Gutseigenschaften durch die Führung des Trockenvorganges 76
   1. Physikalische Veränderungen 76
     a) durch den Einfluß der absoluten Höhe der Gutstemperatur . . . 76
     b) durch den Einfluß der Trockengeschwindigkeit 77
     c) durch die Eigenart des Trockenmittels 78
   2. Chemische Veränderungen 78
     a) durch den Einfluß der absoluten Höhe der Gutstemperatur . . . 78
     b) durch den Einfluß der Trockengeschwindigkeit 79
     c) durch die Eigenart des Trockenmittels 80
   3. Biologische Veränderungen 80
     a) durch den Einfluß der absoluten Höhe der Gutstemperatur . . . 80
     b) durch den Einfluß der Trockengeschwindigkeit 81
     c) durch die Eigenart des Trockenmittels 82

C. Feuchtigkeitsgehalt des Trockengutes 82

VII. Die Berechnung des Trockenvorganges mit Luft als Trockenmittel 86

A. Das i-x-Bild als Grundlage für die Berechnung des Trockenvorganges . 86
   1. Frischlufttemperatur t_f 87
   2. Feuchtigkeitsgehalt der Frischluft x_f 87
   3. Temperatur der Trockenluft nach der Vorwärmung t_a 87
   4. Endtemperatur der Trockenluft t_e 88

B. Festlegung der Hauptpunkte im i-x-Bild, unter Berücksichtigung von Vorwärmung und hygroskopischen Eigenschaften des Gutes 96
   1. Gleichstrom 96
   2. Gegenstrom 99

C. Das verbundene i-x-i-ξ-Bild 102
   1. Gleichstrom 102
   2. Gegenstrom 104

D. Schrittweise Verfolgung der zeitlichen Zustandsänderung von Gas und Gut bei beliebigem Ausgangspunkt beider für Luft als Trockenmittel . 105

E. Die rechnerische Verfolgung des Trockenvorganges 112
   1. Gleichstrom 112
   2. Gegenstrom 119

F. Verlauf des i-x-Bildes unter Berücksichtigung der Streuverluste Q_{verl} . 122
   1. Gleichstrom 123
   2. Gegenstrom 123

G. Verlauf der Zustandsänderung bei Trockenvorrichtungen mit ständig wechselndem Trockenbild 127

H. Verlauf der Zustandsänderung bei Trockenvorrichtungen mit gleichbleibendem Trockenbild und Bewegung der Luft im Querstrom zum Gut 136

VIII. Die Berechnung des Trockenvorganges bei Wärmeübertragung an das Gut durch beheizte Flächen . . 141

A. Wärmeübertragung von Heizmittel durch metallische Trennflächen an Gut 141
   1. Wärmeübergangszahl α 142
   2. Wärmeleitzahl λ_i 145
   3. Wärmedurchgangszahl k 145

B. Wärmeübertragung von Heizmittel durch metallische Trennflächen und Gut an feuchte Gase. Die Temperatur einseitig beheizten Gutes . . 149

Seite
C. Wärmeübertragung durch metallische Trennflächen und Gut an feuchte Gase bei veränderlichem Zustand von Gut und Gas 158
D. Schrittweise Verfolgung der Zustandsänderung bei Wärmeübertragung von Heizmittel durch metallische Trennflächen und Gut an feuchte Gase bei beliebigem Ausgangszustand von Gut und Gas 160

IX. Berechnung des Energieverbrauches 162
A. Wärmeverbrauch 162
B. Arbeitsverbrauch 166

Zweiter Teil: Ausführung und Betrieb.
I. Durchführung des Trockenvorganges 169
A. Vorbereitung des Gutes 169
   1. Mechanische Entfeuchtung 169
   2. Zweckentsprechende Gestaltung 169
   3. Veränderung der Oberfläche des Gutes 169
   4. Veränderung der natürlichen Eigenschaften des Gutes. Die Trocknung vorgewärmten Gutes 169
B. Grundsätze für die Durchführung des Trockenvorganges 172
   1. Trockenverfahren, bei denen Beharrungszustand vorliegt 173
      a) Trockenverfahren mit zeitlichem Beharrungszustande, jedoch örtlichem Wechsel des Zustandes von Gut und Trockenmittel . 173
         I. Gleichstrom 173
         II. Gegenstrom 175
         III. Querstrom 178
      b) Trockenverfahren mit zeitlichem Beharrungszustande und örtlich unverändertem Zustand des Trockenmittels 180
   2. Trockenverfahren, bei denen das Trockenbild ständig wechselt . . . 181
      a) Trockenverfahren mit ständig wechselndem Trockenbild und veränderlichem Zustand des Trockenmittels 181
      b) Trockenverfahren mit ständig wechselndem Trockenbild und unveränderlichem Zustand des Trockenmittels 181
C. Trockenverfahren mit Nachheizung 182
   1. Stufenheizung 182
   2. Innenheizung 186
D. Trocknen mit Mischluft 188
E. Entfeuchtung der Frischluft. Bewetterungsanlagen 194
F. Trocknen mit Luft in geschlossenem Kreislauf. Kalte Trocknung . . . 197
G. Trocknen mit veränderlicher Luftmenge 199
H. Maßnahmen zur Verteilung der Trockenwirkung. Bewegung von Gut und Trockenmittel 207
I. Mischung von feuchten Gasen und gesättigten Dämpfen. Nebelbildung 222
K. Nachbehandlung des Gutes. Der lufttrockene Zustand 228
   1. Abkühlung 228
   2. Herstellung des lufttrockenen Zustandes 229
   3. Umhüllen 230
   4. Besondere Behandlung zum Schutze gegen Verderb 230

II. Ausführung der Trockenvorrichtungen in Anpassung an das Trockenverfahren 230
A. Vorrichtungen zur Durchführung eines Trockenverfahrens, bei dem Beharrungszustand vorliegt 231
   1. mit Luft oder einem anderen vollkommenen Gas als Trockenmittel . 231
   2. unter Anwendung beheizter Flächen, zusammen mit Luft oder einem anderen vollkommenen Gas 242
   3. unter Anwendung beheizter Flächen allein (Verdampfungsanlagen) 252

                                                                              Seite
B. Vorrichtungen zur Durchführung eines Trockenverfahrens, bei dem das
   Trockenbild ständig wechselt 254
   1. mit Luft oder einem anderen vollkommenen Gas als Trockenmittel 254
   2. unter Anwendung beheizter Flächen zusammen mit Luft oder einem
      anderen vollkommenen Gas 259
   3. unter Anwendung beheizter Flächen allein. (Verdampfungsanlagen) . 259
C. Trockenvorrichtungen mit Heißdampf als Wärmeträger 259

   III. Ausführung der Trockenvorrichtungen in Anpassung
   an die besonderen Eigenschaften verschiedener Gutsarten . 260
A. Organische Stoffe 261
   1. Tierstoffe 261
      a) Fleisch 261
      b) Blut 262
      c) Leder 262
      d) Leim 264
      e) Gelatine 264
      f) Trockenplatten und Filme 265
      g) Milch 265
      h) Eier 266
      i) Fische 267
      k) Seife 268
      l) Haare und Wolle 269
   2. Pflanzenstoffe 271
      a) Kartoffeln 271
      b) Stärke 272
      c) Getreide 273
      d) Malz 278
      e) Hefe 281
      f) Treber 282
      g) Teigwaren 283
      h) Obst 283
      i) Gemüse 287
      k) Flachs 289
      l) Holz 289
      m) Zellstoff und Papier 295
      n) Zucker 302
      o) Gummi, Kautschuk 304
   3. Garne und Stoffe 307
      a) Garne 307
      b) Stoffe, Wäsche, Kunstleder 309
   4. Lacke 315
      a) Lackierte Gegenstände 315
      b) Elektrische Kabel 317
   5. Brennstoffe 319
   6. Farbstoffe, Gerbstoffe, Harnstoff 329
   7. Sprengstoffe 330
B. Anorganische Stoffe 330
   1. Salze 330
   2. Mineralien und keramische Erzeugnisse 332

         IV. Ausführung der Heizvorrichtung 337
V. Vorrichtungen zur Ausnutzung der Abwärme. Wetterfertiger 340
      VI. Einfügung der Trocknung in den allgemeinen
                         Arbeitsgang 342
         VII. Betriebsregelung bei Trockenanlagen 347
   VIII. Gesundheitliche Erfordernisse bei Trockenanlagen . . 356
Firmenverzeichnis 360
Namenverzeichnis 362
Sachverzeichnis 363

Formelzeichen.

a Temperaturleitfähigkeit [m²/h]; $a = \dfrac{\lambda}{c \cdot \gamma}$,

α Wärmeübergangszahl für fühlbare Wärme [kcal/m² · ⁰ C · h],

α' Wärmeübergangszahl für Dampfwärme [kcal/kg · h],

α_V räumliche Wärmeübergangszahl für fühlbare Wärme [kcal/m³ · ⁰C · h];

$$\alpha_V = \alpha \frac{F}{V} = \alpha \frac{\mathfrak{F}}{\mathfrak{V}},$$

α'_V räumliche Wärmeübergangszahl für Dampfwärme [kcal/m · kg · h];

$$\alpha'_V = \alpha' \frac{F}{V} = \alpha' \frac{\mathfrak{F}}{\mathfrak{V}},$$

B Breite [m],

b Beiwert,

C Strahlungskonstante [kcal/m² · h · (⁰ abs.)⁴], C_1 der strahlenden, C_2 der bestrahlten Fläche, $C_s = 4{,}96$ des vollkommen schwarzen Körpers,

c spezifische Wärme [kcal/kg · ⁰C],

c_p spezifische Wärme feuchten Gases (feuchter Luft) bei unveränderlichem Druck, bezogen auf 1 kg Reingas (Reinluft) [kcal/kg · ⁰C]; $c_p = c_{pL} + x \cdot c_{pD}$,

c_{pD} spezifische Wärme des Dampfes bei unveränderlichem Druck [kcal/kg · ⁰C]; für Wasserdampf $c_{pD} \approx 0{,}46$,

c_{pL} spezifische Wärme des Reingases (der Reinluft) bei unveränderlichem Druck [kcal/kg · ⁰C]; für Reinluft $c_{pL} \approx 0{,}24$,

$c_{p\mathfrak{g}}$ spezifische Wärme feuchten Gases (feuchter Luft) von dem gedachten Zustand, wie er dem Gute zukommt [kcal/kg · ⁰C]; $c_{p\mathfrak{g}} = c_{pL} + x_\mathfrak{g} \cdot c_{pD}$,

$\mathfrak{c}$ spezifische Wärme feuchten Gutes, bezogen auf 1 kg Trockenstoff [kcal/kg · ⁰C]; $\mathfrak{c} \approx \mathfrak{c}_\mathfrak{X} + \mathfrak{x} \cdot \mathfrak{c}_\mathfrak{W}$,

$\mathfrak{c}_\mathfrak{X}$ spezifische Wärme des Trockenstoffes im Gut [kcal/kg · ⁰C],

$\mathfrak{c}_\mathfrak{W}$ spezifische Wärme der Flüssigkeit im Gut [kcal/kg · ⁰C]; für Wasser $\mathfrak{c}_\mathfrak{W} \approx 1$,

χ von der Körpergestalt abhängige Funktionsform,

d Durchmesser [m],

d' gleichwertiger Durchmesser [m]; $d' = \dfrac{2\,B \cdot H}{B + H}$,

$\varDelta$ Zeichen für endlichen Unterschied ($\varDelta i$, $\varDelta \mathfrak{i}$, $\varDelta P$, $\varDelta \mathfrak{P}$, $\varDelta t$, $\varDelta \mathfrak{t}$, $\varDelta x$, $\varDelta \mathfrak{x}$, $\varDelta z$),

e Basis des natürlichen Logarithmus; $e = 2{,}718$,

e Stärke [m], e_i der trennenden Metallwand,

$\mathfrak{e}$ Stärke des Trockengutes [m],

F gas- (luft-) berührte Austauschfläche [m²]; $F = \mathfrak{F} \cdot Z$; F_1 strahlende Fläche, F_2 bestrahlte Fläche,

F_i beheizte Austauschfläche [m²],

$\mathfrak{F}$ Oberfläche des stündlich getrockneten Gutsgewichtes $\mathfrak{G}$ [m²/h],

f Querschnitt [m²],

$\mathfrak{f}$ spezifische Oberfläche des Gutes [m²/kg]; $\mathfrak{f} = \dfrac{\mathfrak{F}}{\mathfrak{G}}$,

G stündlich umlaufendes Gewicht feuchten Gases (feuchter Luft) [kg/h]; $G = G_L + G_D = G_L (1 + x)$,

G_D in G enthaltenes Dampfgewicht [kg/h]; $G_D = x \cdot G_L$,

G_L in G enthaltenes Reingas- (Reinluft-) gewicht [kg/h], G_{Lh} Reinluftgewicht des Schwadens, G_{Lr} Reinluftgewicht der beizumischenden Außenluft,

$\mathfrak{G}$ stündlich zugeführtes Gewicht feuchten Gutes [kg/h]; $\mathfrak{G} = \mathfrak{G}_{\mathfrak{T}} + \mathfrak{G}_{\mathfrak{W}} = \mathfrak{G}_{\mathfrak{T}} (1 + \mathfrak{x})$,

$\mathfrak{G}_{\mathfrak{T}}$ in $\mathfrak{G}$ enthaltenes Trockenstoffgewicht [kg/h],

$\mathfrak{G}_{\mathfrak{W}}$ in $\mathfrak{G}$ enthaltenes Flüssigkeitsgewicht [kg/h]; $\mathfrak{G}_{\mathfrak{W}} = \mathfrak{x} \cdot \mathfrak{G}_{\mathfrak{T}}$,

g Beschleunigung der Erdschwere [m/s²]; $g \approx 9{,}81$,

γ spezifisches Gewicht feuchten Gases (feuchter Luft) bei der Temperatur t und dem Druck P [kg/m³]; $\gamma = \gamma_L + \gamma_D = \gamma_L (1 + x)$,

γ_D spezifisches Gewicht des Dampfes bei der Temperatur t und dem Teildruck P_D [kg/m³]; $\gamma_D \approx \dfrac{P_D}{R_D \cdot T} = x \cdot \gamma_L$,

γ'' spezifisches Gewicht gesättigten Dampfes bei der Temperatur t [kg/m³]; $\gamma'' \approx \dfrac{P''}{R_D \cdot T}$,

γ_L spezifisches Gewicht des Reingases (der Reinluft) bei der Temperatur t und dem Teildruck P_L [kg/m³]; $\gamma_L = \dfrac{P_L}{R_L \cdot T}$,

$\gamma_{\mathfrak{G}}$ spezifisches Gewicht feuchten Gutes [kg/m³]; $\gamma_{\mathfrak{G}} = \gamma_{\mathfrak{T}} + \gamma_{\mathfrak{W}} = \gamma_{\mathfrak{T}} (1 + \mathfrak{x})$,

$\gamma_{\mathfrak{T}}$ spezifisches Gewicht des im Gut enthaltenen Trockenstoffes [kg/m³],

$\gamma_{\mathfrak{W}}$ spezifisches Gewicht der im Gut enthaltenen Feuchtigkeit [kg/m³]; $\gamma_{\mathfrak{W}} = \mathfrak{x} \cdot \gamma_{\mathfrak{T}}$,

H Höhe [m],

i spezifischer Wärmeinhalt feuchten Gases (feuchter Luft) bei der Temperatur t und dem Feuchtigkeitsgehalt x, bezogen auf 1 kg Reingas (Reinluft) [kcal/kg]; $i = i_L + x \cdot i_D$,

i_D spezifischer Wärmeinhalt des Dampfes bei der Temperatur t [kcal/kg]; $i_D \approx r_{0^\circ} + c_{pD} \cdot t$; für Wasserdampf $i_D \approx 595 + 0{,}46 t$,

i_L spezifischer Wärmeinhalt des Reingases (der Reinluft) bei der Temperatur t [kcal/kg]; $i_L = c_{pL} \cdot t$; für Reinluft $i_L \approx 0{,}24 t$,

$i_{\mathfrak{G}}$ spezifischer Wärmeinhalt feuchten Gases (feuchter Luft) von dem gedachten Zustand, wie er dem Gute zukommt [kcal/kg]; $i_{\mathfrak{G}} \approx c_{pL} \cdot t + x_{\mathfrak{G}} (r_{0^\circ} + c_{pD} \cdot t)$,

$\mathfrak{i}$ spezifischer Wärmeinhalt feuchten Gutes bei der Temperatur t und dem Feuchtigkeitsgehalt $\mathfrak{x}$, bezogen auf 1 kg Trockenstoff [kcal/kg]; $\mathfrak{i} \approx i_{\mathfrak{T}} + \mathfrak{x} \cdot i_{\mathfrak{W}}$,

$i_{\mathfrak{T}}$ spezifischer Wärmeinhalt des Trockenstoffes bei der Temperatur t [kcal/kg]; $i_{\mathfrak{T}} = c_{\mathfrak{T}} \cdot t$,

$i_{\mathfrak{W}}$ spezifischer Wärmeinhalt der Flüssigkeit bei der Temperatur t [kcal/kg]; $i_{\mathfrak{W}} = c_{\mathfrak{W}} \cdot t$; für Wasser $i_{\mathfrak{W}} \approx t$,

k Wärmedurchgangszahl [kcal/m² · °C · h], k_i von Heizmittel an Gut,

k' Verdunstungszahl [kg/m²·h]; $k' = \dfrac{\alpha}{c_{p\,\mathfrak{g}}}$,

$\mathfrak{k}$ gleichwertige Wärmedurchgangszahl bei Wärmeübertragung durch beheizte Flächen und Gut an feuchtes Gas [kcal/m² · °C · h];

$$\mathfrak{k} = k\left(1 + \frac{(i_{Dt} - i_{\mathfrak{W}t})(x_{\mathfrak{g}} - x)}{c_{p\,\mathfrak{g}}(t_i - t)}\right),$$

$\varkappa$ Trockenpotential [°C],

L Länge [m],

λ Wärmeleitzahl [kcal/m · °C · h], λ_i der Wand,

μ Zähigkeit [kg · s/m²],

n Zahl der Gasdurchgänge [/h]; $n = \dfrac{3600\,w}{L}$,

P Gesamtdruck feuchten Gases (feuchter Luft), Barometerstand [kg/m²]; $P = P_L + P_D = P_L + \varphi \cdot P''$,

P_D Teildruck des in dem feuchten Gase (der feuchten Luft) enthaltenen Dampfes [kg/m²]; $P_D = \varphi \cdot P''$,

P'' Sättigungsdruck des Dampfes bei der Temperatur t [kg/m²],

P_L Teildruck des in dem feuchten Gase (der feuchten Luft) enthaltenen Reingases (der Reinluft) [kg/m²],

$\mathfrak{P}$ Dampfdruck über feuchtem Gut bei der Temperatur $\mathfrak{t}$ [kg/m²],

p_i absoluter Druck des Heizdampfes [kg/cm²],

π $\approx 3{,}14$,

φ Feuchtigkeitsgrad (relative Feuchtigkeit) feuchten Gases (feuchter Luft); $\varphi = \dfrac{P_D}{P''} = \dfrac{x \cdot P}{P''\left(\dfrac{R_L}{R_D} + x\right)}$; für wasserhaltige Luft φ

$$= \frac{x \cdot P}{P''(0{,}622 + x)},$$

$\varphi_{\mathfrak{G}}$ Feuchtigkeitsgrad (relative Feuchtigkeit) feuchten Gutes; $\varphi_{\mathfrak{G}} = \dfrac{\mathfrak{x}}{1 + \mathfrak{x}}$,

Q von außen zugeführter Wärmestrom [kcal/h], Q_i von Heizmittel an Gut,

Q_F von feuchtem Gas (feuchter Luft) an Gut übergehender innerer Wärmestrom [kcal/h]; $Q_F = Q_t + Q'$,

Q_t von feuchtem Gas (feuchter Luft) an Gut übergehender Wärmeteilstrom, fühlbar durch Verminderung der Gastemperatur [kcal/h], $Q_t = F \cdot \alpha\,(t - \mathfrak{t})$,

Q' von feuchtem Gas (feuchter Luft) an Gut übergehender Wärmeteilstrom, entstehend durch Niederschlag von Dampf aus dem Gas [kcal/h]; $Q' = F \cdot \alpha'\,(P_D - \mathfrak{P})$,

Q_{verl} nach außen zerstreuter Verlustwärmestrom [kcal/h],

R Gaskonstante feuchten Gases (feuchter Luft),

R_D Gaskonstante des Dampfes; für Wasserdampf $R_D \approx 47{,}06$,

R_L Gaskonstante des Reingases (der Reinluft); für Reinluft $R_L \approx 29{,}27$,

R_k Reynoldssche Zahl, $R_k \approx 2320$,

r Verdampfungswärme [kcal/kg]; für Wasserdampf $r_{0^\circ} \approx 595$,

ϱ Massendichte [kg $\cdot$ s²/m⁴],

Σ Summenzeichen für endliche Größen,

T absolute Temperatur [⁰C abs.]; $T \approx 273 + t$,

t Temperatur feuchten Gases (feuchter Luft) [⁰C], t_i des Heizmittels,

t_x'' Taupunkt feuchten Gases (feuchter Luft) beim Feuchtigkeitsgehalt x [⁰C],

$\mathfrak{t}$ Temperatur des Gutes an der freien Fläche [⁰C], $\mathfrak{t}_i$ an der Heizfläche,

Θ absolute Wandtemperatur [⁰C abs.]; $\Theta \approx 273 + \vartheta$,

τ Kühlgrenze [⁰C],

ϑ Wandtemperatur [⁰C],

V gas- (luft-) erfüllter Rauminhalt [m³]; $V = \mathfrak{V} \cdot Z$,

$\mathfrak{V}$ Rauminhalt des stündlich getrockneten Gutsgewichtes [m³/h],

v spezifischer Rauminhalt feuchten Gases (feuchter Luft) bei der Temperatur t und dem Druck P [m³/kg]; $v = \dfrac{1}{\gamma}$,

v_D spezifischer Rauminhalt des Dampfes bei der Temperatur t und dem Teildruck P_D [m³/kg]; $v_D = \dfrac{1}{\gamma_D}$,

v'' spezifischer Rauminhalt gesättigten Dampfes bei der Temperatur t [m³/kg]; $v'' = \dfrac{1}{\gamma''}$,

v_L spezifischer Rauminhalt des Reingases (der Reinluft) bei der Temperatur t und dem Teildruck P_L [m³/kg]; $v_L = \dfrac{1}{\gamma_L}$,

$\mathfrak{W}$ Wasserwert der Stundenmenge [kcal/⁰C $\cdot$ h],

w Geschwindigkeit des feuchten Gases (der feuchten Luft) [m/s],

$\mathfrak{w}$ Geschwindigkeit des Gutes [m/s],

x Feuchtigkeitsgehalt feuchten Gases (feuchter Luft), bezogen auf 1 kg Reingas (Reinluft); $x = \dfrac{\gamma_D}{\gamma_L} = \dfrac{R_L}{R_D} \cdot \dfrac{\varphi \cdot P''}{P - \varphi \cdot P''}$; für wasserhaltige Luft $x = 0{,}622\,\dfrac{\varphi \cdot P''}{P - \varphi \cdot P''}$,

$\mathfrak{x}$ Feuchtigkeitsgehalt des Gutes, bezogen auf 1 kg Trockenstoff; $\mathfrak{x} = \dfrac{\gamma_{\mathfrak{W}}}{\gamma_{\mathfrak{T}}} = \dfrac{\varphi_{\mathfrak{G}}}{1 - \varphi_{\mathfrak{G}}}$; $\mathfrak{x}_e$ im hygroskopischen Punkt,

Z Trockendauer [h],

z Zeit [h].

Kennzeichnung der Zustandspunkte
für Gas (Luft) und Gut.

R Zustand des rohen Gases (der rohen Luft, Frischluft),

V Zustand des vorgewärmten Gases (der vorgewärmten Luft),

A Zustand des Gases (der Luft) bei Erreichung der Kühlgrenze (das Gut befindet sich am Anfang des Ausgleichzustandes),

E Zustand des Gases (der Luft) beim Verlassen der Kühlgrenze (das Gut befindet sich am Ende des Ausgleichzustandes),

H Zustand des Gases (der Luft) beim Austritt aus der Trockenvorrichtung (das Gut befindet sich in hygroskopischem Zustand),

J ideeller Beharrungszustand des Gases (der Luft) nach Ausgleich mit dem Gut,

M Mischzustand des Gases (der Luft),

G allgemeiner Zustand des Gases (der Luft),

ℜ   Zustand des rohen Gutes,

𝔅   Zustand des vorgewärmten Gutes,

𝔄   Zustand des Gutes bei Erreichung der Kühlgrenze, am Anfang des Ausgleichzustandes,

ℭ   Zustand des Gutes beim Verlassen der Kühlgrenze, am Ende des Ausgleichzustandes,

ℌ   Zustand des hygroskopischen fertiggetrockneten Gutes,

ℑ   ideeller Beharrungszustand des Gutes nach Ausgleich mit dem Gase (der Luft),

𝔊   allgemeiner Zustand des Gutes.

Index.

$''$ oder $_{\varphi=1}$ in gesättigtem Zustand,

$_a$ im Zustand A,

$_a$ im Zustand 𝔄,

$_D$ Dampf,

$_e$ im Zustand E,

$_e$ im Zustand ℭ,

$_F$ Fläche,

$_𝔊$ feuchtes Gut,

$_g$ im Zustand G,

$_g$ im Zustand 𝔊,

   nur ausnahmsweise beigefügt. Im allgemeinen bezeichnen kleine lateinische Buchstaben ohne Index Eigenschaften des feuchten Gases (der feuchten Luft) im Zustand G, kleine deutsche Buchstaben ohne Index Eigenschaften des feuchten Gutes im Zustand 𝔊,

$_h$ im Zustand H,

$_\mathfrak{h}$ im Zustand ℌ,

$_i$ im Zustand J,

$_\mathfrak{i}$ im Zustand ℑ,

$_k$ kritisch

$_L$ Reingas, Reinluft,

$_m$ im Zustand M,

$_p$ bei unveränderlichem Druck,

$_r$ im Zustand R,

$_\mathfrak{r}$ im Zustand ℜ,

$\mathfrak{x}$ Trockenstoff,
$_t$ bei der Temperatur t,
$_t$ bei der Temperatur $\mathfrak{t}$,
$_V$ räumlich,
$_v$ im Zustand V,
$_\mathfrak{v}$ im Zustand $\mathfrak{W}$,
$\mathfrak{W}$ Flüssigkeit.

Abkürzung der Quellenangaben.

Ges.-Ing.	Gesundheits-Ingenieur.
Mitt. d. D. L. G.	Mitteilungen der Deutschen Landwirtschafts-Gesellschaft.
W. f. Pap.	Wochenblatt für Papierfabrikation.
Z. V. d. I.	Zeitschrift des Vereins Deutscher Ingenieure.
Z. angew. Chem.	Zeitschrift für angewandte Chemie.
Z. f. d. ges. Turbinenwesen	Zeitschrift für das gesamte Turbinenwesen.
Z. techn. Phys.	Zeitschrift für technische Physik.
Z. ges. Kälteind.	Zeitschrift für die gesamte Kälteindustie.
J. Ind. Engg. Chem.	Journal of Industrial and Engineering Chemistry.
J. of the Soc. of Aut. Eng.	Journal of the Society of Automotive Engineers.
Journ. of the Soc. of Chem. Ind.	Journal of the Society of Chemical Industry.
Phys. Rev.	Physical Review.
Refr. Engg.	Refrigerating Engineering.

Berichtigung.

S. 45, Z. 12 v. u.: lies: $T_m = \dfrac{T - \Theta}{\ln \dfrac{T}{\Theta}}$ statt $T_m \dfrac{T - \Theta}{\ln \dfrac{T}{\Theta}}$

S. 57, Z. 10 v. o.: „Abszissenabstand" statt „Abszissenbestand"

S. 59, Z. 18 v. u.: $i_\mathfrak{g}$ statt $x_\mathfrak{g}$

S. 62, Z. 13 v. u.: $(x_1 - x_2) =$ statt $(x_1 - =$

S. 133, Z. 4 v. o.: $i_\mathfrak{r}$ statt i_r

S. 152, Z. 14 v. u.: „glatte" statt „ebene"

S. 155, Z. 1 v. u.: „nicht die dem" statt „nicht der dem"

S. 177, Z. 15 v. o.: „Beharrungszustand" statt „Ausgleichzustand"

S. 185, Z. 1 v. o.: „dem von dem" statt „den von dem"

S. 186, Z. 3 v. u.: „Endfeuchtigkeitsgehalt" statt „Endfeuchtigkeitsgrad"

S. 187, Z. 18 v. u.: Q_i statt $Q_\mathfrak{i}$

S. 224, Z. 8 v. u.: „wenn R_2'" statt „wenn R'"

Erster Teil

Grundlagen und Berechnung.

I. Allgemeine physikalische Grundlagen der künstlichen Trocknung.

Künstliche Trocknung im allgemeinsten Sinne umfaßt die Vorgänge, bei denen der Feuchtigkeitsgehalt eines Körpers durch besondere Mittel verringert wird. Der behandelte Stoff — im folgenden als Trockengut oder kurz Gut bezeichnet — kann beliebige Form besitzen, fest, flüssig oder gasförmig sein, die in ihm enthaltene Feuchtigkeit aus Wasser oder anderen Flüssigkeiten bestehen.

A. Mittel zur künstlichen Trocknung.

Als Mittel zur künstlichen Trocknung kommen in Betracht:
1. die Wirkung mechanischer Kräfte,
2. die Wirkung der Wärme:
   a) Verdampfen,
   b) Verdunsten,
   c) Kondensieren,
3. physikalisch-chemische Verfahren.

1. Die Wirkung mechanischer Kräfte.

Lose haftende Feuchtigkeit kann durch Pressen, Saugen, Schleudern und Filtern entfernt werden. Die Flüssigkeit erfährt hierbei keine Änderung ihres Aggregatzustandes.

Der Arbeitsaufwand entspricht der Überwindung des Haftvermögens der Flüssigkeit, ist also gering. Diesem Vorteil steht vielfach der Nachteil gegenüber, daß mit der mechanisch entfernten Flüssigkeit wertvolle gelöste Stoffe verlorengehen, z. B. bei Nährmitteln lösliche Vitamine.

Der Grad der möglichen mechanischen Entwässerung nimmt nach Versuchen, die Smith[1] an wasserhaltigem Kies durchgeführt hat, mit der Zähigkeit der Flüssigkeit ab. Da diese mit steigender Temperatur stark fällt, bedeutet höhere Temperatur die Möglichkeit einer weitergehenden mechanischen Entfeuchtung. In Fällen, bei denen

---

[1] Smith: Über den Einfluß der Temperatur auf die Wasserabflußgeschwindigkeit bei Zellstoffbrei. Papir Journalen 1919.

mechanische Mittel vor der eigentlichen Trocknung angewandt werden, empfiehlt es sich daher, die für Anwärmung des Gutes erforderliche Wärme vor der mechanischen Behandlung zuzuführen.

2. Die Wirkung der Wärme.

a) Verdampfen. Werden feuchte Körper von fester Form genügend hoch erwärmt, so siedet der Feuchtigkeitsanteil und entweicht in Dampfform. Die Siedetemperatur hängt ab von der Art der Feuchtigkeit und ihrer Bindung mit dem Trockenstoffanteil. Besteht die Feuchtigkeit aus Wasser, das ohne innige Bindung lose anhaftet, und erfolgt die Verdampfung in die freie Luft bei einem Barometerstand von 760 mm Q.-S., so beträgt die Siedetemperatur 100^0. Sie läßt sich beliebig erhöhen oder verringern, wenn das Verdampfen in einem geschlossenen Gefäß unter Druck erfolgt, der unabhängig ist von der Umgebung und entweder durch Drosselung der Dampfaustrittsöffnung darüber oder durch Anschluß an eine mit Unterdruck arbeitende Kondensationsanlage darunter gehalten wird.

In gleicher Weise wird bei flüssigen Körpern das Lösungsmittel durch Erwärmung verdampft und die Lösung mehr und mehr eingedickt. Sie erwärmt sich hierbei auf eine höhere Temperatur, als dem Siedepunkt des Lösungsmittels bei dem vorliegenden Druck der Umgebung entspricht.

Bei der Verdampfung entsteht reiner gesättigter Dampf. Der Wärmeaufwand entspricht in der Hauptsache der Steigerung des Wärmeinhaltes von dem Wert der Flüssigkeitswärme auf den Betrag der Dampfwärme.

Die unmittelbare Wärmezufuhr zu dem Gute kann erfolgen durch erhitzte Flächen, mit denen das Gut in Berührung steht, oder durch Wärmestrahlung erhitzter Körper, die sich in Umgebung des Gutes befinden, ohne mit diesem in Berührung zu stehen.

Seltener ist die unmittelbare Erwärmung des Gutes durch heiße Gase. Als solche können z. B., nach dem Vorschlage von Hausbrand[1]), überhitzte Dämpfe der zu entziehenden Flüssigkeit in Betracht gezogen werden.

Kaum angewendet werden Flüssigkeiten mit höherem Siedepunkt, wenn auch deren Benutzung als unmittelbar wirkende Heizmittel denkbar wäre.

b) Verdunsten. Luft kann Dampf so lange aufnehmen, bis der auf den Dampf entfallende Teildruck des Gemisches dem Sättigungsdruck entspricht, der bei der vorliegenden Temperatur dem Dampf zukommt.

Zahlenbeispiel 1.

Bei einem Barometerstand von 735,5 mm Q.-S. = 1 at = 10000 kg/m² und einer Temperatur von 80^0 betrage der Teildruck des in feuchter Luft enthaltenen Wasserdampfes 2415 kg/m².

---

[1]) Hausbrand: Das Trocknen mit Luft und Dampf. Berlin: Julius Springer 1924.

Der Sättigungsdruck des Wasserdampfes bei 80° ergibt sich aus der Dampftafel zu 0,483 at = 4830 kg/m², d. i. doppelt so hoch wie der vorliegende Dampfteildruck.

Es bedeute

P den Gesamtdruck des feuchten Gases, in kg/m²,

P_L den Teildruck des von Feuchtigkeit befreit gedachten Gases, in kg/m²,

P_D den Teildruck des in dem feuchten Gase enthaltenen Dampfes, in kg/m²,

P'' den Sättigungsdruck des Dampfes bei der Temperatur t, in kg/m²,

T $= 273 + t$ die absolute Temperatur des feuchten Gases, in °C abs.

t die Temperatur des feuchten Gases, in °C,

v den spezifischen Rauminhalt des feuchten Gases bei der Temperatur t und dem Druck P, in m³/kg,

v_L den spezifischen Rauminhalt des von Feuchtigkeit befreit gedachten Gases bei der Temperatur t und dem Teildruck P_L, in m³/kg,

v_D den spezifischen Rauminhalt des in dem feuchten Gase enthaltenen Dampfes bei der Temperatur t und dem Teildruck P_D, in m³/kg,

v'' den spezifischen Rauminhalt gesättigten Dampfes bei der Temperatur t, in m³/kg,

R die Gaskonstante des feuchten Gases,

R_L die Gaskonstante des von Feuchtigkeit befreit gedachten Gases,

R_D die Gaskonstante des in dem feuchten Gase enthaltenen Dampfes,

γ das spezifische Gewicht des feuchten Gases bei der Temperatur t und dem Druck P, in kg/m³,

γ_L das spezifische Gewicht des von Feuchtigkeit befreit gedachten Gases bei der Temperatur t und dem Teildruck P_L, in kg/m³,

γ_D das spezifische Gewicht des in dem feuchten Gase enthaltenen Dampfes bei der Temperatur t und dem Teildruck P_D, in kg/m³,

γ'' das spezifische Gewicht gesättigten Dampfes bei der Temperatur t, in kg/m³.

Die feuchte Luft werde, ebenso wie ihre beiden Bestandteile, als vollkommenes Gas betrachtet, das der Boyle-Mariotteschen Zustandsgleichung

$$P \cdot v = R \cdot T \tag{1}$$

folgt. Es ergibt sich alsdann für den Dampfanteil

$$\gamma_D = \frac{1}{v_D} = \frac{P_D}{R_D \cdot T},$$

oder für das gewählte Beispiel mit

$$R_D = 47{,}06$$

für Wasserdampf

$$\gamma_D = \frac{2415}{47{,}06\,(273+80)} = 0{,}145,$$

$$\gamma'' = \frac{1}{v''} = \frac{P''}{R_D \cdot T},$$

$$\gamma'' = \frac{4830}{47{,}06\,(273+80)} = 0{,}290.$$

Das in 1 m³ gesättigter Luft enthaltene Dampfgewicht ist doppelt so hoch wie das vorhandene, vorausgesetzt, daß in beiden Fällen gleiche Temperatur herrscht. Allgemein gilt

$$\frac{\gamma_D}{\gamma''} = \frac{P_D}{P''} = \varphi. \tag{2}$$

Das in der Raumeinheit enthaltene Dampfgewicht verhält sich zu dem bei gleicher Temperatur möglichen Dampfgewicht wie der vorhandene Teildruck des Dampfes zu dem der Temperatur entsprechenden Sättigungsdruck. Das Verhältnis $\frac{P_D}{P''}$ wird als relative Feuchtigkeit oder

Feuchtigkeitsgrad φ

bezeichnet. Er beträgt im vorliegenden Beispiele

$$\varphi = \frac{2415}{4830} = 0{,}5 \;.$$

Nach dem Daltonschen Gesetz gilt ferner

$$P = P_L + P_D \;. \tag{3}$$

Es folgt daher mit

$$P_L \cdot v_L = R_L \cdot T$$

$$\gamma_L = \frac{1}{v_L} = \frac{P - P_D}{R_L \cdot T} = \frac{P - \varphi \cdot P''}{R_L \cdot T} \;.$$

Dies ergibt für das Beispiel mit

$$R_L = 29{,}27$$

für trockene Luft

$$\gamma_L = \frac{10\,000 - 2415}{29{,}27\,(273 + 80)} = 0{,}734 \;.$$

Das Verhältnis

$$\frac{\gamma_D}{\gamma_L} = \frac{R_L}{R_D} \cdot \frac{\varphi \cdot P''}{P - \varphi \cdot P''} = x \tag{4}$$

stellt das Feuchtigkeitsgewicht dar, das auf 1 kg trockenes Gas bei dem Gesamtdruck P, der den Sättigungsdruck P'' bestimmenden Temperatur t und dem Feuchtigkeitsgrad φ des Gases entfällt. Es wird als

Feuchtigkeitsgehalt x

bezeichnet. Für das Beispiel beträgt er

$$x = \frac{0{,}145}{0{,}734} = 0{,}198 \;.$$

Im besonderen wird

$$x = 0{,}622 \cdot \frac{\varphi \cdot P''}{P - \varphi \cdot P''}$$

für wasserhaltige Luft. Für den Sättigungszustand ergibt sich

$$\gamma_{L\,(\varphi=1)} = \frac{P - P''}{R_L \cdot T} \;,$$

$$x_{(\varphi=1)} = \frac{\gamma''}{\gamma_{L\,(\varphi=1)}} = \frac{R_L}{R_D} \cdot \frac{P''}{P - P''} \;,$$

oder mit den Zahlen des Beispieles

$$\gamma_{L\,(\varphi=1)} = \frac{10\,000 - 4830}{29{,}27\,(273 + 80)} = 0{,}500 \;,$$

$$x_{(\varphi=1)} = \frac{0{,}290}{0{,}500} = 0{,}580 \;.$$

Aus dem Vergleich von γ_L und $\gamma_{L\,(\varphi=1)}$ folgt: Bei gleichbleibender Temperatur t und unverändertem Gesamtdruck P nimmt das in der Raumeinheit enthaltene Gewicht trockenen Gases mit zunehmendem Feuchtigkeitsgrad φ ab. Die Dampfaufnahme erfolgt auf Kosten einer Verdrängung des trockenen Gases. Der Feuchtigkeitsgehalt $x_{(\varphi=1)}$ des gesättigten Gases ist nicht etwa gleich dem doppelten des bei gleicher Temperatur für einen Feuchtigkeitsgrad $\varphi = 0,5$ geltenden Wertes, sondern größer.

Das spezifische Gewicht des feuchten Gases folgt zu

$$\gamma = \gamma_L + \gamma_D = \gamma_L(1+x) = \gamma_D \cdot \frac{1+x}{x},$$

$$\gamma = \frac{P_L}{R_L \cdot T} + \frac{P_D}{R_D \cdot T} = \frac{P}{R_L \cdot T} - \varphi \cdot P'' \left(\frac{1}{R_L} - \frac{1}{R_D} \right), \qquad (5)$$

$$\gamma_{(\varphi=1)} = \frac{P}{R_L \cdot T} - P'' \left(\frac{1}{R_L} - \frac{1}{R_D} \right).$$

Das erste Glied der rechten Seite bezeichnet das spezifische Gewicht trockenen Gases bei der Temperatur t und dem Gesamtdruck P. Für wasserhaltige Luft gilt

$$\gamma = \frac{P}{29,27 \cdot T} - 0,0129 \cdot \varphi \cdot P'',$$

$$\gamma_{(\varphi=1)} = \frac{P}{29,27 \cdot T} - 0,0129 \cdot P''.$$

Bei einer bestimmten Temperatur t und gleichem Gesamtdruck P wird das spezifische Gewicht wasserhaltiger Luft um so kleiner, je höher ihr Feuchtigkeitsgrad φ ist. Bei einem bestimmten Gesamtdruck P ist feuchte Luft stets leichter als trockene Luft gleicher Temperatur.

Für das Zahlenbeispiel ergibt sich

$$\gamma = 0,145 + 0,734 = 0,879$$

und für gesättigte Luft

$$\gamma_{(\varphi=1)} = 0,290 + 0,500 = 0,790.$$

Je größer der Druck P der Umgebung ist, um so höher liegt der bei einer bestimmten Temperatur t und einem bestimmten Dampfteildruck $P_D = \varphi \cdot P''$ verbleibende Teildruck des trockenen Gases $P - \varphi \cdot P''$. Die durch 1 kg trockenes Gas tragbare Feuchtigkeitsmenge wird daher um so kleiner, je höher der Druck der Umgebung liegt. Wird $P = P''$, also gleich dem der gegebenen Temperatur entsprechenden Sättigungsdruck des Dampfes, so folgt die Beziehung

$$P_{L(\varphi=1)} = P'' - P'' = 0.$$

Für gesättigte Luft wird alsdann der Teildruck des Dampfes gleich dem Gesamtdruck, der Teildruck des trockenen Gases verschwindet, die Aufnahmefähigkeit wird unendlich groß. Der Verdunstungsvorgang geht damit in die Verdampfung über. Die bei der Verdunstung als Träger des Dampfes nötige Luft wird zum störenden Fremdkörper.

An sich besteht die Möglichkeit, statt Luft andere Gase für Abführung der Feuchtigkeit zu verwenden, wenn sie genügend weit von ihrem Sättigungszustande entfernt sind und sich in flüssigem Zustande nicht mit der zu entziehenden Flüssigkeit mischen. In ausgiebigem Maße werden Feuergase zur Trocknung benutzt. Wenn im folgenden daher von „Luft" als Trockenmittel gesprochen wird, so ist hierunter bei den allgemeinen Erörterungen ein als Trockenmittel geeignetes Gas zu verstehen, ebenso wie „Wasser" und „Wasserdampf" als Feuchtigkeitsbestandteil nur ein bezeichnendes Beispiel für die mögliche Flüssigkeits- bzw. Dampfart darstellt. Bei den zahlenmäßigen Untersuchungen muß selbstverständlich die besondere Gas- und Feuchtigkeitsart berücksichtigt werden.

Die Verdunstung kann bei feuchten Körpern fester oder flüssiger Form zur Anwendung gelangen. Sie bedingt Wärmezufuhr an das Gut, um seinen Flüssigkeitsgehalt in Dampf zu verwandeln, außerdem Luft, um den Dampf aufzunehmen. Die Wärme wird entweder nur der als Dampfträger bestimmten Luft entzogen oder unmittelbar nur auf das Gut übertragen, das seinerseits mittelbar die Luft erwärmt und ihre Aufnahmefähigkeit für Dampf erhöht; oder es kann die Wärmezufuhr gleichzeitig sowohl an Gut als auch Luft unmittelbar erfolgen. Die Erwärmung des Gutes geschieht auf einem der unter a) gekennzeichneten Wege. Für die Erwärmung der Luft kommen die bekannten Verfahren der Luftheizung in Betracht.

Der äußere Wärmeaufwand für die Verdunstung schwankt zwischen Null — natürliche Lufttrocknung — und positiven Werten, deren Höhe von den Temperatur- und Feuchtigkeitsverhältnissen der Luft abhängt.

Nach Einleitung des Verdunstungsvorganges ist die Luft in der Grenzschicht gegen die freie Fläche des feuchten Gutes gesättigt. Die Verdunstungswirkung wird aufrechterhalten durch Diffusion des Dampfes, der aus dieser Grenzschicht in entferntere, nicht gesättigte Schichten der Luft tritt. In gleichem Sinne wirkt die natürliche oder durch künstliche Mittel verstärkte Bewegung der Luft über das Gut.

Bei reiner Lufttrocknung beruht die Wärmeübertragung hauptsächlich auf Oberflächenwirkung. Die Verdunstung erfolgt vorzugsweise an der freien Fläche des Gutes. Diese wird daher bei reiner Lufttrocknung stärker entfeuchtet als die tieferen Schichten.

Bei Erwärmung durch erhitzte Flächen ist die Temperatur und damit die Dampfspannung des Gutes an der beheizten Seite höher als an der freien. Es strömt daher Dampf von der unmittelbar erwärmten nach der freien Oberfläche des Gutes, um dort in die umgebende Luft auszutreten. Das Gut trocknet an der beheizten Seite in höherem Maße aus.

Für einen bestimmten Körper wird einseitige Übertrocknung um so merkbarer, je größer die Schichtstärke des Gutes ist. Durch weitgehende Ausbreitung und umwälzende Bewegung des Gutes kann der Gefahr begegnet werden.

c) Kondensieren. Bei feuchten Gasen bietet Abkühlung durch einen Körper, dessen Temperatur tiefer als der Taupunkt des feuchten Gases liegt, ein Mittel zur Trocknung. Der Taupunkt ist hierbei durch die Temperatur gekennzeichnet, bei der die Teilspannung des Dampfes dem Sättigungsdruck entspricht. Die Feuchtigkeit schlägt sich in flüssiger, bei Anwendung entsprechend tiefer Temperaturen in fester Form nieder. Der Betrag der zu entziehenden Wärme entspricht in der Hauptsache der Verminderung des Wärmeinhaltes von dem Betrag der Dampfwärme auf den Wert der Flüssigkeitswärme, gegebenenfalls zuzüglich Erstarrungswärme der niederschlagenden Feuchtigkeit.

3. Physikalisch-chemische Verfahren.

Bestimmte feuchte Stoffe von fester und flüssiger Form, die wahre oder allgemeine Lösungen darstellen, wirken hygroskopisch, d. h. die Dampfspannung über solchen Körpern ist niedriger als die bei gleicher Temperatur dem Lösungsmittel zukommende Sättigungsspannung P''. Es ist daher möglich, feuchte Gase durch Überleiten über hygroskopische Körper, z. B. Salze, Zellulose, Silica-Gel, Schwefelsäure, zu trocknen, und zwar so lange, bis die Anreicherung mit Feuchtigkeit schließlich den Spannungsunterschied aufhebt.

Die bei der Absorption entstehende Wärme ist gleich der Summe der — positiven oder negativen — Lösungswärme und der Verflüssigungswärme des entzogenen Dampfes. Das Absorptionsmittel bedarf daher einer Kühlung. Auf der anderen Seite ist Zufuhr von Wärme an das Gut in einem Maße erforderlich, das in der Hauptsache der Verdampfungswärme der zu entziehenden Flüssigkeit entspricht.

Von den beschriebenen Trockenverfahren soll hier in erster Linie das Verdunsten, in beschränktem Maße auch das Verdampfen, behandelt werden.

B. Bindung und Art der Feuchtigkeit.

Die in Körpern fester oder flüssiger Form enthaltene Feuchtigkeit besteht aus

1. reinen Flüssigkeiten, in erster Linie
   a) Wasser, in Ausnahmefällen
   b) anderen mehr oder minder flüchtigen Flüssigkeiten,
2. Lösungen, wobei das Lösungsmittel in der Regel durch Wasser gebildet wird und es sich entweder um
   a) kristallisierende Lösungen oder
   b) kolloidale Lösungen handelt.

Nach Art der Bindung zwischen Feuchtigkeit und Trockenstoff des Gutes ist zu unterscheiden:
I. Haftflüssigkeit,
II. Kapillarflüssigkeit,
III. Quellflüssigkeit.

1. Reine Flüssigkeiten.

a^I) Haftwasser. Das Haftwasser tritt z. B. auf der Oberfläche von Metallplatten auf. Seine Verdampfung oder Verdunstung erfolgt über einer geschlossenen Fläche reinen Wassers. Um Haftwasser handelt es sich auch bei nassem grobstückigem, wasserundurchlässigem Gut. Bedingung ist, daß die Schichtung die feuchten Oberflächen in freier Berührung mit der Luft läßt, also die Bildung von zusammenhängenden, durch zwei benachbarte Oberflächen begrenzten Wasseradern vermieden wird. Schließlich tritt das Haftwasser auch bei Schichtung feinstückigen Gutes und in dem Zwischengewebe von zellenartig aufgebauten Körpern auf, sobald die Wasseradern im Verlaufe der Trocknung sich in einseitig haftende Wasserflecken oder Wassertropfen auflösen.

Die Hemmungen, die sich dem Verdampfen oder Verdunsten des in tieferen Schichten befindlichen Haftwassers entgegensetzen, sind Strömungswiderstände. Sie spielen praktisch keine Rolle, solange nicht durch übermäßige Beschleunigung der Trocknung die Strömungsgeschwindigkeit hoch wird. Auf alle Fälle genügt die geringste Steigerung der Temperatur über den der Umgebung entsprechenden Siedepunkt, um das Haftwasser restlos zu verdampfen, bzw. Anwendung von ungesättigter Luft beliebigen Feuchtigkeitsgehaltes, um seine vollständige Verdunstung herbeizuführen. Die für die Trockenwirkung bezeichnende Eigenschaft des Haftwassers liegt darin, daß bei jeder Temperatur seine Dampfspannung dem Sättigungsdruck P'' entspricht.

b^{I}) **Haftflüssigkeit, nicht Wasser.** Die Verhältnisse ändern sich, wenn statt Wasser eine andere Haftflüssigkeit, z. B. Benzin, vorliegt, nur insofern, als die über der Flüssigkeit herrschende Sättigungsspannung höher oder niedriger liegt als der Sättigungsdruck von Wasser gleicher Temperatur. Höhere Sättigungsspannung ist gleichbedeutend mit niedrigerem Siedepunkt und bewirkt, daß für das Verdampfen Anwärmung auf tiefere Temperaturen genügt und umgekehrt. Das Verdunsten wird nach wie vor dadurch bedingt, daß die trocknende Luft nicht gesättigt sein darf. Als Sättigungsmittel der Luft kommt hierbei nicht der in ihr im allgemeinen enthaltene Wasserdampf, sondern Dampf aus der dem Gut zu entziehenden Flüssigkeit in Frage, vorausgesetzt, daß sich im flüssigen Zustande der zu entziehende Stoff mit Wasser nicht mischt, wie dies z. B. bei Benzin zutrifft, während bei dem mit Wasser in Lösung gehenden Alkohol die Wasserdampfspannung der Luft eine Rolle spielt.

a^{II}) **Kapillarwasser.** Bei feinstückiger Schichtung wasserundurchlässiger Körper, z. B. Quarzsand, und stark wasserhaltigen, engzelligen, festen Körpern ist ein Teil des Wassers in geschlossenen Adern festgehalten, die im ganzen Umfang durch feste Wände begrenzt sind und sich bis zur Oberfläche des Körpers ausdehnen, um dort in das einseitig festgehaltene Haftwasser einzumünden. Auf diese Wasseradern wirken die kapillaren Kräfte im Sinne einer Förderung des Wassers von den inneren Schichten nach der Oberfläche, sobald das Haftwasser an der Einmündungsstelle des Kapillarkanals auf der Oberfläche verschwunden ist. Voraussetzung ist, daß in den tieferen Schichten oder auch an Stellen der Oberfläche, mit denen das entgegengesetzte Ende des Kapillarkanals in Verbindung steht, noch genügend Wasser vorhanden ist, um die Kapillarader aufrechtzuerhalten. Zerreißen mit fortschreitender Trocknung die Kapillaradern, so wird das zuvor in Zugspannung gehaltene Kapillarwasser zu innerem spannungslosem Haftwasser.

Die Kapillarwirkung wird einerseits durch die Kapillarkonstante des Wassers bei Benetzung eines Körpers der gerade vorliegenden Beschaffenheit bedingt; andererseits nimmt sie zu, wenn die Flüssigkeitsmenge mit Verkleinerung der Korngröße bzw. Zusammendrängen der Bindegewebeschichten sich verkleinert.

Hieraus folgt, daß in bezug auf die Trockenwirkung das Kapillarwasser sich nicht ungünstiger verhält als das Haftwasser, d. h. daß sein Verdampfen bei der geringsten Erhöhung der Temperatur über den Siedepunkt des Wassers, sein Verdunsten mit ungesättigter Luft beliebigen Feuchtigkeitsgrades möglich ist.

b^{II}) Kapillare Flüssigkeit, nicht Wasser. Unter Berücksichtigung des verschiedenen Siedepunktes gelten hierfür die gleichen Gesichtspunkte wie für Kapillarwasser.

a^{III}) Quellwasser. Während Haft- und Kapillarwasser mit der Oberfläche in Verbindung stehen, ist das in zellenartig aufgebauten festen Körpern enthaltene Quellwasser durch die Zellenwände eingeschlossen. Diese sind sowohl für das Wasser als auch die darüber stehenden gesättigten Wasserdämpfe durchlässig. Ein Ausgleich des hydrostatischen Druckes durch sie hindurch findet jedoch nicht statt. Die Ursache für den Durchtritt des Quellwassers und der Wasserdämpfe durch die Zellenwand bildet die Diffusionskraft. Sie ermöglicht das Auftrocknen des Quellwassers, sobald das Haft- und Kapillarwasser an der äußeren Zellenwand ganz oder teilweise verschwunden ist. Wegen der geringen Durchtrittsgeschwindigkeit des Quellwassers kommt im praktischen Falle fast nur die Diffusionskraft der Quellwasserdämpfe in Betracht.

Die Diffusionsgeschwindigkeit des Dampfes hängt vor allem von dem Unterschiede der beiderseitigen Dichte ab. Auftrocknen des Quellwassers ist bei unbegrenzter Trockendauer, unter Annahme eines beliebig geringen Dichteunterschiedes zwischen dem Sattdampf im Zelleninnern und dem Dampfgehalt der Umgebung, möglich. Die kleinste Erhöhung der Temperatur über den Siedepunkt des Wassers bewirkt daher ein Verdampfen des Quellwassers. Für das Verdunsten des Quellwassers ist ungesättigte Luft beliebigen Feuchtigkeitsgrades anwendbar. Zu den Strömungswiderständen, die auch das in tieferen Schichten sitzende Kapillarwasser beim Verdampfen oder Verdunsten findet, treten bei dem Quellwasser die Diffusionswiderstände hinzu. Ihre Höhe hängt vor allem von den Körpereigenschaften der Zellenwand ab. Die Widerstände haben um so geringeren Einfluß, je kleiner die Trockengeschwindigkeit ist.

b^{III}) Quellflüssigkeit, nicht Wasser. Besteht die Quellflüssigkeit nicht aus Wasser, so ändern sich die Verhältnisse grundsätzlich nicht, wenn die umgebende Luft nur Dampf der dem Zelleninnern zu entziehenden Quellflüssigkeit besitzt und damit nicht vollständig gesättigt ist. Der in der Luft enthaltene Wasserdampf bleibt darüber hinaus ohne Einfluß, wenn die Quellflüssigkeit sich mit Wasser nicht mischt. Geht sie dagegen mit Wasser eine Lösung ein, so gewinnt das Diffusionsvermögen der aus der Quellflüssigkeit gebildeten Dämpfe in Wasserdampf Bedeutung.

2. Lösungen.

a^{I}) Kristallisierende Lösung als Haftflüssigkeit. Tritt das Haftwasser als Lösungsmittel einer kristallisierenden Lösung auf, so liegt bei einer bestimmten Temperatur die Dampfspannung über der Lösung niedriger, als dem Sättigungsdruck P'' reinen Wassers entspricht. Das Verdampfen des Wassers aus der Lösung erfordert daher Erwärmung auf eine Temperatur, die höher liegt als der durch die Umgebung bestimmte Siedepunkt reinen Wassers. Die Verdunstung verlangt Anwendung ungesättigter Luft mit einem so niedrigen Feuchtigkeitsgehalt, daß die Dampfteilspannung $\varphi \cdot P''$ kleiner bleibt als der über der Lösung bei der gleichen Temperatur herrschende Dampfdruck.

Mit fortschreitender Trocknung nimmt der Sättigungsgrad der Lösung zu. Gleichzeitig wächst der Unterschied der über der Lösung herrschenden Dampfspannung gegenüber dem Sättigungsdruck P'' des reinen Wassers. Die Verdampfung fordert eine stärkere Überhöhung der Temperatur über den Siedepunkt des Wassers, die Verdunstung bedingt eine weitergehende Verringerung des Feuchtigkeitsgrades φ der Luft, bis schließlich die Lösung den Sättigungszustand und ihre Dampfspannung den Mindestwert erreicht.

Während bei festen Körpern diese Eigenschaften kristallisierender Lösungen nur einen Teileinfluß auf den ganzen Trockenvorgang ausüben, der daneben noch von den später behandelten Eigenschaften der als Kapillar- und Quellflüssigkeit auftretenden Lösung abhängt, beherrschen sie den ganzen Trockenvorgang, wenn kristallisierende Lösungen einzudampfen oder durch Verdunstung des Wasseranteiles zu trocknen sind.

Die Löslichkeit hängt von der Temperatur ab und nimmt mit ihr in der Regel zu. Der Sättigungszustand der Lösung wird im allgemeinen bei einem größeren Gehalt des Lösungsmittels an gelösten Stoffen, d. h. später, erreicht, wenn die Trocknung bei höheren Temperaturen vor sich geht. Für verschiedene Stoffe schwankt die Löslichkeit in weiten Grenzen. Bei 50 ^{0} entfallen im Sättigungszustande auf 100 Gtl. Wasser z. B. etwa 260 Gtl. Rohrzucker, dagegen nur etwa 37 Gtl. NaCl.

Die nach Erreichung des Sättigungszustandes aus der Lösung ausfallenden Bodenkörper sind wasserfreie oder wasserhaltige Kristalle. Im ersten Falle vollzieht sich die weitere Trocknung bis zur vollkommenen Wasserfreiheit unter den durch den Sättigungszustand der Lösung gegebenen Grenzbedingungen. Im zweiten Falle ist der Trockenvorgang als beendigt anzusehen, sobald nur noch das in den Kristallen chemisch gebundene Wasser vorhanden ist.

Wenn die als Haftflüssigkeit auftretende Lösung erhebliche Dicke besitzt, bzw. die Lösung das zu trocknende Gut selbst darstellt, erstreckt sich die Wirkung des Trockenvorganges zunächst nur auf die Schicht, die beim Verdampfen dem unmittelbaren Einfluß des erwärmenden Körpers ausgesetzt ist, beim Verdunsten die Grenzfläche gegen die trocknende Luft bildet. Die weitere Ausbreitung der Wirkung wird durch Diffusion gefördert, die auf einen Ausgleich der verschiedenen Lösungsstärken hinarbeitet. Wegen der geringen Diffusionsgeschwindigkeit spielt sie im allgemeinen keine Rolle. In ähnlichem Sinne arbeitet die Mischkraft des mit zunehmender Lösungsstärke wachsenden spezifischen Gewichtes, wenn die Trocknung von der Oberfläche her erfolgt. Ausschlaggebend wirkt jedoch die Förderkraft der beim Eindampfen an der Heizfläche sich bildenden Dampfblasen und die Mischkraft mechanischer Rührvorrichtungen.

b^{I}) Kolloidale Lösung als Haftflüssigkeit. Auch über kolloidalen Lösungen herrscht eine niedrigere Dampfspannung, als bei der gegebenen Temperatur dem Sättigungsdruck P'' reinen Wassers entspricht. Die für die Trockenwirkung in Betracht kommenden Eigenschaften sind daher grundsätzlich die gleichen, wie zuvor erörtert. Während jedoch mit Erreichung der Sättigung bei kristallisierenden Lösungen ein Grenzzustand eintritt, findet bei kolloidalen Lösungen ein allmählicher Übergang von flüssiger über halbfeste in feste Form statt.

a^{II}) Kristallisierende Lösung als Kapillarflüssigkeit. Wie bei reinem Wasser, fördert auch bei kristallisierenden Lösungen die Kapillarkraft der in geschlossenen Adern festgehaltenen Flüssigkeit den Nachschub nach der Oberfläche. Die Auftrocknung des in der Kapillarflüssigkeit enthaltenen Wassers erfolgt daher grundsätzlich unter gleichen Bedingungen wie die der Haftflüssigkeit.

b^{II}) Kolloidale Lösung als Kapillarflüssigkeit. Solange die kolloidale Lösung die Eigenschaft einer benetzenden Flüssigkeit behält, besteht gegenüber kristallisierender Lösung als Kapillarflüssigkeit kein grundsätzlicher Unterschied.

a^{III}) Kristallisierende Lösung als Quellflüssigkeit. Die Zellenwände der zellenartig aufgebauten festen Körper sind bei kristallisierenden Lösungen durchlässig für Lösungsmittel und gelösten Stoff. Nimmt daher mit fortschreitender Trocknung die Sättigungsstärke der durch Haft- und Kapillarflüssigkeit gebildeten Lösung zu, so wirkt Diffusion und Osmose durch die Zellenwände hindurch in beiden Richtungen ausgleichend. Die Diffusion erstreckt sich hierbei sowohl auf das eingeschlossene flüssige Lösungsmittel als auch die darüber lagernden Dämpfe, die Osmose auf den gelösten Stoff außerhalb der Zellenwände. Wegen der geringen Ausgleichsgeschwindigkeit tritt die Wirkung der Osmose und, soweit sie den flüssigen Teil betrifft, auch der Diffusion bei der zeitlich begrenzten technischen Trocknung gegenüber der Diffusion des Dampfanteils der Quellflüssigkeit zurück. Unter dem Einfluß der letzten erfolgt bei genügend langer Trockenzeit Auftrocknung der Quellflüssigkeit bei grundsätzlich gleichen Bedingungen, wie sie für die Haft- und Kapillarflüssigkeit gelten.

b^{III}) Kolloidale Lösung als Quellflüssigkeit. Bei kolloidalen Lösungen fehlt die osmotische Kraft. Der bei kristallisierenden Lösungen eintretende Ausgleich des gelösten Stoffes durch die Zellenwände entfällt. Es verbleibt jedoch die einseitig wirkende Diffusionskraft des in den Zellen eingeschlossenen Lösungsmittels und seines Dampfes. Die durch Wegfall der osmotischen Kraft sich ergebende Veränderung der Trockengeschwindigkeit ist praktisch ohne Bedeutung. Die Trocknungsbedingungen erfahren daher gegenüber kristallisierender Lösung als Quellflüssigkeit keine grundsätzliche Verschiebung.

Besteht das Lösungsmittel nicht, wie bisher angenommen, aus Wasser, sondern aus einer anderen mehr oder minder flüchtigen Flüssigkeit, so ändert sich die für das Verdampfen erforderliche Anwärmetemperatur bzw. der für das Verdunsten zulässige höchste Feuchtigkeitsgehalt der

Luft. Beide sind nach wie vor durch die Dampfspannung über der Lösung bedingt, die auch hier niedriger liegt als die Sättigungsspannung des reinen Lösungsmittels bei gegebener Temperatur.

In vielen Fällen besteht das Lösungsmittel aus einer Mischung von Wasser und anderen Flüssigkeiten, z. B. Ölen. Neben der Auftrocknung des Wassers läuft alsdann eine Austreibung anderer Stoffe einher. Sie ist unerwünscht, wenn es sich z. B. um leicht flüchtige Geschmacksstoffe von Lebensmitteln handelt, läßt sich jedoch um so weniger vermeiden, je niedriger der Siedepunkt dieses Lösungsmittelanteils liegt.

Das Lösungsmittel beeinflußt die Löslichkeit. Besteht es z. B. aus Wasser, so entsprechen bei 25^0 etwa 36 Gtl. NaCl in 100 Gtl. Lösungsmittel dem Sättigungszustande. Dagegen verringert sich dieser Gehalt auf etwa 19, 11, 4 Gtl. NaCl, wenn als Lösungsmittel wässeriger Äthylalkohol mit 25, 50, 75 Gew.-% verwendet wird.

3. Feuchte und hygroskopische Körper.

Unter Zusammenfassung der im vorstehenden beschriebenen Möglichkeiten lassen sich zwei Zustände des Gutes unterscheiden: Es gilt

1. als „feucht", wenn die an seiner Oberfläche herrschende Dampfspannung bei unendlich kleiner Trockengeschwindigkeit gleich dem Sättigungsdruck der reinen Flüssigkeit bei der vorliegenden Temperatur ist,

2. als „hygroskopisch", wenn die an seiner Oberfläche herrschende Dampfspannung bei unendlich kleiner Trockengeschwindigkeit niedriger ist als der Sättigungsdruck der reinen Flüssigkeit bei der vorliegenden Temperatur.

Hieraus ergibt sich, daß Körper, bei denen die Feuchtigkeit in Form einer reinen Flüssigkeit auftritt, stets „feucht" bleiben. Denn die z. B. bei Auftrocknung reiner Quellflüssigkeit sich ergebenden Widerstände sind abhängig von der Zeit und verschwinden, wenn die Trockendauer ins Unendliche ausgedehnt wird. Bildet dagegen die Flüssigkeit mit Trockenstoffteilen eine allgemeine oder wirkliche Lösung, so wirkt das Gut hygroskopisch. Der maßgebende Druckunterschied wächst mit zunehmender Lösungsstärke, d. h. fortschreitender Trocknung. Bei geringer Lösungsstärke ist er so niedrig, daß er praktisch vernachlässigt werden kann. Das Gut zeigt sich erst dann ausgesprochen hygroskopisch, wenn sein Feuchtigkeitsgehalt eine gewisse Grenze unterschreitet. Ein und dieselbe Gutsart kann daher bei hohem Feuchtigkeitsgehalt als feucht, bei niedrigem Feuchtigkeitsgehalt als hygroskopisch gelten. Der Feuchtigkeitsgehalt, der kennzeichnend ist für den deutlichen Übergang vom feuchten in den hygroskopischen Zustand, bestimmt den hygroskopischen Punkt.

Es bezeichne

t die Temperatur des Gutes, in ^{0} C,

$\mathfrak{P}$ den Dampfdruck über dem Gut bei der Temperatur t, in kg/m^2,

$\gamma_\mathfrak{G}$ das spezifische Gewicht des Gutes, in kg/m^3,

$\gamma_\mathfrak{X}$ das spezifische Gewicht des im Gut enthaltenen Trockenstoffes, in kg/m^3,

$\gamma_\mathfrak{W}$ das spezifische Gewicht der im Gut enthaltenen Feuchtigkeit, in kg/m³,

$\varphi_\mathfrak{G}$ die relative Feuchtigkeit oder den Feuchtigkeitsgrad des Gutes, verstanden als das auf 1 kg feuchtes Gut entfallende Feuchtigkeitsgewicht,

$\mathfrak{x}$ den Feuchtigkeitsgehalt des Gutes, verstanden als das auf 1 kg im Gut enthaltenen Trockenstoff entfallende Feuchtigkeitsgewicht,

$\mathfrak{x}_e$ den Feuchtigkeitsgehalt des Gutes im hygroskopischen Punkt.

Es ergibt sich alsdann

$$\gamma_\mathfrak{G} = \gamma_\mathfrak{X} + \gamma_\mathfrak{W},$$

$$\varphi_\mathfrak{G} = \frac{\gamma_\mathfrak{W}}{\gamma_\mathfrak{G}} = \frac{\gamma_\mathfrak{W}}{\gamma_\mathfrak{X} + \gamma_\mathfrak{W}} = \frac{\dfrac{\gamma_\mathfrak{W}}{\gamma_\mathfrak{X}}}{1 + \dfrac{\gamma_\mathfrak{W}}{\gamma_\mathfrak{X}}},$$

$$\mathfrak{x} = \frac{\gamma_\mathfrak{W}}{\gamma_\mathfrak{X}} = \frac{\gamma_\mathfrak{W}}{\gamma_\mathfrak{G} - \gamma_\mathfrak{W}} = \frac{\dfrac{\gamma_\mathfrak{W}}{\gamma_\mathfrak{G}}}{1 - \dfrac{\gamma_\mathfrak{W}}{\gamma_\mathfrak{G}}} = \frac{\varphi_\mathfrak{G}}{1 - \varphi_\mathfrak{G}}, \qquad (6)$$

$$\varphi_\mathfrak{G} = \frac{\mathfrak{x}}{1 + \mathfrak{x}} \qquad (7)$$

Es gilt ferner

$$\frac{\mathfrak{P}}{P''} = 1 \text{ bei feuchtem Gut,} \qquad (8)$$

$$\frac{\mathfrak{P}}{P''} < 1 \text{ bei hygroskopischem Gut für } \mathfrak{x} < \mathfrak{x}_e. \qquad (9)$$

4. $\frac{\mathfrak{P}}{P''}$-$\mathfrak{x}$-Bild.

Werden hygroskopische Körper in den Bereich der Untersuchung gezogen, so ist es nötig, die Veränderung des Verhältnisses $\frac{\mathfrak{P}}{P''}$ mit dem Feuchtigkeitsgehalt $\mathfrak{x}$ für Werte $0 < \mathfrak{x} < \mathfrak{x}_e$ festzulegen. Dies läuft daraus hinaus, dem Gut ein $\frac{\mathfrak{P}}{P''}$-$\mathfrak{x}$-Bild zuzuordnen, wie es in Abb. 1 für verschiedene Körper vorliegt. Aus ihm ergibt sich für ein bestimmtes Gut und einen beliebigen Feuchtigkeitsgehalt $\mathfrak{x}$ das Verhältnis $\frac{\mathfrak{P}}{P''}$. Wird P'' der für die aufzutrocknende Flüssigkeit geltenden Dampftafel als Sättigungsdruck bei der Temperatur t entnommen, so folgt damit der Wert $\frac{\mathfrak{P}}{P''} \cdot P'' = \mathfrak{P}$. Er kennzeichnet zusammen mit t

und χ den Zustand des Gutes. Aus Abb. 1 läßt sich z. B. ablesen: Stärke ist feucht, wenn ihr Wassergehalt $\chi = 0,25$ des Trockenstoffgehaltes oder mehr beträgt. Der Dampfdruck $\mathfrak{P}$ über wasserhaltiger Stärke ist bei einem Wassergehalt von 25% oder mehr gleich dem Sättigungsdruck P'' des Wassers. Bei niedrigerem Wassergehalt verändert sich das Verhältnis $\frac{\mathfrak{P}}{P''}$ linear mit χ. Die wichtige lineare Beziehung zwischen $\frac{\mathfrak{P}}{P''}$ und χ, die sich für wasserhaltige Stärke aus den Beobachtungen von Hoffmann[1]) ergibt, findet auch bei anderen Körpern eine Bestätigung. Die von Wollny[2]) durchgeführten Untersuchungen mit Humus als organischem, Kaolin als anorganischem Stoff ergaben z. B. den in Abb. 1 dargestellten gleichfalls linearen Verlauf. Der für den hygroskopischen Punkt bezeichnende Abszissenwert liegt bei Humus mit einem Wassergehalt $\chi_e = 0,16$, bezogen auf wasserfreien Boden, in ähnlicher Höhe wie bei Stärke, bei

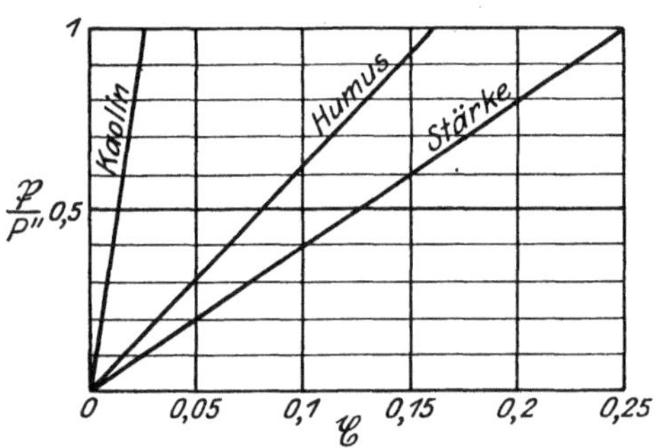

Abb. 1. $\frac{\mathfrak{P}}{P''}$-χ-Bild für Kaolin, Humus, Stärke.

Kaolin mit etwa $\chi_e = 0,025$ dagegen wesentlich niedriger. Bei Kaolin zeigt sich die hygroskopische Wirkung erst nach einer viel weitergehenden Entwässerung als bei Humus oder Stärke.

Daß der lineare Verlauf nicht als allgemeine Regel angenommen werden kann, sondern eine Annäherung darstellt, geht aus Abb. 2 hervor, mit der die Untersuchungen wiedergegeben sind, die van Bemmelen[3]) mit aus einer 7 proz. Lösung gewonnenem Hydrogel der Kieselsäure vorgenommen hat. Der lineare Verlauf geht hier bei

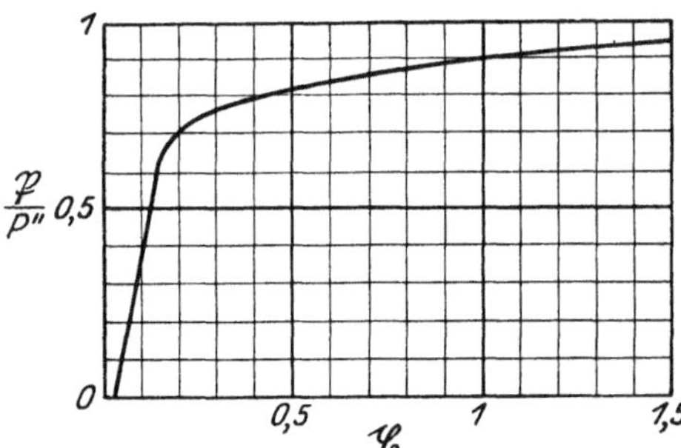

Abb. 2. $\frac{\mathfrak{P}}{P''}$-χ-Bild für Hydrogel der Kieselsäure
(van Bemmelen).

einem Punkt, dessen Abszissenwert einem Wassergehalt von etwa $\chi = 0,15$ und dessen Ordinatenwert einem Verhältnis von etwa $\frac{\mathfrak{P}}{P''} = 0,65$ entspricht, ziemlich plötzlich in eine flache Kurve über, die erst bei dem in

[1]) Hoffmann: Die Getreidespeicher.
[2]) Wollny: Forschungen auf dem Gebiete der Agrikultur-Physik.
[3]) Mezger: Die Zustandsformeln des hygroskopisch gebundenen Wassers und die Verdichtung ungesättigter Dämpfe zu verdünnten Flüssigkeiten. Ges.-Ing. 1924.

der Zeichnung nicht mehr enthaltenen Abszissenwert von etwa $\mathfrak{x} = 8$ den Sättigungsdruck erreicht. Das bedeutet, daß für derartige Gele ein schwach hygroskopisches Verhalten sich über die weiten Grenzen erstreckt, innerhalb deren die technische Trocknung überhaupt in Frage kommt, daß dagegen das stark hygroskopische Verhalten erst bei einem verhältnismäßig niedrigen Wassergehalt einsetzt. (Daß bei einer Dampfspannung 0 nach Abb. 2 der Wassergehalt noch nicht vollständig verschwindet, ist voraussichtlich darauf zurückzuführen, daß es sich hier um die chemisch gebundenen Wasserreste handelt, deren Austreibung nicht mehr als eigentliche Trocknung anzusehen ist.)

Das Verhalten von verdünnter NaCl-Lösung ist in Abb. 3 wiedergegeben. Die $\frac{\mathfrak{P}}{P''}$-Kurve verläuft ähnlich wie in Abb. 2. Sie endigt links bei dem Sättigungszustand. Der hier anzuschließende, im

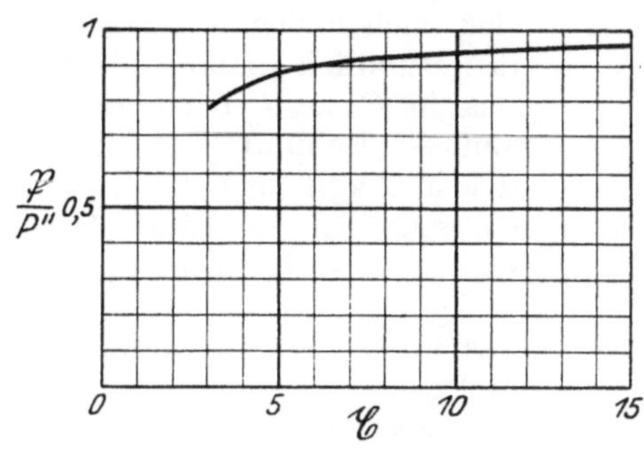

Abb. 3. $\frac{\mathfrak{P}}{P''}$-$\mathfrak{x}$-Bild für verdünnte NaCl-Lösung.

einzelnen nicht bekannte steile Abfall zum Nullpunkt entspricht der hygroskopischen Wirkung feuchten Salzes, die in erheblichem Maße schon bei dem hohen Feuchtigkeitsgehalt $\mathfrak{x} \approx 3$ einsetzt.

Die folgenden Untersuchungen gehen von der Voraussetzung aus, daß der lineare Verlauf zwischen $\frac{\mathfrak{P}}{P''}$ und $\mathfrak{x}$ für Werte $\mathfrak{x} < \mathfrak{x}_e$ bei allen hygroskopischen Körpern, die der Trocknung zu unterwerfen sind, mit genügender Genauigkeit angenommen werden kann. Der Trockenvorgang zerfällt damit in zwei Teile, dessen erster im Feuchtgebiet bei einem Dampfdruck über dem Gut $\mathfrak{P} = P''$ vor sich geht, während der zweite im hygroskopischen Gebiet bei abnehmendem Wert $\frac{\mathfrak{P}}{P''} < 1$ verläuft. Die Tatsache, daß die Veränderung des Wertes $\frac{\mathfrak{P}}{P''}$ bei fast allen Arten von Trockengut mit einem Feuchtigkeitsgrad $\mathfrak{x}_e$ einsetzt, der während der Trocknung in der Regel unterschritten wird, zeigt, daß das hygroskopische Verhalten von allgemeinerer Bedeutung ist, als meist angenommen wird. Der Versuch, den Trockenvorgang rechnerisch zu erfassen, darf daher an dieser Körpereigenschaft nicht in dem Maße achtlos vorübergehen, wie dies bisher der Fall zu sein pflegte.

Es verdient besonders betont zu werden, daß sowohl die Lage des hygroskopischen Punktes als auch der Zusammenhang zwischen $\frac{\mathfrak{P}}{P''}$ und $\mathfrak{x} < \mathfrak{x}_e$ im Beharrungszustande unabhängig von der Temperatur sind.

II. Wärmebilanz des Trockenvorganges.

A. Die Wärmebilanzgleichung für Trocknung mit Luft (Verdunstung).

Es bezeichne

Q den von außen zugeführten Wärmestrom, in kcal/h,

Q_{verl} den nach außen zerstreuten Verlustwärmestrom, in kcal/h,

G das stündlich umlaufende Gewicht feuchter Luft, in kg/h,

G_L das in G kg/h feuchter Luft enthaltene Gewicht trockener Luft — Reinluft —, in kg/h,

G_D das in G kg/h feuchter Luft enthaltene Dampfgewicht, in kg/h,

$\mathfrak{G}.$ das stündlich zugeführte Gewicht feuchten Gutes, in kg/h,

$\mathfrak{G}_{\mathfrak{T}}$ das in $\mathfrak{G}$ kg/h feuchtem Gut enthaltene Trockenstoffgewicht, in kg/h,

$\mathfrak{G}_{\mathfrak{W}}$ das in $\mathfrak{G}$ kg/h feuchtem Gut enthaltene Flüssigkeitsgewicht, in kg/h,

c_p die spezifische Wärme der feuchten Luft bei unveränderlichem Druck, bezogen auf 1 kg Reinluft, in kcal/kg · ⁰ C,

c_{pL} die spezifische Wärme der Reinluft bei unveränderlichem Druck, in kcal/kg · ⁰ C,

c_{pD} die spezifische Wärme des Dampfes bei unveränderlichem Druck, in kcal/kg · ⁰ C,

c die spezifische Wärme des feuchten Gutes, bezogen auf 1 kg Trockenstoff, in kcal/kg · ⁰ C,

$c_{\mathfrak{T}}$ die spezifische Wärme des Trockenstoffes, in kcal/kg · ⁰ C,

$c_{\mathfrak{W}}$ die spezifische Wärme der Flüssigkeit, in kcal/kg · ⁰ C,

r die Verdampfungswärme, in kcal/kg,

i den Wärmeinhalt der feuchten Luft bei der Temperatur t und dem Feuchtigkeitsgehalt x, bezogen auf 1 kg Reinluft, in kcal/kg,

i_L den Wärmeinhalt von 1 kg Reinluft bei der Temperatur t, in kcal/kg,

i_D den Wärmeinhalt von 1 kg Dampf bei der Temperatur t, in kcal/kg,

i den Wärmeinhalt des feuchten Gutes bei der Temperatur t und dem Feuchtigkeitsgehalt $\mathfrak{x}$, bezogen auf 1 kg Trockenstoff, in kcal/kg,

$i_{\mathfrak{T}}$ den Wärmeinhalt von 1 kg Trockenstoff bei der Temperatur t, in kcal/kg,

$i_{\mathfrak{W}}$ den Wärmeinhalt von 1 kg Flüssigkeit bei der Temperatur t, in kcal/kg,

Index $_r$ den Zustand der Luft vor der Trocknung,
Index $_h$ den Zustand der Luft nach der Trocknung,
Index $_{\mathfrak{r}}$ den Zustand des Gutes vor der Trocknung,
Index $_{\mathfrak{h}}$ den Zustand des Gutes nach der Trocknung.

Es gelten dann folgende Beziehungen

$$G_D = G_L \cdot x, \tag{10}$$

$$G = G_L + G_D = G_L(1 + x), \tag{11}$$

$$\mathfrak{G_W} = \mathfrak{G_X} \cdot \mathfrak{x}, \tag{12}$$

$$\mathfrak{G} = \mathfrak{G_X} + \mathfrak{G_W} = \mathfrak{G_X}(1 + \mathfrak{x}), \tag{13}$$

$$c_p = c_{pL} + c_{pD} \cdot x, \tag{14}$$

$$\mathfrak{c} = \mathfrak{c_X} + \mathfrak{c_W} \cdot \mathfrak{x}, \tag{15}$$

$$i_L = c_{pL} \cdot t, \tag{16}$$

$$i_D = r_{0^0} + c_{pD} \cdot t, \tag{17}$$

$$i = i_L + x \cdot i_D = c_{pL} \cdot t + x(r_{0^0} + c_{pD} \cdot t) = r_{0^0} \cdot x + c_p \cdot t, \tag{18}$$

$$\mathfrak{i_X} = \mathfrak{c_X} \cdot t, \tag{19}$$

$$\mathfrak{i_W} = \mathfrak{c_W} \cdot t, \tag{20}$$

$$\mathfrak{i} = \mathfrak{i_X} + \mathfrak{x} \cdot \mathfrak{i_W} = \mathfrak{c} \cdot t. \tag{21}$$

Die letzte Beziehung stellt nur eine Annäherung dar, wenn die Feuchtigkeit mit dem Trockenstoff eine allgemeine oder wirkliche Lösung bildet. Denn die spezifische Wärme von Lösungen errechnet sich nicht in dieser einfachen Weise als Summe der spezifischen Wärme der Bestandteile, sondern muß durch Versuch ermittelt werden. Außerdem wird hier die bei Lösungen mit dem Ausfall des Bodenkörpers verbundene Wärmetönung vernachlässigt.

In Abb. 4 sei das für Durchführung des Trockenvorganges dienende beliebig begrenzte System dargestellt. Herrscht Beharrungszustand, so treten stündlich von außen ein:

der äußere Wärmestrom Q kcal/h,

feuchte Luft mit einem

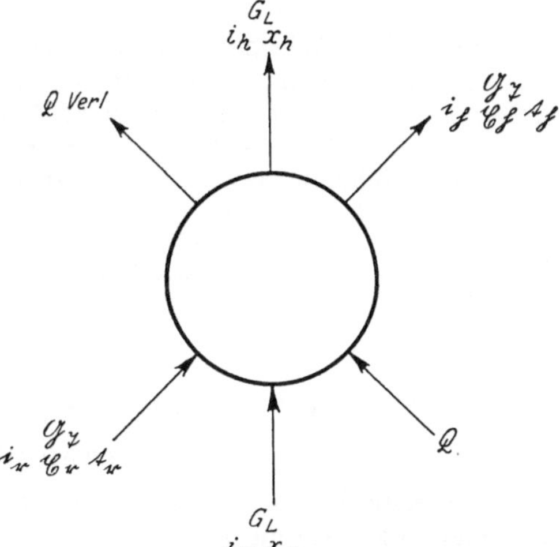

Abb. 4. Wärmestrombild des Trockners.

Reinluftgehalt von G_L kg/h und einem Wärmeinhalt von $G_L \cdot i_r$ kcal/h,

feuchtes Gut mit einem Trockenstoffgehalt von $\mathfrak{G_X}$ kg/h und einem Wärmeinhalt von $\mathfrak{G_X} \cdot \mathfrak{i_r}$ kcal/h.

Gleichzeitig verschwinden nach außen:

der Wärmeverluststrom Q_{verl} kcal/h,

feuchte Luft mit einem Reinluftgehalt von G_L kg/h und einem Wärmeinhalt von $G_L \cdot i_h$ kcal/h, getrocknetes Gut mit einem Trockenstoffgehalt von $\mathfrak{G}_{\mathfrak{T}}$ kg/h und einem Wärmeinhalt von $\mathfrak{G}_{\mathfrak{T}} \cdot i_{\mathfrak{h}}$ kcal/h.

Die ein- und austretenden Wärmemengen sind im Beharrungszustande gleich. Die Wärmebilanzgleichung lautet daher

$$Q + G_L \cdot i_r + \mathfrak{G}_{\mathfrak{T}} \cdot i_{\mathfrak{r}} = Q_{\text{verl}} + G_L \cdot i_h + \mathfrak{G}_{\mathfrak{T}} \cdot i_{\mathfrak{h}} \,, \tag{22}$$

$$\begin{aligned} Q &= G_L\,(i_h - i_r) + \mathfrak{G}_{\mathfrak{T}}\,(i_{\mathfrak{h}} - i_{\mathfrak{r}}) + Q_{\text{verl}} \\ &= G_L\,(i_h - i_r) + \mathfrak{G}_{\mathfrak{T}}\,[c_{\mathfrak{h}}\,(t_{\mathfrak{h}} - t_{\mathfrak{r}}) - i_{\mathfrak{W}\mathfrak{r}}\,(\mathfrak{x}_{\mathfrak{r}} - \mathfrak{x}_{\mathfrak{h}})] + Q_{\text{verl}} \,. \end{aligned} \tag{22a}$$

Da die Feuchtigkeitszunahme der Luft der Feuchtigkeitsabgabe des Gutes entspricht, gilt die Beziehung

$$G_L\,(x_h - x_r) = \mathfrak{G}_{\mathfrak{T}}\,(\mathfrak{x}_{\mathfrak{r}} - \mathfrak{x}_{\mathfrak{h}}) \,, \tag{23}$$

und die Wärmebilanzgleichung läßt sich auch schreiben

$$Q = G_L\,[(i_h - i_r) - i_{\mathfrak{W}\mathfrak{r}}\,(x_h - x_r)] + \mathfrak{G}_{\mathfrak{T}} \cdot c_{\mathfrak{h}}\,(t_{\mathfrak{h}} - t_{\mathfrak{r}}) + Q_{\text{verl}} \,. \tag{22b}$$

Der Betrag $G_L \cdot i_{\mathfrak{W}\mathfrak{r}}\,(x_h - x_r) = \mathfrak{G}_{\mathfrak{T}} \cdot i_{\mathfrak{W}\mathfrak{r}}\,(\mathfrak{x}_{\mathfrak{r}} - \mathfrak{x}_{\mathfrak{h}})$ stellt den Wärmeinhalt der stündlich verdunsteten Feuchtigkeitsmenge in flüssigem Zustande bei der ursprünglichen Temperatur $t_{\mathfrak{r}}$ dar. Er geht bei der Trocknung vom Gut auf die Luft über. **Diese Wandlung erfolgt ohne äußeren Wärmeverbrauch allein durch Ortswechsel.**

$G_L\,(i_h - i_r)$ bedeutet die stündliche Erhöhung des Wärmeinhaltes der Luft. Hiervon ist nur der Betrag $G_L\,[(i_h - i_r) - i_{\mathfrak{W}\mathfrak{r}}\,(x_h - x_r)]$ durch die äußere Wärmequelle zu bestreiten. Diese hat außerdem den Streuverlust Q_{verl} und die Vermehrung des Wärmeinhaltes des mit erhöhter Temperatur austretenden Gutes im Betrage $\mathfrak{G}_{\mathfrak{T}} \cdot c_{\mathfrak{h}}\,(t_{\mathfrak{h}} - t_{\mathfrak{r}})$ zu decken.

Die Wärmebilanzgleichung bleibt richtig, gleichgültig, in welcher Weise die Zuführung des äußeren Wärmestromes Q erfolgt. Dies kann dadurch geschehen, daß Luft oder Gut oder beide vorgewärmt werden, ehe sie miteinander in Berührung treten, oder daß während ihres Zusammenwirkens eine Nachwärmung von Luft oder Gut oder beiden stattfindet, oder schließlich dadurch, daß Vor- und Nachwärmung verbunden werden.

B. Die Wärmebilanzgleichung für Trocknung ohne Luft (Verdampfung).

Findet reine Verdampfung statt, so fehlt die Luft als Trockenmittel. Im Beharrungszustande treten stündlich von außen ein:

der äußere Wärmestrom Q kcal/h,

feuchtes Gut mit einem Trockenstoffgehalt $\mathfrak{G}_{\mathfrak{T}}$ kg/h und einem Wärmeinhalt von $\mathfrak{G}_{\mathfrak{T}} \cdot i_{\mathfrak{r}}$ kcal/h.

Nach außen verschwinden:

der Wärmeverluststrom Q_{verl} kcal/h,

Dampf mit einem Gewicht $\mathfrak{G}_{\mathfrak{T}}\,(\mathfrak{x}_{\mathfrak{r}} - \mathfrak{x}_{\mathfrak{h}})$ kg/h, das der Menge der verdampften Flüssigkeit entspricht. Sein Wärmeinhalt beträgt $\mathfrak{G}_{\mathfrak{T}} \cdot i_{D\mathfrak{h}}\,(\mathfrak{x}_{\mathfrak{r}} - \mathfrak{x}_{\mathfrak{h}})$ kcal/kg,

getrocknetes Gut mit einem Trockenstoffgehalt $\mathfrak{G}_{\mathfrak{T}}$ kg/h und einem Wärmeinhalt $\mathfrak{G}_{\mathfrak{T}} \cdot i_{\mathfrak{h}}$ kcal/h.

Die Wärmebilanzgleichung lautet:

$$Q + \mathfrak{G}_{\mathfrak{X}} \cdot i_{\mathfrak{r}} = Q_{\text{verl}} + \mathfrak{G}_{\mathfrak{X}} \cdot i_{D\mathfrak{h}} (\mathfrak{x}_{\mathfrak{r}} - \mathfrak{x}_{\mathfrak{h}}) + \mathfrak{G}_{\mathfrak{X}} \cdot i_{\mathfrak{h}} \, . \qquad (24)$$

Der äußere Wärmestrom folgt hieraus nach Umformung zu

$$Q = \mathfrak{G}_{\mathfrak{X}} (i_{D\mathfrak{h}} - i_{\mathfrak{W}\mathfrak{r}}) (\mathfrak{x}_{\mathfrak{r}} - \mathfrak{x}_{\mathfrak{h}}) + \mathfrak{G}_{\mathfrak{X}} \cdot c_{\mathfrak{h}} (t_{\mathfrak{h}} - t_{\mathfrak{r}}) + Q_{\text{verl}} \, . \qquad (24\,\text{a}$$

Die äußere Wärmezufuhr hat die Vermehrung des Wärmeinhaltes der verdampften Flüssigkeit von dem Betrage der anfänglichen Flüssigkeitswärme $\mathfrak{G}_{\mathfrak{X}} \cdot i_{\mathfrak{W}\mathfrak{r}} (\mathfrak{x}_{\mathfrak{r}} - \mathfrak{x}_{\mathfrak{h}})$ auf den Betrag der Dampfwärme $\mathfrak{G}_{\mathfrak{X}} \cdot i_{D\mathfrak{h}}(\mathfrak{x}_{\mathfrak{r}} - \mathfrak{x}_{\mathfrak{h}})$ zu bestreiten, außerdem die durch Temperaturerhöhung im getrockneten Gute entstehende Vermehrung des Wärmeinhaltes $\mathfrak{G}_{\mathfrak{X}} \cdot c_{\mathfrak{h}} (t_{\mathfrak{h}} - t_{\mathfrak{r}})$ und schließlich den Streuverlust.

Durch Vergleich der Formeln (22) und (24) ergibt sich, daß die Trocknung mit Luft der reinen Verdampfung in bezug auf Wärmeverbrauch gleichkommt, wenn die Beziehung gilt

$$G_L (i_h - i_r) = \mathfrak{G}_{\mathfrak{X}} \cdot i_{D\mathfrak{h}} (\mathfrak{x}_{\mathfrak{r}} - \mathfrak{x}_{\mathfrak{h}}) = G_L \cdot i_{D\mathfrak{h}} (x_h - x_r) \, ,$$
$$i_h - i_r = i_{D\mathfrak{h}} (x_h - x_r) \, .$$

Werden die Werte $i_{D\mathfrak{h}}$, i_h und i_r nach Formel (17) und (18) eingesetzt, so folgt schließlich

$$(r_{0^0} + c_{pD} \cdot t_h) (x_h - x_r) + c_{p\,r}(t_h - t_r) = i_{D\mathfrak{h}} (x_h - x_r) \, .$$

Der Wärmeinhalt $i_{D\mathfrak{h}} = r_{0^0} + c_{pD} \cdot t_{\mathfrak{h}}$ kann größer oder kleiner sein als $r_{0^0} + c_{pD} \cdot t_h$, je nachdem die Dampftemperatur $t_{\mathfrak{h}}$ bei reiner Verdampfung höher oder niedriger liegt als die Luftaustrittstemperatur t_h beim Verdunsten. Werden beide gleichgesetzt, so ist das Trockenverfahren mit Luft der reinen Verdampfung in bezug auf Wärmeverbrauch gleichwertig, wenn $t_h = t_r$ wird, d. h. die Luft beim Austritt die gleiche Temperatur besitzt wie vor dem Eintritt in das System. Je mehr $t_h > t_r$ wird, um so überlegener erscheint die reine Verdampfung. Wird $t_h < t_r$, so bedeutet dies, daß die Möglichkeit der natürlichen Lufttrocknung mit ausgenutzt wird. In diesem Falle übertrifft die Lufttrocknung die reine Verdampfung.

Dieser Vergleich bietet nur einen allgemeinen Anhalt, da er von der Voraussetzung ausgeht, daß beide Verfahren mit gleichen Temperaturverhältnissen arbeiten und daß die Streuverluste in beiden Fällen gleich sind.

III. Nutzleistung und Verluste beim Trockenvorgang.
Das vollkommene Trockenverfahren.

Die Bilanzgleichung läßt sich auch schreiben:

für Verdunstung

$$Q = \underset{(1)}{\mathfrak{G}_{\mathfrak{X}} \cdot c_{\mathfrak{h}} (t_{\mathfrak{h}} - t_{\mathfrak{r}})} + \underset{(2)}{G_L \cdot c_{p\,r} (t_h - t_r)} + \underset{(3)}{G_L (i_{Dh} - c_{\mathfrak{W}} \cdot t_{\mathfrak{r}}) (x_h - x_r)} + \underset{(4)}{Q_{\text{verl}}} \, ,$$

für Verdampfung

$$Q = \underset{(1)}{\mathfrak{G}_{\mathfrak{X}} \cdot c_{\mathfrak{h}} (t_{\mathfrak{h}} - t_{\mathfrak{r}})} + \underset{(3)}{\mathfrak{G}_{\mathfrak{X}} (i_{D\mathfrak{h}} - c_{\mathfrak{W}} \cdot t_{\mathfrak{r}}) (\mathfrak{x}_{\mathfrak{r}} - \mathfrak{x}_{\mathfrak{h}})} + \underset{(4)}{Q_{\text{verl}}} \, ,$$

Die Frage, welche Beträge beim Trockenvorgang als Nutzleistung und welche als Verlust zu betrachten sind, wird verschieden beantwortet.

1. Die Überschußwärme $\mathfrak{G}_{\mathfrak{X}} \cdot c_{\mathfrak{h}} (t_{\mathfrak{h}} - t_r)$, die in dem austretenden Gut, gegenüber dem auf das gleiche Trockenstoffgewicht bezogenen Wärmeinhalt des eintretenden Gutes, aus der Trockenvorrichtung in die Umgebung hinauswandert, wird häufig unter Nutzleistung verbucht, weil sie durch das Trockenverfahren bedingt ist.

2. Das gleiche gilt für die fühlbare Überschußwärme $G_L \cdot c_{pr} (t_h - t_r)$, die bei Verdunstungsanlagen in der austretenden Luft entweicht.

3. Die aus dem Gut entzogene Feuchtigkeit verwandelt sich bei den hier betrachteten Trockenverfahren in Dampf. Der Unterschied der hierauf entfallenden Dampfwärme gegenüber der anfänglichen Flüssigkeitswärme $G_L (i_{Dh} - c_{\mathfrak{W}} \cdot t_r) (x_h - x_r)$ bzw. $\mathfrak{G}_{\mathfrak{X}} (i_{D\mathfrak{h}} - c_{\mathfrak{W}} \cdot t_r) (\mathfrak{x}_r - \mathfrak{x}_{\mathfrak{h}})$ wird fast ausnahmslos als Hauptbetrag der Nutzleistung angesehen, weil es sich hier um einen Wärmeverbrauch handelt, der durch das Verfahren bedingt ist.

4. Die Trockenvorrichtung kann gegen die Umgebung nicht vollkommen wärmedicht gehalten werden; infolgedessen findet ein Wärmeaustausch mit der Umgebung statt. Er stellt den Wärmeverlust Q_{verl} dar.

5. Ein bei energiewirtschaftlichen Erörterungen der Trockentechnik nur selten erwähnter Betrag betrifft den Aufwand für Lösung des physikalischen Zusammenhanges zwischen der zu entziehenden Feuchtigkeit und dem verbleibenden Restgut. Hierher gehört auch die positive oder negative Verstärkungswärme, die mit der Veränderung der Sättigungsstärke bei genügend weit fortgesetzter Trocknung verbunden ist, gegebenenfalls auch die Wärmetönung bei Umwandlung von Hydraten in Anhydride, wenn die Flüssigkeit eine wahre Lösung darstellt. Ein Bild über die Höhe der hier in Betracht kommenden Werte ergibt sich z. B. daraus, daß bei Verringerung des Wassergehaltes einer Chlorkalziumlösung von $\mathfrak{x}_r = 18$ auf $\mathfrak{x}_{\mathfrak{h}} = 1{,}5$, bezogen auf 1 kg wasserfreies $CaCl_2$, die Verstärkungswärme nur etwa $\dfrac{1}{500}$ der Verdampfungswärme des Wassers beträgt. Andererseits entspricht der Wärmetönung bei Verwandlung von Chlorkalziumhydrat $CaCl_2 + 6\,H_2O$ in wasserfreies Chlorkalzium ein Wärmeaufwand, der etwa $\dfrac{1}{3}$ der Verdampfungswärme beträgt, also keinesfalls mehr vernachlässigt werden sollte.

Es ist unbestreitbar, daß der im allgemeinen zahlenmäßig gegenüber den anderen Beträgen zurückstehende, unter 5. behandelte Energieaufwand die eigentlichste Nutzleistung des Trockenvorganges darstellt. Sie tritt bei allen Trockenverfahren, also auch bei mechanischer Entfeuchtung, als solche auf, kommt jedoch in der Bilanzgleichung nicht klar zum Ausdruck. Ihr Einfluß äußert sich bei Verdampfungsanlagen u. a. darin, daß die Dampftemperatur niedriger liegt als die Temperatur des als allgemeine oder wirkliche Lösung aufzufassenden Gutes — Siedeverzug. Bei der Verdunstung wird die Trennarbeit durch Berücksichtigung der hygroskopischen Eigenschaft erfaßt.

Andererseits sind die unter 4. erwähnten Wärmebeträge unbedingt als Verluste zu betrachten, weil es sich hierbei um eine nicht erfaßbare Zerstreuung der Wärme handelt.

Die unter 1. und 2. genannten Posten lassen sich innerhalb des Trockenvorganges wiedergewinnen, die Überschußwärme des Gutes kann, ebenso wie die fühlbare Überschußwärme der Luft, in Wärmeaustauschvorrichtungen zur Vorwärmung von Gut und Luft dienen. Bei der unter 3. angeführten Dampfwärme ist dies gleichfalls teilweise möglich. Eine Grenze wird hier dadurch gezogen, daß die Vorwärmung von Gut und Trockenmittel meist nur einen kleinen Teil der verfügbaren Dampfwärme erfordert, besonders wenn die Überschußwärme von Gut und Luft schon zuvor hierfür herangezogen wird. In der Hauptsache fehlt daher die Gelegenheit für Rückgewinnung der Dampfwärme innerhalb des Trockenvorganges selbst. Hierzu ist vielmehr die Heranziehung eines weiteren Systems nötig, das Bedürfnisse decken kann, die, wie z. B. Raumheizung, Wassererwärmung, außerhalb des Trockenvorganges liegen. Eine Verbesserung ist denkbar, wenn die Trocknung in mehrere Stufen zerfällt, von denen jede folgende mit einem niedrigeren Druck arbeitet. Der aus der vorausgehenden Stufe entweichende Brüdendampf kann dann als Heizmittel für die folgende Stufe dienen. Nur für den Abdampf der letzten Stufe ist anderweitige Verwendung zu suchen. Bei unendlicher Stufenzahl ließe sich auch die Dampfwärme innerhalb des Trockenvorganges restlos wiedergewinnen.

Verglichen mit dem vollkommenen Vorgang ist daher nur die unter 5. angeführte Trennarbeit als Nutzleistung zu betrachten, während der Betrag 4. als Streuungsverlust, die Beträge 1., 2. und 3. als innere Verluste des Trockenverfahrens zu betrachten sind.

Die vorstehenden Erörterungen folgen dem bei Aufgaben reiner Wärmeübertragung üblichen Gedankengange. Es ist jedoch bekannt, wenn auch von dem Wärmetechniker zu selten beachtet, daß es sich bei der Wärmeübertragung nicht nur darum handelt, die aufgewandte Anzahl von kcal möglichst restlos, in gleichem Betrage, als Nutzleistung wiederzufinden, sondern auch darum, die durch Temperaturabnahme eintretende Entwertung der Wärmeenergie zu vermeiden. Bezeichnet Q_0 die Nutzleistung und T_0 die dabei nötige absolute Temperatur, so ist der Vorgang unvollkommen, wenn nur $Q = Q_0$ ist, weil ein Temperaturgefälle bestehen, also $T > T_0$ sein muß. Die Energieentwertung wird dadurch ausgedrückt, daß bei unmittelbarem Wärmeaustausch die Entropie zunimmt und die Wärmeübertragung einen nicht umkehrbaren, daher unvollkommenen Vorgang darstellt.

Die Mittel, die Trocknung als möglichst vollkommenen Vorgang durchzuführen, sind in Abb. 5 angedeutet. Das feuchte Gut wird durch eine Speisevorrichtung gegen den in dem Trockenraum herrschenden höheren Druck eingeführt. Die Wärmezufuhr erfolgt in einer Austauschvorrichtung, die im Gegenstrom arbeitet und die aufzutrocknende Feuchtigkeit bei gleichbleibender Temperatur verdampft. Das verbleibende Restgut nimmt hierbei eine erhöhte Temperatur an. Vor dem Austritt wandert es im Gegenstrom zu dem eintretenden Gut und gibt die Überschußwärme an dieses ab. In einer Auslaßvorrichtung erfolgt die Entspannung des Restgutes auf den Druck der Umgebung unter Arbeitsgewinn.

Die in Dampfform ausgetretene Flüssigkeit durchläuft eine Kraftmaschine, z. B. einen Dampfmotor, und dehnt sich hierbei auf den Druck der Umgebung aus. Die Temperatur sinkt dementsprechend. Der Niederdruckdampf gibt bei gleichbleibender Temperatur seine Wärme in einer Gegenstromvorrichtung an Wasser ab, verflüssigt sich hierbei,

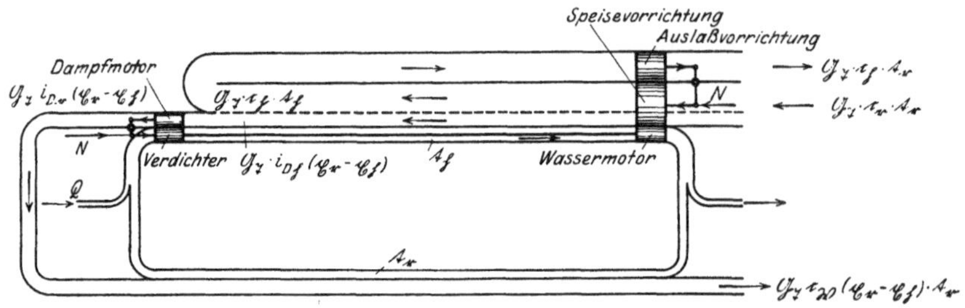

Abb. 5. Wärmestrombild eines vollkommenen Trockners.

während das beheizte Wasser verdampft. Hiermit ist der offene Lauf des Gutes beendigt. Es tritt mit dem getrockneten Gute der Wärmeinhalt $\mathfrak{G}_{\mathfrak{x}} \cdot c_{\mathfrak{h}} \cdot t_{\mathfrak{r}}$, mit der entzogenen Feuchtigkeit der Wärmeinhalt $\mathfrak{G}_{\mathfrak{x}} \cdot c_{\mathfrak{W}} \, (\mathfrak{x}_{\mathfrak{r}} - \mathfrak{x}_{\mathfrak{h}}) \, t_{\mathfrak{r}}$ nach außen. Beide zusammen entsprechen der in dem eintretenden Naßgut enthaltenen Wärmemenge $\mathfrak{G}_{\mathfrak{x}} \cdot c_{\mathfrak{r}} \cdot t_{\mathfrak{r}}$, sowohl nach zahlenmäßiger Höhe als auch Energiewertigkeit. Die für die Speisevorrichtung aufgewandte Arbeit wird durch die Auslaßvorrichtung nur zum Teile wiedergewonnen. Es verbleibt ein Energieverbrauch für die Förderung des zu entziehenden Feuchtigkeitsgehaltes gegen den erhöhten Druck. Ihm steht die verfügbare Arbeitsmenge des Dampfmotors gegenüber.

Das durch die niederschlagende Feuchtigkeit verdampfte Wasser arbeitet in einem besonderen Kreislauf. Der Dampf wird durch einen Verdichter auf höheren Druck gebracht, strömt mit entsprechend erhöhter Temperatur in der eigentlichen Trockenvorrichtung dem Gute entgegen und bewirkt, sich verflüssigend, die Verdampfung der zu entziehenden Feuchtigkeit. Das niedergeschlagene Wasser durchläuft eine Kraftmaschine, z. B. einen Wassermotor, wird hierbei entspannt und nimmt gleichzeitig die niedrigere Temperatur wieder an. Die in der Kraftmaschine gewonnene Arbeit wird zur teilweisen Deckung des Arbeitsbedarfs des Verdichters verwendet, ein weiterer Teil der für den Verdichter benötigten Arbeit wird durch die von dem Dampfmotor abgegebene Leistung bestritten, der Rest als äußere Arbeit zugeführt. Außerdem wird Dampf von außen in den geschlossenen Kreislauf geleitet. Ihm entspricht eine gleiche Gewichtsmenge abgehenden Niederschlagwassers.

Der verbleibende Energiebedarf ist durch die unter 5. behandelte Nutzarbeit bedingt. (Speise- und Auslaßvorrichtung entfallen, wenn die Trockenvorrichtung unter dem gleichen Drucke arbeitet, der in der Umgebung herrscht. Die Niederdruckseite des Kreislaufes steht dann unter Vakuum. Die entzogene Feuchtigkeit und das der Zusatzwärme entsprechende Niederschlagswasser müssen durch Pumpen gegen den äußeren Druck gefördert werden.)

Von Erörterungen, in welcher Weise sich derartige vollkommene Arbeitsverfahren durchführen lassen, möge abgesehen werden. Jedenfalls bestehen für die energiewirtschaftliche Verbesserung künstlicher Trockenanlagen, ebenso wie für die Heizung ganz allgemein, Möglichkeiten, die auch teilweise schon in der Praxis erörtert bzw. der Ausführung nähergebracht worden sind. Es sei hier nur an den Vorschlag erinnert, den Brüdendampf zum Betriebe von Niederdruckdampfturbinen zu benutzen, und an die Verwendung von Brüdenkompressoren zur Verdichtung und Wiederverwendung des abgehenden Dampfes (Josse, Gensecke).

Demgegenüber ist das energiewirtschaftliche Ziel, das sich die Trockentechnik zur Zeit fast ausnahmslos stellt, ein recht bescheidenes. Es gipfelt im allgemeinen darin, die inneren und äußeren Verluste nach Möglichkeit zu verringern und die inneren Verluste in erster Linie innerhalb, demnächst außerhalb des eigentlichen Trockenvorganges wiederzugewinnen. Selbstverständlich bleibt dieses Bestreben nach wie vor richtig und die Überleitung zu dem umkehrbaren Trockenverfahren ein Problem der weiteren Zukunft.

Bei dem vollkommenen Trockenverfahren kann von einem Wirkungsgrad gesprochen werden, der um so höher liegt, je niedriger die angewandte Höchsttemperatur ist und je geringer das Temperaturgefälle zwischen der hohen und niedrigen Temperatur gehalten wird. Diese Gesichtspunkte gelten ganz allgemein auch für das praktisch angewandte Trockenverfahrem. Für dieses lautet die energiewirtschaftliche Forderung, den Trockenvorgang möglichst bei gleichbleibender Temperatur zu leiten und diese Temperatur so niedrig wie möglich zu halten.

IV. Bildliche Darstellung des Zustandes von feuchten Gasen und Gut.

A. Das Molliersche i-x-Bild für wasserhaltige Luft.

Die Darstellung des Vorganges der Lufttrocknung in bildlicher Form hat über Weiß[1]), Müller[2]), Schüle[3]), Höhn[4]) u. a. eine Entwicklung genommen, die in dem von Mollier[5]) vorgeschlagenen i-x-Bilde zu einem gewissen Abschluß gelangt ist. Mit Recht betont Mollier, daß die von ihm als Ausgangspunkt gewählten einfachen Gasgesetze die Widersprüche vermeiden, die in den Darstellungen enthalten sind, wenn sie von dem für vollkommene Gase geltenden Daltonschen Gesetz ausgehen, gleichzeitig jedoch die Dampfeigenschaften aus Dampftafeln entnehmen.

---

[1]) Weiß: Kondensation. Berlin 1901.   [2]) Müller: Z. V. d. I. 1905.
[3]) Schüle: Z. V. d. I. 1919.   [4]) Höhn: Z. V. d. I. 1919.
[5]) Mollier: Z. V. d. I. 1923.

Das Molliersche in Abb. 6 wiederholte i-x-Bild ist entworfen für eine

spezifische Wärme der Reinluft: $c_{pL} = 0.24$ kcal/kg · °C, unabhängig von Temperatur und Druck,

spezifische Wärme des Wasserdampfes: $c_{pD} = 0{,}46$ kcal/kg · °C, unabhängig von Temperatur und Druck,

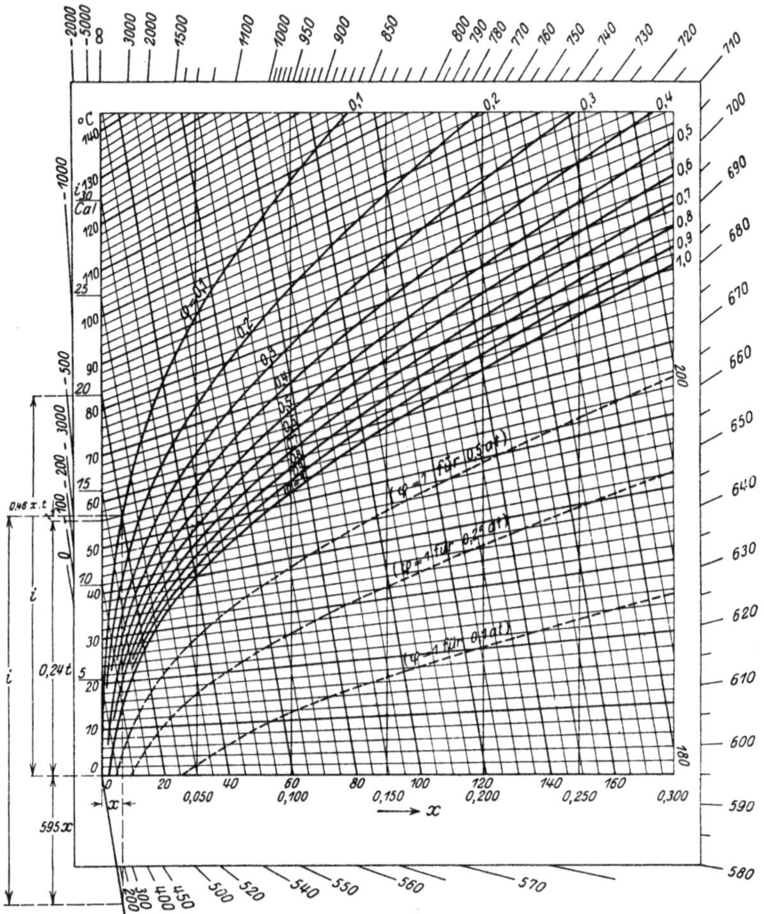

Abb. 6. Molliersches i-x-Bild für wasserhaltige Luft.

Verdampfungswärme des Wasserdampfes bei $0°$: $r_{0°} = 595$ kcal/kg.

Mollier wählt schiefwinklige Koordinaten. Die wagerechte Hilfsabszissenachse stellt die Temperaturlinie für $t = 0$ dar. Auf ihr wird der Dampfgehalt x abgelesen. Für einen bestimmten Wert x wird die Höhe der bei $0°$ darauf entfallenden Verdampfungswärme $r_{0°} \cdot x = 595\,x$ durch den Abstand der Wagerechten von der darunter verlaufenden schrägen Abszissenachse gemessen.

Von der für $x = 0$ geltenden Ordinatenachse gehen Temperatur-linien aus. Ihr Ordinatenabstand vom Nullpunkt entspricht dem Betrage $c_{pL} \cdot t = 0{,}24\,t$, d. i. dem Wärmeinhalt von 1 kg Reinluft bei der Temperatur t. Die Temperaturlinien steigen mit zunehmender Temperatur immer mehr an. Ihr Ordinatenabstand von der wagerechten Hilfsabszissenachse für einen bestimmten Wert x entspricht dem Betrage $c_p \cdot t = (c_{pL} + c_{pD} \cdot x)\,t = (0{,}24 + 0{,}46\,x)\,t$. Durch den Schnittpunkt der schrägen t-Geraden mit der im Abszissenabstand x gezogenen Senkrechten wird der Luftzustand im Punkte G festgelegt. Er bestimmt den Wärmeinhalt feuchter Luft mit 1 kg Reinluft und x kg Dampf in dem Abstande des Punktes G von der schrägen Abszissenachse zu

$$i = r_{0^0} \cdot x + c_{pL} \cdot t + c_{pD} \cdot x \cdot t = c_{pL} \cdot t + x(r_{0^0} + c_{pD} \cdot t)$$
$$= 0{,}24\,t + x\,(595 + 0{,}46\,t).$$

Eine durch Punkt G gelegte Parallele zur schrägen Abszissenachse schneidet die Ordinatenachse in einem Abstand vom Nullpunkt, der gleichfalls dem Werte i entspricht. Das Zurückgreifen auf die schräge Abszissenachse, die bei hohen x-Werten dem Bildfelde entschwindet, erübrigt sich daher.

Für eine bestimmte Temperatur t folgt aus den Dampftafeln die zugehörige Sättigungsspannung P''. Unter Annahme eines bestimmten Gesamtdruckes P errechnet sich hierfür nach Formel (4) der Höchstdampfgehalt zu

$$x_{(\varphi\,=\,1)} = \frac{0{,}622\,P''}{P - P''}\,.$$

Die Schnittpunkte der im Abszissenabstande $x_{(\varphi\,=\,1)}$ gezogenen Senkrechten mit den t-Linien ergeben die Sättigungslinie. Für einen Sättigungsgrad $\varphi < 1$ finden sich die zugehörigen Werte

$$x = 0{,}622\,\frac{\varphi \cdot P''}{P - \varphi \cdot P''}$$

und führen zu den im i-x-Bilde aufgenommenen φ-Linien.

Unter Zugrundelegung eines Gesamtdruckes $P = 10\,000$ kg/m² ist in Tafel I das Molliersche i-x-Bild in ergänzter Form wiedergegeben. Die darin eingezeichnete P_D-Kurve liefert nach Formel (4) zu dem Abszissenwerte x den zugehörigen Dampfteildruck

$$P_D = \frac{x \cdot P}{\dfrac{R_L}{R_D} + x} = \frac{x \cdot P}{0{,}622 + x}\,.$$

Bei der Vorausberechnung des Trockenvorganges bedarf es im allgemeinen ziemlich willkürlicher Annahmen für die Höhe des Gesamtdruckes. Die Tafel kann daher ohne weiteres benutzt werden, solange der Aufstellungsort infolge seiner Höhenlage nicht einen von 735,5 mm Q.-S. wesentlich abweichenden Barometerstand von vornherein erwarten läßt.

Ist der Gesamtdruck innerhalb der Trockenvorrichtung höher oder niedriger als 10 000 kg/m², so enthält bei einer bestimmten Temperatur t die Raumeinheit feuchter Luft im Sättigungszustande ein gleich hohes

Dampfgewicht, dagegen ein höheres bzw. niedrigeres Reinluftgewicht als bei einem Druck von 10000 kg/m². Auf 1 kg Reinluft entfällt

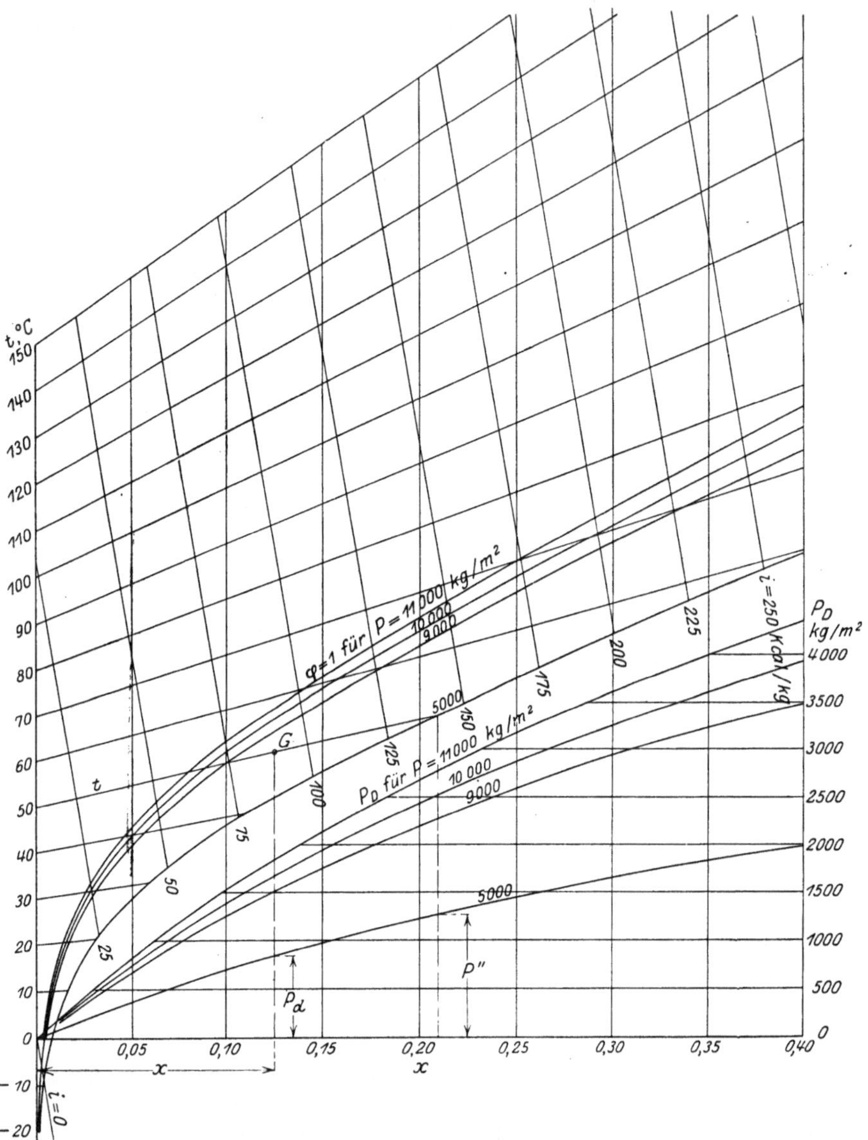

Abb. 7. *i-x*-Bild für verschiedenen Gesamtdruck *P*.

bei einer bestimmten Temperatur und einem bestimmten Feuchtigkeitsgrad bei höherem Gesamtdruck ein kleinerer, bei niedrigerem Gesamtdruck ein größerer Feuchtigkeitsgehalt *x*. Dies wirkt sich im *i-x*-Bilde so aus, daß die für einen Gesamtdruck von 10000 kg/m² geltende Sättigungslinie $\varphi = 1$ bei einem Drucke von 5000 kg/m² für $\varphi = 0,5$ gilt und umgekehrt die für einen Gesamtdruck von 10000 kg/m² gefundene Linie $\varphi = 0,5$ die Sättigungslinie bei einem Gesamtdruck von 20000 kg/m² darstellt.

Für die Festlegung des dem Luftzustande entsprechenden Punktes bei einem von 10000 kg/m² verschiedenen Gesamtdruck kann Abb. 7 dienen, die Linien für $\varphi = 1$ und P_D, unter Annahme eines Gesamtdruckes von $P = 11000$, 10000, 9000 und 5000 kg/m², enthält. Für einen Feuchtigkeitsgehalt x und eine Temperatur t ergibt sich der Zustandspunkt der Luft unabhängig von P als Schnittpunkt G der t-Geraden mit der x-Ordinaten. Sind dagegen Temperatur t, Feuchtigkeitsgrad φ und Gesamtdruck P bekannt, so läßt sich, da t den Sättigungsdruck P'' auf der für P gültigen P_D-Kurve liefert, der Teildruck des Dampfes $P_D = \varphi \cdot P''$ ermitteln. Der Wert P_D führt zu dem Abszissenwert x und die x-Linie im Schnitt mit der t-Geraden zu dem Zustandspunkt G.

B. Das Molliersche i-x-Bild für allgemeine feuchte Gase.

Besteht das angewandte Trockenmittel nicht aus atmosphärischer Luft, sondern allgemeinen Gasen, so ändert sich von den für den Entwurf des i-x-Bildes maßgebenden Größen nur der Wert der spezifischen Wärme c_{pL}. Er liegt z. B. bei Verbrennungsgasen wegen des Kohlensäuregehaltes höher als bei Luft und fordert außerdem Berücksichtigung seiner Veränderung bei höheren Temperaturen, die hier häufig auftreten. Je mehr die reinen Feuergase mit Frischluft gemischt werden, um so mehr nähert sich das maßgebende i-x-Bild dem für feuchte Luft entworfenen.

Besteht die zu verdampfende Feuchtigkeit nicht aus Wasser, sondern aus einer anderen tropfbaren Flüssigkeit, so ändern sich von den Grundlagen des i-x-Bildes die spezifische Wärme c_{pD} und die Verdampfungswärme r des Dampfes.

Im i-x-Bilde kommen diese Unterschiede darin zum Ausdruck, daß beim Verdunsten von Wasser in ein anderes Gas als Luft die Neigung der schrägen Abszissenachse, von der aus die i-Werte zählen, sich nicht ändert. Dagegen verschieben sich die t-Linien. Sie rücken im Verhältnis der Vergrößerung der spezifischen Wärme c_{pL} bzw. des Wärmeinhaltes i_L auseinander. Ihre Schräge zur Abszissenachse bleibt unverändert. Die Sättigungslinie folgt mit ihren Ordinatenwerten der Verschiebung der t-Linien.

Verdunsten einer anderen Flüssigkeit als Wasser in Luft äußert sich im i-x-Bilde dadurch, daß die Sättigungslinie einen abweichenden Verlauf nimmt, außerdem die Neigung der schrägen Abszissenachse sich wegen des verschiedenen Wertes der Verdampfungswärme r verändert. Die t-Linien bleiben in ihrem Ausgangspunkte auf der Ordinatenachse liegen. Ihre Neigung verändert sich jedoch entsprechend der verschiedenen spezifischen Wärme c_{pD} des Dampfes.

Im letzten Falle ist vorausgesetzt, daß die Luft wasserfrei ist. Ist dies nicht der Fall, so verschiebt sich der Ausgangspunkt der t-Linien im Verhältnis $\dfrac{0,24 + 0,46 \cdot x}{0,24} = 1 + 1,92 \cdot x$, wenn x den Gehalt der Luft an Wasserdampf darstellt. Außerdem bleibt für die Gültigkeit des so entworfenen i-x-Bildes die Voraussetzung bestehen, daß die zu verdampfende Flüssigkeit sich nicht mit Wasser mischt. Anderenfalls werden die Beziehungen verwickelter und sind nicht mehr in einfacher Weise wiederzugeben.

Nach diesen Gesichtspunkten läßt sich z. B. für Verbrennungsgase beliebiger Zusammensetzung und das Verdunsten von Lösungsmitteln, die sich nicht mit Wasser mischen, das i-x-Bild zeichnen. Wenn hier davon abgesehen wird, so geschieht dies mit Rücksicht darauf, daß nur eine Vielzahl von i-x-Bildern die wechselnden Verhältnisse zu erfassen vermag und ihre Aufzeichnung daher eine Aufgabe des entwerfenden Ingenieurs darstellt. Für die spezifische Wärme der Verbrennungsgase bzw. deren Wärmeinhalt geben zahlreiche Sonderwerke Anhalt zur Berechnung. Ein i-x-Bild für Feuergase findet sich in der Grubenmannschen Arbeit[1]). Die Werte der spezifischen Wärme von Lösungsmitteln im Gaszustande, ihrer Verdampfungswärme und ihrer Sättigungskurve sind den physikalischen Tabellenwerken zu entnehmen, die allerdings in dieser Beziehung keine lückenlosen Angaben liefern.

C. Kühlgrenze und Zustandspunkt des Gutes im i-x-Bilde.

'Wird ein gegen störende Einflüsse geschütztes feuchtes Thermometer in feuchte Luft gebracht, so zeigt es eine bestimmte von dem Luftzustande (t, x) abhängige Temperatur τ — die Kühlgrenze — an. Wird statt des Thermometers ein anderer „feuchter“ Körper der feuchten Luft ausgesetzt, so stellt sich auch seine Temperatur auf die Kühlgrenze ein. Die Anzeige des feuchten Thermometers ist demnach maßgebend für die Temperatur, der das feuchte Gut zustrebt und die es beibehält, solange es feucht bleibt.

Für die richtige Anzeige des feuchten Thermometers ist außer genügend langer Beobachtungsdauer Bedingung, daß die Geschwindigkeit der darüberstreichenden Luft ein Mindestmaß von 2 bis 3 m/s nicht unterschreitet. Carrier und Lindsay[2]) haben den Unterschied zwischen der genauen Kühlgrenztemperatur und der wirklichen Anzeige des mit Wasser befeuchteten Thermometers für verschiedene Luftgeschwindigkeiten untersucht. Der von ihnen ermittelte, auf ^{0}C und m/s umgerechnete Zusammenhang der Abb. 8 gibt in den logarithmisch eingeteilten Ordinaten für Temperaturen t des feuchten Thermometers von —35 bis etwa 93^0 den Anzeigefehler in % des beobachteten Tempera-

---

[1]) Grubenmann: Jx-Tafeln feuchter Luft. Berlin: Julius Springer 1926.

[2]) Carrier und Lindsay: The temperatures of evaporation of water into air. Refr. Engg. 1925.

turunterschiedes t—t zwischen trockenem und feuchtem Thermometer. Bei hohen Luftgeschwindigkeiten ist der Fehler stets so gering, daß er unberücksichtigt bleiben kann. Bei niedrigen Luftgeschwindigkeiten trifft dies nur zu, wenn gleichzeitig die Kühlgrenze hoch liegt. Dagegen ist der Fehler nicht zu vernachlässigen, wenn es sich um niedrige Kühlgrenzwerte und geringe Luftgeschwindigkeiten handelt. Die den Kurven beigeschriebenen Zahlen entsprechen nicht der bei der Temperatur t wirklich beobachteten Luftgeschwindigkeit w, sondern dem auf 21^0 umgerechneten Werte

$$w_{21} = w \cdot \frac{294}{273+t}\,.$$

Die Versuchsergebnisse gelten außerdem, genau genommen, für einen Barometerstand von 760mm Q.-S., können jedoch unbedenklich allgemein für Feuchtigkeitsmessungen unter atmosphärischem Druck benutzt werden. Für den Trockenvorgang ermöglichen die Beob-

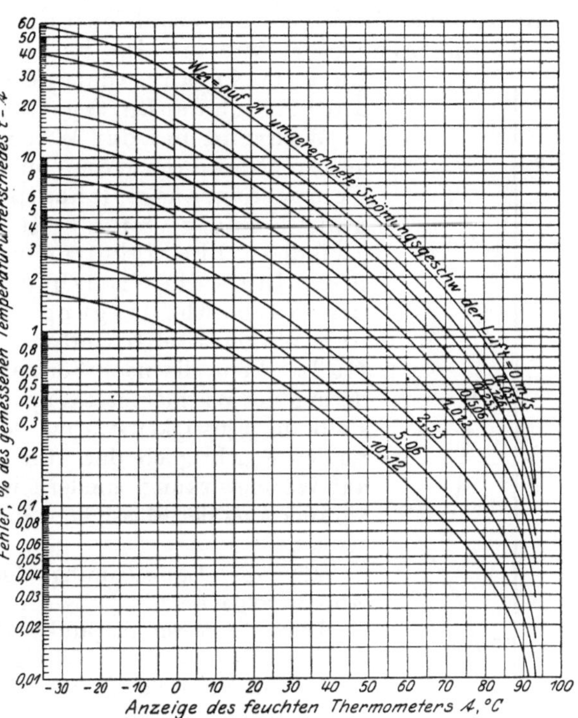

Abb. 8. Anzeigefehler des zwischen trockenem und feuchtem Thermometer beobachteten Temperaturunterschiedes t-t bei verschiedenen Luftgeschwindigkeiten (Carrier-Lindsay).

achtungen von Carrier und Lindsay einen Rückschluß auf das Maß, in dem die Temperatur des feuchten Gutes nach Ausgleich mit der umgebenden Luft die Kühlgrenze übersteigt.

Es seien folgende Voraussetzungen getroffen:

1. das Gut habe seinen Ausgleichzustand erreicht, seine Temperatur liege auf der Kühlgrenze τ,

2. ein Wärmeaustausch mit der äußeren Umgebung finde nicht mehr statt. Es sei also $Q = 0$ und $Q_{\mathrm{verl}} = 0$.

Mit diesen Annahmen schreibt sich die Bilanzgleichung

$$0 = G_L \left[(i_e - i_a) - i_{\mathfrak{W}\tau} (x_e - x_a) \right],$$

wenn bedeuten

Index $_a$ den Zustand des Gases bei Annahme der Kühlgrenze τ,

Index $_e$ den Zustand des Gases beim Verlassen der Kühlgrenze τ.

Hieraus folgt für den Hauptabschnitt des Trockenvorganges

$$i_e - i_a = i_{\mathfrak{W}\tau} (x_e - x_a) . \tag{25}$$

Dies ist die Gleichung der im i-x-Bilde der Abb. 9 dargestellten Geraden $C\mathfrak{G}$, der

Linie gleicher Kühlgrenze τ.

Sind äußere Einflüsse ausgeschlossen und besitzt das Gut die Temperatur $t = \tau$, wie sie der Kühlgrenze der feuchten Luft im Anfangszustande zukommt, so verändert sich der Luftzustand längs der τ-Linie.

Während bei der Wärmeübertragung zwischen trockenen Körpern mit Erreichung des Temperaturausgleiches der Erwärmungsvorgang beendigt ist, stellt für den Austausch zwischen Flüssigkeiten und feuchten Gasen die τ-Linie die Grenzbedingung dar, bei der die Wärmeübertragung sich wohl fortsetzt, den Wärmeinhalt jedoch nicht mehr beeinflußt. Denn die nach Formel (25) verbleibende Änderung des Wärmeinhaltes um den Betrag $i_{\mathfrak{W}\tau} (x_e - x_a)$ stellt die Flüssigkeitswärme der in das Gas übertretenden Feuchtigkeit dar. Ihr Übergang beruht nicht auf Wärmewirkung, sondern ist die Folge einer Ortsveränderung der Flüssigkeit, die ohne Energieaufwand erfolgt.

Für die Einzeichnung der τ-Linien gilt nach Abb. 9 folgendes:

Durch den Schnittpunkt $\mathfrak{G}$, in dem die Temperaturgerade $t = \tau$ die Sättigungslinie schneidet, ist die i-Linie zu ziehen. Schneidet sie die Ordinatenachse im Punkte B und wird von B aus gegen den Ordinatenursprung zu die Strecke

$$BC = i_{\mathfrak{W}\tau} \cdot x_{\mathfrak{g}} = c_{\mathfrak{W}} \cdot \tau \cdot x_{\mathfrak{g}},$$

also für wasserhaltige Luft der Betrag $\tau \cdot x_{\mathfrak{g}}$ abgetragen, so ergibt sich Punkt C, in dem die durch $\mathfrak{G}$ gehende τ-Linie die Ordinatenachse schneidet. Die so entworfenen τ-Linien sind neben den i-Linien in dem i-x-Bilde der Tafeln II und III aufgenommen. Beide weichen mit zunehmender Temperatur mehr und mehr voneinander ab. Die τ-Linien ermöglichen u. a., die richtige Anzeige des feuchten Thermometers abzulesen. Wasserhaltiger Luft von $t = 30^0$, beobachtet am trockenen Thermometer, und einem Feuchtigkeitsgrad von $\varphi = 0{,}4$, entsprechend einem Feuchtigkeitsgehalt von $x \approx 0{,}011$, kommt z. B. eine Kühlgrenze $\tau = 20^0$ zu, wie sie das feuchte Thermometer anzeigt.

Jeder Punkt G des i-x-Bildes der Abb. 10 kennzeichnet den Zustand der Luft nach Temperatur t, Feuchtigkeitsgehalt x, Wärme-

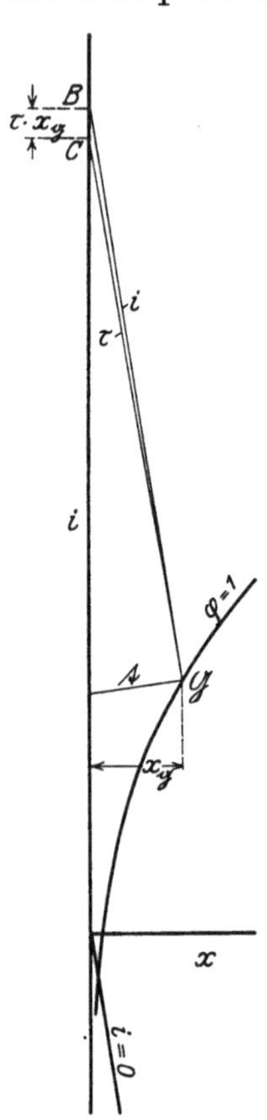

Abb. 9. Linie gleicher Kühlgrenze τ im i-x-Bild.

inhalt i, Feuchtigkeitsgrad φ und Dampfteildruck P_D. Nach dem Gesagten bestimmt die durch Punkt G gezogene τ-Linie in ihrem Schnittpunkte $\mathfrak{G}$ mit der Sättigungslinie die Temperatur $\mathfrak{t}$ feuchten Gutes im Ausgleichzustande. Die Dampfspannung $\mathfrak{P}$ über dem Gute ist hierbei durch den Wert $P_\mathfrak{t}''$ gegeben, der dem Schnittpunkt der durch $\mathfrak{G}$ gezogenen $x_\mathfrak{g}$-Linie mit der P_D-Kurve zukommt. $\mathfrak{G}$ stellt den Zustandspunkt feuchten Gutes dar, das er nicht nur hinsichtlich seiner Temperatur $\mathfrak{t} = \tau$, sondern auch in bezug auf seine Dampfspannung $\mathfrak{P} = P_\mathfrak{t}''$ kennzeichnet. Über Feuchtigkeitsgehalt $\mathfrak{x}$ und Wärmeinhalt $\mathfrak{i}$ sagt seine Lage nichts aus. Diese Werte wechseln während

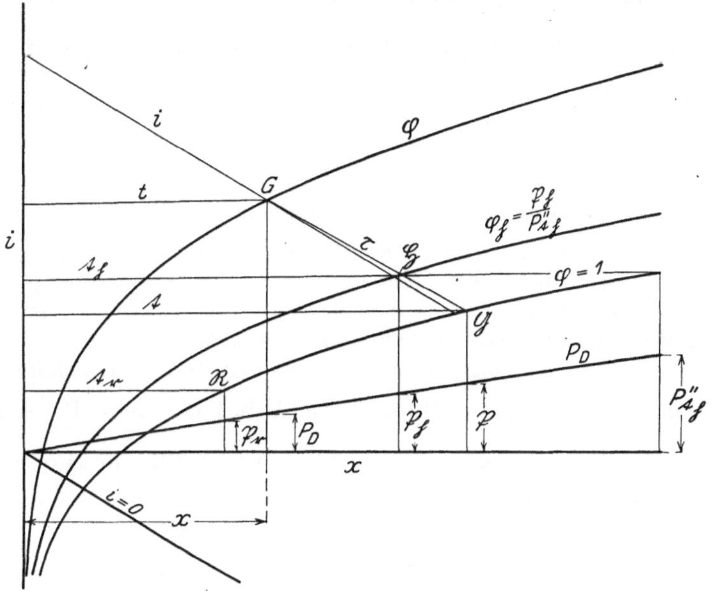

Abb. 10. Zustandspunkt des Gutes im i-x-Bild.

des Hauptabschnittes des Trockenvorganges, ohne daß der dem Gutszustande entsprechende Punkt $\mathfrak{G}$ im i-x-Bilde sich verschiebt.

Ähnlich ergeben sich die Beziehungen für einen beliebigen Zustand feuchten Gutes vor Erreichung des Ausgleichszustandes. Der entsprechende Punkt $\mathfrak{R}$ liegt gleichfalls auf der Sättigungslinie und ist gekennzeichnet durch die Gutstemperatur $\mathfrak{t}_\mathfrak{r}$, entsprechend der durch den Punkt $\mathfrak{R}$ gehenden t-Linie, und die Dampfspannung des Gutes $\mathfrak{P}_\mathfrak{r} = P_{\mathfrak{t}\mathfrak{r}}''$, während Feuchtigkeitsgehalt $\mathfrak{x}_\mathfrak{r}$ und Wärmeinhalt $\mathfrak{i}_\mathfrak{r}$ auch hier nicht aus dem i-x-Bilde hervorgehen.

Dieses bedarf daher einer Ergänzung durch ein i-$\mathfrak{x}$-Bild, um die Eigenschaften feuchten Gutes restlos festzulegen.

Verliert das Gut die Eigenschaft des feuchten Körpers, so entspricht die ihm bei einer bestimmten Temperatur $\mathfrak{t}_\mathfrak{h}$ zukommende Dampfspannung $\mathfrak{P}_\mathfrak{h}$ nicht mehr der Sättigungsspannung $P_{\mathfrak{t}\mathfrak{h}}''$. Sein Zustandspunkt rückt im i-x-Bilde von der Sättigungslinie ab. Wird der Wert P_D

aufgesucht, der dem Betrage $\mathfrak{P}_\mathfrak{h}$ gleichkommt, und die zu $P_D = \mathfrak{P}_\mathfrak{h}$ gehörige $x_\mathfrak{h}$-Linie gezogen, so schneidet diese die dem Werte $t = t_\mathfrak{h}$ entsprechende Temperaturgerade in einem Punkte $\mathfrak{H}$, der als Zustandspunkt des hygroskopischen Gutes betrachtet werden darf, das er nach Temperatur $t_\mathfrak{h}$ und Dampfdruck $\mathfrak{P}_\mathfrak{h}$ festlegt. Er liegt auf der $\varphi_\mathfrak{h}$-Linie, für die die Beziehung

$$\varphi_\mathfrak{h} = \frac{\mathfrak{P}_\mathfrak{h}}{P''_{t\mathfrak{h}}}$$

gilt. Nach Abschnitt I. B. 4 besteht zwischen dem Feuchtigkeitsgehalt $\mathfrak{x}$ und dem Verhältnis $\frac{\mathfrak{P}}{P''}$ im hygroskopischen Gebiete eine von der Temperatur unabhängige Beziehung, wie sie sich aus dem $\frac{\mathfrak{P}}{P''}$-$\mathfrak{x}$-Bilde ergibt. Jedem Werte $\frac{\mathfrak{P}}{P''}$ kommt für eine gegebene Art hygroskopischen Gutes ein ganz bestimmter Wert $\mathfrak{x}$ zu. Das aber heißt, daß für eine bestimmte Ware der Zustandspunkt hygroskopischen Gutes durch den seiner Lage im i-x-Bild entsprechenden Wert $\varphi = \frac{\mathfrak{P}}{P''}$ auch den Betrag $\mathfrak{x}$ festlegt. Die φ-Linien stellen daher gleichzeitig Linien gleichen Feuchtigkeitsgehaltes $\mathfrak{x}$ hygroskopischen Gutes dar. Der einer bestimmten φ-Linie beizuschreibende $\mathfrak{x}$-Wert besitzt jedoch nicht eine gleichbleibende Höhe, sondern hängt ab von den Gutseigenschaften. Das i-x-Bild bedarf daher einer Ergänzung durch das $\frac{\mathfrak{P}}{P''}$-$\mathfrak{x}$-Bild. Nach Abb. 1 kommt z. B. dem Verhältnis $\frac{\mathfrak{P}}{P''} = 0{,}5$ ein Wert $\mathfrak{x}$ zu, der für Stärke 0,125, für Humus 0,08, für Kaolin 0,0125 beträgt. Diese verschiedenen $\mathfrak{x}$-Zahlen sind daher im i-x-Bilde der φ-Linie beizuschreiben, die dem Werte $\frac{\mathfrak{P}}{P''} = 0{,}5 = \varphi$ entspricht. Da nach Abb. 2 für das Hydrogel der Kieselsäure zu dem Werte $\frac{\mathfrak{P}}{P''} = 0{,}9$ der Wert $\mathfrak{x} = 1$ gehört, wäre hierfür der $\varphi = 0{,}9$-Linie des i-x-Bildes die Zahl $\mathfrak{x} = 1$ anzufügen. Der hygroskopische Zustand eines bestimmten Gutes wird daher im i-x-Bilde durch einen Punkt dargestellt, dessen Lage die maßgebenden Eigenschaften des Gutes, nämlich Temperatur t, Dampfdruck $\mathfrak{P}$ und Feuchtigkeitsgehalt $\mathfrak{x}$ festlegt. Da sich hieraus auch sein spezifischer Wärmeinhalt i rechnerisch ermitteln läßt, ist für hygroskopisches Gut die Ergänzung des i-x-Bildes durch ein i-$\mathfrak{x}$-Bild weniger erforderlich als für feuchtes Gut.

Bei Körpern, wie dem Hydrogel der Kieselsäure, dehnt sich das hygroskopische Gebiet, wenn auch mit allmählich verschwimmender Kennzeichnung, über weite Grenzen aus. Die Trocknung bewegt sich hier in weitem Verlauf, gegebenenfalls ganz im hygroskopischen Gebiete. In solchen Fällen und ganz allgemein dann, wenn der Anfangsfeuchtigkeitsgehalt des Gutes niedriger ist als dem hygroskopischen Punkte entspricht, d. h. $\mathfrak{x}_r < \mathfrak{x}_e$ wird, liegt der Zustandspunkt des Gutes während des ganzen Trockenvorganges oberhalb der Sättigungslinie. Das i-x-Bild gibt alsdann erschöpfende Auskunft über die wechselnden Eigenschaften des Gutes, wenn in ihm auch die der Veränderung des Gutes entsprechende Zustandskurve eingetragen wird.

Eine weitergehende Vereinfachung folgt, wenn die Kurve des $\frac{\mathfrak{P}}{P''}$-$\mathfrak{x}$-Bildes für alle hygroskopischen Körper als Gerade angesehen wird, die dem Gesetze $\frac{\mathfrak{x}}{\mathfrak{x}_e} = \frac{\mathfrak{P}}{P''}$ folgt. Während zuvor der $\mathfrak{x}$-Wert in einer für jede Gutsart verschiedenen Zahl den φ-Linien beizuschreiben war, gelten mit der getroffenen Voraussetzung die φ-Linien für jedes hygroskopische Gut mit einem Verhältnis $\frac{\mathfrak{x}}{\mathfrak{x}_e} = \frac{\mathfrak{P}}{P''} = \varphi$. Statt daher der $\varphi = 0{,}5$-Linie als $\mathfrak{x}$-Wert für Stärke 0,125, für Humus 0,08, für Kaolin 0,0125 beizuschreiben, kann sie für alle drei mit der Bezeichnung $\frac{\mathfrak{x}}{\mathfrak{x}_e} = 0{,}5$ versehen werden.

Bei hygroskopischem Gute ist der Stillstand der Trocknung im Punkte $\mathfrak{J}$ dadurch gekennzeichnet, daß der wirksame Spannungsunterschied $\mathfrak{P}_\mathfrak{J} - P_D$ verschwindet, also $\mathfrak{P}_\mathfrak{J} = P_D$ wird. Für den nach unendlicher bzw. im praktischen Falle genügend langer Zeit sich einstellenden Beharrungszustand ergibt sich daher

$$\varphi_\mathfrak{J} = \frac{P_D}{P''} = \frac{\mathfrak{P}_\mathfrak{J}}{P''}\,.$$

Das aber bedeutet, daß alsdann der Zustandspunkt $\mathfrak{J}$ des Gutes auf die φ-Linie fällt, die gleichzeitig dem Zustande der Luft entspricht. Die φ-Linien der Tafel I kennzeichnen daher für hygroskopisches Gut den Grenzzustand der Trockenluft für Erreichung eines bestimmten Endfeuchtigkeitsgehaltes $\mathfrak{x}_i$, der für verschiedene Gutsarten verschieden ist, bzw. eines für alle Gutsarten gleichen Verhältnisses $\frac{\mathfrak{x}_i}{\mathfrak{x}_e} = \varphi_i$, wenn die Beziehung zwischen $\frac{\mathfrak{P}}{P''}$ und $\mathfrak{x}$ durchweg linear angenommen wird. Entspricht z. B. dem Werte $\frac{\mathfrak{P}}{P''} = 0{,}5$ ein Wert $\mathfrak{x} = 0{,}125$, so heißt dies, daß die Luft dort, wo sie mit dem fertig getrockneten Gute zusammentrifft, keinesfalls einen höheren Feuchtigkeitsgrad als $\varphi = 0{,}5$ besitzen darf, wenn die Trocknung bis auf einen Feuchtigkeitsgehalt des Gutes $\mathfrak{x}_\mathfrak{h} = 0{,}125$ durchgeführt werden soll. Es wäre also ein voreiliges Urteil, in solchen Fällen, die sich z. B. bei der Getreidetrocknung ergeben, aus dem niedrigen Feuchtigkeitsgrad der Abluft auf ein mangelhaftes Verfahren zu schließen.

Während bei feuchtem Gut die natürliche Trocknung ohne Vorwärmung stets möglich bleibt, solange die Luft nicht gesättigt ist, muß bei hygroskopischem Gut der Feuchtigkeitsgrad das durch $\mathfrak{x}_\mathfrak{h}$ bedingte Maß $\varphi_\mathfrak{h}$ unterschreiten. Liegt der Feuchtigkeitsgrad der Frischluft höher, so ist Vorwärmung erforderlich.

Restlose Entfeuchtung auf einen Wert $\chi_\mathfrak{h} = 0$ entspricht bei hygroskopischem Gute einem Verhältnis $\dfrac{\mathfrak{P}}{P''} = 0$ und damit einem Werte $\varphi_\mathfrak{h} = 0$. Das aber bedeutet, daß sich **vollständige Entfeuchtung hygroskopischen Gutes unter Verwendung von Luft als Trockenmittel deshalb nicht erreichen läßt, weil diese stets, wenn auch noch so wenig, Feuchtigkeit enthält.**

Bisher war angenommen, daß als Trockenmittel ausschließlich feuchte Luft dient. Erfolgt die Wärmezufuhr an das Gut unmittelbar durch eine beheizte Fläche und fällt der Luft daneben die Aufgabe zu, die entstehenden Dämpfe aufzunehmen, d. h. Verdampfen bei der Siedetemperatur zu vermeiden und Verdunsten bei niedriger liegender Temperatur zu sichern, so bleibt der beschriebene Zusammenhang zwischen dem Feuchtigkeitsgehalt und den φ-Linien bestehen. Auch hier bestimmt die einem gegebenen χ-Werte zugeordnete φ-Linie den höchsten Feuchtigkeitsgrad der umgebenden Luft, wenn ein bestimmtes hygroskopisches Gut bis zu dem Werte χ entfeuchtet werden soll. Die umgebende Luft darf daher dort, wo sie mit dem stark getrockneten hygroskopischen Gut in Berührung kommt, keinesfalls gesättigt sein. Das bedeutet, daß über ihm kein sichtbarer Schwaden bestehen kann, sobald sein Feuchtigkeitsgehalt den Grenzwert χ_e unterschreitet.

Auf dem von der Temperatur unabhängigen Zusammenhang zwischen φ-Werten der Luft und χ-Werten des Gutes beruht die Anwendung des Haarhygrometers. Die Längenänderung, die ein entfettetes Frauenhaar mit Wechsel seines Feuchtigkeitsgehaltes erfährt, wird dabei als Maß des Feuchtigkeitsgrades der Luft benutzt. In gesättigter Luft nimmt das Haar den Feuchtigkeitsgehalt χ_e an. Er sinkt bei einem Feuchtigkeitsgrad $\varphi < 1$ auf einen Wert $\chi < \chi_e$, der nur abhängig ist von φ und bei linearer Beziehung zwischen $\dfrac{\mathfrak{P}}{P''}$ und χ den Wert $\chi = \varphi \cdot \chi_e$ annimmt.

D. Das i-χ-Bild für feuchtes Gut.

Während bei dem i-x-Bilde die Entscheidung leicht dahin zu treffen ist, daß als trocknendes Gas Luft und als aufzutrocknende Flüssigkeit Wasser die Regel bildet, liegt bei dem i-χ-Bilde des Gutes die Schwierigkeit vor, daß die spezifische Wärme c_χ des Trockenstoffanteiles für verschiedene Gattungen von Gut sich ändert.

Ein Ausweg bestünde darin, statt der auf 1 kg Trockenstoff bezogenen Größen i und χ, die Werte $\dfrac{i}{c_\chi}$ und $\dfrac{\chi}{c_\chi}$ zur Darstellung zu bringen.

Auf diese Weise entstünde das in Abb. 11 wiedergegebene $\dfrac{i}{c_\chi} - \dfrac{\chi}{c_\chi}$-Bild, das für Gut jeder Art gilt. Es erscheint jedoch nicht unbedingt nötig, diese Vereinheitlichung durchzuführen, weil das i-χ-Bild, wie es für ein bestimmtes Gut gilt, sich nur aus Geraden zusammensetzt. In Abb. 12 ist z. B. für einen Wert $c_\chi = 0{,}32$, wie er der trockenen Papierfaser entspricht, das i-χ-Bild dargestellt. Während die Temperatur-

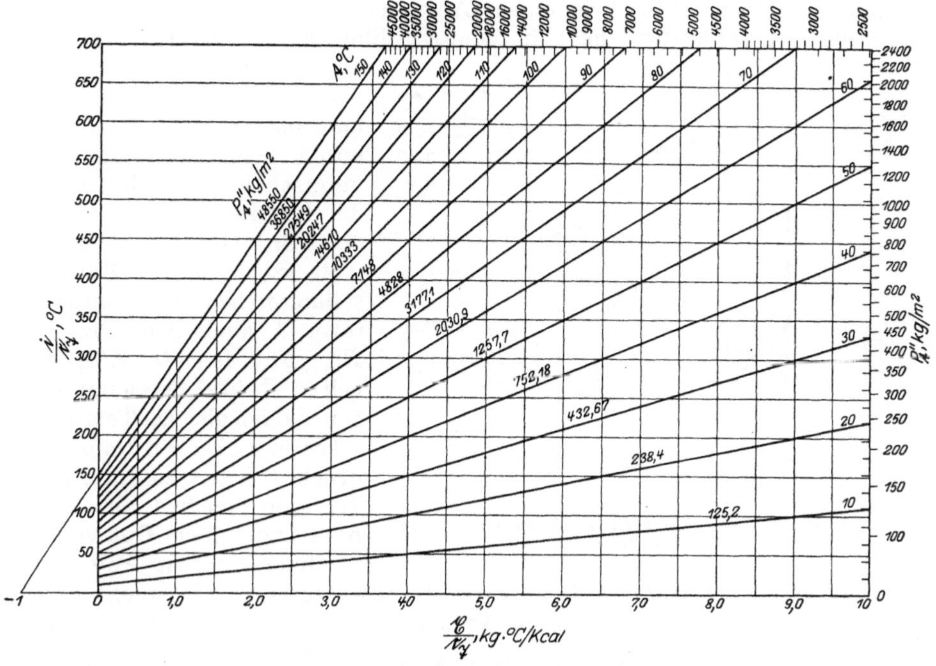

Abb. 11. $\dfrac{i}{c_t} - \dfrac{\chi}{c_t}$ - Bild für feuchtes Gut.

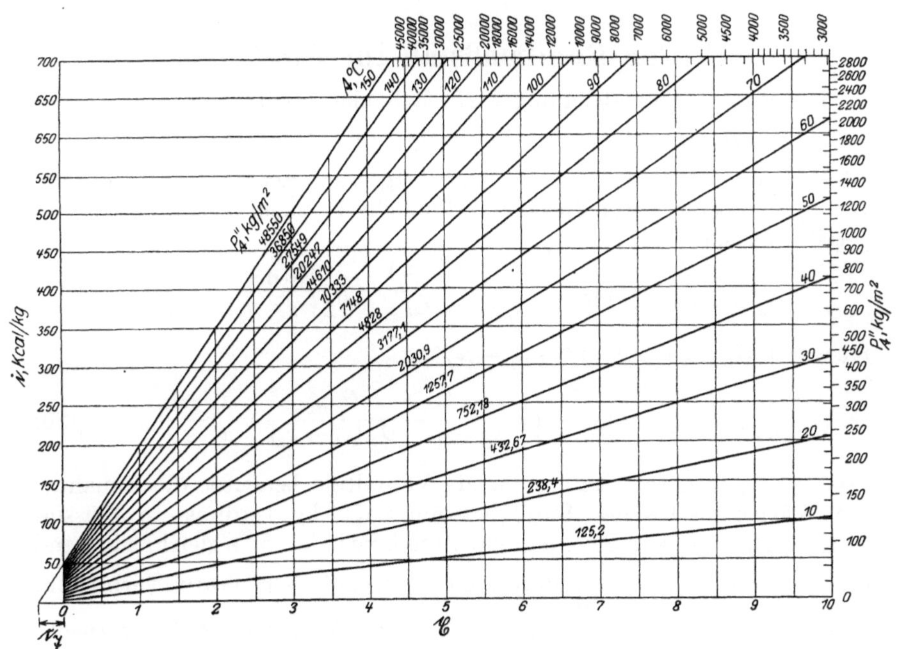

Abb. 12. i-χ-Bild für feuchtes Gut ($c_t = 0,32$).

3*

linien sich bei Abb. 11 in einem Abszissenabstand 1 links von dem Nullpunkt schneiden, liegt in dem i-χ-Bilde dieser Schnittpunkt in der Entfernung c_χ, also in Abb. 12 um das Abszissenmaß 0,32 links vom Nullpunkt. Beide Darstellungen unterscheiden sich nur durch die Verschiebung des Ordinatenursprunges. Abb. 12 enthält als Randteilung neben der Temperatur t auch den Druck P_t''. Für feuchte Körper gelten beide Bezeichnungen. Linien gleicher Temperatur und gleichen Dampfdruckes fallen zusammen. Dagegen weichen sie bei hygroskopischem Gut voneinander ab. In Abb. 13 sind zum Anfang der Abb. 12 die $\mathfrak{P}$-Linien vergrößert wiedergegeben, wenn z. B. das hygroskopische Verhalten bei einem Werte $\chi_e = 0,25$ einsetzt und zwischen χ und dem Verhältnis $\dfrac{\mathfrak{P}}{P''}$ linearer Zusammenhang besteht.

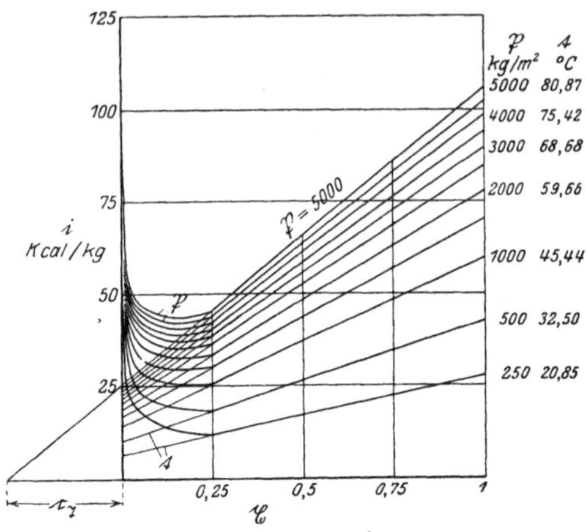

Abb. 13. i-χ-$\mathfrak{P}$-Bild für hygroskopisches Gut
($c_t = 0,32$; $\chi_e = 0,25$).

E. Der Randmaßstab im i-x-Bilde.

Die Wärmebilanzgleichung (22b) läßt sich auch schreiben

$$Q + G_L \cdot i_{\mathfrak{W}\mathfrak{r}}\,(x_h'' - x_r) - \mathfrak{G}_\mathfrak{X} \cdot c_\mathfrak{h}\,(t_\mathfrak{h} - t_\mathfrak{r}) - Q_{\mathrm{verl}} = G_L\,(i_h'' - i_r)$$

oder, wenn sämtliche Größen auf 1 kg verdunstete Flüssigkeit bezogen, d. h. beide Seiten durch die stündliche Trockenleistung $G_L\,(x_h - x_r)$ geteilt werden,

$$\frac{Q}{G_L\,(x_h'' - x_r)} + i_{\mathfrak{W}\mathfrak{r}} - \frac{\mathfrak{G}_\mathfrak{X} \cdot c_\mathfrak{h}\,(t_\mathfrak{h} - t_\mathfrak{r})}{G_L\,(x_h - x_r)} - \frac{Q_{\mathrm{verl}}}{G_L\,(x_h - x_r)} = \frac{i_h'' - i_r}{x_h - x_r}$$

oder mit $G_L\,(x_h - x_r) = \mathfrak{G}_\mathfrak{X}\,(\chi_\mathfrak{r} - \chi_\mathfrak{h})$

$$\frac{Q}{G_L\,(x_h - x_r)} + i_{\mathfrak{W}\mathfrak{r}} - c_\mathfrak{h} \cdot \frac{t_\mathfrak{h} - t_\mathfrak{r}}{\chi_\mathfrak{r} - \chi_\mathfrak{h}} - \frac{Q_{\mathrm{verl}}}{G_L\,(x_h - x_r)} = \frac{i_h'' - i_r}{x_h - x_r}. \qquad (26)$$

Das auf der rechten Seite stehende Verhältnis bedeutet die Zunahme des Wärmeinhaltes der Luft, bezogen auf 1 kg verdunstete Flüssigkeit. Nach der linken Seite ist diese Zunahme keinesfalls gleichbedeutend mit dem durch $\dfrac{Q}{G_L(x_h - x_r)}$ dargestellten spezifischen Wärmeverbrauch. Beide sind nur dann einander gleich, wenn folgende Beträge vernachlässigt werden:

1. die Flüssigkeitswärme der in die Luft wandernden Feuchtigkeit $G_L \cdot i_{\mathfrak{W}r} (x_h - x_r)$,

2. die im Gut verbleibende Überschußwärme $\mathfrak{G}_{\mathfrak{x}} \cdot c_{\mathfrak{h}} (t_{\mathfrak{h}} - t_r)$ und

3. die Streuverluste Q_{verl}.

Bezeichnet in Abb. 14 Index $_a$ den Zustand der vorgewärmten Luft, der durch Punkt A dargestellt wird, so läuft die erste Vernachlässigung darauf hinaus, die Abweichung der τ-Linie von der i-Linie unberücksichtigt, also den Luftzustandspunkt E mit dem Punkt E' zusammenfallen zu lassen. Die beiden letzten Vernachlässigungen bedeuten, daß von dem Einfluß der Temperaturänderung des Gutes und der Streuverluste auf den Verlauf der Luftzustandskurve abgesehen wird. Dies kommt nach Abb. 14 dadurch zum Ausdruck, daß Punkt H mit dem Punkt E' zusammenfällt und der spezifische Wärmeverbrauch als das

Verhältnis $\dfrac{Q}{G_L(x_e - x_r)} \approx \dfrac{i_a - i_r}{x_e - x_r}$ dargestellt wird. Das Verhältnis $\dfrac{i_a - i_r}{x_e - x_r}$

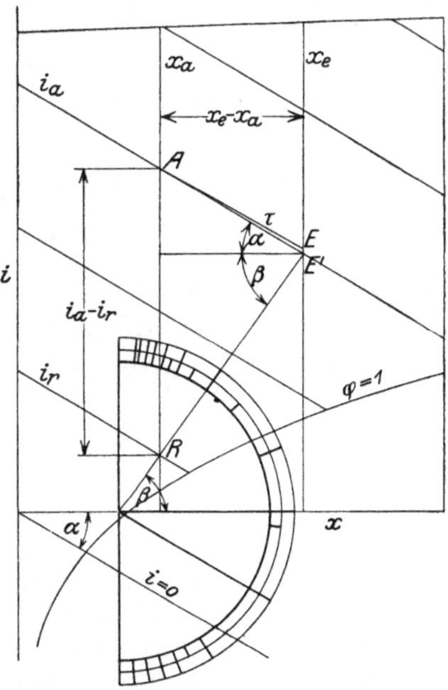

wird nach Abb. 14 im i-x-Bilde durch den Winkel β festgelegt, den die Verbindungslinie der beiden Punkte R und E' mit der wagerechten Abszissenachse bildet. Bezeichnet α den gleichbleibenden Winkel, den die i-Linie mit der wagerechten Abszissenachse bildet, so gilt

$$\frac{i_a - i_r}{x_e - x_r} = n \,(\mathrm{tg}\,\alpha + \mathrm{tg}\,\beta) \,.$$

$n \cdot \mathrm{tg}\,\alpha$ stellt hierbei im Maßstab n des Koordinatenverhältnisses $\dfrac{i}{x}$ den festen Wert 595 kcal dar. Der Winkel ist von dem Maßstab des i-x-Bildes abhängig (bei Tafel I und III: $\mathrm{tg}\,\alpha = \dfrac{0{,}1}{0{,}001} \cdot 595 = 5{,}95$; bei

Tafel II: $\mathrm{tg}\,\alpha = \dfrac{0{,}1}{0{,}0001} \cdot 595 = 0{,}595$).

Der für die Tafeln I und III, bzw. für Tafel II entworfene Winkel-β-Messer[1]), der am Umfange den Wert $n\,(\mathrm{tg}\,\alpha + \mathrm{tg}\,\beta)$ unmittelbar enthält, kann daher zur Ermittelung

Abb. 14. Anwendung des Winkelmessers zur Ermittelung des spezifischen Wärmeverbrauchs.

dieses Verhältnisses in der in Abb. 14 gekennzeichneten Weise angelegt werden.

Stellt Punkt E den Endzustand des Gutes, unter Berücksichtigung des wirklichen Verlaufs der Trocknung längs der τ-Linie oder längs irgendeiner von A ausgehenden Kurve dar, so ist, wenn die Abweichung von der i-Linie berücksichtigt werden soll, Punkt R nicht mit Punkt E, sondern mit Punkt E' zu verbinden, in dem die durch A gehende i-Linie

---

[1]) Den Tafeln im Anhang beigefügt.

die x_e-Linie schneidet, und für die Richtung RE' der Winkelmesser anzulegen.

Der nach Mollier im i-x-Bilde, Abb. 6 und Tafel I, für wasserdampfhaltige Luft angegebene Randmaßstab, dem der Winkelmesser nachgebildet ist, ermöglicht die Ablesung des Verhältnisses $\dfrac{i_a - i_r}{x_e - x_r}$, wenn durch den Ordinatenursprung eine Parallele zu der Verbindungslinie des Punktes R mit dem in angegebener Weise zu findenden Punkte E' gezogen wird.

Erfolgt die Wärmezufuhr nicht, wie früher vorausgesetzt, ausschließlich an die Luft vor Berührung mit dem Gute, sondern während der Trocknung an Luft oder Gut oder beide, so versagt das angegebene Verfahren für Ermittlung des spezifischen Wärmeverbrauches. Alsdann kommt die Annäherung in Frage, die drei oben erwähnten Vernachlässigungen zuzulassen und den Winkelmesser oder Randmaßstab für die Verbindungslinie RE anzuwenden. Denn in dem Werte $G_L\,(i_e - i_r)$ ist der Betrag des äußeren Wärmestromes enthalten, gleichgültig in welcher Weise die Wärmezufuhr erfolgt, allerdings unter Vernachlässigung der Punkte 1. bis 3.

V. Wechselwirkung zwischen feuchten Gasen und Gut.

A. Wechselwirkung zwischen feuchten Gasen und tropfbaren Flüssigkeiten.

Die Trockenkraftlinie $\varkappa$ für feuchtes Gut.

Es bedeute

Q_t den von dem Gas an die Flüssigkeit übergehenden Wärmeteilstrom, fühlbar durch Verminderung der Gastemperatur (bzw., wenn negativ, Erhöhung der Gastemperatur), in kcal/h,

Q' den von dem Gas an die Flüssigkeit übergehenden Wärmeteilstrom, entstehend durch Niederschlag von Dampf aus dem Gas (bzw., wenn negativ, Verdampfen von Flüssigkeit in das Gas), in kcal/h,

$Q_F = Q_t + Q'$ den von dem Gas an die Flüssigkeit übergehenden inneren Wärmestrom, in kcal/h,

F die gasberührte Oberfläche der Flüssigkeit, in m²,

α die Übergangszahl für fühlbare Wärme, in kcal/m² · °C · h,

α' die Übergangszahl für Dampfwärme, bezogen auf 1 kg/m² Unterschied des Dampfdruckes, in kcal/kg · h,

V den von dem Gas-Flüssigkeitsgemisch erfüllten Rauminhalt, in m³,

α_V die räumliche Übergangszahl für die fühlbare Wärme, in kcal/m³ · °C · h,

α'_V die räumliche Übergangszahl für die Verdampfungswärme, bezogen auf 1 kg/m² Unterschied des Dampfdruckes, in kcal/m · kg · h,

t die Temperatur des feuchten Gases, in °C,

t''_x den Taupunkt des feuchten Gases beim Feuchtigkeitsgehalt x, in °C,

t die Temperatur der Flüssigkeit, in °C,

P_D den Teildruck des in dem feuchten Gase enthaltenen Dampfes, in kg/m²,

$\mathfrak{P}$ den Dampfdruck über der Flüssigkeit, in kg/m².

Bei dem Wärmeaustausch zwischen feuchten Gasen und tropfbaren Flüssigkeiten tritt von dem Gas in die Flüssigkeit stündlich eine Wärmemenge über, deren fühlbarer Betrag

$$Q_t = F \cdot \alpha \, (t - \mathrm{t}) \qquad (27)$$

und deren Dampfanteil

$$Q' = F \cdot \alpha' \, (P_D - \mathfrak{P}) \qquad (28)$$

entspricht. Die gesamte an die Flüssigkeit stündlich übertragene Wärme beträgt

$$Q_F = Q_t + Q' = F \left[\alpha \, (t - \mathrm{t}) + \alpha' \, (P_D - \mathfrak{P}) \right] . \qquad (29)$$

Tritt die Oberfläche der Flüssigkeit in rechnerisch schwer zu erfassender unregelmäßiger Form auf, so ist es zweckmäßiger, das Gesetz der Wärmeübertragung in die Form zu bringen:

$$Q_F = Q_t + Q' = V \left[\alpha_V \, (t - \mathrm{t}) + \alpha'_V \, (P_D - \mathfrak{P}) \right] . \qquad (29\,\mathrm{a})$$

Die beiden Teilbeträge Q_t und Q' können im einzelnen positiv oder negativ sein, was folgende Auslegung ergibt:

$$t > \mathrm{t}. \quad Q_t \text{ positiv,}$$

das wärmere Gas führt der kälteren Flüssigkeit fühlbare Wärme zu. Dieser Fall bildet die Regel bei der reinen Lufttrocknung;

$$t < \mathrm{t}. \quad Q_t \text{ negativ,}$$

die wärmere Flüssigkeit führt dem kälteren Gase fühlbare Wärme zu. Dies tritt z. B. ein, wenn das getrocknete Gut nachträglich durch Frischluft abgekühlt wird;

$$P_D > \mathfrak{P}. \quad Q' \text{ positiv,}$$

Feuchtigkeit schlägt aus dem Gase in die Flüssigkeit nieder. Dieser Fall kann im allgemeinen nur eintreten, wenn die Flüssigkeit kälter als das Gas, Q_t also positiv ist. Die Flüssigkeitstemperatur liegt unter dem Taupunkt. (Ein Ausnahmefall ergibt sich, wenn die Flüssigkeit an einen hygroskopischen Körper gebunden ist. Alsdann ist es möglich, daß Feuchtigkeit aus dem Gase in Flüssigkeit von gleicher oder sogar höherer Temperatur niederschlägt.)

$$P_D < \mathfrak{P}. \quad Q' \text{ negativ,}$$

Flüssigkeit verdampft in das Gas. Die Flüssigkeit ist hierbei entweder wärmer als das Gas, Q_t also negativ, z. B. bei Nachtrocknung durch kühlende Frischluft, oder sie besitzt die gleiche Temperatur wie das Gas, wobei $Q_t = 0$ ist, oder sie ist kälter als das Gas, Q_t also negativ. Dieser letzte Fall entspricht der reinen Lufttrocknung durch Gase im Ausgleichzustände des feuchten Gutes. Für die Bedingung $P_D < \mathfrak{P}$

bedeutet der Taupunkt des Gases die tiefstmögliche Temperatur der Flüssigkeit.

Im i-x-Bild der Abb. 15 ergibt sich für den einem beliebigen Zustande des Gases zugeordneten Punkt G Niederschlag in die Flüssigkeit oder Verdampfung in das Gas, je nachdem die Flüssigkeitstemperatur tiefer oder höher als der Taupunkt t''_x liegt, der dem Schnittpunkt der Sättigungslinie mit der durch G gehenden x-Linie entspricht. (In dem Ausnahmefalle, wenn die Flüssigkeit an einen hygroskopischen Körper gebunden ist, liegt der Grenzzustand senkrecht über diesem Schnittpunkt, also bei einer Temperatur oberhalb des Taupunktes). Sind Q_t und Q' gleichzeitig positiv, so bedeutet dies Erwärmung der Flüssigkeit und Niederschlag in die Flüssigkeit auf der einen, Abkühlung und Entfeuchtung des Gases auf der anderen Seite; sind umgekehrt Q_t und Q' gleichzeitig negativ, so folgt hieraus Abkühlung und Verdampfung der Flüssigkeit auf der einen, Erwärmung und Befeuchtung des Gases auf der anderen Seite. Ist Q_t positiv und Q' negativ, so nimmt die Flüssigkeit aus dem Gase fühlbare Wärme, das Gas aus der Flüssigkeit Dampfwärme auf. Im Grenzzustande wird $Q_t = -Q'$ und $Q_F = 0$. Die von dem Gas an die Flüssigkeit abgegebene fühlbare Wärme entspricht gerade der aus der Flüssigkeit an das Gas übertragenen Dampfwärme. Es folgt alsdann

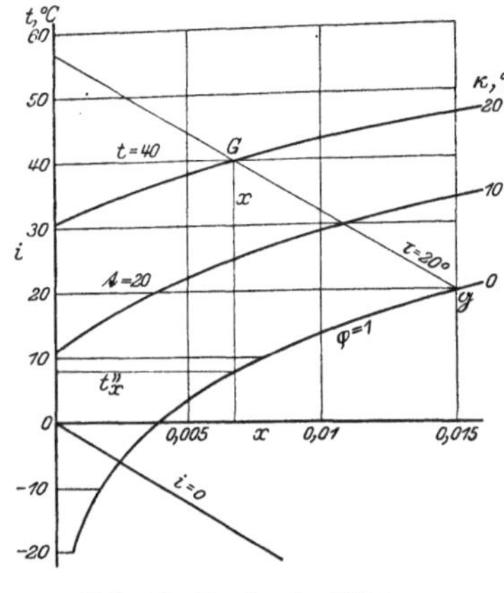

Abb. 15. Trockenkraftlinien $\varkappa$ im i-x-Bild.

$$-Q' = Q_t = F \cdot \alpha \, (t - \mathfrak{t}) \, .$$

Dieser Fall ist gegeben, wenn reine Lufttrocknung feuchten Gutes vorliegt. Im Ausgleichzustande, während dessen die Veränderung des Luftzustandes längs der τ-Linie vor sich geht, fällt $\mathfrak{t}$ mit der Kühlgrenztemperatur τ zusammen, die die Flüssigkeit bzw. das feuchte Gut dauernd behält.

Q' ist gleichbedeutend mit der im Wärmemaßstabe ausgedrückten stündlichen Trockenleistung. Der Wert $\dfrac{-Q'}{F \cdot \alpha} = (t - \tau)$ bezeichnet für den Ausgleichszustand des feuchten Gutes, der dem Hauptabschnitte der Trocknung, außerhalb der Vorwärmung und des hygroskopischen Gebietes, entspricht, das Temperaturgefälle, das gleich der stündlichen Trockenwärmeleistung wird, wenn der Betrag $F \cdot \alpha$, d. h. der auf $1°$ Temperaturgefälle entfallende stündliche Wärmeübergang, $1\,\text{kcal}/°\text{C} \cdot \text{h}$ beträgt. Diese auf $F \cdot \alpha = 1$ bezogene Trockenwärmeleistung stellt die Wirksamkeit der Luft als Trockenmittel dar und sei als

Trockenpotential oder spezifische Trockenkraft $\varkappa$

bezeichnet. Für verschiedenen Zustand der Luft ist das Trockenpotential gegenüber feuchtem Gut im Ausgleichszustande gleich hoch, wenn der Unterschied zwischen der Lufttemperatur t und der dem Luftzustande entsprechenden Kühlgrenze τ denselben Wert besitzt. Das aber bedeutet, daß sich Linien gleicher Trockenkraft $\varkappa$ nach Abb. 15 im i-x-Bilde darstellen lassen durch Kurven, deren Abstand von der Sättigungslinie gleich ist, wobei dieser Abstand längs der τ-Linien im Temperaturmaßstabe gemessen bzw., da dieser längs der τ-Linien ständig wechselt, in Grad abgezählt wird.

Die Trockenkraftlinien als reines Temperaturgefälle darzustellen, ist nur unter der genügend genau zulässigen Voraussetzung folgerichtig, daß die Wärmeübergangszahl α bei Zustandsänderungen längs der τ-Linien unabhängig von der Temperatur ist.

Die Linien gleicher spezifischer Trockenkraft sind in den Tafeln II und III eingetragen. Sie stellen eine wichtige Ergänzung des Mollierschen i-x-Bildes dar.

Zahlenbeispiel 2.

Aus Tafel II läßt sich z. B. ablesen, daß Luft mit $t = 20^0$ und $x = 0,0037$ Feuchtigkeitsgehalt eine spezifische Trockenkraft $\varkappa = 10$ besitzt und in der Trockenwirkung Luft von $t = 30^0$ und $x = 0,011$ bzw. Luft von $t = 40^0$ und $x = 0,024$ gleichkommt, während Luft von $t = 20^0$ und $x = 0,009$ ein Trockenpotential $\varkappa = 5$, d. h. nur die halbe Wirkung, besitzt; ihre Vorwärmung auf $t = 28^0$ verdoppelt die spezifische Trockenkraft und bringt sie damit auf die Höhe der zuvor genannten Zustände.

Wegen der Beziehung

$$- Q' = F \cdot \alpha' \, (\mathfrak{P} - P_D) \, ,$$

$$\frac{- Q'}{F \cdot \alpha'} = \mathfrak{P} - P_D$$

kann das Trockenpotential auch durch das Gefälle zwischen der der Kühlgrenztemperatur τ entsprechenden Sättigungsspannung P''_τ und der Dampfteilspannung P_D der Luft gemessen werden. Diese Auslegung scheint näher zu liegen als die Auffassung von $\varkappa$ als Temperaturgefälle. Trotzdem ist die letzte vorzuziehen, weil sie die Eintragung von Potentiallinien in das i-x-Bild gestattet und außerdem Widersprüche vermeidet, die sich im anderen Falle nach späterer Erörterung ergeben würden.

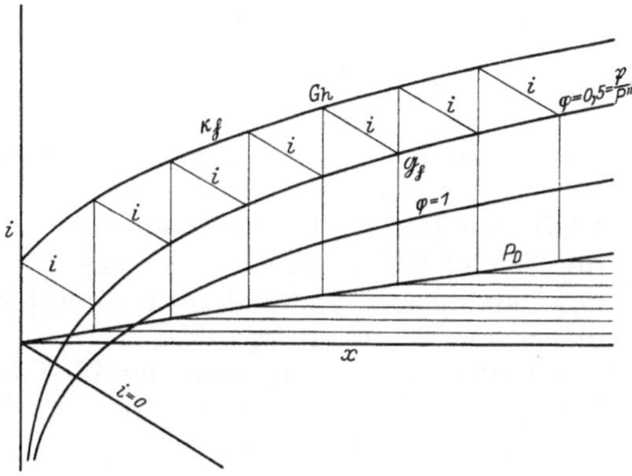

Die Trockenpotentiallinien der Tafeln II und III gelten nur für feuchtes Gut im Ausgleichszustande, verlieren daher ihre Bedeutung für Untersuchung der Zustandsänderung, wenn die Temperatur des Gutes von beliebiger anfänglicher Höhe bei Beginn der Trocknung

Abb. 16. Angenäherte Trockenkraftlinie für hygroskopisches Gut im i-x-Bild.

der Kühlgrenze zustrebt, ebenso wie für die Verfolgung der Zustandsänderungen im hygroskopischen Gebiete.

Spätere Untersuchungen werden zeigen, daß, wenn anfangs feuchtes Gut hygroskopische Eigenschaften annimmt, der Zustandspunkt der Luft bei reiner

Lufttrocknung die τ-Linie verläßt und sich in einer Richtung weiterbewegt, die genügend genau mit der Richtung der i-Linie zusammenfällt. Nach dem früher Gesagten stellen die φ-Linien des i-x-Bildes gleichzeitig $\dfrac{\mathfrak{x}}{\mathfrak{x}_e}$-Linien hygroskopischen Gutes dar. Bei hygroskopischem Gut mit einem Feuchtigkeitsgehalt $\mathfrak{x}$ und einem Verhältnis $\dfrac{\mathfrak{x}}{\mathfrak{x}_e} = \varphi$ sind daher in bezug auf das Trockenpotential angenähert alle Zustandspunkte der Luft gleichwertig, wenn zu ihnen ein Wert P_D gehört, der den Betrag $\mathfrak{P}$ des zugeordneten Zustandspunktes des Gutes auf der φ-Kurve um ein gleichbleibendes Maß $\mathfrak{P} - P_D$ unterschreitet. Die zueinander gehörigen Zustandspunkte für Luft und Gut liegen hierbei auf i-Linien.

In Abb. 16 ist z. B. zu der Feuchtigkeitsgrad-Linie für $\varphi = 0{,}5$ die angenäherte Trockenkraftlinie für hygroskopisches Gut mit einem Werte $\mathfrak{P} - P_D = 50$ kg/m² entworfen. Sie verläuft zu der φ-Linie ähnlich wie die für feuchtes Gut geltende Trockenkraftlinie zur Sättigungslinie.

Da die Trockenkraftlinien aus den Schnittpunkten der t- und τ-Linien gefunden sind, können sie auch umgekehrt dazu benutzt werden, um für eine bestimmte Kühlgrenze τ die Linie gleichbleibender Kühlgrenze ohne weitere Rechnung einzuzeichnen. Es sind zu diesem Zwecke der Schnittpunkt der t-Linie, die dem Zahlenwert τ entspricht, mit der Sättigungslinie und die schräg darüberliegenden Schnittpunkte der t- und x-Linien durch eine Gerade zu verbinden, die alsdann die τ-Linie darstellt.

B. Wärmeübergangszahl zwischen feuchten Gasen und tropfbaren Flüssigkeiten.

1. Kritische Geschwindigkeit w_k.

Ebenso wie bei der mittelbaren Wärmeübertragung durch Metallwände ist bei dem unmittelbaren Wärmeübergang zwischen Gasen und tropfbaren Flüssigkeiten eine plötzliche Verschlechterung anzunehmen, wenn die Strömungsgeschwindigkeit den kritischen Wert

$$w_k = \frac{R_k \cdot \mu}{d \cdot \varrho} \tag{30}$$

unterschreitet. Es kann alsdann nicht mehr mit einer Durchwirbelung der Gase gerechnet werden, der Übergang der Feuchtigkeit erfolgt in der Hauptsache durch die weniger wirksame Diffusion.

Hierbei bedeuten

$R_k \approx 2320$ eine Kenngröße, die Reynoldssche Zahl,

μ die Zähigkeit des Gases, in kg · s/m²,

d den Durchmesser des Gasweges bei kreisförmigem Querschnitt, in m,

ϱ die Massendichte, in kg · s²/m⁴.

Bei geschichtetem Gute kann der Weg der Trockengase in erster Annäherung kanalförmig und die Grenzgeschwindigkeit als kritische Geschwindigkeit abhängig von dem gleichwertigen Durchmesser d' des Strömungsweges angenommen werden.

Abb. 17 stellt in logarithmischem Maßstabe die Abhängigkeit des Wertes w_k von d' dar, wenn Luft als Trockenmittel dient. Hierbei ist $\dfrac{R_k \cdot \mu}{\varrho} \approx 0{,}05$ angenommen und der Einfluß von Temperatur und Feuchtigkeitsgrad der Luft vernachlässigt, weil er gegenüber der Ungewißheit in der Festsetzung der Querschnittsform des Strömungsweges verschwindet. Es ergibt sich, daß bei feinkörnigem und daher dicht geschichtetem Gute die auf den freien Querschnitt bezogene Luftgeschwindigkeit hoch gehalten werden muß. Um die Strömungswiderstände zu be-

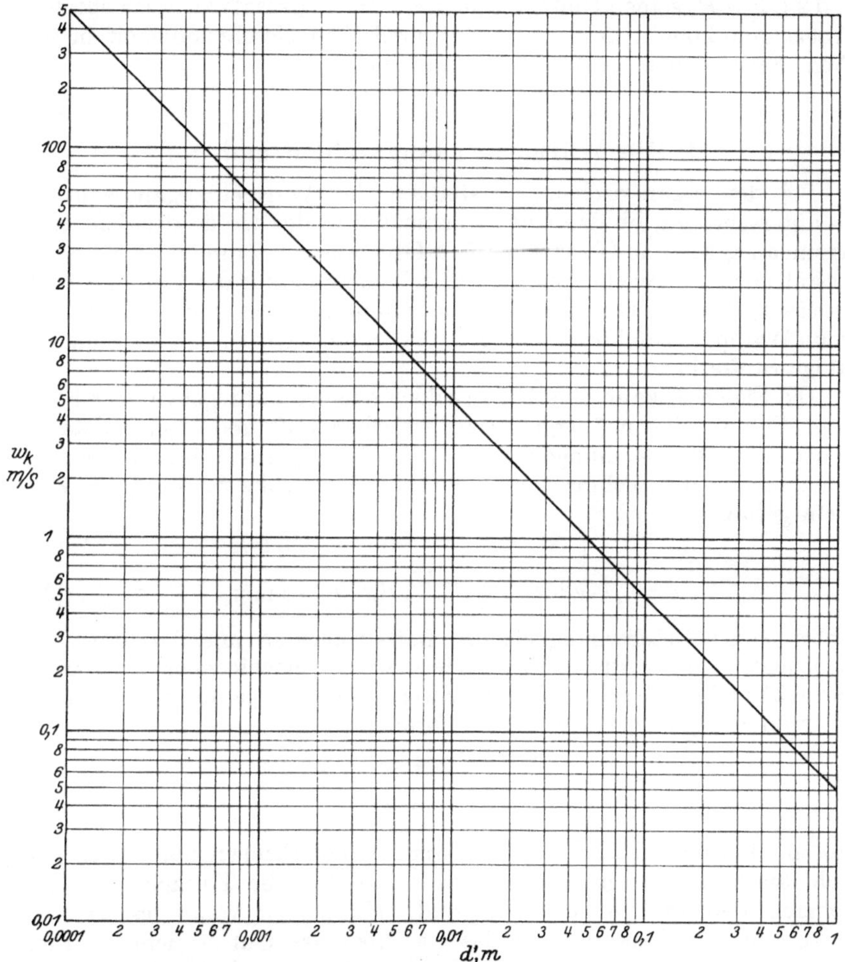

Abb. 17. Abhängigkeit der kritischen Geschwindigkeit w_k vom gleichwertigen Durchmesser d'

$$\left(\frac{R_k \cdot \mu}{\varrho} = 0{,}05\right).$$

schränken, ist das Gut in um so dünnerer Schicht anzuordnen, je feiner es ist.

Selbstverständlich kommt diesen Erwägungen keine genaue rechnerische Bedeutung zu, weil auch bei geringeren Geschwindigkeiten wegen der Ungleichförmigkeit des Weges mit einer Fortsetzung der am Eintritt sich bildenden Wirbel durch die ganze Trockengutschicht hindurch gerechnet werden kann.

Bei streifenförmigem Luftstrom, wie er bei der Trocknung frei aufgehängter, tafelförmiger Waren sich ergibt, ist der gleichwertige Durchmesser $d' = \dfrac{2\,B\cdot H}{B+H}$, wobei $B\cdot H$ den Querschnitt des Luftstreifens und $2\,(B+H)$ seinen Umfang bedeuten. Im Gegensatz zu geschichtetem Trockengut kommt der errechneten kritischen Geschwindigkeit in solchen Fällen auch praktischer Wert zu.

2. Die Wärmeübergangszahl α und α_V.

Bei der rechnerischen Feststellung der Wärmeübergangszahl ist zu unterscheiden, ob das Gut zahlenmäßig in der Größe der dem Gasstrom ausgesetzten Oberfläche F erfaßt werden kann, oder ob seine Gestaltung so unregelmäßig ist, daß zahlenmäßig nur der Rauminhalt V feststeht, den das Gut im Gasstrom einnimmt. Das erste ist der Fall, wenn Waren in Tafelform vorliegen, das letzte, wenn es sich um schaufelfähige Stoffe handelt.

Die Fläche F kann eine Ebene bilden oder von unregelmäßiger Form sein. Für die Wärmeübergangszahl zwischen Luft und ebenen Flächen haben die Untersuchungen von Nusselt-Jürges[1]) im Maschinenlaboratorium der technischen Hochschule Karlsruhe zu folgenden Formeln geführt

$$\alpha = 5{,}3 + 3{,}6 \cdot w \qquad \text{für } w \leqq 5\,\text{m/s}, \tag{31}$$

$$\alpha = 6{,}7 \cdot w^{0{,}78} \qquad \text{für } w > 5\,\text{m/s}, \tag{32}$$

wobei w die Geschwindigkeit des Luftstromes in m/s darstellt. Die Beobachtungen wurden mit Kupferplatten verschiedener Rauhigkeit gemacht und ergaben die obigen Beiwerte für stark gerauhte Oberfläche, während bei glatten Flächen die Formeln

$$\alpha = 5 + 3{,}4 \cdot w \qquad \text{bzw.}$$

$$\alpha = 6{,}14 \cdot w^{0{,}78}$$

lauten. Bei den hier in Betracht kommenden Flächen handelt es sich wohl ausnahmslos um rauhe Flächen, so daß die Formeln mit den höheren Beiwerten anzuwenden sind. Hierbei ist vorausgesetzt, daß die Geschwindigkeit, mit der das Gas über das Gut streicht, in allen Fällen oberhalb der kritischen Geschwindigkeit gehalten wird.

Der Einfluß der Geschwindigkeit auf α und damit die Trockenwirkung, ist erheblich. Hieraus ergibt sich, daß Maßnahmen, die den Luftlauf beschleunigen, eine Abkürzung der Trockenzeit ergeben. Umgekehrt kann große Luftgeschwindigkeit schädlich wirken, wenn das Gut zu hohe Trockengeschwindigkeit nicht verträgt.

Fälle, bei denen das Gut die Form eines Rohres besitzt, das innen von dem Gasstrom durchflossen wird, kommen nur ausnahmsweise

---

[1]) Nusselt-Jürges: Die Kühlung einer ebenen Wand durch einen Luftstrom. Ges.-Ing. 1922.

in Betracht. Für sie gilt alsdann die Nusselt[1]-Gröbersche[2] Formel

$$\alpha_m = 22,5 \cdot l^{-0,05} \cdot d^{-0,16} \cdot w^{0,79} \cdot \frac{\lambda_m}{a_m^{0,79}} \cdot \tag{33}$$

Hierbei bedeuten

α_m die mittlere Wärmeübergangszahl, in kcal/m$^2 \cdot$ ^{0}C $\cdot$ h,

l die Rohrlänge, in m,

d den Rohrdurchmesser, in m,

w die Fließgeschwindigkeit, in m/s,

$\lambda_m = \dfrac{1}{T-\Theta} \displaystyle\int_\Theta^T \lambda \cdot dT$ die mittlere Wärmeleitzahl der Flüssigkeit, in

kcal/m $\cdot$ ^{0}C $\cdot$ h,

$a_m = \dfrac{\lambda_m}{c_{pm} \cdot \gamma_m}$ die mittlere Temperaturleitfähigkeit der Flüssigkeit, in m^2/h,

$c_{pm} = \dfrac{1}{T-\Theta} \displaystyle\int_\Theta^T \lambda \cdot dT$ die mittlere spezifische Wärme der Flüssigkeit, in

kcal/kg $\cdot$ ^{0}C,

$\gamma_m = \dfrac{1}{T-\Theta} \displaystyle\int_\Theta^T \gamma \cdot dT = \dfrac{\gamma_\Theta \cdot \Theta}{T-\Theta} \cdot \ln \dfrac{T}{\Theta}$ das mittlere spezifische Gewicht der

Flüssigkeit, in kg/m^3,

T die absolute Temperatur der Flüssigkeit, in ^{0}C abs.,

Θ die absolute Temperatur der Rohrwand, in ^{0}C abs.,

γ_Θ das spezifische Gewicht der Flüssigkeit bei der Temperatur Θ,

T_m $\dfrac{T-\Theta}{\ln \dfrac{T}{\Theta}}$ die mittlere absolute Temperatur der Flüssigkeit, in

^{0}C abs.

Bei ringförmigem Querschnitt des Gasweges und einem Durchmesser d_1 des äußeren, d_2 des inneren Ringes ist der gleichwertige Durchmesser

$$d' = (d_1^2 - d_2^2)\left(\frac{1}{d_1} - \frac{1}{d_2}\right)$$

einzusetzen, während für rechteckigen Querschnitt der gleichwertige Durchmesser

$$d' = \frac{2\,B \cdot H}{B+H}$$

wird, wobei B und H die Seitenlängen des Rechtecks bilden.

Auf Grund seiner Versuche an Rinnen mit künstlich geschaffener, nach Form und Größe zahlenmäßig erfaßter Oberflächenrauheit hat

---

[1] Nusselt: Der Wärmeübergang im Rohr. Z. V. d. I. 1917.

[2] Gröber: Die Grundgesetze der Wärmeleitung und des Wärmeüberganges. Berlin: Julius Springer 1921.

Fromm[1]) eine Formel entwickelt, auf die der Vollständigkeit halber
hingewiesen sei. Den hier vorliegenden Zwecken entspricht die Nusselt-
Gröbersche Formel vollkommen.

Häufiger sind Fälle, bei denen das Gut auf die Form eines Stabes
zurückgeführt werden kann, der von dem Gas umspült wird. Der
Wärmeübergang ist verschieden, je nachdem das Gut in der Stabachse
strömt oder quer dazu.

Für den ersten Fall liegen keine allgemeinen Versuche vor. In der
Regel kann damit gerechnet werden, daß die Stäbe in regelmäßigem
Mittelabstand y voneinander angeordnet sind. Der Gasstrom kann
dann in grober Annäherung mit ringförmigem Querschnitt angenommen
und der gleichwertige äußere Durchmesser des Ringes $d_1' = y$ gesetzt
werden. Mit dieser Berichtigung gilt auch hier die Nusselt-Gröbersche
Formel.

Für die Strömung des Gases senkrecht zur Stabachse kommt die
Nusseltsche[2]) Formel

$$\alpha_m = 0{,}067 \cdot \frac{\lambda_m}{d} \left(1273 + \frac{d \cdot w \cdot \varrho_m}{\mu_m}\right)^{0{,}716} \tag{34}$$

kaum in Frage, weil sie nur für Einzelrohre gilt, während es sich hier
in der Regel um Stabbündel handelt. Die zur Klärung der alsdann
maßgebenden Strömungsvorgänge von Thoma[3]) vorgenommenen Versuche sind später durch Reiher[4]) im Laboratorium für technische
Physik der technischen Hochschule München ergänzt worden. Sie
führten für versetzte Reihen, mit denen hier ausnahmslos zu rechnen
ist, zu der Formel

$$\alpha = b \cdot \frac{\lambda_m}{d} \left(\frac{w_{\max} \cdot d \cdot \varrho_m}{\mu_m}\right)^{0{,}69}, \tag{35}$$

wobei b einen Beiwert darstellt, der sich je nach Zahl der Rohrreihen
ändert und z. B. für 2, 3, 4, 5 Rohrreihen 0,1, 0,113, 0,123, 0,131 beträgt, und $w_{\max}$ die Luftgeschwindigkeit im Röhrenbündel, in m/s, bedeutet.

Die erwähnten Thomaschen Versuche sind wegen des Aufbaus
der daraus gefundenen Gleichung

$$\alpha = 3600 \cdot \frac{f}{F} \cdot c_p \cdot g \cdot \frac{h}{w} \tag{36}$$

beachtenswert, in der
f den Spaltquerschnitt, in m²,
h den Druckhöhenverlust, in kg/m²,
bedeuten. Die Formel besagt, daß die Anordnung am günstigsten ist,
bei der möglichst kleine Gasgeschwindigkeit möglichst großen Druck-

---

[1]) Fromm: Strömungswiderstände in rauhen Rohren. Z. ang. Math. Mech.
1923.
[2]) Nusselt: Die Kühlung eines Zylinders durch einen senkrecht zur Achse
strömenden Luftstrom. Ges.-Ing. 1922.
[3]) Thoma: Hochleistungskessel. Berlin: Julius Springer 1921.
[4]) Reiher: Wärmeübergang von strömender Luft an Rohre. Z. V. d. I. 1926.

höhenverlust ergibt. Hieraus folgt ganz allgemein, daß Querströmung bessere Wärmeübergangsverhältnisse schafft als Strömung längs der Achse.

In allen Fällen, bei denen die Form der von dem Gut dargebotenen Oberfläche so verwickelt ist, daß sie sich geometrisch nicht in einheitlicher einfacher Weise darstellen läßt, muß an Stelle von α der Wert α_V ermittelt werden, der für die Raumwirkung maßgebend ist. α und α_V stehen hierbei in der bereits erwähnten Beziehung

$$F \cdot \alpha = V \cdot \alpha_V .$$

Bezüglich des Wertes α_V haben die Untersuchungen von Whitman und Keats[1]) Aufschluß gebracht. Die von ihnen aufgestellten Formeln lauten, auf internationales Maß umgerechnet,

$$\alpha_V = 1150 + 1{,}5 \cdot \frac{G}{f} = 1150 + 5400 \cdot w \cdot \gamma \qquad (37)$$

für den Fall der Luftbefeuchtung — Trocknung des Gutes — in einem Trockenturm mit Füllkörpern;

$$\alpha_V = \cfrac{1}{\cfrac{1}{1150 + 5400 \cdot w \cdot \gamma} + \cfrac{1}{2{,}16 \cdot 10^{-9} (3600 \cdot w \cdot \gamma)^{1{,}8} (3600 \cdot \mathfrak{w} \cdot \gamma_{\mathfrak{G}})^{1{,}54}}} \qquad (38)$$

für den Fall der Lufttrocknung — Befeuchtung des Gutes — in einem Trockenturm mit Füllkörpern;

$$\alpha_V = 600 + 0{,}12 \cdot \frac{G}{f} = 600 + 432 \cdot w \cdot \gamma \qquad (39)$$

für den Fall der Luftbefeuchtung — Trocknung des Gutes — in einer Düsenkammer;

$$\alpha_V = \cfrac{1}{\cfrac{1}{600 + 432 \cdot w \cdot \gamma} + \cfrac{1}{330 + 46{,}8 \cdot w \cdot \gamma}} \qquad (40)$$

für den Fall der Lufttrocknung — Befeuchtung des Gutes — in einer Düsenkammer.

Hierbei bedeuten

$\dfrac{G}{f} = 3600 \cdot w \cdot \gamma$ die Belüftungsstärke, d. h. das auf $1\ \mathrm{m^2}$ Durchgangsquerschnitt entfallende stündliche Gasgewicht, in $\mathrm{kg/m^2 \cdot h}$,

f den Durchgangsquerschnitt, in $\mathrm{m^2}$,

w die Gasgeschwindigkeit, in $\mathrm{m/s}$,

$\mathfrak{w}$ die Flüssigkeits- (Guts-) Geschwindigkeit, in $\mathrm{m/s}$,

$\gamma_{\mathfrak{G}}$ das spezifische Gewicht der Flüssigkeit — des Gutes —, in $\mathrm{kg/m^3}$,

$3600 \cdot \mathfrak{w} \cdot \gamma_{\mathfrak{G}} = \dfrac{G}{f}$ die Berieselungsstärke, d. h. das auf $1\ \mathrm{m^2}$ Durchgangsquerschnitt entfallende stündliche Gewicht an Flüssigkeit — feuchtem Gut —, in $\mathrm{kg/m^2 \cdot h}$.

---

[1]) Whitmann und Keats: Rates of absorption and heat transfer between gases and liquids. J. Ind. Engg. Chem. 1922.

Für die hier in erster Linie behandelten Fälle der Gutstrocknung kommen Formel (37) z. B. bei Trocknern für schaufelfähiges Gut, und Formel (39) z. B. bei Zerstäubungstrocknern zur Anwendung. Die Formeln (38) und (40) gelten für die Berechnung von Bewetterungsanlagen, bei denen in der Regel eine Entfeuchtung der Luft gefordert wird. Es ist darauf hinzuweisen, daß die Berieselungsstärke $\frac{\mathfrak{G}}{f}$, also die Durchgangsgeschwindigkeit $\mathfrak{w}$ des Gutes, bei Trockenanlagen keinen Einfluß auf α_V hat. Andererseits ist jedoch bestimmt anzunehmen, daß die aus den Thomaschen Versuchen sich ergebenden Schlußfolgerungen auch hier gelten, die Verteilung des Gutes im Gasstrom also erheblichen Einfluß behält. Dies führt zu der Forderung, durch enge Schichtung mit mäßigen Gasgeschwindigkeiten hohe Strömungswiderstände zu schaffen, also flächenförmiges Gut so anzuordnen, daß für den Gasweg schmale Kanäle entstehen, schaufelfähiges Gut dicht zu lagern. Selbstverständlich setzt der für die Förderung des Gases nötige Arbeitsbedarf hier bestimmte Grenzen für die Länge der Kanäle und die Höhe der Schicht.

Nach den Formeln (33), (34), (35), (36) besteht zwischen α und gewissen von der Temperatur beeinflußten Stoffeigenschaften eine bestimmte Abhängigkeit. Es ist zweifellos nur als Annäherung anzusehen, wenn eine solche in den übrigen Formeln nicht klar oder überhaupt nicht zum Ausdruck kommt. Die Darstellung der Trockenkraftlinien als reines Temperaturgefälle, unter Annahme eines längs der τ-Linie gleichbleibenden α-Wertes, ist daher nur dann richtig, wenn die Temperaturabhängigkeit von α unter den besonderen Bedingungen der Kühlgrenzlinie sich aufhebt. Dies ist der Fall, wenn die Abhängigkeit sich auf die im Ausgleichzustande feuchten Gutes gleichbleibende Temperatur der Grenzschicht, nicht die Mitteltemperatur zwischen Gas- und Grenzschicht, bezieht. Die Annahme gleichen Wertes α längs der τ-Linie erscheint danach zweifellos genügend genau zutreffend, und die Darstellung der $\varkappa$-Linien als Temperaturgefälle richtig.

3. Wärmestrahlung.

Bei Luft als Trockenmittel hat die Wärmestrahlung im allgemeinen untergeordneten Einfluß auf die gesamte Wärmeübertragung. In erheblicherem Maße wirkt sie zwischen Gas und Gut, wenn das Trockenmittel aus Verbrennungsgasen besteht, die wegen des Kohlensäure- und hohen Wasserdampfgehaltes die Wärme auch teilweise durch Strahlung an das Gut abgeben, ohne daß sich jedoch bei den hier meist vorliegenden niedrigen Temperaturen die zahlenmäßige Berücksichtigung lohnt.

Strahlwirkung ergibt sich auch dadurch, daß die Luft die trockenen Innenteile der Trockenvorrichtung, also die Wandungen und andere bauliche Teile, schließlich auch die Trockengestelle auf die Lufttemperatur erwärmt, wodurch zwischen diesen und dem kälteren feuchten Gut ein Temperaturgefälle entsteht. Infolgedessen treten Unregelmäßigkeiten insofern auf, als das den Wandungen und anderen trockenen

Teilen zugewandte Gut eine um die Strahlung erhöhte Wärmewirkung
erfährt und lebhafter trocknet als die übrigen Teile. Bei empfindlichem Gut kann es sich daher lohnen, dieser Unregelmäßigkeit entgegenzuwirken. Dies wird z. B. nach dem Verfahren des Verfassers
(D. R. P. 353359) dadurch angestrebt, daß durch Oberflächenbehandlung die Wärmestrahlung dort möglichst niedrig gehalten wird, wo sie das
Gut ungleichmäßig beeinflußt, und dort erhöht wird, wo sie auf das Gut
in gleichmäßiger Weise wirkt. Die Ausführung besteht z. B. darin, daß
bei Trockenvorrichtungen, in denen das Gut im wesentlichen nebeneinander hängt, die Seitenwände eine helle und glatte Oberfläche,
Decken und Böden dagegen eine dunkle und rauhe Fläche erhalten, und
umgekehrt, wenn das Gut im wesentlichen übereinander angeordnet
wird.

C. Einfluß der Stoffeigenschaften auf die Wechselwirkung zwischen Gasen und festen Körpern.

Wenn bei der rechnerischen Verfolgung des Luft-Trockenvorganges
allein die Werte α und α' bzw. α_V und α_V' berücksichtigt werden, so
läuft dies darauf hinaus, daß der Trockenvorgang als reine Oberflächenwirkung angesehen wird, was er in der Hauptsache auch ist. Voraussetzung bleibt hierbei jedoch, daß bestimmte Körpereigenschaften des
Gutes eine Ausbreitung der mit der Trocknung einhergehenden Zustandsänderung in die Tiefe so schnell ermöglichen, daß praktisch von einem
sofortigen inneren Ausgleich gesprochen werden kann. Als solche
Körpereigenschaften kommen in Betracht:

$\mathfrak{c}$ die Stärkeabmessung, in m,

$a = \dfrac{\lambda}{c \cdot \gamma}$ die Temperaturleitfähigkeit, in m²/h und

$h = \dfrac{\alpha}{\lambda}$ die relative Wärmeübergangszahl.

Die Voraussetzungen treffen in genügendem Maße für den Hauptabschnitt der Trocknung zu, während dessen die Temperatur des feuchten Gutes auf der Kühlgrenze stehenbleibt, also kein Wärmeaustausch
mit der äußeren Umgebung stattfindet. Dagegen ist es nötig, für die
Veränderungen während der Vorwärmung und in dem an den Hauptabschnitt der Trocknung anschließenden hygroskopischen Gebiet nachzuprüfen, ob die besonderen Körpereigenschaften Vor- und Nachwärmung in der Weise zustande kommen lassen, wie dies ohne ihre
Berücksichtigung sich ergibt.

Ist die Stärkenabmessung $\mathfrak{c}$ nicht, wie dies z. B. bei flächenartigem
Gut die Regel bildet, durch die Art des Gutes von vornherein festgelegt,
so kommt Zerkleinerung in Frage, um die Gleichmäßigkeit der Trockenwirkung bis auf die tieferen Schichten auszudehnen. Sie bedeutet eine
schonendere Behandlung hygroskopischen Gutes, weil die für einen
bestimmten Endfeuchtigkeitsgrad $\mathfrak{x} < \mathfrak{x}_e$ nötige Gesamttemperatur bei
einer um so geringeren Übertemperatur der Oberfläche erreicht wird,
je weiter die Zerkleinerung geht. Wird z. B. bei einem Würfel die Kan-

tenlänge auf $\frac{1}{10}$ verkleinert, so ergibt dies eine 1000-fache Zerteilung und eine Verhundertfachung der Oberfläche, also eine Verzehnfachung der wirksamen Oberfläche $\mathfrak{f}$, wobei

$\mathfrak{f} = \dfrac{\mathfrak{F}}{\mathfrak{G}} = \dfrac{F}{\mathfrak{G} \cdot Z}$ die spezifische Oberfläche des Gutes, in m²/kg,

$\mathfrak{F}$ die Oberfläche des stündlich getrockneten Gutgewichtes $\mathfrak{G}$, in m²/h,

darstellen.

Hieraus erklärt es sich, daß bei Trocknung von Gut verschiedener Korngröße, wie Rohbraunkohle, der Endfeuchtigkeitsgehalt bei den kleinen Stücken niedriger liegt als bei den großen. Besonders merklich ist dieser Unterschied, wenn der durchschnittliche Feuchtigkeitsgehalt verhältnismäßig hoch bleibt, also außerhalb des hygroskopischen Gebietes liegt, denn dann spielen die besonderen Stoffeigenschaften keine entscheidende Rolle mehr und die mit der Zerkleinerung zunehmende spezifische Oberfläche gibt den Ausschlag. Mit Eintritt in das hygroskopische Gebiet wird ein Ausgleich mehr und mehr dadurch geschaffen, daß der Einfluß der Stoffeigenschaften allmählich überwiegt. Da die Wärmeleitzahl mit abnehmender Feuchtigkeit kleiner wird und für die wasserfreie Braunkohle schätzungsweise nur $\frac{1}{10}$ des für feuchte Kohle geltenden Wertes beträgt, verzögert sich die Trockenwirkung bei dem kleineren Korn, sobald es die Kühlgrenze verläßt, und das noch feuchte größere Korn holt den Vorsprung des kleineren mehr und mehr ein. Im gleichen Sinne wirkt die innige Mischung der Körner, die einen Ausgleich der Feuchtigkeit zwischen den sich berührenden Teilchen durch Diffusion um so mehr begünstigt, je stärker mit fortschreitender Trocknung die hygroskopischen Eigenschaften des trockensten, kleinsten Korns zur Geltung kommen.

Versuche von Seidenschnur[1] an lignitischer Rohbraunkohle mit Mischung verschiedener Korngröße ergaben, daß die Trockenleistung sich wie 2,5 : 2 : 1 verhielt, wenn die spezifische Oberfläche im Verhältnis 5 : 2,5 : 1 abgestuft wurde, also sich nicht, wie zunächst zu erwarten wäre, im Verhältnis der spezifischen Oberfläche veränderte. Der Unterschied erklärt sich daraus, daß bei dem größeren Korn die für den Angriff der Luft freibleibende Oberfläche wegen der höheren Sperrigkeit größer ist als bei dem sich mehr zusammenschließenden kleinen Korn, daß ferner bei Zusammenlagerung grober Korngruppen größere Luftkanäle entstehen, deren kritische Geschwindigkeit niedriger liegt als bei Gruppen feinerer Körner und daß infolgedessen sich im Gebiet der kleineren Körner höher gesättigte Luftgebiete ausbilden, durch die die Trockenleistung herabgesetzt wird. Hinzu kommt auch **hier** die Diffusionswirkung zwischen den durchmischten Teilen verschiedener Korngröße.

Die Korngröße bleibt während des Trockenvorganges nicht im ursprünglichen Maße erhalten, da in der Regel durch Schrumpfung eine

---

[1] Seidenschnur: Braunkohle 1924.

allmähliche Abnahme des Rauminhaltes eintritt. Auch hierdurch ergibt sich eine, wenn auch im allgemeinen unwesentliche, Verzögerung der Trockenwirkung. Die Schrumpfung tritt auch bei flächenartigem Gute auf. Ihr ungünstiger Einfluß äußert sich vor allem in dem Zusammenziehen der Fläche selbst, weniger in der Verringerung der Stärke. Zuweilen wird die Flächenschrumpfung durch Spannen des Gutes künstlich verhütet.

Für den Einfluß der Körpereigenschaften bieten die Untersuchungen von Gröber[1]) über die Erwärmung einfacher geometrischer Körper einen Anhalt. Danach ist bei gleicher Stärkenabmessung für den raschen und vollkommenen Temperaturausgleich die Form von Kugel, Würfel und kurzem Zylinder mit Länge = Höhe am günstigsten. Ihr folgen

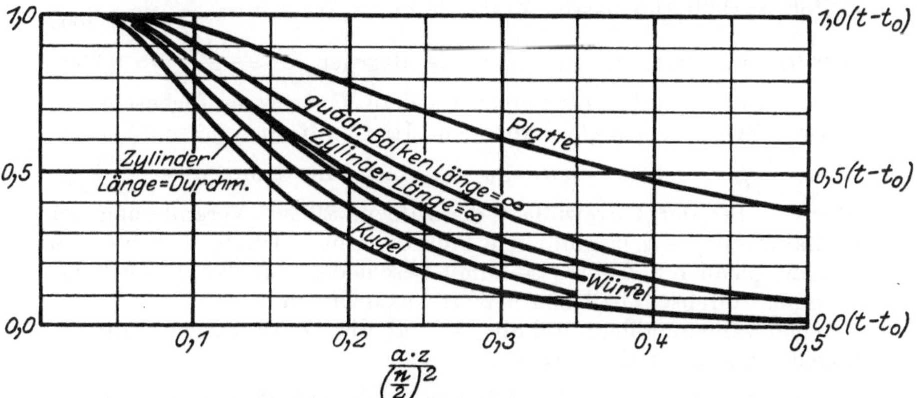

Abb. 18. Abkühlgeschwindigkeit für den Mittelpunkt oder die Achse verschiedener Körper. (Gröber) $a = \dfrac{\lambda}{c \cdot \gamma}$ Temperaturleitfähigkeit, z Zeit, e Stärke oder Durchmesser, t Umgebungstemperatur, t_0 ursprüngliche Körpertemperatur.

lange Zylinder, Balken mit quadratischem Querschnitt, während die Platte an letzter Stelle steht. Die für reine Wärmeübertragung durchgeführten Untersuchungen bieten auch einen Anhaltspunkt für die Trockenwirkung, so daß der daraus sich ergebende zeitliche Verlauf angenähert auch hier zugrunde gelegt werden kann, weil für Wärmeleitung und Diffusion ähnliche Gesetze gelten. Es lassen sich danach folgende Schlüsse ziehen:

1. Die Zerteilung empfindlichen Gutes soll bei festliegender Stärkenabmessung möglichst in Kugelform erfolgen. Dem entspricht z. B. Zerstäuben von Flüssigkeit.

2. Dehnt sich die Trocknung auf lange Zeit aus, wird also bei Lufttrockenanlagen mit niedrigem Trockenpotential gearbeitet, so ist die Form des Gutes ohne wesentlichen Einfluß.

3. Die von Williamson und Adams[2]) nach Gröber[3]) aufgestellte

---

[1]) Gröber: Die Grundgesetze der Wärmeleitung und des Wärmeübergangs. Berlin: Julius Springer 1921.

[2]) Williamson und Adams: Temperature distribution in solids during heating or cooling. Phys. Rev. Vol. XIV. Series II. 1919.

[3]) Gröber: Die Erwärmung und Abkühlung einfacher geometrischer Körper. Z. V. d. I. 1915.

und in Abb. 18 wiedergegebene Linie der Abkühlgeschwindigkeit verläuft bei Kugelform zunächst steil, dann flach, bei Plattenform mit mehr gleichbleibender Neigung. Der Unterschied durch verschiedene Formen ist daher um so größer, je kürzer die Einwirkung der Umgebung dauert.

4. Mit zunehmender Trocknung nehmen die Werte λ, c und γ fast ausnahmslos ab. Der Wert der Temperaturleitfähigkeit $a = \dfrac{\lambda}{c \cdot \gamma}$ verändert sich meist in gleichem Sinne. Seine Abnahme bedeutet Verzögerung des Ausgleiches und damit der Trockenwirkung.

Um sich über die Veränderung von a ein rohes Bild zu machen, kann schätzungsweise angenommen werden, daß Gut, das sich ähnlich wie Holz verhält, im nassen Zustande einen Wert $a = \dfrac{\lambda}{c \cdot \gamma} \approx \dfrac{0,5}{0,7 \cdot 1000} \approx 0,0007$, im getrockneten Zustande dagegen $a \approx \dfrac{0,2}{0,5 \cdot 800} \approx 0,0005$ besitzt. Ähnliche Verhältnisse ergeben sich für Gut, dessen Eigenschaften denen von Ziegelsteinen gleichkommen. Hier ist für den nassen Zustand $a \approx \dfrac{1,2}{0,4 \cdot 2000} \approx 0,0015$, bzw. im trocknen Zustande $a \approx \dfrac{0,4}{0,2 \cdot 1700} \approx 0,0012$. Bei der Ungewißheit der zahlenmäßigen Veränderung der Einzelfaktoren, die a beeinflussen, muß die Untersuchung sich bis zum Vorliegen genauerer Ergebnisse damit bescheiden, für den Trockenvorgang einen durchschnittlichen a-Wert anzunehmen.

Wegen zahlenmäßiger Anhalte ist auf die Gröberschen Untersuchungen zurückzugreifen. Bedeutet

$Q \cdot z$ die Wärmeabgabe des Körpers nach Ablauf von z Stunden, in kcal,

$\mathfrak{W}$ den Wasserwert des Körpers, in kcal/^{0}C $\cdot$ h,

t die Umgebungstemperatur, in ^{0}C,

$\mathfrak{t}$ die ursprüngliche Körpertemperatur, in ^{0}C,

λ die Wärmeleitzahl des Körpers, in kcal/m $\cdot$ ^{0}C $\cdot$ h,

e die Stärke des plattenförmigen bzw. den Durchmesser des rundstangen- oder kugelförmigen Körpers, in m,

z die Zeit, in h,

χ eine von der Körpergestalt abhängige Funktionsform,

so gilt nach Gröber

$$Q \cdot z = \mathfrak{W} \cdot z \, (\mathfrak{t} - t) \, \chi \left(\frac{\alpha}{\lambda} \cdot \frac{e}{2}, \; \frac{a \cdot z}{\left(\frac{e}{2} \right)^2} \right). \tag{41}$$

Die Funktion χ hat Gröber abhängig von den Größen $\dfrac{\alpha}{\lambda} \cdot \dfrac{e}{2}$ und $\dfrac{a \cdot z}{\left(\frac{e}{2} \right)^2}$ in Tafeln zusammengestellt. Sie ergibt sich für $\alpha = 5$, $\lambda = 0,2$, $a = 0,0005$ für

e		0,02			0,1	
nach Stunden $z =$	1	5	20	1	5	20
χ für Platte	0,9	1	1	0,2	0,6	0,9
Rundstab	1	1	1	0,3	0,8	1
Kugel	1	1	1	0,4	1	1

d. h. daß z. B. ein flacher, plattenförmiger Körper von 0,02 m Stärke nach 1 Stunde 90% seines überschüssigen Wärmeinhaltes an die Umgebung abgegeben hat, wenn die Wärmeübergangsverhältnisse und die Körpereigenschaften den für α, λ und a gemachten Annahmen entsprechen. Für die noch geringeren Stärken, um die es sich bei der Trocknung häufig handelt, reichen die Gröberschen Tafeln nicht aus, und ihre Erweiterung erscheint wünschenswert, da die zahlenmäßige Berechnung zeitraubend ist.

In ähnlicher Weise geben die Gröberschen Tafeln einen Anhaltspunkt, um zu prüfen, ob die aus der Oberflächenwirkung für die Vorwärmung errechnete Zeit für vollständige Durchdringung des Gutes ausreicht. Diese Untersuchung ist in der Regel von geringerer Bedeutung, weil eine Verzögerung des Temperaturausgleiches bis in die inneren Schichten nur bedeutet, daß die äußeren Schichten ihre Vorwärmung vollendet haben und ihre Feuchtigkeit in dem der Kühlgrenze zukommenden Maße abzugeben beginnen, während die inneren Schichten noch fortfahren, einen Teil der an die Oberfläche abgegebenen Wärme zu verschlucken. Bei empfindlichem Gut kann dagegen Verzögerung der Durchwärmung dazu führen, daß die äußeren Schichten vollständig austrocknen und reißen, weil die Entfeuchtung des Kerns zu weit zurückbleibt. Es sind alsdann Maßnahmen nötig, um den Trockenvorgang künstlich zu verlangsamen, und zwar auf das Maß, das durch den Wärmeausgleich bedingt ist. Solche Mittel bestehen in Anwendung von Luft mit mäßigem Trockenpotential, Einhaltung niedriger Temperaturen und damit geringer Temperaturunterschiede in den einzelnen Schichten. Verlängerung der Trockendauer muß hierbei in Kauf genommen werden. Sie läßt sich verkürzen, wenn das Gut vor Beginn der Trocknung eine Temperaturerhöhung auf das gerade noch zuträgliche Maß erfährt, z. B. durch Behandlung mit Dampf. Der so vorgewärmte Körper stellt nach Beginn der Trocknung selber den Wärmeträger dar. Das Temperaturgefälle im Gut verläuft von innen nach außen. Damit auch hier Rißbildungen durch Temperaturunterschiede vermieden bleiben, soll die zur Wegführung der verdampften Flüssigkeit angewandte Luft nicht zu kalt sein, bedarf also im allgemeinen vorheriger Anwärmung.

Die rechnerische Berücksichtigung der Stoffeigenschaften ist einigermaßen verwickelt, daneben auch an vielfache Annahmen gebunden. Es ist daher der einfache Versuch über die zweckmäßige Leitung des Trockenvorganges in dieser Richtung vorzuziehen. Wenn der Berechnungsgang hier angedeutet wurde, so geschah dies weniger mit Rücksicht auf zahlenmäßig festzustellende Werte, als darauf, den Einfluß der einzelnen Faktoren zu betonen, damit dem Untersuchenden klar ist, welche Grundlagen als gegeben anzusehen sind und welche Einflüsse er verändern kann, um den Versuch zum Erfolg zu führen. Das Endziel wird in der Regel darauf hinauslaufen, die Trockenzeit möglichst abzukürzen, das Gut jedoch weitestgehend zu schonen.

Eine Wirkung der Stoffeigenschaften ist auch das Auftreten eines scheinbaren hygroskopischen Punktes. Bei der Trocknung von zellenartigen Körpern, wie Holz, äußert er sich in der Weise, daß ziemlich plötzlich eine Verzögerung der Trockenwirkung eintritt, sobald der Zelleninhalt aufgetrocknet ist und die aneinanderschließenden Zellenwände die Feuchtigkeit nicht mehr als ununterbrochene Kapillarkanäle fördern. Das Dämpfen von Holz hat wohl auch die Wirkung, daß es die Kapillarkanäle wiederherstellt und dadurch das Heben der Feuchtigkeit vom Kern an die Oberfläche erleichtert. Die Lage des scheinbaren hygroskopischen Punktes ergibt sich bei einem durchschnittlichen Feuchtigkeitsgehalt $\varkappa > \varkappa_e$. Sie ist abhängig von der Trockengeschwindigkeit, ebenso wie das Maß, um das der für die **Oberfläche** geltende Wert $\dfrac{\mathfrak{P}}{P''}$ unter dem Betrage liegt, der nach dem $\dfrac{\mathfrak{P}}{P''}$-$\varkappa$-Bild dem **durchschnittlichen Feuchtigkeitsgehalt** zukommt. Der Unterschied verschwindet, wenn die Stoffeigenschaften ihren Einfluß verlieren oder die Trockendauer unbegrenzt ist.

D. Die Beziehung zwischen α und α'.

In der Formel
$$Q_F^1 = Q_t + Q' = F\left[\alpha\,(t - \mathfrak{t}) + \alpha'\,(P_D' - \mathfrak{P})\right]$$
bleibt die Größe der Wärmeaustauschfläche F während des Trockenvorganges gleich, wenn davon abgesehen wird, daß mit fortschreitender Wasserentziehung eine Schrumpfung des Gutes eintritt. Soll diese berücksichtigt werden, so genügt es, für F einen zwischen dem Anfangs- und Endzustand liegenden geschätzten Mittelwert einzusetzen.

Bedeutet

Z die gesamte Trockendauer, in h,

so folgt das Fassungsvermögen der Trockenvorrichtung, in Trockenstoffgewicht gemessen, zu $\mathfrak{G}_\mathfrak{x} \cdot Z$, gleichgültig, ob es sich darum handelt, eine bestimmte, von vornherein eingebrachte Menge zu verarbeiten oder ob das Gut durch die Trockenvorrichtung hindurchwandert. Voraussetzung bleibt im letzten Falle nur, daß Beharrungszustand vorliegt, also in jeder Zeiteinheit das gleiche Trockenstoffgewicht ein- und austritt.

Da $\mathfrak{F}$ die dem stündlich verarbeiteten Trockenstoffgewicht $\mathfrak{G}_\mathfrak{x}$ zukommende Austauschfläche darstellt, ergibt sich

$$F = \mathfrak{F} \cdot Z\,. \tag{42}$$

Von den übrigen Größen der Gleichung (29) seien α und α' als gleichbleibend während des untersuchten Vorganges angesehen. Die gleiche Annahme ist zulässig für die Gutstemperatur $\mathfrak{t}$ und die Dampfspannung über dem Gut $\mathfrak{P}$, wenn es sich um den Hauptabschnitt der Trocknung feuchten Gutes handelt, während dessen beide Werte der gleichbleibenden Kühlgrenze entsprechen. Dagegen ändern sich $\mathfrak{t}$ und $\mathfrak{P}$ während der Zeit, in der das Gut eine Vorwärmung oder auch Abkühlung erfährt, also in dem der Haupttrocknung vorausgehenden und folgenden Abschnitt. Die Werte für die Lufttemperatur t und Dampfteilspannung P_D erfahren einen ständigen Wechsel.

Ändern sich Temperaturgefälle und Spannungsunterschied im Verlauf des untersuchten Vorganges wenig, so können Mittelwerte dafür eingesetzt werden. Für den allgemeinen Fall dagegen muß der Wärmeaustausch für eine unendlich kleine Zeit dz ermittelt werden, während der alle Werte als gleichbleibend angesehen werden dürfen. Wird hierbei zunächst an solche Trockenvorrichtungen gedacht, bei denen Luft und Gut sich beide, gleich- oder entgegengesetzt gerichtet, bewegen, so kommt dem gesamten Trocknerinhalt die Austauschfläche F, einer unendlich kleinen in der Bewegungsrichtung gemessenen Teillänge dL die Austauschfläche $\dfrac{F \cdot dL}{L}$ zu, wenn

L die Länge der Trockenvorrichtung, in der Bewegungsrichtung von Gas oder Luft gemessen, in m,

bedeutet.

Die stündliche Wärmeabgabe von Luft an Gut innerhalb dieser unendlich kleinen Teilstrecke beträgt

$$dQ_F = \frac{F \cdot dL}{L}\left[\alpha\,(t-\mathfrak{t}) + \alpha'\,(P_D - \mathfrak{P})\right].$$

Da $$L = 3600 \cdot \mathfrak{w} \cdot Z$$

und bei unveränderlicher Gutsgeschwindigkeit $\mathfrak{w}$ auch

$$dL = 3600 \cdot \mathfrak{w} \cdot dz$$

ist, kann $$\frac{F \cdot dL}{L} = \frac{F \cdot dz}{Z} = \mathfrak{F} \cdot dz$$

gesetzt werden. Gleichung (29) nimmt damit die Form an

$$dQ_F = dQ_t + dQ' = \mathfrak{F} \cdot dz\left[\alpha\,(t-\mathfrak{t}) + \alpha'\,(P_D - \mathfrak{P})\right]. \tag{43}$$

dQ_F stellt ganz allgemein die in der Zeit dz von dem feuchten Gas an die Flüssigkeit durch Wärmeaustausch übergehende Wärmemenge dar.

In der Formel

$$i = c_{pL} \cdot t + (r_{0^0} + c_{pD} \cdot t)\,x$$

bedeutet $c_{pL} \cdot t$ die Vergrößerung des spezifischen Wärmeinhaltes durch Temperatursteigerung, also Wärmeaustausch, $(r_{0^0} + c_{pD} \cdot t)x$ die Vergrößerung des spezifischen Wärmeinhaltes durch Aufnahme der verdampften Flüssigkeit. Da diese mit dem der Flüssigkeitswärme entsprechenden spezifischen Wärmeinhalt $i_{\mathfrak{W}t} \cdot x$ in den Arbeitsvorgang durch einfachen Ortswechsel eintritt, beruht, neben dem Betrage $c_{pL} \cdot t$, nur der Betrag $(r_{0^0} + c_{pD} \cdot t)x - i_{\mathfrak{W}t} \cdot x$ auf reinem Wärmeaustausch. Bezeichnet di die Zunahme des spezifischen Wärmeinhaltes des feuchten Gases in der Zeit dz, bezogen auf 1 kg trockenes Gas, so ist der dem Betrage dQ_F gleichzusetzende, dem Wärmeaustausch entsprechende Wert des Wärmeinhaltes nicht $-G_L \cdot di$, sondern $-G_L(di - i_{\mathfrak{W}t} \cdot dx)$. Das negative Zeichen rührt daher, daß dQ_F positiv Wärmeabgabe des Gases bedeutet und di positiv als Vermehrung des spezifischen Wärmeinhaltes des Gases gilt. Es folgt hieraus

$$-G_L\,(di - i_{\mathfrak{W}t} \cdot dx) = \mathfrak{F} \cdot dz\left[\alpha\,(t-\mathfrak{t}) + \alpha'\,(P_D - \mathfrak{P})\right]. \tag{44}$$

Das Verhältnis $\frac{\alpha}{\alpha'}$ ergibt sich alsdann zu

$$\frac{\alpha}{\alpha'} = -\frac{G_L\,(d\,i - \mathrm{i}_{\mathfrak{W}t}\cdot dx)}{\mathfrak{F}\cdot d\,z\cdot\alpha'\,(t-\mathfrak{t})} - \frac{P_D - \mathfrak{P}}{t-\mathfrak{t}}\,. \tag{45}$$

Es bezeichne

i_{Dt} den Wärmeinhalt von 1 kg Dampf bei der Temperatur t des Gases, in kcal/kg (für Wasserdampf $i_{Dt} = 595 + 0{,}46\cdot t$),

dann bedeutet $i_{Dt} - \mathrm{i}_{\mathfrak{W}t}$ die erforderliche Wärme, um 1 kg Flüssigkeit von der Temperatur $\mathfrak{t}$ in Dampf von der Temperatur t zu verwandeln. $G_L\cdot d\,x\,(i_{Dt} - \mathrm{i}_{\mathfrak{W}t})$ stellt daher die auf die Zeit dz entfallende Trocken-

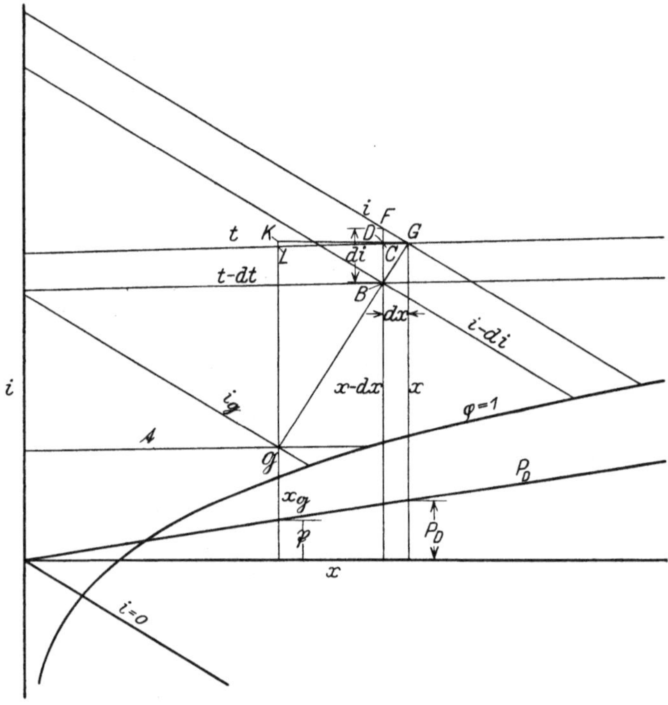

Abb. 19. Allgemeine Zustandänderung der Luft im i-x-Bild nach unendlich kleiner Zeitdauer.

leistung im Wärmemaßstabe dar. Sie ist gleich $- dQ'$. Es folgt hieraus

$$- dQ' = -\mathfrak{F}\cdot d\,z\cdot\alpha'\,(P_D - \mathfrak{P}) = G_L\cdot d\,x\,(i_{Dt} - \mathrm{i}_{\mathfrak{W}t})\,, \tag{46}$$

$$\mathfrak{F}\cdot d\,z\cdot\alpha' = -G_L\cdot d\,x\cdot\frac{i_{Dt} - \mathrm{i}_{\mathfrak{W}t}}{P_D - \mathfrak{P}}\,,$$

$$\frac{\alpha}{\alpha'} = \frac{G_L\,(d\,i - \mathrm{i}_{\mathfrak{W}t}\cdot dx)}{G_L\cdot dx\cdot\dfrac{(i_{Dt} - \mathrm{i}_{\mathfrak{W}t})\,(t-\mathfrak{t})}{P_D - \mathfrak{P}}} - \frac{P_D - \mathfrak{P}}{t-\mathfrak{t}} = \frac{\mathfrak{P} - P_D}{t-\mathfrak{t}}\cdot\frac{i_{Dt} - \dfrac{d\,i}{d\,x}}{i_{Dt} - \mathrm{i}_{\mathfrak{W}t}}\,.$$

In dem i-x-Bild der Abb. 19 bezeichnet ganz allgemein G den Zustand des feuchten Gases nach seinen maßgebenden Werten t, x, i und $\mathfrak{G}$ den

Zustand der Flüssigkeit nach den zugeordneten Werten t, $x_\mathfrak{g}$, $i_\mathfrak{g}$, und $\mathfrak{P}$. $x_\mathfrak{g}$ und $i_\mathfrak{g}$ beziehen sich auf einen gedachten Zustand des Gases bei der Temperatur t und dem Dampfdruck $\mathfrak{P}$, wie sie dem Zustand der Flüssigkeit zukommen. Die Veränderung des Luftzustandes unter der Einwirkung der Flüssigkeit kann während der unendlich kleinen Zeit dz als Mischung zweier Luftmengen von dem durch die Punkte G und $\mathfrak{G}$ gekennzeichneten Zustande aufgefaßt werden. Die Mischluft besitzt alsdann einen Zustand, der durch den Punkt B auf der Geraden $G\mathfrak{G}$ in unmittelbarer Nähe von G dargestellt wird[1]). Der Abszissenbestand zwischen G und B entspricht der Veränderung dx des Feuchtigkeitsgehaltes. Punkt B liegt auf der Temperaturlinie $t - dt$. Es läßt sich alsdann aus dem i-x-Bild folgende Beziehung ablesen

$$BC = BF - CD - DF,$$

$$(c_{pL} + c_{pD} \cdot x)\, dt = di - c_{pD} \cdot dx \cdot t - r_{0^0} \cdot dx = di - (r_{0^0} + c_{pD} \cdot t)\, dx,$$

$$\frac{BC}{GD} = \frac{\mathfrak{G}L}{GK},$$

$$\frac{di - (r_{0^0} + c_{pD} \cdot t)\, dx}{dx} = \frac{(c_{pL} + c_{pD} \cdot x_\mathfrak{g})\,(t - t)}{x - x_\mathfrak{g}},$$

$$\frac{di}{dx} = (c_{pL} + c_{pD} \cdot x_\mathfrak{g})\,\frac{t - t}{x - x_\mathfrak{g}} + (r_{0^0} + c_{pD} \cdot t).$$

Wird die Bezeichnung

$$c_{pL} + c_{pD} \cdot x_\mathfrak{g} = c_{p\mathfrak{g}}$$

eingeführt, so bedeutet

$c_{p\mathfrak{g}}$ die spezifische Wärme feuchter Luft von dem gedachten Zustande, wie er der Flüssigkeit zukommt,

also die spezifische Wärme der Grenzschicht über der Flüssigkeit, die nach Temperatur t und Dampfspannung $\mathfrak{P}$ mit der Flüssigkeit übereinstimmt und daher einen Feuchtigkeitsgehalt $x_\mathfrak{g}$ besitzt, wie er im i-x-Bild dem Punkte $\mathfrak{G}$ entspricht. Da ferner

$$r_{0^0} + c_{pD} \cdot t = i_{Dt}$$

ist, ergibt sich durch Einsetzen von $\dfrac{di}{dx}$

$$\frac{\alpha}{\alpha'} = \frac{\mathfrak{P} - P_D}{t - t} \cdot \frac{i_{Dt} - c_{p\mathfrak{g}} \cdot \dfrac{t - t}{x - x_\mathfrak{g}} - t_{Dt}}{i_{Dt} - i_{\mathfrak{W}t}},$$

$$\frac{\alpha}{\alpha'} = \frac{c_{p\mathfrak{g}}\,(\mathfrak{P} - P_D)}{(i_{Dt} - i_{\mathfrak{W}t})\,(x_\mathfrak{g} - x)}. \tag{47}$$

Lewis[2]) hat die Beziehung aufgestellt

$$\frac{\alpha}{k'} = c_p. \tag{48}$$

---

[1]) Der Nachweis, daß der Mischpunkt auf der Verbindungsgeraden liegt, ist in Abschnitt BI erbracht.

[2]) Lewis: The evaporation of a liquid into a gas. Mech. Engg. 1922, s. a. Bericht darüber im Forschungsheft 275.

Hierbei bedeutet
k' die Verdunstungszahl, d. h. das über 1 m² Flüssigkeitsoberfläche stündlich verdunstende Flüssigkeitsgewicht, wenn der Unterschied des Feuchtigkeitsgehaltes x_g, wie er gesättigtem Gase von
der Flüssigkeitstemperatur t zukommt, und des tatsächlichen
Flüssigkeitsgehaltes x des Gases der Einheit entspricht, in kg/m² · h.
Zwischen k' und α' besteht hiernach die Beziehung

$$k' = \alpha' \cdot \frac{\mathfrak{P} - P_D}{(i_{Dt} - i_{\mathfrak{W}t})(x_\mathrm{g} - x)}\,, \tag{49}$$

und es folgt das Verhältnis $\dfrac{\alpha}{\alpha'}$ nach Lewis

$$\frac{\alpha}{\alpha'} = \frac{c_p\,(\mathfrak{P} - P_D)}{(i_{Dt} - i_{\mathfrak{W}t})(x_\mathrm{g} - x)}\,.$$

Die Lewissche Beziehung wurde für den Sonderfall aufgestellt,
daß Luft und Wasser im Wärmeaustausch stehen. Demgegenüber gilt

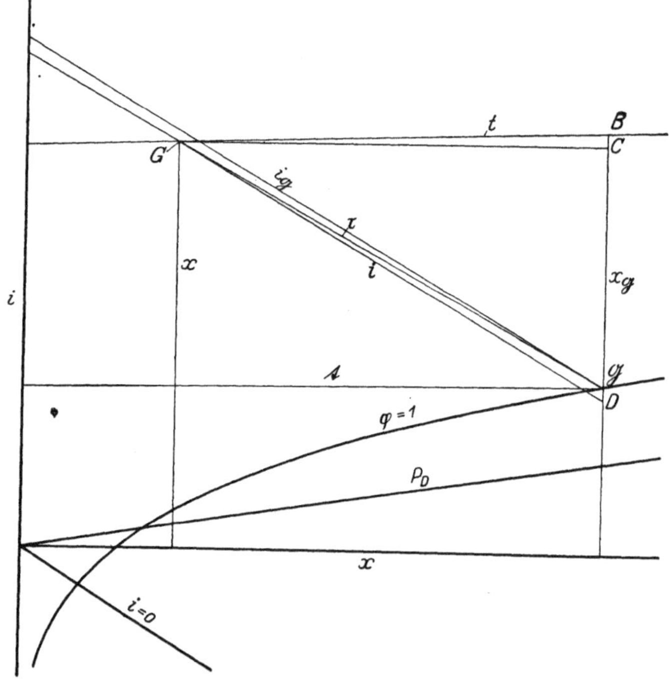

Abb. 20. Zustandsänderung der Luft im i-x-Bild während des Haupttrockenabschnittes.

die hier entwickelte Beziehung für $\dfrac{\alpha}{\alpha'}$ ganz allgemein. Sie stellt den

Augenblickswert des Verhältnisses $\dfrac{\alpha}{\alpha'}$ für beliebige Gase und Flüssig

keiten dar, wobei die Flüssigkeiten durch feuchte Körper oder auch
hygroskopisch wirkende Stoffe dargestellt werden können, wenn nur

die Werte $c_{p\,\mathrm{g}}$, $\mathfrak{P}$, $i_{\mathfrak{W}t}$ und x_g dem Zustande des Körpers entsprechen. Der gefundene Wert stimmt mit dem aus der Lewisschen Beziehung sich ergebenden überein, wenn in der letzten statt c_p der Wert $c_{p\,\mathrm{g}}$ eingesetzt wird, d. h. die spezifische Wärme nicht auf den wirklichen Gaszustand, sondern auf den Zustand der über dem feuchten Körper schwebenden Grenzschicht bezogen wird.

Im Haupttrockenabschnitt bewegt sich der Luftzustand längs der τ-Linie. Für sie folgt aus Abb. 20

$$B\mathfrak{G} = BC + CD - \mathfrak{G}D,$$

$$c_{p\,\mathrm{g}}\,(t - t) = c_{pD}\cdot t\,(x_\mathrm{g} - x) + (r_{0}\dot{0} - i_{\mathfrak{W}t}')\,(x_\mathrm{g} - x) = (i_{Dt} - i_{\mathfrak{W}t})\,(x_\mathrm{g}' - x)\,.$$

Es wird daher

$$\left(\frac{\alpha}{\alpha'}\right)_\tau = \frac{\mathfrak{P} - P_{\bar{D}}}{t - t}\,, \tag{50}$$

was sich auch unmittelbar aus Formel (29) ergibt, da für die Veränderung des Gases längs der τ-Linie $Q_F = 0$ wird. Für einen mit gleichbleibender Kühlgrenze des Gases verlaufenden Trockenvorgang läßt sich daher jedem Punkte des i-x-Bildes ein bestimmtes Verhältnis $\frac{\alpha}{\alpha'}$ zuordnen. Es können also hierfür Linien gleicher Werte $\frac{\alpha}{\alpha'}$ nach Abb. 21 in das i-x-Bild eingefügt werden. Sie fallen nahezu mit Linien gleicher Kühlgrenze zusammen, so daß für den Hauptabschnitt der Trocknung feuchten Gutes mit einem gleichbleibenden Verhältnis $\frac{\alpha}{\alpha'}$ gerechnet werden darf. Innerhalb des Bildfeldes der Abb. 21 verändert sich das Verhältnis $\frac{\alpha}{\alpha'}$ zwischen etwa 6,4 für niedrige i_g-Werte, also niedrige Temperaturen t des Gutes, um etwa 30^0 herum, und etwa 4,6 für höhere x_g-Werte, also höhere Gutstemperatur, um 75^0 herum.

Wird das zuvor feuchte Gut hygroskopisch, so verläuft die Zustandsänderung der Luft, wie sich aus späteren Untersuchungen ergeben wird, nicht mehr in Richtung der τ-Linie, sondern es findet eine allmähliche Annäherung an die Richtung der i-Linie statt. Gleichzeitig verläßt der den Gutszustand darstellende Punkt $\mathfrak{G}$ die Sättigungslinie und bewegt sich gegen einen hygroskopischen Beharrungspunkt, dem auch der Luftzustandspunkt G zustrebt. Mit genügender Genauigkeit können daher die für den Haupttrockenabschnitt sich ergebenden Werte $\frac{\alpha}{\alpha'}$ auch für das anschließende hygroskopische Gebiet beibehalten werden. Während der Vorwärmung und Abkühlung des Gutes dagegen ist mit einem veränderlichen Wert $\frac{\alpha}{\alpha'}$ nach Formel (47) zu rechnen.

Nunmehr ergibt sich auch der Grund, weshalb es zu Widersprüchen geführt hätte, wenn den Trockenkraftlinien statt gleichen Temperaturgefälles $(t - t)$ gleiches Spannungsgefälle $(\mathfrak{P} - P)$ zugrunde gelegt worden wäre. Im letzten Falle hätte die Voraussetzung eines gleichbleibenden Wertes α' gegolten. Während jedoch α längs der τ-Linien als unveränderlich betrachtet werden kann, trifft dies für α' nicht zu, weil die Linien gleichen Verhältnissen $\frac{\alpha}{\alpha'}$ nach Abb. 21 von den τ-Linien abweichen. Aus diesem Grunde durften auch die nach Abb. 16 für

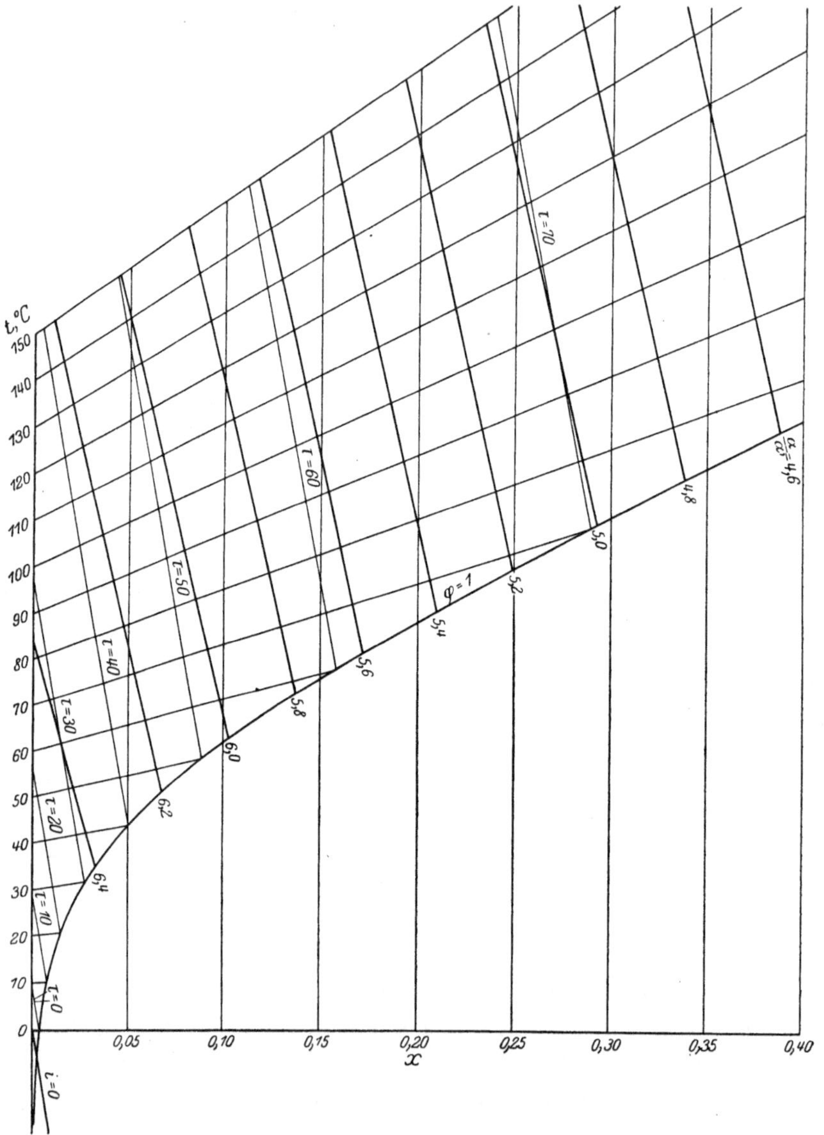

Abb. 21. Linien gleicher Werte $\frac{a}{a'}$ bei Änderung des Luftzustandes längs der Linien gleicher Kühlgrenze τ.

hygroskopisches Gut für gleiches Spannungsgefälle entworfenen Trockenkraftlinien $\varkappa_\mathfrak{h}$ nur als angenähert bezeichnet werden.

Die für $\dfrac{\alpha}{\alpha'}$ geführten Untersuchungen gelten auch für das zahlenmäßig gleiche Verhältnis $\dfrac{\alpha_V}{\alpha'_V}$.

Zahlenbeispiel 3.

Es soll Luft mit einem Reinluftgehalt von $G_L = 100000$ kg/h von $t_1 = 40^0$ Anfangstemperatur und $\varphi_1 = 0{,}6$ anfänglichem Feuchtigkeitsgrad, entsprechend einem Feuchtigkeitsgehalt $x_1 = 0{,}0294$, getrocknet werden. Als Kühlmittel diene Wasser, das mit einer Temperatur $t_1 = 10^0$ zu- und $t_2 = 20^0$ abläuft. Wie ist der Entfeuchtungsraum zu bemessen, wenn er als Trockenturm mit Füllkörpern ausgebildet wird?

Im i-x-Bild erfolgt die Zustandsänderung der Luft in jedem Augenblick in Richtung der Verbindungsgeraden $G\mathfrak{G}$, wenn die Punkte G und $\mathfrak{G}$ den Augenblickszustand von Luft und Gut darstellen, also zu Beginn der Entfeuchtung in Richtung einer Geraden $G_1\mathfrak{G}_1$, die durch die bekannten Anfangszustände festliegt, zum Schluß längs einer Geraden $G_2\mathfrak{G}_2$, von der nur der Punkt $\mathfrak{G}_2$ bekannt ist. Im vorliegenden Beispiele liegen die Punkte G_1, $\mathfrak{G}_1$ und $\mathfrak{G}_2$ im i-x-Bild nahezu auf einer Geraden. Punkt G_2 muß daher gleichfalls auf diese Gerade zu liegen kommen, kann daher auf ihr als Schnittpunkt mit der Geraden für $x_2 = 0{,}0200$ gefunden werden. Der Endzustand der Luft ergibt sich auf diese Weise bei einer Temperatur von $t_2 \approx 27^0$ und einem Feuchtigkeitsgrade $\varphi_2 \approx 0{,}85$. Die austretende Luft ist daher nicht gesättigt. Daß es möglich ist, aus ungesättigter Luft Feuchtigkeit niederzuschlagen, hat Verfasser an anderer Stelle[1]) nachgewiesen.

Hiernach ergeben sich folgende Werte:

$$(t - \mathfrak{t})_{\text{mittel}} = \frac{40 - 10 + 27 - 20}{2} = 18{,}5\,,$$

$$x_{\mathfrak{g}_1} = 0{,}0079 \qquad (\text{für } t = 10^0,\ \varphi = 1),$$
$$x_{\mathfrak{g}_2} = 0{,}0152 \qquad (\text{für } t = 20^0,\ \varphi = 1),$$

$$(x_{\mathfrak{g}} - x)_{\text{mittel}} = \frac{0{,}0079 - 0{,}0294 + 0{,}0152 - 0{,}0200}{2} = -\,0{,}0132\,.$$

Die zu übertragende fühlbare Wärme beträgt einerseits nach Formel (27)

$$Q_t = V \cdot \alpha_V\,(t - \mathfrak{t})_{\text{mittel}}\,,$$

andererseits

$$Q_t = G_L\,(c_{pL} + c_{pD} \cdot x_2)\,(t_1 - t_2).$$

Hierbei ist die Vorstellung maßgebend, daß die der Trockenleistung $G_L\,(x_1 - x_2)$ entsprechende Wärme vorweg als Dampfwärme entzogen sei, als Leistung der fühlbaren Wärme daher neben der Abkühlung der Reinluft noch die Abkühlung der verbleibenden Dampfmenge $G_L \cdot x_2$ übrigbleibt. Die Dampfwärme beträgt einerseits nach Formel (28)

$$Q' = V \cdot \alpha'_V\,(P_D - \mathfrak{P})_{\text{mittel}}\,,$$

andererseits ergibt sie sich zu

$$Q' = G_L\,(r_{0^0} + c_{pD} \cdot t_1 - i_{\mathfrak{W}\,t_{\text{mittel}}})\,(x_1 - x_2)\,.$$

Der letzte Betrag folgt aus der Überlegung, daß für 1 kg niederschlagende Feuchtigkeit die ihr ursprünglich innewohnende Dampfwärme $i_{D_1} = r_{0^0} + c_{pD} \cdot t_1$ an die Flüssigkeit übergeht, hiervon jedoch der Betrag der schließlichen mittleren Flüssigkeitswärme $i_{\mathfrak{W}\,t_{\text{mittel}}}$ in Abzug zu bringen ist, weil dessen Übertritt keine Folge des Wärmeaustausches darstellt. Durch Gleichsetzen von je zwei Gleichungen ergibt sich aus den Beziehungen für die fühlbare Wärme

$$V = \frac{G_L\,(c_{pL} + c_{pD} \cdot x_2)\,(t_1 - t_2)}{\alpha_V\,(t - \mathfrak{t})_{\text{mittel}}}\,,$$

---

[1]) Hirsch: Die Abkühlung feuchter Luft. Ges.-Ing. 1926.

aus den Beziehungen für die Dampfwärme

$$V = \frac{G_L\,(r_{0^0} + c_{pD}\cdot t_1 - i_{\mathfrak{W}\,t_{mittel}})\,(x_1 - x_2)}{\alpha_V'\,(P_D - \mathfrak{P})_{mittel}}.$$

Die Wärmeübergangszahl α_V für fühlbare Wärme ist hier, da es sich um eine Lufttrockenanlage handelt, nach Formel (38)

$$\alpha_V = \frac{1}{\dfrac{1}{1150 + 1,5\cdot\dfrac{G}{f}} + \dfrac{1}{2,16\cdot 10^{-9}\left(\dfrac{G}{f}\right)^{1,8}\left(\dfrac{\mathfrak{G}}{f}\right)^{1,54}}}$$

zu errechnen. Der Durchgangsquerschnitt f ergibt sich aus der als zulässig ermittelten Luftgeschwindigkeit w und dem Rauminhalt der Luft im mittleren Zustand $\dfrac{G}{\gamma_{mittel}}$. Er sei zu $f = 15$ m² angenommen. Die Berieselungsstärke $\dfrac{\mathfrak{G}}{f}$ folgt hieraus, wenn die stündlich zugeführte Wassermenge $\mathfrak{G}_1$ bekannt ist. Sie muß durch Erwärmung von t_1 auf t_2 die gesamte auf Wärmeaustausch entfallende Leistung $Q_F = Q_t + Q'$ aufnehmen. Es ergibt sich daher

$$\mathfrak{G}_1 = \frac{G_L\,[(c_{pL} + c_{pD}\cdot x_2)\,(t_1 - t_2) + (r_{0^0} + c_{pD}\cdot t_1 - i_{\mathfrak{W}\,t_{mittel}})\,(x_1 - x_2)]}{t_1 - t_2}$$

$$= \frac{100\,000\left[(0{,}24 + 0{,}46\cdot 0{,}0200)\,(40 - 27) + \left(595 + 0{,}46\cdot 40 - \dfrac{20 + 10}{2}\right)(0{,}0294 - 0{,}0200)\right]}{20 - 10}$$

$$= \frac{324\,960 + 562\,500}{10} = 88\,650\,.$$

Die stündlich austretende Wassermenge ist um den Betrag der Trockenleistung größer und beträgt

$$\mathfrak{G}_2 = \mathfrak{G}_1 + G_L\,(x_1 - \quad = 88\,650 + 100\,000\,(0{,}0294 - 0{,}0200) = 89\,590\,.$$

Die für die Berechnung von α_V anzusetzende mittlere Berieselungsstärke folgt daher zu

$$\frac{\mathfrak{G}}{f} = \frac{\mathfrak{G}_1 + \mathfrak{G}_2}{2f} = \frac{88\,650 + 89\,590}{2\cdot 15} \approx 5900\,.$$

Mit

$$G = G_L\,(1 + x_{\overline{mittel}}) = 100\,000\left(1 + \frac{0{,}0294 + 0{,}0200}{2}\right) = 102\,470\,,$$

$$\frac{G}{f} = \frac{102\,470}{15} \approx 6800$$

ergibt sich

$$\alpha_V = \frac{1}{\dfrac{1}{1150 + 1,5\cdot 6800} + \dfrac{1}{2,16\cdot 10^{-9}\cdot 6800^{1,8}\cdot 5900^{1,54}}} \approx 5600\,.$$

Die Größe des benötigten Berieselungsraumes beträgt daher

$$V = \frac{324\,000}{5600\cdot 18{,}5} \approx 3{,}1\ \text{m}^3\,.$$

Die Höhe der Füllkörperschicht ist mit

$$\frac{V}{f} = \frac{3{,}1}{15} \approx 0{,}21\ \text{m}$$

zu bemessen. Es ist selbstverständlich, daß der Wert

$$V = \frac{562\,500}{\alpha'_V\,(P_D - \mathfrak{P})_{\text{mittel}}},$$

wie er sich nach der Dampfwärme errechnet, zu demselben Ergebnis führen muß.
Nach Formel (47) gilt

$$\alpha'_V\,(P_D - \mathfrak{P})_{\text{mittel}} = \frac{\alpha}{c_{p\,\mathfrak{g}\text{mittel}}}\,(i_D t_1 - i_{\mathfrak{W}}\,t_{\text{mittel}})\,(x - x_{\mathfrak{g}})_{\text{mittel}}$$

$$= \frac{5600}{0,24 + 0,46 \cdot \dfrac{0,0079 + 0,0152}{2}}\left(595 + 0,46 \cdot 10 - \frac{20 + 10}{2}\right)0,0132 \approx 180\,000,$$

$$V = \frac{562\,500}{180\,000} \approx 3,1\ \text{m}^3.$$

Der Zusammenhang der Formeln für Q_t, Q' und $\dfrac{\alpha}{\alpha'}$ bzw. $\dfrac{\alpha_V}{\alpha'_V}$ ist derartig, daß
die Übereinstimmung der Berechnungen von V nach der fühlbaren und der Dampf-
wärme sich zwangsläufig ergibt.

E. Wärmeübertragung zwischen Gas und Gut bei veränderlichen Verhältnissen.
Das Trockenzeitbild (x-z-Bild).

Die Beziehung

$$-G_L\,(di - i_{\mathfrak{W}\,t} \cdot dx) = \mathfrak{F} \cdot dz\,[\alpha\,[t - \mathfrak{t}) + \alpha'\,(P_D - \mathfrak{P})]$$

läßt sich wie folgt umformen

$$-G_L\,(di - i_{\mathfrak{W}\,t} \cdot dx) = \frac{\mathfrak{F} \cdot dz \cdot \alpha}{c_{p\,\mathfrak{g}}}\left[c_{p\,\mathfrak{g}}(t - \mathfrak{t}) + c_{p\,\mathfrak{g}} \cdot \frac{\alpha'}{\alpha}\,(P_D - \mathfrak{P})\right],$$

$$= \mathfrak{F} \cdot dz \cdot k'\left[c_{p\,\mathfrak{g}}\,(t - \mathfrak{t}) + \frac{c_{p\,\mathfrak{g}}(i_D t - i_{\mathfrak{W}\,t})(x - x_{\mathfrak{g}})(P_D - \mathfrak{P})}{c_{p\,\mathfrak{g}}(P_D - \mathfrak{P})}\right],$$

$$= \mathfrak{F} \cdot dz \cdot k'\,[(c_{pL} + c_{pD} \cdot x_{\mathfrak{g}})\,t + (r_{0^\circ} + c_{pD} \cdot t - i_{\mathfrak{W}\,t})\,x$$
$$- (c_{pL} + c_{pD} \cdot x_{\mathfrak{g}})\,\mathfrak{t} - (r_{0^\circ} + c_{pD} \cdot \mathfrak{t} - i_{\mathfrak{W}\,t})\,x_{\mathfrak{g}}],$$

$$= \mathfrak{F} \cdot dz \cdot k'\,([c_{pL} \cdot t + (r_{0^\circ} + c_{pD} \cdot t)\,x] - [c_{pL} \cdot \mathfrak{t}$$
$$+ (r_{0^\circ} + c_{pD} \cdot \mathfrak{t})\,x_{\mathfrak{g}}] - i_{\mathfrak{W}\,t}\,(x - x_{\mathfrak{g}})),$$

$$-G_L\,(di - i_{\mathfrak{W}\,t} \cdot dx) = \mathfrak{F} \cdot dz \cdot k'\,[i - i_{\mathfrak{g}} - i_{\mathfrak{W}\,t}\,(x - x_{\mathfrak{g}})]. \qquad (51)$$

Die Bedeutung des Klammerwertes auf der rechten Seite ergibt
sich aus Abb. 22. Durch den Zustandspunkt $\mathfrak{G}$ des Gutes werde eine
Parallele zu der τ_t-Linie gezogen, die vom Schnittpunkt der durch $\mathfrak{G}$
gehenden $\mathfrak{t}$-Geraden mit der Sättigungslinie ausgeht. Alsdann stellt
der Wert $i - i_{\mathfrak{g}} - i_{\mathfrak{W}\,t}\,(x - x_{\mathfrak{g}})$ den senkrechten Abstand des dem
Gaszustande entsprechenden Punktes G von dieser Parallelen dar. Wird
zu der τ_t-Linie auch durch G eine Parallele gezogen und der Punkt B
unendlich nahe bei G auf der Verbindungsgeraden $G\,\mathfrak{G}$ angenommen,

so stellt B den neuen Zustandspunkt des Gases nach der Zeit dz dar.
Es gilt die Beziehung

$$\frac{(di - i_{\mathfrak{W}t} \cdot dx)}{i - i_{\mathfrak{g}} - i_{\mathfrak{W}t}(x - x_{\mathfrak{g}})} = \frac{di}{i - i_{\mathfrak{g}}} \, .$$

Formel (51) vereinfacht sich daher zu

$$- G_L \cdot di = \mathfrak{F} \cdot k' \, (i - i_{\mathfrak{g}}) \, dz \, ,$$

oder

$$di = \frac{\mathfrak{F}}{G_L} \cdot k' \, (i_{\mathfrak{g}} - i) \, dz \, , \tag{51a}$$

$$di = \frac{F}{G_L \cdot Z} \cdot k' \, (i_{\mathfrak{g}} - i) \, dz \, . \tag{52}$$

Diese wichtige Gleichung bedeutet, daß bei Wärmeübertragung zwischen feuchten Gasen und Flüssigkeiten die Zunahme des spezifischen Wärmeinhaltes des Gases in je-

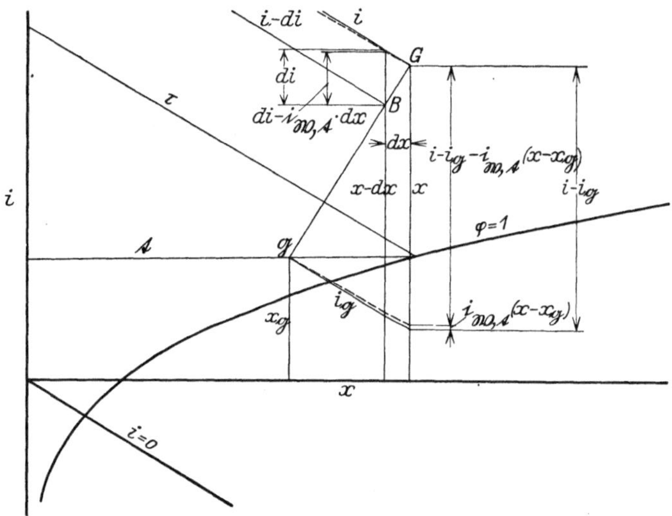

Abb. 22. Allgemeine Zustandsänderung der Luft im i-x-Bild nach unendlich kleiner Zeitdauer.

dem Augenblick verhältnisgleich ist dem Teil der Austauschfläche F, der auf 1 kg während der Gesamtaustauschzeit umlaufenden trockenen Gases entfällt, der Verdunstungszahl k' und dem Unterschied des spezifischen Wärmeinhaltes $i_{\mathfrak{g}}$ von Gas, dessen Zustand nach Temperatur t und Dampfspannung $\mathfrak{P}$ dem der Flüssigkeit entspricht, von dem tatsächlichen spezifischen Wärmeinhalt i des Gases. Der Wärmeinhalt $i_{\mathfrak{g}}$ kommt der Grenzschicht zu, die an der Oberfläche des Gutes ruht und den Wärmeaustausch vermittelt.

Wird Formel (52) geschrieben

$$G_L \cdot Z \cdot c_{p\mathfrak{g}} \cdot di = F \cdot \alpha \, (i_{\mathfrak{g}} - i) \, dz \, , \tag{52a}$$

so stimmt sie in ihrem Bau ganz mit der für Wärmeübertragung zwischen trockenen Körpern vom Wasserwert $\mathfrak{W}$ kcal/^{0}C $\cdot$ h und trockenen Gasen geltenden Gleichung

$$\mathfrak{W} \cdot Z \cdot d\mathfrak{t} = F \cdot \alpha \,(\mathfrak{t} - t)\, dz = G_L \cdot Z \cdot c_{pL} \cdot dt \tag{52 b}$$

überein. Auch $G_L \cdot Z \cdot c_{p\mathfrak{g}}$ stellt einen Wasserwert dar, den die in der Gesamtaustauschzeit umlaufende trockene Gasmenge unter den Zustandsbedingungen der Grenzschicht besitzt. Formel (52a) stellt die allgemeine Form dar, die in Gleichung (52b) übergeht, wenn der Feuchtigkeitsaustausch wegfällt. Denn dann wird

$$c_{p\mathfrak{g}} = c_{pL}\,,$$

$$G_L \cdot Z \cdot c_{p\mathfrak{g}} = G_L \cdot Z \cdot c_{pL}\,,$$

$$i_\mathfrak{g} = c_{pL} \cdot \mathfrak{t}\,,$$

$$i = c_{pL} \cdot t\,.$$

Die Beziehung (51) ist bereits von Merkel[1]) aufgestellt worden. Er hat sie als Annäherung, unter Vernachlässigung nebensächlicher Unterschiede, abgeleitet. Formel (51) gilt jedoch nicht nur angenähert, sondern genau und nicht nur dann, wenn es sich um Wärmeaustausch zwischen feuchter Luft und Wasser handelt, sondern auch dann, wenn die Veränderung sich auf ein beliebiges Gas und eine beliebige Flüssigkeit bezieht oder die Flüssigkeit durch einen „feuchten" oder auch nicht mehr als feucht zu betrachtenden, d. h. hygroskopisch wirkenden, Körper ersetzt wird. Bedingung ist nur, daß der Wärmeinhalt $i_\mathfrak{g}$ auf die Temperatur $\mathfrak{t}$ und die Dampfspannung $\mathfrak{P}$ bezogen wird, die der Oberfläche dieses Körpers zukommen.

Da in der lebenden Natur der Wärmeaustausch fast nur zwischen feuchten Körpern stattfindet, liegt der Gedanke nahe, der Formel (52a) eine größere Bedeutung beizumessen als der Formel (52b) und, um noch einen Schritt weiterzugehen, den Begriff des spezifischen Wärmeinhaltes als Körpereigenschaft vor den der Temperatur zu setzen. Das Thermometer würde damit an Bedeutung als Meßvorrichtung für Lebensvorgänge einbüßen und als Ersatz ein Wärmeinhaltsmesser zu finden sein.

Können für k' und den Unterschied $i_\mathfrak{g} - i$ Mittelwerte als gleichbleibend angesetzt werden, so gilt Formel (52) auch für Veränderungen von endlicher Dauer Z und lautet hierfür

$$i_2 - i_1 = \frac{F}{G_L} \cdot k'_{\text{mittel}} \,(i_\mathfrak{g} - i)_{\text{mittel}}\,. \tag{53}$$

Die Gleichung ist wegen ihrer einfachen Form besonders geeignet, um bei gegebenen Zustandsverhältnissen von Gas und Flüssigkeit entweder die für eine bestimmte Leistung benötigte Austauschfläche F, bzw. den Austauschraum $V = \dfrac{F \cdot \alpha}{\alpha_V}$, oder für festliegende Ausmaße F bzw. V die übertragbare Leistung zu ermitteln.

---

[1]) Merkel: Verdunstungskühlung. Forschungsheft 275.

Zahlenbeispiel 4.

Unter Zugrundelegung von Formel (53) errechnet sich der für die Annahmen des Zahlenbeispiels 3 benötigte Berieselungsraum

$$V = G_L \cdot \frac{(i_1 - i_2)}{k'_{\text{mittel}}} \, (i - i_\text{g})_{\text{mittel}} \, .$$

Nach dem i-x-Bild ergeben sich

$$i_1 = 27{,}6 \, ,$$
$$i_2 = 18{,}6 \, ,$$
$$i_{\text{g}1} = 7{,}1 \, ,$$
$$i_{\text{g}2} = 14{,}0 \, ,$$

und es folgt

$$V = \cfrac{100\,000\,(27{,}6 - 18{,}6)}{\cfrac{5600}{0{,}24 + 0{,}46 \cdot \cfrac{0{,}0079 + 0{,}0152}{2}} \cdot \cfrac{27{,}6 - 7{,}1 + 18{,}6 - 14}{2}} \approx 3{,}1$$

in Übereinstimmung mit dem früher gefundenen Ergebnis.

Aus Formel (51 a) ergibt sich

$$\int \frac{di}{i_\text{g} - i} = \int \frac{\mathfrak{F}}{G_L} \cdot k' \cdot dz \, . \tag{54}$$

Das Integral ist für veränderlichen Wert $i_\text{g}'' - i$ lösbar, wenn $\dfrac{\mathfrak{F}}{G_L}$ und k' sich zeitlich nicht ändern und außerdem i_g gleichbleibt. Es wäre auch denkbar, daß i_g sich verändert, jedoch in einer Abhängigkeit von i dargestellt werden kann, bei deren Einsetzung das Integral lösbar bleibt. Dies ist nicht zu erwarten. Denn der Zusammenhang von i mit der Sättigungskurve und den φ-Linien, von denen bis zur Erreichung der Kühlgrenze die erste, im hygroskopischen Gebiet die letzten die Veränderung von i_g bestimmen, ist ein verwickelter. Unveränderlichkeit von i_g führt zu einem gleichbleibenden Wert $c_{p\,\text{g}}$. Die Bedingung, daß $k' = \dfrac{\alpha}{c_{p\,\text{g}}}$ unabhängig von der Zeit ist, läuft also weiter auf einen gleichbleibenden Wert α hinaus. Ebenso wie bei der Wärmeübertragung ohne Feuchtigkeitsübergang muß daher auch hier der Berechnung ein mittlerer Wert α als Annäherung zugrunde gelegt werden.

Die Voraussetzung eines gleichbleibenden Wertes i_g und $c_{p\,\text{g}}$ trifft für den Hauptabschnitt des Trockenvorganges zu, während dessen die unveränderliche, der Kühlgrenze τ entsprechende, Gutstemperatur herrscht. Hierfür lautet die Lösung der Integralgleichung

$$\frac{i_\text{g} - i_a}{i_\text{g} - i} = e^{\frac{\mathfrak{F}}{G_L} \cdot k'(z - z_a)} \, , \tag{55}$$

$$i = i_\text{g} - (i_\text{g} - i_a)\, e^{-\frac{\mathfrak{F}}{G_L} \cdot k'(z - z_a)} = i_\text{g} - (i_\text{g} - i_a)\, e^{-\frac{F}{G_L} \cdot k' \cdot \frac{z - z_a}{Z}} \tag{55 a}$$

bzw., wenn als Ausgangspunkt die Zeit $z_a = 0$ angesetzt und unter Berücksichtigung des Haupttrockenabschnittes allein die Gesamtzeit mit Z bezeichnet wird,

$$\frac{i_\mathrm{g}-i_a}{i_\mathrm{g}-i_e} = e^{\frac{\mathfrak{F}}{G_L}\cdot k'\cdot Z} = e^{\frac{F}{G_L}\cdot k'} , \qquad (55\,\mathrm{b})$$

$$i_e = i_\mathrm{g} - (i_\mathrm{g}-i_a)\, e^{-\frac{\mathfrak{F}}{G_L}\cdot k'\cdot Z} = i_\mathrm{g} - (i_\mathrm{g}-i_a)\, e^{-\frac{F}{G_L}\cdot k'} .$$

i_a bedeutet den Wärmeinhalt des Gases zu Anfang, i_e zu Ende des Hauptabschnitts. Die Gesamtdauer der Haupttrocknung folgt hieraus zu

$$Z = \frac{G_L}{\mathfrak{F}\cdot k'}\cdot \ln \frac{i_\mathrm{g}-i_a}{i_\mathrm{g}-i_e} . \qquad (56)$$

Wird in Formel (51 a) der zeitliche Mittelwert $(i_g - i)_{\mathrm{mittel}}$ als unveränderlich eingesetzt, so liefert sie durch Integrierung

$$i_e - i_a = \frac{\mathfrak{F}}{G_L}\cdot k'\, (i_\mathrm{g}-i)_{\mathrm{mittel}}\cdot Z . \qquad (57)$$

Aus den Formeln (56) und (57) folgt

$$(i_\mathrm{g}-i)_{\mathrm{mittel}} = \frac{i_e - i_a}{\ln \dfrac{i_\mathrm{g}-i_a}{i_\mathrm{g}-i_e}} . \qquad (58)$$

Das bedeutet, daß bei der Errechnung der Veränderung des Wärmeinhaltes nach Formel (57) auf der rechten Seite ein gleichbleibender Mittelwert des Wärmeinhaltsgefälles eingesetzt werden kann, der sich in ganz gleicher Weise darstellt, wie der mittlere Temperaturunterschied

$$\frac{t_e - t_a}{\ln \dfrac{t-t_a}{t-t_e}} ,$$

der bei einseitig veränderlicher Temperatur für die Wärmeübertragung ohne Feuchtigkeitsaustausch zugrunde zu legen ist. Formel (56) läßt sich daher auch schreiben

$$Z = \frac{G_L}{\mathfrak{F}\cdot k'}\cdot \frac{i_e - i_a}{(i_\mathrm{g}-i)_{\mathrm{mittel}}} . \qquad (59)$$

Für Werte des Verhältnisses $\dfrac{i_\mathrm{g}-i_a}{i_\mathrm{g}-i_e}$, die der Einheit nahe liegen, ist der wirkliche Mittelwert des Wärmeinhaltsgefälles genügend genau gleich dem algebraischen Mittelwert $\dfrac{i_\mathrm{g}-i_a + i_\mathrm{g}-i_e}{2} = i_\mathrm{g} - \dfrac{i_a + i_e}{2}$.

Aus Abb. 22 läßt sich die Beziehung ablesen

$$\frac{d\,i}{i_\mathrm{g}-i} = \frac{i_{\mathfrak{W}t}\cdot dx}{i_{\mathfrak{W}t}\,(x_\mathrm{g}-x)} = \frac{dx}{x_\mathrm{g}-x} . \qquad (60)$$

Aus den Formeln (51 a) und (60) ergibt sich

$$\frac{dx}{x_\mathrm{g}-x} = \frac{\mathfrak{F}}{G_L}\cdot k'\cdot dz . \qquad (61)$$

Durch Integrierung folgt

$$\frac{x_{\mathfrak{g}} - x_a}{x_{\mathfrak{g}} - x} = e^{\frac{\mathfrak{F}}{G_L} \cdot k' \, (z - z_a)} , \qquad (62)$$

$$x = x_{\mathfrak{g}} - (x_{\mathfrak{g}} - x_a) \, e^{-\frac{\mathfrak{F}}{G_L} \cdot k' \, (z - z_a)} = x_{\mathfrak{g}} - (x_{\mathfrak{g}} - x_a) \, e^{-\frac{F}{G_L} \cdot k' \cdot \frac{z - z_a}{Z}} , \quad (62\,\mathrm{a})$$

$$\frac{x_{\mathfrak{g}} - x_a}{x_{\mathfrak{g}} - x} = e^{\frac{\mathfrak{F}}{G_L} \cdot k' \cdot Z} = e^{\frac{F}{G_L} \cdot k'} = \frac{i_{\mathfrak{g}} - i_a}{i_{\mathfrak{g}} - i_e} , \qquad (62\,\mathrm{b})$$

$$x_e = x_{\mathfrak{g}} - (x_{\mathfrak{g}} - x_a) \, e^{-\frac{\mathfrak{F}}{G_L} \cdot k' \cdot Z} = x_{\mathfrak{g}} - (x_{\mathfrak{g}} - x_a) \, e^{-\frac{F}{G_L} \cdot k'} , \qquad (62\,\mathrm{c})$$

$$Z = \frac{G_L}{\mathfrak{F} \cdot k'} \cdot \ln \frac{x_{\mathfrak{g}} - x_a}{x_{\mathfrak{g}} - x_e} . \qquad (63)$$

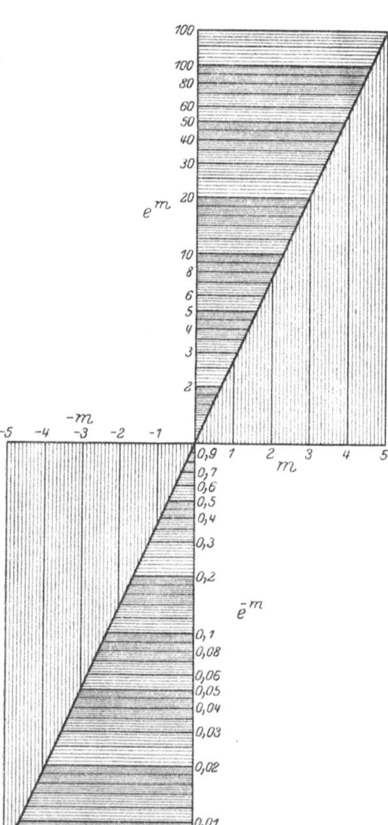

Abb. 23. Exponentialfunktion e^m und e^{-m}.

Zur Erleichterung der Rechnung sind in Abb. 23 die Potenzwerte e^m und e^{-m} in logarithmischen Ordinaten, abhängig von m als Abszissen, dargestellt.

Der Mittelwert des Feuchtigkeitsgefälles ergibt sich zu

$$(x_{\mathfrak{g}} - x)_{\mathrm{mittel}} = \frac{x_e - x_a}{\ln \dfrac{x_{\mathfrak{g}} - x_a}{x_{\mathfrak{g}} - x_e}} . \qquad (64)$$

Wird in Formel (61) der zeitliche Mittelwert $(x_{\mathfrak{g}} - x)_{\mathrm{mittel}}$ als unveränderlich eingesetzt, so liefert die Integrierung

$$x_e - x_a = \frac{\mathfrak{F}}{G_L} \cdot k' \, (x_{\mathfrak{g}} - x)_{\mathrm{mittel}} \cdot Z , \qquad (65)$$

$$Z = \frac{G_L}{\mathfrak{F} \cdot k'} \cdot \frac{x_e - x_a}{(x_{\mathfrak{g}} - x)_{\mathrm{mittel}}} . \qquad (63\,\mathrm{a})$$

Die stündliche Trockenleistung folgt hieraus zu

$$G_L \, (x_e - x_a) = \mathfrak{F} \cdot Z \cdot k' \, (x_{\mathfrak{g}} - x)_{\mathrm{mittel}}$$
$$= F \cdot k' \, (x_{\mathfrak{g}} - x)_{\mathrm{mittel}} . \qquad (66)$$

Sie hätte auch nach dem Sinn der Verdunstungszahl k' unmittelbar niedergeschrieben werden können. Auf den Trockenstoffgehalt des Gutes bezogen, lautet sie

$$\mathfrak{G}_{\mathfrak{T}} \, (\mathfrak{x}_a - \mathfrak{x}_e) = F \cdot k' \, (x_{\mathfrak{g}} - x)_{\mathrm{mittel}} . \qquad (67)$$

Die Gleichungen (55a), (59), (62a), (63a), (66) und (67) gelten nicht nur für den Hauptabschnitt der Trocknung, sondern für jeden Vorgang, bei dem Wärmeübertragung zwischen feuchtem Gas und Gut stattfindet und für die veränderlichen Faktoren genügend genau Mittelwerte als gleichbleibend eingesetzt werden dürfen.

Zahlenbeispiel 5.

Für die Annahmen des Zahlenbeispiels 3 errechnet sich der benötigte Berieselungsraum nach Formel (66) zu

$$V = \frac{G_L\,(x_1 - x_2)}{k'\,(x - x_\text{g})_\text{mittel}} = \frac{100\,000\,(0{,}0294 - 0{,}0200)}{\dfrac{5600}{0{,}024 + 0{,}46 \cdot \dfrac{0{,}0079 + 0{,}0152}{2} \cdot 0{,}01832}} \approx 3{,}1 \,,$$

wie zuvor gefunden.

Die Gleichungen (55) bis (67) bilden die Grundlage für die Berechnung des Haupttrockenabschnittes. Sie bleiben nicht dabei stehen, die Veränderung des Luftzustandes längs der τ-Linie zu ermitteln und durch Festlegung der beiden Endpunkte die für eine bestimmte Trokkenleistung erforderliche Luftmenge zu errechnen, sondern bieten vor allem die Handhabe, um den zeitlichen Verlauf des Trockenvorganges zu verfolgen.

Der Hauptabschnitt beherrscht den ganzen Trockenvorgang um so mehr, je höher der Feuchtigkeitsgehalt des Gutes

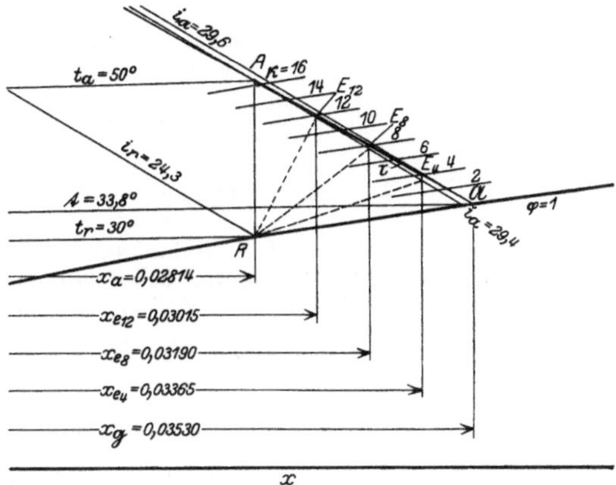

Abb. 24. Zustandsänderung der Luft im i-x-Bild bei verschiedenem Endtrockenpotential.

zu Anfang ist und je weniger seine Anfangstemperatur sich von der Kühlgrenze unterscheidet. Für solche Fälle genügt es meist dem praktischen Bedürfnis, die einfache Rechnung durchzuführen, die im nachstehenden an einem Beispiele erörtert werden möge.

Zahlenbeispiel 6.

Es sollen Felle in einem ununterbrochen arbeitenden Trockner, der ein für nasses Gut errechnetes Fassungsvermögen von $Z \cdot \mathfrak{G}_{\mathfrak{X}}\,(1 + \mathfrak{x}_a) = 6000$ kg besitzt, von einem Anfangsfeuchtigkeitsgehalt $\mathfrak{x}_a = 1$ auf einen Endfeuchtigkeitsgehalt $\mathfrak{x}_e = 0{,}2$ getrocknet werden. Die beiderseitige Oberfläche der dem Fassungsvermögen entsprechenden Fellzahl betrage $F = 2400$ m². Zur Verfügung stehe gesättigte Frischluft mit einer Temperatur $t_r = 30°$. Sie soll auf $t_a = 50°$ vorgewärmt in den Trockner eintreten und nach einmaligem Durchgang in die Umgebung abgehen. Von dem für Vorwärmung des Gutes auf die Kühlgrenze benötigten Wärmeverbrauch und den Streuverlusten der Trockenvorrichtung werde abgesehen. Es sei ferner angenommen, daß der Endfeuchtigkeitsgehalt den hygroskopischen Punkt nicht unterschreitet, der gesamte Trockenvorgang sich daher auf der Kühlgrenze vollzieht.

In dem i-x-Bild der Abb. 24 entspricht Punkt R dem Zustande der Frischluft, A der vorgewärmten Trockenluft. Die Gerade $A\,\mathfrak{A}$ stellt die Kühlgrenze dar.

Sie ergibt einen Wert $\tau = 33{,}8^0$, der die gleichbleibende Temperatur t des Gutes mißt.

Zu Punkt A gehören die Werte

$$x_a = 0{,}02814 \,,$$
$$i_a = 29{,}4 \,.$$

Für Punkt $\mathfrak{A}$ ergibt sich

$$x_\mathfrak{g} = 0{,}03530 \,.$$
$$i_\mathfrak{g} = i_a + i_{\mathfrak{W}}\, t\,(x_\mathfrak{g} - x_a) = 29{,}4 + 33{,}8\,(0{,}03530 - 0{,}02814) = 29{,}6 \,,$$
$$c_{p\,\mathfrak{g}} = 0{,}24 + 0{,}46 \cdot 0{,}03530 = 0{,}026 \,.$$

Die Untersuchung sei für verschiedene Endzustände der Trockenluft durchgeführt. Das Trockenpotential der Luft im Zustande A liegt bei $\varkappa_a = 16{,}2$. Das Trockenpotential der abgehenden Luft soll etwa $\tfrac{3}{4}$, $\tfrac{1}{2}$, $\tfrac{1}{4}$ des Anfangswertes betragen, also auf dem Schnittpunkt der τ-Linie mit den Trockenpotentiallinien

$\varkappa_e =$		12	8	4	^{0}C
liegen. Dem entsprechen die Punkte		E_{12}	E_8	E_4	
mit einem Werte $x_e =$		0,03015	0,03190	0,03365	
$x_e - x_a =$		0,00201	0,00376	0,00551	

Die gesamte in der zunächst unbekannten Trockenzeit Z zu verdunstende Wassermenge beträgt

$$Z \cdot \mathfrak{G}_\mathfrak{X}\,(\mathfrak{x}_a - \mathfrak{x}_e) = \frac{6000}{1 + \mathfrak{x}_a}\,(\mathfrak{x}_a - \mathfrak{x}_e)$$
$$= \frac{6000}{2}\,(1 - 0{,}2) = 2400 \; \text{kg.}$$

Die während der Trockenzeit Z umlaufende Luftmenge muß daher 2400 kg Dampf bei Erhöhung ihres Feuchtigkeitsgehaltes um das Maß $x_e - x_a$ abführen und daher betragen

$$Z \cdot G_L = \frac{2400}{x_e - x_a} = \qquad 1\,190\,000 \quad 638\,000 \quad 435\,000 \; \text{kg.}$$

Für die Errechnung der Trockenzeit Z ist Kenntnis der Verdunstungsziffer $k' = \dfrac{\alpha}{c_{p\,\mathfrak{g}}}$ nötig und hierfür eine Festsetzung der Geschwindigkeit w erforderlich, mit der die Luft die Flächen der Häute bestreicht.

	2	1	0,5	m/s
Sie sei zu $w =$ geschätzt. Hierfür folgt				
$\alpha = 5{,}3 + 3{,}6 \cdot w =$	12,5	8,9	7,1	kcal/m$^2 \cdot {}^0$C
$k' =$	48,7	34,7	27,7	kg/m$^2 \cdot$ h.

Nach Formel (63) ergibt sich die gesamte Trockendauer

$$Z = \frac{Z \cdot G_L}{F \cdot k'} \cdot \ln \frac{x_\mathfrak{g} - x_a}{x_\mathfrak{g} - x_e} \qquad 3{,}35 \quad 5{,}72 \quad 9{,}6 \quad \text{h.}$$

Die stündlich verarbeitete Gutsmenge entspricht daher, in nassen Häuten gewogen,

$$\mathfrak{G}_\mathfrak{X}\,(1 + \mathfrak{x}_a) = \frac{6000}{Z} = \qquad 1800 \quad 1050 \quad 625 \quad \text{kg/h.}$$

Die umlaufende Luftmenge besitzt ein Reinluftgewicht

$$G_L = \frac{Z \cdot G_L}{Z} = \qquad 355\,000 \quad 110\,000 \quad 46\,000 \quad \text{kg/h.}$$

Es bleibt zu prüfen, ob die angenommene Luftgeschwindigkeit zutrifft. Sie ergibt sich aus dem von der Bauweise des Trockners abhängigen freien Durchgangsquerschnitt f, dem spezifischen Rauminhalt v_L der Luft, wie es der durchschnittlichen Luftbeschaffenheit zwischen den Punkten A und E entspricht, zu

$$w = \frac{G \cdot v_L}{3600 \cdot f}.$$

Wird von dem Unterschiede des spezifischen Rauminhaltes abgesehen, so verhalten sich die Raummengen der Luft etwa wie die Reinluftgewichte, also wie   3,2 :   1 :   0,42.

Wird der Querschnitt in allen drei Fällen gleich gehalten und so bemessen, daß er im zweiten Falle eine Geschwindigkeit von 1 m/s, wie angenommen, ergibt, so führt er im dritten Falle mit 0,42 m/s genügend genau zu der angenommenen Zahl von 0,5 m/s, im ersten Falle dagegen wesentlich höher. Ob zur Vermeidung übermäßiger Widerstände alsdann der Querschnitt zu erweitern ist, bleibt der Erwägung im einzelnen Falle überlassen. Einer höheren Geschwindigkeit entspricht ein größerer Wert k' und eine entsprechende Abkürzung der Trockendauer, die ihrerseits wieder eine Erhöhung der stündlich umlaufenden Luftmenge G_L bewirkt.

Der dem Punkte R entsprechende spezifische Wärmeinhalt beträgt

$$i_r = 24,3.$$

Der spezifische Wärmeverbrauch ermittelt sich hiernach zu

$$\frac{i_a - i_r}{x_e - x_a} = \qquad 2550 \qquad 1350 \qquad 925 \quad \text{kcal/kg}.$$

Dieser Wert kann, unter Benutzung des Randmaßstabes oder des Winkelmessers, aus der Neigung der Verbindungslinien von Punkt R mit den senkrecht unter E auf der i_a-Linie liegenden Punkten abgelesen werden. Es zeigt sich, daß die Abkürzung der Trokkenzeit mit einem erheblichen Aufwand sowohl an bewegter Luft als auch vor allem an Wärme in Kauf genommen werden muß. Die wirtschaftliche Ausführung liegt daher unbedingt in der Nähe des dritten Falles, der anzuwenden bleibt, wenn, mit Rücksicht auf die Beschaffenheit der Ware, gegen die Trockendauer keine Bedenken bestehen.

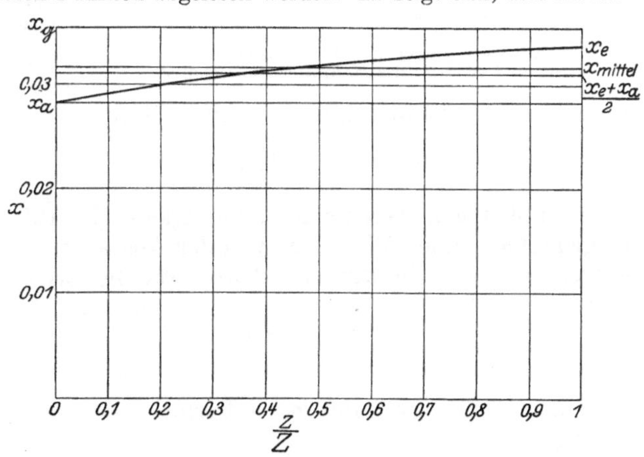

Abb. 25. x-z-Bild des Haupttrockenabschnittes.

Die Größe des Trockenpotentials und damit die Bewegung des Luftzustandspunktes zu den Trockenpotentiallinien bietet den Maßstab für die Veränderung der Trockengeschwindigkeit. Sie ist in Punkt A am größten, in Punkt E am kleinsten. Ein anschauliches Bild wird gewonnen, wenn nach Abb. 25, abhängig von der Zeit als Abszisse, der Feuchtigkeitsgehalt der Luft als Ordinate in einem

$$x\text{-}z\text{-Bild}$$

dargestellt wird, das als **Trockenzeitbild** bezeichnet werden darf. Die Länge der Abszissenachse stellt die gesamte Trockendauer Z dar. Die x-Kurve beginnt für $z = 0$ mit dem Werte x_a und endigt für $z = Z$ mit dem Werte x_e. Wird die Abszissenachse in eine beliebige Anzahl von gleichen Abschnitten, z. B. 10, wie in Abb. 25 geschehen, eingeteilt, so entspricht der Endpunkt des dem Koordinatenursprung zunächst liegenden Teiles dem Verhältnis $\dfrac{z}{Z} = 0{,}1$, der folgende $\dfrac{z}{Z} = 0{,}2$ usw. Die Ordinatenwerte x ergeben sich alsdann nach Formel (62a) zu

$$x = x_\mathrm{g} - (x_\mathrm{g} - x_a)\, e^{-\frac{F}{G_L} \cdot k' \cdot \frac{z}{Z}}.$$

Unter Benutzung der Zahlen des dritten Falles obigen Beispieles sind hiernach die in Abb. 25 eingetragenen x-Werte errechnet. Wie zu erwarten, verläuft die x-Kurve mit abnehmender Neigung zur z-Achse. Ihr Abstand von einer in Entfernung x_a vom Ordinatenursprung gezogenen Parallelen zur Abszissenachse stellt den Wert $x - x_a$ dar, der als Maßstab für die fortschreitende Trockenleistung gilt. Die Tangente an die x-Kurve kennzeichnet mit ihrer Neigung zur z-Achse den Wert

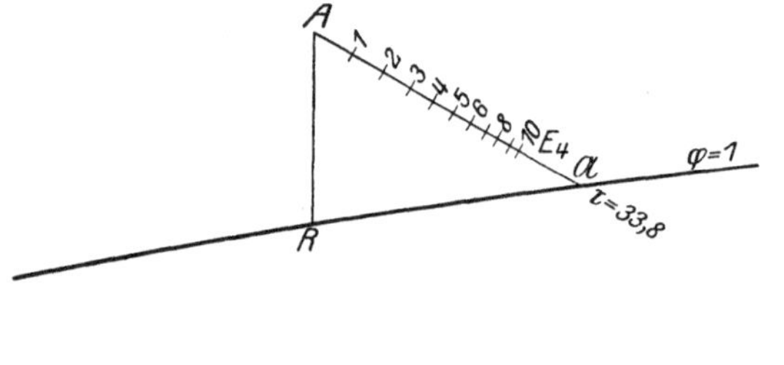

Abb. 26. Zeitlicher Verlauf der Zustandsänderung der Luft im i-x-Bild während des Haupttrockenabschnittes.

$$\operatorname{tg}\beta = \frac{dx}{dz},$$

die augenblickliche Trockengeschwindigkeit. In Abb. 25 ist im Abstand des gleichbleibenden Wertes x_g von der Abszissenachse eine Wagerechte gezogen und von ihr ausgehend abwärts die Strecke

$$(x_\mathrm{g} - x)_\mathrm{mitte} = \frac{x_e - x_a}{\ln \dfrac{x_\mathrm{g} - x_a}{x_\mathrm{g} - x_e}}$$

eingetragen. Sie bestimmt nach Formel (66) die stündliche Trockenleistung

$$G_L\,(x_e - x_a) = F \cdot k'\,(x_\mathrm{g} - x)_\mathrm{mittel}.$$

x_mittel liegt oberhalb des algebraischen Mittelwertes $\dfrac{x_e + x_a}{2}$. Der für die Trockenleistung ausschlaggebende Wert x_mittel kommt einem Punkte zu, der dem Anfangswerte x_a näher liegt als dem Endwerte x_e.

In Abb. 26 ist die τ-Linie der Abb. 24 nochmals wiederholt und für den dritten Fall die Strecke $A E_4$ in zehn Teile geteilt, die den x-Werten der Abb. 25 für die zehn gleichen Zeitteile entsprechen. So läßt sich der zeitliche Verlauf auch in einfacher Weise in das i-x-Bild zurückübertragen.

Im x-z-Bild können auch die i-Werte aufgenommen werden, deren Betrag sich nach Formel (55a) zu

$$i = i_\mathfrak{g} - (i_\mathfrak{g} - i_a)\, e^{-\frac{F}{G_L} \cdot k' \cdot \frac{z}{Z}}$$

errechnet. Sind die x-Werte zuvor ermittelt, so ergeben sich in einfacherer Weise die i-Werte aus der Beziehung (62b) zu

$$i = i_\mathfrak{g} - (x_\mathfrak{g} - x)\, \frac{i_\mathfrak{g} - i_a}{x_\mathfrak{g} - x_a} = i_\mathfrak{g} - i_{\mathfrak{W}\mathfrak{t}}\,(x_\mathfrak{g} - x)\,,$$

was auch aus der Bedeutung der Kühlgrenzlinie unmittelbar hätte niedergeschrieben werden können.

Statt die Trockenzeit zu suchen, kann auch die Aufgabe gestellt werden, eine bestimmte Trockendauer Z als Voraussetzung zu wählen und für gegebene Anfangsbedingungen den Wert x_e zu finden. Hierbei darf nicht etwa gleichzeitig die stündliche Reinluftmenge G_L von vornherein festgelegt werden, da sie sich aus x_e in der geschilderten Weise zwangläufig ergibt. Es sei z. B. für die Ausgangsverhältnisse des Beispieles die Trockendauer mit $Z = 8$ festgelegt. Da insgesamt 2400 kg Wasser zu verdunsten sind, beträgt die stündliche Trockenleistung

$$G_L\,(x_e - x_a) = 300 \text{ kg/h}\,.$$

Dieser Wert ist nach Formel (66) dem Betrage $F \cdot k'\,(x_\mathfrak{g} - x_e)_{\mathrm{mittel}}$ gleichzusetzen, woraus sich

$$(x_\mathfrak{g} - x_e)_{\mathrm{mittel}} = \frac{300}{2400 \cdot 27{,}7} = 0{,}0045$$

ergibt. Um hieraus den Wert x_e zu finden, wird zweckmäßig Abb. 27 benutzt. Diese gilt ganz allgemein für die Ermittelung des wirklichen Mittelwertes, wenn

$$\varDelta_{\mathrm{mittel}} = \frac{\varDelta_1 - \varDelta_2}{\ln \dfrac{\varDelta_1}{\varDelta_2}}$$

ist und $\varDelta_1$ den anfänglichen, $\varDelta_2$ den schließlichen Unterschied bedeuten. Die Abszissen stellen das Verhältnis $\dfrac{\varDelta_2}{\varDelta_1}$, die Ordinaten das Verhältnis $\dfrac{\varDelta_{\mathrm{mittel}}}{\varDelta_1}$ dar. In die gleiche Abbildung ist auch das Verhältnis des arithmetischen Mittelwertes $\dfrac{\varDelta_1 + \varDelta_2}{2}$ zu $\varDelta_1$, also $\dfrac{\varDelta_1 + \varDelta_2}{2 \cdot \varDelta_1}$, gestrichelt eingetragen und zeigt, daß bei einem Wert $\dfrac{\varDelta_2}{\varDelta_1}$ zwischen etwa 0,5 und 1 der Fehler gering ist, wenn der arithmetische statt des wirklichen Mittelwertes angewandt wird, daß er jedoch immer größer wird, je mehr sich das Verhältnis $\dfrac{\varDelta_2}{\varDelta_1}$ dem Werte 0 nähert. Für 0 selbst besitzt das Verhältnis $\dfrac{\varDelta_1+\varDelta_2}{2\cdot\varDelta_1}$ noch den Wert 0,5, während das Verhältnis $\dfrac{\varDelta_{\text{mittel}}}{\varDelta_1}=0$ wird, entsprechend der Tatsache, daß vollständiger Ausgleich bis zum Verschwinden des Potentialunterschiedes erst nach unendlicher Zeit, d. h. praktisch überhaupt nicht, möglich ist.

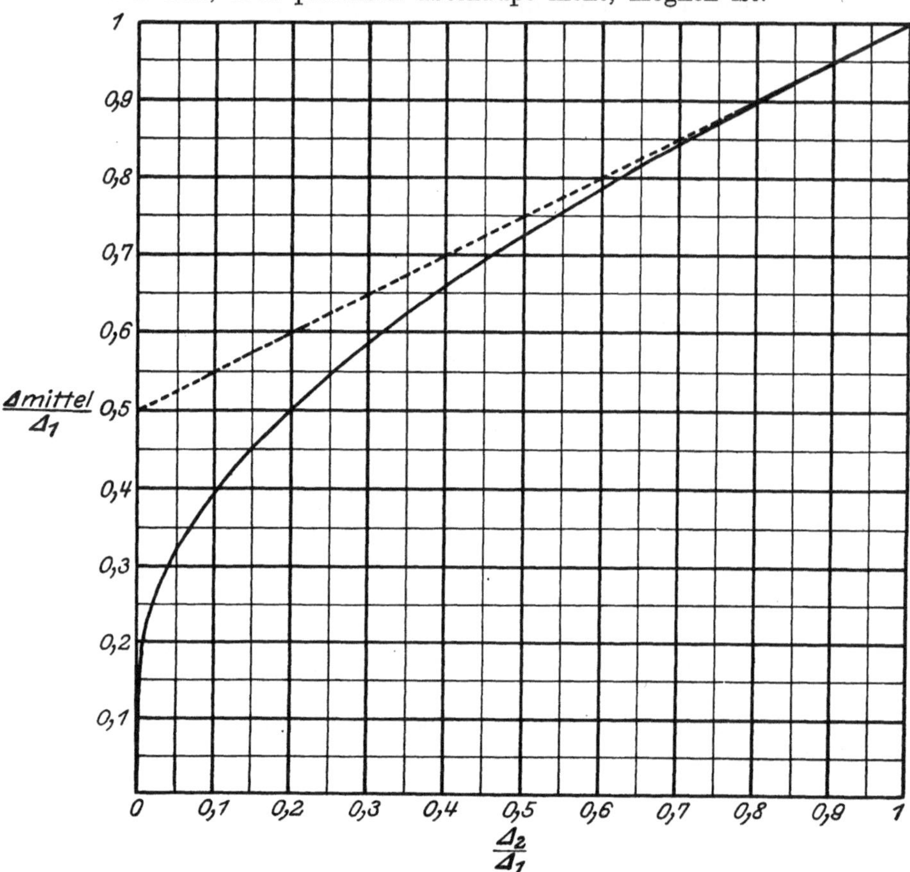

Abb. 27. Tafel für Ermittelung des mittleren Unterschiedes $\varDelta_{\text{mittel}}=\dfrac{\varDelta_1-\varDelta_2}{\ln\dfrac{\varDelta_1}{\varDelta_2}}$.

Dem Verhältnis $\dfrac{\varDelta_{\text{mittel}}}{\varDelta_1}$ entspricht in unserem Beispiele der Betrag

$$\frac{\varDelta_{\text{mittel}}}{\varDelta_1}=\frac{(x_\mathrm{g}-x_e)_{\text{mittel}}}{(x_\mathrm{g}-x_a)}=\frac{0,0045}{0,03530-0,02814}=0,625\,.$$

Für diesen Ordinatenwert ergibt Abb. 27 als Abszissenwert das Verhältnis $\dfrac{\varDelta_2}{\varDelta_1}=0,35$. Da dieser Betrag gleichbedeutend ist mit $\dfrac{x_\mathrm{g}-x_e}{x_\mathrm{g}-x_a}$ folgt schließlich

$$x_e=x_\mathrm{g}-0,35\,(0,03530-0,02814)=0,0328\,.$$

Mit x_e ist nunmehr auch der Wert

$$G_L = \frac{300}{0,0328 - 0,02814} = 65\,000 \text{ kg/h}$$

gegeben. Der Luftbedarf liegt höher als der für die längere Trockenzeit von 9,6 h geltende Wert des Falles 3. Ebenso ergibt sich der spezifische Wärmeverbrauch mit

$$\frac{29,4 - 24,3}{0,0328 - 0,02184} = 1100 \text{ kcal/kg}$$

weniger günstig.

VI. Voraussetzungen für die Berechnung des Trockenvorganges.

A. Wetterverhältnisse.

Bei dem Trockenverfahren mit Luft als Trockenmittel muß der Berechnung der Einzelheiten eine Festlegung der zu erwartenden Wetterverhältnisse vorausgehen.

Die mittlere Lufttemperatur t_r des Aufstellungsortes beeinflußt zusammen mit dem mittleren Luftfeuchtigkeitsgehalt x_r die Wirtschaftlichkeit der Anlage. Die Höchstwerte von Temperatur und Feuchtigkeitsgehalt bestimmen den spezifischen Luftbedarf, die Mindesttemperatur zusammen mit dem gleichzeitig möglichen höchsten Feuchtigkeitsgehalt den spezifischen Wärmeverbrauch.

Der Luftdruck P ist bei der Berechnung mit dem ungünstigsten, d. h. höchsten Wert anzusetzen.

Für den Betrieb von Luftentfeuchtungsanlagen und das Arbeiten in geschlossenem Kreislauf kommt der Temperatur des verfügbaren Grundwassers besondere Bedeutung zu.

In Fällen, bei denen die örtlichen Verhältnisse nicht feststehen, und dann, wenn es sich darum handelt, eine möglichst überall verwendbare Trockenvorrichtung zu berechnen, können nachstehende Angaben einen Anhaltspunkt bieten:

Temperatur der Luft im Jahresmittel:

Nördliches Klima. . .	0	bis	8	0,
Mittleres Klima . . .	8	,,	11	0,
Südliches Klima . . .	11	,,	18	0,
Tropisches Klima. . .	18	,,	28	0.

Temperatur der Luft im Tagesmittel:

	Sommerhitze		Winterkälte	
Nördliches Klima. . .	16 bis 18 0	— 22 bis	— 5 0,
Mittleres Klima . . .	18 ,, 22 0	— 5 ,,	0 0,
Südliches Klima . . .	22 ,, 26 0	0 ,,	10 0,
Tropisches Klima. . .	26 ,, 30 0	10 ,,	26 0.

Feuchtigkeitsgrad der Luft im Jahresmittel 0,7,
    „   „   „   „ Höchstfalle . . . . 1.

Wassertemperatur:

Grundwasser, je nach Jahreszeit, mittleres Klima . . . . 7 bis 13°,
    „   „   „   „   südliches Klima . . . . 13 „ 20°,
Oberflächenwasser, je nach Jahreszeit, mittleres Klima . . . . . . 2 „ 22°,
Leitungswasser, je nach Jahreszeit, mittleres Klima . . . . 10 „ 25°,
Seewasser, je nach Ort und Jahreszeit . . . . 0 „ 32°.

Die Grundwassertemperatur in nördlichem und tropischem Klima, ebenso wie die Oberflächen- und Leitungswassertemperatur in nördlichem, südlichem und tropischem Klima schwanken mit den örtlichen Verhältnissen zu sehr, um von vornherein festgelegt zu werden.

B. Beeinflussung der Gutseigenschaften durch die Führung des Trockenvorganges.

Durch die Führung des Trockenvorganges werden Temperatur des Gutes und Trockengeschwindigkeit festgelegt. Beide sollen die wertvollen Eigenschaften des Gutes nicht mindern. Außerdem sind schädliche Einflüsse durch die Art des Trockenmittels zu vermeiden.

Die Veränderungen des Gutes können

1. physikalischer Art,
2. chemischer Art,
3. biologischer Art

sein.

1. Physikalische Veränderungen.

a) durch den Einfluß der absoluten Höhe der Gutstemperatur. Zu hohe Temperatur kann durch rasche Ausdehnung der Gewebeflüssigkeit die Zellenhäute bei Gut von pflanzlicher oder tierischer Herkunft zum Bersten bringen. Die Folge ist eine Herabminderung wertvoller Festigkeitseigenschaften oder auch der Verlust löslicher Nährsalze. Bei gewissen Arten von Trockengut liegt die obere Grenze der anwendbaren Temperatur beim Schmelzpunkt, z. B. für die in der Photoindustrie angewandte Emulsion zwischen 30 und 40°, bei Leim zwischen 25 und 30°. Die untere Temperaturgrenze wird in der Regel durch den Gefrierpunkt gebildet.

In zahlreichen Fällen muß der Verlust wertvoller flüchtiger Bestandteile durch Wahl genügend niedriger Temperaturen vermieden werden. Dies führt dazu, daß z. B. die Temperatur von 115°, bei der Entgasung der Rohbraunkohle beginnt, während deren Trocknung nicht überschritten werden soll. Bei der Bearbeitung von Holz darf in gleichem Sinne die Temperatur nicht so hoch gesteigert werden, daß Harze und wertvolle Holzöle ausgetrieben werden. Der umgekehrte Fall, daß die Gutseigenschaften eine bestimmte Mindesttemperatur für die Trocknung vorschreiben, ist seltener. Er liegt z. B. bei geleimten Papieren vor. Da nach Klemm[1]) die Festigkeit erst bei einer Temperatur über 70° und das Reißen mit einem Feuchtigkeitsgehalt unter 0,5

---

[1]) Klemm: Physikalische Vorgänge bei der Stoffleimung. W. f. Pap. 1922.

einzutreten pflegt, muß das Papier vor Verminderung seines Feuchtigkeitsgehaltes unter 0,5 die Temperatur von 70° überschritten haben.

b) durch den Einfluß der Trockengeschwindigkeit. Rasches Einsetzen der Trockenwirkung hat zur Folge, daß die Oberfläche des Gutes in der Feuchtigkeitsabgabe dem Kern um so mehr vorauseilt, je dicker der zu trocknende Körper ist und je weniger seine besonderen Eigenschaften die Ausbreitung der Trockenwirkung begünstigen. Hierbei können Verkrustungen der Oberfläche eintreten. Die anfängliche Steigerung der Trockenkraft führt alsdann zu einer Verlangsamung statt Beschleunigung des gesamten Trockenvorganges. Es ist ein Irrtum, wenn häufig aus diesem Grunde die zu Anfang zulässige Temperatur des Gutes zahlenmäßig festgelegt und z. B. für die Trocknung von Gemüsen Einsetzen mit etwa 50° und allmähliche Steigerung bis auf etwa 80° empfohlen wird. Maßgebend ist nicht die Temperatur allein, sondern diese mit dem Feuchtigkeitsgehalt der umgebenden Luft, also das Trockenpotential und die dadurch festgelegte Trockengeschwindigkeit. So wird bei der Trocknung von Holz durch künstliche Anfeuchtung der Luft bei gesteigerter Temperatur die Trockenwirkung gemildert und gleichzeitig eine Aufschließung der Zellen erreicht. Zeitweise Einleitung von Dampf in den Trockenraum wirkt in gleichem Sinne und in gesteigertem Maße günstig. Sie kommt vor allem bei der Trocknung wasserreicher, frisch geschnittener Hölzer und hier besonders zu Anfang des Trockenvorganges in Betracht, um ein Schließen der äußeren Oberfläche zu verhindern.

Bei Leder hat zu hohe Trockengeschwindigkeit zur Folge, daß die Ware außen brüchig wird, ohne innen genügend durchzutrocknen.

Zu rasches Trocknen kann unzulässige Formänderungen des Gutes ergeben. Dies ist um so mehr zu befürchten, je langsamer die Trockenwirkung in die tieferen Schichten des Gutes vordringt, je weniger elastisch es ist und je größer seine Stärkenabmessungen sind. Leimtafeln, Zuckerbrote, Stärkeblöcke, Tonwaren, Gießereiformen, Ziegelsteine können unter dem Einfluß von Temperaturspannungen reißen. Die Trockenwirkung soll daher langsam einsetzen und die Steigerung nur allmählich vor sich gehen. Bei Holz tritt mit zu hoher Trockengeschwindigkeit Werfen und Reißen ein. Aus diesem Grunde wird zuweilen der Trockenvorgang mehrmals unterbrochen, um einen Ausgleich der Trockenwirkung zwischen Oberfläche und Kern zu ermöglichen.

Wird bei den Zylindern von Papiertrocknern d r Dampfdruck über die übliche Höhe von 1,5 bis 2,5 at gesteigert, so kann durch Bildung von Dampfblasen eine Durchlöcherung des Papieres eintreten. Dagegen besteht bei den Filztrockenzylindern der Papiermaschinen wegen der größeren Durchlässigkeit diese Gefahr nicht, so daß hier Dampfdrücke bis 3,5 ata zulässig sind.

Bei Getreide tritt eine Schädigung ein, wenn die Trockengeschwindigkeit ein bestimmtes Höchstmaß überschreitet, das nach Hoffmann[1]) für den Entzug von je 5% Wasser im allgemeinen bei 1 Stunde,

---

[1]) Hoffmann: Versuchsbericht über die Hauptprüfung der Getreidetrockner im Jahre 1913.

für Braugerste sogar bei 2 Stunden liegt. Frisches Getreide ist besonders empfindlich. Ausnahmeverhältnisse liegen bei der Trocknung von Maiskörnern vor, deren harte Haut geringe Durchlässigkeit für Feuchtigkeit besitzt. Wird der Wassergehalt nicht verdunstet, sondern unter Luftleere verdampft, so entweicht die Feuchtigkeit mit zulässiger Geschwindigkeit durch die kleine Öffnung des Korns, die zuvor den Zusammenhang mit dem Kolben bildete.

Wird die Ware nicht in getrocknetem Zustande benutzt, sondern erfährt sie vor dem Gebrauch eine Wiederbefeuchtung, unter Anstreben des natürlichen Feuchtigkeitsgehaltes, so ist die Quellfähigkeit, d. h. das Vermögen, die Feuchtigkeit nach der Trocknung zu binden, maßgebend. Die in Abb. 28 wiedergegebenen Versuche von Cloake[1]) mit gesalzenem Kabeljau haben ergeben, daß, neben der Höhe des Endfeuchtigkeitsgehaltes, die Trockengeschwindigkeit Einfluß auf die Quellfähigkeit besitzt. Rasche Trocknung begünstigt die Wiederaufnahmefähigkeit. Es handelt sich hierbei offensichtlich um ähnliche Vorgänge, wie sie bei dem Gefrieren von tierischen und pflanzlichen Erzeugnissen vorliegen, daß nämlich die Umkehrbarkeit des Verfahrens um so leichter gelingt, je schneller der Vorgang geführt wird. Spielt daher die Quellfähigkeit des getrockneten Gutes eine Rolle, so bietet Steigerung der Trockengeschwindigkeit, wie sie nur bei künstlicher Trocknung möglich ist, ein Mittel, um die wertvollen Eigenschaften des Gutes in höherem Maße zu erhalten, als bei der natürlichen Trocknung erreichbar ist.

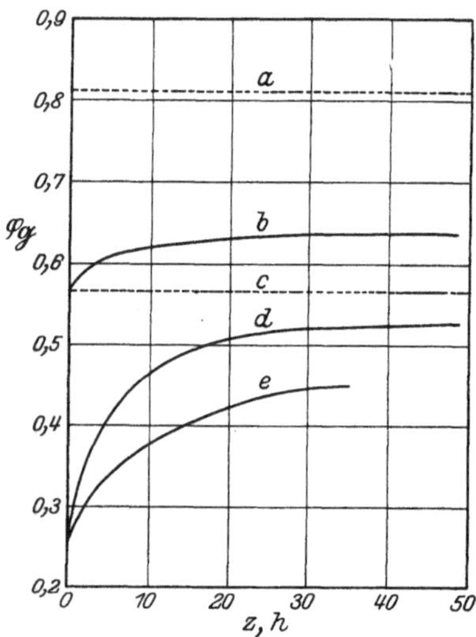

Abb. 28. Einfluß von Trockengeschwindigkeit und Endfeuchtigkeitsgehalt auf die Quellfähigkeit von Fischen (Cloake). Wassertemperatur 14°; *a* natürlicher Wassergehalt von Kabeljau; *b* gesalzener Kabeljau, gewässert; *c* handelsüblicher gesalzener Kabeljau; *d* gesalzener Kabeljau, in 3 Tagen auf $x = 0,333$ getrocknet, gewässert; *e* gesalzener Kabeljau, in 1 Tag auf $x = 0,333$ getrocknet, gewässert.

c) durch die Eigenart des Trockenmittels. Der in der Luft enthaltene Staub wirkt zuweilen schädigend, z. B. bei der Trocknung lackierter Flächen. Es ist alsdann nötig, die Luft auf nassem oder trockenem Wege zu filtern und außerdem den Trockenraum unter leichtem Überdruck zu halten, damit nicht ungereinigte Luft von außen eindringt.

2. Chemische Veränderungen.

a) durch den Einfluß der absoluten Höhe der Gutstemperatur. Zu hohe Temperatur kann zu Zersetzungserscheinungen führen. Sie bewirkt z. B. bei der Trocknung von Früchten die Bildung von Karamellen und dadurch eine häufig unerwünschte Veränderung von Ge-

---

[1]) Cloake: Report of Food Investigation Board 1923.

schmack und Aussehen. Auch die zunehmende Sprödigkeit von Wolle und der Faser künstlich getrockneten Flachses bei zu hohen Temperaturen ist auf chemische Zersetzung des Säuregehaltes zurückzuführen. Hand in Hand hiermit geht eine Abstumpfung des Flachsglanzes, durch die das Erzeugnis sich mehr und mehr von dem naturgetrockneten unterscheidet.

Zu hohe Temperaturen führen bei der Trocknung von Leder zu einer Dunkelfärbung des Gerbstoffes. Bei Geweben neigen zarte Farben zur Veränderung, gebleichte Stoffe zum Vergilben, wenn die Gewebetemperatur zu hoch liegt. Einwandfreie Weiße von Stärke wird nur durch Anwendung niedriger Temperatur gesichert, die gleichzeitig die Gefahr der Verkleisterung umgeht. Bei Lebensmitteln, z. B. Obst und Gemüse, führt Steigerung der Temperatur schließlich dazu, daß, an Stelle aromatischer, schlechte Geschmacksstoffe infolge teilweiser Verbrennung entstehen. In Ausnahmefällen, z. B. bei der Trocknung von Malz, sind hohe Temperaturen, hier über 75°, erwünscht, um aromatische Stoffe zu erzeugen.

Stoffe tierischer und pflanzlicher Herkunft werden bei zu hohen Temperaturen durch Gerinnen und Ausflocken wertvoller Eiweißkörper gefährdet. Wird z. B. Milch auf Walzentrocknern über die Gerinnungstemperatur erhitzt, so ist sie in Wasser nicht mehr restlos aufschwemmbar, das Kasein gerinnt, und der natürliche Geschmack wird verändert. Das Gerinnen des Eiweißes vollzieht sich je nach der Zusammensetzung bei 45—65°. Überschreitung der gefährlichen Temperatur zu irgendwelchem Zeitpunkt des Trockenvorganges bedeutet daher Verzicht auf nachträgliche Wasserlöslichkeit der Eiweißstoffe. Geronnenes Kasein ist für die Kunststoffherstellung weniger geeignet, weil seine Aufnahmefähigkeit für Füllstoffe verringert ist.

b) durch den Einfluß der Trockengeschwindigkeit. Ungünstiger Einfluß zu hoher Temperaturen wird bei gleichzeitiger Erhöhung der Trockengeschwindigkeit im allgemeinen teilweise aufgehoben. So liegt bei einer bestimmten Eiweißzusammensetzung die gefährliche Temperatur höher, wenn der Feuchtigkeitsgehalt der umgebenden Luft sinkt, d. h. die Trockengeschwindigkeit zunimmt. Bei empfindlichem Gut, wie Milch, Eiern, Blut und dgl., wird daher höchste Trockengeschwindigkeit durch feine Zerstäubung angestrebt, um die natürlichen Eigenschaften, wie Löslichkeit, Geschmack, Farbe, zu erhalten.

Bei bestimmten Stoffen ist Kürze der Trockendauer von Bedeutung, weil damit die Anhäufung des Gutes und eine hiermit verbundene Gefahr sich vermindert. Dies gilt z. B. für die Trocknung von Knallquecksilber und anderen Sprengstoffen, für deren Behandlung sich das schnell arbeitende Abdampfverfahren unter Luftleere besonders eignet.

Wird die Trockengeschwindigkeit bei Früchten zu niedrig gewählt, so ergibt sich schließlich der Fehler, daß die Früchte in ihrem eigenen Saft kochen.

Die Bildung von aromatischen Stoffen bei dem Abdarren von Malz ist dadurch bedingt, daß vor Beginn des Darrens der Feuchtigkeitsgehalt des Gutes noch etwa 0,16 bis 0,18 beträgt. Liegt er niedriger, z. B.

bei 0,06 bis 0,08, so entstehen die hellen Malze. Zu große Trockengeschwindigkeit führt bei der Verarbeitung von Malz zur Lösung von Eiweiß und Gummistoffen und zur unerwünschten Bildung von Glasmalz.

c) durch die Eigenart des Trockenmittels. Die Anwendung von Luft als Trockenmittel kann schädlich sein, wenn das Gut durch Oxydation, Säuern oder Zersetzung gefährdet wird. In solchen Fällen kommt Eindampfen, unter Ausschluß von Luft, in Betracht, wenn es nicht, wie z. B. bei der Zerstäubungstrocknung, gelingt, durch Abkürzung der Trockendauer die Gefahr zu mildern. Die oxydierende Wirkung ist z. B. unerwünscht bei der Trocknung von Gummifellen. Hier ist geschlossener Kreislauf des Trockenmittels am Platze.

Es liegt nahe, in solchen Fällen als Trockenmittel die sauerstoffreien oder sauerstoffarmen Verbrennungsgase zu verwenden. Da die Verbrennungstemperatur höher liegt als im allgemeinen dem Gute zuträglich ist, müssen kalte Gase beigemischt werden. Unter dem hier betrachteten Gesichtspunkte kommen als solche die sauerstoffarmen Abgase am Ende der Trockenvorrichtung in Frage. Das bedeutet Anwendung des Mischluftverfahrens.

Bei der Trocknung von Ziegelsteinen und ähnlichen Erzeugnissen durch Feuergase bildet sich bei hohem Feuchtigkeitsgehalt des Gutes durch Einwirkung der schwefligen Säure der Gase auf den Kalkgehalt an der Oberfläche ein weißer Gipsanflug. Um ihn zu vermeiden, darf die Feuergastrocknung keinesfalls zu Anfang einsetzen.

Umgekehrt ist die besondere Einwirkung von Feuergasen beabsichtigt, um bei dem Darren von Malz Sonderbiere, wie Lichtenhainer und Grätzer Bier, mit ausgesprochenem Rauchgeschmack zu erhalten.

Der Sauerstoff der Luft ist als Trockenmittel unentbehrlich, wenn, wie bei der Lacktrocknung, die Oxydation erst zur Erhärtung des Anstriches führt.

Erfolgt die Wärmeübertragung an das Gut unmittelbar durch beheizte Metallflächen, so ist die Gefahr chemischer Einwirkung durch geeignete Wahl des Baustoffes, z. B. Verwendung von Bronze, Kupfer, nichtrostendem Stahl, zu begegnen.

3. Biologische Veränderungen.

a) durch den Einfluß der absoluten Höhe der Gutstemperatur. Fermente und Vitamine werden durch Steigerung der Temperatur über eine gewisse Grenze geschädigt und schließlich vernichtet. Dies gilt insbesondere für Vitamin A, das in Butter, Rahm, Eigelb, grünen Gemüsen, gelben Rüben, Tomaten, dem Fleisch von Fischen, den Fetten von Pferden, Rindern und Hammeln und dem Lebertran enthalten und für Förderung des Wachstums und Verhütung der Rachitis maßgebend ist. Weniger temperaturempfindlich ist Vitamin B, das in Hefen, Rüben, Kartoffeln, grünen Gemüsen, Tomaten, Eiern, Hülsenfrüchten, Eingeweideteilen, ferner im Keim und der Außenschicht des Getreidekorns vorkommt, gleichfalls zum Wachstum nötig ist und dessen Mangel bei Reisnahrung zu der Beri-Beri-Krankheit führt. Trockenmilch fast jeder Art enthält z. B. Vitamin B in kaum veränderter Menge. Vitamin C, das in reichem Maße in grünen Gemüsen, Rüben, Obst, Milch, Kartoffeln, Bohnen, Tomaten, Zitronen- und Apfelsaft enthalten ist und dessen Mangel zur Erkrankung an Skorbut führt, ist, ähnlich wie Vitamin A, empfindlich gegen hohe Temperaturen. Trockenmilch ist, wenn die Vitamine zerstört sind, zur Herstellung eines der Frischmilch gleichwertigen Getränkes nicht mehr verwendbar. Ihre Benutzung beschränkt sich auf Bäckereien und andere Nahrungsmittelgewerbe.

Der Magen- und Darminhalt der Schlachttiere kann wegen des Reichtums an Verdauungsfermenten in getrocknetem Zustande den Futtermitteln für Kleinvieh beigegeben werden. Für Erhaltung der Fermente ist Bedingung, daß bei der Trocknung eine Höchsttemperatur von etwa 65° nicht überschritten wird.

Hohe Temperatur durch Anwendung des Gleichstromverfahrens zu Anfang der Getreidetrocknung empfiehlt Hoffmann[1]), um die auf der Getreideoberfläche befindlichen Kleinlebewesen schnell abzutöten.

Bei der Malztrocknung bewirkt Steigerung der Temperatur über 45° nach Entweichen der Hauptmenge des Feuchtigkeitsgehaltes eine Unterbrechung der Lebensvorgänge im Korn.

b) durch den Einfluß der Trockengeschwindigkeit. Überschnelles Trocknen führt bei Kiefernholz zum inneren Verblauen. Die Ursache bildet nach Gillroth[2]) ein blauer Pilz, der sich alsdann unter der trockenen Oberfläche in der am Entweichen verhinderten Feuchtigkeit günstig entwickelt.

Die Temperaturbeständigkeit der Vitamine hängt in hohem Maße mit der Trockengeschwindigkeit zusammen. Während Vitamin A bei Anwesenheit von Luftsauerstoff durch längere Erwärmung auf etwa 40° bereits zerstört wird, bleibt es in Milch bei der Zerstäubungstrocknung und auch sachgemäßer Anwendung dampfbeheizter Walzen fast unverändert erhalten, obwohl im letzten Falle eine Augenblickstemperatur von über 100° auftreten kann. Kurz dauernde Überhitzung auf hohe Temperatur wirkt hierbei, ebenso wie bei Vitamin C, weniger schädlich als lang andauernde niedrigere Temperatur. Ähnlich verhalten sich Fermente, Enzymen und Glykoside.

Manche Arten von Gut, z. B. Früchte, stellen einen günstigen Nährboden für Kleinlebewesen dar. Die Bedingungen für ihre Entwickelung sind bei hoher Trockengeschwindigkeit, d. h. rascher Entfeuchtung der Oberfläche, schlechter als bei langsamer Trocknung. Aus diesem Grunde soll die Trocknung sich unmittelbar an die Vorbereitung der Früchte anschließen.

Eine günstige Nebenwirkung hoher Trockengeschwindigkeit ergibt sich bei der Trocknung von Getreide unter Luftleere dadurch, daß Insekteneier und andere Lebewesen infolge des schnellen Entweichens ihrer Feuchtigkeit platzen.

---

[1]) Hoffmann: Versuchsbericht über die Hauptprüfun der Getreidetrockner im Jahre 1913.

[2]) Gillroth: Z. V. d. I. 1925.

Hohe Trockengeschwindigkeit vermindert auch die Schädigung durch Fäulnisbakterien. Bei Gallerten, die deren Entwickelung besonders begünstigen, muß die Trocknung sich so schnell vollziehen, daß Einsetzen der Fäulnis verhütet wird.

Um die in tierischen Drüsen vorhandenen wertvollen therapeutischen Eigenschaften zu erhalten, werden die Organe fein zerteilt mit hoher Geschwindigkeit unter Luftleere, z. B. unter Anwendung einer Tauchtrommel, getrocknet.

c) durch die Eigenart des Trockenmittels. Steht Infektion des Gutes durch in der Luft enthaltene Kleinlebewesen oder Schädigung durch mechanische Verunreinigungen zu befürchten, so ist eine chemische oder mechanische Filterung der Luft erforderlich. In Ausnahmefällen kann die Abtötung der Kleinlebewesen durch die Höhe der Vorwärmetemperatur der Luft ohnedies gesichert sein.

Die erhöhte Gefahr der Zerstörung von Vitamin A und C bei gleichzeitiger Anwesenheit von Sauerstoff bedeutet einen Vorzug der Trockenverfahren, bei denen, wie bei dem Abdampfverfahren, die äußere Luft ausgeschlossen ist.

C. Feuchtigkeitsgehalt des Trockengutes.

Der natürliche Feuchtigkeitsgehalt des Gutes kommt für den Trockenvorgang nur selten in Betracht, weil fast alle Waren einer Vorbehandlung unterliegen, durch die der Feuchtigkeitsgehalt sich ändert. Die wirtschaftliche Verbesserung, die sich mit einer, wenn auch nur geringen, Verminderung des anfänglichen Feuchtigkeitsgehaltes erzielen läßt, wird häufig unterschätzt, wenn dem Vergleich nicht $\mathfrak{x}$, der auf 1 kg Trockenstoff bezogene Feuchtigkeitsgehalt, sondern, wie zu Unrecht noch vielfach üblich, $\varphi_\mathfrak{G} = \dfrac{\mathfrak{x}}{1+\mathfrak{x}}$, der auf 1 kg Trockengut bezogene Feuchtigkeitsgrad, zugrunde gelegt wird. Abb. 29 enthält für verschiedene Endfeuchtigkeitsgrade $\varphi_{\mathfrak{G}_\mathfrak{h}}$ Kurven, deren Abszissenwerte die Feuchtigkeitsmenge darstellen, die für 1 kg getrocknetes Gut zu entziehen ist, wenn der anfängliche Feuchtigkeitsgrad des Gutes $\varphi_{\mathfrak{G}_\mathfrak{r}}$ den durch die Ordinaten gemessenen Wert besitzt. Da die Beziehung zwischen $\mathfrak{x}$ und $\varphi_\mathfrak{G}$ auch geschrieben werden kann

$$\mathfrak{x} = \frac{\varphi_\mathfrak{G}}{1-\varphi_\mathfrak{G}},$$

ergibt sich für die Abszissen der Wert

$$\frac{\mathfrak{x}_\mathfrak{r} - \mathfrak{x}_\mathfrak{h}}{1+\mathfrak{x}_\mathfrak{h}} = \frac{\varphi_{\mathfrak{G}_\mathfrak{r}} - \varphi_{\mathfrak{G}_\mathfrak{h}}}{1-\varphi_{\mathfrak{G}_\mathfrak{r}}}.$$

Aus Abb. 29 läßt sich z. B. ablesen, daß bei einem anfänglichen Feuchtigkeitsgrad $\varphi_{\mathfrak{G}_\mathfrak{r}} = 0{,}8$, entsprechend einem Wert $\mathfrak{x}_\mathfrak{r} = \dfrac{0{,}8}{1-0{,}8} = 4$ und vollkommener Entfeuchtung bis $\varphi_{\mathfrak{G}_\mathfrak{h}} = 0$ für 1 kg des gewonnenen Trockengutes 4 kg Feuchtigkeit zu entziehen sind. Wird der anfängliche

Feuchtigkeitsgrad durch mechanische Mittel auf $\varphi_{\mathfrak{G}_\mathfrak{r}} = 0{,}75$, entsprechend $\mathfrak{x}_\mathfrak{r} = \dfrac{0{,}75}{1 - 0{,}75} = 3$, herabgesetzt, so beträgt die zu entziehende Feuchtigkeitsmenge nur noch 3 kg, bezogen auf 1 kg Enderzeugnis. Die 5% Ermäßigung des anfänglichen Feuchtigkeitsgrades führen hier zu einer Ersparnis von 25% der Trockenleistung. Ist der anfängliche Feuchtigkeitsgrad in einem anderen Falle $\varphi_{\mathfrak{G}_\mathfrak{r}} = 0{,}9$, entsprechend

$$\mathfrak{x}_\mathfrak{r} = \frac{0{,}9}{1 - 0{,}9} = 9,$$

und soll die Entfeuchtung bis auf einen Feuchtigkeitsgrad $\varphi_{\mathfrak{G}_\mathfrak{h}} = 0{,}1$, entsprechend

$$\mathfrak{x}_\mathfrak{h} = \frac{0{,}1}{1 - 0{,}1} = 0{,}11,$$

erfolgen, so sind für 1 kg getrocknetes Gut 8 kg Feuchtigkeit zu entziehen. Wird auch hier der anfängliche Feuchtigkeitsgrad durch mechanische Mittel auf $\varphi_{\mathfrak{G}_\mathfrak{r}} = 0{,}85$, entsprechend $\mathfrak{x}_\mathfrak{r} = \dfrac{0{,}85}{1 - 0{,}85} = 5{,}67$, verringert, so sind für 1 kg Enderzeugnis nurmehr 5 kg Feuchtigkeit zu entziehen, um einen Endfeuchtigkeitsgrad $\varphi_{\mathfrak{G}_\mathfrak{h}} = 0{,}1$ zu erhalten. Der Verringerung des anfäng-

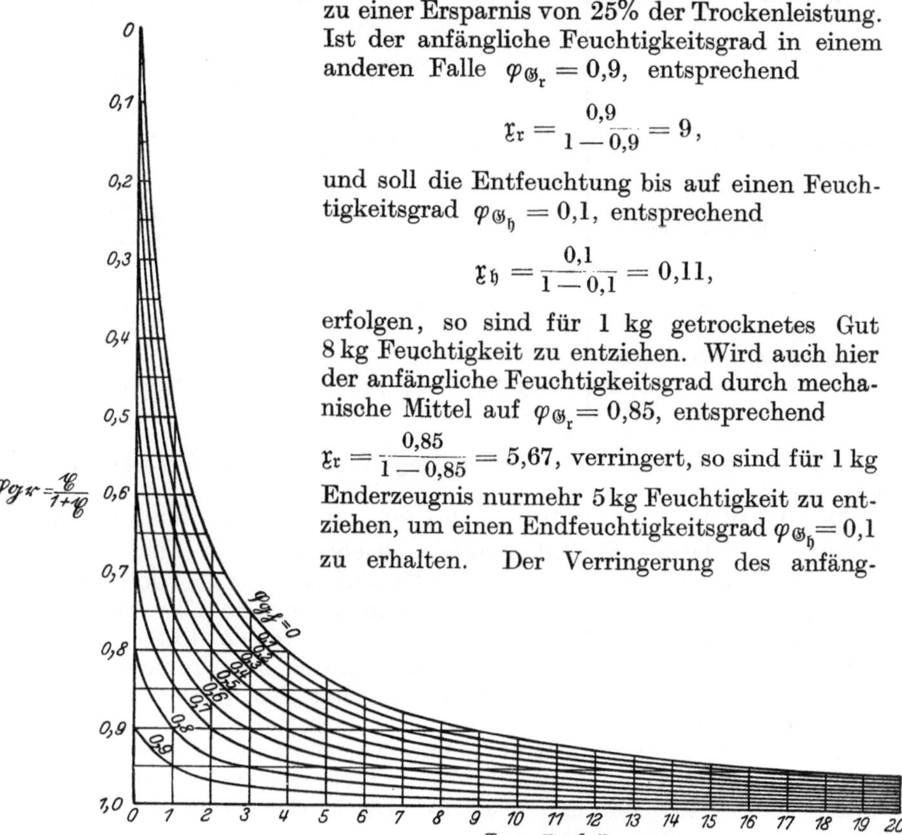

Abb. 29. Beziehung zwischen dem Anfangsfeuchtigkeitsgrad $\varphi_{\mathfrak{G}_\mathfrak{r}}$ des Gutes und der auf 1 kg getrocknetes Gut entfallenden Trockenleistung bei verschiedenem Endfeuchtigkeitsgrad $\varphi_{\mathfrak{G}_\mathfrak{h}}$ des Gutes.

lichen Feuchtigkeitsgrades um 5% entspricht hier eine Ersparnis an Trockenleistung um 38%. Hieraus erhellt schon, daß die Werte $\varphi_\mathfrak{G}$ kein Bild über die Veränderung der Feuchtigkeitsmenge geben, auf die es schließlich ankommt, und daß daher der hier durchgeführten Kennzeichnung durch die Werte des Feuchtigkeitsgehaltes $\mathfrak{x}$ der Vorzug zu geben ist, wenn auch damit gegenüber der üblichen Einstellung eine gewisse Überwindung verlangt wird. Die nachstehende Zusammenstellung bestätigt dies.

6*

Bezugsgröße:	Trockenstoffgehalt G_T	Gewicht des Naßgutes $G_r = G_T(1+x_r)$	Gewicht des getrockneten Gutes $G_h = G_T(1+x_h)$
Trockenstoff	G_T	$G_r(1-\varphi_{G_r})$	$G_h(1-\varphi_{G_h})$
Naßgut	$G_T(1+x_r)$	G_r	$G_h \cdot \dfrac{1-\varphi_{G_h}}{1-\varphi_{G_r}}$
Getrocknetes Gut	$G_T(1+x_h)$	$G_r \cdot \dfrac{1-\varphi_{G_r}}{1-\varphi_{G_h}}$	G_h
Entzogene Feuchtigkeit	$G_T(x_r-x_h)$	$G_r \cdot \dfrac{\varphi_{G_r}-\varphi_{G_h}}{1-\varphi_{G_h}}$	$G_h \cdot \dfrac{\varphi_{G_r}-\varphi_{G_h}}{1-\varphi_{G_r}}$
Feuchtigkeit in Naßgut	$G_T \cdot x_r$	$G_r \cdot \varphi_{G_r}$	$G_h \cdot \varphi_{G_r} \cdot \dfrac{1-\varphi_{G_h}}{1-\varphi_{G_r}}$
Feuchtigkeit in getrocknetem Gut	$G_T \cdot x_h$	$G_r \cdot \varphi_{G_h} \cdot \dfrac{1-\varphi_{G_r}}{1-\varphi_{G_h}}$	$G_h \cdot \varphi_{G_h}$

Abb. 30 gestattet, zu gegebenen φ_G-Werten die entsprechenden x-Werte abzulesen.

Für die Wahl des schließlichen Feuchtigkeitsgehaltes x_h sind in der Hauptsache folgende Gesichtspunkte maßgebend:

1. Es soll die durch die natürliche Feuchtigkeit vorliegende Gefahr einer Schädigung durch Kleinlebewesen, Hefen, Schimmelpilze und dgl., sowie die Möglichkeit der Zersetzung unterbunden werden. Dièser Zweck wird bei pflanzlichen und tierischen Erzeugnissen im allgemeinen erfüllt, wenn der endgültige Feuchtigkeitsgehalt den Wert von etwa $x_h \approx 0{,}15$ erreicht.

2. Wird das getrocknete Gut in Pulverform gewonnen, so muß die Entfeuchtung so weit getrieben werden, daß ein nachträgliches Zusammenbacken der Teilchen unmöglich ist. Die Grenze hierfür bildet ein Feuchtigkeitsgehalt, der bei etwa $x_h \approx 0{,}05$ liegt.

3. Jeder Ware entspricht ein bestimmter Feuchtigkeitsgehalt, den sie im Zustande der Lufttrockenheit bei freier und unbegrenzter Lagerung annimmt. Abgesehen davon, daß jede Weiterführung der künstlichen Entfeuchtung zusätzliche Wärme fordert, ist es im allgemeinen unzweckmäßig, den Endfeuchtigkeitsgehalt niedriger zu treiben, als dem Zustande der Lufttrockenheit für das betreffende Gut entspricht.

4. Bei vielen Arten von Gut, vor allem Nahrungsmitteln, stellt die Trocknung nur einen Zwischenvorgang dar, insofern, als vor dem Verbrauch das entzogene Wasser wieder zugeführt wird. Den Maßstab für die Wiederaufnahme der Feuchtigkeit bildet die Quellfähigkeit. Sie nimmt im allgemeinen ab, je weiter die Entfeuchtung erfolgt. Z. B. hat Cloake[1]) nach Abb. 28 beobachtet, daß gesalzener Kabeljau mit einem

---

[1]) Cloake: Report of Food Investigation Board 1923.

natürlichen Wassergehalt $\chi_r = 4$, der bis zu einem Wassergehalt $\chi_h = 1,3$ getrocknet wurde, diesen bei der Wiederbefeuchtung auf nicht mehr als $\chi = 1,72$ erhöhte. In noch weiterem Maße zeigte sich die Quellfähigkeit vermindert, wenn die Trocknung bis zu einem Feuchtigkeits-

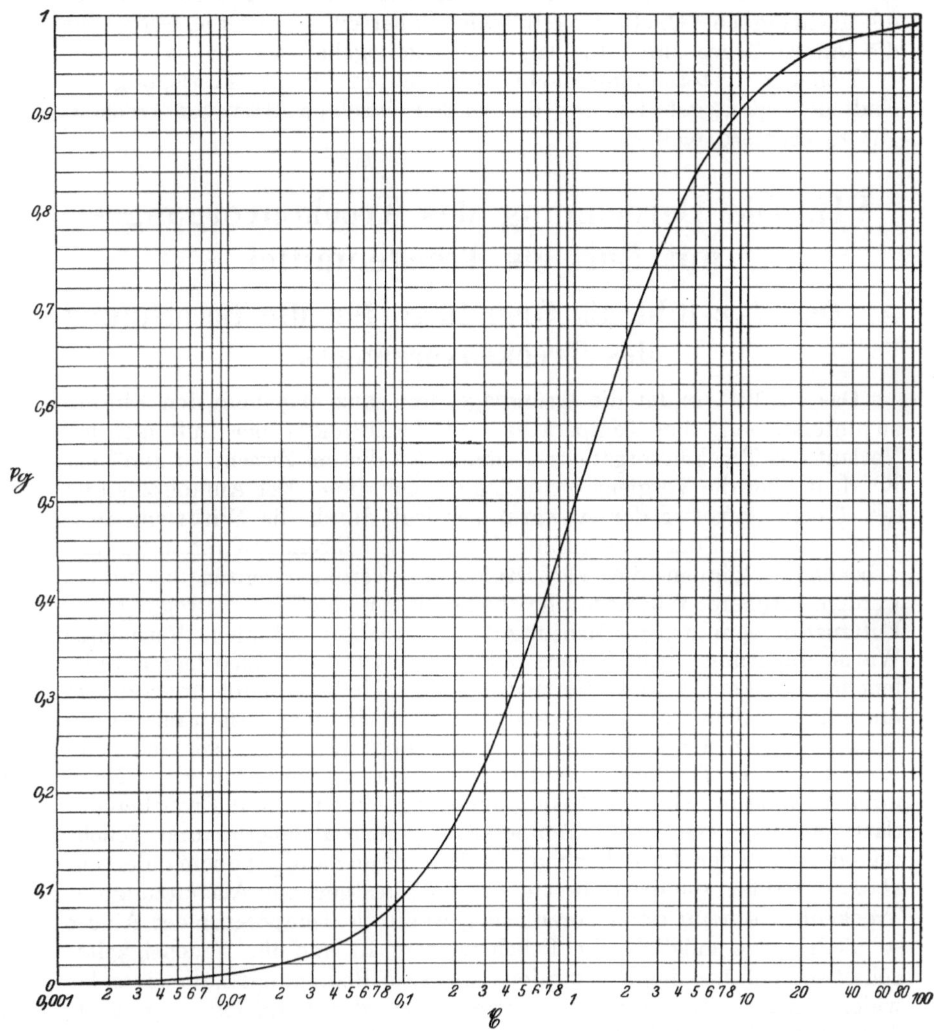

Abb. 30. Beziehung zwischen Feuchtigkeitsgehalt χ und Feuchtigkeitsgrad $\varphi_{\mathfrak{6}}$ des Gutes.

gehalt von $\chi_{\mathfrak{h}} = 0,18$, also bis etwa auf den Grenzwert erniedrigt wurde, bei dem die Entwicklung von Kleinlebewesen wirksam gehemmt ist. Auch die Versuche von Schwalbe und Teschner[1] haben diese Grund-

---

[1] Schwalbe und Teschner: Zur Kenntnis der Adsorption und Quellung bei Zellulose- und Zellstoffasern. Der Papierfabrikant. Festzeitschrift Hamburg 1925.

sätze bestätigt. Holzzellstoff- und Kunstseideproben, die während 72 Stunden „tot getrocknet" wurden, ergaben nach einer Anfeuchtungsdauer von 8 Stunden für Zellstoff, 12 Stunden für Kunstseide eine Wiederaufnahmefähigkeit von etwa rund $\frac{2}{3}$ des ursprünglichen Wassergehaltes bei Zellstoff, bzw. rund $\frac{3}{4}$ bei Kunstseide. Die Rücksicht auf die nachträgliche Quellfähigkeit bildet daher einen weiteren Grund für die untere Begrenzung des Endfeuchtigkeitsgehaltes.

Daneben treten mannigfache Rücksichten für die Festlegung des Endfeuchtigkeitsgehaltes auf, die bei den einzelnen Arten von Trockengut zu erörtern bleiben.

VII. Die Berechnung des Trockenvorganges mit Luft als Trockenmittel.

A. Das i-x-Bild als Grundlage für die Berechnung des Trockenvorganges.

Das i-x-Bild bildet die Grundlage, um ganz allgemein den Einfluß zu untersuchen, den Temperatur und Feuchtigkeit der Luft auf den Verlauf des Trockenvorganges besitzen. Zu diesem Zwecke ist zunächst Klarheit über die Vergleichsgrundlage zu schaffen. Der Anfangszustand der Trockenluft vor der Anwärmung liegt durch die Witterung fest. Durch den Grad der Anwärmung der Luft vor ihrem Auftreffen auf das Trockengut können die Verhältnisse in weiten Grenzen beeinflußt werden. Äußere Wärmezufuhr bedeutet im i-x-Bild Bewegung des Luftzustandspunktes in Richtung der senkrechten x-Linien. Vermehrte Wärmeeinleitung ergibt höhere Lufttemperatur t und niedrigeren Luftfeuchtigkeitsgrad φ. Der Luftfeuchtigkeitsgehalt x bleibt unverändert und nur von dem Anfangszustande der Luft abhängig. Ihr Endzustand beim Verlassen der Trockenvorrichtung hängt, wenn der Zustand beim Eintritt in die Trockenvorrichtung festgehalten wird, von dem Maße ihrer Ausnutzung ab. Die Ausnutzungsmöglichkeit ist mit Erreichen der Sättigungslinie erschöpft. Temperatur, Feuchtigkeitsgrad und Feuchtigkeitsgehalt der Luft hängen insofern zwangläufig voneinander ab, als zwei Größen die dritte bestimmen. Weitestgehende Ausnutzung der Trockenluft scheint dann vorzuliegen, wenn die Temperatur der Abluft so niedrig wie möglich, ihr Feuchtigkeitsgrad und ihr Feuchtigkeitsgehalt so hoch wie möglich werden. Das sind Bedingungen, die einander widersprechen. Im allgemeinen wird daher der Vergleich so geführt, daß ein bestimmter Feuchtigkeitsgrad φ der Abluft angenommen und der Einfluß untersucht wird, den die eintretende Luft je nach ihrem möglichen Zustande ausübt. Dieses Verfahren ist zu beanstanden. Durch Vergleich der Tafeln I und III ergibt sich, daß es bei ein und derselben Vorrichtung um so leichter ist, einen bestimmten Endfeuchtigkeitsgrad φ zu erreichen, je höher der spezifische Wärmeinhalt i der Trockenluft liegt. Denn das Trockenpotential $\varkappa$ nimmt bei Verfolgung einer bestimmten φ-Linie mit höheren i-Werten zu. Es ist daher richtiger, dem Vergleich, anstatt des Feuchtigkeitsgrades φ, ein bestimmtes Trockenpotential $\varkappa$ der Abluft zugrunde zu legen. Denn Punkte, die auf einer Linie gleichen Trockenpotentials liegen, bezeichnen Luftzustände, bei denen im bestimmten Falle die stündliche Trockenleistung gleich ist, ohne Rücksicht darauf, in welcher Temperaturhöhe die $\varkappa$-Linie verläuft. Die allgemeine Aufgabe, die Abluft so weit wie möglich auszunutzen, läuft darauf hinaus, eine Trockenkraftlinie zu erreichen, bei der die Trockenwirkung so verlangsamt ist, daß ihre Unterschreitung unwirtschaftliche Verhältnisse ergäbe. Daher soll im folgenden bei veränderlichen Verhältnissen der Trockenluft im Anfangszustande der Vergleich für Zustände der Abluft geführt werden, die Punkten gleichen Trockenpotentials entsprechen. Die Abweichungen der $\varkappa$-Linien von den φ-Linien sind besonders bei tiefen Temperaturen und niedrigen Feuchtigkeitsgraden erheblich. Dagegen fallen beide nahezu zusammen, wenn mit hohen Feuchtigkeitsgraden und hohen Temperaturen gerechnet wird.

Unter dieser Voraussetzung lassen sich aus dem i-x-Bilde folgende Beziehungen ablesen:

1. Frischlufttemperatur t_r.

Je höher bei gegebenem Anfangsfeuchtigkeitsgehalt x_r und festliegendem Endtrockenpotential $\varkappa_e$ die Anfangstemperatur der Luft t_r liegt, um so geringer ist der spezifische Wärmeverbrauch. Der spezifische Luftbedarf entspricht dem Werte $\dfrac{1}{x_e - x_r}$, ist daher unabhängig von der Frischlufttemperatur t_r.

2. Feuchtigkeitsgehalt der Frischluft x_r.

Je höher bei gegebener Anfangstemperatur t_r und festliegendem Endtrockenpotential $\varkappa_e$ der Anfangsfeuchtigkeitsgehalt x_r liegt, um so höher sind Wärmeverbrauch und Luftbedarf für eine bestimmte Trockenleistung.

Aus 1. und 2. ergibt sich die selbstverständliche Forderung, möglichst warme und trockene Frischluft zu verwenden. Im kalten Winter ist der Wärmeverbrauch stets größer als bei milder oder warmer Witterung. Dagegen können in der Übergangszeit und im Sommer Verhältnisse auftreten, die bei mäßiger Temperatur und niedrigem Feuchtigkeitsgrad zu geringerem Wärmeverbrauch führen als bei hoher Temperatur und hohem Feuchtigkeitsgrad.

3. Temperatur der Trockenluft nach der Vorwärmung t_a.

Wird Luft mit einem durch die Witterungsverhältnisse bestimmten Anfangsfeuchtigkeitsgehalt $x_a = x_r$ auf mehr oder weniger hohe Temperatur t_a vorgewärmt, so ändert sich die Endtemperatur t_e bei festliegendem Endtrockenpotential $\varkappa_e$ in gleichem Sinne. Einem Höhertreiben der Vorwärmetemperatur t_a entspricht höheres Anfangstrockenpotential $\varkappa_a$, höhere Ablufttemperatur t_e und höherer Endfeuchtigkeitsgehalt x_e.

Mit zunehmender Vorwärmung der Trockenluft sinkt deshalb die für eine bestimmte Trockenleistung erforderliche Trockenzeit im Verhältnis des vermehrten durchschnittlichen Trockenpotentials. Gleichzeitig nimmt der spezifische Luftbedarf $\dfrac{1}{x_e - x_a}$ ab, weil die Feuchtigkeitszunahme $x_e - x_r$ wächst. Der für eine bestimmte Trockenleistung erforderliche Wärmeaufwand ändert sich jedoch nicht in einheitlichem Sinne. Liegt der Anfangszustand der Frischluft auf der Sättigungslinie, so ergibt bei gleichem Endtrockenpotential $\varkappa_e$ höhere Trockenlufttemperatur t_a eine Verminderung des spezifischen Wärmeverbrauches. Diese Beziehung gilt auch noch, wenn der Anfangszustand der Frischluft einem Punkte der gleichen Trockenpotentiallinie $\varkappa_e$ zugeordnet ist, die dem Endzustande der Trockenluft entspricht. Liegt jedoch der Anfangszustand der Frischluft auf einer höheren Trockenpotentiallinie, so wird der Umkehrpunkt durch den Berührungspunkt einer Tangente gekennzeichnet, die von dem Punkt des Frischluftzustandes an die dem Endzustande der Trockenluft entsprechende Trockenpotentiallinie $\varkappa_e$ gezogen ist. Höherrücken der Anfangstemperatur t_a der Trockenluft bedeutet für alle unterhalb dieses Berührungspunktes liegenden Endtemperaturen t_e der Trockenluft eine Zunahme, für alle oberhalb des Berührungspunktes liegenden Temperaturen t_e eine Abnahme des spezifischen Wärmeverbrauches. Da dessen Veränderung mit zunehmender Temperatur t_e im allgemeinen immer geringer wird, wirkt, von dem Berührungspunkt ab gerechnet, Senkung der Temperatur t_e in stärkerem Maße günstig, als eine gleich große Steigerung ungünstig. Hiernach ergibt sich, daß **theoretisch die Erhöhung der Trockenlufttemperatur nicht einheitlich eine Verbesserung in** *wärme***wirtschaftlicher Hinsicht bedeutet.** Es verdient ausdrücklich betont zu werden, daß die Fachwelt sich mit der Annahme vielfach in einem Irrtum befindet, daß durch möglichst hohe Vorwärmung der Luft auf alle Fälle erheblich an spezifischem Wärmeverbrauch gespart würde. Gegenüber der theoretischen Betrachtung ist allerdings darauf hinzuweisen, daß Erhöhung der Anwärmetemperatur t_a bei im übrigen bestimmten Verhältnissen stets eine Verminderung der benötigten Luftmenge ergibt. Außerdem bedeutet sie Vergrößerung des anfänglichen und durchschnittlichen Trockenpotentials, ergibt daher verkürzte Trockenzeit. Dies führt bei gegebener Trockenleistung zu einer kleineren Trockenanlage. Hieraus folgt, daß die theoretischen Vorteile, die unter gewissen Voraussetzungen bei niedriger Vorwärmetemperatur t_a zu erwarten sind, gegenüber dem erhöhten Aufwand für Luftbewegung und Anschaffung zurücktreten. **Höhere Anwärmetemperatur** t_a **verbürgt in der Regel eine bessere** *allgemeine* **Wirtschaftlichkeit.**

4. Endtemperatur der Trockenluft t_e.

Liegt der Zustand der angewärmten Trockenluft fest, so ist bei gegebener Endtrockenkraft $\varkappa_e$ auch die Endtemperatur t_e bestimmt. Je geringer die Endtrockenkraft $\varkappa_e$, d. h. je besser die Ausnutzung der

Trockenluft ist, um so niedriger wird ihre Endtemperatur t_e, um so geringer spezifischer Wärmeverbrauch und spezifischer Luftbedarf.

Der Einfluß der veränderlichen Verhältnisse geht aus Abb. 31 hervor. Rückt der Zustandspunkt A_1 nach A_2 und damit E_1 nach E_2, so bedeutet dies ein Höherrücken der Temperatur t_a. Der Neigungswinkel der Verbindungslinie $R_1 E_1$ gegen die Wagerechte ist kleiner als der der Geraden $R_1 E_2$. (Nach dem früher Gesagten sind an Stelle der Punkte E eigentlich die senkrecht darunter auf der i_a-Linie liegenden Punkte E' mit den R-Punkten zu verbinden. Außerdem ist der Vergleich insofern ungenau, als er die Anwärmung des Gutes und die Streuverluste ver-

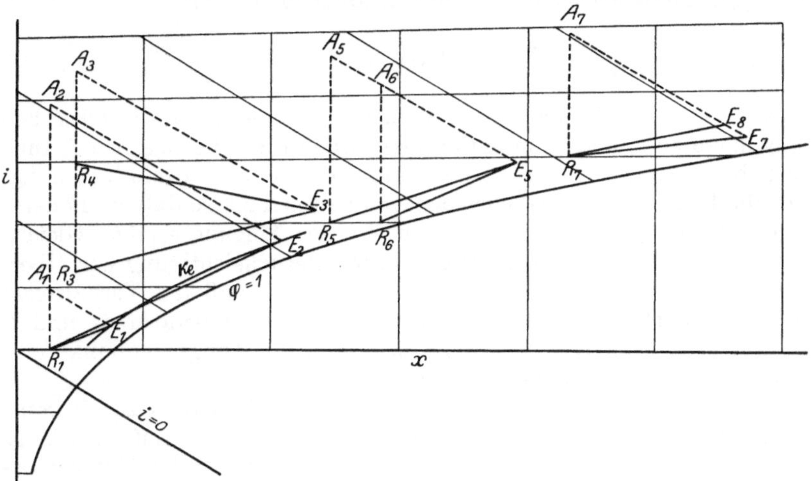

Abb. 31. Einfluß des Luftzustandes auf Wärme- und Luftbedarf.

nachlässigt, die in den verschiedenen Fällen nicht gleich sind.) Erhöhung der Vorwärmetemperatur t_a ergibt hier Vermehrung des spezifischen Wärmeverbrauches. Rückt R_3 nach R_4, so bedeutet dies höhere Frischlufttemperatur t_r bei gleichbleibendem Anfangsfeuchtigkeitsgehalt x_r. Der Neigungswinkel der Geraden $R_4 E_3$ gegen die Wagerechte wird gegenüber dem von $R_3 E_3$ kleiner, hier sogar negativ, was einer Verminderung des spezifischen Wärmeverbrauches entspricht. Er sinkt unter den Grenzwert von 595 kcal für 1 kg aufgetrocknetes Wasser, wenn die Endtemperatur der Trockenluft merklich tiefer liegt als ihre Anfangstemperatur. In solchen Fällen genügt das Trockenpotential der Frischluft an sich, um ohne Vorwärmung zu arbeiten, wenn nur die Luftmenge entsprechend hoch gehalten wird. Die zusätzliche Vorwärmung ergibt eine spezifische Trockenleistung, an der die mitausgenutzte Trockenkraft der Frischluft ihren Anteil behält. Rückt Punkt R_4 so hoch, daß er mit A_3 zusammenfällt, so ist der spezifische Wärmeverbrauch 0. Es liegt alsdann der Fall der natürlichen Trocknung vor. Die Verschiebung von R_5 nach R_6 bedeutet Vergrößerung des Anfangsfeuchtigkeitsgehaltes x_r bei gleichbleibender Temperatur t_r. A_5 rückt hierbei nach A_6. Der Neigungswinkel von $R_6 E_5$ gegen die Wagerechte ist größer als der von $R_5 E_5$. Zunahme des Anfangsfeuchtigkeitsgehaltes x_r bedeutet daher Vermehrung des spezifischen Wärmeverbrauches. Wird die Endtrockenkraft $\varkappa_e$, der Verschiebung von Punkt E_7 nach E_8 entsprechend, höher gehalten, so wird der Neigungswinkel der Geraden $R_7 E_8$ gegen die Wagerechte größer als der von $R_7 E_7$, d. h. der spezifische Wärmeverbrauch nimmt zu. Bezüglich der benötigten Luftmenge ergibt die Verschiebung von E_1 nach E_2 eine Verminderung, die Verschiebung von R_5 nach R_6 und von E_7 nach E_8 eine Vermehrung.

Mit Rücksicht darauf, daß mit der Neigung der RE-Geraden in der auf 1 kg/h Trockenleistung bezogenen Bilanzgleichung

$$\frac{Q}{G_L\,(x_h - x_r)} = \frac{i_h - i_r}{x_h - x_r} - i_{\mathfrak{W}\,t} + c_{\mathfrak{h}} \cdot \frac{t_{\mathfrak{h}} - t_{\mathfrak{r}}}{x_h - x_r} + \frac{Q_{\mathrm{verl}}}{G_L\,(x_h - x_r)}$$

die drei letzten Glieder nicht zum Ausdruck kommen, sind die kritischen Erwägungen zu t_a und t_e zu berichtigen, wenn diese Beträge verhältnismäßig hoch sind. Höhere Temperaturen t_a und t_e beeinflussen $i_{\mathfrak{W}\,t}$ nicht, die beiden letzten Glieder dagegen nehmen zu, so daß ein höherer Wärmeverbrauch vorliegt, als er sich aus der Neigung ergibt. Gleiche Neigung der RE-Geraden bedeutet, unter Berücksichtigung der Überschußwärme des Gutes und des Streuverlustes, daß die Verhältnisse nicht gleichwertig, sondern für die niedrigere Temperatur t_a und t_e günstiger sind. Der den Übergang bestimmende Tangentenpunkt gibt daher den Grenzwert nicht genau an.

Die im vorstehenden durchgeführten Vergleiche haben zur Voraussetzung, daß während des ganzen Trockenvorganges die Luft sich längs der τ-Linien bewegt. Dies ist nur dann der Fall, wenn das Gut bei Beginn der Trocknung bereits eine Vorwärmung auf die Kühlgrenze erfahren hat und im Verlauf des gesamten Trockenvorganges feucht bleibt. Während der Vortrocknung und beim Trocknen von Gut im hygroskopischen Zustande verlieren die Trockenkraftlinien ihren Sinn, da sie nur unter der Voraussetzung gelten, daß das Gut im Ausgleichzustand die Temperatur der Kühlgrenze beibehält. Die Veränderung des Luftzustandes folgt in diesen Fällen nicht der τ-Linie. Während bei feuchtem Gut der günstigste Zustand der vorgewärmten Luft in der Regel dadurch festliegt, daß ihm als Kühlgrenze τ die für das Gut zulässige Höchsttemperatur $t_{\max}$ entspricht, muß bei hygroskopischem Gut damit gerechnet werden, daß es im Grenzfalle die von dem trockenen Thermometer angezeigte fühlbare Lufttemperatur annimmt, wie dies bei vollständig wasserfreiem Gut im Beharrungszustande eintritt. Je nachdem das Gut im fertig getrockneten Zustande, bei dem die hygroskopische Eigenschaft sich im höchsten Grade zeigt, mit der eintretenden oder austretenden Luft zusammentrifft, ergibt sich daher die Bedingung, daß die am trockenen Thermometer beobachtete Temperatur t_a der eintretenden bzw. t_e der austretenden Luft die für das Gut noch zulässige Höchsttemperatur $t_{\max}$ nicht überschreitet. Die Bedingung $t_a \leqq t_{\max}$ entspricht einer Trockenvorrichtung, bei der das Gut ruht oder sich im

Gegenstrom oder Querstrom zu der Luft bewegt, während die Bedingung $t_e \leqq t_{max}$ für Gleichstrom gilt.

Mit der Bedingung $t_a = t_{max}$ kann nach Abb. 32 die Forderung verbunden werden, daß der spezifische Wärmeverbrauch bei allen durch die Witterungsverhältnisse möglichen Anfangszuständen der Luft einen bestimmten Wert behält. Das bedeutet, daß die Verbindungslinien der Punkte R und E, die dem Zustande der Luft vor der Erwärmung und nach der Trocknung entsprechen, die gleiche Neigung zur Wagerechten besitzen. Der geometrische Ort für die Punkte E ergibt sich alsdann

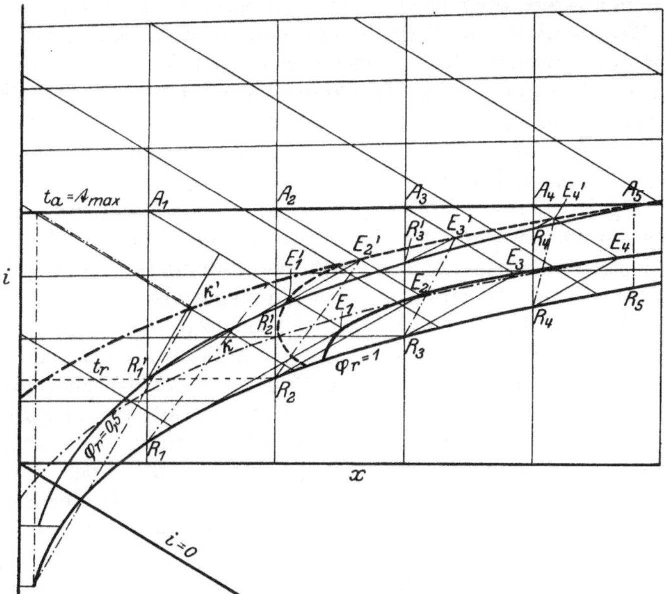

Abb. 32. Einfluß des Endzustandes der Luft auf Luft- und Wärmebedarf bei gleichbleibender Höchsttemperatur der Luft.

durch die Schnittpunkte zweier Scharen von Parallelen, deren eine durch die Punkte R mit der dem spezifischen Wärmeverbrauch entsprechenden Neigung geht, während die andere durch die zu R gehörigen Punkte E parallel mit i-Linien (die hier angenähert als mit den τ-Linien zusammenfallend angesehen werden,) verläuft. Die ausgezogene, die Punkte E_1 bis E_4 verbindende Kurve stellt diesen geometrischen Ort für den Fall dar, daß die Luft im Anfangszustande gesättigt ist, die gestrichelte Kurve, die die Punkte E_1' bis E_4' verbindet, für den Fall eines anfänglichen Feuchtigkeitsgrades $\varphi_r = 0{,}5$. Für eine bestimmte Anfangslufttemperatur t_r ist das für $\varphi_r = 1$ geltende Dreieck $R_2 A_2 E_2$ gleich dem für $\varphi_r = 0{,}5$ geltenden Dreieck $R_1' A_1 E_1'$, wenn die verschiedene Neigung der t-Linien unberücksichtigt bleibt. Das bedeutet, daß hier bei gleicher Temperatur t_r der Frischluft sowohl der spezifische Wärmeverbrauch — gekennzeichnet durch die Neigung der Geraden $R_2 E_2$ bzw. $R_1' E_1'$ zur Wagerechten — als auch die spezifische Trockenleistung — gekennzeichnet durch den wagerechten Abstand der Punkte E_2 bzw. E_1' von den durch V_2

bzw. V_1 gehenden Ordinaten — unabhängig von dem Feuchtigkeitsgrad der Außenluft sind. Das Trockenpotential ist allerdings für die Punkte A_2 und E_2 und damit für alle auf der Linie A_2E_2 liegenden Punkte kleiner als für A_1 und E_1' bzw. für die auf der Linie A_1E_1' liegenden Zwischenpunkte. Niedriger Feuchtigkeitsgrad der Außenluft bietet auch hier Vorzüge. Für eine bestimmte stündliche Trockenleistung fällt die Trockenanlage bei höherem Feuchtigkeitsgrad φ_r größer aus. Die Trockenvorrichtung ist daher, wenn sie allen Witterungsverhältnissen entsprechen soll, entweder für den höchstmöglichen Feuchtigkeitsgrad $\varphi_r = 1$ zu bemessen, oder es muß mit zunehmendem φ_r eine Verlängerung der Trockendauer in Kauf genommen werden. Ähnliches gilt mit Rücksicht auf veränderliche Temperaturen t_r der Außenluft. Je höher t_r liegt, um so niedriger ist das Trockenpotential längs der Strecke AE, so daß für Bemessung der Trockenvorrichtung der höchstmögliche Wert von t_r zugrunde zu legen ist. Hier kommt weiter hinzu, daß der spezifische Luftbedarf mit zunehmender Temperatur t_r wächst, also auch für den Höchstwert von t_r das ungünstigste Maß erreicht.

Würden statt der geometrischen Orte für die Punkte E bzw. E' die mit ihnen streckenweise nahezu zusammenfallenden Trockenpotentiallinien $\varkappa$ bzw. $\varkappa'$ zur Bestimmung des Endzustandes der Luft benutzt, so ergäbe sich für die linken Teile der Trockenpotentiallinie, nachdem sie die E- bzw. E'-Kurve verlassen hat, ein höherer spezifischer Wärmeverbrauch. Unter Annahme, daß die Punkte R auf der Sättigungslinie liegen, also $\varphi_r = 1$ ist und der Endzustand der Luft einem Punkte auf der oberen Trockenkraftlinie $\varkappa'$ entspricht, nimmt der spezifische Wärmeverbrauch mit niedrigerer Temperatur t_r ab, jedoch nur bis zu einem Mindestwerte, um danach wieder anzusteigen. Mit der Senkrechten R_5A_5 erreicht er unendliche Größe. Wird daher gleichzeitig die $t_a = \mathrm{t_{max}}$-Linie und die Trockenkraftlinie für die Grenzzustände der Luft festgehalten, so verändert sich der spezifische Wärmeverbrauch zwischen zwei Höchstwerten und einem dazwischenliegenden Mindestwert.

Ähnlich wie in Abb. 32 die Grenzbedingung $t_a = \mathrm{t_{max}}$ gestellt ist, sei der Abb. 33 die Grenzbedingung $t_e = \mathrm{t_{max}}$ zugrunde gelegt. Den Ausgangspunkt bilden hier die E-Punkte. Werden durch sie Parallelen mit der Neigung zur Wagerechten gezogen, die einen angenommenen spezifischen Wärmeverbrauch kennzeichnet, und zum Schnitt mit der Sättigungslinie gebracht, so ergeben die Schnittpunkte R die Anfangstemperatur t_r der Frischluft, wenn diese gesättigt ist. Ebenso folgt für einen Feuchtigkeitsgrad $\varphi_r = 0,5$ der Frischluft deren Temperatur t_r aus den Schnittpunkten R' dieser Parallelen mit der $\varphi_r = 0,5$-Kurve. Die durch die R- bzw. R'-Punkte gehenden Ordinaten liefern im Schnitt mit den durch die E-Punkte gezogenen Parallelen zu den i-Linien eine Kurve, die den geometrischen Ort für die A- bzw. A'-Punkte darstellt und die Vorwärmetemperatur t_a der Luft festlegt. Auch hier ergeben sich für eine bestimmte Temperatur t_r die maßgebenden Dreiecke $R_3A_3E_3$ bzw. $R_1'A_1'E_1'$ in gleicher Größe, d. h. spezifischer Wärmeverbrauch und spezifische Luftmenge sind bei gleicher Anfangstempera-

tur t_r der Frischluft unabhängig von ihrem anfänglichen Feuchtigkeitsgrad φ_r. Das Trockenpotential ist nach wie vor bei größerem
Wert φ_r niedriger, woraus sich die zu Abb. 32 erörterten Folgerungen
ergeben.

Bei Festlegung der Grenzbedingungen kommt es selbstverständlich
auf die Möglichkeit ihrer praktischen Einhaltung. an. Hierauf wird
später bei Erörterung der Betriebsführung näher eingegangen. Grundsätzlich sei folgendes bemerkt: Einhaltung einer höchsten Vorwärmetemperatur der Luft, entsprechend Abb. 32, bedeutet Beeinflussung der

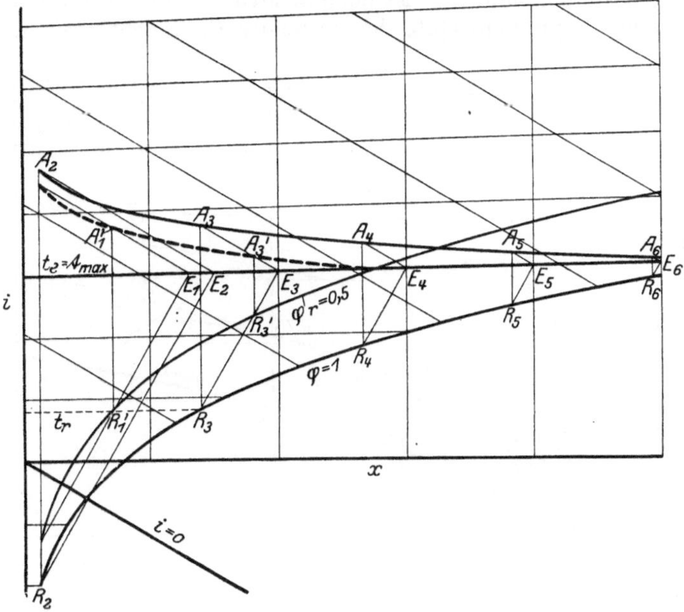

Abb. 33. Einfluß des Anfangszustandes der Luft auf Luft- und Wärmebedarf
bei gleichbleibender Endtemperatur der Luft.

Heizvorrichtung durch einen Temperaturregler, die leicht durchzuführen
ist. Weniger einfach ist die Änderung der umlaufenden Luftmenge, entsprechend den in Abb. 32 bzw. 33 festgelegten Bedingungen. Ähnliche
Schwierigkeiten bestehen für die Einhaltung einer höchsten Austrittstemperatur $t_e = t_{max}$ gemäß Abb. 33, schließlich und vor allem bezüglich Veränderung der Beschickungsmenge, die dem wechselnden Trockenpotential entsprechen soll. In der Regel hängt der Trockenvorgang derart mit dem Betriebe zusammen, daß als erste Bedingung die Forderung
aufgestellt wird, die Trockenleistung unabhängig von den Witterungsverhältnissen zu halten. Das aber bedeutet, daß das mittlere Trockenpotential in allen Fällen gleich bleibt, also z. B. nach Abb. 34 der Zustand der Trockenluft sich zwischen zwei Linien gleichen Trockenpotentials $\varkappa$ und $\varkappa'$ bewegt. Hierbei verändern sich sowohl spezifische Luftmenge als auch spezifischer Wärmebedarf, beide jedoch in nicht allzu
weiten Grenzen, wenn der Feuchtigkeitsgrad der Außenluft der Sätti-

gung oder doch einer φ_r-Linie entspricht, die genügend weit unterhalb der tieferen Trockenpotentiallinie liegt. Höchsttemperatur t_a und Endtemperatur t_e der Trockenluft steigen beide mit zunehmender Temperatur t_r der Frischluft. In Abb. 34 ist bei den R-Punkten angenommen, daß die Außenluft gesättigt sei, bei den R'-Punkten, daß sie einen Feuchtigkeitsgrad $\varphi_r = 0{,}5$ besitze. Auch die aus Abb. 34 sich ergebenden Grenzbedingungen sind im Betriebe nicht in wünschenswert einfacher Weise zu erfüllen. Eine brauchbare Lösung liefert erst die später erörterte Anwendung des Umluftverfahrens.

Zu den Abb. 32, 33 und 34 ist noch ausdrücklich darauf hinzuweisen, daß bei hygroskopischem Gute der verlangte Endfeuchtigkeitsgehalt $\mathfrak{x}_\mathfrak{h}$

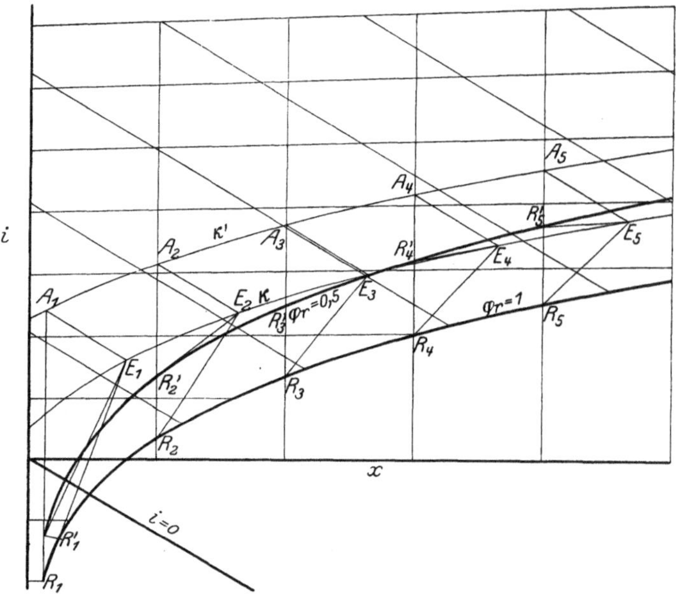

Abb. 34. Einfluß des Luftzustandes auf Luft- und Wärmebedarf bei Veränderung der Luft zwischen gleichen Trockenpotentiallinien.

einen bestimmten Mindestwert des Feuchtigkeitsgrades der Luft bedingt, der bei ruhendem oder im Gegen- und Querstrom bewegtem Gute $\varphi_a \leqq \dfrac{\mathfrak{P}}{P''}$, beim Gleichstrom $\varphi_e \leqq \dfrac{\mathfrak{P}}{P''}$ beträgt und bei linearem Verlauf des $\dfrac{\mathfrak{P}}{P''}$-$\mathfrak{x}$-Bildes durch den Wert $\dfrac{\mathfrak{P}}{P''} = \dfrac{\mathfrak{x}_\mathfrak{h}}{\mathfrak{x}_e}$ begrenzt wird. Ist im bestimmten Falle $\mathfrak{x}_\mathfrak{h}$ und damit der Höchstwert $\varphi_{\max}$ gegeben und wird in Abb. 32, 33 und 34 die $\varphi_{\max}$-Linie eingetragen, so sind alle Verhältnisse auszuschalten, bei denen die A- oder E-Punkte unterhalb der $\varphi_{\max}$-Linie liegen, je nachdem es sich um eine Trockenvorrichtung handelt, bei der das Gut ruht bzw. im Gegen- und Querstrom läuft oder Gleichstrom vorliegt.

Aus Abb. 7 geht hervor, daß der spezifische Wärmeaufwand mit abnehmendem Gesamtdrucke P sinkt, wenn Verhältnisse mit gleichem Anfangszustand der Luft (t_r, φ_r, x_r) nach dem Grade der Vorwärmungstemperatur t_a verglichen werden. Denn die für den spezifischen Wärmeaufwand maßgebende Verbindungslinie zwischen den Punkten R und E, die Anfangs- und Endzustand der Luft darstellen, besitzt mit abnehmendem Gesamtdruck kleinere Neigung zur Wagerechten.

Während bei offenen Trockenvorrichtungen der Gesamtdruck P dem Barometerstande entspricht und damit von der örtlichen Lage und den Witterungsverhältnissen abhängt und als gegeben anzusehen ist, stellt Trocknen im geschlossenen Raum, unter gleichzeitiger Verminderung des Gesamtdruckes eine künstliche Maßnahme dar, durch die zunächst der Vorteil geringen spezifischen Wärmeverbrauches erreichbar scheint. Dem steht jedoch der Nachteil gegenüber, daß die Aufrechterhaltung des Unterdruckes eine Verwickelung durch Hinzutreten einer Luftabsaugevorrichtung ergibt, die einen nicht zu vernachlässigenden Arbeitsbedarf bedingt.

Zahlenbeispiel 7.

In einer geschlossenen Trockenvorrichtung, die ohne unmittelbare Beheizung des Trockengutes arbeitet, werde bei einem äußeren Luftdruck von 10000 kg/m² (735,5 mm Q.-S. Barometerstand) durch eine Luftpumpe ein Druck von 5000 kg/m² aufrechterhalten. Es sollen 100 kg/h Wasser aufgetrocknet werden, als Trockenmittel diene gesättigte Luft von 20°, die nach entsprechender Vorwärmung mit 30° gesättigt entweicht. Wie hoch ergibt sich Wärme- und Arbeitsaufwand?

Der Feuchtigkeitsgehalt gesättigter Luft beträgt, bei $P = 10000$ kg/m² Gesamtdruck und einer Temperatur $t_r = 20°$, $x_r = 0,01519$, bei $P = 5000$ kg/m² und $t_e = 30°$, $x_e = 0,05892$. Die Feuchtigkeitsaufnahme, bezogen auf 1 kg Reinluft, folgt hiermit zu

$$x_e - x_r = 0,05892 - 0,01519 = 0,04373$$

und die erforderliche Reinluftmenge zu

$$G_L = \frac{100}{0,04373} \approx 2300 \text{ kg/h}.$$

Diese nimmt bei dem Druck von $P = 5000$ kg/m², der 30° entsprechenden Sättigungsdampfspannung $P_D = 433$ kg/m² und der Temperatur von 30° einen Rauminhalt von

$$G_L \cdot v_{Le} = 2300 \cdot \frac{29,27 \cdot 303}{5000 - 433} \approx 4350 \text{ m}^3/\text{h}$$

ein, der auch den Rauminhalt des Luft-Dampfgemisches im Endzustande darstellt.

Da bei adiabatischer Verdichtung von 5000 auf 10000 kg/m² 1 m³/h etwa 0,0142 PSi theoretisch erfordert, beträgt der Mindestkraftbedarf zum Absaugen der Trockenluft ≈ 62 PS, entsprechend einem stündlich in Form von Arbeit aufzuwendenden Wärmewert von 39500 kcal/h. Hierzu kommt der Verbrauch für Erwärmung der Frischluft von 20 auf 36,5° in Höhe von etwa 41,6 — 14 = 27,6 kcal für 1 kg Reinluft bzw. bei 2300 kg/h Reinluft, 63500 kcal/h, insgesamt daher 103000 kcal/h oder., auf 1 kg Wasserverdampfung bezogen, 1030 kcal/h.

Dieser Betrag kann nicht als unmittelbare Vergleichszahl dienen, weil der theoretische Wärmewert der PSh nicht ausreicht, um diese in Wirklichkeit zu erzeugen. Gleichwohl zeigt er schon, daß der Vorteil niedrigen Druckes durch den Arbeitsbedarf der Luftpumpe aufgehoben wird. An sich wäre es denkbar, ihn teilweise dadurch wiederzugewinnen, daß die einströmende Luft in einem

Luftmotor von dem äußeren auf den inneren Druck bei gleichbleibender Temperatur unter Arbeitsleistung entspannt würde.

Das Unterdruckverfahren mit Luft als Trockenmittel geht schließlich in die eigentliche Vakuumtrocknung über, bei der die Luft so weit wie möglich entfernt wird und nur noch als störender Fremdkörper auftritt. Für ihre Untersuchung scheidet daher das i-x-Bild aus.

B. Festlegung der Hauptpunkte im i-x-Bild, unter Berücksichtigung von Vorwärmung und hygroskopischen Eigenschaften des Gutes.

Im bestimmten Falle sind Anfangstemperatur t_r, Trockenstoffgewicht $\mathfrak{G}_x$ und Anfangsfeuchtigkeitsgehalt x_r des Gutes bekannt. Der Endfeuchtigkeitsgehalt $x_\mathfrak{h}$ des Gutes wird in der Regel vorgeschrieben. Damit steht die stündliche Trockenleistung $\mathfrak{G}_x(x_r - x_\mathfrak{h})$ fest. Die Witterungsverhältnisse bestimmen außerdem den anfänglichen Feuchtigkeitsgehalt x_r der Trockenluft.

Wird der Trockenvorgang unbegrenzt fortgesetzt, so würde schließlich der Feuchtigkeitsgehalt x_i des Gutes im Beharrungszustande den Grenzwert erreichen, der dem Feuchtigkeitsgrad der Luft dort entspricht, wo sie mit dem fertig getrockneten Gute in Berührung kommt, also beim Gleichstrom den Betrag

$$x_{igl} = x_e \cdot \frac{\mathfrak{P}_i}{P''_{t_i}} = x_e \cdot \frac{P_{Di}}{P''_{t_i}} = x_e \cdot \varphi_i \,, \tag{68}$$

beim Gegenstrom und Querstrom den Betrag

$$x_{igg} = x_e \cdot \frac{P_{Dv}}{P''_{t_v}} = x_e \cdot \varphi_v \,. \tag{69}$$

Hierbei ist im bestimmten Falle der Grenzfeuchtigkeitsgehalt x_e des Gutes im hygroskopischen Punkt bekannt.

Der in begrenzter Zeit angestrebte Feuchtigkeitsgehalt $x_\mathfrak{h}$ liegt um ein Sicherheitsmaß höher als x_i, dessen Betrag die bei Abbruch des Trockenvorganges maßgebende Trockengeschwindigkeit bestimmt.

1. Gleichstrom.

In Abb. 35 stelle für einen Gleichstromtrockner Punkt J den Beharrungszustand, Punkt H den tatsächlich erreichten Endzustand der Trockenluft dar. Die im Beharrunszustande für Gut und Luft zusammenfallende Temperatur $t_i = t_i$ könnte im Gefahrenfalle nahezu erreicht werden. Sie darf daher nicht höher liegen als die Temperatur t_{max}, die das betreffende Gut erfahrungsgemäß noch ohne Schädigung erträgt. Die t_i-Gerade liegt daher im besonderen Falle fest. Das Verhältnis $\dfrac{x_\mathfrak{h}}{x_e}$ bestimmt einen $\varphi_\mathfrak{h}$-Betrag, der größer ist als φ_i und nicht erreicht werden darf, da die Trockengeschwindigkeit bei Abbruch des Trockenvorganges noch endlichen Wert besitzen muß. φ_i liegt daher um ein zu schätzendes Sicherheitsmaß niedriger als $\varphi_h = \dfrac{\mathfrak{x}_\mathfrak{h}}{\mathfrak{x}_e}$ und bestimmt den Feuchtigkeitsgehalt im Beharrungszustande

$$\mathfrak{x}_i = \mathfrak{x}_e \cdot \varphi_i < \mathfrak{x}_\mathfrak{h} \, .$$

Der Beharrungspunkt J ergibt sich als Schnittpunkt der t_i-Geraden

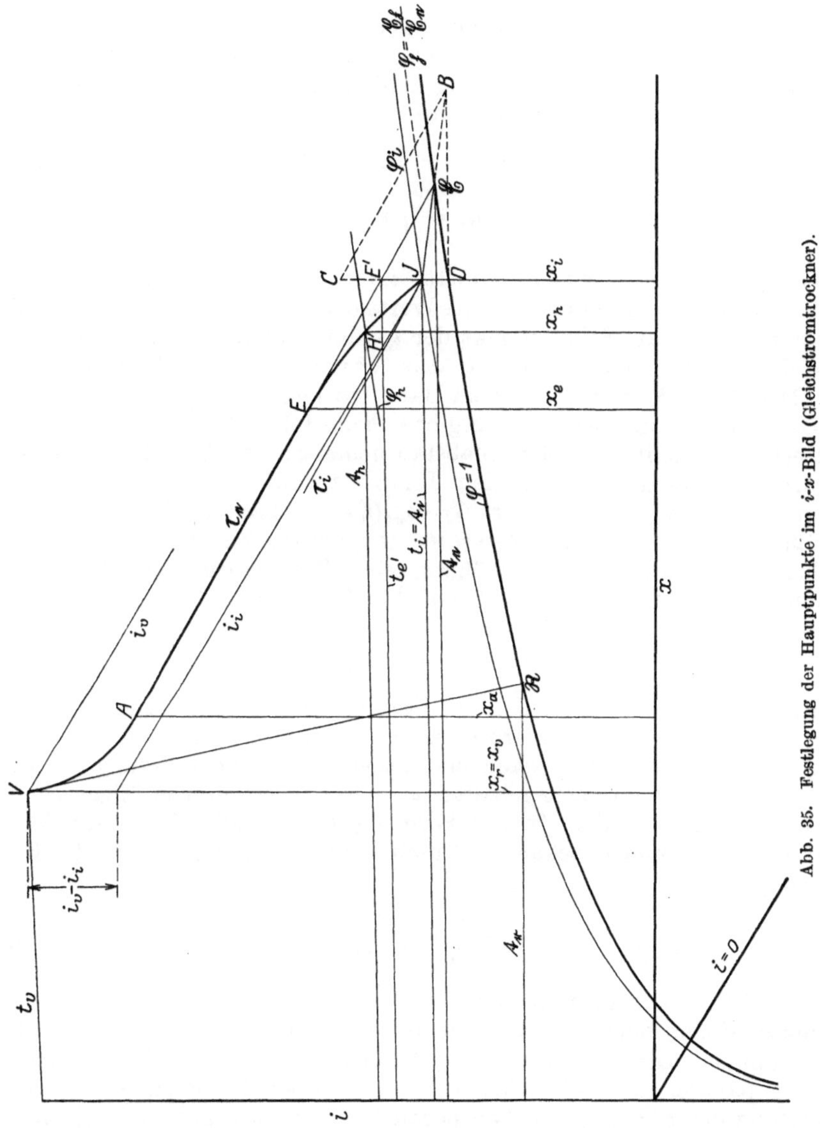

Abb. 35. Festlegung der Hauptpunkte im i-x-Bild (Gleichstromtrockner).

mit der φ_i-Linie. Der Feuchtigkeitsgehalt x_i, den die Luft im Beharrungszustande erreichen würde, liegt mit Punkt J fest.

Es folgt die Menge des aufzuwendenden Reinluftgewichtes G_L aus der Beziehung

$$\mathfrak{G}_\mathfrak{T}\,(\mathfrak{x}_\mathfrak{r} - \mathfrak{x}_\mathfrak{i}) = G_L\,(x_i - x_r)$$

zu

$$G_L = \frac{\mathfrak{G}_\mathfrak{T}\,(\mathfrak{x}_\mathfrak{r} - \mathfrak{x}_\mathfrak{i})}{x_i - x_r}\,.$$

Bezeichnet Punkt V den Zustand der vorgewärmten Luft, so ergibt sich seine Lage aus der Überlegung, daß der Wärmeinhalt der Luft zwischen V und J um den Betrag abnimmt, um den der Wärmeinhalt des Gutes wächst. Es ist nämlich

$$G_L\,(i_v - i_i) = \mathfrak{G}_\mathfrak{T}\,(\mathfrak{i}_\mathfrak{i} - \mathfrak{i}_\mathfrak{r})\,, \tag{70}$$

$$i_v = i_i + \frac{\mathfrak{G}_\mathfrak{T}}{G_L}\,(\mathfrak{i}_\mathfrak{i} - \mathfrak{i}_\mathfrak{r}) = i_i + \frac{\mathfrak{G}_\mathfrak{T}}{G_L}\,(\mathfrak{c}_\mathfrak{i}\cdot t_i - \mathfrak{c}_\mathfrak{r}\cdot \mathfrak{t}_\mathfrak{r})\,.$$

Der spezifische Wärmeinhalt i_v der vorgewärmten Luft läßt sich hieraus errechnen, da alle Werte der rechten Seite bekannt sind. Punkt V folgt als Schnittpunkt der i_v-Linie mit der x_r-Linie und legt gleichzeitig die Temperatur t_v der vorgewärmten Luft fest.

Der Punkt E', in dem die dem Haupttrockenabschnitt entsprechende τ_e-Linie die x_i-Linie schneidet, ergibt sich aus folgender Überlegung: Die Strecke $E'J$ stellt, im Wärmemaßstab gemessen, die Verminderung des Wärmeinhaltes dar, die mit dem Temperaturabfall $t'_e - t_i$ der Luft verbunden ist und die den Wert $G_L \cdot c_{pi}(t'_e - t_i)$ besitzt. Sie ist zahlenmäßig gleich dem Betrage $\mathfrak{G}_\mathfrak{T} \cdot \mathfrak{c}_\mathfrak{i}\,(t_i - t_e)$, der die Zunahme des Wärmeinhaltes des Gutes infolge Erhöhung seiner Temperatur von einem dem Punkt $\mathfrak{E}$ zukommenden Wert t_e auf die Höhe $\mathfrak{t}_\mathfrak{i} = t_i$ darstellt. Daher gilt

$$\mathfrak{G}_\mathfrak{T} \cdot \mathfrak{c}_\mathfrak{i}\,(t_i - t_e) = G_L \cdot c_{pi}\,(t'_e - t^i)\,. \tag{71}$$

Hierbei ist angenommen, daß die Haupttrocknung sich zunächst ohne die Nebeneinflüsse des hygroskopischen Verhaltens längs der τ_e-Linie bis zum Punkte E' fortsetzen und danach, ohne Veränderung des erreichten Luftfeuchtigkeitsgehaltes x_i, die hygroskopische Eigenschaft sich auswirken würde. In der Formel (71) sind alle Werte mit Ausnahme von t_e und t_i bekannt. Durch Umformung ergibt sich die Beziehung

$$\frac{t_i - t_e}{t'_e - t_i} = \frac{G_L \cdot c_{pi}}{\mathfrak{G}_\mathfrak{T} \cdot \mathfrak{c}_\mathfrak{i}}\,. \tag{71a}$$

Da die Werte der rechten Seite feststehen, läuft die Ermittelung des Punktes $\mathfrak{E}$ und damit der τ_e-Linie auf eine einfache geometrische Aufgabe hinaus. Die Richtung der t_e-Geraden steht genügend genau fest, da sie parallel der t_i-Geraden angenommen werden darf, ebenso die Richtung der τ_e-Linie, die etwa parallel der durch J gehenden τ_i-Linie verläuft. Es sind daher oberhalb und unterhalb von Punkt J auf der x_i-Linie zwei beliebige Strecken JC und JD derart abzutragen, daß

die untere Strecke JD das $\dfrac{G_L \cdot c_{pi}}{\mathfrak{G}_{\mathfrak{X}} \cdot c_i}$-fache der oberen Strecke JC darstellt, und durch den unteren Endpunkt D eine Parallele zu der t_i-
Geraden, durch den oberen Endpunkt C eine Parallele zu der τ_i-Linie
zu ziehen. Beide schneiden sich in einem Punkte B der Geraden $J\mathfrak{E}$
oder deren Verlängerung, da diese den geometrischen Ort für alle Punkte
darstellt, die der Bedingung der Formel (71a) entsprechen. Die Verbindungslinie zwischen J und dem so gefundenen Punkt B schneidet
die Sättigungslinie in Punkt $\mathfrak{E}$, mit dessen Lage die τ_e-Linie und die
Kühlgrenztemperatur t_e während des Hauptabschnittes
der Trocknung gegeben sind.

Der zu dem Grenzfeuchtigkeitsgehalt $\mathfrak{X}_e$ des Gutes im hygroskopischen
Punkt gehörige Wert des Feuchtigkeitsgehaltes x_e der Luft
beim Verlassen der Kühlgrenze folgt aus der Beziehung

$$\mathfrak{G}_{\mathfrak{X}}\,(\mathfrak{X}_{\mathfrak{r}} - \mathfrak{X}_{\mathfrak{e}}) = G_L\,(x_e - x_r)$$

zu
$$x_e = x_r + \frac{\mathfrak{G}_{\mathfrak{X}}}{G_L}\,(\mathfrak{X}_{\mathfrak{r}} - \mathfrak{X}_{\mathfrak{e}})\,. \tag{72}$$

Damit ist auch die Lage des Punktes E auf der τ_e-Linie gegeben, und
der Verlauf des Luftzustandes zwischen den Punkten E und J kann,
wie später gezeigt, durch schrittweise Berechnung gefunden oder nach
einiger Übung gefühlsmäßig genügend genau eingezeichnet werden.

Der Endfeuchtigkeitsgehalt x_h der Luft folgt aus der Beziehung

$$\mathfrak{G}_{\mathfrak{X}}\,(\mathfrak{X}_{\mathfrak{r}} - \mathfrak{X}_{\mathfrak{e}}) = G_L\,(x_h - x_r)$$

zu
$$x_h = x_r + \frac{\mathfrak{G}_{\mathfrak{X}}}{G_L}\,(\mathfrak{X}_{\mathfrak{r}} - \mathfrak{X}_{\mathfrak{h}})\,. \tag{73}$$

Der wirkliche Endzustand der Luft entspricht dem Punkte H, in dem
die x_h-Linie die Kurve JE schneidet. Mit ihm ist die Endtemperatur
t_h und der Endfeuchtigkeitsgrad φ_h der Luft gegeben und
die nachträgliche Prüfung möglich, ob die zu Anfang getroffene Annahme
für φ_i gegenüber φ_h noch ein ausreichendes Trockenpotential beim
Abbruch des Trockenvorganges verbürgt. Die Bemerkungen zu
Abb. 16 sind hierbei maßgebend.

Die Lage des Punktes A, bei dem der Hauptabschnitt der Trocknung beginnt, läßt sich durch schrittweise Berechnung (s. u.) von V
aus ermitteln. Mit einiger Übung wird der Verlauf der Kurve VA
gefühlsmäßig eingezeichnet werden können. Sie tangiert im Punkte V
die Verbindungsgerade zwischen V und dem Punkte $\mathfrak{R}$, der dem Anfangszustande des Gutes entspricht.

2. Gegenstrom.

In Abb. 36 stelle für einen Gegenstromtrockner Punkt V den Beharrungszustand dar, für den die Temperaturen von Gut und Luft
$t_v = t_i$ zusammenfallen würden. Im besonderen Falle liegt die Tem-

peratur t_v der vorgewärmten Luft mit dem Werte t_{max} fest, der für das Gut noch ohne Schädigung zugelassen werden darf. Punkt V ergibt sich als Schnittpunkt der t_v-Linie mit der x_r-Linie. Hierbei ist nachzuprüfen, daß der Feuchtigkeitsgrad φ_v der vorgewärmten Luft den Wert $\varphi_\mathfrak{h} = \dfrac{\mathfrak{x}_\mathfrak{h}}{\mathfrak{x}_\mathfrak{e}}$ genügend weit unterschreitet, um noch ein ausreichendes Trockenpotential bei Abbruch des Trockenvorganges zu gewährleisten. Ist dies nicht der Fall, so muß zunächst eine Verlängerung der Trockenzeit, notfalls eine Erhöhung der Temperatur t_v in Kauf genommen oder statt der Lufttrocknung unter atmosphärischem

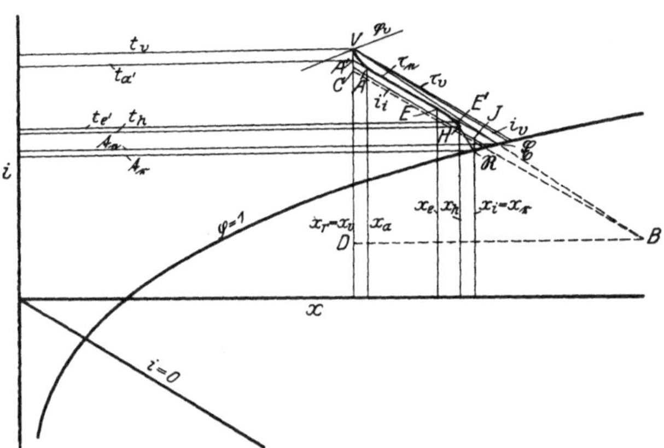

Abb. 36. Festlegung der Hauptpunkte im i-x-Bild (Gegenstromtrockner).

Druck ein Verfahren mit Unterdruck angewandt werden. Mit der Lage von V folgt der Wert $\mathfrak{x}_\mathfrak{i} = \mathfrak{x}_\mathfrak{e} \cdot \varphi_v$. Würde der Beharrungszustand wirklich erreicht, so läge der Endzustand der Trockenluft bei Punkt J. In Abb. 36 ist J senkrecht über $\mathfrak{R}$ angenommen und damit der Gefahr vorgebeugt,

daß die Feuchtigkeit aus der abgehenden Luft auf das eintretende feuchte und kalte Gut niederschlägt. Von dieser Festlegung muß im allgemeinen abgesehen werden, weil sie einen großen Betrag für das stündlich aufzuwendende Reinluftgewicht G_L

$$G_L = \frac{\mathfrak{G}_\mathfrak{X}(\mathfrak{x}_\mathfrak{r} - \mathfrak{x}_\mathfrak{i})}{x_i - x_r}$$

ergibt. Die Abweichung des Wertes x_i von dem Werte x_r ist auch fast stets unbedenklich. Es wird daher zweckmäßig das Verhältnis $\dfrac{\mathfrak{G}_\mathfrak{X}}{G_L}$ versuchsweise festgelegt und daraus der Wert

$$x_i = x_r + \frac{\mathfrak{G}_\mathfrak{X}}{G_L}(\mathfrak{x}_\mathfrak{r} - \mathfrak{x}_\mathfrak{i}) \tag{74}$$

errechnet. Auch hier gilt Gleichung (70) und liefert den Wert

$$i_i = i_v - \frac{\mathfrak{G}_\mathfrak{X}}{G_L}(\mathfrak{c}_\mathfrak{i} \cdot t_v - \mathfrak{c}_\mathfrak{r} \cdot \mathfrak{t}_\mathfrak{r}).$$

Mit x_i und i_i ergibt sich die Lage des Punktes J. Fällt sie zu nahe an die Sättigungslinie, so war das Verhältnis $\dfrac{\mathfrak{G}_\mathfrak{X}}{G_L}$ zu groß angenommen. Eine Wiederholung führt schließlich zum endgültigen Punkt J.

Für die Auffindung des Punktes A', in dem die Kühlgrenzlinie τ_e die x_r-Linie schneidet, dient eine ähnliche Erwägung, wie beim Gleichstrom geführt. Beim Gegenstrom entspricht die Veränderung des Luftzustandes von V nach A dem hygroskopischen Gebiete, in dem das Gut seine Temperatur von dem Kühlgrenzwert $t_e = \tau_e$ bis auf t_v erhöhen würde, wenn es den Beharrungszustand erreichte. Es gilt daher die Beziehung

$$\mathfrak{G}_{\mathfrak{X}} \cdot c_i (t_v - t_e) = G_L \cdot c_{pr} (t_v - t'_a) , \tag{75}$$

$$\frac{t_v - t_e}{t_v - t'_a} = \frac{G_L \cdot c_{pr}}{\mathfrak{G}_{\mathfrak{X}} \cdot c_i} . \tag{76}$$

Die geometrische Aufgabe gleicht der für Gleichstrom beschriebenen. Auf der x_r-Linie sind unterhalb V zwei beliebige Strecken VC und VD so abzutragen, daß die größere Strecke VD das $\dfrac{G_L \cdot c_{pr}}{\mathfrak{G}_{\mathfrak{X}} \cdot c_i}$-fache der kleineren Strecke VC darstellt. Wird durch den Endpunkt C eine Parallele zur τ_v-Linie, durch den Endpunkt D eine Parallele zur t_e-Linie gezogen, so schneiden sich beide in einem Punkte B auf der Geraden $V\mathfrak{E}$ oder deren Verlängerung. Die Verbindungsgerade VB liefert im Schnittpunkte mit der Sättigungslinie den Punkt $\mathfrak{E}$ und damit die **Kühlgrenztemperatur t_e während des Hauptabschnittes der Trocknung** sowie die τ_e-Linie.

Der Feuchtigkeitsgehalt x_a der Luft beim Eintritt in die Kühlgrenze ergibt sich hier zu

$$x_a = x_r + \frac{\mathfrak{G}_{\mathfrak{X}}}{G_L} (\mathfrak{X}_e - \mathfrak{X}_\mathfrak{h}) . \tag{77}$$

Damit ist die Lage von Punkt A auf der τ_e-Linie gegeben und der Verlauf zwischen V und A kann schrittweise berechnet oder gefühlsmäßig eingezeichnet werden. **Der Endfeuchtigkeitsgehalt x_h der Luft** beträgt nach Formel (73)

$$x_h = x_r + \frac{\mathfrak{G}_{\mathfrak{X}}}{G_L} (\mathfrak{X}_\mathfrak{r} - \mathfrak{X}_\mathfrak{h}) .$$

Für Punkt E' gilt die Beziehung

$$\mathfrak{G}_{\mathfrak{X}} \cdot c_\mathfrak{r} (t_e - t_\mathfrak{r}) = G_L \cdot c_{ph} (t'_e - t_h), \tag{78}$$

aus der die Endtemperatur t_h der Luft errechnet werden kann, da alle anderen Größen bekannt sind. Mit x_h und t_h folgt die Lage H des Endzustandes der Luft. Von hier aus kann der Verlauf HE schrittweise errechnet oder gefühlsmäßig eingezeichnet werden. Die Kurve HE tangiert im Punkte H die Verbindungsgerade $\mathfrak{R}H$.

In der beschriebenen Bestimmung der Hauptpunkte bei Gegenstrom ist eine Unstimmigkeit nachträglich zu berichtigen. Der Abstand der Punkte A' und V ist in Wirklichkeit kleiner, als gefunden wurde, weil die tatsächliche Endtemperatur des Gutes nicht, wie in Formeln (74) und (75) angenommen ist, bei t_v, sondern tiefer liegt. Der Fehler wirkt sich so aus, daß bei der genauen Berechnung sich Punkt V niedriger ergibt, wenn die Untersuchung von Punkt H in der gefundenen Lage ausgeht.

C. Das verbundene i-x-i-$\mathfrak{x}$-Bild.

Die Beziehung der Formeln (74) und (70)

$$x_i - x_r = \frac{\mathfrak{G}_\mathfrak{X}}{G_L}\,(\mathfrak{x}_\mathfrak{r} - \mathfrak{x}_\mathfrak{i})\,, \tag{74a}$$

$$i_v - i_i = \frac{\mathfrak{G}_\mathfrak{X}}{G_L}\,(i_\mathfrak{i} - i_\mathfrak{r}) \tag{70a}$$

deuten darauf hin, daß es zweckmäßig sein kann, das i-x-Bild mit einem i-$\mathfrak{x}$-Bilde in der Weise zu verbinden, daß der Koordinatenmaß-

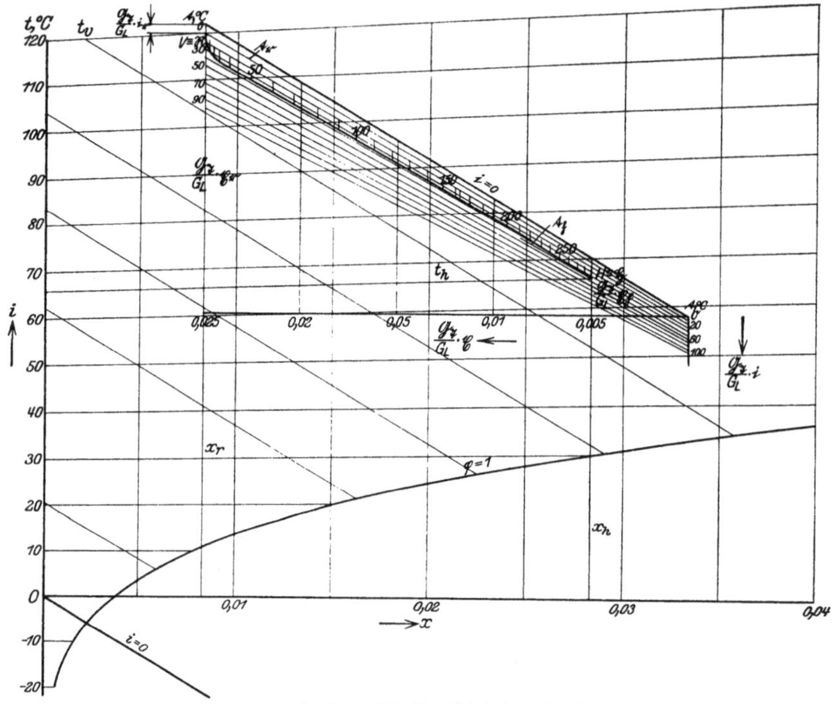

Abb. 37. i-x-i-$\mathfrak{x}$-Bild für Gleichstromtrockner.

stab des i-$\mathfrak{x}$-Bildes sich zu dem des i-x-Bildes wie $\mathfrak{G}_\mathfrak{X}$ zu G_L verhält. Wird der Koordinatenmaßstab des i-x-Bildes beibehalten, so sind die i-$\mathfrak{x}$-Koordinaten in dem mit $\dfrac{\mathfrak{G}_\mathfrak{X}}{G_L}$ vervielfältigten Maßstabe wiederzugeben.

Ein solches verbundenes i-x-i-$\mathfrak{x}$-Bild kann daher für jeden besonderen Fall in der Weise entworfen werden, daß das i-$\mathfrak{x}$-Bild für eine bestimmte Gutsart und ein bestimmtes Verhältnis zwischen Reinluft- und Trockenstoffgewicht dem unverändert bleibenden i-x-Bilde überlagert wird.

1. Gleichstrom.

Abb. 37 zeigt, wie dies für das Gleichstromverfahren geschehen kann, wenn der Punkt V gegeben ist, der den Zustand der vorgewärmten

Luft nach Feuchtigkeitsgehalt x_r und Wärmeinhalt i_v wiedergibt. Die Ordinatenachse für das i-$\mathfrak{x}$-Bild ist in einem Abszissenabstand $\dfrac{\mathfrak{G}\mathfrak{x}}{G_L}\cdot\mathfrak{x}_r$ rechts von V gelegt. Die in Richtung der i-Linien verlaufende schräge Abszissenachse geht durch einen Punkt, der in einem Ordinatenabstand $\dfrac{\mathfrak{G}\mathfrak{x}}{G_L}\cdot i_r$ oberhalb V liegt. Der Koordinatenursprung $\mathfrak{O}$ des i-$\mathfrak{x}$-Bildes liegt daher entgegengesetzt dem Koordinatenursprung 0 des i-x-Bildes. Positive Werte $\dfrac{\mathfrak{G}\mathfrak{x}}{G_L}\cdot\mathfrak{x}$ sind von $\mathfrak{O}$ aus wagerecht nach links, positive Werte $\dfrac{\mathfrak{G}\mathfrak{x}}{G_L}\cdot i$ von $\mathfrak{O}$ aus senkrecht nach abwärts zu zählen, also entgegengesetzt den x- und i-Werten des i-x-Bildes. Zu dem i-x-Bilde sind die t-Geraden, zu dem i-$\mathfrak{x}$-Bilde die t-Geraden eingezeichnet. Im Punkte V, der beiden Bildern gemein ist und gleichzeitig Punkt $\mathfrak{R}$ darstellt, schneiden sich die t_v- und die t_r-Gerade. Bei dieser Darstellung gibt die Zustandskurve der Luft im i-x-Bilde gleichzeitig die Zustandskurve des Gutes im i-$\mathfrak{x}$-Bilde wieder. Punkt H stellt daher einerseits den Endzustand der Luft,

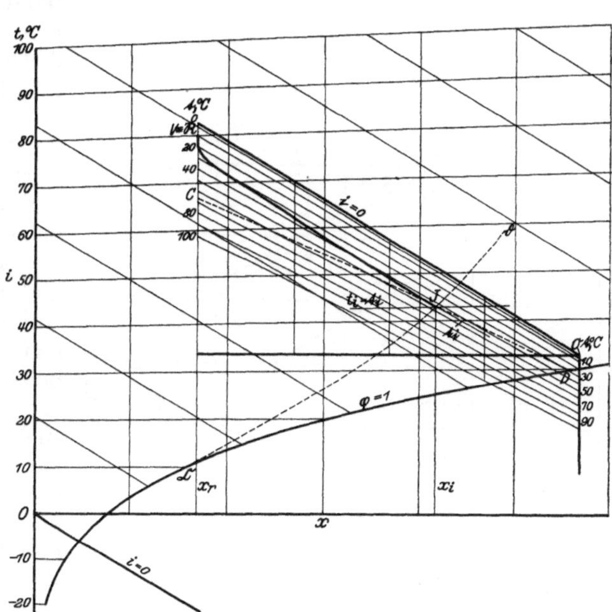

Abb. 38. Auffindung des Beharrungszustandes im i-x-i-$\mathfrak{x}$-Bild (Gleichstromtrockner).

andererseits den Endzustand $\mathfrak{H}$ des Gutes dar. In ihm schneiden sich die für die Temperatur der austretenden Luft maßgebende t_h-Linie und die $t_\mathfrak{h}$-Linie, die die Endtemperatur des Gutes liefert. Bedeutet in Abb. 38 Punkt J den Beharrungszustand, so ist bei dieser Darstellungsweise der Abszissenabstand x_i-x_r im i-x-Bilde gleichbedeutend mit dem Abszissenabstande $\dfrac{\mathfrak{G}\mathfrak{x}}{G_L}(\mathfrak{x}_r-\mathfrak{x}_i)$ im i-$\mathfrak{x}$-Bilde, wie dies Gleichung (74) fordert. Ebenso ist die Beziehung der Formel (70) erfüllt, weil der Ordinatenabstand i_v-i_i im i-x-Bilde mit dem Ordinatenabstand $\dfrac{\mathfrak{G}\mathfrak{x}}{G_L}(\mathfrak{i}_i-\mathfrak{i}_r)$ im i-$\mathfrak{x}$-Bilde zusammenfällt. Durch Punkt J verläuft im i-x-Bilde die t_i-Gerade, im i-$\mathfrak{x}$-Bilde die t_i-Gerade. Hierbei ist zahlenmäßig $t_i = \mathfrak{t}_i$. Soll daher Punkt J gesucht werden, so ist nach Abb. 38 als geometrischer Ort für seine Lage eine Kurve CD zu entwerfen, für die $t = \mathfrak{t}$ ist, die also die Schnittpunkte zahlenmäßig gleicher t- bzw. $\mathfrak{t}$-Geraden verbindet. Ein zweiter geometrischer Ort ergibt sich aus der Beziehung der Formel (68)

$$\mathfrak{x}_i = \mathfrak{x}_e \cdot \varphi_i .$$

Zu jedem Abszissenwert $\dfrac{\mathfrak{G}\mathfrak{x}}{G_L} \cdot \mathfrak{x}$ des i-$\mathfrak{x}$-Bildes ist daher eine bestimmte $\varphi = \dfrac{\mathfrak{x}}{\mathfrak{x}_e}$-Linie des i-x-Bildes zugeordnet. Die Schnittpunkte dieser φ-Linien des i-x-Bildes mit den $\dfrac{\mathfrak{G}\mathfrak{x}}{G_L} \cdot \mathfrak{x}$-Linien des i-$\mathfrak{x}$-Bildes bilden die Kurve $\mathfrak{C}\mathfrak{D}$, die den zweiten geometrischen Ort für die Lage von J

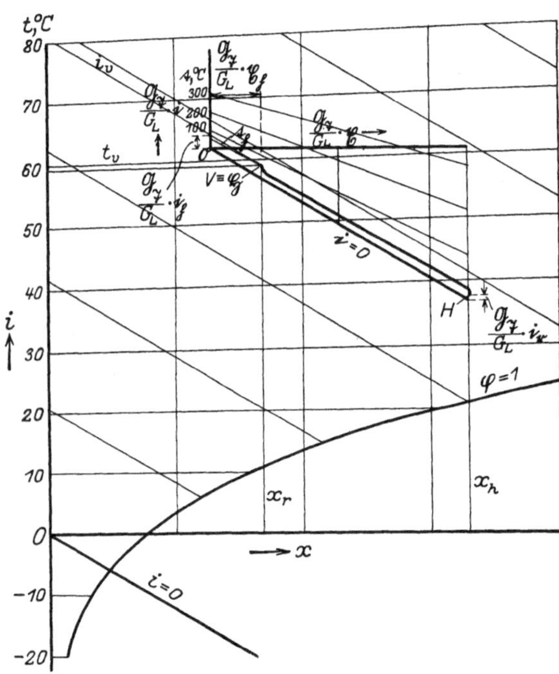

Abb. 39. i-x-i-$\mathfrak{x}$-Bild für Gegenstromtrockner.

darstellt. Im allgemeinen erübrigt sich die Aufzeichnung der Kurve CD. Der gesuchte Punkt J fällt auf der $\mathfrak{C}\mathfrak{D}$-Linie dorthin, wo der Zahlenwert einer t-Linie gleich dem einer $\mathfrak{t}$-Linie, nämlich gleich $t_i = \mathfrak{t}_i$ ist.

Der vorausstehenden Untersuchung war die Aufgabe zugrunde gelegt, daß der Punkt V bekannt ist und der Ausgleichspunkt J zu suchen sei. Statt V kann jedoch ein beliebiger Luftzustandspunkt G als Ausgangspunkt gewählt werden. Bedingung ist nur, daß von ihm aus der Ordinatenursprung $\mathfrak{D}$ des i-$\mathfrak{x}$-Bildes so gewählt wird, daß er im Abszissenabstande $\dfrac{\mathfrak{G}\mathfrak{x}}{G_L} \cdot \mathfrak{x}_{\mathfrak{G}}$ und im Ordinatenabstande $\dfrac{\mathfrak{G}\mathfrak{x}}{G_L} \cdot i_{\mathfrak{G}}$ liegt, wenn $\mathfrak{x}_{\mathfrak{G}}$ und $i_{\mathfrak{G}}$ die zum Zustandspunkte $\mathfrak{G}$ des Gutes gehörigen Werte darstellen. $\mathfrak{G}$ entspricht hierbei dem Zustande des Gutes im gleichen Zeitpunkte, in dem dem Zustande des Gases die Lage G zukommt.

2. Gegenstrom.

Während beim Gleichstrom der Punkt $\mathfrak{D}$ sich aus dem Anfangszustande (V, $\mathfrak{x}_{\mathfrak{r}}$, $i_{\mathfrak{r}}$) allein ergibt, ist es beim Gegenstrom nötig, zuvor den Endzustand der Luft (H) oder auch, weil die Abszissenlage durch den im Ordinatenabstande $\dfrac{\mathfrak{G}\mathfrak{x}}{G_L}\cdot \mathfrak{i}_\mathfrak{h}$ unterhalb V liegenden Punkt gegeben ist,

den Endzustand des Gutes ($\mathfrak{H}$) festzulegen.

Bei gleichbleibendem Anfangszustande verändert sich der Koordinatenursprungspunkt des $\mathfrak{i}$-$\mathfrak{x}$-Bildes für Gegenstrom, während er für Gleichstrom festliegt.

Steht der Endfeuchtigkeitsgrad des Gutes $\mathfrak{x}_\mathfrak{h}$ fest, so liegt nach Abb. 39 die Ordinatenachse im Abszissenabstande $\dfrac{\mathfrak{G}\mathfrak{x}}{G_L}\cdot \mathfrak{x}_\mathfrak{h}$ links von V.

Die schräge Abszissenachse ergibt sich im Ordinatenabstande $\dfrac{\mathfrak{G}\mathfrak{x}}{G_L}\cdot \mathfrak{i}_\mathfrak{r}$ senkrecht unter Punkt H. Damit ist auch der Koordinatenursprung $\mathfrak{O}$ festgelegt. Der senkrechte Abstand der Abszissenachse unter V entspricht dem Betrage $\dfrac{\mathfrak{G}\mathfrak{x}}{G_L}\cdot \mathfrak{i}_\mathfrak{h}$, woraus $\mathfrak{i}_\mathfrak{h}$ und, weil

$$\mathfrak{i}_\mathfrak{h} = \mathfrak{c}_\mathfrak{h}\cdot \mathfrak{t}_\mathfrak{h}$$

ist, die wirkliche Endtemperatur $\mathfrak{t}_\mathfrak{h}$ des Gutes folgt.

D. Schrittweise Verfolgung der zeitlichen Zustandsänderung von Gas und Gut bei beliebigem Ausgangspunkt beider für Luft als Trockenmittel.

Formeln (55), (56), (62) ermöglichen vor allem, den zeitlichen Verlauf des Trockenvorganges im Hauptabschnitt zu verfolgen, für den die Voraussetzung eines unveränderlichen Wertes $i_\mathfrak{g}$ zutrifft. Dagegen ist es nicht möglich, danach ohne weiteres die zeitliche Veränderung von Luft und Gut während der Vorwärmung und des hygroskopischen Zustandes des Gutes zu ermitteln. Die Untersuchung führt jedoch zum Ziele, wenn sie schrittweise von gegebenen, beliebigen Ausgangspunkten aus vorgeht. Werden in Formel (52), statt der unendlich kleinen, endliche und so kleine Werte eingesetzt, daß dafür mit einem gleichbleibenden Wärmeinhaltsgefälle $i_\mathfrak{g}-i$ gerechnet werden kann, so folgt die Zunahme des Wärmeinhalts des Gases zu

$$\varDelta i = \frac{F}{G_L}\cdot k'\,(i_\mathfrak{g}-i)\frac{\varDelta z}{Z}\,. \tag{79}$$

Der Wert $\dfrac{F}{G_L}\cdot k'\cdot\dfrac{\varDelta z}{Z}$ ist dimensionslos. Für die schrittweise Verfolgung der Zustandsänderung wird zweckmäßig $\dfrac{\varDelta z}{Z}$ oder auch, für feststehende Verhältnisse, $\dfrac{F}{G_L}\cdot \alpha\cdot\dfrac{\varDelta z}{Z}$ in einer einzigen runden Zahl, z. B. 0,001 oder einem Vielfachen davon, zusammengefaßt. Einsetzung von $\dfrac{F}{G_L}\cdot k'\cdot\dfrac{\varDelta z}{Z}$ $= 0{,}001$ bedeutet z. B., daß der Schritt $\dfrac{1}{1000}$ der Gesamtzeit umfaßt, die, unter Beibehaltung des augenblicklichen Wertes $i_\mathfrak{g}-i$, das gesamte Wärmeinhaltsgefälle zum Ausgleich brächte.

Das zu $\varDelta i$ zugehörige $\varDelta x$, also die in der Zeit $\varDelta z$ eintretende Feuchtigkeitsvermehrung des Gases ergibt sich nach Formel (61) zu

$$\varDelta x = \frac{F}{G_L}\cdot k'\,(x_\mathfrak{g}-x)\frac{\varDelta z}{Z}\,, \tag{80}$$

wobei das Gefälle des Feuchtigkeitsgehaltes $x_\mathfrak{g} - x$ während der kurzen Zeit Δz als unveränderlich angesehen werden kann.

Aus Δi und Δx folgt die Lage des neuen Punktes im i-x-Bilde, der dem Gaszustande nach Ablauf der Zeit Δz entpricht. Seine Koordinaten betragen $i + \Delta i$ bzw. $x + \Delta x$.

Für die Veränderung des Gutes ergibt sich aus Δx die Abnahme des Feuchtigkeitsgehaltes

$$-\Delta\mathfrak{x} = \Delta x \cdot \frac{G_L}{\mathfrak{G}_\mathfrak{X}} = \frac{F}{\mathfrak{G}_\mathfrak{X}} \cdot k'\,(x_\mathfrak{g} - x)\,\frac{\Delta z}{Z}. \tag{81}$$

$G_L \cdot \Delta i$ stellt die tatsächliche Zunahme des Wärmeinhaltes des Gases dar. Auf den Wärmeaustausch entfällt hiervon nur der Betrag

$$G_L\,(\Delta i - i_{\mathfrak{W}t} \cdot \Delta x).$$

Dieser ist gleichzusetzen der Abnahme des Wärmeinhaltes des Gutes, die auf Wärmeaustausch zurückzuführen ist. Hieraus folgt, wenn kleine Werte zweiter Ordnung vernachlässigt werden,

$$G_L(\Delta i - i_{\mathfrak{W}t}\cdot\Delta x) = -\mathfrak{G}_\mathfrak{X}(\Delta i - i_{\mathfrak{W}t}\cdot\Delta\mathfrak{x}) = -\mathfrak{G}_\mathfrak{X}[(c_\mathfrak{X} + c_\mathfrak{W}\cdot\mathfrak{x} + c_\mathfrak{W}\cdot\Delta\mathfrak{x})(t+\Delta t)$$
$$-(c_\mathfrak{X} + c_\mathfrak{W}\cdot\mathfrak{x})\,t - c_\mathfrak{W}\cdot t\cdot\Delta\mathfrak{x}] = -\mathfrak{G}_\mathfrak{X}(c_\mathfrak{X} + c_\mathfrak{W}\cdot\mathfrak{x})\,\Delta t = -\mathfrak{G}_\mathfrak{X}\cdot c\cdot\Delta t. \tag{82}$$

Die Temperaturzunahme des Gutes Δt beträgt daher

$$\Delta t = -\frac{G_L(\Delta i - i_{\mathfrak{W}t}\cdot\Delta x)}{\mathfrak{G}_\mathfrak{X}\cdot c} = -\frac{F\cdot k'\,[i_\mathfrak{g} - i - i_{\mathfrak{W}t}(x_\mathfrak{g} - x)]}{\mathfrak{G}_\mathfrak{X}\cdot c}\cdot\frac{\Delta z}{Z}$$
$$= -\frac{F}{G_L}\cdot k'\cdot\frac{G_L}{\mathfrak{G}_\mathfrak{X}\cdot c}\,[i_\mathfrak{g} - i - i_{\mathfrak{W}t}(x_\mathfrak{g} - x)]\,\frac{\Delta z}{Z}. \tag{82a}$$

Ist der Körper feucht, so folgt mit Δt der Punkt, der dem neuen Zustande des Gutes im i-x-Bilde entspricht. Er liegt während der Vorwärmung und des Hauptabschnittes der Trocknung auf dem Schnittpunkte der Sättigungslinie mit der Temperaturlinie $t + \Delta t$.

Ist der Körper dagegen hygroskopisch und bezeichnet $\mathfrak{P}_e = P''_\tau$ die Dampfspannung des Gutes von dem Feuchtigkeitsgehalt $\mathfrak{x}_e$, bei dem die hygroskopische Wirkung beginnt, so gilt bei Annahme linearen Zusammenhanges zwischen $\dfrac{\mathfrak{P}}{P''}$ und $\mathfrak{x}$ im hygroskopischen Gebiet

$$\frac{\mathfrak{P} + \Delta\mathfrak{P}}{P''_{t+\Delta t}} : (\mathfrak{x} + \Delta\mathfrak{x}) = \frac{\mathfrak{P}_e}{P''_\tau} : \mathfrak{x}_e = 1 : \mathfrak{x}_e,$$

$$\mathfrak{P} + \Delta\mathfrak{P} = P''_{t+\Delta t}\cdot\frac{\mathfrak{x} + \Delta\mathfrak{x}}{\mathfrak{x}_e}. \tag{83}$$

Der Wert $\mathfrak{P} + \Delta\mathfrak{P}$ entspricht einem Punkte der P_D-Kurve im i-x-Bilde und legt mit diesem die Abszisse $x_\mathfrak{g} + \Delta x_\mathfrak{g}$ fest. Der Schnittpunkt der $(x_\mathfrak{g} + \Delta x_\mathfrak{g})$-Linie mit der $(t + \Delta t)$-Linie liefert den neuen Zustandspunkt des hygroskopischen Gutes.

Auch für das i-$\mathfrak{x}$-Bild sind damit alle notwendigen Zahlen gefunden, um die Veränderung schrittweise zu verfolgen. Der Wert Δi folgt aus Formel (82) zu

$$\Delta i = c\cdot\Delta t + i_{\mathfrak{W}t}\cdot\Delta\mathfrak{x}. \tag{84}$$

Bewegen sich Gas und Gut im Gleichstrom, so sind die neu gefundenen Punkte G und $\mathfrak{G}$ einander zugeordnet. Bewegen sich beide jedoch im

Gegenstrom, so gehört der neue Gaspunkt zu dem alten Gutspunkt und der alte Gaspunkt zu dem neuen Gutspunkt. Die schrittweise Berechnung kann daher beim Gleichstrom von dem Anfangszustande des Gases und des Gutes ausgehen. Beim Gegenstrom ist es nötig, vom Endzustande des Gases aus zu beginnen und seine Veränderung rückwärts zu verfolgen, während gleichzeitig der Zustand des Gutes sich vom Anfangs- zum Endwerte bewegt.

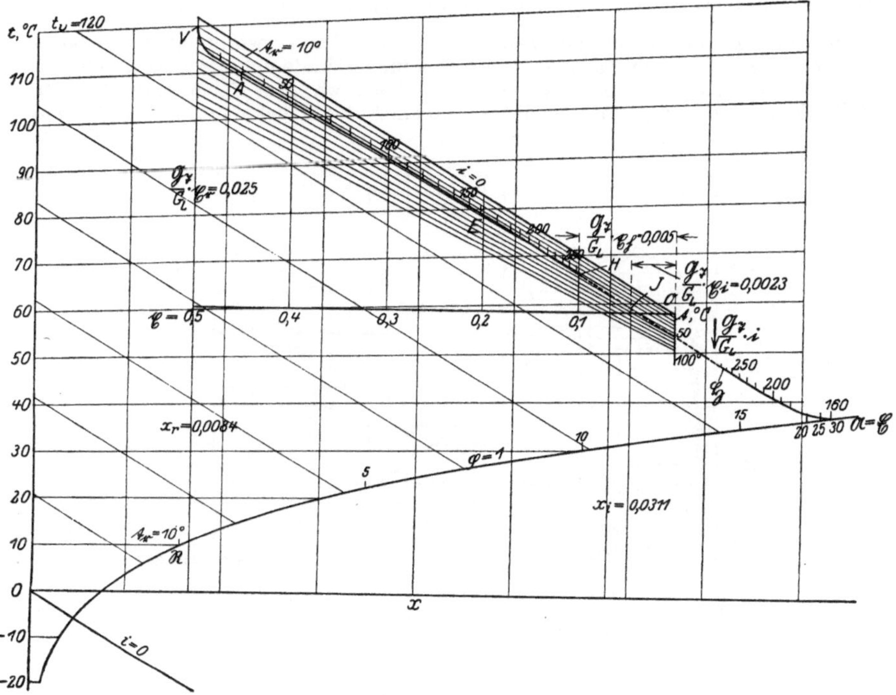

Abb. 40. Untersuchung eines Gleichstromtrockners $\left(\dfrac{\mathfrak{G}_{\mathfrak{X}}}{G_L} = \dfrac{1}{20}; \ \mathfrak{x}_{\mathfrak{r}} = 0,5; \ \mathfrak{x}_{\mathfrak{e}} = 0,2; \ c_{\mathfrak{X}} = 0,37\right)$.

Zahlenbeispiel 8.

Abb. 40 stellt das Ergebnis einer hiernach durchgeführten schrittweisen Berechnung der Zustandsänderung von Gas und Gut dar. Die hierfür nötige Rechenarbeit ist erheblich, wird aber reichlich gelohnt durch die wertvollen Aufschlüsse, die sie bringt. Abb. 40 entspricht einem Gleichstromtrockner, bei dem die vorgewärmte Luft, entsprechend dem Punkte V, eine Temperatur von $t_v = 120^0$ und einen Feuchtigkeitsgehalt von $x_r = 0,0084$ besitzt. Der Anfangszustand des Gutes liegt bei $\mathfrak{R}$ mit einer Temperatur $t_{\mathfrak{r}} = 10^0$. Der Nullpunkt $\mathfrak{O}$ des mit dem i-x-Bilde verbundenen i-$\mathfrak{x}$-Bildes ist, wie beschrieben, festgelegt, wobei das Verhältnis $\dfrac{\text{Reinluft}}{\text{Trockenstoff}} \ \dfrac{G_L}{\mathfrak{G}_{\mathfrak{X}}} = 20$, der anfängliche Feuchtigkeitsgehalt des Gutes $\mathfrak{x}_{\mathfrak{r}} = 0,5$, sein anfänglicher Wärmeinhalt $i_{\mathfrak{r}} = c_{\mathfrak{r}} \cdot t_{\mathfrak{r}} = (c_{\mathfrak{X}} + c_{\mathfrak{W}} \cdot \mathfrak{x}_{\mathfrak{r}}) \, t_{\mathfrak{r}} = (0,37 + 1 \cdot 0,5) \, 10 = 8,7$ kcal/kg beträgt. Der Beharrungspunkt J wurde hierbei mit der Annahme $\mathfrak{x}_{\mathfrak{e}} = 0,2$ bei etwa 59^0 gefunden. Er liegt im i-x-Bilde bei einem Feuchtigkeitsgehalt $x_i = 0{,}0311$. Die im Grenzfalle mögliche Feuchtigkeitsaufnahme der Luft beträgt daher

$$0{,}0311 - 0{,}0084 = 0{,}0227 .$$

Ihr entspricht eine im Grenzfalle mögliche Entfeuchtung des Gutes in Höhe von $20 \cdot 0{,}0227 = 0{,}454$, also ein niedrigster Endfeuchtigkeitsgehalt von

$$\mathfrak{x}_i = 0{,}5 - 0{,}454 = 0{,}046 .$$

Die der Unterteilung der Zustandskurve beigeschriebenen Zahlen stellen die Vielfachen von $1000 \cdot \dfrac{F}{G_L} \cdot \alpha \cdot \dfrac{\varDelta z}{Z}$ dar. Ihr wechselnder Abstand weist auf die Tatsache hin, daß die Trocknung nach Überwindung der Vorwärmung immer langsamer erfolgt. Die dem Zustande des Gutes im i-x-Bilde entsprechenden Punkte verlaufen zunächst auf der Sättigungslinie bis etwa zum Zeitpunkte 30. Der Zeit 30 bis 160 entspricht der Hauptabschnitt der Trocknung, währenddessen

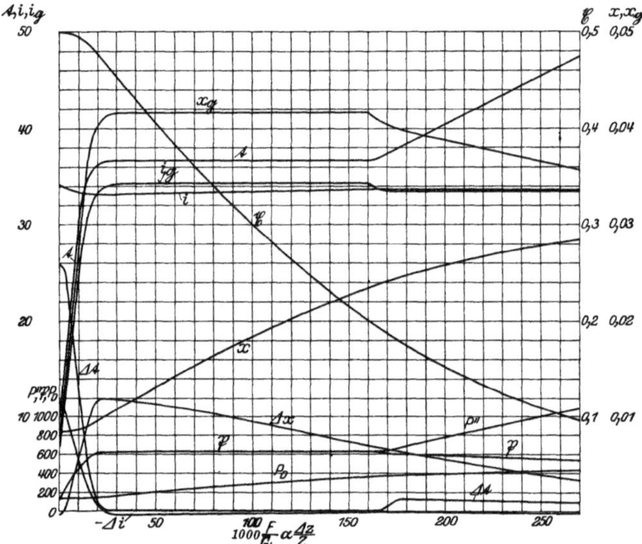

Abb. 41. Zeitbild zur Untersuchung eines Gleichstromtrockners
$$\left(\frac{\mathfrak{G}_{\mathfrak{x}}}{G_L} = \frac{1}{20} \; ; \; \mathfrak{x}_e = 0{,}2 ; \; c_{\mathfrak{x}} = 0{,}37 \right) .$$

der Gutspunkt unveränderlich bei $\mathfrak{A} \equiv \mathfrak{C}$ bleibt, der Luftzustand sich von A nach E längs der τ-Linie bewegt. Der Trockenvorgang ist bei dem Zeitpunkte H abgebrochen, in dem das Gut einen Endfeuchtigkeitsgehalt $\mathfrak{x}_{\mathfrak{h}} = 0{,}1$ und, entsprechend Punkt H im i-$\mathfrak{x}$-Bilde, eine Temperatur von etwa 47^0 erreicht. Erscheint im bestimmten Falle diese Temperatur unzulässig hoch, so ergibt sich der frühere Punkt, mit dem die Trocknung abzuschließen ist, aus dem Schnittpunkt der für die zulässige Höchsttemperatur $t_{\mathfrak{h}}$ geltenden Geraden des i-$\mathfrak{x}$-Bildes mit der Zustandskurve $V A E H$. Die Zeitpunkteinteilung der Strecke $\mathfrak{R}\mathfrak{A}$ auf der Sättigungslinie zeigt, daß die Vorwärmung anfangs schneller als später erfolgt. Dies geht auch deutlich aus dem Verlauf der Zustandskurve zu den t-Linien des i-$\mathfrak{x}$-Bildes hervor. Während des Ausgleichzustandes zwischen den Punkten A und E bleibt die Zustandskurve auf der $t = 36{,}6^0$-Linie liegen. Sie entspricht der Kühlgrenztemperatur, wie sie Punkt $\mathfrak{A} \equiv \mathfrak{C}$ im i-x-Bilde angibt. Besonders klar werden diese Veränderungen, wenn nach Abb. 41 die wichtigsten Größen, die sich bei der schrittweisen Ermittelung ergeben, abhängig von dem Vielfachen von

$1000 \cdot \dfrac{F}{G_L} \cdot \alpha \cdot \dfrac{\Delta z}{Z}$, also der Zeit als Abszissen, dargestellt werden. Sie zeigt in der Δx-Kurve, daß im ersten Augenblick der Feuchtigkeitsgehalt der Luft leicht abnimmt, d. h. Niederschlag auf das Gut eintritt. Die Schnelligkeit der Feuchtigkeitsaufnahme der Luft steigt rasch bis auf einen Höchstwert, um danach sich mehr und mehr zu verringern. Dem entspricht die Form der x- und der im umgekehrten Sinne verlaufenden $\mathfrak{x}$-Kurve. Die Δt- und t-Kurven ergeben das rasche Ansteigen der Temperatur des Gutes während der Vorwärmung, ihr Verharren bei etwa 36,6° während des Hauptabschnittes der Trocknung und ihren abermaligen Anstieg im hygroskopischen Gebiete mit geringer Verzögerung bis zum Abbruch des Trockenvorganges. Der Abstand der in Abb. 41 aufgenommenen P_D- und $\mathfrak{P}$-Kurven stellt die für die augenblickliche Trockenkraft maßgebenden Beträge $\mathfrak{P} - P_D$ dar, wenn α' als unveränderlich angesehen wird. Ihr Höchstwert liegt mit rund 460 kg/m² etwa bei dem Punkt der beendigten Vorwärmung. Der Mindestwert beträgt im Augenblick des Abbruches der Trocknung mit rund

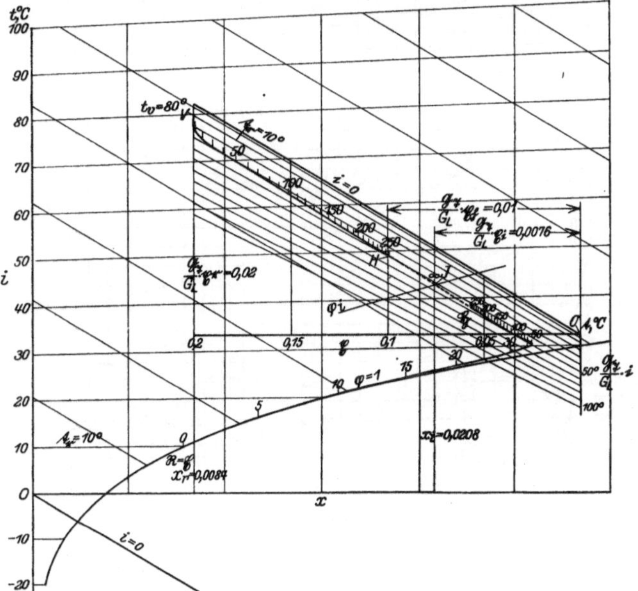

Abb. 42. Untersuchung eines Gleichstromtrockners $\left(\dfrac{\mathfrak{G}_\mathfrak{x}}{G_L} = \dfrac{1}{10}\ ;\ \mathfrak{x}_r = \mathfrak{x}_e = 0{,}2;\ c_\mathfrak{x} = 0{,}37\right)$.

110 kg/m² noch knapp $\tfrac{1}{4}$ des Höchstwertes. Dieses Verhältnis muß natürlich auch den Werten Δx zu Ende der Vorwärmung bzw. bei Abbruch der Trocknung entsprechen. Der scharfe Wendepunkt, den die t- und $\mathfrak{P}$-Kurve im hygroskopischen Punkt beim Zeitteil 160 nehmen, für den $\mathfrak{x}_e = 0{,}2$ wird, entspricht der Annahme, daß hier plötzlich das hygroskopische Verhalten einsetzt, während es in Wirklichkeit natürlich allmählich beginnt.

Zahlenbeispiel 9.

Eine zweite Untersuchung ist in den Abb. 42 und 43 niedergelegt. Der anfängliche Luftzustand entspricht hierbei einer Temperatur $t_v = 80°$, sein Feuchtigkeitsgehalt x_r dem zuvor angenommenen Wert 0,0084. Auch die Anfangstemperatur des Gutes ist mit $t_\mathfrak{x} = 10°$ beibehalten. Die Festlegung des i-$\mathfrak{x}$-Bildes hat jedoch geänderte Voraussetzungen, nämlich ein Verhältnis $\dfrac{G_L}{\mathfrak{G}_\mathfrak{x}} = 10$, $\mathfrak{x}_r = \mathfrak{x}_e = 0{,}2$, also

Beginn des Trockenvorganges mit einem Feuchtigkeitsgehalt des Gutes, bei dem sein hygroskopisches Verhalten sofort einsetzt. Dementsprechend erhebt sich die Zustandskurve $\Re\mathfrak{H}$ des Gutes im i-x-Bild sofort, wenn auch anfangs langsam, über die Sättigungskurve. Ein ausgeprägter Hauptabschnitt der Trocknung fehlt. Der Beharrungspunkt $J \equiv \mathfrak{J}$ liegt bei etwa 42,8° und einem im Grenzfalle denkbaren Endfeuchtigkeitsgehalt der Luft $x_i = 0,0208$, entsprechend einer möglichen Feuchtigkeitsaufnahme von $0,0208 - 0,0084 = 0,0124$, bzw. einer höchsten Feuchtigkeitsentziehung aus dem Gute von $10 \cdot 0,0124 = 0,124$. Der im Grenzfalle erreichbare Endfeuchtigkeitsgehalt des Gutes folgt hierbei zu

$$\mathfrak{x}_i = 0,2 - 0,124 = 0,076 .$$

Die zu Abb. 41 erwähnten Wendepunkte der t- und $\mathfrak{P}$-Kurven kommen bei Abb. 43 in Wegfall. Im übrigen stimmt der grundsätzliche Verlauf in beiden Fällen überein. Der die Trockenkraft bestimmende Spannungsunterschied erreicht beim

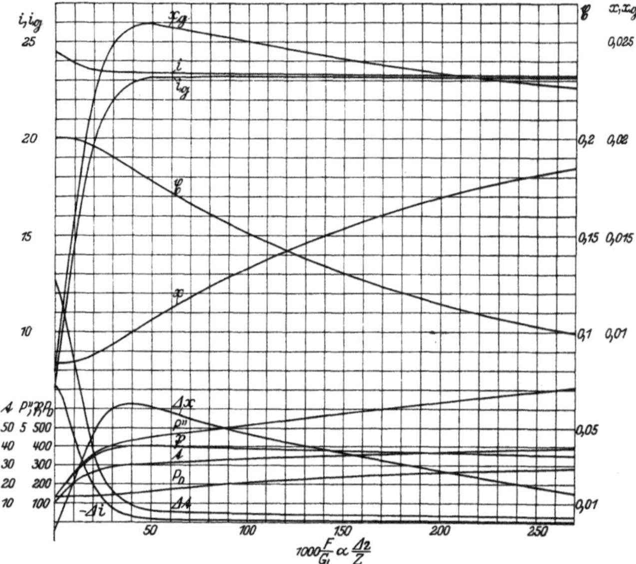

Abb. 43. Zeitbild zur Untersuchung eines Gleichstromtrockners
$$\left(\frac{\mathfrak{G}_\mathfrak{x}}{G_L} = \frac{1}{10}; \; \mathfrak{x}_e = 0,2; \; \mathfrak{c}_\mathfrak{x} = 0,37\right) .$$

Zeitpunkt 40 mit 250 kg/m² seinen Höchstwert und sinkt bei Abbruch der Trocknung mit etwa 65 kg/m² auch hier auf knapp ¼ des Höchstwertes.

Zahlenbeispiel 10.

Die schrittweise Berechnung der Zustandsänderung für einen Gegenstromtrockner ist in Abb. 44 im i-x-i-$\mathfrak{x}$-Bilde und in Abb. 45 im Zeitbilde dargestellt. Sie entspricht dem Falle, daß die abgehende Luft, entsprechend Punkt H, eine Temperatur von etwa $t_h = 38°$ und einen Feuchtigkeitsgehalt von $x_h = 0,0164$ besitzt. Der Anfangszustand des Gutes liegt bei $\Re$ mit einer Temperatur von 10°. Der Nullpunkt $\mathfrak{O}$ des mit dem i-x-Bild verbundenen i-$\mathfrak{x}$-Bildes ist für ein

Verhältnis $\dfrac{G_L}{\mathfrak{G}_\mathfrak{x}} = 50$, einen anfänglichen Feuchtigkeitsgehalt $\mathfrak{x}_r = 0,5$ und einen

anfänglichen Wärmeinhalt $i_\mathfrak{x} = (0,37 + 0,5)\,10 = 8,7$ gefunden. $\mathfrak{x}_e = 0,2$ entspricht dem Feuchtigkeitsgehalt im hygroskopischen Punkt. Der Feuchtigkeitsgehalt der Rohluft ist, wie in dem vorausgehenden Falle, mit $x_r = 0,0084$ an-

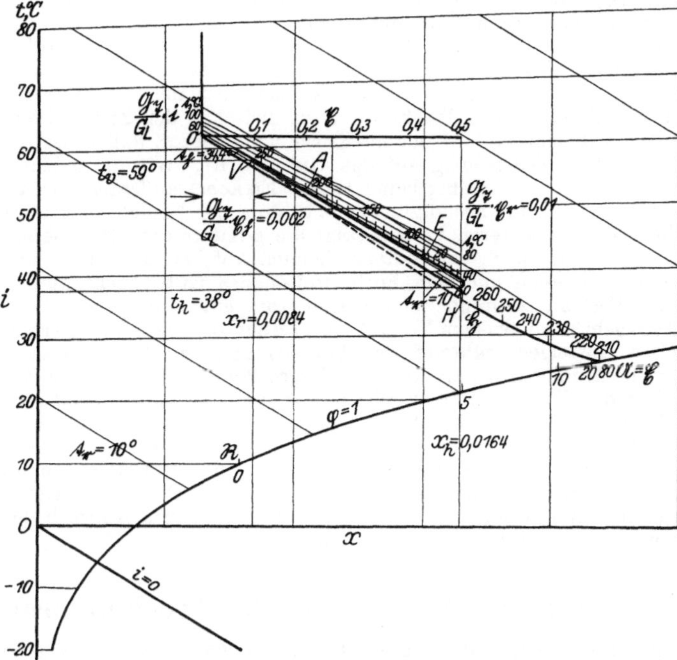

Abb. 44. Untersuchung eines Gegenstromtrockners $\left(\dfrac{\mathfrak{G}_{\mathfrak{x}}}{G_L} = \dfrac{1}{50} \; ; \; \mathfrak{x}_r = 0,5; \; \mathfrak{x}_e = 0,2; \; c_{\mathfrak{x}} = 0,37\right)$.

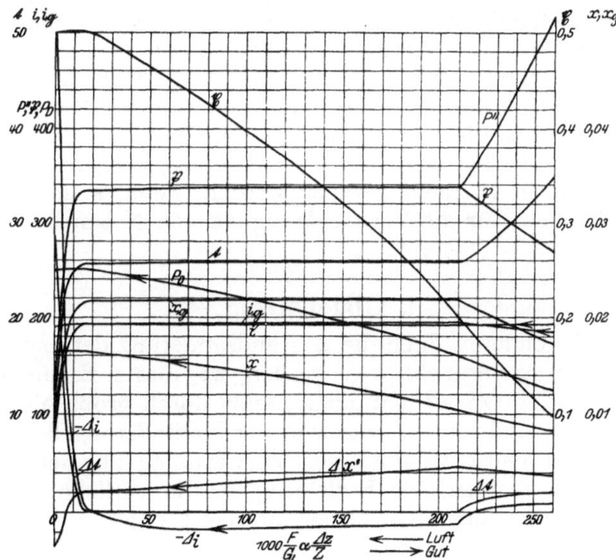

Abb. 45. Zeitbild zur Untersuchung eines Gegenstromtrockners
$\left(\dfrac{\mathfrak{G}_{\mathfrak{x}}}{G_L} = \dfrac{1}{50} \; ; \; \mathfrak{x}_e = 0,2; \; c_{\mathfrak{x}} = 0,37\right)$.

genommen. Die Untersuchung führt zu einem Punkt V, dem eine Temperatur $t_v = 59^0$ der vorgewärmten Luft entspricht.

Beim Entwurf des Zeitbildes Abb. 45 ist zu beachten, daß für die auf den Luftzustand bezogenen Werte Δx, x, i die Zeiten rückwärts zählen. Es fällt Punkt V mit $\mathfrak{H}$, A mit $\mathfrak{E}$, E mit $\mathfrak{A}$ und H mit $\mathfrak{R}$ zusammen. Aus dem Zeitbilde ergibt sich, daß der Hauptabschnitt der Trocknung etwa zwischen den Zeitpunkten 20 und 210 verläuft. Aus dem Verlauf der Δx-Kurve geht hervor, daß zunächst ein lebhafter Feuchtigkeitsniederschlag auf das Gut eintritt. Wie die x-Kurve zeigt, spielt er gleichwohl zahlenmäßig keine Rolle. Er kehrt außerdem alsbald in das Gegenteil um, so daß mit beendigter Vorwärmung der Niederschlag etwa wieder ausgeglichen ist. Im weiteren Verlauf zeigt die $\mathfrak{x}$-Kurve entgegengesetzte Krümmung wie in der dem Gleichstrom entsprechenden Abb. 41. Die Trocknung nimmt beim Gegenstrom einen mit dem Fortschreiten des Gutes mehr und mehr beschleunigten Verlauf, während beim Gleichstrom eine allmähliche Verzögerung eintritt. Dies geht auch aus dem Verlauf von Δx hervor. Die t-Kurve erreicht nach dem raschen Ansteigen während der Vorwärmung im Ausgleichzustande bei etwa $25{,}9^0$ die Kühlgrenze und steigt im hygroskopischen Gebiet im Zeitpunkte 258, mit dem der Endfeuchtigkeitsgehalt $\mathfrak{x}_{\mathfrak{h}} = 0{,}1$ erreicht wird, auf etwa $34{,}4^0$. Ein Maß der Trockenkraft gibt neben Δx der Abstand der P_D- und $\mathfrak{P}$-Kurven. Er ist, entsprechend dem anfänglichen Feuchtigkeitsniederschlag, zunächst negativ, nimmt nach dem Kreuzungspunkt bis zum Ende des Haupttrockenabschnittes ständig zu, im hygroskopischen Gebiete allmählich ab. Der Höchstwert liegt mit rund 180 kg/m² im Endpunkte des Hauptabschnittes. Dem Abbruch der Trocknung entspricht ein Wert von etwa 145 kg/m².

E. Die rechnerische Verfolgung des Trockenvorganges.

Die genaue Verfolgung des Trockenvorganges im i-x-i-$\mathfrak{x}$-Bilde unter Berücksichtigung des zeitlichen Verlaufes ist zwar mühsam, wenn sie restlos alle Einzelheiten darstellen soll, gleichwohl aber wegen ihrer Anschaulichkeit das richtige Verfahren. Daneben tritt die rein rechnerische Behandlung in den Hintergrund. Berechtigung kommt ihr nur für die Teile des Trockenvorganges zu, bei denen einfache Formeln zum Ziele führen, wie bei der in Abschnitt V. E. durchgeführten zahlenmäßigen Untersuchung des Hauptabschnittes der Trocknung. Dagegen erscheinen die verwickelteren Vorgänge vor und nach dem Hauptabschnitt für die rechnerische Behandlung weniger geeignet. Sie kann gleichwohl in Betracht gezogen werden, wenn es sich um Untersuchungen handelt, für die Vernachlässigung von Nebenumständen zulässig ist.

1. Gleichstrom.

Kann im besonderen Falle die Zustandsänderung der Luft während der Vorwärmung vernachlässigt werden, wie dies z. B. zutrifft, wenn Gut mit hohem Anfangsfeuchtigkeitsgehalt durch große Mengen Luft getrocknet wird, und kann ferner von der Veränderung des Feuchtigkeitsgehaltes im Gute während der Vorwärmung abgesehen werden, so läßt sich eine rechnerische Beziehung für die zeitliche Temperaturänderung des Gutes aufstellen. Nach Formel (71) ist

$$d\mathfrak{t} = \frac{F}{\mathfrak{G}_{\mathfrak{T}}} \cdot \frac{k'}{c_{\mathfrak{r}}} \cdot \frac{dz}{Z} \left[i_v - i_{\mathfrak{g}} - i_{\mathfrak{W}}\, \mathfrak{t}\, (x_v - x_{\mathfrak{g}}) \right],$$

wobei i_v und x_v die dem gleichbleibenden Luftzustande zukommenden

Werte bedeuten. Liegt der Taupunkt t_x'' der Luft und seine Kühlgrenze τ nicht allzu weit voneinander entfernt, so kann nach Abb. 46 das Stück $\mathfrak{C}D$ der Sättigungslinie zwischen beiden in roher Annäherung als Gerade angesehen werden. Wird weiter von der Veränderung der spezifischen Wärme des Gutes abgesehen, so liefert Abb. 46 die Beziehung

$$\frac{C\,\mathfrak{G}}{F\,D} = \frac{B\,\mathfrak{G}}{V\,D}$$

oder

$$\frac{\tau - t}{\tau - t_x''} \approx \frac{i_v - i_\mathfrak{g} - i_{\mathfrak{W}}\,t\,(x_v - x_\mathfrak{g})}{i_v - i_{t_x''}}\,.$$

Wird die vorletzte Gleichung durch die letzte geteilt, so ergibt sich

$$\frac{dt}{\tau - t} \approx \frac{F}{\mathfrak{G}_\mathfrak{X}} \cdot \frac{k'}{c_{\mathfrak{r}_{m}}} \cdot \frac{i_v - i_{t_x''}}{\tau - t_x''} \cdot \frac{dz}{Z}\,.$$

Da τ und sämtliche auf der rechten Seite der Formel stehenden Größen

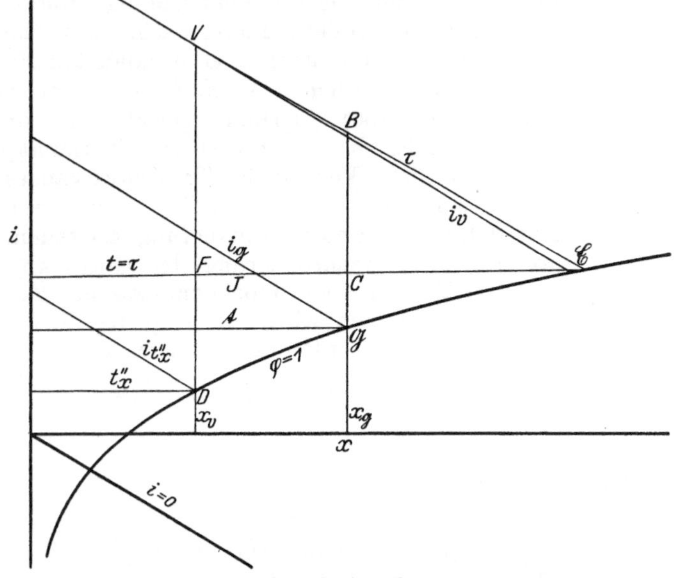

Abb. 46. i-x-Bild.

als gleichbleibend angesehen werden dürfen, ist diese Gleichung integrierbar. Die Integrierung liefert, wenn die Ausgangszeit $z_r = 0$ gesetzt wird,

$$\ln \frac{\tau - t_r}{\tau - t} \approx \frac{F}{\mathfrak{G}_\mathfrak{X}} \cdot \frac{k'}{c_r} \cdot \frac{i_v - i_{t_x''}}{\tau - t_x''} \cdot \frac{z}{Z}\,. \tag{85}$$

Für den Grenzwert $t = \tau$ ergibt sich $\dfrac{z_a}{Z} = \infty$. Die Vernachlässigung der Veränderung des Feuchtigkeitsgehaltes von Luft und Gut führt dazu, daß diese Formel für die Ermittelung des genauen Zeitpunktes, mit dem der Hauptabschnitt der Trocknung beginnt, nicht benutzt werden kann. Wird dagegen die Frage so gestellt, daß die Zeit gesucht wird, nach deren Ablauf der Temperaturunterschied $\tau - t$ nahezu verschwunden, also z. B. auf $\dfrac{1}{n}$ des ursprünglichen Wertes $\tau - t_\mathfrak{r}$ gesunken ist, so folgt

$$\frac{z_a'}{Z} = \ln n \cdot \frac{\mathfrak{G}_{\mathfrak{X}}}{F} \cdot \frac{c_\mathfrak{r}}{k'} \cdot \frac{\tau - t_x''}{i_v - i_{tx}''} . \tag{86}$$

Für $\dfrac{1}{n} = \dfrac{1}{5},\ \dfrac{1}{10},\ \dfrac{1}{20},\ \dfrac{1}{50},\ \dfrac{1}{100},\ \dfrac{1}{1000}$ verhalten sich daher die Zeiten z_a' wie 1,6, 2,3, 3, 3,9, 4,6, 6,9. Bei der überschlägigen Rechnung, wie sie die rohen Voraussetzungen erheischen, darf mit etwa $\dfrac{1}{n} = \dfrac{1}{10}$ die Vorwärmung als abgeschlossen betrachtet und der weitere Verlauf als Hauptabschnitt der Trocknung angesehen werden. Wegen der vielfachen Annahmen eignet sich Formel (86) nicht zur genauen Berechnung, sondern nur zur Beurteilung der für die Vorwärmung erforderlichen Zeitdauer der Größenordnung nach. Für einen bestimmten, in Abb. 40 und 41 behandelten Fall gibt Abb. 47 den zeitlichen Verlauf der Temperatur t, wenn Formel (86) zugrunde gelegt wird und der Abszissenmaßstab mit Abb. 41 übereinstimmt.

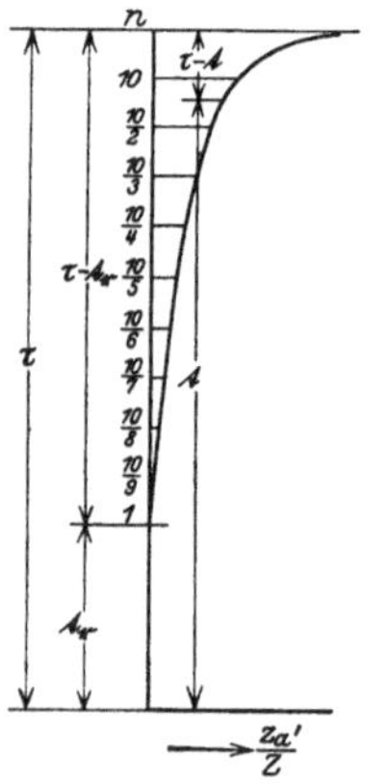

Abb. 47. Angenäherter zeitlicher Verlauf der Vorwärmung.

Der zeitliche Verlauf des Trockenvorganges während des hygroskopischen Zustandes des Gutes läßt sich rechnerisch in Annäherung feststellen, wenn von der Temperaturänderung des Gutes abgesehen und der Zustand des Trockenmittels als gleichbleibend angenommen wird. Es folgt nämlich alsdann die übertragene Verdampfungswärme zu

$$\mathfrak{G}_{\mathfrak{X}} \cdot d\mathfrak{x}\,(i_{Dt} - i_{\mathfrak{W}t}) \approx F \cdot \alpha'\,(\mathfrak{P} - P_D)\frac{dz}{Z}.$$

Da

$$\mathfrak{P} = P'' \cdot \frac{\mathfrak{x}}{\mathfrak{x}_e}$$

gesetzt werden kann, ergibt sich

$$\frac{d\mathfrak{x}}{\dfrac{P''}{\mathfrak{x}_e} \cdot \mathfrak{x} - P_D} \approx \frac{F \cdot \alpha'}{\mathfrak{G}_{\mathfrak{X}}\,(i_{Dt} - i_{\mathfrak{W}t})} \cdot \frac{dz}{Z} .$$

Die Gleichung ist integrierbar, wenn α' als gleichbleibend angenommen wird. Die Integrierung ergibt

$$\frac{z - z_e}{Z} \approx \frac{\mathfrak{G}_{\mathfrak{X}}\,(i_{Dt} - i_{\mathfrak{W}t})}{F \cdot \alpha' \cdot \dfrac{P''}{\mathfrak{x}_e}} \cdot \ln \frac{\dfrac{P''}{\mathfrak{x}_e} \cdot \mathfrak{x}_e - P_{De}}{P'' \cdot \dfrac{\mathfrak{x}}{\mathfrak{x}_e} - P_{De}} .$$

Da ferner für $z = z_h$

$$\frac{z_h - z_e}{Z} \approx \frac{\mathfrak{G}_{\mathfrak{X}}\,(i_{Dt} - i_{\mathfrak{W}t})}{F \cdot \alpha' \cdot \dfrac{P''}{\mathfrak{x}_e}} \cdot \ln \frac{P'' - P_{De}}{P'' \cdot \dfrac{\mathfrak{x}_h}{\mathfrak{x}_e} - P_{De}}$$

gilt, folgt

$$\frac{z-z_e}{z_h-z_e} \approx \frac{\ln \dfrac{P''-P_{De}}{\dfrac{P''}{\mathfrak{X}e}\cdot \mathfrak{x}-P_{De}}}{\ln \dfrac{P''-P_{De}\cdot}{P''\cdot\dfrac{\mathfrak{X}\mathfrak{h}}{\mathfrak{X}e}-P_{De}}} \approx \frac{\ln \dfrac{P''-P_{De}}{\mathfrak{P}-P_{De}}}{\ln \dfrac{P''-P_{De}}{\mathfrak{P}\mathfrak{h}-P_{De}}},$$

$$\frac{P''-P_{De}}{\mathfrak{P}-P_{De}} = \left(\frac{P''-P_{De}}{\mathfrak{P}\mathfrak{h}-P_{De}}\right)^{\frac{z-z_e}{z_h-z_e}} . \tag{87}$$

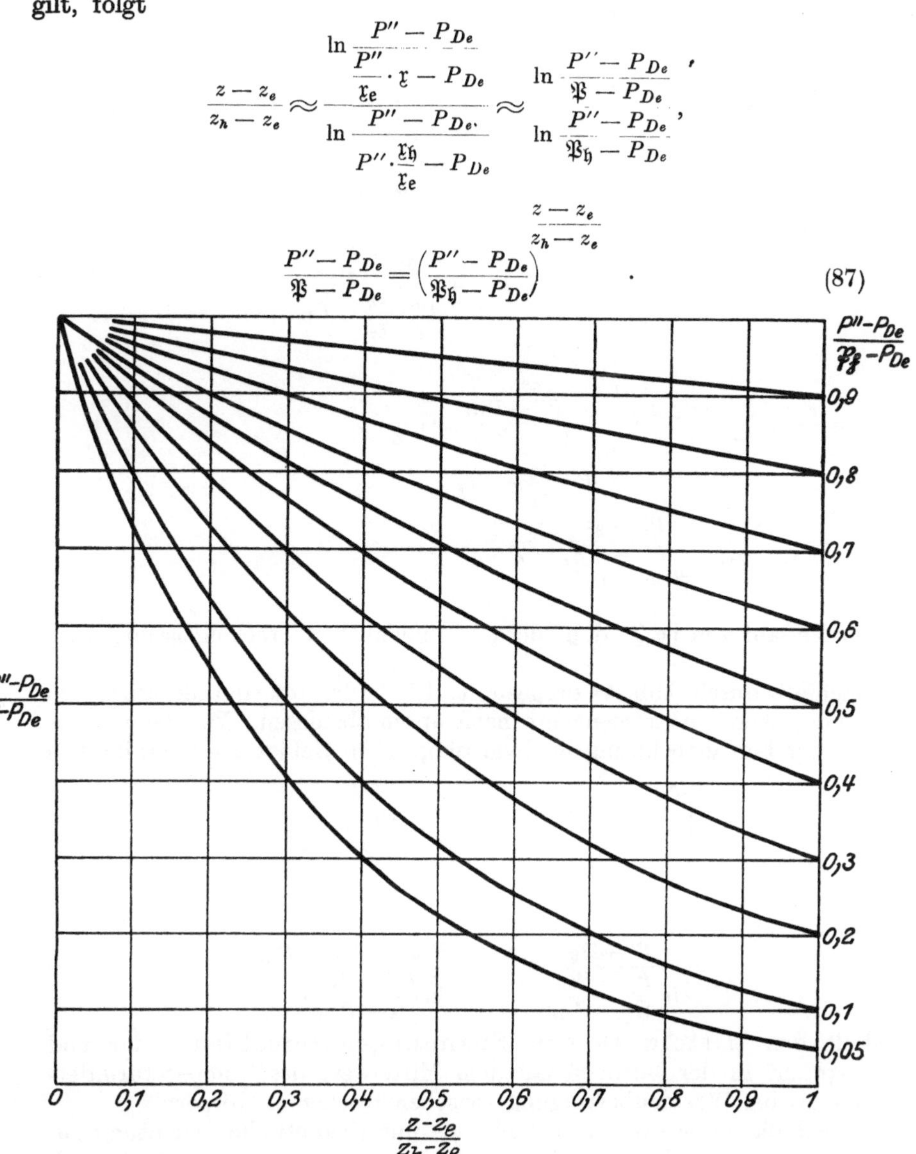

Abb. 48. Zeitlicher Verlauf der Trocknung im hygroskopischen Gebiet.

In Abb. 48 ist die Veränderung von $\dfrac{P''-P_{De}}{\mathfrak{P}-P_{De}}$ abhängig von $\dfrac{z-z_e}{z_h-z_e}$ für verschiedene Endwerte $\dfrac{P''-P_{De}}{\mathfrak{P}\mathfrak{h}-P_{De}}$ dargestellt. Die Kurven verlaufen mit abnehmendem Verhältnis $\dfrac{P''-P_{De}}{\mathfrak{P}\mathfrak{h}-P_{De}}$ anfangs immer steiler.

Die Trockenleistung beträgt

$$\int_{z_e}^{z} dQ' = \frac{F\cdot\alpha'}{i_{Dt}-i_{\mathfrak{W}t}}\int_{\mathfrak{x}e}^{\mathfrak{x}}\left(\frac{P''}{\mathfrak{x}e}\cdot\mathfrak{x}-P_{De}\right)\frac{dz}{Z} = \frac{F\cdot\alpha'}{i_{Dt}-i_{\mathfrak{W}t}}\int_{\mathfrak{x}e}^{\mathfrak{x}}(P''-P_{De})\cdot\left(\frac{P''\cdot\frac{\mathfrak{x}h}{\mathfrak{x}e}-P_{De}}{P''-P_{De}}\right)^{\frac{z-z_e}{z_h-z}}\cdot\frac{dz}{Z}$$

$$= \frac{F\cdot\alpha'(P''-P_{De})}{i_{Dt}-i_{\mathfrak{W}t}}\cdot\frac{\left(\dfrac{P''\cdot\frac{\mathfrak{x}h}{\mathfrak{x}e}-P_{De}}{P''-P_{De}}\right)^{\frac{z_e-z_e}{z_h-z_e}}-\left(\dfrac{P''\cdot\frac{\mathfrak{x}h}{\mathfrak{x}e}-P_{De}}{P''-P_{De}}\right)^{\frac{z-z_e}{z_h-z_e}}}{\ln\dfrac{P''-P_{De}}{P''\cdot\frac{\mathfrak{x}h}{\mathfrak{x}e}-P_{De}}}\cdot\frac{z-z_e}{Z}$$

$$= \frac{F\cdot\alpha'(P''-P_{De})}{i_{Dt}-i_{\mathfrak{W}t}}\cdot\frac{1-\dfrac{P''\cdot\frac{\mathfrak{x}}{\mathfrak{x}e}-P_{De}}{P''-P_{De}}}{\ln\dfrac{P''-P_{De}}{P''\cdot\frac{\mathfrak{x}h}{\mathfrak{x}e}-P_{De}}}\cdot\frac{z-z_e}{Z}$$

$$= \frac{F\cdot\alpha'}{i_{Dt}-i_{\mathfrak{W}t}}\cdot\frac{P''-\mathfrak{P}}{\ln\dfrac{P''-P_{De}}{\mathfrak{P}-P_{De}}}\cdot\frac{z-z_e}{Z}\cdot$$

Der Verlauf von $\int_{z_e}^{z}dQ'$, d. h. der augenblicklichen Trockenleistung, wird gleichfalls durch Abb. 48 dargestellt. Die Ordinaten sind hierbei jedoch von der oberen Abszissenachse nach unten abzulesen. Für die gesamte Zeit der Fertigtrocknung im hygroskopischen Gebiet z_h-z_e ergibt sich

$$\int_{z_e}^{z_h} dQ' = \frac{F\cdot\alpha'}{(i_{Dt}-i_{\mathfrak{W}t})}\cdot\frac{P''-\mathfrak{P}h}{\ln\dfrac{P''-P_{De}}{\mathfrak{P}-P_{De}}}\cdot\frac{z_h-z_e}{Z}\cdot$$

Der Betrag

$$\frac{P''-\mathfrak{P}h}{\ln\dfrac{P''-P_{De}}{\mathfrak{P}h-P_{De}}} = \frac{(P''-P_{De})-(\mathfrak{P}h-P_{De})}{\ln\dfrac{P''-P_{De}}{\mathfrak{P}h-P_{De}}} \tag{88}$$

stellt den Mittelwert des Spannungsunterschiedes dar und entspricht in der Form genau dem Mittelwert des Temperaturunterschiedes bei Wärmeübertragung zwischen trockenen Körpern.

Daß diesen Erörterungen mehr als nur theoretische Bedeutung zukommt, ergibt sich aus Abb. 49, in der gestrichelt der durch Versuch festgestellte Verlauf bei der Malztrocknung eingetragen ist, wie ihn Wagner-Fischer[1]) angeben. Die ausgezogene Kurve entspricht einer für $\frac{P''-P_{De}}{\mathfrak{P}h-P_{De}} = 0{,}084$ interpolierten Kurve der Abb. 48. Beide stimmen sehr befriedigend überein.

---

[1]) Wagner-Fischer: Jahresberichte über die Leistungen der chemischen Technologie.

Die für den Hauptabschnitt durchgeführte Berechnung der zeitlichen Veränderung von x liefert auch die gleichzeitig sich vollziehende Änderung von χ. Die χ-Kurve kann infolgedessen im Zeitbild der Abb. 50 eingetragen werden, das die Zeit des Hauptabschnittes und der Trocknung im hygroskopischen Gebiet im Maßstab der Abb. 41 umfaßt. Der

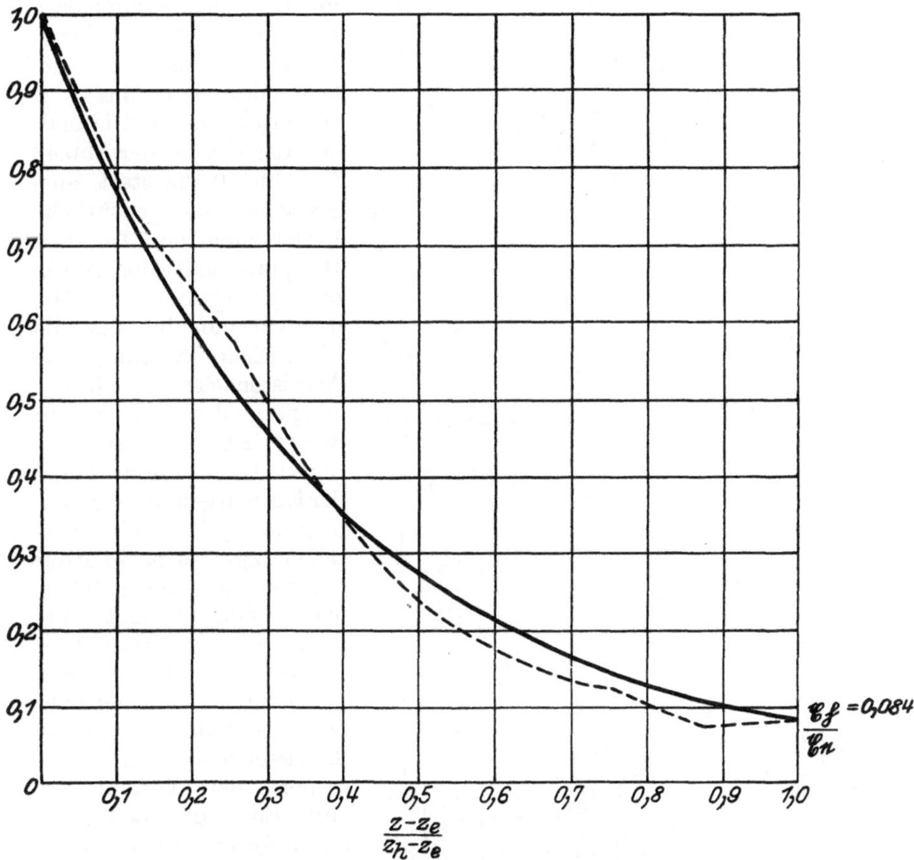

Abb. 49. Zeitlicher Verlauf der Malztrocknung im hygroskopischen Gebiet (Wagner-Fischer).

weitere Verlauf in das Gebiet des hygroskopischen Verhaltens hinein läßt sich, unter Benutzung der Abb. 48, in überraschend einfacher Weise feststellen. Sie ist zu diesem Zwecke für eine bestimmte Gutsart ein- für allemal in einem Maßstabe zu entwerfen, daß die gesamte Ordinatenhöhe den Wert χ_e in dem gleichen Maßstabe darstellt, der im Zeitbild für die χ-Ordinaten gewählt ist. Ist also z. B. $\chi_e = 0{,}2$ und wird dieser Wert im Zeitbild durch eine Ordinatenhöhe von 10 cm dargestellt, so muß auch Abb. 48 mit einer gesamten Ordinatenhöhe von 10 cm entworfen werden. Die Abszissenlänge der Abb. 48 ist zunächst ohne ausschlaggebende Bedeutung. Sie soll aus später erörterten Gründen nicht zu kurz sein. Wird die so entworfene Abb. 48, wie in Abb. 50 gezeigt, mit der oberen linken Ecke, in der die Kurven zusammenlaufen, auf den Punkt der χ-Kurve des Zeitbildes gelegt, dessen Ordinate χ_e entspricht, so stellt irgendeine der Kurven der Abb. 48 (in Abb. 50 die stark ausgezogene) die natürliche Fortsetzung der für den Hauptabschnitt der Trocknung gültigen χ-Kurve dar, nämlich die, bei der die anfängliche Neigung zur Abszissenachse gleich der Neigung der χ-Kurve in dem χ_e zugeordneten Endpunkt ist. Stimmt keine der Kurven genügend genau überein, so kann eine zwischen zwei benachbarten Kurven liegende gefühlsmäßig eingezeichnet werden. Die so gefundene Kurve stellt den Verlauf der χ-Kurve im Zeitbilde dar. Die Wahl einer langen Abszissenachse soll dazu dienen, den Verlauf bis zum Ende des Zeitbildes zu verfolgen. Erfüllt z. B. die Kurve der Abb. 48, die

dem Werte $\dfrac{P'' - P_{De}}{\mathfrak{P}_\mathfrak{h} - P_{De}} = 0{,}5$

entspricht, die Bedingung, so bedeutet dies, daß in einem Zeitpunkt, der der Endabszisse der Abb. 48 entspricht, das Verhältnis $\dfrac{P'' - P_{De}}{\mathfrak{P} - P_{De}}$ den Wert 0,5, d. i.

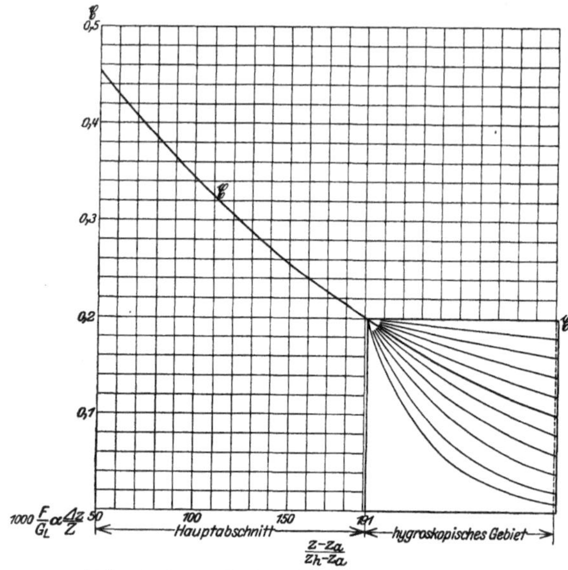

Abb. 50. Angenäherter zeitlicher Verlauf der Trocknung im Hauptabschnitt und im hygroskopischen Gebiet.

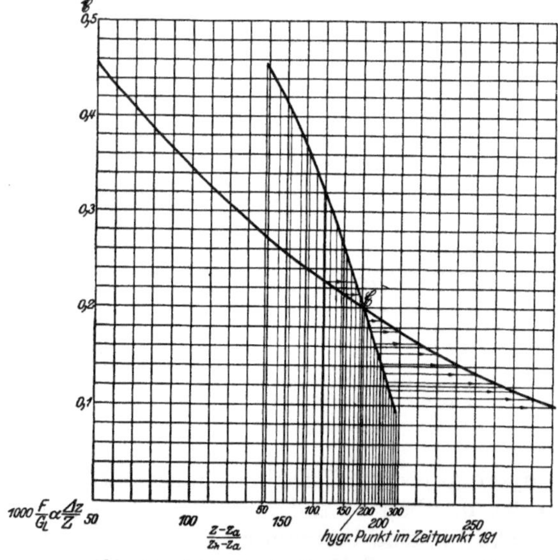

Abb. 51. Zeichnerische Festlegung des angenäherten zeitlichen Verlaufs der Trocknung im hygroskopischen Gebiet.

$\chi = 0{,}5 \cdot \chi_e$ und in allen Zwischenlagen den durch die Ordinaten dieser Kurve gemessenen Wert χ besitzt.

Eine andere Entwurfsweise des im hygroskopischen Gebiet verlaufenden Stückes der χ-Kurve ergibt sich aus der Überlegung, daß die Kurven der Abb. 48 in Geraden übergehen, wenn für die Abszissen logarithmischer Maßstab gewählt ist. Das letzte Stück der χ-Kurve im Hauptabschnitt stellt die natürliche Fortsetzung einer der Kurven in Abb. 48 dar, muß also ebenfalls gerade verlaufen, wenn der logarithmische Abszissenmaßstab auch in das Gebiet des Hauptabschnittes hinein ausgedehnt wird. Die Gerade des letzten Stückes der χ-Kurve im Hauptabschnitt fällt in der Richtung mit einer Geraden der auf logarithmischen Abszissenmaßstab umgezeichneten Abb. 48 zusammen, d. h. die Fortsetzung des geraden Endstückes der χ-Kurve im Hauptabschnitt stellt den weiteren Verlauf im hygroskopischen Gebiete dar. Abb. 48 kann daher entbehrt werden. Nach Abb. 51 ist bis zu einem Punkte innerhalb des Hauptabschnittes, der nahe dem Endpunkte $\mathfrak{E}$ liegt, die Abszisseneinteilung von $\mathfrak{E}$ her in logarithmischem Maße fortgeführt und das Endstück der χ-Kurve darauf zu übertragen. Die geradlinige Fortsetzung kann alsdann von der logarithmischen Abszisseneinteilung in die gewöhnliche zurück übertragen werden.

2. Gegenstrom.

Für den Gegenstrom ändert sich die Formel (85) in

$$\ln\frac{\tau - t_\mathfrak{r}}{\tau - t} = \frac{F}{\mathfrak{G}_\mathfrak{T}} \cdot \frac{k'}{c_\mathfrak{r}} \cdot \frac{i_h - i''_{t_x}}{\tau - t''_x} \cdot \frac{z}{Z}, \tag{85a}$$

ferner die Formel (86) in

$$\frac{z'_a}{Z} = \ln n \cdot \frac{\mathfrak{G}_\mathfrak{T}}{F} \cdot \frac{c_\mathfrak{r}}{k'} \cdot \frac{\tau - t''_x}{i^{\mathfrak{t}}_h - i''_{t_x}}. \tag{86a}$$

Die danach errechneten Zeiten z'_a sind im Zeitbilde genau wie beim Gleichstrom einzutragen. Sie entsprechen der Vorwärmung des Gutes zwischen den Punkten $\mathfrak{R}$ und $\mathfrak{A}$ einerseits, der Veränderung des Luftzustandes zwischen den Punkten H und E andererseits.

Das auf logarithmischen Abszissenmaßstab übertragene Endstück der χ-Kurve im Hauptabschnitt liefert in seiner Richtung auch hier den Verlauf von χ im hygroskopischen Gebiet, zunächst für logarithmischen Abszissenmaßstab, von dem die Übertragung auf den gewöhnlichen ohne weiteres erfolgen kann.

Die Berechnungsweise für Vorwärmung, Hauptabschnitt und hygroskopisches Gebiet muß nach vorstehendem verschiedene Wege gehen. Sie führt bei der Vorwärmung zur Ermittelung der t-Kurve im Zeitbilde, die eine Annäherung darstellt. Für den Hauptabschnitt liefert sie — genauer als die schrittweise Untersuchung — die χ-Werte im Zeitbilde. Für das hygroskopische Gebiet schließlich wird die χ-Kurve im Zeitbilde zwischen den Grenzen χ_e und $\chi_\mathfrak{h}$ gefunden. Um einen Vergleich über die Genauigkeit der beiden Verfahren zu ermöglichen, sind in Abb. 52 die nach Abb. 40 und 41 schrittweise gefundenen Kurven für t und χ im Zeitbilde wiederholt und die rechnerisch ermittelten Kurvenstücke für t während der Vorwärmung, χ während des Hauptabschnittes und im hygroskopischen Gebiet beigefügt. Der Vergleich zeigt:

die Vorwärmung verläuft rascher, als die angenäherte Rechnung ergibt,

der Hauptabschnitt der Trocknung verläuft nach der genaueren Rechnung langsamer, als sich bei schrittweiser Ermittelung findet,

die Übereinstimmung im hygroskopischen Gebiet ist überraschend gut.

Die Auswertung und Aneinanderschließung der rechnerisch gefundenen Kurvenstücke erfolgt ohne Schwierigkeit im verbundenen i-x-i-χ-Bild, wie in Abb. 37 angedeutet ist. Fest liegen die Hauptpunkte der Zustandskurve und die Lage des Koordinatenursprunges $\mathfrak{O}$ des i-χ-Bildes. Die für den Verlauf der Vorwärmung gefundene t-Kurve im Zeitbild liefert die Zeiteinteilung des der Vorwärmung entsprechenden Stückes der Zustandskurve im i-x-Bilde und ermöglicht damit die Übertragung der χ-Werte vom

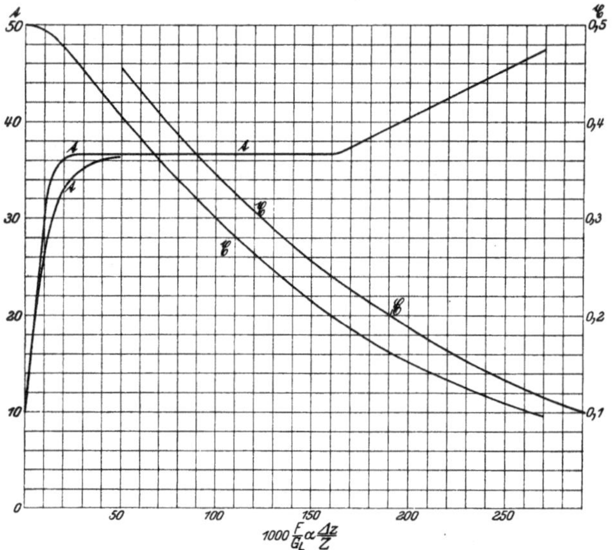

Abb. 52. Vergleich des rechnerischen Verfahrens mit der schrittweisen Ermittelung im Zeitbild für einen Gleichstromtrockner.

i-x-i-χ-Bilde ins Zeitbild. Wird schließlich für den hygroskopischen Verlauf die Zeiteinteilung auf die χ-Kurve in das i-x-i-χ-Bild übertragen, so folgt hieraus für die einzelnen Zeitabschnitte der Wert t innerhalb der Grenzen t_e und $t_\mathfrak{h}$ und kann zur Ergänzung in das Zeitbild übertragen werden. Für den Hauptabschnitt verläuft die t-Linie im Zeitbild, entsprechend der Beziehung $t_a = t_e$, parallel zur Abszissenachse.

Hiermit ist der geschlossene Verlauf der t- und χ-Linie im Zeitbild gewonnen. Wird auch auf die im i-x-Bilde dem Hauptabschnitt entsprechende τ-Linie die Zeiteinteilung aus dem Zeitbilde übertragen, so können auch die Zustandskurven der Trockenluft für t, x, i im Zeitbilde wiedergegeben werden. Im allgemeinen wird die Untersuchung sich mit der Darstellung der t- und χ-Kurven im Zeitbilde begnügen, da sie das Mittel liefert, um die Hauptfragen zu beantworten:

Welche Zeit fordert die Trocknung innerhalb der Grenzen χ_r und $\chi_\mathfrak{h}$?

Welche Zeit entfällt auf die drei Abschnitte des Trockenvorganges?

Welche Abkürzung erfährt die Trockenzeit, wenn der Vorgang bei einem Endfeuchtigkeitsgehalt $\mathfrak{x} \leqq \mathfrak{x}_\mathfrak{h}$ abgebrochen wird?

Wie lange wirken die verschiedenen Temperaturen auf das Gut?

Die letzte Frage ist besonders dann wichtig, wenn die Formengebung und Körpereigenschaften des Gutes insofern ungünstig sind, als sie nicht einen sofortigen Temperaturausgleich bis in den Kern der einzelnen Stücke sichern. Alsdann bedeutet rascher Temperaturwechsel im Zeitbilde ein starkes zeitliches Voreilen der äußeren Schichten, die z. B. rascher die Kühlgrenze bei der Vorwärmung erreichen und ihre Temperatur im hygroskopischen Gebiet längs einer steileren t-Linie, d. h. bis zu einem höheren Endwerte $t_\mathfrak{h}$, verändern, als aus dem Zeitbilde hervorgeht. Für die Kernteile ist das Umgekehrte der Fall. Im Hauptabschnitt der Trocknung kann, abgesehen von der Verschiebung des Beginns, eine gleichmäßige Trocknung auch bei ungünstigen Körpereigenschaften erwartet werden, weil hier t sich nicht verändert.

Selbst wenn in dem beschriebenen Sinne die rechnerische Verfolgung des zeitlichen Verlaufes des Trockenvorganges, unter Verzicht auf die schrittweise Ermittelung, angenähert erfolgt, ergeben sich Aufschlüsse, die außerordentlich viel weitergehend sind, als bei dem bisher üblichen Rechnungsgang. Dieser betrachtet es nämlich als zulässig, den Endfeuchtigkeitsgrad φ_h der Trockenluft von vornherein anzunehmen und daraus, unter Festlegung der Höchsttemperatur der Luft, die Menge der aufzuwendenden Reinluft G_L und die Höhe des Wärmeverbrauches für die jeweils vorliegenden Frischluftverhältnisse zu ermitteln. Die Berücksichtigung des für die Vorwärmung erforderlichen Wärmeverbrauches erfolgt dabei durch einen Zuschlag, der auch die Streuverluste und den Wärmeverbrauch für die im hygroskopischen Gebiete über die Kühlgrenze hinaus eintretende Temperaturerhöhung des Gutes einschließt. Dieser Zuschlag ist in der Regel von gleicher Größenordnung wie die rechnerisch ermittelte Zahl des theoretischen Wärmeverbrauches, häufig ein Vielfaches davon. Schon hieraus ergibt sich die Unzulässigkeit des rohen Annäherungsverfahrens. Noch klarer wird sie durch die Überlegung, daß dabei die Frage der Trockendauer Z rechnerisch überhaupt nicht angefaßt wird, sondern nur als Erfahrungszahl auftritt, mit der das Fassungsvermögen $\mathfrak{G}_\mathfrak{x} \cdot Z$ schließlich festgelegt wird. Die Untersuchung des hygroskopischen Verhaltens des Gutes wird in der bisher üblichen Behandlungsweise kaum erwähnt, geschweige denn der Versuch unternommen, die sich einstellende Endtemperatur des Gutes zu finden.

Das Verfahren für Überschlagsrechnungen ohne Berücksichtigung von Vorwärmung und hygroskopischem Gebiet ist in Zahlenbeispiel 6 beschrieben.

Die Untersuchung ist stets zweimal, einmal für die ungünstigsten Winterverhältnisse, dann für die ungünstigsten Sommerverhältnisse zu führen. Sie liefert für den Winter einen höchsten Wärmeverbrauch, der für die Bemessung der Heizvorrichtung maßgebend ist, für den Sommer den Höchstbetrag G_L der Trockenluft, der die Größe des Lüfters bzw., bei natürlicher Luftbewegung, die Schachtabmessungen bestimmt.

F. Verlauf des i-x-Bildes unter Berücksichtigung der Streuverluste Q_{verl}.

Die in Abschnitt III unter 1., 2. und 3. angeführten Beträge des Wärmeverbrauches sind in dem i-x-Bilde berücksichtigt, wenn es z. B. nach Abb. 35 und 36 sich auch auf Vorwärmung und Veränderung im hygroskopischen Gebiet erstreckt. Dagegen sieht es von dem unter 4. erwähnten, infolge mangelnder Wärmedichtheit der Trockenvorrichtung auftretenden Streuverlust ab. Die unter 5. angeführte eigentliche Nutz-

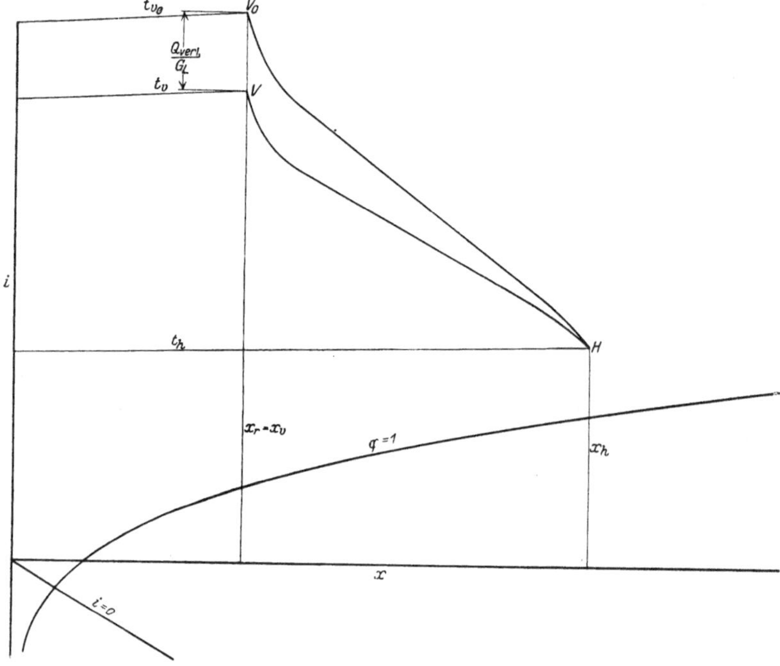

Abb. 53. Einfluß des Streuverlustes im i-x-Bild (Gleichstromtrockner).

leistung ist, soweit sie den Energieaufwand für die Trennarbeit betrifft, ebenso wie der Einfluß des Siedeverzuges, in der hygroskopischen Eigenschaft des Gutes miterfaßt und damit im i-x-Bilde berücksichtigt. Der Anteil der Nutzleistung, der auf Verstärkungswärme und Wärmetönung entfällt, bleibt jedoch noch in Rechnung zu ziehen, wenn er einen merklichen Betrag ausmacht, was nur in seltenen Fällen zutrifft. Dies kann z. B. annähernd dadurch geschehen, daß die Verdampfungswärme im i-x-Bilde entsprechend angesetzt wird, läuft also auf eine Veränderung des i-x-Bild-Netzes hinaus.

Der Streuverlust ergibt sich im allgemeinen erst nachträglich, nachdem die baulichen Einzelheiten der Trockenvorrichtung festliegen. Er wird daher zunächst erfahrungsgemäß, unter Vorbehalt der nachträglichen Berichtigung, zu schätzen sein. Zweckmäßig wird hierbei der Wert $\dfrac{Q_{\mathrm{verl}}}{G_L}$, d. h. der auf 1 kg Reinluft bezogene Streuverlust, eingeführt. Seine Berücksichtigung hat in verschiedener Weise zu erfolgen, je nachdem die Vorrichtung im Gleich- oder Gegenstrom arbeitet.

1. Gleichstrom.

Unabhängig davon, wie der Verlust sich über die einzelnen Abschnitte des Trockenvorganges verteilt, ist er in dem Augenblick auf volle Höhe angewachsen, in dem Luft und Gut die Vorrichtung verlassen. Hieraus ergibt sich eine Berichtigung des i-x-Bildes nach Abb. 53 in der Weise, daß die Vorwärmung der Luft so weit über die Temperatur t_v, die sich ohne Berücksichtigung des Streuverlustes ergibt, bis zum Punkte V_0 getrieben wird, daß der Unterschied des Wärmeinhaltes zwischen den Punkten V und V_0 dem Betrage $\dfrac{Q_{\mathrm{verl}}}{G_L}$ entspricht. Die Temperaturerhöhung ergibt sich hiernach aus der Beziehung

$$(t_{v0} - t_v)\,(0{,}24 + 0{,}46 \cdot x_r) = \frac{Q_{\mathrm{verl}}}{G_L}\,. \tag{89}$$

Der Verlauf zwischen V_0 und H ist zunächst unbestimmt, Es steht jedoch so viel fest, daß er im gleichen Punkte H endigt, wie der, ohne Berücksichtigung des Streuverlustes, ermittelte Linienzug. Da mit Rücksicht auf die hygroskopischen Eigenschaften des Gutes der Punkt H beim Gleichstrom der maßgebende Ausgangspunkt für die Entwickelung des i-x-Bildes war, ist hiermit eine wesentliche Vorbedingung für seine Gültigkeit erfüllt.

Infolge der Hebung des Verlaufes VH vergrößert sich die Trockenkraft, insbesondere zu Beginn der Trocknung. Der spezifische Luftbedarf bleibt unverändert.

2. Gegenstrom.

Hier verbietet sich die Hebung des Punktes V, weil für seine Höhenlage die, mit Rücksicht auf das hygroskopische Verhalten des Gutes, maßgebende Höchsttemperatur bestimmend war. Es ergibt sich infolgedessen nach Abb. 54 eine Senkung des dem Endzustande zukommenden Punktes H_0 bis zum Punkte H', wobei der Temperaturunterschied aus der Beziehung

$$(t_{h0} - t_h')\,(0{,}24 + 0{,}46 \cdot x_{h0}) = \frac{Q_{\mathrm{verl}}}{G_L} \tag{90}$$

folgt, wenn der Wert x_{h0} beibehalten werden kann. Dies trifft natürlich nur dann zu, wenn H' oberhalb der Sättigungslinie liegen bleibt, was in Abb. 54 gerade noch zutrifft. Hierbei sinkt die Trockenkraft, und zwar in einem Falle, wie er Abb. 54 entspricht, auf ein unzulässig niedriges Maß. Es wird daher zweckmäßiger davon ausgegangen, daß bei der Senkung H auf die dem Punkte H_0 entsprechende Trockenkraftlinie zu liegen kommt, wie dies in Abb. 54 gestrichelt angedeutet ist. Der spezifische Luftverbrauch wird hierbei erhöht. Das Gegenstromverfahren tritt damit um einen weiteren Grad gegenüber den Vorzügen des Gleichstromverfahrens zurück.

Die Berücksichtigung des Streuverlustes im i-x-Bilde beim Gegenstromverfahren ist zweckmäßig dadurch vorzubereiten, daß für den Entwurf der Abb. 36 Punkt J weiter über der Sättigungslinie angesetzt wird, als der wirklich angestrebten Lage entspricht. Der Punkt H_0 der Abb. 54 kommt alsdann entsprechend höher auf der x_{h0}-Linie zu liegen, so daß der gesenkten Lage des Punktes H' noch eine Trockenkraftlinie von genügendem Potential entspricht.

Die vorausstehenden Erwägungen werden überflüssig, wenn, wie empfehlenswert ist, der Streuverlust nicht durch die Trockenluft gedeckt werden muß, sondern hierfür eine besondere, an geeigneter Stelle

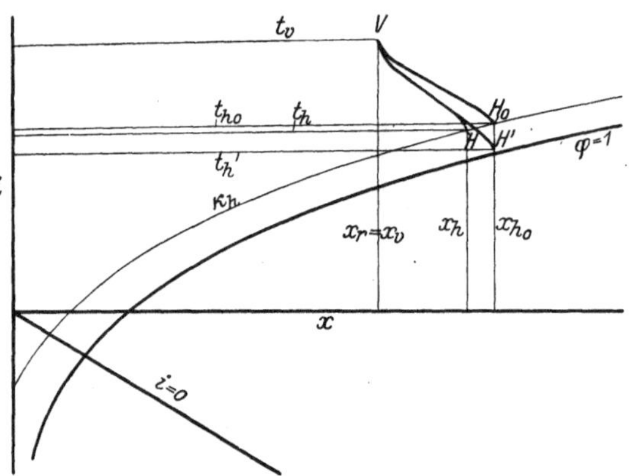

Abb. 54. Einfluß des Streuverlustes im i-x-Bild (Gegenstromtrockner).

angebrachte Heizvorrichtung vorgesehen wird, die den Verlust auf das Innere des Trockenraumes nicht zur Auswirkung gelangen läßt. Die Abb. 35 und 36 bleiben alsdann ohne Berichtigung gültig.

Wie der Linienzug VH bei der Senkung im einzelnen verläuft, hängt davon ab, in welcher Weise sich Q_{verl} auf die einzelnen Abschnitte des Trockenvorganges verteilt. Da Gut und Luft sich mit etwa gleichbleibender Geschwindigkeit fortbewegen und die Streuverluste in der Hauptsache von der Oberfläche der Trockenvorrichtung und dem Temperaturunterschiede zwischen innen und außen abhängen, verteilt sich Q_{verl} einerseits etwa verhältnisgleich der Trockenzeit. Diese ist verhältnisungleich der Trockenkraft. Die Teilbeträge von Q_{verl} nehmen daher von V gegen H hin zu. Andererseits ist das Umgekehrte der Fall mit Rücksicht darauf, daß Q_{verl} mit der Höhe der Innentemperatur der Trockenvorrichtung ansteigt. Beide Einflüsse heben sich teilweise auf, so daß die Berichtigung genügend genau die Verhältnisse trifft, wenn die Senkung zwischen V und H etwa gleichmäßig verteilt wird.

Streuverluste treten auch durch Undichtheiten auf, durch die bei Überdruck innerhalb der Trockenvorrichtung Luft entweicht. Beziehen sie sich auf Abluft vom Zustande H, so sind sie ohne Einfluß. Entweicht vorgewärmte Luft vom Zustande V, so erhöht sich der Luftbedarf im Verhältnis des Luftverlustes. Dazwischen liegen unzählige Möglichkeiten. Steht daher von vornherein nicht fest, wo die Luftverluste auftreten, so werden sie zweckmäßig in der Weise berücksichtigt, daß die Luftmenge entsprechend der Hälfte des Luftverlustes erhöht und mit einem in gleichem Maße vermehrten Wärmeverbrauch gerechnet wird. Ähnlich liegen die Beziehungen, wenn die Trockenvorrichtung mit Unterdruck arbeitet. Der Luftverbrauch ist alsdann auf die abgehende Luft zu beziehen und deshalb höher, weil die eindringende falsche Luft den Feuchtigkeitsgehalt der Abluft erniedrigt. Ebenso wächst der spezifische Wärmeverbrauch.

Im i-x-$\mathfrak{i}$-$\mathfrak{x}$-Bilde ergibt sich die Berücksichtigung des Verlustes in der in Abb. 55 für einen Gleichstromtrockner angegebenen Weise. Die Kurve VH_0 stellt die Veränderung des Luftzustandes ohne Berücksichtigung des Streuverlustes, VH die verschobene Lage unter Berücksichtigung des Streuverlustes dar. Die im $\mathfrak{i}$-$\mathfrak{x}$-Bild mit dem Verlauf VH_0 zusammenfallende Kurve $\mathfrak{R}\,\mathfrak{H}$ entspricht genügend genau dem berichtigten Verlauf VH (nicht vollständig, weil die Veränderung des Wärmeinhaltes der Luft durch die Wirkung des Streuverlustes von Einfluß auf die Veränderung des Gutes bleibt).

Ist der Verlauf von VH, z. B. durch Messungen, bekannt, so würde

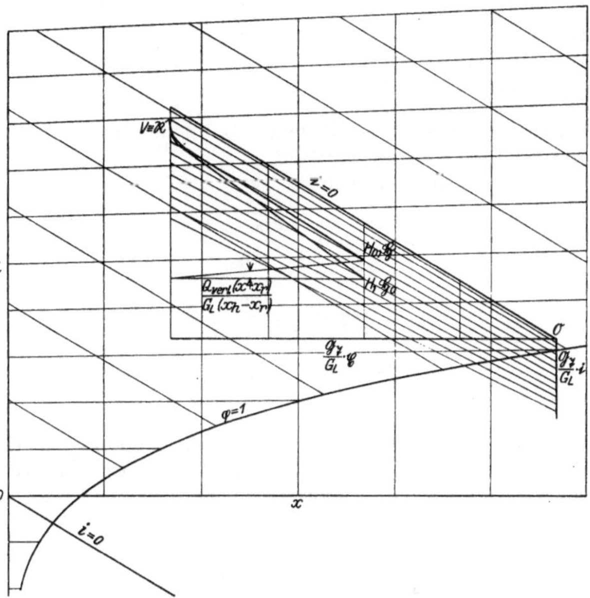

Abb. 55. Einfluß des Streuverlustes im i-x-$\mathfrak{i}$-$\mathfrak{x}$-Bild (Gleichstromtrockner).

eine damit zusammenfallende Kurve $\mathfrak{R}\,\mathfrak{H}_0$ nicht die wirkliche Veränderung des Gutszustandes darstellen und daher so zu berichtigen sein, daß aus VH die zutreffende Kurve $\mathfrak{R}\,\mathfrak{H}$ abgeleitet wird. Verteilt sich z. B. der Streuverlust verhältnisgleich der Trockenleistung, d. h. entfällt auf je 1 kg Wasserverdampfung stets der gleiche Teil des Streuverlustes, so kann die Übertragung der VH-Kurve nach Abb. 55 in der Weise erfolgen, daß die Punkte der Zustandskurve $\mathfrak{R}\,\mathfrak{H}$ um den

Betrag $\dfrac{Q_{\text{verl}}}{G_L} \cdot \dfrac{x - x_r}{x_h - x_r}$ höher angenommen werden.

Ein für die Auswertung genügender Betriebsversuch wird stets Anfangs- und Endzustand von Luft und Gut ermitteln. Daraus ergibt sich die Lage der Punkte V, $\mathfrak{R}$, H, $\mathfrak{H}$ im i-x-$\mathfrak{i}$-$\mathfrak{x}$-Bilde. Der Ordinatenabstand $\mathfrak{H}H$ liefert alsdann das Maß $\dfrac{Q_{\text{verl}}}{G_L}$ des auf 1 kg Reinluft entfallenden Streuverlustes. Sein Vergleich mit dem Ordinatenabstand zwischen Punkt V und R, d. h. dem spezifischen Wärmeverbrauch unter Berücksichtigung des Streuverlustes, gibt ein Bild über den Anteil, den der Streuverlust an dem gesamten Wärmeaufwand nimmt.

126 Die Berechnung des Trockenvorganges mit Luft als Trockenmittel.

Zahlenbeispiel 11.

Der von der D. L. G. im Jahre 1913 an einem mit Verbrennungsgas-Luftgemisch arbeitenden Topfschen Gleichstromrieseltrockner durchgeführte Trockenversuch mit naturfeuchtem Weizen lieferte folgende Zahlen:

Stündlich verarbeitetes Naßgut . . . . $\mathfrak{G}_L(1 + \mathfrak{x}_\mathfrak{r}) = 755$ kg/h,

Feuchtigkeitsgrad des Gutes, anfangs . . . . $\varphi_{\mathfrak{G}_\mathfrak{r}} = 0{,}207$,

$\qquad\qquad\qquad$ am Ende . . . . . . $\varphi_{\mathfrak{G}_\mathfrak{h}} = 0{,}145$,

Abluftmenge . . . . $\dfrac{G_L(1 + x_h)}{\gamma_h} = 7360 \text{ m}^3/\text{h}$,

Ablufttemperatur . . . . $t_h = 24^0$,

Abluftfeuchtigkeitsgrad . . . . $\varphi_h = 0{,}68$,

Frischlufttemperatur . . . . $t_r = 7^0$,

Frischluftfeuchtigkeitsgrad . . . . $\varphi_r = 0{,}70$,

Eintrittstemperatur des Feuergas-Luftgemisches . . . $t_v = 74^0$,

Austrittstemperatur des Gutes . . . . $t_\mathfrak{h} = 19{,}2^0$.

Hieraus errechnet sich

$$\mathfrak{x}_\mathfrak{r} = \frac{\varphi_{\mathfrak{G}_\mathfrak{r}}}{1 - \varphi_{\mathfrak{G}_\mathfrak{r}}} = \frac{0{,}207}{1 - 0.207} = 0{,}261 \ .$$

$$\mathfrak{G}_\mathfrak{x} = \frac{755}{1 + 0{,}261} = 598 \text{ kg/h} \ ,$$

$$\mathfrak{x}_\mathfrak{h} = \frac{\varphi_{\mathfrak{G}_\mathfrak{h}}}{1 - \varphi_{\mathfrak{G}_\mathfrak{h}}} = \frac{0{,}145}{1 - 0{,}145} = 0{,}169 \ .$$

Aus dem i-x-Bilde der Abb. 56, dessen Anwendung für das hier vorliegende Gasgemisch eine wegen des hohen Luftüberschusses und der niedrigen Temperaturen zulässige Annäherung bedeutet, folgt für $t_h = 24^0$, $\varphi_h = 0{,}68$ der Punkt H. Ihm entspricht

$$x_h = 0{,}0129,$$
$$\gamma_h = 1{,}139.$$

Damit ergibt sich

$$G_L = \frac{7360 \cdot 1{,}139}{1 + 0{,}129} = 8300,$$

$$\frac{\mathfrak{G}_\mathfrak{x}}{G_L} = \frac{598}{8300} = 0{,}072.$$

Punkt V in Abb. 56 liegt einerseits auf der Temperaturlinie für $t_v = 74^0$, andererseits auf der x_v-Linie. x_v ist hierbei nicht etwa gleich x_r, sondern wegen der bei Verbrennung sich bildenden Wasserdämpfe größer. Der errechnete Betrag

$$x_v = x_h - \frac{\mathfrak{G}_\mathfrak{x}}{G_L}(\mathfrak{x}_\mathfrak{r} - \mathfrak{x}_\mathfrak{h}) = 0{,}0129 - 0{,}072(0{,}261 - 0{,}169) = 0{,}0063$$

scheint zu hoch zu liegen, ist aber bei Festlegung des Punktes V beibehalten.

Der Koordinatenursprung $\mathfrak{O}$ des i-$\mathfrak{x}$-Bildes liegt in der Ordinatenrichtung um

$$\frac{\mathfrak{G}_\mathfrak{x}}{G_L} \cdot i_\mathfrak{r} = 0{,}072(0{,}37 + 0{,}2615)7 = 0{,}32 \text{ kcal} \ ,$$

in der Abszissenrichtung um

$$\frac{\mathfrak{G}_\mathfrak{x}}{G_L} \cdot \mathfrak{x}_\mathfrak{r} = 0{,}072 \cdot 0{,}2615 = 0{,}0188$$

über, bzw. rechts von dem V-Punkt. Hierbei ist die spezifische Wärme des wasserfreien Weizenkorns zu $c_\mathfrak{x} = 0{,}37$ und die in dem Versuchsbericht nicht genannte Anfangstemperatur des Gutes gleich der Lufttemperatur zu $t_\mathfrak{r} = 7^0$ angenommen. Punkt $\mathfrak{H}$ liegt senkrecht über H auf der $t_\mathfrak{h} = 19{,}2^0$-Geraden.

Der Verlauf der Zustandsänderung längs $V\mathfrak{H}$ ist gefühlsmäßig eingezeichnet und hierbei angedeutet, daß er so erfolgt, daß die Gutstemperatur t nicht ständig ansteigt, sondern von einem Höchstwert wieder sinkt. Darin äußert sich der Einfluß des Streuverlustes auf die Veränderung des Gutes, dessen Endtemperatur beim Gleichstromtrockner niedriger rückt, als sie zuvor lag, und zwar um so mehr, je erheblicher der Streuverlust ist. Ferner ist der Verlauf $V\mathfrak{H}$ so angedeutet, daß er längs der dem Hauptabschnitt der Trocknung entsprechenden Strecke nicht mehr mit einer t-Geraden zusammenfällt. Durch die Wirkung des Streuverlustes fehlt eine Kühlgrenze als Ausgleichspunkt für die Temperatur des Gutes, ein ausgesprochener Hauptabschnitt der Trocknung besteht nicht mehr.

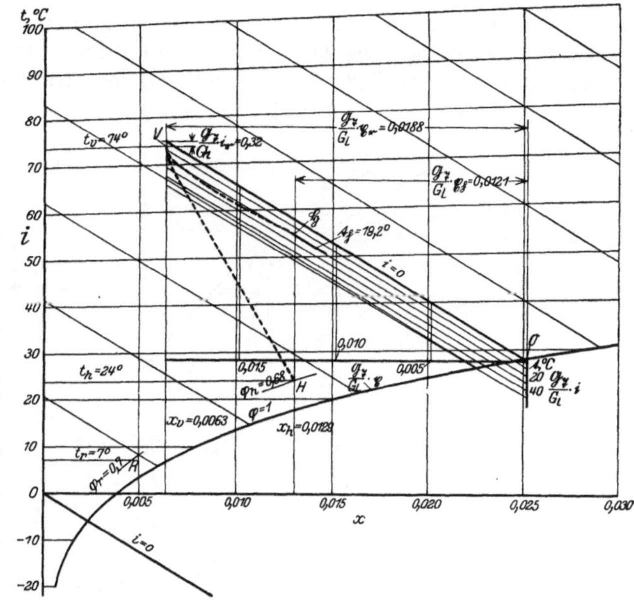

Abb. 56. Darstellung eines Betriebsversuches im i-x-i-$\mathfrak{x}$-Bild (Gleichstrom-Getreidetrockner).

Wenn es auch möglich ist, für den Verlauf von $\dfrac{Q_{\text{verl}}}{G_L}$ bestimmte Annahmen zu machen und damit den genauen Verlauf $V\mathfrak{H}$ im besonderen Falle zu ermitteln, so erscheint es doch zweckmäßiger, die Untersuchungen zunächst unter Vernachlässigung des Streuverlustes zu führen und diesen durch entsprechende Zuschläge nachträglich zu berücksichtigen.

G. Verlauf der Zustandsänderung bei Trockenvorrichtungen mit ständig wechselndem Trockenbild.

Die vorausgehenden Betrachtungen müssen eine wesentliche Änderung erfahren, wenn die Trockenvorrichtung mit ständig wechselndem Trockenbild arbeitet, es sich also z. B. um einen Kammertrockner handelt, der mit Gut von einem bestimmten Anfangszustande gefüllt wird, das allmählich den Endzustand erreicht. Auch hier führt die schrittweise Verfolgung der Zustandsänderung zum Ergebnis. Die Form der Zustandskurve im i-x-Bilde weicht wesentlich von der für Gleich- und Gegenstromtrockner gefundenen ab.

Zur Vereinfachung der Lösung sei vorausgesetzt, daß die Trockenwirkung auf das gesamte, die Kammer füllende Gut gleichmäßig sei, entweder dadurch, daß das Gut ständig durchmischt wird, oder dadurch, daß das Trockenpotential der Luft beim Austritt sich von dem beim Eintritt nicht sehr unterscheidet. Weiter sei angenommen, daß der

Zustand der Luft beim Eintritt stets derselbe sei und die Wärmezufuhr durch Vorwärmung der Luft außerhalb der Kammer erfolge. Im i-x-Bilde der Abb. 57 kennzeichnet alsdann Punkt V den Zustand der eintretenden Luft. Punkt $\Re$ entspreche der Lage des Gutspunktes zu Beginn der Trocknung. Die Zustandsänderung der Luft folgt zunächst der Verbindungsgeraden $V\Re$, wie bei dem Gleichstromtrockner. Während jedoch bei diesem die Richtung $V\Re$ nur für eine sehr kleine Zeitdauer

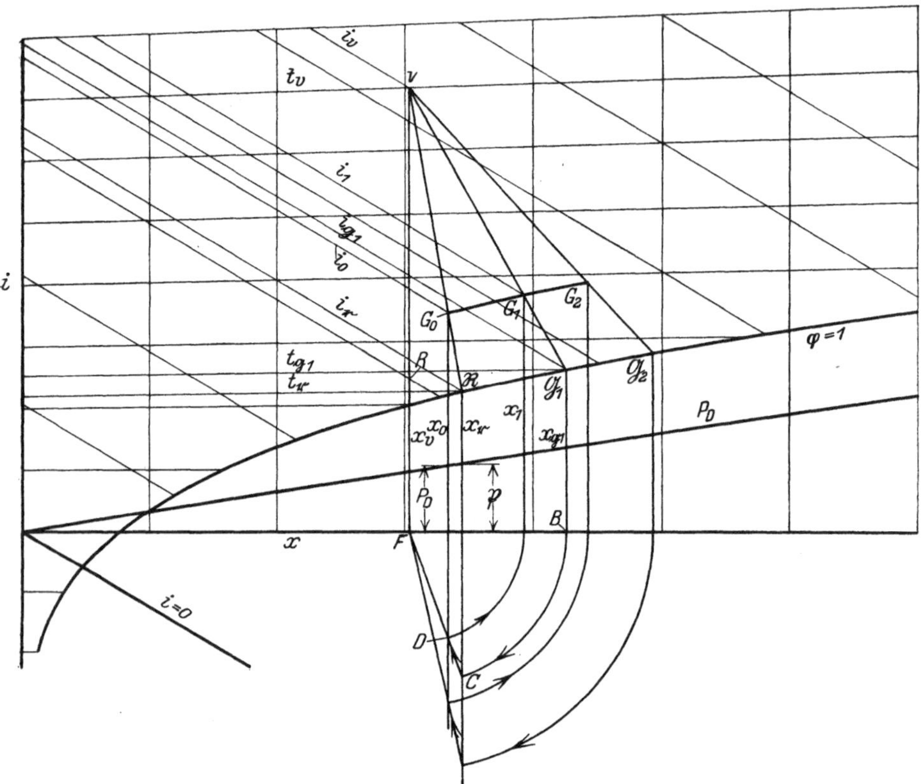

Abb. 57. Untersuchung eines Kammertrockners.

angenommen werden darf, kann sie bei dem Kammertrockner für einen wesentlich längeren Zeitabschnitt beibehalten werden. Denn beim Gleich- und Gegenstromtrockner trifft die Luft nacheinander auf Gut, dessen Zustand in den äußersten Grenzen, also zwischen den Punkten $\Re$ und $\mathfrak{H}$ sich verändert, während beim Kammertrockner der Gutszustand für den einmaligen Durchgang der Luft als unverändert angesehen werden darf.

Bedeuten

L　die Länge des Luftweges innerhalb der Trockenkammer, in m,

w　die Luftgeschwindigkeit innerhalb der Trockenkammer, in m/s,

so stellt $\dfrac{L}{w}$ die Zeit in s dar, während der die Luft den Weg L zurücklegt.

Bezeichnen in Abb. 58

dl ein Element des Luftweges,

di die Zunahme des spezifischen Wärmeinhaltes der Luft auf dem Wege dl,

dx die Zunahme des Feuchtigkeitsgehaltes der Luft auf dem Wege dl, so treten in 1 h innerhalb des Raumelementes G_L kg/h Reinluft mit $\dfrac{\mathfrak{G}_{\mathfrak{X}}\cdot Z\cdot dl}{L}$ kg Trockenstoff des Gutes in Wärmeaustausch, wenn

Z die gesamte Trockendauer, in h,

$\mathfrak{G}_{\mathfrak{X}}\cdot Z$ daher das gesamte in der Trockenkammer befindliche Gutstrockengewicht, in kg,

bedeuten.

Die Formeln (52) und (61) behalten daher Gültigkeit, wenn darin das Flächenelement $\mathfrak{F}\cdot dz$ ersetzt wird durch $\mathfrak{F}\cdot Z\cdot\dfrac{dl}{L}$, und lauten alsdann

$$di = \frac{\mathfrak{F}\cdot Z\cdot k'}{L\cdot G_L}\,(i_\mathfrak{g}-i)\,dl,$$

$$\frac{di}{i_\mathfrak{g}-i} = \frac{\mathfrak{F}\cdot Z}{L\cdot G_L}\cdot k'\cdot dl, \qquad (91)$$

$$\frac{dx}{x_\mathfrak{g}-x} = \frac{\mathfrak{F}\cdot Z}{L\cdot G_L}\cdot k'\cdot dl. \qquad (92)$$

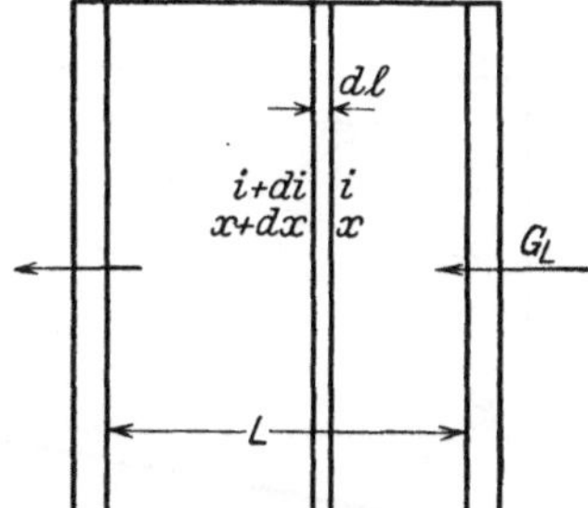

Abb. 58. Kammertrockner.

Wird die Integrierung für die Zeit eines Durchganges vorgenommen und dabei der Zustand des Gutes als gleichbleibend, $i_\mathfrak{g}$, $x_\mathfrak{g}$ und k' also als unveränderlich angesehen, so folgt

$$\frac{i_\mathfrak{g}-i_v}{i_\mathfrak{g}-i_g} = e^{\frac{\mathfrak{F}\cdot Z}{G_L}\cdot k'}, \qquad (93)$$

$$\frac{x_\mathfrak{g}-x_v}{x_\mathfrak{g}-x_g} = e^{\frac{\mathfrak{F}\cdot Z}{G_L}\cdot k'}. \qquad (94)$$

Hieraus findet sich mit $x_\mathfrak{g}=x_\mathrm{r}$, $i=i_0$, $x=x_0$ für den ersten Durchgang i_0 und x_0 und damit Punkt G_0 in Abb. 57, der den Zustand der austretenden Luft darstellt.

Die während des einmaligen Durchganges der Luft, also nach der Zeit $\dfrac{L}{3600\cdot w}$ h eintretende Temperaturerhöhung $\varDelta t$ des Gutes ergibt sich wie folgt: Nach Formel (71) ist

$$G_L(\varDelta i - i_{\mathfrak{W}\mathfrak{t}}\cdot\varDelta x) = -\,\mathfrak{G}_{\mathfrak{X}}\cdot\mathfrak{c}\cdot\varDelta t.$$

Für den hier erörterten Fall ist zu setzen: $G_L\cdot\dfrac{L}{3600\cdot w}$ statt G_L, i_g-i_v statt $\varDelta i$, x_g-x_v statt $\varDelta x$, $\mathfrak{G}_{\mathfrak{X}}\cdot Z$ statt $\mathfrak{G}_{\mathfrak{X}}$, und es wird

$$G_L\cdot\frac{L}{3600\cdot w}[i_g-i_v-i_{\mathfrak{W}\mathfrak{t}}(x_g-x_v)] = -\,\mathfrak{G}_{\mathfrak{X}}\cdot\mathfrak{c}\cdot Z\cdot\varDelta t, \qquad (95)$$

$$\varDelta t = \frac{G_L\cdot L}{3600\cdot\mathfrak{G}_{\mathfrak{X}}\cdot\mathfrak{c}\cdot w\cdot Z}[i_v-i_g+i_{\mathfrak{W}\mathfrak{t}}(x_g-x_v)]. \qquad (95a)$$

Ist die Temperaturveränderung $\varDelta t$ sehr klein, so bedeutet dies, daß der Gutszustand während mehrerer Durchgänge der Luft als gleichbleibend angesehen werden darf. Die aus Formel (93) und (94) gefundenen Werte i und x und die Lage des Punktes G_0 entsprechen alsdann dem Zustande der austretenden Luft während eines Mehrfachen der Zeit $\dfrac{L}{3600 \cdot w}$ h, also der Dauer $\dfrac{n \cdot L}{3600 \cdot w}$ h. Die Temperaturerhöhung während n_1-Durchgängen beiträgt sodann

$$n_1 \cdot \varDelta t = \frac{n_1 \cdot G_L \cdot L}{3600 \cdot \mathfrak{G}_{\mathfrak{X}} \cdot c \cdot w \cdot Z} \left[i_v - i_0 + i_{\mathfrak{W}t}(x_0 - x_v) \right]. \tag{95b}$$

Mit $t_{\mathfrak{G}1} = t_\mathfrak{r} + n_1 \cdot \varDelta t$ ist der Punkt $\mathfrak{G}_1$ im i-x-Bilde festgelegt. Im

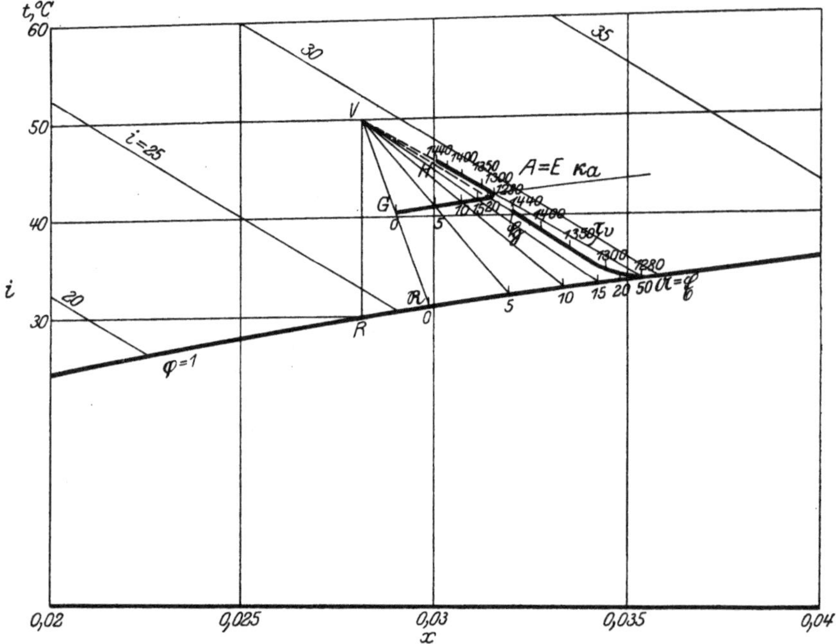

Abb. 59. Untersuchung eines Kammertrockners.

weiteren Verlauf folgt die Zustandsänderung der Luft der Verbindungsgeraden $V\mathfrak{G}_1$ nach der Beziehung

$$\frac{x_{\mathfrak{G}1} - x_v}{x_{\mathfrak{G}1} - x_1} = e^{\frac{\mathfrak{F} \cdot Z}{G_L} \cdot k_1'}. \tag{94a}$$

Danach ergibt sich

$$x_1 = x_{\mathfrak{G}1} - (x_{\mathfrak{G}1} - x_v)\, e^{-\frac{\mathfrak{F} \cdot Z}{G_L} \cdot k_1'}, \tag{94b}$$

bzw. allgemein für die folgenden Punkte

$$x_g = x_{\mathfrak{G}n} - (x_{\mathfrak{G}n} - x_v)\, e^{-\frac{\mathfrak{F} \cdot Z}{G_L} \cdot k'}. \tag{94c}$$

Wird von der Veränderung von k' abgesehen, so gilt die einfache Beziehung

$$\frac{x_{\mathfrak{r}} - x_v}{x_{\mathfrak{r}} - x_1} = \frac{x_{\mathfrak{g}} - x_v}{x_{\mathfrak{g}} - x_c}.$$

Wird daher durch Punkt B, in dem die $x_{\mathfrak{g}1}$-Linie irgendeine Wagerechte, z. B. die Hilfsabszissenachse, schneidet, ein Kreisbogen um den Schnittpunkt F der x_v-Linie mit der Wagerechten als Mittelpunkt bis zum Schnittpunkt C mit der $x_{\mathfrak{r}}$-Linie geschlagen und Punkt C mit Punkt F verbunden, so schneidet die Verbindungslinie die Ordinate im Abszissen

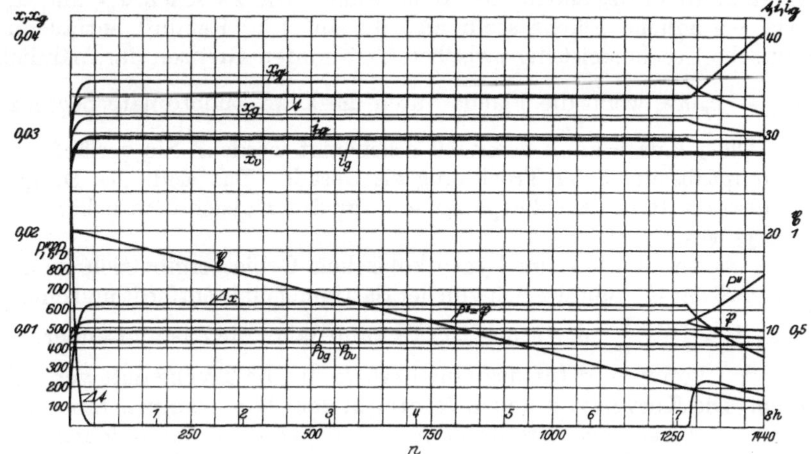

Abb. 60. Zeitbild zur Untersuchung eines Kammertrockners
$$\left(\frac{\mathfrak{G}_{\mathfrak{x}}}{G_L} = \frac{1}{40} \; ; \; \mathfrak{r}_e = 0,2; \; c_{\mathfrak{x}} = 0,37 \right).$$

abstand x_0 im Punkte D. Die Länge FD entspricht alsdann dem Betrage $x_1 - x_v$ und ermöglicht die Auffindung des gesuchten Punktes G_1. In der beschriebenen Weise ergibt sich ferner die Temperaturerhöhung $t_{\mathfrak{g}2} - t_{\mathfrak{g}1}$, damit der Punkt $\mathfrak{G}_2$ usw. Die für andere Anfangszustände gültige Abb. 59 zeigt, wie schließlich die Vorwärmung des Gutes im Punkte $\mathfrak{A}$ zum Stillstande kommt, in dem die τ-Linie durch V die Sättigungslinie schneidet. Kurve $G_0 A$ gibt an, wie der Zustand der austretenden Trockenluft sich während der Vorwärmung des Gutes verändert. Im Zeitbilde der Abb. 60 kann hiernach die Veränderung von t und x_g eingetragen werden. Während des Hauptabschnittes der Trocknung bleibt der Zustandspunkt der Luft ebenso wie der des Gutes im i-x-Bilde unverändert liegen. t und x_g verlaufen längs einer Parallelen zur Abszissenachse. $G_L \cdot \dfrac{n \cdot L}{3600 \cdot w}$ stellt die Reinluftmenge bei n-maligem Durchgange, also in der Zeit $\dfrac{n \cdot L}{3600 \cdot w}$ h dar. Die entsprechende Trockenleistung beträgt $G_L \cdot \dfrac{n \cdot L}{3600 \cdot w}(x_n - x_v)$. Sie ist gleich der Feuchtigkeits-

9*

abgabe des Gutes in dieser Zeit, nämlich gleich $\mathfrak{G}_{\mathfrak{T}} \cdot Z \cdot \varDelta\mathfrak{x}_n$. Hieraus folgt

$$\mathfrak{G}_{\mathfrak{T}} \cdot Z \int \varDelta\mathfrak{x}_n = \mathfrak{G}_{\mathfrak{T}} \cdot Z\,(\mathfrak{x}_{\mathfrak{r}} - \mathfrak{x}) = G_L \cdot \frac{n \cdot L}{3600 \cdot w} \int\limits_{x_0}^{x_n} (x_g - x_v).$$

Wird daher im Zeitbilde auch der Verlauf des gleichbleibenden Wertes x_v eingetragen, so entspricht der Flächenstreifen zwischen zwei Ordinaten im Abstand $\dfrac{n \cdot L}{3600 \cdot w}$ mit der Höhe $x_g - x_v$ der in der Zeit $\dfrac{n \cdot L}{3600 \cdot w}$ auf 1 kg Reinluft entfallenden Trockenleistung. Die zwischen x_v- und x_g-Kurve befindliche Fläche stellt also die auf 1 kg Reinluft entfallende spezifische Trockenleistung zwischen bestimmten Grenzen dar, nämlich $\int\limits_{x_0}^{x_n} (x_g - x_v)\,dz$, wenn die Fläche durch die linke Endordinate begrenzt wird. Die $\mathfrak{x}$-Kurve kann demnach gezeichnet werden. Sie verläuft für den Hauptabschnitt der Trocknung als Gerade. Das Ende des Hauptabschnittes tritt in dem Zeitpunkt ein, für den $\mathfrak{x}$ gleich dem bekannten Werte $\mathfrak{x}_e$ wird.

Der weitere Verlauf im hygroskopischen Gebiet ergibt sich in der Weise, daß der Gutspunkt sich von der Sättigungslinie entfernt und einem Druck $\mathfrak{P} = P'' \cdot \dfrac{\mathfrak{x}}{\mathfrak{x}_e}$ zugeordnet ist. Es kann daher die Zustandsänderung bis zu den Punkten $\mathfrak{H}$ für das Gut bzw. H für die Trockenluft verfolgt werden. Die Kurven $\mathfrak{E}\,\mathfrak{H}$ und $E\,H$ streben dem Beharrungszustande zu, der hier wie beim Gegenstrom durch die Lage von V gekennzeichnet ist.

Während für Gleich- und Gegenstromtrockner die Ermittelung des spezifischen Wärmeverbrauches sich in einfacher Weise aus dem i-x-Bild ergibt, muß hierfür beim Kammertrockner das Zeitbild herangezogen werden. Dieses liefert den Betrag der Trockenleistung

$$\mathfrak{G}_{\mathfrak{T}}(\mathfrak{x}_{\mathfrak{r}} - \mathfrak{x}_{\mathfrak{h}}) = G_L \int\limits_{0}^{Z} (x_g - x_v)\,dz\,. \tag{96}$$

Der Wärmeverbrauch folgt aus dem i-x-Bilde zu

$$Q = G_L\,(i_v - i_r)\,. \tag{97}$$

Damit ergibt sich der spezifische Wärmeverbrauch zu

$$\frac{G_L\,(i_v - i_r)}{\mathfrak{G}_{\mathfrak{T}}\,(\mathfrak{x}_{\mathfrak{r}} - \mathfrak{x}_{\mathfrak{h}})} = \frac{i_v - i_r}{\int\limits_{0}^{Z} (x_g - x_v)\,dz}\,. \tag{98}$$

Zahlenbeispiel 12.

In einem Kammertrockner sollen 600 Häute, jede mit einer Oberfläche von 2 m² auf jeder der beiden Seiten, mit einem Trockenstoffgewicht von insgesamt $\mathfrak{G}_{\mathfrak{T}} \cdot Z = 3000$ kg, $Z = 8$ h lang getrocknet werden. Der Feuchtigkeitsgehalt zu Anfang betrage $\mathfrak{x}_{\mathfrak{r}} = 1$. Zur Trocknung diene vorgewärmte Luft ohne Umluft. Die zur Verwendung gelangende Frischluft habe $t_f = 30^0$ und sei gesättigt. Ihre Vorwärmung erfolge auf $t_v = 50^0$. Die Anfangstemperatur des Gutes betrage $t_{\mathfrak{r}} = 31^0$. Die spezifische Wärme des Trockenstoffgehaltes sei zu $c_{\mathfrak{T}} = 0{,}37$ angenommen. Der hygroskopische Punkt liege bei einem Feuchtigkeitsgehalt $\mathfrak{x}_e = 0{,}2$.

In Abb. 59 stellt Punkt R den Zustand der Luft vor, Punkt V nach der Vorwärmung dar. Dem letzten entspricht ein Feuchtigkeitsgehalt $x_v = 0,02814$ und ein spezifischer Wärmeinhalt $i_v = 29,4$. Punkt $\Re$ gibt den Anfangszustand des Gutes wieder. Ihm entsprechen die Werte $x_\mathfrak{r} = 0,2988$, $i_r = 25,6$.

Bezüglich des stündlich umlaufenden Reinluftgewichtes G_L muß zunächst eine Annahme erfolgen. Ergibt sich mit ihr nach der mit $Z = 8$ h angenommenen Trockenzeit der Endfeuchtigkeitsgehalt $x_\mathfrak{h}$ zu hoch oder zu niedrig, so muß in einer Nachrechnung eine Berichtigung eintreten. In Abb. 59 entspricht die Gerade $V\mathfrak{A}$ der durch V gehenden τ-Linie. Nach der kurz dauernden Vorwärmung vollzieht sich die Haupttrocknung unter Veränderung der Luft vom Zustande V nach dem zunächst unbekannten Punkt A mit einer durch die $\varkappa_a$-Linie gegebenen Trockenkraft. Punkt A kann demnach unter Schätzung der Trockenkraft, die während des Beharrungszustandes in der austretenden Luft noch verbleiben soll, festgelegt und danach der Unterschied $x_a - x_v$ abgemessen werden. Er ergibt sich mit Annahme des Punktes A nach Abb. 59 zu rund 0,0034. Wird der Endfeuchtigkeitsgehalt des Gutes zu $x_\mathfrak{h} \approx 0,15$ vorausgeschätzt, so beträgt die stündlich aufzutrocknende Feuchtigkeitsmenge

$$G_\mathfrak{X}\,(x_\mathfrak{r} - x_\mathfrak{h}) = \frac{3000}{8}\,(1 - 0,15) \approx 320 \text{ kg/h}$$

und die benötigte Luftmenge

$$G_L \approx \frac{320}{0,0034} \approx 94000 \text{ kg/h Reinluft,}$$

die auf $G_L = 100000$ kg/h abgerundet werden mögen. Das spezifische Gewicht ergibt sich für den durchschnittlichen Luftzustand zu $\gamma \approx 1,05$, das Gewicht der feuchten Luft im Durchschnittszustand mit einem Feuchtigkeitsgehalt von x rund 0,03 zu

$$G_L\,(1 + x) = 100000 \cdot 1,03 = 103000 \text{ kg/h.}$$

Hieraus folgt das durchschnittliche Luftvolumen zu

$$\frac{G_L\,(1 + x)}{\gamma} = 98000 \text{ m}^3/\text{h.}$$

Das Fassungsvermögen von 600 Häuten legt die Abmessungen der Kammer fest. Diese möge eine Höhe von 2,5 m und eine Länge von 22 m besitzen und die Anordnung so getroffen sein, daß die Luft von der einen Längsseite nach der gegenüber liegenden strömt. Der Luftquerschnitt beträgt daher $2,5 \cdot 22 = 55 \text{ m}^2$ und die Luftgeschwindigkeit $w = \dfrac{980000}{55 \cdot 3600} \approx 0,5$ m/s. Die Kammer besitze eine Tiefe $L = 10$ m. Die Luft benötigt daher zum einmaligen Durchgang $\dfrac{10}{0,5} = 20$ s. Die Durchgangszahl n beträgt $\dfrac{3600}{20} = 180$ in 1 h, bzw. 1440 in den 8 h der gesamten Trockenzeit. Mit $w = 0,5$ ergibt sich die Wärmeübergangszahl

$$\alpha = 5,3 + 3,6 \cdot 0,5 = 7,1 \text{ kcal/m}^2 \cdot {}^0\text{C} \cdot \text{h.}$$

Es folgt ferner

$$c_{p\mathfrak{r}} = 0,24 + 0,46 \cdot 0,002988 \approx 0,25.$$

Hiermit sind in Formeln (93) und (94) alle Größen mit Ausnahme von i und x bekannt, und die letzten können errechnet werden. Es folgt für Punkt G

$$i_g = i_\mathfrak{r} - (i_\mathfrak{r} - i_v)\,e^{-\frac{\mathfrak{F} \cdot Z}{G_L} \cdot \frac{\alpha}{c_{p\mathfrak{r}}}},$$

$$x_g = x_\mathfrak{r} - (x_\mathfrak{r} - x_v)\,e^{-\frac{\mathfrak{F} \cdot Z}{G_L} \cdot \frac{\alpha}{c_{p\mathfrak{r}}}}.$$

Hieraus ergibt sich

$$i_1 = 25,6 - (25,6 - 29,4)\, e^{-\dfrac{600\cdot 2\cdot 2\cdot 7,1}{100\,000\cdot 0,25}} = 27,2\,,$$

$$x_1 = 0,02988 - (0,02988 - 0,02814)\, e^{-\dfrac{0,17}{0,25}} = 0,02900\,.$$

Hiermit liegt die Lage des Punktes G fest.

Für den Ausgangspunkt $\mathfrak{R}$ ergibt sich

$$\mathfrak{c_r} = 0,37 + 1 = 1,37\,.$$

Die Temperaturänderung des Gutes für den einmaligen Durchgang der Luft folgt nach Formel (95a) zu

$$t_{\mathfrak{g}1} - t_0 = \frac{100\,000\cdot 10}{3000\cdot 1,37\cdot 1800}\,[29,4 - 27,2 + 31\,(0,02900 - 0,02814)] = 0,25^0\,.$$

Werden für die Festlegung des nächstfolgenden Luftzustandspunktes 5 Durchgänge genommen, so liegt dieser auf der Sättigungslinie bei einer Temperatur $31 + 5\cdot 0,25 = 32,25^0$, entsprechend dem mit 5 bezeichneten Punkt der Sättigungslinie.

Der Feuchtigkeitsgehalt des Gutes ändert sich für einen Durchgang um das Maß

$$\mathfrak{x_r} - \mathfrak{x}_1 = \frac{G_L}{\mathfrak{G_x}\cdot Z}\cdot \frac{L}{3600\cdot w}\,(x_1 - x_v)\,.$$

Hieraus folgt

$$\mathfrak{x}_1 = 1 - 0,185\,(0,02900 - 0,02814) = 1 - 0,00016 = 0,99984\,,$$

bzw. nach 5 Durchgängen

$$\mathfrak{x}_5 = 1 - 5\cdot 0,00016 = 0,9992\,.$$

Mit dem neuen Wert $\mathfrak{x}_5$ ergibt sich

$$\mathfrak{c}_5 = 0,37 + 0,9992 \approx 1,37\,,$$

und der nächste Punkt für Luft- und Gutszustand kann gefunden werden. Auf diese Weise ist in Abb. 59 die Untersuchung durchgeführt. Sie führt nach etwa 50 Durchgängen zu dem Punkt A, bzw. $\mathfrak{A}$ und Erreichung einer Kühlgrenztemperatur von $\tau = 33,8^0$.

Die zeitliche Veränderung der maßgebenden Größen ist in Abb. 60 abhängig von n, der Anzahl der Durchgänge, als Abszissen wiedergegeben. 180 Durchgänge stellen jedesmal 1 h dar.

In dem Ausgleichspunkt, in dem das Gut die Kühlgrenze annimmt, werden folgende Zahlen erreicht:

$$i_a = 29,5,\quad x_a = 0,03150,\quad i_\mathfrak{a} = 29,4,\quad x_\mathfrak{a} = 0,03530,\quad \mathfrak{x_a} = 0,9757,\quad c_{p\,\mathfrak{a}} = 0,26\,.$$

Die Anzahl der Durchgänge während des Hauptabschnittes der Trocknung ergeben sich mit diesen Werten zu

$$n = \frac{\mathfrak{x_a} - \mathfrak{x}_e}{\dfrac{G_L}{\mathfrak{G_x}\cdot Z}\cdot \dfrac{L}{3600\cdot w}\,(x_a - x_v)} = \frac{0,9757 - 0,2}{0,185\,(0,03150 - 0,02814)} \approx 1230\,.$$

Die Kühlgrenze wird also etwa nach dem 50ten Durchgang erreicht und nach dem $50 + 1230 = 1280$ten Durchgang, d. i. nach $\dfrac{1280}{180} = 7,1$ h, verlassen. Während des Hauptabschnittes der Trocknung ergibt sich für jeden Durchgang eine Abnahme des Feuchtigkeitsgehaltes um $\dfrac{0,9757 - 0,2}{1230} = 0,0006$. Für den folgenden

Durchgang, der sich im hygroskopischen Gebiete abspielt, beträgt daher genügend genau

$$\mathfrak{x}_{1281} = 0{,}2 - 0{,}0006 = 0{,}1994\,,$$
$$c_{1281} = 0{,}37 + 0{,}1994 = 0{,}57\,.$$

Entsprechend der Temperatur $\tau = 33{,}8^0$ beträgt $P'' = 537$ und

$$\mathfrak{P} = P'' \cdot \frac{\mathfrak{x}}{\mathfrak{x}_e} = 537 \cdot \frac{0{,}1994}{0{,}2} = 535\,.$$

Hierfür errechnet sich

$$x_\mathrm{g} = \frac{0{,}622 \cdot 535}{10\,000 - 535} = 0{,}03520\,,$$

$$i_\mathrm{g} = 0{,}24 \cdot 33{,}8 + (595 + 0{,}46 \cdot 33{,}8)\,0{,}03520 = 29{,}6\,,$$

$$c_{p\mathrm{g}} = 0{,}24 + 0{,}46 \cdot 0{,}03520 = 0{,}26\,,$$

$$i_g = 29{,}6 - (29{,}6 - 29{,}4)\,e^{-\frac{0{,}17}{0{,}26}} \approx 29{,}5\,,$$

$$x_g = 0{,}03520 - (0{,}03520 - 0{,}02814)\,e^{-\frac{0{,}17}{0{,}26}} \approx 0{,}03150\,,$$

$$t = 33{,}8 + \frac{0{,}185}{0{,}57}\,[29{,}4 - 29{,}5 + 33{,}8\,(0{,}03520 - 0{,}02814)] = 33{,}85\,.$$

Nach dem ersten Durchgang im hygroskopischen Gebiet ist also der Zustandspunkt des Gutes bereits von der Kühlgrenze 33,8 auf eine etwas höhere Temperatur 33,85 gestiegen. Da gleichzeitig sein Dampfdruck $\mathfrak{P}$ gefallen ist, rückt der Zustandspunkt des Gutes von der Sättigungslinie ab.

Für den folgenden Durchgang ergibt sich

$$\mathfrak{x}_{1282} = 0{,}1994 - 0{,}185\,(0{,}03150 - 0{,}02814) = 0{,}1988\,.$$

Es zeigt sich also, daß die Abnahme von $\mathfrak{x}$ für die ersten Durchgänge noch gleich der Abnahme im Hauptabschnitt der Trocknung bleibt.

Die Durchführung der Rechnung ergibt schließlich, daß nach Abb. 59 die Luft im Punkte H, der dem 1440ten Durchgange nach 8 h entspricht, etwa in die Mitte zwischen V und A gerückt ist, also bei jedem Durchgange nur noch etwa halb soviel Feuchtigkeit aufnimmt wie im Hauptabschnitt. Der Punkt $\mathfrak{H}$, der gleichzeitig dem Endzustande des Gutes entspricht, ist von der Sättigungslinie weit abgerückt. Die Kurven AH und $\mathfrak{A}\mathfrak{H}$ streben dem Punkte V als Ausgleichspunkt zu, der nach unendlich langer Trockenzeit erreicht würde. Im Zeitbild der Abb. 60 zeigt sich, daß die Temperatur des Gutes im hygroskopischen Gebiet anfangs langsam, dann rasch und stetig ansteigt und nach 8 h 40,5° erreicht hat. Der Feuchtigkeitsgehalt des Gutes sinkt im hygroskopischen Gebiet immer langsamer und erreicht nach 8 h den Wert 0,125. Die $\mathfrak{x}$-Linie stellt im hygroskopischen Gebiet eine Kurve dar, die asymptotisch zu dem Wert $\mathfrak{x}_\mathfrak{v} = 0{,}2 \cdot \varphi_v$ verläuft, der nach unendlicher Zeit erreicht wird, wenn der Zustand von Gut und austretender Luft im Punkte V zusammenfällt. Wird die Trocknung nach 8 h, wie vorausgesetzt, abgebrochen, so hat die Trockenkraft, die im Zeitbilde aus dem Unterschied $\mathfrak{P} - P_{D_0}$ für die eintretende, $\mathfrak{P} - P_{D_v}$ für die austretende Luft hervorgeht, gegenüber dem Hauptabschnitt noch nicht wesentlich abgenommen, was auch durch den Verlauf der $\mathfrak{x}$-Kurve bestätigt wird.

Im vorliegenden Falle kann die Untersuchung als beendigt angesehen werden, da tatsächlich nach den angesetzten 8 h der Feuchtigkeitsgehalt des Gutes auf etwa das erwünschte Maß gesunken ist. Wäre dies nicht der Fall und der Feuchtigkeitsgehalt $\mathfrak{x}_\mathfrak{v}$ nach 8 h zu hoch geblieben, so müßte eine nachträgliche Berichtigung stattfinden. Sie ist in einfacher Weise möglich, wenn die Voraussetzungen so geändert werden, daß das i-x- und Zeitbild gültig bleiben und die Rechnung einfach fortgesetzt werden darf. Bedingung hierfür ist, daß die Werte $\dfrac{G_L \cdot Z}{\mathfrak{G}_\mathfrak{T}} \cdot \dfrac{L}{3600 \cdot w}$ und

$\dfrac{\mathfrak{F} \cdot Z}{G_L}$ gleichbleiben. Wird also die Trockenzeit z. B. von 8 auf 16 h verdoppelt, so muß auch die Reinluftmenge G_L von 100000 auf 200000 kg/h erhöht werden. Hierbei wird die Länge der Kammer, da sie die doppelte Menge $\mathfrak{G}_{\mathfrak{X}} \cdot Z = 6000$ kg, gemessen als Trockenstoff, fassen muß, $2 \cdot 22 = 44$ m lang. Die Geschwindigkeit w behält ihre Größe bei, da Luftmenge und Querschnitt sich beide im gleichen Verhältnis ändern. Bei bestimmter Tiefe L bleibt daher auch der Wert $\dfrac{L}{3600 \cdot w}$, d. h. die Zeit für einen Durchgang, dieselbe. Hieran würde sich nichts ändern, wenn die Kammer, statt in der Länge, in der Tiefe verdoppelt würde. Es ergäbe sich alsdann eine Tiefe von $2 \cdot 10 = 20$ m, eine sekundliche Geschwindigkeit von $w = 2 \cdot 0{,}5 = 1$ m/s und damit eine Durchgangsdauer von $\dfrac{20}{1} = 20$ s, wie ursprünglich angenommen.

Ist daher am Ende des Rechnungsganges der wünschenswerte Feuchtigkeitsgehalt des Gutes noch nicht erreicht, so kann die Untersuchung ungeändert weitergeführt werden, es muß nur im Verhältnis der sich schließlich ergebenden vergrößerten Trockenzeit Z auch die Menge G_L der angewandten Reinluft gegenüber der ursprünglichen Annahme erhöht werden. Umgekehrt ist zu verfahren, wenn die Durchführung der Trocknung über das für den Endfeuchtigkeitsgehalt des Gutes gesteckte Ziel hinaus führt. Die Untersuchung ist alsdann vorzeitig abzubrechen und gegenüber der ursprünglichen Annahme die angewandte Luftmenge im Verhältnis der berichtigten zur ursprünglich angenommenen Zeit zu verkleinern.

H. Verlauf der Zustandsänderung bei Trockenvorrichtungen mit gleichbleibendem Trockenbild und Bewegung der Luft im Querstrom zum Gut.

Die vorausstehenden Erörterungen und die Abb. 59 und 60 liefern auch die Grundlagen für die Verfolgung des Trockenvorganges bei Vorrichtungen, die mit bewegtem Gut arbeiten, bei denen jedoch die Luftbewegung nicht der des Gutes gleich- oder entgegengerichtet ist, sondern quer dazu verläuft. Dieser Fall liegt z. B. vor, wenn als Gutsträger hordenartige, durchlochte, bewegte Bänder verwendet werden, durch die die Luft hindurchdringt, oder wenn in Zerstäubungstrocknern der

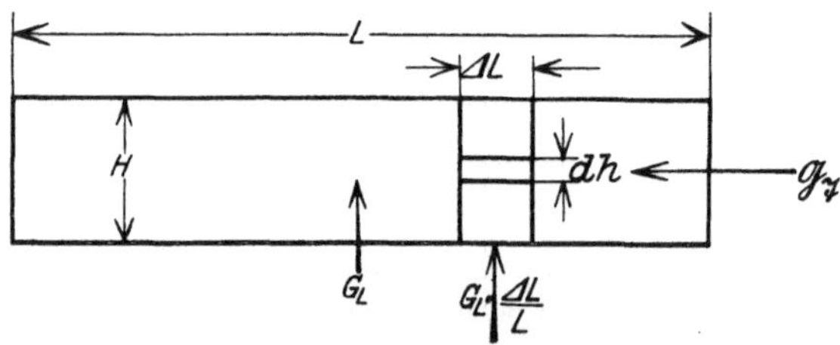

Abb. 61. Querstromtrockner.

Flüssigkeitsschleier, wie üblich, senkrecht zu seiner Ebene von der Luft durchquert wird.

Wird der Weg des Gutes innerhalb der Trockenvorrichtung in einzelne Abschnitte derart unterteilt gedacht, daß jedem Abschnitt gleiche Menge von Gut und Luft zufällt, so kann bei genügender Unterteilung für den Teil, in dem das Rohgut im Zustande $\mathfrak{R}$ eintritt, von der Veränderung des Gutes abgesehen werden. In einem beliebigen Abschnitt mit der Trocknerteillänge ΔL strömen nach Abb. 61, durch das Raumelement mit der Schichthöhe dh,

$\dfrac{G_L \cdot \varDelta L}{L}$ kg/h Reinluft. $\mathfrak{G}_{\mathfrak{x}} \cdot Z$ ist das gesamte Fassungsvermögen des Trockners, $\mathfrak{F} \cdot Z$ die entsprechende Oberfläche, die der gesamten Reinluftmenge G_L kg/h ausgesetzt ist. Auf den Teil $\dfrac{G_L \cdot \varDelta L}{L}$ entfällt im Abschnitt $\varDelta L$ für die gesamte Schichthöhe die Fläche $\mathfrak{F} \cdot Z \cdot \dfrac{\varDelta L}{L}$, für das Raumelement mit der Schichthöhe dh nur $\mathfrak{F} \cdot Z \cdot \dfrac{\varDelta L}{L} \cdot \dfrac{dh}{H}$.

Die Formeln (50) und (51) behalten für den Abschnitt $\varDelta L$ Gültigkeit, wenn darin $\dfrac{G_L \cdot \varDelta L}{L}$ statt G_L und $\mathfrak{F} \cdot Z \cdot \dfrac{\varDelta L}{\varDelta} \cdot \dfrac{dh}{H}$ statt $\mathfrak{F} \cdot dz$ gesetzt wird. Sie lauten alsdann

$$di = \frac{\mathfrak{F} \cdot Z \cdot \varDelta L \cdot L \cdot dh}{L \cdot G_L \cdot \varDelta L \cdot L \cdot H} \cdot k' \, (i_\vartheta - i_n)\,,$$

$$\frac{di}{i_\vartheta - i_n} = \frac{\mathfrak{F} \cdot Z}{H \cdot G_L} \cdot k' \cdot dh\,, \tag{99}$$

$$\frac{i_\vartheta - i_v}{i_\vartheta - i_n} = e^{\frac{\mathfrak{F} \cdot Z}{G_L} \cdot k'} \tag{93a}$$

$$\frac{x_\vartheta - x_v}{x_\vartheta - x_n} = e^{\frac{\mathfrak{F} \cdot Z}{G_L} \cdot k'}\,. \tag{94a}$$

Die Formeln (93a) und (94a) stimmen genau mit (93) und (94) überein.

Wird die Temperaturänderung $\varDelta t$ nach Fortbewegung des Gutes um $\varDelta L$ gesucht, so ist in Formel (71) zu setzen: $\dfrac{G_L \cdot \varDelta L}{L}$ statt G_L, $i_n - i_v$ statt $\varDelta i$, $x_n - x_v$ statt $\varDelta x$, und es wird

$$\frac{G_L \cdot \varDelta L}{L}\,[i_n - i_v - i_{\mathfrak{W}} t \,(x_n - x_v)] = -\,\mathfrak{G}_{\mathfrak{x}} \cdot \mathfrak{c} \cdot \varDelta t\,, \tag{100}$$

$$\varDelta t = \frac{G_L \cdot \varDelta L}{\mathfrak{G}_{\mathfrak{x}} \cdot \mathfrak{c} \cdot L}\,[i_v - i_n + i_{\mathfrak{W}} t \,(x_n - x_v)]\,. \tag{101}$$

Statt $\dfrac{L}{3600 \cdot w \cdot Z}$ in Formel (95a) steht hier $\dfrac{\varDelta L}{L}$. Beide bedeuten einen Bruchteil der gesamten Trockenzeit, $\dfrac{L}{3600 \cdot w \cdot Z}$ den, der auf einmaligen Durchgang entfällt, $\dfrac{\varDelta L}{L}$ den, der der Weglänge $\varDelta L$ zukommt.

Es folgt hieraus eine vollständige Übereinstimmung des i-x-Bildes nach Abb. 59. Während jedoch beim Kammertrockner die Veränderung längs $G_0 A E H$ sich zeitlich nacheinander vollzieht, entspricht dieser Verlauf beim Querstromtrockner dem örtlich wechselnden Zustand der Luft. Die abgehende Mischluft setzt sich aus den Teilluftströmen verschiedener Beschaffenheit zusammen. Wird zu der Abb. 59 das Zeitbild nach Abb. 60 in beschriebener Weise entworfen, so kann durch Integrierung der x_g-Kurve die mittlere Höhe gefunden werden. Ihr Wert $x_{g\,\text{mittel}}$ stellt den zeitlich gleichbleibenden Feuchtigkeitsgehalt der abgehenden Mischluft dar. Der Abstand einer im Zeitbild im Ordinatenabstand $x_{g\,\text{mittel}}$ gezogenen Geraden von der dem Anfangszustande der Luft entsprechenden Geraden für x_v bestimmt die Trockenleistung $G_L\,(x_v - x_{g\,\text{mittel}})$. Der in Abb. 60 wiedergegebene Verlauf von x, t und $\mathfrak{x}$ bleibt nach wie vor gültig, wobei die Abszissen als Zeiten oder als Wege des bewegten Gutes aufgefaßt werden können. Die Länge der Abszissenachse entspricht der gesamten Trockendauer oder der Gesamtlänge des Trockners, in Richtung des Gutsweges gemessen.

Zahlenbeispiel 13.

In einem mit beweglichen Horden arbeitenden Querstromkanaltrockner sollen Apfelscheiben mit einem Trockenstoffgewicht $\mathfrak{G}_\mathfrak{X} \cdot Z = 200$ kg 6 h lang getrocknet werden. Die gesamte Hordenfläche betrage $F = 100$ m², die Schichtstärke $e = 0,04$ m, der von dem Gut eingenommene Inhalt daher $V = \mathfrak{B} \cdot Z = 100 \cdot 0,04$

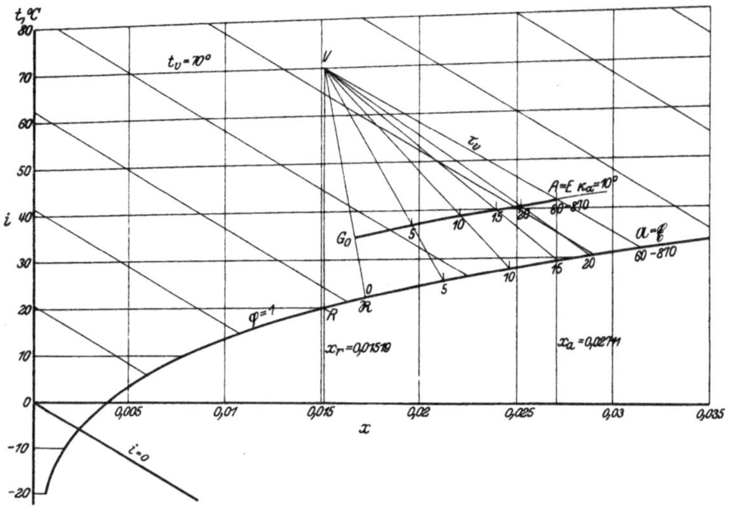

Abb. 62. Untersuchung eines Querstromtrockners $\left(\dfrac{\mathfrak{G}_\mathfrak{X}}{G_L} = \dfrac{1}{500}\;;\; \mathfrak{x}_r = 5,4;\; \mathfrak{x}_\mathfrak{h} = 0,3 > \mathfrak{x}_e\right)$.

$= 4$ m³. Die zur Verwendung gelangende Frischluft besitze $t_r = 20^0$ und sei gesättigt; ihre Vorwärmung erfolge auf $t_v = 70^0$. Die Anfangstemperatur des Gutes betrage $t_\mathfrak{x} = 22^0$, die spezifische Wärme des Trockenstoffgehaltes der Äpfel sei zu $c_\mathfrak{X} = 0,37$ angenommen. Der Anfangsfeuchtigkeitsgehalt des Gutes sei $\mathfrak{x}_r = 5,4$. Bei der Trocknung soll ein Endfeuchtigkeitsgehalt $\mathfrak{x}_\mathfrak{h} = 0,3$ angestrebt werden. Der hygroskopische Punkt liege bei einem Feuchtigkeitsgehalt $\mathfrak{x}_e < \mathfrak{x}_\mathfrak{h}$, werde also nicht erreicht.

Der Zustand der Frischluft entspricht in Abb. 62 dem Punkte R mit einem anfänglichen Feuchtigkeitsgehalt der Luft von

$$x_r = x_v = 0,01519 \,.$$

Punkt V ergibt einen spezifischen Wärmeinhalt nach Vorwärmung auf 70^0 von

$$i_v = 26,3 \,.$$

Dem für den Anfangszustand des Gutes maßgebenden Punkte $\mathfrak{R}$ sind die Werte

$$x_\mathfrak{x} = 0,01724,$$
$$i_\mathfrak{x} = 15,7$$

zugeordnet.

In Abb. 62 stellt die Gerade $V\mathfrak{A}$ die τ-Linie dar, längs deren, abgesehen von der Vorwärmung, der Luftzustand sich verändert. Unter Annahme einer Trockenkraft der austretenden Luft von $\varkappa \approx 10^0$ sei Punkt A festgelegt. Der Unterschied $x_a - x_v$ beträgt alsdann rund 0,012. Die stündlich aufzutrocknende Feuchtigkeitsmenge ergibt sich zu

$$\mathfrak{G}_{\mathfrak{T}}(\mathfrak{x}_{\mathfrak{r}} - \mathfrak{x}_{\mathfrak{h}}) = \frac{200}{6}(5,4 - 0,3) = 170 \text{ kg/h}$$

und die stündlich benötigte Luftmenge in vorläufiger Annahme zu

$$G_L \approx \frac{170}{0,012} \approx 14\,200 \text{ kg/h Reinluft}.$$

Es werde mit einer reichlich bemessenen Luftmenge $G_L = 16\,667$ kg/h, entsprechend einem Verhältnis von $\dfrac{\text{Reinluft}}{\text{Trockenstoffgewicht}} = \dfrac{G_L}{\mathfrak{G}_{\mathfrak{T}}} = 500$ gerechnet. Der durchschnittliche Feuchtigkeitsgehalt der Luft ergibt sich zu rund $x \approx 0,022$. Hieraus folgt das durchschnittliche Luftgewicht zu

$$G_L(1 + x) \approx 17\,000 \text{ kg/h}.$$

Die hier räumlich aufzufassende Wärmeübergangszahl α_V beträgt

$$\alpha_V = 1150 + 1,5 \cdot \frac{G_L(1 + x)}{f} = 1150 + 1,5 \cdot \frac{17000}{100} \approx 1400,$$

ferner

$$c_{p\,\mathfrak{r}} = 0,24 + 0,46 \cdot 0,01724 \approx 0,25.$$

Nach Formeln (93a) und (94a) können demnach errechnet werden

$$i_0 = i_{\mathfrak{r}} - (i_{\mathfrak{r}} - i_v)\, e^{\frac{\mathfrak{B}_{\mathfrak{T}} \cdot Z}{G_L} \cdot \frac{\alpha_V}{c_{p\,\mathfrak{r}}}},$$

$$x_0 = x_{\mathfrak{r}} - (x_{\mathfrak{r}} - x_v)\, e^{\frac{\mathfrak{B}_{\mathfrak{T}} \cdot Z}{G_L} \cdot \frac{\alpha_V}{c_{p\,\mathfrak{r}}}}.$$

Mit

$$\frac{\mathfrak{B}_{\mathfrak{T}} \cdot Z}{G_L} \cdot \alpha_V = \frac{4}{16\,667} \cdot 1400 = 0,336$$

folgt

$$i_0 = 15,7 - (15,7 - 16,3)\, e^{-\frac{0,336}{0,25}} = 18,5,$$

$$x_0 = 0,01724 - (0,01724 - 0,01519)\,e^{-\frac{0,336}{0,25}} = 0,01670.$$

Hiermit liegt die Lage des Punktes G_0 fest.

Die gesamte Trockenzeit $Z = 6$ h sei in 1000 Zeitabschnitte unterteilt, entsprechend einer Teillänge des Kanals $\dfrac{\varDelta L}{L} = \dfrac{1}{1000}$. Mit

$$c_0 = 0,37 + 5,4 = 5,77$$

für den Ausgangspunkt $\mathfrak{R}$ ergibt sich, wenn 5 Zeitteile zusammengefaßt werden, die Temperaturänderung des Gutes nach Ablauf von $\dfrac{5 \cdot Z}{1000}$ h zu

$$t_{\mathfrak{g}5} - t_0 = \frac{500 \cdot 5}{5,77 \cdot 1000}[26,3 - 18,5 + 22\,(0,01670 - 0,01519)] = 3,4^0.$$

Der Punkt 5, der dem Gutszustande nach $\dfrac{5 \cdot Z}{1000}$ h entspricht, liegt daher auf der Sättigungslinie bei einer Temperatur von $22 + 3,4 = 25,4^0$.

Der Feuchtigkeitsgehalt des Gutes ändert sich gleichzeitig um das Maß

$$\mathfrak{x}_{\mathfrak{r}} - \mathfrak{x}_5 = \frac{G_L}{\mathfrak{G}_{\mathfrak{T}}} \cdot \frac{\varDelta L}{L}(x_0 - x_v) = \frac{500 \cdot 5}{1000}(0,01670 - 0,01519) \approx 0,004.$$

Der neue Wert $\mathfrak{x}_5 = 5{,}396$ liefert

$$c_5 = 0{,}37 + 5{,}396 \approx 5{,}77\,.$$

Hiernach können die folgenden Punkte für Luft- und Gutszustand in der in Abb. 62 dargestellten Weise gefunden werden. Die genaue Untersuchung führt nach 0,06 Z h, also im Punkte 60 des i-x-Bildes, zur Erreichung der τ-Linie mit einer Kühlgrenztemperatur $\tau = 31{,}9^{\,0}$.

Der zeitliche Verlauf, der im vorliegenden Falle auch gleichzeitig die örtliche Änderung längs des Kanaltrockners darstellt, ist in dem Zeitbilde der Abb. 63 wiedergegeben. Die in $^0/_{00}$ eingeteilte gesamte Abszissenlänge stellt die Trockenzeit $Z = 6$ h, 1 Teil also 0,006 h, dar. 166,7 Teile entsprechen 1 h.

Nach Erreichung der Kühlgrenze ergibt die Berechnung folgende Zahlen:

$$i_a = 26{,}7, \qquad x_a = 0{,}2711,$$
$$i_\mathfrak{a} = 26{,}8, \qquad x_\mathfrak{a} = 0{,}03149,$$
$$\mathfrak{x}_\mathfrak{a} = 5{,}120, \qquad c_{p\mathfrak{a}} = 0{,}25\,.$$

Der Teil der gesamten Trockenzeit, der auf den Hauptabschnitt der Trocknung entfällt, folgt aus

$$\frac{z_h - z_a}{Z} = \frac{\mathfrak{x}_\mathfrak{a} - \mathfrak{x}_\mathfrak{h}}{\dfrac{G_L}{\mathfrak{G}}\,(x_a - x_v)}$$

$$= \frac{5{,}12 - 0{,}30}{500\,(0{,}02711 - 0{,}01519)} = 0{,}81,$$

wenn berücksichtigt wird, daß die Trocknung nach Erreichung eines Endfeuchtigkeitsgehaltes des Gutes von $\mathfrak{x}_\mathfrak{h} = 0{,}3$ vor Eintritt in das hygroskopische Gebiet abgebrochen wird. Das bedeutet, daß die Kühlgrenze nach

$$0{,}06 \cdot 6 = 0{,}36\,\mathrm{h}$$

erreicht und die Trocknung bis auf $\mathfrak{x}_\mathfrak{h} = 0{,}3$ nach weiteren

$$0{,}81 \cdot 6 = 4{,}86\,\mathrm{h},$$

also vom Beginn ab gerechnet nach 5,22 h beendigt ist.

Die ursprünglich zu 6 h angesetzte Trockenzeit ist daher nicht erforderlich, bzw. würde, unter Beibehaltung der getroffenen Annahmen, zu einer weitergehenden Trocknung führen, als verlangt ist. Wird aus diesem Grunde der Trockenvorgang nach 5,22 h beendigt, d. h. der Trockenkanal im Verhältnis $\dfrac{5{,}22}{6}$ auf das 0,87 fache seiner ursprünglichen Länge verkürzt, so bleibt der durchgeführte Rechnungsgang und damit das i-x- und Zeitbild gültig, wenn sich die Werte $\dfrac{G_L}{\mathfrak{G}_\mathfrak{x}} \cdot \dfrac{\varDelta L}{L}$ und $\dfrac{\mathfrak{B}_\mathfrak{x} \cdot Z}{G_L}$

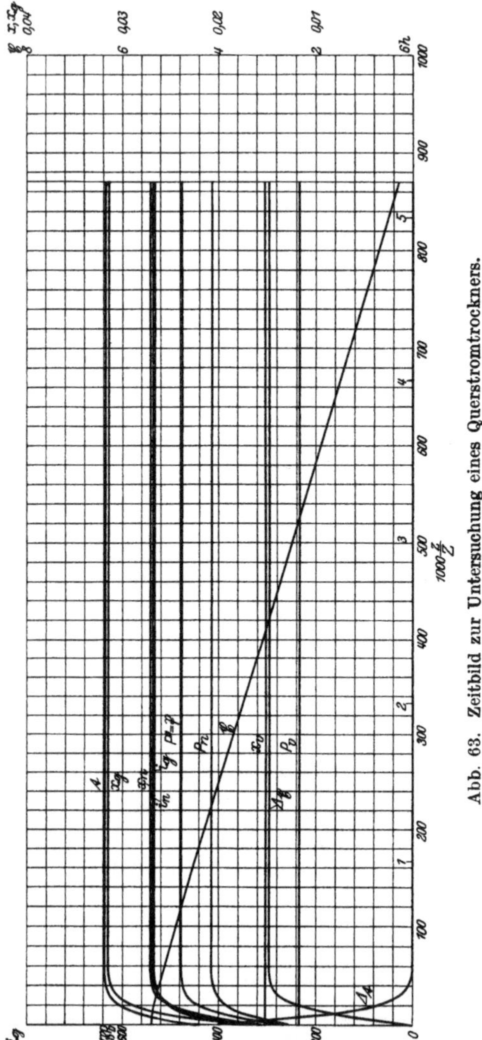

Abb. 63. Zeitbild zur Untersuchung eines Querstromtrockners.

nicht ändern. Dies ist der Fall, wenn, entsprechend der auf das 0,87fache verminderten Trockenzeit, die stündlich umlaufende Luftmenge auf $0{,}87 \cdot 16667$ = 14500 kg/h vermindert wird. Die Teile des Zeitbildes, die zuvor $\dfrac{1}{1000}$ der Trockenzeit = 0,006 h entsprachen, stellen nunmehr gleichfalls 0,006 h, d. h. den $\dfrac{1}{1000 \cdot 0{,}87} = \dfrac{1}{870}$ Teil der neuerlich gewählten Trockenzeit dar. $\mathfrak{G}_x$ und $\mathfrak{B}_x$ und damit die stündlich durchlaufende Gutsmenge bleiben ungeändert.

VIII. Die Berechnung des Trockenvorganges bei Wärmeübertragung an das Gut durch beheizte Flächen.

A. Wärmeübertragung von Heizmittel durch metallische Trennflächen an Gut.

Die eigentlichen Heizvorrichtungen lassen sich bei Trockenanlagen nur dann von der Trockenvorrichtung trennen, wenn es sich um reine Lufttrocknung handelt, bei der die Vorwärmung der Luft ausschließlich vor ihrem Zusammentreffen mit dem Gute erfolgt. Es ist nicht Aufgabe dieser Arbeit, für die Berechnung derartiger Lufterhitzer Anweisung zu geben.

Ähnliches gilt, wenn bei einer Trockenanlage mit Luft als Trockenmittel Heizvorrichtungen innerhalb des Trockenraumes untergebracht sind. Hier beginnt jedoch die Wechselwirkung zwischen Gut und Heizfläche. Nur die Wärmeübertragung durch Leitung und Strömung wird durch die Luft übermittelt. Daneben ergibt sich eine unmittelbare Wärmeübertragung zwischen Heizfläche und Gut durch Strahlung. Sie ist im allgemeinen unerwünscht, weil sie die einzelnen Teile des Gutes ungleichmäßig trifft. In der Regel wird daher eine Abblendung der Heizvorrichtung durch Holzwände oder andere schlecht leitende Mittel, gegebenenfalls unter entsprechender Oberflächenbehandlung der äußeren Seite, vorgenommen und dadurch die Wärmestrahlung auf ein Maß herabgesetzt, dessen zahlenmäßige Berücksichtigung kaum nötig ist.

Dagegen sind die Teile der Heizflächen, mit denen das Gut in unmittelbare Berührung kommt, von der Trockenvorrichtung selbst nicht zu trennen.

Es bedeute

F_i die vom Gut bedeckte, beheizte Fläche, in m^2,
ϑ die Temperatur der beheizten Wand, in ^{0}C,
t_* die Temperatur des Heizmittels, in ^{0}C,
p_i die absolute Spannung des Heizmittels, in kg/cm^2,
e_i die Stärke der trennenden Metallwand, in m,
λ_i die Wärmeleitzahl der Wand, in kcal/m $\cdot$ ^{0}C $\cdot$ h,
k_i die Wärmedurchgangszahl von Heizmittel an Gut, in kcal/m$^2 \cdot {}^0$C$\cdot$h,
t_i die Temperatur des Gutes an der Heizfläche, in ^{0}C,
t die Temperatur des Gutes an der freien Fläche, in ^{0}C,
Q_i den Wärmestrom vom Heizmittel an das Gut, in kcal/h.

1. Wärmeübergangszahl α.

Der Wärmeübergang erfolgt einerseits von dem Heizstoff an die Wand des Heizkörpers, andererseits von der entgegengesetzten Wand des Heizkörpers an das Gut. Der heizende Stoff besteht aus einem fließenden Körper im allgemeinsten Sinne, also aus tropfbarer Flüssigkeit, Gas oder Dampf.

Für den Wärmeübergang zwischen tropfbarer Flüssigkeit und Wand liefert die Untersuchung von Soennecken[1] die Formel

$$\alpha = 1400 \cdot d^{0,16} \cdot w^{0,79} \, (1 + 0,016 \cdot \vartheta) \,, \tag{102}$$

wenn für die Beiwerte die für mittlere Rauhigkeitsgrade geltenden Zahlen und die Exponenten in der Höhe eingesetzt werden, wie sie der Nusselt-Gröberschen Formel entsprechen.

In Fortsetzung der Soenneckenschen Versuche hat Stender[2] den Einfluß von Wand und Flüssigkeitstemperatur auf den Wärmeübergang getrennt untersucht. Er ist hierbei für blanke Rohre von 17 und 28 mm Durchmesser zu der von Baustoff, Strömungsrichtung und Richtung des Wärmeüberganges unabhängigen Gleichung

$$\alpha = 2830 \, (1 + 0,0215 \cdot t_m - 0,00007 \cdot t_m^2) \, w^{0,91 \, - \, 0,0011 \, t_m} \tag{103}$$

gelangt, wobei $t_m = t_i + 0,1(\vartheta - t_i) = 0,9 \cdot t_i + 0,1 \cdot \vartheta$ ist. Die Stendersche Formel kann ebensowenig wie die von Soennecken als endgültige Lösung gelten, weil sie den sicher vorliegenden Einfluß von Rohrlänge und Rohrdurchmesser nicht zu berücksichtigen gestattet. Sie weist auf einen Einfluß der Temperatur, bzw. der darin ausgedrückten Stoffeigenschaften der Flüssigkeit, hin, der die Wirkung der Wandtemperatur überragt.

In Anlehnung an die Nusselt-Gröbersche Formel haben Mc Adams und Frost[3] die Formel

$$\alpha = b \left(1 + \frac{b_1}{\dfrac{l}{d}}\right) d^{-0,2} \cdot w^{0,8} \cdot \gamma^{0,8} \cdot \mu_0^{\,0,8} \tag{104}$$

entwickelt, in der b und b_1 Beiwerte sind und μ_0 die relative Zähigkeit, verglichen mit der Zähigkeit von Wasser bei 20^0, bedeutet. Sie unterscheidet sich von der in ähnliche Form gebrachten Nusselt-Gröberschen Gleichung

$$\alpha = 22,5 \left(\frac{l}{d}\right)^{-0,05} \cdot d^{-0,21} \cdot w^{0,79} \cdot \gamma^{0,79} \cdot c p^{0,79} \cdot \lambda^{0,21} \,,$$

abgesehen von den Beiwerten und dem geringfügigen Unterschied der Exponenten, durch die Annahme eines stärkeren Einflusses der Rohrlänge bzw. des Verhältnisses $\dfrac{l}{d}$ und durch Berücksichtigung des Ein-

---

[1] Soennecken: Der Wärmeübergang von Rohrwänden an strömendes Wasser. Forschungsheft 108/109.

[2] Stender: Der Wärmeübergang an strömendes Wasser in vertikalen Rohren. Berlin 1924.

[3] Mc Adams und Frost: Heat transfer for water flowing inside pipes. Ref. Engg. 1924.

flusses der Zähigkeit, den in ähnlicher Weise Nusselt[1]) für Strömung von Gasen senkrecht zur Rohrachse festgestellt hat. Die Darstellung der Formel (104) verdient deshalb den Vorzug, weil sie Aussicht bietet, Flüssigkeiten im weitesten Sinne einheitlich zu berücksichtigen[2]).

Außer erwärmtem Wasser wird als Heizflüssigkeit in Ausnahmefällen Öl wegen des höheren Siedepunktes verwendet, z. B. bei den Walzentrocknern von Kletzsch. Der Wärmeübergang von Öl an Metall ist wegen der geringeren Wärmeleitzahl und größeren Zähigkeit niedriger als bei Wasser und Dampf. Die spezifische Wärme von Öl liegt erheblich niedriger als die von Wasser, so daß beim ersten größere Mengen in Umlauf zu halten oder größere Temperaturgefälle zuzulassen sind. Das benutzte Öl muß einen hohen Flammpunkt besitzen, da der Hauptgrund für seine Verwendung in der damit möglichen Steigerung der Heizmitteltemperatur auf etwa 250^0 liegt, die bei Sattdampf eine im allgemeinen sich verbietende Steigerung des Betriebsdruckes auf etwa 40 at bedingen würde. Weiter ist das Heizöl so zu wählen, daß die Gefahr einer Verkohlung und Krustenbildung auf der Heizfläche vermieden wird, weil hierdurch der Wärmedurchgang eine erhebliche Verschlechterung erfahren würde.

Gase als mittelbarer Heizstoff kommen wohl nur in Form von Feuergasen in Betracht, weil wegen der schlechten Wärmeübergangszahl nur durch erhebliche Temperaturunterschiede einigermaßen befriedigende Leistungen zu erzielen sind. Für die Höhe des Wärmeübergangs bieten die Untersuchungen in Abschnitt V. B. einen Anhalt. Neben der Höhe der Temperatur ist die Geschwindigkeit von erheblichem Einfluß und soweit wie möglich zu steigern.

Besonders günstig sind die Wärmeübergangsverhältnisse zwischen Sattdampf und Wand. Die Wärmeübergangszahl gibt Nusselt[3]) für ruhenden oder mit einer Geschwindigkeit $w < 1$ m/s strömenden Dampf bei wagerechten Rohren zu

$$\alpha = 2886 \sqrt[4]{\frac{2 \cdot r \cdot \gamma^2 \left(\dfrac{\lambda}{3600}\right)^3}{3 \cdot \mu \cdot d\,(t_i - \vartheta)}} \tag{105}$$

---

[1]) Nusselt: Die Kühlung eines Zylinders durch einen senkrecht zur Achse strömenden Luftstrom. Ges.-Ing. 1922.

[2]) Neuerdings hat ten Bosch (Der Wärmeübergang in tropfbaren Flüssigkeiten. Z. V. d. I. 1926) eine für allgemeine Flüssigkeiten gültige Beziehung entwickelt, die umgeformt lautet

$$\alpha = \frac{0.00395 \cdot g^{0,25}}{1 - \dfrac{\delta}{\delta} + g \cdot \dfrac{\delta}{\delta'} \cdot \dfrac{\gamma_\mathfrak{G}}{\gamma_k} \cdot \dfrac{c_{p\,k} \cdot \mu_k}{\lambda_\mathfrak{G}}} \cdot d^{-0,25} \cdot w^{0,75} \cdot \gamma_\mathfrak{G}^{0,75} \cdot c_{p\,\mathfrak{G}} \cdot \mu_\mathfrak{G}^{0,25}$$

und Ähnlichkeit mit der von Mc Adams und Frost aufgestellten Formel (104) besitzt. In der ten Boschschen Gleichung beziehen sich die mit Index $\mathfrak{G}$ bzw. $_k$ gekennzeichneten Werte auf den Flüssigkeitszustand in der Grenzschicht bzw. in dem Flüssigkeitskern. $\dfrac{\delta}{\delta'}$ bedeutet das Verhältnis der wirklichen zur idealen Grenzschichtdicke.

[3]) Nusselt: Die Oberflächenkondensation des Wasserdampfes. Z. V. d. I. 1916.

an, wobei die Werte γ, λ und μ für flüssiges Wasser bei der Temperatur $\dfrac{t_i + \vartheta}{2}$ gelten.

Für Wasserdampf von 100^0 ergibt sich hieraus

$$\alpha \approx \frac{8000}{\sqrt[4]{d\,(t_i - \vartheta)}},$$

für Wasserdampf von 160^0

$$\alpha \approx \frac{9300}{\sqrt[4]{d\,(t_i - \vartheta)}}.$$

Erhöhung der Spannung wirkt daher günstig.

Die Wirksamkeit dampfbeheizter Flächen ist, soweit der Wärmeübergang auf der Dampfseite in Betracht kommt, bedingt durch rasche Abführung des entstehenden Niederschlagwassers. Als natürliches Mittel hierfür bietet sich die Spülkraft des Dampfes, die mit seiner Fließgeschwindigkeit, bei gegebenem Querschnitt also mit seiner Menge, wächst. Von diesem Gesichtspunkte aus erscheint es richtig, wenn bei dampfbeheizten Flächen mit großem Querschnitt ein Kunstgriff insofern angewendet wird, als nicht nur die Dampfmenge durchströmt, die darin niederschlagen würde, sondern ein Mehrfaches. Der Überschuß muß hierbei weiterverwendet werden. Bietet sich die Möglichkeit innerhalb der Trockenvorrichtung, so ist die Lösung einfach. In anderen Fällen muß die Trockenanlage irgendwie mit anderen Betrieben gekuppelt werden, z. B. mit Heiz- und Dampfkraftanlagen. Verwirklicht findet sich dieses Verfahren bei den Papiertrockenzylindern der Firma Farnsworth & Co. Sie teilt die Trockenzylinder in zwei Gruppen ein, von denen die eine mit $\frac{1}{4}$ der Gesamtzahl sich am Naßende, die restlichen $\frac{3}{4}$ am Trockenende befinden. Der gesamte Dampf strömt der letzten Gruppe zu. Der nach Abscheidung des Niederschlagwassers verbleibende Rest wird der Naßendgruppe zugeleitet. Über die Nachteile der Dampfüberhitzung für Heizzwecke schienen bis vor kurzem keine Zweifel zu bestehen. Sie sind neuerdings u. a. von Stender[1] erhoben worden. Versuche, die hierüber Klärung schaffen sollen, sind im Gange. Verfasser kommt in seiner Untersuchung[2] zu dem Ergebnis, daß ein Niederschlagen des Dampfes bereits zu erwarten ist, ehe die Überhitzung vollständig verschwunden ist, so daß also überhitzter Dampf, Sattdampf und Niederschlagwasser nebeneinander bestehen können. Bei dieser Gelegenheit sei auch auf die Beobachtungen von Foß[3] hingewiesen, dessen Versuche zu dem Ergebnis geführt haben, daß Überhitzung des Trockendampfes die Leistung für 1^0 Überhitzung um rund $0,3\%$ herabsetzt.

Während bei dem Wärmeübergang von Heizmittel an Wand gegenüber den allgemeinen Heizvorrichtungen keine grundsätzlichen Unter-

---

[1] Stender: Der Wärmeübergang bei kondensierendem Heißdampf. Z. V. d. I. 1925.

[2] Hirsch: Die Abkühlung feuchter Luft. Ges.-Ing. 1926.

[3] Foß: Die Wärmewirtschaft in der Brikettfabrik. Braunkohle 1923.

schiede bestehen, ergibt sich ein solcher für die Wärmeübergangszahl zwischen Wand und daran anliegendem Gut, weil es sich hierbei in der Regel nicht um einen einheitlichen Stoff handelt, sondern der Gutszustand mit dem Fortschreiten der Trocknung stark wechselt. Beim Auflaufen hat das Gut ganz oder nahezu flüssige Form, so daß mit Wärmeübergangszahlen gerechnet werden kann, wie sie ruhender Flüssigkeit zukommen. Mit abnehmendem Feuchtigkeitsgehalt nimmt das Gut mehr und mehr die Eigenschaften eines festen Körpers mit geringer Wärmeleitfähigkeit an. Dementsprechend ist mit einem Zunehmen des Wärmeübergangswiderstandes zu rechnen. Für die Beurteilung der Trockenwirkung auf das Gut ist der Temperatursprung von Wichtigkeit, der an der Berührungsfläche auftritt. Er ergibt sich, wenn

F die wirksame Austauschfläche, in m²,

bedeutet, zu

$$\vartheta - t_i = \frac{Q_i}{F \cdot \alpha},$$

ist also bei einer bestimmten Flächenbelastung $\frac{Q_i}{F}$ um so größer, je kleiner α wird. Schlechte Übergangsverhältnisse an der Trennschicht schützen das Gut vor übermäßiger Erwärmung.

2. Wärmeleitzahl λ_i.

Die Wärmeleitzahl der trennenden Metallwände liegt wohl ausnahmslos so hoch, daß der Wärmeleitwiderstand vernachlässigt werden kann.

3. Wärmedurchgangszahl k.

Maßgebend für die Höhe der Wärmeübertragung von Heizmittel an Gut ist der Wärmedurchgangswiderstand

$$\frac{1}{k_i} = \sum \frac{1}{\alpha} + \sum \frac{e}{\lambda}, \tag{106}$$

also die Summe der auftretenden Wärmeübergangswiderstände und der den einzelnen Schichten entsprechenden Wärmeleitwiderstände.

Da der Wärmeleitwiderstand $\frac{e_i}{\lambda_i}$ der trennenden Metallwand gegenüber den Wärmeübergangswiderständen verschwindet, hängt der Wärmedurchgangswiderstand bei wesentlicher Verschiedenheit der Wärmeübergangswiderstände und Wärmeleitwiderstände vor allem von dem ungünstigsten Faktor ab, der nach einiger Erfahrung von vornherein leicht erkannt wird. Soll z. B. eine Flüssigkeit durch Feuergase getrocknet werden, so ist der Wärmeleitwiderstand an der gasberührten Seite allein ausschlaggebend, und es darf für ihn $\frac{1}{\alpha} \approx \frac{1}{k_i}$ gesetzt werden.

Auf die Festsetzung der an das Gut übertragenen Wärmemenge, d. h. die Ermittelung von k_i, kann sich die Untersuchung nur dann beschränken, wenn es sich um reine Verdampfung handelt. Wird sie in gleicher Weise auch auf Trockenverfahren ausgedehnt, bei denen einseitige Beheizung und Verdunstung an der freien Fläche des Gutes stattfindet, so handelt es sich um einen Notbehelf, der die richtige Schätzung oder Messung der Temperatur des Gutes zur Voraussetzung hat.

Mit dem Wärmeleitwiderstand $\dfrac{e}{\lambda_{\mathfrak{G}}}$ des Gutes nimmt der Temperaturunterschied an seinen beiden Seiten — beheizter und freier Fläche — zu. Verringerung der Schichtstärke ist daher mit abnehmender Wärmeleitzahl, d. h. fortschreitender Trocknung, von besonderer Bedeutung. Es kann allgemein gesagt werden, daß die Auftragegeschwindigkeit des Gutes auf die Heizvorrichtung, die in der Regel der Geschwindigkeit der meist zylinderförmigen Trockenvorrichtung entspricht, stets auf das Maß gesteigert werden soll, bei dem das Gut noch genügend haftet, um eine bestimmte Leistung bei geringer Schichtstärke zu erzielen. Verdoppelung der Geschwindigkeit unter Halbierung der Schichtstärke führt zu einer Milderung der Trockenwirkung bei gleichbleibender Trockenleistung und nicht, wie zunächst angenommen werden könnte, zu einem unveränderten Ergebnis. Aus diesem Grunde ist es richtig, wenn bei empfindlichem Gut die Schichthöhe auf 0,2 mm und weniger herabgezogen wird.

Wegen des Wärmeübergangswiderstandes $\dfrac{1}{\alpha}$ zwischen Gut und freier Umgebung kann auf die Ausführung in Abschnitt V. B. verwiesen werden, wenn es sich um eine Trockenvorrichtung handelt, bei der Luft zur Abführung der Feuchtigkeit dient. Bei Verdampfungsanlagen, die unter Ausschluß der Umgebungsluft wirken, äußert sich der Übergangswiderstand an der freien Fläche durch eine Steigerung der Temperatur über die Sättigungstemperatur des darüber schwebenden Dampfes, die unwesentlich ist und gegenüber dem Siedeverzug aus anderen Gründen verschwindet.

Wegen der Ungewißheit des Wärmeleitwiderstandes $\lambda_{\mathfrak{G}}$ des Gutes erscheint es vorläufig wenig aussichtsreich, eine zahlenmäßige Ermittelung der Wärmedurchgangszahl k zu versuchen. Wenn trotzdem die hierfür maßgebenden Einzelfaktoren ausführlicher besprochen wurden, so geschah dies mit Rücksicht darauf, daß wohl der Versuch für die Feststellung von k maßgebend bleiben soll, daß jedoch dabei Klarheit über die Möglichkeit bestehen muß, das Ergebnis durch Veränderung der Einzeleinflüsse zu beherrschen. So zahlreich die an Trockenvorrichtungen vorgenommenen Untersuchungen auch sind, so wenige enthalten doch die für Ermittelung von k erforderlichen Zahlenangaben in lückenloser Weise.

Zahlenbeispiel 14.

Für eine Passburgsche Vakuumdoppeltrommel mit zwei Walzen von 1 m Durchmesser, 2,8 m Länge, entsprechend 17,6 m² gesamter Heizfläche, ergaben sich folgende Zahlen, wenn Fischbrei vorgetrocknet wurde:

anfänglicher Feuchtigkeitsgehalt des Gutes . . . . . . $\mathfrak{x}_{\mathfrak{x}} = 3{,}35,$
schließlicher Feuchtigkeitsgehalt des Gutes . . . . . . $\mathfrak{x}_{\mathfrak{h}} = 0{,}33,$
stündliche Wasserverdampfung . . . . $\mathfrak{G}_{\mathfrak{x}}\,(\mathfrak{x}_{\mathfrak{x}} - \mathfrak{x}_{\mathfrak{h}}) = 865$ kg/h,
Heizdampfspannung . . . . $p_i = 3$ kg/cm²,

entsprechend $t_i = 132,8^0$ Sättigungstemperatur und $r \approx 529$ kcal/kg Verdampfungswärme,

Luftleere . . . . $P = 0,082$ kg/m²,

entsprechend $t = 41,5^0$ Sättigungstemperatur.

Da die Heizfläche zu $\dfrac{5}{6}$ durch das Gut bedeckt wird und die Menge des niederschlagenden Heizdampfes wegen der auftretenden Verluste etwa das $1^1/_2$fache der abgedampften Wassermenge beträgt, ergibt sich die Wärmedurchgangszahl k aus der Beziehung

$$Q = F \cdot k \, (t_i - t), \tag{107}$$

$$k \approx \frac{1,5 \cdot 865 \cdot 520}{\dfrac{5}{6} \cdot 17,6 \, (132,8 - 41,5)} \approx 500 \ \text{kcal/m}^2 \cdot {}^0\text{C} \cdot \text{h} \,.$$

Die verhältnismäßig hohe Zahl erklärt sich daraus, daß der hohe Endfeuchtigkeitsgehalt des Gutes seinen Wärmeleitwiderstand noch in niedrigen Grenzen läßt.

Zahlenbeispiel 15.
Die von **Sprockhoff** an einem **Passburg**schen Vakuumschaufeltrockner für Kartoffelstärke durchgeführten Untersuchungen ergaben:

Trommeldurchmesser . . . . .1,5 m,
Trommellänge . . . . .10 m,
gesamte Heizfläche, die sich aus dem Dampfmantel
  und einem inneren Heizröhrenbündel zusammensetzt 150 m²,
hiervon vom Gut berührt etwa $\frac{3}{4}$ . . . .$F = 115$ m²,
anfänglicher Feuchtigkeitsgehalt des Gutes . . . . . .$\mathfrak{x}_r = 0,67$,
schließlicher Feuchtigkeitsgehalt des Gutes . . . . . .$\mathfrak{x}_h = 0,27$,
stündliche Wasserverdampfung . . . .$\mathfrak{G}_{\mathfrak{x}} \, (\mathfrak{x}_r - \mathfrak{x}_h) = 720$ kg/h,
Heizdampfspannung . . . .$p_i = 2$ kg/cm²,
entsprechend $t_i = 119,6^0$ Sättigungstemperatur,
Luftleere . . . .$P = 0,082$ kg/cm²,
entsprechend $t = 41,5^0$ Sättigungstemperatur.
Nach Angabe von **Sprockhoff** betrugen die Verluste etwa 12%. Da ferner

die Dampfzufuhr nach Ablauf von etwa $\dfrac{3}{4}$ der Trockenzeit unterbrochen wurde,

ergibt sich eine Wärmedurchgangszahl

$$k \approx \frac{1,12 \cdot 720 \cdot 520}{\frac{3}{4} \cdot 115 \, (119,6 - 41,5)} \approx 60 \ \text{kcal/m}^2 \cdot {}^0\text{C} \cdot \text{h} \,.$$

Sie beträgt also für das lockere Gut nur etwa $\dfrac{1}{10}$ des zuvor für fließendes Gut

festgestellten Wertes. Der Unterschied ist einmal durch den erhöhten Wärmeübergangswiderstand infolge des mangelhaften Anliegens an der Heizfläche, in zweiter Linie durch den hohen Wärmeleitwiderstand der losen Gutsschicht bedingt.

Zahlenbeispiel 16.
Für einen Doppelwalzentrockner mit zwei Walzen von 0,9 m Durchmesser, 2,64 m Länge, entsprechend einer gesamten Heizfläche von 14,88 m² gibt die herstellende Firma **Venuleth & Ellenberger** folgende Zahlen eines Versuches mit Kartoffelflockentrocknung an:

Größe der vom Gut bedeckten Fläche . . . .$F = 11,65$ m²,
anfänglicher Feuchtigkeitsgehalt des Gutes . . . . . . $\mathfrak{x}_r = 3,2$,
schließlicher Feuchtigkeitsgehalt des Gutes . . . .$\mathfrak{x}_h = 0,143$,
stündliche Wasserverdampfung . . . .$\mathfrak{G}_{\mathfrak{x}} \, (\mathfrak{x}_r - \mathfrak{x}_h) = 937$ kg/h,
stündlicher Dampfverbrauch . . . . .951 kg/h.

Der geringe Unterschied zwischen Dampfverbrauch und verdampfter Feuchtigkeitsmenge erklärt sich z. T. durch die Vorwärmung der Kartoffeln auf 80^0, setzt aber Ausnutzung eines Teiles der Flüssigkeitswärme für Erhitzung der Luft voraus. Die Durchgangszahl für die Wärmeübertragung zwischen Heizmittel und

Gut läßt sich, unter Schätzung eines mittleren Temperaturunterschiedes von 90°, hieraus zu

$$k_t \approx \frac{951 \cdot 600}{11,6 \cdot 90} \approx 550 \text{ kcal/m}^2 \cdot {}^0\text{C} \cdot \text{h}$$

schätzen. Im letzten Falle liegt die Wärmedurchgangszahl in gleicher Höhe wie bei dem feuchtes Gut verarbeitenden Vakuumwalzentrockner. Es ist jedoch zu beachten, daß dort der Wert k sich auf den gesamten Wärmedurchgang bezieht, während hier k_t mit der Wärmeübertragung an das Gut haltmacht, den Wärmeübergangswiderstand an die Umgebung also unberücksichtigt läßt.

Über die Veränderung der Wärmeübertragungsverhältnisse mit zunehmender Entfeuchtung liefern die Untersuchungen von Alliott[1] einen Beitrag insofern, als sie feststellen, daß bei dampfbeheizten Flächen die Leistung an verdampftem Wasser sich zwischen 15 und 10 kg/m² · h bewegt, solange das Gut feucht ist, dagegen auf $2^1/_2$ bis $1^1/_2$ kg/m² · h zurückgeht, wenn der Feuchtigkeitsgehalt auf 0,03 bis 0,005 sinkt. Die Zahlen selbst gelten nur für den besonderen Fall und dürfen keinesfalls allgemein übertragen werden.

Abgesehen von der Rohrleitung sind bei Trocknern mit beheizten Flächen Teile der eigentlichen Trockenvorrichtung von Gut frei und mit der umgebenden Luft in unmittelbarer Berührung. Die hierbei sich ergebende Erwärmung der Umgebung ist zunächst zwecklos, wenn es sich um eine reine Verdampfungsanlage handelt. Ein unter Luftleere arbeitender Walzentrockner bewirkt durch die vom Gut nicht bedeckten Stirn- und freien Mantelflächen Überhitzung der entstehenden Dämpfe, die einen Verlust darstellt. Das gleiche gilt, wenn eine derartige geschlossene Verdampferanlage gegen den Druck der Umgebung arbeitet, es sei denn, daß die durch Überhitzung des Dampfes sich ergebende verminderte oder ganz verhütete Nebelbildung an der Austrittsstelle des Schwadens in die freie Luft im besonderen Falle entsprechend bewertet wird. Anders liegen die Verhältnisse, wenn es sich um Verdunstung handelt, die Trockenvorrichtung also nur teilweise, oder überhaupt nicht, ummantelt ist. Alsdann tritt ein Wärmebedarf für Entnebelung des Arbeitsraumes und Verhütung von Tropfenbildung auf, der durch Erwärmung der zugeführten Luft zu decken ist. Diese Erwärmung erfolgt zweckmäßig durch die von Gut nicht bedeckten Heizflächenteile der Trockenvorrichtung und, nur soweit sie nicht ausreichen, durch zusätzliche Heizvorrichtungen. Der für Entnebelung nötige Wärmeverbrauch schwankt erheblich mit der Witterung und der Leistung der Anlage. Er ist an kühlen Wintertagen mit starker Belastung besonders hoch und kann an warmen Sommertagen bei schwacher Belastung so niedrig werden, daß die freien Heizflächen die Luft mehr erwärmen, als nötig ist, um Nebelfreiheit zu erzielen. Dieser Überschuß stellt alsdann Wärmeverschwendung dar. In jedem einzelnen Falle soll daher geprüft werden, welche Wärmemenge die freien Heizflächen an die Umgebung bei günstigem Sommerwetter und der in Betracht kommenden geringsten Trockenleistung zu übertragen vermögen. Ist die errechnete Zahl höher als der unter diesen Verhältnissen auftretende Wärmeverbrauch für Verhütung der Nebelbildung, so sind Maßnahmen zu treffen, um ihn damit in Übereinstimmung zu

---

[1] Alliott: Drying by heat in conjunction with mechanical agitation and spreading. Journ. of the Soc. of Chem. Ind. 1919.

bringen, z. B. durch Ausstattung der freien Zylinderböden mit Luft- oder anderen Wärmeschutzschichten. Es läßt sich hierbei nicht vermeiden, daß die Zusatzheizflächen entsprechend vergrößert werden, um den ihnen zufallenden Teil des besonders im Winter hohen Wärmebedarfes zu decken. Der selbstverständlichen Forderung, diese Zusatzheizflächen weitgehend zu unterteilen, um sie in Anpassung an die Wetter- und Belastungsverhältnisse abzustufen, wird bisher nicht genügend entsprochen. Häufig ergibt sich durch die höhere Belastung der Zusatzflächen unter gleichzeitiger Entlastung der eigentlichen Heizfläche der Trockenvorrichtung dadurch ein besonderer Vorteil, daß für die Zusatzfläche ein minderwertiges Heizmittel, z. B. Dampf von niedrigerer Spannung als bei der eigentlichen Trockenvorrichtung oder auch das in der Trockenvorrichtung sich bildende heiße Niederschlagwasser, verwandt werden kann.

B. Wärmeübertragung von Heizmittel durch metallische Trennflächen und Gut an feuchte Gase.

Die Temperatur einseitig beheizten Gutes.

Die vorausgehenden Untersuchungen begnügten sich damit, die durch die metallische Trennfläche an das Gut übertragene Wärme zu ermitteln. Sie entsprechen daher nur Trockenvorrichtungen mit Verdampfungswirkung. Bei Trockenanlagen mit Verdunstung dagegen machen sie eine Annahme der Gutstemperatur an der Berührungsstelle mit der Heizfläche nötig. Diese aber ist u. a. von der Beschaffenheit des gasförmigen Trockenmittels abhängig.

Es werde zunächst angenommen, daß die Austauschfläche F_i zwischen Gut und Heizkörper gleich der Austauschfläche F zwischen Gut und Luft sei. Ferner soll die Wärmeübertragung Q an die Luft nur durch das Gut hindurch erfolgen, also gleich der an dieses von dem Heizmittel übertragenen Wärmemenge Q_i sein.

Es gelten alsdann für die

1. vom Heizmittel mit der Temperatur t_i an das Gut mit der Temperatur t_i an der Heizflächenseite,

2. durch das Gut mit der Stärke e und der Wärmeleitzahl $\lambda_{\mathfrak{G}}$,

3. vom Gut mit der Temperatur t an der freien Seite an das Gas mit der Temperatur t

wandernde Wärme Q_i die Beziehungen

$$1.\ Q_i = F_i \cdot k_i\,(t_i - t_i) \qquad\qquad Q_i \cdot \frac{1}{k_i} = F_i\,(t_i - t_i)\,, \tag{108}$$

$$2.\ Q_i = F_i \cdot \frac{\lambda_{\mathfrak{G}}}{e}\,(t_i - t) \qquad\qquad Q_i \cdot \frac{e}{\lambda_{\mathfrak{G}}} = F_i\,(t_i - t)\,, \tag{109}$$

$$3.\ Q_i = -Q = F_i\,[\alpha\,(t - t) + \alpha'\,(\mathfrak{P} - P_D)] \quad Q_i \cdot \frac{1}{\alpha} = F_i\,(t - t) + F_i \cdot \frac{\alpha'}{\alpha}\,(\mathfrak{P} - P_D) \tag{110}$$

Werden die rechte und linke Seite der drei Gleichungen zusammengezählt, so ergibt sich

$$Q_i = F_i \cdot \frac{1}{\frac{1}{k_i} + \frac{e}{\lambda_{\mathfrak{G}}} + \frac{1}{\alpha}} (t_i - t) + F_i \cdot \frac{\alpha'}{\alpha} \cdot \frac{1}{\frac{1}{k_i} + \frac{e}{\lambda_{\mathfrak{G}}} + \frac{1}{\alpha}} (\mathfrak{P} - P_D) . \qquad (111)$$

Da $\dfrac{1}{k_i} + \dfrac{e}{\lambda_{\mathfrak{G}}} + \dfrac{1}{\alpha}$ den gesamten Durchgangswiderstand für Übertragung fühlbarer Wärme vom Heizmittel durch Heizfläche und Gut hindurch an das gasförmige Trockenmittel darstellt, kann, wenn dieser mit $\dfrac{1}{k}$ bezeichnet wird, die Formel (111) auch geschrieben werden

$$Q_i = F_i \cdot k (t_i - t) + F_i \cdot k \cdot \frac{\alpha'}{\alpha} (\mathfrak{P} - P_D) . \qquad (111\,\text{a})$$

Das zweite Glied der rechten Seite stellt die Berücksichtigung der Verdunstungswirkung dar. Wird für die Errechnung von k die durch Versuch festgestellte Leistung Q_i und der beobachtete Temperaturunterschied $t_i - t$ allein zugrunde gelegt, so ergibt sich k zu niedrig.

Die Formel (111a) läßt sich umformen zu

$$Q_i = F_i \left(k + k \cdot \frac{\alpha'}{\alpha} \cdot \frac{\mathfrak{P} - P_D}{t_i - t} \right) (t_i - t) = F_i \cdot \mathfrak{k} (t_i - t) , \qquad (111\,\text{b})$$

wobei

$\mathfrak{k}$ die gleichwertige Wärmedurchgangszahl bei Wärmeübertragung durch beheizte Flächen und Gut an feuchtes Gas

bedeutet. Mit ihr folgt, unter alleiniger Berücksichtigung des Temperaturunterschiedes $t_i - t$ zwischen Heizmittel und feuchtem Gas, die Wärmeleistung Q_i. Da

$$\frac{\alpha'}{\alpha} = \frac{(i_{Dt} - i_{\mathfrak{W}t}) (x_{\mathfrak{g}} - x)}{c_{p\mathfrak{g}} (\mathfrak{P} - P_D)}$$

ist, ergibt sich

$$\mathfrak{k} = k \left(1 + \frac{(i_{Dt} - i_{\mathfrak{W}t}) (x_{\mathfrak{g}} - x)}{c_{p\mathfrak{g}} (t_i - t)} \right) . \qquad (112)$$

$\mathfrak{k}$ ist außer von k, t_i, t, i_{Dt} und x, die als bekannt vorauszusetzen sind, abhängig von $i_{\mathfrak{W}t}$, $x_{\mathfrak{g}}$, $c_{p\mathfrak{g}}$, die sich aus der unbekannten Temperatur t des Gutes an der freien Seite ergeben.

Die Formel

$$Q_i = F_i \cdot k \left(1 + \frac{(i_{Dt} - i_{\mathfrak{W}t}) (x_{\mathfrak{g}} - x)}{c_{p\mathfrak{g}} (t_i - t)} \right) (t_i - t) \qquad (111\,\text{c})$$

stellt daher den Zusammenhang zwischen der übertragenen Wärmeleistung Q_i und der Oberflächentemperatur t des Gutes dar. Für jeden Wert Q_i ergibt sich ein bestimmter Wert t und umgekehrt.

In anderer Form folgt die Beziehung zwischen Q_i und t, wenn die beiden Seiten der Gleichungen (108) und (109) zusammengezählt werden.

$$Q_i = F_i \cdot \frac{t_i - t}{\frac{1}{k_i} + \frac{e}{\lambda_{\mathfrak{G}}}} , \qquad (113)$$

$$t = t_i - \frac{Q_i}{F_i} \left(\frac{1}{k_i} + \frac{e}{\lambda_{\mathfrak{G}}} \right) . \qquad (113\,\text{a})$$

Da

$$\frac{1}{k_i} + \frac{e}{\lambda_{\text{@}}} = \frac{1}{k} - \frac{1}{\alpha},$$

kann die Beziehung auch geschrieben werden

$$t = t_i - \frac{Q_i}{F_i}\left(\frac{1}{k} - \frac{1}{\alpha}\right). \tag{113b}$$

Die Zusammenfassung der Formeln (111c) und (113b) und Ausstoßung des Wertes t scheitert daran, daß der Zusammenhang zwischen $x_\mathbb{G}$ und t sich nicht in einer einfachen mathematischen Beziehung darstellen läßt. Bei der Berechnung kann daher versuchsweise vorgegangen werden, indem für einen geschätzten Wert t nach Formel (111c) der Betrag Q_i errechnet wird. Liefert Formel (113b) nach Einsetzung dieses Wertes Q_i einen Wert t, der dem angenommenen genügend nahe liegt, so ist die Rechnung richtig, anderenfalls muß sie mit einem geänderten Wert t wiederholt werden.

Zahlenbeispiel 17.

Ein Walzentrockner mit $F_i = 12\ \text{m}^2$ vom Gut bedeckter Fläche werde mit Dampf von $t_i = 150^0$, entsprechend $p_i = 4{,}855\ \text{kg/cm}^2$, beheizt. Die über den Flockenschleier streichende Luft habe im Durchschnitt eine Temperatur von $t = 40^0$ und sei gesättigt, $\varphi = 1$. Es betrage ferner $\dfrac{1}{k} - \dfrac{1}{\alpha} = \dfrac{1}{500}$, $k = 20$. Wird versuchsweise die Temperatur des Flockenschleiers an der freien Oberfläche zu $t = 90^0$ angenommen, so errechnet sich nach Formel (111c)

$$Q_i = 12 \cdot 20 \left(1 + \frac{(613{,}5 - 90)(1{,}559 - 0{,}051)}{(0{,}24 + 0{,}46 \cdot 1{,}559)(150 - 40)}\right)(150 - 40) \approx 225\,000\ \text{kcal/h}.$$

Hierfür ergibt Formel (113b)

$$t = 150 - \frac{225\,000}{12} \cdot \frac{1}{500} \approx 112{,}5^0.$$

Die Temperatur t war daher mit 90^0 zu niedrig angenommen. Für die berichtigte Annahme $t = 98^0$ liefert der gleiche Rechnungsgang $Q_i = 285\,000$ kcal/h und $t = 102{,}5^0$. Auch hier liegt die angenommene Temperatur noch zu niedrig. Sie stellt sich mit fast 100^0 ein. Es findet daher ein Abdampfen der Feuchtigkeit statt. Der Einfluß des Trockenmittels tritt zurück. Die Ursache für diese mangelhafte Arbeitsweise liegt einmal in der niedrigen Lufttemperatur, da mit ihrer Erhöhung i_{Dt} und damit Q_i wächst, dann in dem hohen Feuchtigkeitsgehalt x der Luft, mit dessen Zunahme Q_i gleichfalls ansteigt, vor allem aber in dem niedrigen Wert $k = 20$. Hier muß der Hebel angreifen und durch Kunstmittel, in erster Linie Erhöhung der Luftgeschwindigkeit, Abhilfe schaffen. Bei einer Steigerung auf den Wert $k \approx 32$ ergibt sich übereinstimmend $Q_i = 360\,000$ kcal/h und $t = 90^0$.

Der Wert von $\dfrac{1}{k}$ ist im vorliegenden Falle besonders von dem Wärmeübergangswiderstand $\dfrac{1}{\alpha}$ an der freien Oberfläche des Gutes abhängig und mit ihm zahlenmäßig fast gleich. Denn nach der Annahme war

$$\frac{1}{k} - \frac{1}{\alpha} = \frac{1}{500},$$

$$\frac{1}{\alpha} = \frac{1}{k} - \frac{1}{500},$$

$$\frac{1}{\alpha} = \frac{1}{32} - \frac{1}{500} \approx \frac{1}{34},$$

$$\alpha \approx 34 \approx k.$$

Bei der versuchsweisen Rechnung erscheint es zweckmäßig, nach Abb. 64 wie folgt vorzugehen:

Zu den angenommenen Temperaturen t als Abszissen wird der Wert Q_i einmal nach Formel (111c), ein andermal aus Gleichung (113b) errechnet und als Ordinate eingetragen. Da Gleichung (113b) eine lineare Beziehung zwischen Q_i und t darstellt, ergibt sich in Abb. 64 die Temperatur t als Schnittpunkt zwischen einer Geraden und einer nach Gleichung (111c) für verschiedene t ermittelten Kurve. Für die letzte genügen im allgemeinen zwei Punkte, um den Verlauf genügend genau festzustellen und damit den Schnittpunkt $\mathfrak{S}$ zu ermitteln. Abb. 64 gilt für Zahlenbeispiel 17 mit $k = 20$. Sie liefert die Heizleistung mit $Q_i \approx 300\,000$ kcal/h und die Oberflächentemperatur t des Gutes an der freien Seite mit nahezu 100^0.

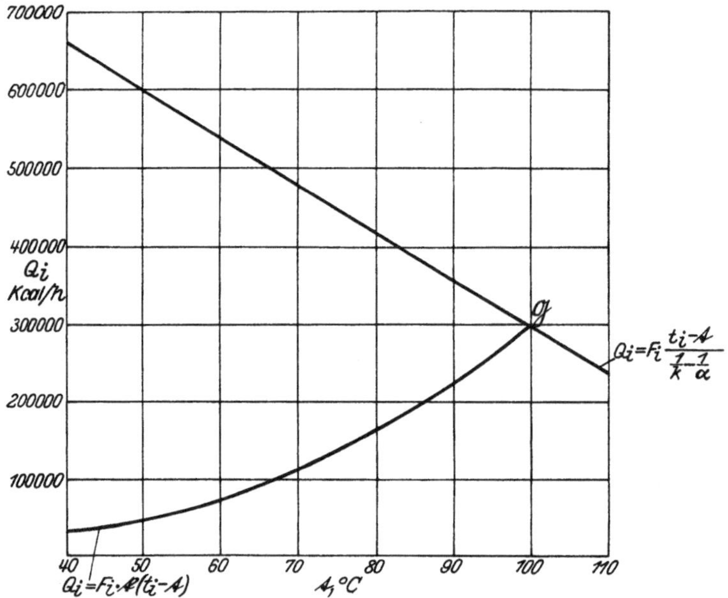

Abb. 64. Ermittelung der Temperatur einseitig beheizten Gutes an der freien Oberfläche.

Die bisher getroffene Voraussetzung, daß die Austauschfläche F_i zwischen Gut und Heizfläche und F zwischen Gut und Luft gleich seien, läuft auf die Bedingung hinaus, daß

1. das Gut selbst eine ebene Fläche darstellt, wie dies z. B. bei der Papierbahn und auch bei dem ausgewalzten Kartoffelschleier zutrifft,

2. ein Wärmeaustausch zwischen Luft und Gut vor dem Auftreffen des Gutes auf die Heizfläche und nach seinem Ablauf von der Heizfläche nicht stattfindet.

Die erste Voraussetzung fehlt, wenn es sich um unregelmäßig geformtes Gut handelt, dessen an dem Heizkörper anliegende Fläche F_i erheblich kleiner ist als die luftberührte Fläche F. Die zweite Annahme trifft meistens deshalb nicht zu, weil das von der Heizfläche ablaufende Gut in Wärmeaustausch mit der Luft bleibt, und zwar mit Recht, weil sich hierdurch ein Mittel bietet, die Überschußwärme des Gutes zur Vorwärmung der Luft auszunutzen.

Die rechnerische Berücksichtigung des letzten Falles bietet, wie später nachgewiesen wird, keine Schwierigkeiten, da das für reine Lufttrocknung beschriebene Verfahren mit schrittweiser Verfolgung der Veränderung nur sinngemäß angewendet zu werden braucht. Es handelt sich hier um einen Vorgang mit veränderlicher Temperatur des Gutes, wie er auch bei der Vorwärmung des Gutes vorliegt.

Die Berichtigung wird auch dann möglich, wenn es sich um Gut handelt, dessen luftberührte Fläche $F > F_i$ ist. Von vornherein steht fest, daß alsdann die Temperatur t des Gutes an der freien Seite niedriger ist, als sie sich nach den Formeln (111c) und (113b) errechnet. Infolgedessen ergibt sich für einen bestimmten Wert k ein höherer Wert $\mathfrak{k}$ und damit höhere Wärme- und Trockenleistung. Die Vergrößerung der luftberührten Fläche des Gutes bleibt daher bei Anwendung beheizter Flächen anzustreben.

Die Formeln (108) und (109) bleiben nach wie vor gültig. In Formel (110) ist F statt F_i, also

$$Q_i \cdot \frac{1}{\alpha} = F\,(\mathfrak{t} - t) + F \cdot \frac{\alpha'}{\alpha}\,(\mathfrak{P} - P_D) \tag{110a}$$

zu setzen. Es findet sich alsdann in Berichtigung der Formel (111)

$$Q_i = \frac{F_i\,(t_i - \mathfrak{t}) + F\left[\mathfrak{t} - t + \dfrac{\alpha'}{\alpha}(\mathfrak{P} - P_D)\right]}{\dfrac{1}{k_i} + \dfrac{e}{\lambda_\mathfrak{G}} + \dfrac{1}{\alpha}}$$

$$= F_i \cdot k\left[t_i - \mathfrak{t} + \frac{F}{F_i}\,(\mathfrak{t} - t) + \frac{F}{F_i} \cdot \frac{(i_{D\,t} - i_{\mathfrak{W}\,t})\,(x_\mathfrak{g} - x)}{c_{p\,\mathfrak{g}}}\right]. \tag{111d}$$

Diese Formel zusammen mit der auch hier gültigen Gleichung (113b) kann nunmehr in der beschriebenen Weise benutzt werden, um Q_i und $\mathfrak{t}$ durch versuchsweise Rechnung zu ermitteln, wenn das Verhältnis $\dfrac{F}{F_i}$ bekannt ist. Bei unregelmäßig geformtem Gut ist dies nicht der Fall, jedoch auch hier ein Ausweg möglich. Da

$$F \cdot \alpha = V \cdot \alpha_V$$

ist, kann für den bestimmten Fall α und α_V ermittelt und

$$F = \frac{V \cdot \alpha_V}{\alpha}$$

als die gleichwertige freie Oberfläche berechnet werden. V ist hierbei als der Rauminhalt des Gutes bekannt.

Es sei ausdrücklich darauf aufmerksam gemacht, daß in Formel (111d) in dem Werte F nicht die gesamte freie Oberfläche des Gutes, sondern nur der Teil anzusetzen ist, der die Gegenseite zur beheizten Fläche des Gutes bildet, also nicht die frei auf- und ablaufende Strecke, deren Berücksichtigung besonders zu erfolgen hat.

Formeln (108) und (109) ergeben, wenn beide Seiten zusammengezählt werden, die Beziehung

$$Q_i \left(\frac{1}{k_i} + \frac{e}{\lambda_\mathfrak{G}}\right) = F_i\,(t_i - \mathfrak{t}).$$

Andererseits führen die Formeln (108), (109) und (110) zusammengezählt zu der Beziehung

$$Q_i \left(\frac{1}{k_i} + \frac{e}{\lambda_\mathfrak{G}} + \frac{1}{\alpha} \right) = F_i \left[t_i - t + \frac{\alpha'}{\alpha} (\mathfrak{P} - P_D) \right],$$

die mit Gleichung (111) gleichbedeutend ist. Wird die vorletzte Formel durch die letzte geteilt, so folgt, unter Beachtung der Beziehungen,

$$\frac{1}{k_i} + \frac{e}{\lambda_\mathfrak{G}} + \frac{1}{\alpha} = \frac{1}{k},$$

$$\frac{1}{k_i} + \frac{e}{\lambda_\mathfrak{G}} = \frac{1}{k} - \frac{1}{\alpha},$$

die Gleichung

$$1 - \frac{k}{\alpha} = \frac{t_i - t}{t_i - t + \dfrac{\alpha'}{\alpha} (\mathfrak{P} - P_D)} = \frac{t_i - t}{t_i - t + \dfrac{(i_{Dt} - i_{\mathfrak{W}t}) (x_\mathfrak{G} - x)}{c_{p\mathfrak{G}}}},$$

$$c_{p\mathfrak{G}} (t_i - t) = \left(1 - \frac{k}{\alpha} \right) \left[c_{p\mathfrak{G}} (t_i - t) + (i_{Dt} - i_{\mathfrak{W}t}) (x_\mathfrak{G} - x) \right]. \qquad (114)$$

Diese wichtige Gleichung stellt die Beziehung dar zwischen den Temperaturen von Heizmittel, Luft und Gut, wenn alle drei zusammen wirken und der Ausgleichzustand erreicht ist. Es ist leicht, nachzuweisen, daß für den Fall der reinen Lufttrocknung sich aus dem Sinne der τ-Linie auch die Beziehung

$$c_{p\mathfrak{G}} (t_i - t) = (i_{Dt} - i_{\mathfrak{W}t}) (x_\mathfrak{G} - x) \qquad (115)$$

aufstellen läßt, die der Form nach der Gleichung (114) entspricht. Der Sinn der Formel (114) ergibt sich aus dem i-x-Bilde der Abb. 65, in dem Punkt G den Zustand der Luft, $\mathfrak{G}$ den Zustand des als feucht angenommenen Gutes bedeutet. Durch Punkt G ist eine Parallele zu der dem Punkte $\mathfrak{G}$ zugeordneten $\tau_\mathfrak{G}$-Linie gezogen. Bezeichnet Punkt J bzw. B den Schnittpunkt der durch $\mathfrak{G}$ gezogenen Ordinate mit der t_i-Geraden bzw. Parallelen zur $\tau_\mathfrak{G}$-Linie, so stellt die Länge $J\mathfrak{G}$ den Wert

$$c_{p\mathfrak{G}} (t_i - t),$$

die Länge JB den Wert

$$c_{p\mathfrak{G}} (t_i - t) + (i_{Dt} - i_{\mathfrak{W}t}) (x_\mathfrak{G} - x)$$

dar, und die Gleichung (114) besagt, daß das Verhältnis beider Strecken

$$\frac{J\mathfrak{G}}{JB} = 1 - \frac{k}{\alpha}$$

sein muß. Werden die Gerade für t_i und die Parallele zu $\tau_\mathfrak{G}$ in Punkt C zum Schnitt gebracht — in Abb. 65 fällt C zufällig fast auf die Nullordinate —, so liegt Punkt $\mathfrak{G}$ auf einer Geraden $C\mathfrak{G}$, die den geometrischen Ort für alle Punkte $\mathfrak{G}$ darstellt, durch die die Ordinaten BJ im Verhältnis $\dfrac{J\mathfrak{G}}{JB} = 1 - \dfrac{k}{\alpha}$ geteilt werden. Es ist daher nur nötig, die Ordinate durch Punkt G in Punkt D zum Schnitt mit der t_i-Linie zu bringen, im Verhältnis $\dfrac{DF}{DG} = 1 - \dfrac{k}{\alpha}$ zu teilen und Punkt F mit Punkt C zu verbinden, um Punkt $\mathfrak{G}$ und damit die gesuchte Temperatur des Gutes an der freien Fläche zu erhalten. Eine Schwierigkeit besteht nur insofern, als sich die genaue Neigung der zum Schnittpunkt C führenden τ_g-Linie erst nachträglich mit Punkt $\mathfrak{G}$ selbst ergibt. Da sie jedoch von der i_g-Linie nicht allzusehr abweicht, kann in erster Annäherung diese oder noch besser eine für einen geschätzten Wert t geltende τ_g-Linie zum Schnittpunkt mit der t_i-Linie gebracht werden.

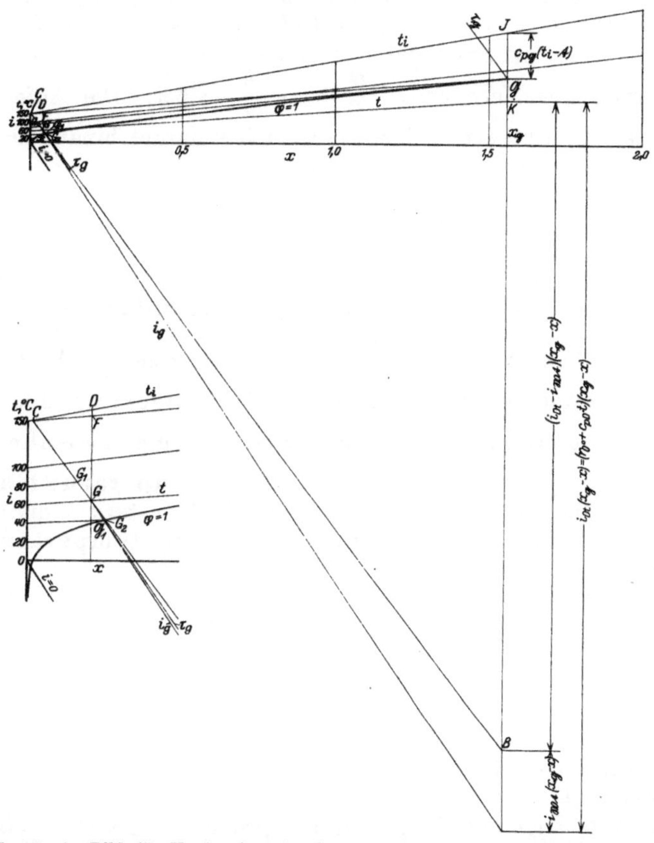

Abb. 65. i-x-Bild für Verdunstungstrocknung unter Anwendung beheizter Flächen.

Verändert Punkt G seine Lage auf der zu τ_g gezogenen Parallelen, rückt er also z. B. nach Punkt G_1 oder auf die Sättigungslinie nach Punkt G_2, so ändern sich die vorausgehenden Entwicklungen nicht. Das bedeutet die wichtige Tatsache, daß allen Zustandspunkten der Trockenluft, die auf einer bestimmten Geraden liegen, gleiche Gutstemperaturen zugeordnet sind, wenn die Temperatur des Heizmittels sich nicht ändert. Bei der reinen Lufttrocknung wurde diese Gerade durch die dem Luftzustande entsprechende Kühlgrenzlinie τ_g dargestellt. Bei dem Hinzutreten beheizter Flächen weicht sie von ihr nur wenig ab. Sie entspricht in ihrer Richtung der auf die Temperatur des Gutes t, nicht der dem Luftzustande zukommenden Kühlgrenztemperatur τ_g, bezogenen τ_g-Linie. Bei der reinen Lufttrocknung liegt im Ausgleichzustande die Temperatur des Gutes bei der dem Luftzustande entsprechenden Kühlgrenztemperatur τ_g selbst, beim Hinzutreten beheizter Flächen jedoch zwischen dieser Temperatur und der des Heizmittels, also höher.

In der Regel ist es wünschenswert, die Temperatur t niedrig zu halten. Die Mittel hierfür ergeben sich aus Gleichung (114) im Zusammenhange mit Abb. 65. $\mathfrak{G}$ rückt um so tiefer, je mehr sich die Gerade CF von der t_i-Linie entfernt und der Geraden CG nähert. Gleichzeitig hiermit wird das Verhältnis $\dfrac{J\mathfrak{G}}{JB} = 1 - \dfrac{k}{\alpha}$ größer. Die Aufgabe, die Gutstemperatur t zu erniedrigen, läuft daher darauf hinaus, den Wert

$$1 - \frac{k}{\alpha} = \frac{\dfrac{1}{k_i} + \dfrac{e}{\lambda \mathfrak{G}}}{\dfrac{1}{k_i} + \dfrac{e}{\lambda \mathfrak{G}} + \dfrac{1}{\alpha}}$$

zu verkleinern. Da der Wärmedurchgangswiderstand $\dfrac{1}{k_i}$ von Heizmittel an Gut ebenso wie der Wärmeleitwiderstand $\dfrac{e}{\lambda \mathfrak{G}}$ des Gutes als gegeben zu betrachten sind, stellt die Verringerung des Übergangswiderstandes $\dfrac{1}{\alpha}$ für fühlbare Wärme zwischen Gut und Luft das Mittel dar, um die Gutstemperatur t niedrig zu halten. Da α mit der Luftgeschwindigkeit w stark zunimmt, bedeutet lebhafte Luftbewegung Schonung temperaturempfindlichen Gutes.

Es bleibt zu untersuchen, wie die Erniedrigung der Gutstemperatur auf die übertragene Wärmeleistung wirkt. Die Antwort hierauf liefert Formel (113), nach der die übertragene Wärmemenge dem Temperaturunterschied $t_i - t$ verhältnisgleich ist, also mit abnehmender Gutstemperatur ansteigt. Niedrige Temperatur t ist daher mit Rücksicht auf Verbesserung der übertragenen Leistung auch dann anzustreben, wenn das Gut hödere Temperaturen erträgt.

Die höchste Lage des Punktes $\mathfrak{G}$ entspricht der Siedetemperatur t''. Für sie erreicht Q_i den oberen Grenzwert. Die Trocknung geht in reine Verdampfung über, und der Einfluß der Luft als Trockenmittel entfällt. Rückt Punkt $\mathfrak{G}$ nach $\mathfrak{G}_1$, entsprechend dem Schnittpunkt der τ_g-Linie mit der Sättigungslinie, so entspricht dies dem Falle der natürlichen Lufttrocknung. Es wird alsdann

$$\frac{1}{k_i} + \frac{e}{\lambda \mathfrak{G}} = 0 \; ,$$

$$1 - \frac{k}{\alpha} = 1 \; .$$

$$t_i = t \; ,$$

und Gleichung (114) geht in (115) über.

Wird Gleichung (112) in der Form

$$\frac{\mathfrak{k}}{k} = \frac{(i_{D\,t} - i_{\mathfrak{W}\,t})\,(x_{\mathfrak{g}} - x) + c_{p\,\mathfrak{g}}\,(t_i - t)}{c_{p\,\mathfrak{g}}\,(t_i - t)}$$

geschrieben, so ist das Verhältnis $\dfrac{\mathfrak{k}}{k}$ nach Abb. 65 gleich dem Verhältnis

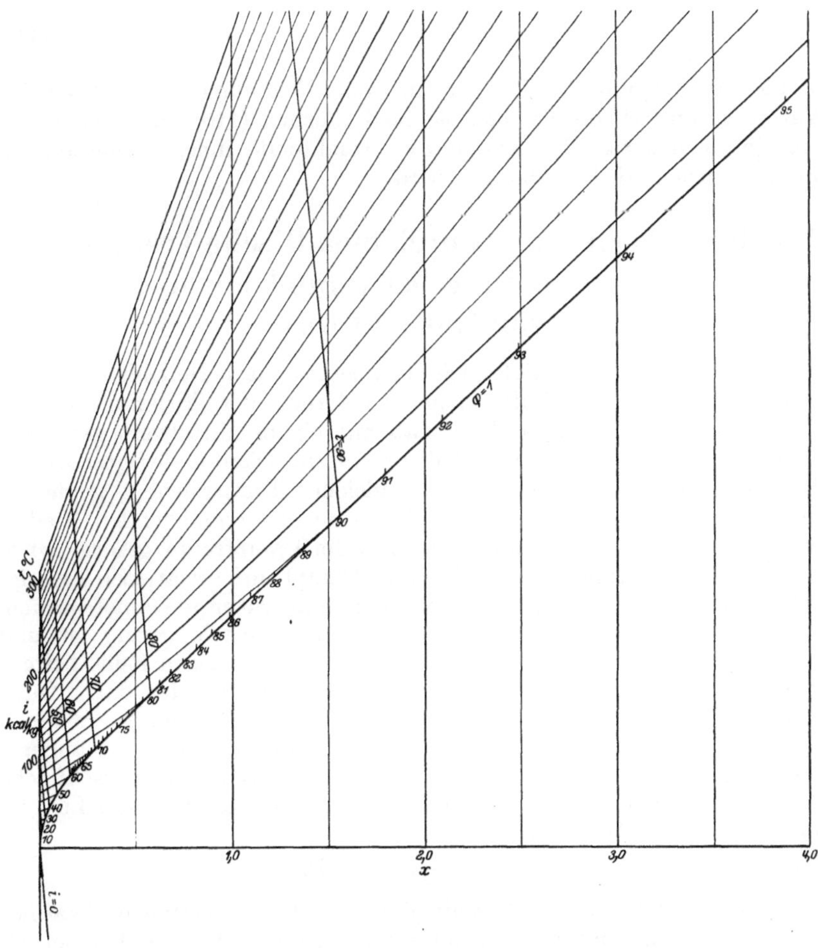

Abb. 66. *i-x*-Bild.

der Strecke $\dfrac{J\,B}{J\,K}$, wenn K den Schnittpunkt der t-Linie mit der durch $\mathfrak{G}$
gezogenen Ordinaten darstellt.

Abb. 65 entspricht einem Augenblickszustand von Heizmittel, Gut
und Luft. Ändern sich diese Zustände in nicht zu weiten Grenzen,
so können für den ganzen Verlauf des Trockenvorganges Mittelwerte
angenommen und mit ihnen die Untersuchungen in vorbeschriebener
Weise durchgeführt werden. Abb. 66 stellt das *i-x*-Bild über einen

weiten Bereich von t und x dar, das zur Verfolgung des Zusammenhanges bei Verdunstung unter Verwendung beheizter Flächen dienen kann.

Von Bedeutung ist noch die Temperatur t_i des Gutes an der beheizten Seite, weil sie höher liegt als die luftberührte Außenfläche. Sie ergibt sich aus Formel (108) zu

$$t_i = t_i - \frac{Q_i}{F_i} \cdot \frac{1}{k_i} \, . \tag{116}$$

Da die Erniedrigung der Temperatur t eine Erhöhung der übertragenen Wärmeleistung Q_i ergibt, hat sie nach Formel (116) auch zur Folge, daß die als höchste Temperatur zu betrachtende innere Gutstemperatur t_i niedriger, d. h. günstiger wird.

C. Wärmeübertragung durch metallische Trennflächen und Gut an feuchte Gase bei veränderlichem Zustand von Gut und Gas.

Die Voraussetzung, daß sich Temperatur des Heizmittels sowie Zustand von Gut und Luft im ganzen Verlauf der Trocknung nur in solch engen Grenzen verändern, daß mit einem Mittelwert gerechnet werden darf, trifft in manchen Fällen nicht zu. Dient gesättigter Dampf als Heizmittel, so ist die Annahme gleicher Temperatur t_i genügend genau erfüllt, wenn für sofortige Abführung des entstehenden Niederschlagwassers und Entfernung von Luft im Dampfraum gesorgt wird. Auch bei Verwendung von überhitztem Dampf und erwärmten Flüssigkeiten als Heizmittel kann mit einer Mitteltemperatur gerechnet werden, wenn die Strömungsgeschwindigkeit des Heizmittels gering ist und eine Mischung des zuströmenden Teiles mit der nahezu in Ruhe befindlichen, im Heizkörper enthaltenen Menge erwartet werden darf. Diese Annahme sei im folgenden getroffen und die Untersuchung auf einen Vorgang beschränkt, bei dem Zustand von Gut und Luft sich ändern. Bezeichnet dF einen unendlich kleinen Teil der Wärmeaustauschfläche zwischen Luft und Gut, so beträgt die durch sie stündlich von Luft an Gut übertragene Wärmeabgabe

$$dQ_F = dF \left[\alpha \, (t - t) + \alpha' \, (P_D - \mathfrak{P}) \right] .$$

Die gleichzeitig von dem Heizmittel an das Gut übertragene Wärmemenge ist, wenn Formel (113) auf einen unendlich kleinen Flächenteil bezogen wird,

$$dQ_i = dF_i \cdot \frac{t_i - t}{\dfrac{1}{k_i} + \dfrac{e}{\lambda_\mathfrak{G}}} \, .$$

Die gesamte von Luft und Heizmittel an das Gut übergehende Wärme folgt hieraus zu

$$dQ_F + dQ_i = dF \left[\alpha \, (t - t) + \alpha' \, (P_D - \mathfrak{P}) \right] + dF_i \cdot \frac{t_i - t}{\dfrac{1}{k_i} + \dfrac{e}{\lambda_\mathfrak{G}}} \, . \tag{117}$$

Die zur Abführung des Dunstes dienende Trockenluft sei zwangläufig im Gleich- oder Gegenstrom über das Gut geführt, so daß mit jedem senkrecht zur Bewegungsrichtung des Gutes gemessenen Flächenstreifen dF die gesamte Luftmenge in Berührung kommt. Für die Veränderung des spezifischen Wärmeinhaltes der Luft gilt alsdann die früher entwickelte Beziehung

$$-G_L\,(d\,i - i_{\mathfrak{W}\,t}\cdot d\,x) = dF\,[\alpha\,(t-\mathfrak{t}) + \alpha'\,(P_D - \mathfrak{P})]$$
$$= dF\cdot k'\,[i - i_\mathfrak{g} - i_{\mathfrak{W}\,t}\,(x - x_\mathfrak{g})],$$

oder auch
$$\int \frac{d\,i}{i_\mathfrak{g}-i} = \int \frac{d\,F}{G_L}\cdot k'.$$

Das Integral ist lösbar, wenn die Temperatur $\mathfrak{t}$ des Gutes und damit $i_\mathfrak{g}$ und $c_{p\,\mathfrak{g}}$ bzw. k' sich nicht verändern, also nach dem voraus Erörterten der Luftzustand sich auf der $\tau_\mathfrak{g}$-Linie bewegt und das Gut die für den Ausgleichzustand geltende Temperatur $\mathfrak{t} = \tau_\mathfrak{g}$ beibehält.

Die Integrierung liefert, ähnlich dem Falle der reinen Lufttrocknung, die Formel

$$\frac{i_\mathfrak{g} - i_a}{i_\mathfrak{g} - i_e} = e^{\frac{F_a - F_e}{G_L}\cdot k'}, \tag{118}$$

wobei $F_a - F_e$ die Teilfläche darstellt, längs deren der beschriebene Ausgleichzustand herrscht. Die für die Lufttrocknung ohne Flächenbeheizung entwickelten Formeln lassen sich nunmehr, sinngemäß geändert, unmittelbar niederschreiben

$$\frac{x_\mathfrak{g} - x_a}{x_\mathfrak{g} - x_e} = e^{\frac{F_a - F_e}{G_L}\cdot k'}, \tag{119}$$

$$(i_\mathfrak{g} - i)_{\text{mittel}} = \frac{i_e - i_a}{\ln\dfrac{i_\mathfrak{g} - i_a}{i_\mathfrak{g} - i_e}},$$

$$(x_\mathfrak{g} - x)_{\text{mittel}} = \frac{x_e - x_a}{\ln\dfrac{x_\mathfrak{g} - x_a}{x_\mathfrak{g} - x_e}}.$$

Die stündliche Trockenleistung wird auch hier in der Feuchtigkeitszunahme der Luft gemessen und beträgt

$$G_L\,(x_e - x_a) = (F_a - F_e)\,k'\,(x_\mathfrak{g} - x)_{\text{mittel}}. \tag{120}$$

Die Aufgabe kann lauten, daß mit einer bestimmten Fläche, z. B. Anzahl von m² einer Papierbahn, die auf einem Zylindertrockner auf der Gegenseite die Zylinderfläche berührt, eine bestimmte Trockenleistung erzielt werden soll und nach der Beschaffenheit gefragt ist, die der umgebenden Luft hierbei zukommt. Bei Anwendung der Formel (120) beschränkt sich die Lösung alsdann auf den Ausgleichzustand, berücksichtigt also vor allem nicht eine Temperaturerhöhung des Gutes während der Trocknung. Steht in solchen Fällen die Flächengröße $F_a - F_e$ und die Trockenleistung $G_L\,(x_e - x_a)$ fest und wird ferner eine bestimmte Temperatur $\mathfrak{t}$ des Gutes angenommen, so folgt aus Formel (120) der Wert $(x_\mathfrak{g} - x)_{\text{mittel}}$ und damit x_{mittel} selbst als der verlangte durchschnittliche Feuchtigkeitsgehalt der Luft. Ist der Feuchtigkeitsgehalt x_a der verfügbaren Luft niedriger als x_{mittel}, so folgt aus beiden Werten x_e und damit die Grenze des Luftzustandes. Ist dagegen $x_a > x_{\text{mittel}}$, so ist die Aufgabe nicht lösbar. Es muß entweder die Trockenleistung vermindert oder die Trockenfläche vergrößert oder schließlich eine höhere Temperatur t und damit ein größerer Wert $x_{\text{ß}}$ zugelassen werden. Wenn im vorstehenden nur nach den x-Werten gefragt wurde, so genügt dies deshalb, weil für den Ausgleichzustand mit der Temperatur t_i und t auch die Gerade festliegt, die nach Abb. 65 parallel zur $\tau_{\text{ß}}$-Linie verläuft und den geometrischen Ort für die Zustandsänderung der Luft bei gleichbleibenden Temperaturen t_i und t darstellt.

In anderer Weise kann die Frage aufgeworfen werden, bei bestimmtem Zustande der Trockenluft, also feststehender Lage des Punktes G der Abb. 65, die Temperatur des Gutes t zu ermitteln, die bei einer bestimmten Trockenleistung und einer bestimmten Fläche $F_a - F_e$ sich einstellt. Formel (120) liefert für diesen Fall $x_{\text{ß}}$ und damit die Temperatur t. Aus ihr und der Lage der Zustandslinie der Luft folgt alsdann die Temperatur t_i des anzuwendenden Heizmittels nach Abb. 65.

Schließlich kann nach Formel (120) die erforderliche Fläche berechnet werden, um bei bestimmter Temperatur von Gut und Heizmittel und gegebenem Zustand der Luft eine geforderte Trockenleistung zu liefern.

Der spezifische Wärmeverbrauch ist durch das Verhältnis $\dfrac{Q_i}{G_L(x_e - x_a)}$ gegeben, wenn die Trockenluft nur die mittelbare Erwärmung durch das Gut erfährt. Wird sie dagegen vorgewärmt, so ergibt sich der spezifische Wärmebedarf als das Verhältnis $\dfrac{i_a - i_r}{x_e - x_a} + \dfrac{Q_i}{G_L(x_e - x_a)}$. Für den letzten allgemeinen Fall findet sich mit Formeln (113) und (120)

$$\frac{Q}{G_L(x_e - x_a)} = \frac{i_a - i_r}{x_e - x_a} + \frac{(F_{ia} - F_{ie})(t_i - t)}{\left(\dfrac{1}{k_i} + \dfrac{e}{\lambda_{\text{ß}}}\right)(F_a - F_e)\,k'\,(x_{\text{ß}} - x)_{\text{mittel}}} . \quad (121)$$

Darf schließlich die luftberührte Fläche gleich der beheizten Gegenfläche angesetzt werden, so folgt der spezifische Wärmeverbrauch zu

$$\frac{Q}{G_L(x_e - x_a)} = \frac{i_a - i_r}{x_e - x_a} + \frac{t_i + t}{\left(\dfrac{1}{k_i} + \dfrac{e}{\lambda_{\text{ß}}}\right)k'\,(x_{\text{ß}} - x)^{\text{mittel}}} .$$

D. Schrittweise Verfolgung der Zustandsänderung bei Wärmeübertragung von Heizmittel durch metallische Trennflächen und Gut an feuchte Gase bei beliebigem Ausgangszustand von Gut und Gas.

Werden in Formel (117) die unendlich kleinen Werte durch endliche, jedoch so kleine Beträge ersetzt, daß für sie mit einem gleichbleibenden Zustand von Gas und Gut gerechnet werden darf, so folgt die Wärmeübertragung von Luft und Heizmittel an Gut zu

$$\varDelta Q_F + \varDelta Q_i = \varDelta F\left[\alpha\,(t - t) + \alpha'\,(P_D - \mathfrak{P})\right] + \varDelta F_i \cdot \frac{t_i - t}{\dfrac{1}{k_i} + \dfrac{e}{\lambda_{\text{ß}}}} . \quad (117\,\text{a})$$

Die Folge dieser beiderseitigen Wärmeübertragung ist eine Zunahme des Wärmeinhaltes des Gutes um den Betrag

$$\mathfrak{G}_{\mathfrak{X}} \cdot c \cdot \varDelta t$$

und eine Temperatursteigerung

$$\varDelta t = \frac{\varDelta F\left[\alpha\,(t-t)+\alpha'\,(P_D-\mathfrak{P})\right]+\varDelta F_i \cdot \dfrac{t_i-t}{\dfrac{1}{k_i}+\dfrac{e}{\lambda_\mathfrak{G}}}}{\mathfrak{G}_{\mathfrak{X}} \cdot c}. \tag{122}$$

Hierbei stellen $\varDelta F$ und $\varDelta F_i$ die von der Luft auf der einen, der Heizfläche auf der anderen Seite berührten Flächenteile eines bestimmten Gutsgewichtes dar. In vielen Fällen wird $\varDelta F = \varDelta F_i$ gesetzt werden können.

Die schrittweise Untersuchung vollzieht sich wie folgt:

Menge und Anfangszustand der Luft (G_L, i, x), Menge und Anfangszustand des Gutes ($\mathfrak{G}_{\mathfrak{X}}$, t, $\mathfrak{P}$, c), Temperatur des Heizmittels (t_i), Wärmedurchgangswiderstand $\dfrac{1}{k_i}$ sowie Wärmeleitwiderstand $\dfrac{e}{\lambda_\mathfrak{G}}$ sind gegeben. Nach Bestreichen einer bestimmten Teilfläche $\varDelta F$ bzw. $\varDelta F_i$ ergibt sich der neue Zustand der Luft aus der Zunahme ihres spezifischen Wärmeinhaltes

$$\varDelta i = \frac{\varDelta F}{G_L} \cdot k'\,(i_\mathfrak{G}-i)$$

und der Zunahme ihres Feuchtigkeitsgehaltes

$$\varDelta x = \frac{\varDelta F}{G_L} \cdot k'\,(x_\mathfrak{G}-x).$$

Die Temperaturerhöhung des Gutes beträgt, wenn Formel (122) zweckmäßig umgeformt wird,

$$\varDelta t = \frac{\varDelta F \cdot k'\left[i-i_\mathfrak{G}-i_{\mathfrak{W}\mathfrak{t}}\,(x-x_\mathfrak{G})\right]+\varDelta F_i \cdot \dfrac{t_i-t}{\dfrac{1}{k_i}-\dfrac{e}{\lambda_\mathfrak{G}}}}{\mathfrak{G}_{\mathfrak{X}} \cdot c}. \tag{122a}$$

Hieraus folgt der neue Zustandspunkt des Gutes, solange es feucht ist. Für hygroskopischen Stoff ergibt sich aus dem geänderten Feuchtigkeitsgehalt des Gutes

$$\mathfrak{x} + \varDelta \mathfrak{x} = \mathfrak{x} - \frac{G_L \cdot \varDelta x}{\mathfrak{G}_{\mathfrak{X}}}$$

die dem Gute zukommende Dampfspannung

$$\mathfrak{P} + \varDelta \mathfrak{P} = P_t'' + \varDelta t \cdot \frac{\mathfrak{x} + \varDelta \mathfrak{x}}{\mathfrak{x}_e}$$

und damit der Zustandspunkt des Gutes selbst.

Wie bei der reinen Lufttrocknung ist auch hier zu unterscheiden, ob Luft und Gut im gleichen oder entgegengesetzten Sinne strömen. Beim Gegenstrom muß die schrittweise Untersuchung vom Endzustande der Luft ausgehen, dieser also vorweg angenommen werden. Die Untersuchung liefert schließlich, rückwärtsgehend, den Zustandspunkt V der Luft und damit das Maß der Vorwärmung, das nötig ist, um die für den Endzustand der Luft getroffene Voraussetzung zu erfüllen.

IX. Berechnung des Energieverbrauches.

A. Wärmeverbrauch.

Wird von der Möglichkeit abgesehen, den Anteil der verbrauchten Wärme wiederzugewinnen, der in Trockenmittel und Gut entweicht, so ergibt sich bei Lufttrockenanlagen die Höhe des Wärmeaufwandes nach der Bilanzgleichung zu

$$Q = G_L\,(i_h - i_r) + \mathfrak{G}_{\mathfrak{x}}\,[c_\mathfrak{h}\,(t_\mathfrak{h} - t_\mathfrak{r}) - i_{\mathfrak{W}t_\mathfrak{r}}\,(\mathfrak{x}_\mathfrak{r} - \mathfrak{x}_\mathfrak{h})] + Q_{\mathrm{verl}}\,.$$

Auf der rechten Seite sind alle Größen aus den zahlenmäßigen Voraussetzungen und Ermittelungen im i-x-Bilde bekannt, und es bleibt nur noch der Betrag Q_{verl} zahlenmäßig festzustellen. Ähnliches gilt bei Verdampfungsanlagen, für die die Bilanzgleichung

$$Q = \mathfrak{G}_{\mathfrak{x}}\,[c_\mathfrak{h}\,(t_\mathfrak{h} - t_\mathfrak{r}) + (i_{Dt_h} - i_{\mathfrak{W}t_\mathfrak{r}})\,(\mathfrak{x}_\mathfrak{r} - \mathfrak{x}_\mathfrak{h})] + Q_{\mathrm{verl}}$$

lautet und nach Festlegung der Temperatur und Druckverhältnisse nur noch der Betrag Q_{verl} zu ermitteln bleibt, um Q zu finden.

Q_{verl} setzt sich in der Hauptsache aus drei Gliedern zusammen:

a) der wegen unvollkommener Wärmedichte der Umfassungswände in die Umgebung entweichenden Wärme,

b) der in dem angewandten Heizmittel am Ausgange der Trockenvorrichtung enthaltenen Überschußwärme,

c) der bei unterbrochenem Betriebe verlorengehenden Speicherwärme.

Zu a) Herrscht im Innern der Trockenvorrichtung die Temperatur t, in ihrer Umgebung die Temperatur t_r, so tritt durch eine Fläche F m² stündlich eine Wärmemenge

$$Q_F = F \cdot k\,(t - t_r) \tag{123}$$

in die Umgebung, wenn k die Wärmedurchgangszahl bedeutet. Bei hohen Temperaturen spielt neben dem Wärmedurchgang auch die Wärmestrahlung eine Rolle. Die stündlich durch Strahlung an die Umgebung übertretende Wärme beträgt

$$Q_F = F \cdot \frac{\left(\dfrac{\vartheta + 273}{100}\right)^4 - \left(\dfrac{t + 273}{100}\right)^4}{\dfrac{1}{C_1} + \dfrac{F_1}{F_2}\left(\dfrac{1}{C_2} - \dfrac{1}{C_s}\right)}\,. \tag{124}$$

Hierin bedeuten

F_1 und F_2 die Größe der strahlenden und bestrahlten Fläche, in m²,

ϑ die Wandtemperatur der strahlenden Fläche, in ⁰ C,

C_1 und C_2 die Strahlungskonstante der strahlenden und bestrahlten Fläche, in kcal/m² · h· (⁰ abs.)⁴,

$C_s = 4{,}96$ die Strahlungskonstante des vollkommen schwarzen Körpers.

Bezüglich der zahlenmäßigen Ermittelung von Wärmedurchgang und strahlender Wärme sei auf die Forschungsergebnisse verwiesen, die in zahlreichen Sonderwerken in unmittelbar anwendbarer Form enthalten sind. Hier sollen nur kurz die grundsätzlichen Punkte zusammengestellt werden, die dazu dienen, Wärmedurchgang und Wärmestrahlung niedrig zu halten. Hierzu ist es nötig:

die an die Umgebung grenzende Oberfläche der Trockenvorrichtung so klein wie möglich zu halten, also bei feststehendem Fassungsvermögen eine Form zu wählen, die der Kugel, dem Würfel, dem Zylinder mit einer Mantellänge gleich dem Durchmesser nahe kommt, soweit nicht andere, schwerer wiegende Rücksichten dem entgegenstehen;

die Wärmedurchgangszahl k niedrig zu halten, also die Umfassungswände möglichst aus Stoffen mit niedriger Wärmeleitzahl zu wählen und zur Erhöhung des Wärmedurchgangswiderstandes künstliche Wärmeschutzmittel aufzutragen. (Bei Anwendung hoher Temperaturen ist auf Feuersicherheit der Bauweise besonderer Wert zu legen. In gewissem Sinne gilt dies für Trockenanlagen ganz allgemein, weil brennbare Baustoffe infolge ihres geringen Feuchtigkeitsgehaltes einen ausgebrochenen Brand leicht verbreiten. Viele Lacke entwickeln brennbare Dämpfe und fordern daher besondere Maßnahmen gegen Feuersgefahr.) Da die Wärmedurchgangszahl k durch die Wärmeübergangszahl α maßgebend mitbestimmt wird, und diese mit der Geschwindigkeit der umgebenden Luft stark wächst, gehört hierher auch die Vorschrift, zugige Orte für die Aufstellung möglichst zu vermeiden;

das Temperaturgefälle zwischen Trockenvorrichtung und Umgebung niedrig zu halten, für die Aufstellung daher einen Ort zu wählen, der möglichst warm liegt;

die äußere Oberfläche der Trockenvorrichtung ebenso wie die Wände des Aufstellungsraumes so zu behandeln, daß die Strahlungskonstante niedrig wird. Dies trifft z. B. zu bei hell glänzendem, glattem Anstrich, in besonderem Maße auch bei polierter Kupferblechummantelung.

In manchen Fällen, z. B. bei Papiertrocknern, steht die Trockenvorrichtung offen im Raum und bewirkt eine Steigerung von dessen Temperatur, die zu Wärmeverlusten führt. Es liegt nahe, diesen Gebäudeverlust durch Abwärme zu decken, die in dem entstehenden Schwaden enthalten ist. Dies würde jedoch zu Feuchtigkeitsniederschlägen auf die Umfassungswände und, im allgemeinen unzulässigem, Tropfenfall auf das Gut führen, außerdem eine unerwünschte Nebelbildung ergeben, durch die die Bedienung erschwert und die Haltbarkeit der Einrichtung vermindert würde. Es muß daher zur Vermeidung der Nebelbildung der errechnete Wärmebedarf um das Maß dieser Verluste erhöht werden. Sie bewegen sich bei zweckmäßiger Bauweise um so mehr in erträglichen Grenzen, je größer die spezifische Trockenleistung $(\chi_r - \chi_b)$ ist. Bei Papiertrocknern betragen sie nach Mallickh[1]) je nach Größe der Maschine 2,5 bis 3% des Gesamtwärmeverbrauches im Jahresmittel und steigen auf 3,5 bis 5,5% an kühlen Wintertagen. Maßnahmen zur Verringerung des Gebäudeverlustes sind daher lohnend, dürfen jedoch keinesfalls durch Übertreibung zur Erschwerung des Betriebes führen, wie dies z. B. bei Papiertrocknern

---

[1]) Mallickh: Über die Wirtschaftlichkeit der Papierzylindertrockner und ihre Entnebelungsanlagen, unter besonderer Berücksichtigung der Abwärmeverwertung. W. f. Pap. 1921.

durch Überbauung mit licht- und schmutzfangenden Hauben, Filz-
dächern u. dgl. geschieht.

Schutz gegen Tauwasserbildung.

Bedeuten

α die Wärmeübergangszahl auf der (wärmeren) Innenseite der Trockenvorrichtung, in $\mathrm{kcal/m^2 \cdot {}^0C \cdot h}$,

t die Lufttemperatur auf der (wärmeren) Innenseite, in ^{0} C,

t_r die Lufttemperatur auf der (kälteren) Außenseite, in ^{0} C,

t_x'' den Taupunkt der Innenluft, in ^{0} C,

so muß zur Vermeidung eines Feuchtigkeitsniederschlages an den
Innenwänden die Wärmeschutzschicht nach Hencky[1]) so bemessen
werden, daß die Wärmedurchgangszahl

$$k \leqq \alpha \cdot \frac{t - t_x''}{t - t_r}$$

bleibt. Ist die Luft gesättigt, d. h. $t_x'' = t$, so wird $k = 0$. Es ist alsdann
auch bei Verwendung stärksten Wärmeschutzes nicht möglich, einen
Niederschlag zu verhindern. Vollständige Sättigung muß daher überall
dort vermieden werden, wo die Bildung von Tauwasser schädlich wirkt.

Die Wärmeübergangszahl α bewegt sich etwa zwischen den Werten 8
bei ruhender Luft und 40 bei stark bewegter Luft. Die Temperatur
auf der Außenseite kann für Trockenvorrichtungen, die durch Arbeitsräume umgeben werden, mit $t_r \geqq 15^0$ angesetzt werden. Sie sinkt für
die mit der Außenluft in Berührung stehenden Teile der Trockenvorrichtung bis auf etwa $t_r = -10^0$. Im Mittel kann angenommen
werden, daß der Taupunkt der feuchten Trockenluft mindestens
3^0 unter ihrer Temperatur liegt. Unter dieser Voraussetzung muß

$$k \leqq 8 \cdot \frac{3}{t - 15} \text{ für Innenwände, bzw. } k \leqq 8 \cdot \frac{3}{t + 10} \text{ für Außenwände}$$

sein, wenn in toten Winkeln Niederschlag vermieden werden soll. Für
eine Temperatur $t = 40$ bis 100^0 ergibt dies $k \approx 1$ bis 0,3 für Innenwände, bzw. $k \approx 0,5$ bis 0,2 für Außenwände. Das bedeutet, daß die
Trockenvorrichtung, soweit sie durch Arbeitsräume umgeben ist, einen
Wärmeschutz erhalten soll, der bei 40^0 Innentemperatur einer etwa
4 cm starken, bei 100^0 Innentemperatur einer etwa 12 cm starken
Korkschicht entspricht. Die mit der Außenluft in Berührung stehenden
Teile müssen 8 bzw. 20 cm starke Korkschichten erhalten. Im allgemeinen liegt der hiermit verbundene Aufwand jenseits der wirtschaftlichen Grenze, so daß es besonders bei hohen Temperaturen und für
die mit der Außenluft in Berührung stehenden Teile nötig ist, nach
einem anderen Abhilfemittel Umschau zu halten. Als solches bietet sich
in erster Linie Vermeidung von toten Ecken. Für $\alpha \approx 16$ folgt $k \approx 1,9$
bis 0,6 für Innenwände, bzw. 0,9 bis 0,4 für Außenwände. Dies führt
für den ungünstigsten Fall zu einem Wärmeschutz, wie er einer 10 cm
starken Korkplatte entspricht.

Beim Gegenstromverfahren bewirkt Tauwasserbildung ein, meist un-
bedenkliches, Tropfen auf das feuchte Gut. Beim Gleichstromverfahren

---

[1]) Hencky: Die Wärmeverluste durch ebene Wände. München 1921.

ist im allgemeinen der Wert $t - t_x''$ hoch und daher Tauwasserbildung weniger zu erwarten. Für die Stärke des Wärmeschutzes wird daher im allgemeinen der wirtschaftliche Gesichtspunkt des Wärmeverlustes maßgebend und die Prüfung auf Tauwasserbildung nur in besonderen Fällen nötig sein.

Eisenteile, die durch den Umbau durchtreten, werden stets beschlagen, wenn die Umgebungstemperatur wesentlich niedriger liegt als die Innentemperatur der Trockenvorrichtung. Die Aufbringung einer Wärmeschutzschicht sollte daher hier allgemeine Regel sein, u. a. auch mit Rücksicht auf die Rostgefahr.

Zu b) Für die Verluste, die bei der Fortleitung des Heizmittels vor und hinter der Trockenvorrichtung entstehen, ist diese nicht verantwortlich zu machen. Ihr obliegt nur die Aufgabe, die im Heizmittel zugeführte Wärme möglichst weitgehend auszunutzen. Der als Heizmittel in der Regel in Betracht kommende Dampf bedingt durch seine Spannung die Sättigungstemperatur des Niederschlagswassers und damit die für den Trockenvorgang im allgemeinen verlorengehende Überschußwärme des Dampfwassers.

Zu c) Während bei durchgehendem Betriebe die in den baulichen Teilen der Trockenvorrichtung aufgespeicherte Wärmemenge ohne Bedeutung bleibt, tritt sie bei unterbrochenem Betriebe als Verlustquelle auf, weil die Wärme teilweise oder ganz während des Stillstandes verlorengeht und nach der Inbetriebnahme neuerlich aufgespeichert werden muß. Der Trocknung im Beharrungszustande geht daher eine Anheizzeit voraus, deren Dauer möglichst kurz sein soll. Aus diesem Grunde müssen bei unterbrochenem Betriebe die Umfassungswände und baulichen Innenteile (also auch die Trockengestelle) so ausgeführt werden, daß sie ein geringes Wärmeaufspeicherungsvermögen, also niedrige spezifische Wärme und geringes Gewicht, besitzen. Soweit es möglich ist, soll die Wärmeschutzschicht auf der Innenseite liegen, damit die äußeren Massen an der Wärmebewegung weniger teilnehmen. Bei kurzer Betriebszeit kommt hierzu die Vorschrift, für die Umfassungswände Stoffe zu benutzen, die möglichst wärmeträge sind, d. h. Temperaturänderungen nur langsam folgen. Bei Verdampfungsanlagen stößt die Durchführung der Vorschrift, die Wärmeschutzschicht auf der Innenseite anzubringen, in der Regel deshalb auf Schwierigkeiten, weil alsdann in besonderem Maße Widerstandsfähigkeit des Wärmeschutzmittels gegen Feuchtigkeit zu fordern ist. Bei Lufttrockenanlagen liegen Bedenken kaum vor, wenn die Schichtstärke so bemessen ist, daß innere Tauwasserbildung vermieden bleibt. Wegen der zahlenmäßigen Ermittelung der Anheizzeit sei auf die Untersuchungen von Schmidt[1]) hingewiesen.

Zu den aufgeführten drei Posten tritt bei Lufttrockenanlagen noch ein Verlust dadurch, daß unausgenutzte Luft aus der Trockenvorrichtung nach außen entweicht oder kalte Außenluft nach innen dringt.

---

[1]) Schmidt: Neuere Untersuchungen über den Wärmebedarf von Gebäuden und die Wärmeabgabe von Heizkörpern. Ges.-Ing. 1924.

Die Erörterungen über die Einwirkung dieses Verlustes auf das i-x-Bild liefern einen Anhalt für seine zahlenmäßige Berücksichtigung. Es ist selbstverständlich, daß bei einer mit Unterdruck in der Trockenvorrichtung arbeitenden Anlage die von außen eindringende Falschluft unschädlich bleibt, wenn sie zunächst über die Heizvorrichtung streicht, die zur Vorwärmung der Außenluft bestimmt ist. Dagegen bedeutet es immerhin einen Verlust, wenn dieses Eindringen an einer späteren Stelle über Heizvorrichtungen erfolgt, da diese für Luft erhöhten Feuchtigkeitsgehaltes bestimmt sind und die eindringende Falschluft bis zum Austritt nicht mehr voll ausgenutzt wird.

Nicht unerwähnt bleiben sollen Nebeneinflüsse, die zu einer Verminderung des äußeren Wärmebedarfes führen, weil sie selbst Wärme abgeben. Es handelt sich hierbei um die energieverbrauchenden Nebenvorgänge:

Arbeitsverbrauch des Lüfters,

Beleuchtung,

Arbeitsmaschinen und Verkehr innerhalb der Trockenvorrichtung.

Gegenüber dem gesamten Wärmeverbrauch spielen die ihnen entsprechenden Wärmemengen kaum eine Rolle. Das gleiche gilt für kraftverbrauchende Rührvorrichtungen, die bei Verdampfungsanlagen Anwendung finden.

B. Arbeitsverbrauch.

Solange das Trocknen energetisch unvollkommen durch unmittelbare Wärmeübertragung erfolgt, kann von einem Nutzarbeitsverbrauch nicht gesprochen werden. Die gesamte mechanische Leistung, die mit dem Trocknen verbunden ist, stellt daher einen Arbeitsverlust dar, soweit nicht etwa mit der Beförderung des Gutes eine Veränderung der Höhenlage verbunden ist. Abgesehen von diesem nebensächlichen Fall der Förderleistung, erstreckt sich der Arbeitsverbrauch einer Trockenvorrichtung hauptsächlich auf Vorrichtungen zum

1. Bewegen der Trockenvorrichtung selbst, z. B. bei Trommeltrocknern,

2. Bewegen des Gutes durch die Trockenvorrichtung; hierbei handelt es sich um

    a) eine fortschreitende Bewegung vom Ein- zum Ausgang, oder

    b) eine Mischbewegung,

3. Bewegen des Trockenmittels. Hierher gehört bei Lufttrockenvorrichtungen der Antrieb des Lüfters, bei Verwendung beheizter Flächen mechanische Mittel zur Bewegung des Heizmittels,

4. Antrieb der Luftpumpen und Ausbringvorrichtungen für das Gut bei Vakuumtrocknern,

5. Speisevorrichtungen für das Gut bei Trocknern, die mit Überdruck arbeiten.

Zu 1. Der Arbeitsverbrauch für die Bewegung der Trockenvorrichtung selbst hängt in erster Linie von der mechanischen Ausführung ab. Es erscheint aussichtslos und auch wenig lohnend, die Ermittelung auf rechnerischem Wege zu versuchen.

Zu 2. Soweit es sich hier um die Fortbewegung des Gutes durch die Trockenvorrichtung handelt, gilt das zu 1. Gesagte. Bei der Mischbewegung spielt die Geschwindigkeit eine ausschlaggebende Rolle. Sind feste Körper zu durchmischen, so können bei Überschreitung gewisser Grenzen leicht hohe Arbeitsverbrauchszahlen auftreten und die Wirtschaftlichkeit gefährden. Es ist daher in solchen Fällen stets die Mischgeschwindigkeit als obere Grenze einzuhalten, die ausreicht, um eine gleichmäßige Einwirkung des Trockenmittels auf das Gut zu sichern. Besteht das Gut aus Flüssigkeit, so kann darüber hinaus eine Erhöhung seiner Umlaufgeschwindigkeit zweckmäßig sein, um eine Verbesserung des Wärmeaustausches zu erzielen.

Zu 3. Der Arbeitsverbrauch des Lüfters hängt von dem zu fördernden Luftgewicht und dem zu überwindenden Widerstand ab. Das Luftgewicht ergibt sich aus der geforderten Trockenleistung und den, mit Rücksicht auf das Gut und die Wirtschaftlichkeit, festgelegten Verhältnissen des Trockenvorganges. Die Strömungswiderstände folgen nach Festlegung der baulichen Einzelheiten. Während sie für den Durchgang der Luft durch das Gut innerhalb der Trockenvorrichtung sich nur in seltenen Fällen zahlenmäßig genau ermitteln lassen, bietet für längere Luftleitungen die zahlenmäßige Feststellung des Widerstandes keine Schwierigkeiten. Die Luftleitungen werden in der Regel aus Holz oder verputzten Baustoffen, rund oder viereckig, hergestellt. Die Geschwindigkeit bewegt sich zwischen 3 und 10 m/s in den Haupt-, 1 und 3 m/s in den Nebenkanälen. Der Reibungswiderstand beträgt nach Blasius[1]

$$\Delta P_R = \lambda_R \cdot \frac{l}{d} \cdot \frac{w^2}{2 \cdot g} \cdot \gamma ,$$

wobei

ΔP_R den Druckverlust, in kg/m^2,

$g \approx 9{,}81$ die Beschleunigung der Erdschwere, in m/s^2,

λ_R eine von den Eigenschaften des Gases, der Geschwindigkeit und dem Durchmesser abhängige Funktion

bedeuten. Für Luftleitungen aus Holz oder verputzten Baustoffen kann $\lambda_R \approx 0{,}006$, für Leitungen aus Blech zu $\lambda_R \approx 0{,}003$ angesetzt werden, wenn die angegebenen Geschwindigkeiten nicht unterschritten sind.

Ist der Querschnitt viereckig, so ist statt d der gleichwertige Durchmesser $d' = \dfrac{2 \cdot B \cdot H}{B + H}$ zu setzen.

Zu 4. Die Vorausberechnung des genauen Kraftbedarfes für die Luftpumpen von Vakuumtrockenanlagen stößt auf Schwierigkeiten. Gegeben ist im allgemeinen die Gutstemperatur t, die um das Maß des Siedeverzugs darunter liegende Sättigungstemperatur des Dampfes und damit die Höhe der geforderten Luftleere. Die zweite wichtige Größe, die Ansaugeleistung, hängt jedoch von mannigfaltigen Nebenumständen ab, nämlich:

---

[1] Blasius: Das Ähnlichkeitsgesetz bei Reibungsvorgängen in Flüssigkeiten· Forschungsheft 131.

von dem Verhältnis des Gutsgewichtes zu der mit ihm eingebrachten Luftmenge, daher auch in hohem Maße davon, ob die Einrichtung unterbrochen arbeitet oder fortlaufend, unter Anwendung von Luftschleusen, beschickt und entleert wird. Im ersten Falle ergibt sich die Luftmenge als Unterschied zwischen dem Fassungsvermögen der Trockenvorrichtung und dem Rauminhalt der auf jede Beschickung entfallenden Gutsmenge. Der Ansaugedruck ist anfangs gleich dem atmosphärischen und nimmt allmählich ab. Im zweiten Falle wechselt die Luftleere gleichfalls, jedoch in engeren Grenzen, besonders wenn nach dem Verfahren Passburg die Luftschleuse vor Verbindung mit dem Trockenraum durch eine besondere Pumpe entlüftet wird,

von der Undichtheit der Trockenvorrichtung nach außen. In dieser Beziehung sind die Bauweisen am vorteilhaftesten, die bei einem bestimmten Fassungsvermögen die geringste Länge dichtender Kanten aufweisen.

Der Luftgehalt des Gutes selbst spielt im allgemeinen keine Rolle. Gleichbedeutend mit Luft sind unter dem hier betrachteten Gesichtspunkt andere Gase, die nicht mit den aus dem Feuchtigkeitsgehalt sich entwickelnden Wasserdämpfen niederschlagen und von der Luftpumpe mitabgesaugt werden müssen.

Nach Untersuchungen von Passburg kommt z. B. für einen Vakuumschaufeltrockner von 1,2 m Durchmesser und 10 m Länge mit 100 m² Heizfläche, der in 24 h 30000 kg nasse Stärke von einem anfänglichen Feuchtigkeitsgehalt $\chi_l = 0{,}67$ auf einen Endfeuchtigkeitsgehalt $\chi_b = 0{,}25$ trocknet, also 7500 kg Wasser abdampft, eine Trockenluftpumpe mit einer Ansaugeleistung von etwa 330 m³/h in Frage, die anfangs etwa 8,7 PS verbraucht. Mit der zunehmenden Trocknung und damit einhergehenden Verminderung des Luftdruckes nimmt auch der Kraftbedarf, bis auf schließlich 4,3 PS, ab. Der durchschnittliche Arbeitsbedarf von Naßluftpumpen ist etwa doppelt so hoch wie von Trockenluftpumpen. Zu berücksichtigen ist, daß der Kraftaufwand für Förderung des den Kondensator durchlaufenden Kühlwassers in beiden Fällen hinzukommt und bei Oberflächenkondensation mit Trockenluftpumpen wegen der benötigten größeren Kühlwassermenge höher ist.

Die Ausbringvorrichtung für Vakuumtrockner besteht bei durchlaufendem Betriebe aus Pumpen, wenn das Gut auch nach der Trocknung noch fließende Eigenschaft besitzt, dagegen aus Schleusen, falls es die Form eines festen Körpers annimmt. Bei unterbrochenem Betriebe entfällt die Ausbringvorrichtung in der Regel. Wird, mit Rücksicht auf den Arbeitsverbrauch der Luftpumpe, auch bei unterbrochenem Betriebe mit Pumpen bzw. Schleusen gearbeitet, so wird der erzielte Vorteil durch die Erschwerung des Betriebes meist aufgewogen.

Zu 5. Fälle, bei denen im Trockner gegenüber der Umgebung Überdruck herrscht, zählen zu den Ausnahmen. Bei durchgehendem Betriebe muß alsdann das Naßgut durch Pumpen oder schleusenartige Speisevorrichtungen eingeführt werden, während das getrocknete Gut infolge des Überdruckes selbsttätig nach außen tritt. Bei unterbrochenem Betriebe entfallen die Speisevorrichtungen. Der Kraftbedarf für Betätigung von Ausbring- und Speisevorrichtung ist im allgemeinen gering.

Zweiter Teil.

Ausführung und Betrieb.

I. Durchführung des Trockenvorganges.

A. Vorbereitung des Gutes.

Der Zustand des Gutes bei Beginn des Trockenvorganges entspricht entweder den Naturverhältnissen, z. B. bei tierischen und pflanzlichen Erzeugnissen, oder dem gesamten Arbeitsverfahren, in das sich die Trocknung als ein Glied einschiebt, z. B. bei künstlichen Erzeugnissen. Aufgabe der Vorbehandlung des Gutes ist es, die Voraussetzungen für rasche Trocknung mit geringstem Energieaufwand unter möglichster Erhaltung wertvoller Eigenschaften des Gutes zu verbessern. Die Mittel hierzu sind mannigfaltig und hängen von der besonderen Art des Gutes und des Trockenverfahrens ab. In der Hauptsache laufen sie hinaus auf:

1. mechanische Entfeuchtung.
2. zweckentsprechende Gestaltung.

Diese kann entweder darin bestehen, daß die Ware in die für die Trocknung geeignete Form gepreßt, oder daß eine Zerstückelung, ohne besondere Formengebung, vorgenommen wird. Beispiele sind:

für den ersten Fall: Auswalzen von Teigwaren und Seife in Bandform, von Gummimasse in Fellform, von Leim und Gelatine in Tafeln,

für den zweiten Fall: Zerschnitzeln von Kartoffeln und Obst, Zerreißen von Gemüse, Zermahlen von Fischabfällen.

Die angeführten Vorbereitungsmaßnahmen werden zuweilen gleichzeitig mit der Trocknung durchgeführt oder fortgesetzt und bilden alsdann einen Bestandteil des eigentlichen Trockenverfahrens. Dies gilt z. B., wenn der Inhalt von Eiern oder Milch und Blut in zerstäubter Form dem trocknenden Luftstrom ausgesetzt, oder Kartoffeln in Form eines Schleiers auf die trocknende Walze aufgetragen werden.

3. Veränderung der Oberfläche des Gutes.

Diese ist vor allem bei Naturerzeugnissen dann geboten, wenn sie mit einer luftdichten Hülle umgeben sind. Hierher gehört das Schälen oder Durchstechen von Obst.

4. Veränderung der natürlichen Eigenschaften des Gutes.

So werden z. B. bei Obst und Kartoffeln durch Dämpfen die Zellen aufgeschlossen, bei Holz durch Behandlung mit Dampf die Poren geöffnet. Hierunter fällt auch die Vorwärmung des Gutes.

Die Trocknung vorgewärmten Gutes.

In Ausnahmefällen ergibt sich die Anfangstemperatur des Gutes aus der der Trocknung vorausgehenden Behandlung höher, als der Kühlgrenze der Trockenluft entspricht. Wird z. B. Flüssigkeit vor der eigentlichen Trocknung eingedampft, so muß bei empfindlichem Gut der Siedepunkt, gegebenenfalls durch Eindampfen unter Luftleere, so geregelt werden, daß die zulässige Höchsttemperatur nicht überschritten wird. Die anschließende Trocknung wird in ihrem Hauptabschnitt mit einer Kühlgrenze arbeiten, die niedriger liegt, als diese gefährliche Temperatur, weil ja bei der Fertigtrocknung im hygroskopischen Gebiet eine Temperatursteigerung des Gutes eintritt, die erst bis zur Grenze der Höchsttemperatur reichen darf. In solchen Fällen wirft sich die Frage auf, ob und wie weit der von dem vorgewärmten Gut mitgebrachte Wärmeüberschuß zur Deckung des Wärmeverbrauches während der eigentlichen Trocknung ausreicht. Von vornherein kann erwartet werden, daß dies nicht in vollem Maße der Fall ist und die Anwendung vorgewärmter Luft nötig bleibt. An ihre Stelle könnte auch ein mehrmaliger Durchgang der zu trocknenden Flüssigkeit unter jeweiliger Zwischenerwärmung in Betracht gezogen werden. Hierbei ergeben sich jedoch Schwierigkeiten durch die Unmöglichkeit, den fertig getrockneten Teil des Gutes von dem für den neuerlichen Umlauf bestimmten zu trennen, was für die Durchführung eines ununterbrochenen Betriebes nötig wäre. Im allgemeinen läuft daher die Vorwärmung nur auf eine Verminderung der während der Trocknung zuzuführenden Wärmemenge hinaus. Bei festen Körpern, z. B. Holz und Zuckerbroten, erfolgt zuweilen im Trockenraum selbst eine wiederholte Anwärmung zwischen den einzelnen Abschnitten regelrechter Trocknung, beim Holz durch unmittelbare Einleitung von Dampf, beim Zuckerbrot durch Erwärmung der Trockenraumluft. Setzt nach der jeweiligen Aufladung des Gutes mit Wärme der Trockenvorgang neuerlich ein, so erfährt zunächst die Oberfläche eine Abkühlung. Es entsteht, wie bei jeder Erhöhung der Gutstemperatur über das Maß der Kühlgrenze der Trockenluft, ein Temperaturgefälle vom Kern nach außen, durch das der Austritt der inneren Feuchtigkeit begünstigt wird.

Im i-x-Bilde der Abb. 67 entspreche Punkt V' dem Zustande der vorgewärmten Luft. Die durch V' gezogene τ_v'-Linie legt mit Punkt $\mathfrak{A}'$ die Temperatur t_a' fest. Würde das Gut gerade bis auf diese Temperatur vorgewärmt, so würde die Haupttrocknung sofort einsetzen und der Zustand der Luft sich längs der Geraden $V'\mathfrak{A}'$ verändern. Liegt dagegen die Temperatur des vorgewärmten Gutes entsprechend Punkt $\mathfrak{B}$ bei der höheren Temperatur t_v, so bewegt sich bei einem Gleichstromtrockner im ersten Augenblicke der Luftzustand längs der Verbindungsgeraden $V'\mathfrak{B}$. In dem, im bestimmten Falle durch schrittweise Untersuchung zu findenden, Punkte A erreicht er eine gegenüber der vorherigen Annahme höher liegende τ-Linie, um danach dem Linienzug AEH in der früher untersuchten Weise zu folgen. Der Gutszustand verläuft längs des Linienzuges $\mathfrak{B}\mathfrak{A}\mathfrak{H}$. J stellt den Beharrungszustand dar. Die ihm zukommende Temperatur t_i liegt höher als bei Vorwärmung

des Gutes bis zur Temperatur t_a und erst recht höher gegenüber dem
Falle, daß das Gut mit einer Temperatur $t_r < t_a$ die Trockenvorrichtung
betritt, um erst darin seine Vorwärmung zu erfahren. Hieraus ergibt
sich ganz allgemein, daß die Anfangstemperatur t_v' der Trockenluft
um so niedriger gehalten werden muß, je höher der Grad der Vorwärmung ist.

Wird Formel (76)

$$i_v - i_i = \frac{G_\mathfrak{X}}{G_L}\,(\mathfrak{c}_i \cdot t_i - \mathfrak{c}_r \cdot t_r)$$

und die hier gültige Beziehung

$$i_i - i_v'' = \frac{G_\mathfrak{X}}{G_L}\,(\mathfrak{c}_r \cdot t_v - \mathfrak{c}_i \cdot t_i) \tag{76a}$$

beiderseits zusammengezählt und $\mathfrak{x}_v = \mathfrak{x}_r$, $\mathfrak{c}_v = \mathfrak{c}_r$ gesetzt, so ergibt sich,

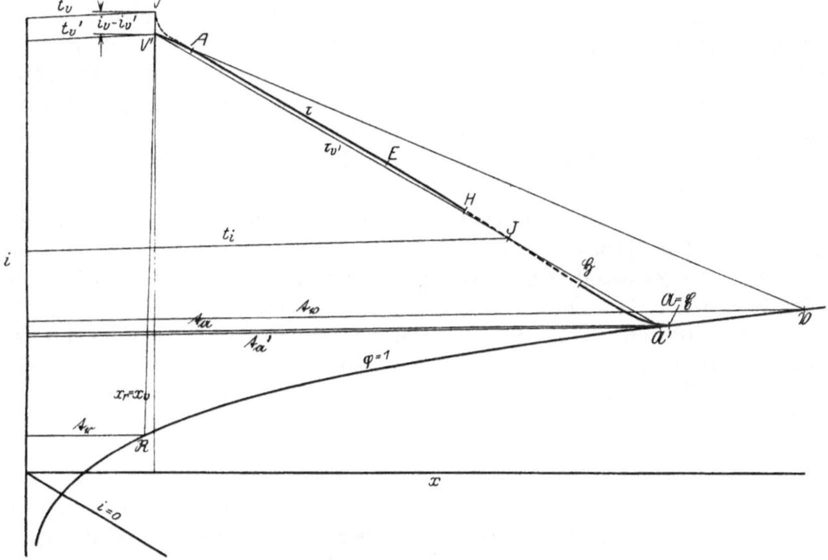

Abb. 67. Einfluß der Vorwärmung des Gutes im i-x-Bild (Gleichstromtrockner).

daß die Verwendung vorgewärmten Gutes auf das Trockenergebnis
keinen Einfluß hat, wenn

$$i_v - i_v'' = \frac{G_\mathfrak{X}}{G_L} \cdot \mathfrak{c}_r\,(t_v - t_r)$$

wird. Das heißt, daß Punkt V' alsdann um ein Maß tiefer rückt als
Punkt V, das dem auf 1 kg Reinluft bezogenen Wärmeaufwand für die
vorausgehende Erhöhung der Gutstemperatur entspricht. Was an
Vorwärmung des Gutes geleistet ist, wird an Vorwärmung
der Luft gespart. Der spezifische Wärmeverbrauch bleibt
im ganzen gleich, ebenso der spezifische Luftbedarf. Ein
grundsätzlicher Unterschied ergibt sich jedoch insofern,
als Vorwärmung des Gutes ein lebhaftes Einsetzen der
Trocknung zur Folge hat.

B. Grundsätze für die Durchführung des Trockenvorganges.

Die äußere Gestaltung der Trockenvorrichtungen ist derartig mannigfaltig, daß es schwer erscheint, eine Einteilung in wenige Gruppen vorzunehmen. Wird von der Wechselwirkung zwischen Trockenmittel und Gut ausgegangen, so handelt es sich darum, die Gesichtspunkte klar zu erkennen, die die maßgebenden Verhältnisse des Gutes — Temperatur, Feuchtigkeitsgehalt, Geschwindigkeit und Gleichmäßigkeit der Trocknung — beeinflussen. Es ergibt sich alsdann etwa folgende Gruppierung:

1. Trockenverfahren, bei denen Beharrungszustand vorliegt.

Das Gut wird hierbei gleichmäßig der Trockenvorrichtung am einen Ende zugeführt, am anderen entnommen. Sein Zustand wechselt örtlich mit der Fortbewegung, dagegen bleiben an irgendeiner bestimmten Stelle der Trockenvorrichtung die Verhältnisse von Gut und Trockenmittel stets dieselben. Für Behandlung nach solchen Verfahren eignen sich nur Waren gleicher Art und Abmessungen.

2. Trockenverfahren, bei denen das Trockenbild sich dauernd verändert.

Das Gut befindet sich hierbei entweder in Ruhe oder in einer Mischbewegung. Die Trockenvorrichtung wird abwechselnd beschickt und entleert. Der Zustand des Gutes ist örtlich verschieden, außerdem an jeder Stelle der Trockenvorrichtung zeitlich veränderlich. Da hier die Möglichkeit besteht, Teile des Gutes nach dem Fortschreiten der Trocknung vor anderen auszubringen, bieten derartige Verfahren Vorteile bei der Verarbeitung ungleicher, gegen Übertrocknung empfindlicher Waren.

Eine weitergehende Unterteilung ergibt sich für beide Gruppen wie folgt:

a) Der Zustand des Trockenmittels ist veränderlich.

Bei Trocknung im Beharrungszustande ist die Veränderlichkeit rein örtlich. Das Trockenmittel wandert über oder durch das Gut. Sein Zustand wechselt von einer Stelle zur anderen, ist jedoch an ein und derselben Stelle stets der gleiche. Bei Trocknung mit veränderlichem Trockenbild bezieht sich der Wechsel des Trockenmittelzustandes in der Regel auf Ort wie Zeit. Auch hier wandert das Trockenmittel über oder durch das Gut. Sein Zustand wechselt von Stelle zu Stelle, außerdem an ein und derselben Stelle mit der Zeit.

b) Der Zustand des Trockenmittels ist unveränderlich.

Dies ist nur dann möglich, wenn das Trockenmittel seinen Aggregatzustand ändert. Die Wärmezufuhr erfolgt hierbei ausschließlich durch dampfbeheizte Körper. Damit deren Oberflächentemperatur sich nicht durch Berührung mit dem Gute verändert, tritt hierzu die Bedingung, daß die Trocknung sich unter gleichbleibender Siedetemperatur der zu verdampfenden Flüssigkeit vollzieht. Sie wird genügend genau bei Verdampfungsanlagen erfüllt, wobei der entstehende Dampf gegen den Druck der Umgebung oder den verminderten Druck einer Kondensationsanlage entweichen kann. Da mit zunehmender Eindampfung der Siedepunkt höher rückt, läßt sich die Voraussetzung eines unveränderlichen Zustandes des Trockenmittels stets nur angenähert erfüllen.

1. Trockenverfahren, bei denen Beharrungszustand vorliegt.

a) Trockenverfahren mit zeitlichem Beharrungszustande, jedoch örtlichem Wechsel des Zustandes von Gut und Trockenmittel.

Hierher gehören etwa nachstehende Ausführungsformen von Trockenvorrichtungen:

wagerecht oder senkrecht verlaufende Kanäle, durch die einerseits das Gut, andererseits das aus Luft oder beliebigem vollkommenem Gas bestehende Trockenmittel wandert. Die Form des Kanals spielt keine Rolle. Er kann aus einem Schacht mit einer im Verhältnis zu den Querschnittsabmessungen großen Länge oder aus einer sich drehenden Trommel oder aus einem muldenartigen Behälter bestehen. Schließlich gehören auch Vorrichtungen hierher, bei denen das Gut einen verhältnismäßig hohen Raum in Form einer wagerechten Schleierwand durchströmt (Zerstäubungstrockner);

Trockenvorrichtungen mit beheizten Flächen, bei denen die Feuchtigkeit verdunstet (nicht verdampft), also Luft oder ein beliebiges vollkommenes Gas für die Abführung der entstehenden Dämpfe hinzutritt. Gut und Trockenmittel bewegen sich über die Vorrichtung, die die Form einer sich drehenden Walze, Mulde, Heizplatte oder eines Röhrenbündels besitzen kann.

In jedem Falle kommt es nur darauf an, daß Gut und Trockenmittel systematisch bewegt werden. Für die Wechselwirkung zwischen beiden ist die Richtung ihrer Bewegung zueinander von Bedeutung. Sie kann erfolgen im

I. Gleichstrom,
II. Gegenstrom,
III. Querstrom.

I. Gleichstrom. Beim reinen Gleichstromverfahren trifft Gut im Zustande seines höchsten Feuchtigkeitsgehaltes beim Eintritt mit Trockenmittel von höchster Temperatur und niedrigstem Feuchtigkeitsgehalt zusammen. Am Austritt wirkt das Trockenmittel mit seiner niedrigsten Temperatur und seinem höchsten Feuchtigkeitsgehalt auf Gut im Zustande seines geringsten Feuchtigkeitsgehaltes. Die Trockenkraft ist zu Anfang am stärksten, zu Ende am schwächsten. Die Trocknung erfolgt daher während des feuchten Zustandes des Gutes besonders lebhaft, mit zunehmender Entfeuchtung immer langsamer. Besteht das Trockenmittel aus vorgewärmter Luft und wird zunächst angenommen, daß das Gut die der Kühlgrenze entsprechende Ausgleichtemperatur während des ganzen Trockenvorganges behält — also nach Vorwärmung auf diese Temperatur eintritt und bis zum Schlusse als feucht angesehen werden kann —, so kennzeichnet in Abb. 68 Punkt A'_{gl} den Anfangszustand der Luft, Punkt $\mathfrak{A}_{gl}$ den Ausgleichzustand des Gutes. Der Endzustand der Luft sei durch Punkt E'_{gl} gegeben. Die Temperatur des Gutes $t_{a\,gl} = \tau$ hängt nur von der Lage des Punktes A'_{gl}, d. h. Wärmeinhalt und Feuchtigkeitsgehalt der vorgewärmten Luft ab. Wird jedoch das Gut mit zunehmender Entfeuchtung hygroskopisch, so entspricht Punkt J_{gl} dem Beharrungszustande, den Luft und Gut gemeinsam annehmen. Die höchste Temperatur t_{igl} des Gutes wird gleich der am Austritte herrschenden tiefsten Temperatur $t_{i\,gl}$ der Luft. Der

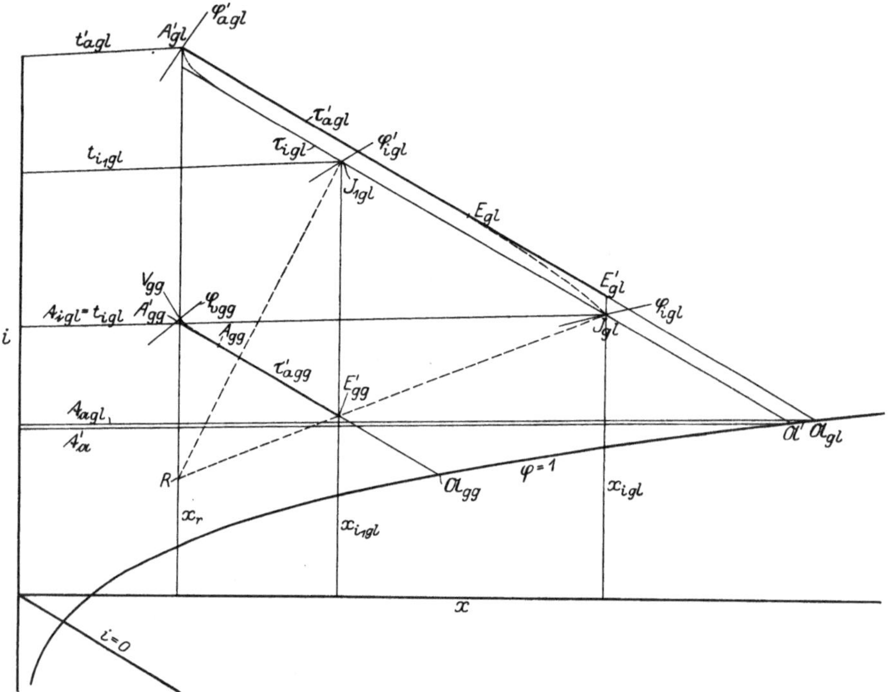

Abb. 68. Vergleich zwischen Gleich- und Gegenstromverfahren bei hygroskopischem Gut.

niedrigste Feuchtigkeitsgehalt $x_{i\,gl}$ des Gutes ist durch den höchsten Wert des Feuchtigkeitsgrades $\varphi_{i\,gl}$ der Luft gegeben. Dem Vorteile, daß die Temperatur des Gutes verhältnismäßig niedrig bleibt, steht daher bei dem Gleichstromverfahren der Nachteil gegenüber, daß der Endfeuchtigkeitsgehalt des Gutes einen bestimmten Wert nicht unterschreiten kann. Vor- und Nachteil vermindern sich in dem Maße, in dem der Feuchtigkeitsgehalt $x_{i\,gl}$ der austretenden Luft sich dem für die vorgewärmte Trockenluft geltenden Werte x_r nähert, also z. B. Punkt J_{gl} in Punkt $J_{1\,gl}$ übergeht. Das aber bedeutet einen im Verhältnis $\dfrac{x_{i\,gl} - x_r}{x_{i_1\,gl} - x_r}$ vergrößerten spezifischen Luftbedarf, außerdem vermehrten spezifischen Wärmeaufwand wegen des zur Wagerechten steileren Verlaufes der Geraden $RJ_{1\,gl}$ gegenüber RJ_{gl}, deren Neigung hier genügend genau zum Vergleich dienen kann. Auf der anderen Seite steht allerdings der Vorteil einer erhöhten durchschnittlichen

Trockenkraft. Das Gleichstromverfahren ist daher dann am Platze, wenn

1. das Gut im feuchten Zustande eine lebhafte Trocknung besser erträgt als im getrockneten Zustande,

2. das getrocknete Gut empfindlich ist gegen hohe Temperaturen,

3. das Gut im Endzustande nur wenig hygroskopisch ist, daher eine gute Ausnutzung der Trockenluft zuläßt, oder

4. das Gut im Endzustande in beträchtlichem Grade hygroskopisch ist, die Wirtschaftlichkeit des Verfahrens jedoch gegenüber der Schonung des Gutes zurücktritt.

II. Gegenstrom. Beim Gegenstromverfahren wirkt umgekehrt das Trockenmittel im Zustande seiner höchsten Temperatur und seines niedrigsten Feuchtigkeitsgehaltes auf das getrocknete Gut und im Zustande der niedrigsten Temperatur und des höchsten Feuchtigkeitsgehaltes auf das eintretende feuchte Gut. Die auf das feuchte Gut wirkende Trockenkraft ist verhältnismäßig gering. Wird auch hier zunächst angenommen, daß die Temperatur des Gutes t_a während des ganzen Trockenvorganges der Kühlgrenze τ entspricht, so besteht gegenüber dem Gleichstrom kein wesentlicher Unterschied, wenn in beiden Fällen der Zustand der vorgewärmten Luft dem gleichen Punkte A'_{gl} der Abb. 68 entspricht. Wird jedoch das Gut mit zunehmender Entfeuchtung hygroskopisch, so rückt auch hier der Endzustand der Luft nach Punkt J_{gl}, der jedoch nunmehr nicht den Beharrungszustand für Gut und Trockenmittel darstellt, sondern die Ausgleichstemperatur des „feuchten" Gutes t'_a, entsprechend der Lage des Punktes $\mathfrak{A}'$, tiefer verlegt. Denn die dem austretenden Gute entgegenströmende Luft gibt einen Teil ihres Wärmeinhaltes zur Temperatursteigerung des hygroskopischen Gutes an dieses ab. Bis zu der Stelle, wo die Luft mit Gut zusammentrifft, das eben noch feucht ist, ist daher ihr Zustand auf eine niedriger liegende τ-Linie gesunken. Der Beharrungszustand ist durch Punkt A'_{gl} gegeben, d. h. im Grenzfalle nimmt das Gut die höchste Temperatur der vorgewärmten Luft an. Gleichzeitig ist der Endfeuchtigkeitsgrad des Gutes so niedrig, wie dies dem Feuchtigkeitsgrad φ'_{agl} entspricht. Entgegen dem Gleichstromverfahren liegt hier der Vorteil in der Möglichkeit, einen niedrigen Endfeuchtigkeitsgrad des Gutes zu erreichen, dem allerdings der Nachteil gegenübersteht, daß das Gut zum Schluß eine hohe Temperatur annimmt. Wird, um diesem Nachteile zu begegnen, ohne den Vorteil eines niedrigen Endfeuchtigkeitsgehaltes aufzugeben, die Vorwärmetemperatur der Luft entsprechend der Lage des Punktes V_{gg} niedriger gehalten und ein Verlauf des Luftzustandes längs $V_{gg}E'_{gg}$ angenommen, so ergibt sich, ebenso wie bei dem Gleichstromverfahren, der Nachteil eines im Verhältnis $\dfrac{x_{i\,gl} - x_r}{x_{i1\,gl} - x_r}$ vergrößerten Luftbedarfes. Der spezifische Wärmebedarf, gekennzeichnet durch die Schräge der Geraden RE'_{gg} bzw. der mit ihr in Abb. 68 zusammenfallenden Geraden RJ_{gl}, braucht hierbei nicht, wie beim Gleichstromverfahren, zuzunehmen. Bei diesem entsprach der Verschiebung des Punktes J_{gl} nach J_{1gl} eine Erhöhung des durchschnittlichen Trockenpotentials. Die Verlegung des Verlaufes $A'_{gl}J_{gl}$ nach $V_{gg}E'_{gg}$ dagegen ergibt eine Verringerung des durchschnittlichen Trockenpotentials und damit Verlängerung der Trockenzeit bei einer gegebenen Vorrichtung bzw. eine Anlage von größerem Ausmaße bei vorgeschriebener Trockenleistung.

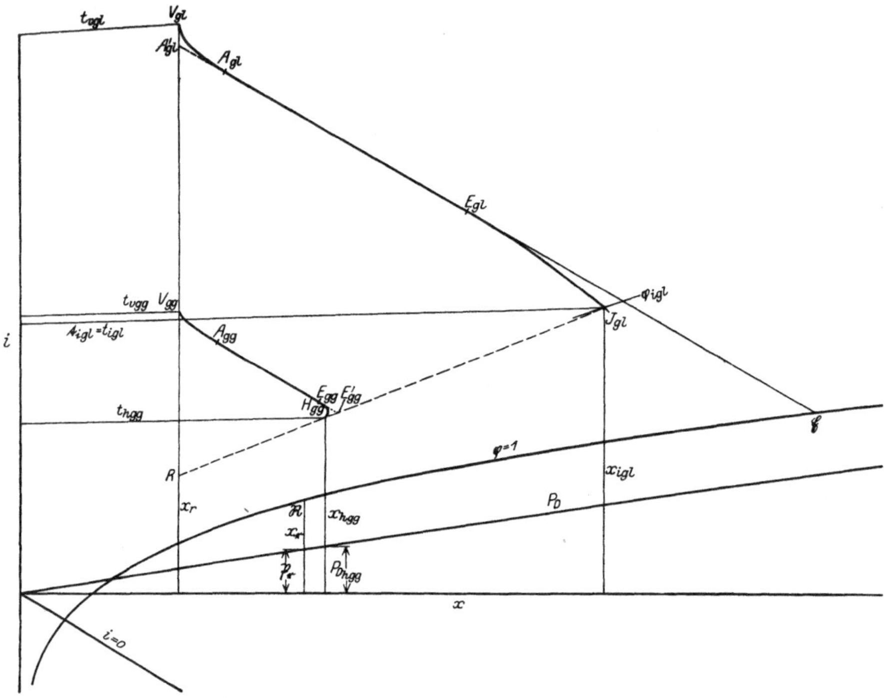

Abb. 69. Vergleich zwischen Gleich- und Gegenstromverfahren bei hygroskopischem Gut unter Berücksichtigung der Vorwärmung.

Das Gegenstromverfahren ist daher am Platze, wenn
1. das Gut im Zustande seines höchsten Feuchtigkeitsgrades eine lebhafte Trocknung nicht erträgt,
2. das Gut in getrocknetem Zustande gegen höhere Temperaturen wenig empfindlich ist, oder
3. das getrocknete Gut stark hygroskopisch und temperaturempfindlich ist, Trockenzeit und spezifischer Luftbedarf jedoch gegenüber der Forderung, bei niedriger Temperatur einen geringen Endfeuchtigkeitsgrad zu erreichen, keine Rolle spielt.

Besonders ist darauf hinzuweisen, daß bei Gut, das während des ganzen Trockenvorganges feucht bleibt, die Unterschiede beim Vergleich von Gleichstrom mit Gegenstrom verschwinden. Temperatur des Gutes, spezifischer Luftbedarf und spezifischer Wärmeverbrauch sind in beiden Fällen gleich.

In Abb. 69 ist dargestellt, wie der Linienzug $A'_{gl} E_{gl} J_{gl}$ bzw. $V_{gg} A_{gg} E'_{gg}$ sich verändert, wenn die Trockenluft selbst die Vorwärmung des Gutes von dem Zustande $\Re$ ab besorgt. Beim Gleichstrom entspricht $V_{gl} A_{gl}$, beim Gegenstrom $H_{gg} E_{gg}$ dem Verlauf des Luftzustandes während dieser Vorwärmung. Gegenüber den zuvor angegebenen Gesichtspunkten ändert sich hierdurch grundsätzlich vor allem der Unterschied zwischen den beiden äußersten Temperaturen $t_{vgl}\text{-}t_{igl}$ bzw. $t_{vgg}\text{-}t_{hgg}$, der größer wird. Das bedeutet, daß beim Gleichstrom höhere Anfangstemperaturen zulässig sind, wenn die Endtemperatur t_{igl} ein bestimmtes Maß erreichen darf. Beim Gegenstrom tritt leicht der Fall ein, bei dem der dem Endzustande der Luft entsprechende Teildruck des Dampfes P_D höher liegt als der Dampfdruck $\mathfrak{P}$ über dem kalten Gut, wenn dessen Anfangszustand z. B. dem Punkte $\Re$ entspricht. Es tritt alsdann Niederschlag aus der Luft auf das Gut ein.

In Wirklichkeit wird der Ausgleichzustand nicht erreicht. Das Gut bleibt kälter als beim Gleichstrom dem Punkte J_{gl}, beim Gegenstrom dem Punkte V_{gg} entspricht, der erreichte Endfeuchtigkeitsgehalt χ bleibt höher als der dem Feuchtigkeitsgrad φ_{igl} bzw. φ_{vgg} zukommende Wert χ_i. Trotzdem behält der geführte Vergleich Gültigkeit. Denn es ist stets damit zu rechnen, daß einzelne Teile des Trockengutes dem Beharrungszustande genügend nahe kommen, weil sie besonders lebhaft trocknen, z. B. die feinsten Teile bei schaufelförmigem Gut oder die Kanten bei flächenartigem Gut.

In Abb. 70 sind die Ergebnisse der Abb. 35 und 36 zusammengetragen, um die Vor- und Nachteile des Gleich- und Gegenstroms zu vergleichen, wenn, wie hier angenommen, in beiden Fällen die Höchsttemperatur t_{max}, der das Gut im getrockneten Zustande unterworfen werden kann, und der durch den Zustand der Rohluft gegebene Wert x_r gleichgesetzt werden. Der Vergleich ergibt folgende wichtige Gesichtspunkte:

Der spezifische Luftbedarf ist beim Gleichstrom gleich dem Werte $\dfrac{1}{x_{h\,gl} - x_r}$, beim Gegenstrom gleich dem Werte $\dfrac{1}{x_{h\,gg} - x_r}$, d. h. beim Gegenstrom in dem Verhältnis $\dfrac{x_{h\,gl} - x_r}{x_{h\,gg} - x_r}$ größer.

Der spezifische Wärmeverbrauch wird gekennzeichnet durch die Neigung der Verbindungsgeraden des senkrecht über H auf der i_v-Linie liegenden Punktes H' mit dem der Rohluft entsprechenden Zustandspunkt R gegen die Wagerechte. In Abb. 70 ist der Fall angenommen, daß Punkt R mit den Punkten H'_{gg} und H'_{gl} auf einer Geraden liegt, der spezifische Wärmeverbrauch daher für Gleich- und Gegenstrom derselbe ist. Liegt demgegenüber Punkt R höher, so ist der spezifische Wärmebedarf beim Gegenstrom niedriger als beim Gleichstrom. Umgekehrt liegen die Verhältnisse, wenn er tiefer rückt.

Ein Blick auf Abb. 70 zeigt, daß im Hauptabschnitt des Trockenvorganges die Trockenkraft beim Gleichstrom höher liegt als beim Gegenstrom. Diese Beziehung gilt in noch stärkerem Maße während der Vorwärmung des Gutes. Dagegen ist die Trockenkraft während der Fertigtrocknung im hygroskopischen Zustande des Gutes in beiden Fällen der Größenordnung nach gleich. Das bedeutet, daß die Trockenzeit beim Gleichstrom wesentlich kürzer

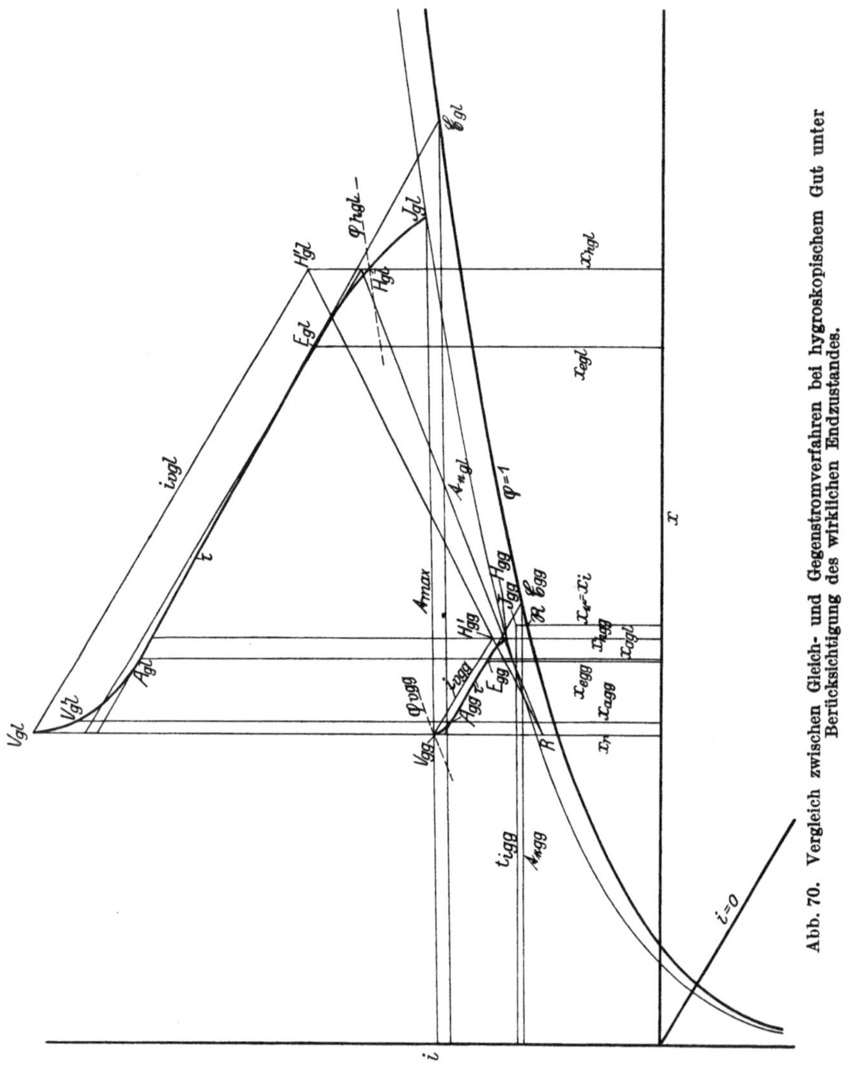

Abb. 70. Vergleich zwischen Gleich- und Gegenstromverfahren bei hygroskopischem Gut unter Berücksichtigung des wirklichen Endzustandes.

ist als beim Gegenstrom und im ersten Falle die Trockenwirkung mit besonderer Lebhaftigkeit einsetzt.

III. Querstrom. Beim Querstromverfahren strömt das Trockenmittel nach Abb. 71 senkrecht zur Bewegung des Gutes. Es trifft daher im Zustande seiner höchsten Temperatur und seines niedrigsten

Feuchtigkeitsgrades (t_v, x_r) sowohl mit feuchtem als auch getrocknetem als auch solchem Gut zusammen, das einen beliebigen Zwischenzustand besitzt. Wird der Weg des Gutes in einzelne Abschnitte, z. B. nach Abb. 71 in drei, unterteilt und in grober Annäherung vorausgesetzt, daß innerhalb dieser Abschnitte die einzelnen Schichten des Gutes, wie sie in der Bewegungsrichtung des Trockenmittels aufeinander folgen, von gleicher Beschaffenheit seien, so folgt:

In dem vom Gut zuerst durchlaufenen Teile ist nach einer gewissen Zeit die dem Trockenmitteleintritt nächstliegende Schicht vorgewärmt und auf der durch die Kühlgrenze gegebenen Ausgleichstemperatur, die folgende Schicht in der Vorwärmung begriffen, die dem Trockenmittelaustritt nächstliegende Schicht steht zu Anfang der Vorwärmung. Im folgenden Teile hat die erste Schicht die Kühlgrenztemperatur verlassen und mit zunehmender hygroskopischer Eigenschaft eine höhere Temperatur angenommen. Die mittlere Schicht besitzt die Kühlgrenztemperatur, die letzte hat die Vorwärmung abgeschlossen. Im dritten Teile schließlich ist die erste Schicht vollkommen getrocknet und besitzt die Temperatur $t_\mathfrak{h}$. Die Temperatur der mittleren

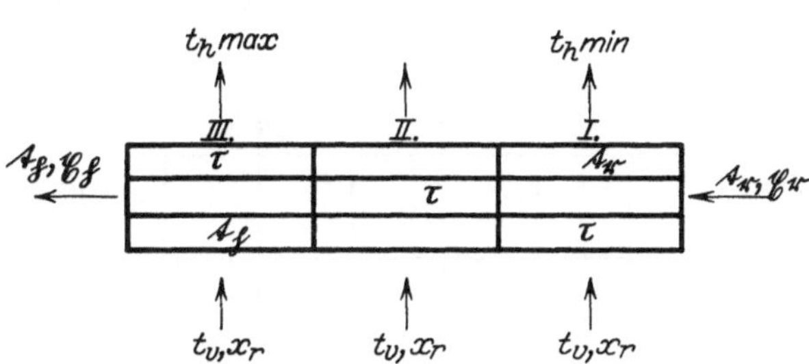

Abb. 71. Querstromtrockner.

Schicht liegt zwischen $t_\mathfrak{h}$ und der Kühlgrenze, die der letzten Schicht bei der Kühlgrenze. Das Trockenmittel verläßt den ersten Abschnitt mit erheblicher Erniedrigung seiner Anfangstemperatur, den letzten Abschnitt mit einer Temperatur, die von dem Anfangswerte sich weniger unterscheidet, und den mittleren Abschnitt in einem Zustande, der zwischen den Verhältnissen in den Endabschnitten liegt, das heißt, daß die Ausnutzung der Trockenluft in den einzelnen Abschnitten verschieden erfolgt. Das auf das feuchte Gut wirkende Trockenpotential ist, wie beim Gleichstromverfahren, besonders hoch. Es behält jedoch, wie beim Gegenstromverfahren, auch für das getrocknete Gut noch erhebliche Stärke. Im Grenzfalle nimmt das Gut die höchste Temperatur der vorgewärmten Luft an. Sein Endfeuchtigkeitsgehalt ist durch den Feuchtigkeitsgrad φ_v der vorgewärmten Luft bedingt, liegt also so niedrig wie beim Gegenstrom. Entspricht, mit Rücksicht auf Vermeidung einer übermäßigen Erwärmung, der Anfangszustand der vorgewärmten Luft dem Punkte V_{gg} in Abb. 70, so können sich z. B. im ersten Abschnitte für den Endzustand der Luft Verhältnisse ergeben, wie sie dem Punkte H_{gg} zukommen. Im mittleren und letzten Abschnitte dagegen rückt der Endzustand dem Punkte V_{gg} näher, d. h. spezifischer Luftbedarf und spezifischer Wärmeaufwand nehmen zu. Beide sind daher im Durchschnitt ungünstiger als beim Gegenstromverfahren.

Das Querstromverfahren ist daher am Platze, wenn

1. das Gut in feuchtem und getrocknetem Zustande eine lebhafte Trocknung erträgt,

2. das Gut in feuchtem und getrocknetem Zustande unempfindlich ist gegen hohe Temperaturen,

3. der spezifische Luftbedarf und Wärmeverbrauch gegenüber der Forderung, mit kurzer Trockenzeit einen niedrigen Endfeuchtigkeitsgehalt zu erreichen, zurücktritt.

Diese Grundsätze ändern sich nicht, wenn, entgegen der bisherigen Annahme, das fortschreitende Gut gleichzeitig eine Umwälzbewegung erfährt, durch die in den einzelnen Querschnitten senkrecht zur Gutsbewegung gleichartige Durchschnittsverhältnisse für das Gut hergestellt werden.

Die Bewegung des Trockenmittels quer zum Gut kommt in der in Abb. 71 dargestellten einfachen Form selten zur Anwendung; in der Regel wird vielmehr die in Abb. 72 gewählte Hintereinanderschaltung der einzelnen Teilströme des Trockenmittels vorgenommen. Damit aber geht das Wesen des Querstromes in das des

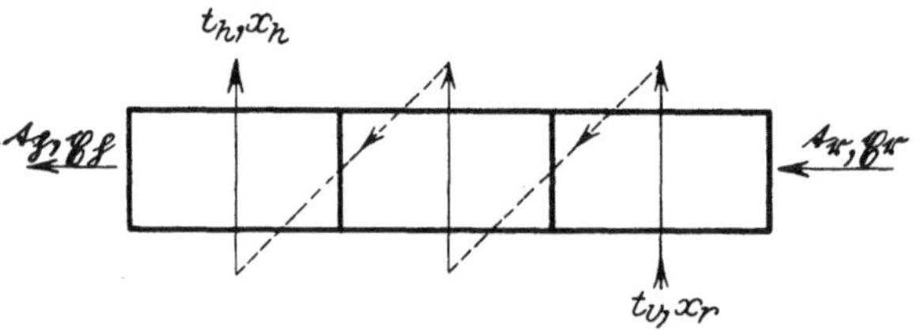

Abb. 72. Gleichstromtrockner mit Hilfsströmung des Trockenmittels quer zur Gutsbewegung.

Gleich- bzw. Gegenstromes über, je nachdem die Eintrittsstelle des vorgewärmten Trockenmittels am gleichen bzw. entgegengesetzten Ende liegt wie die Eintrittsstelle des Gutes.

b) Trockenverfahren mit zeitlichem Beharrungszustande und örtlich unverändertem Zustand des Trockenmittels. Hierher gehören vor allem Trockenvorrichtungen mit dampfbeheizten Flächen, bei denen die Zuführung von Luft oder anderen Gasen für Aufnahme der entstehenden Dämpfe entfällt. Das in der Regel flüssige Gut durchläuft die Vorrichtung, die hierbei die Form einer sich drehenden Walze, Mulde, Heizplatte besitzen kann. Abgesehen von der Austrittsöffnung für den entweichenden Dampf und den Anschlüssen für Zu- und Abgang des Gutes besteht keine Verbindung mit der Umgebung. Die Bewegungsrichtung des Gutes im Verhältnis zu der beheizten Fläche ist ohne grundsätzliche Bedeutung, da die letzte nahezu gleiche Oberflächenbeschaffenheit besitzt. Solange das Gut „feucht" ist, entspricht seine Temperatur dem durch die Umgebung bedingten Siedepunkt. Mit zunehmender Austrocknung nähert sie sich der Temperatur der beheizten Fläche und nimmt sie schließlich im Zustande vollkommener Trockenheit an. Die Temperatur des Heizmittels spielt daher eine um so wesentlichere Rolle, je weiter die Entfeuchtung in das hygroskopische Gebiet hinein fortgesetzt wird.

2. Trockenverfahren, bei denen das Trockenbild ständig wechselt.

a) Trockenverfahren mit ständig wechselndem Trockenbild und veränderlichem Zustand des Trockenmittels. Hierunter fallen folgende Ausführungsformen von Trockenvorrichtungen:

Trockenräume in Schrank- oder Kammerform, die in unterbrochener Arbeitsweise mit Gut beschickt werden. Das aus Luft oder beliebigem vollkommenem Gas bestehende Trockenmittel durchströmt den Raum in irgendeiner Richtung. Auch feste Darren gehören hierher, auf denen das Gut sich in Ruhe befindet bzw. von Zeit zu Zeit oder dauernd durchmischt wird.

Trockner mit beheizten Flächen, bei denen die Feuchtigkeit verdunstet. Das Gut befindet sich hierbei meistens in Mischbewegung auf der Vorrichtung, die die Form einer Mulde oder Heizplatte besitzen kann.

Auch hier spielt die Bewegungsrichtung des Trockenmittels gegenüber dem Gute keine besondere Rolle. Die Verhältnisse liegen ähnlich den für die Querstrombewegung beschriebenen, nur sind die Verschiedenheiten hier zeitliche und örtliche zugleich. An der Stelle, wo das Trockenmittel mit höchster Temperatur und niedrigstem Feuchtigkeitsgehalt eintritt, vollzieht sich die Trocknung am lebhaftesten. Das zunächst getroffene Gut eilt den weiter entfernten Teilen in bezug auf Erreichung und, bei genügend weit fortgesetzter Entfeuchtung, Überschreitung der Kühlgrenze voraus. Im Grenzfalle nimmt das Gut, die erst getroffenen Schichten zuerst, die entfernteren später, die Temperatur der vorgewärmten Luft an.

Wird der Unvollkommenheit dieses Verfahrens dadurch begegnet, daß durch Mischbewegung ein gleichmäßiger Durchschnittszustand des Gutes hergestellt wird, so verändert sich gleichwohl der Endzustand des Trockenmittels mit fortschreitender Entfeuchtung. Die Ausnutzung seines Trockenvermögens ist anfangs besser, gegen Ende schlechter.

Eine weitere Verbesserungsmöglichkeit besteht darin, daß der Zustand des vorgewärmten Trockenmittels veränderlich gehalten und eine allmählich abnehmende Vorwärmetemperatur t_v des Trockenmittels angewendet wird. Die Senkung von t_v ist hierbei von dem Augenblicke an gegeben, wo das Gut aufhört, feucht zu sein, weil alsdann die Überhitzungsgefahr beginnt. Der Senkung von t_v entspricht eine Verminderung der Trockenkraft. In Ausnahmefällen kann die Regelung umgekehrt mit späterer Erhöhung von t_v erfolgen, wenn das Gut im Zustande höchster Feuchtigkeit eine lebhafte Trocknung nicht erträgt, weil hierbei die Oberfläche verkrustet und dadurch das Entweichen der Feuchtigkeit aus den tieferen Schichten erschwert wird.

b) Trockenverfahren mit ständig wechselndem Trockenbild und unveränderlichem Zustand des Trockenmittels. Hierbei handelt es sich um Vorrichtungen, die sich von den unter 1. b. erörterten nur dadurch unterscheiden, daß das Gut nicht ununterbrochen ein- und ausläuft, sondern abwechselnd eingebracht und nach der Trocknung entnommen wird. Außer den unter 1. b. erwähnten Formen gehören hierher Trockenschränke, die unter dem Druck der Umgebung stehen oder unter Luftleere gehalten werden.

C. Trockenverfahren mit Nachheizung.

Bei den beschriebenen einfachsten Trockenverfahren war angenommen, daß die Wärmezufuhr zum trocknenden Gut entweder mittelbar aus dem vor Eintritt in die Trockenvorrichtung erwärmten Trockenmittel oder unmittelbar durch beheizte Flächen während des ganzen Trockenvorganges erfolgte. Abweichungen sind möglich insofern, als die Erwärmung des als Trockenmittel dienenden Gases während des eigentlichen Trockenvorganges geschehen kann. Dieser zerfällt hierbei entweder

a) in einzelne Stufen, wobei vor jeder Stufe eine Erwärmung des Trockenmittels erfolgt — Stufenheizung—; oder er wird

b) so gestaltet, daß während des ganzen Verlaufes das Trockenmittel gleichzeitig mit der Feuchtigkeitsaufnahme eine dauernde Nachheizung erfährt — Innenheizung —.

1. Stufenheizung.

Die stufenweise Erwärmung des Trockenmittels kann in Verbindung mit Gleich-, Gegen- oder Querstrombewegung des Trockenmittels erfolgen. Es wird hierdurch möglich, das Trockenmittel mit stark veränderlichem Wärmeinhalt i auf das Gut wirken zu lassen.

Soll z. B. beim Gleichstrom der wegen der anfänglich besonders lebhaften Trockenwirkung bestehenden Gefahr einer Verkrustung der Gutsoberfläche begegnet werden, so kommt hierfür verringerte Vorwärmung der Luft mit anschließender Nachheizung in Frage, also nach Abb. 70 etwa eine Veränderung des Luftzustandes nach dem Linienzug $R V_{gg} A_{gg} V'_{gl} A_{gl} E_{gl} H_{gl}$. Die Trockendauer während des Hauptabschnittes bleibt nach wie vor kurz.

Der spezifische Luftbedarf kann beim Gegenstrom auf das niedrige, dem Gleichstromverfahren zukommende Maß verringert werden, wenn außer der Vorwärmung der Luft eine Nachheizung erfolgt, sobald die Trockenluft im Haupttrockenabschnitt mit Gut von der Kühlgrenztemperatur zusammentrifft. Die Grenze bildet in Abb. 70 Verlauf des Luftzustandes etwa längs des gleichen Linienzuges $R V_{gg} A_{gg} V'_{gl} A_{gl} E_{gl} H_{gl}$, wenn angenähert das Kurvenstück $E_{gl} H_{gl}$ als der Vorwärmung beim Gegenstrom entsprechend angenommen wird. In diesem Falle sind spezifischer Luft- und Wärmeverbrauch für Gleich- und Gegenstrom nahezu dieselben, auch die Trockenkraft und damit die Trockendauer nicht wesentlich verschieden.

Über die bei der Stufentrocknung anzuwendende Folge von Temperaturen des Trockenmittels herrschen keine einheitlichen Ansichten. Häufig wird die Höchsttemperatur vor jeder Stufe gleich gehalten, d. h. jedesmal eine Erwärmung der Luft auf die Temperatur vorgenommen, die sie vor Eintritt in die vorausgehende Stufe besaß. Die Ansicht, daß hierbei das Gut ständig etwa gleiche Temperatur behält, ist selbstverständlich irrig. Denn trotz gleicher Höchsttemperatur und selbst dann noch, wenn die stufenweise Nachwärmung auf eine ständig abnehmende Höchsttemperatur erfolgt, nimmt der Wärmeinhalt der Luft von Stufe

zu Stufe zu. Damit rückt auch die Kühlgrenze höher und die ihr im
Ausgleichzustande gleichkommende Temperatur des feuchten Gutes.
Arbeitet ein so geregelter Stufentrockner im Gleichstrom, so nimmt
die Gutstemperatur mit fortschreitender Entfeuchtung zu.

In anderen Fällen wird die Höchsttemperatur von Stufe zu Stufe
gesteigert. Wird dieses Verfahren beim Gegenstrom durchgeführt, so
wirken die höheren Temperaturen auf das nasse, die niedrigeren auf das
getrocknete Gut. Der Gegenstromstufentrockner bietet daher besonders
Vorteile für die Behandlung solchen Gutes, das im getrockneten Zustande
gegen hohe Temperaturen empfindlich ist und dessen Entfeuchtung

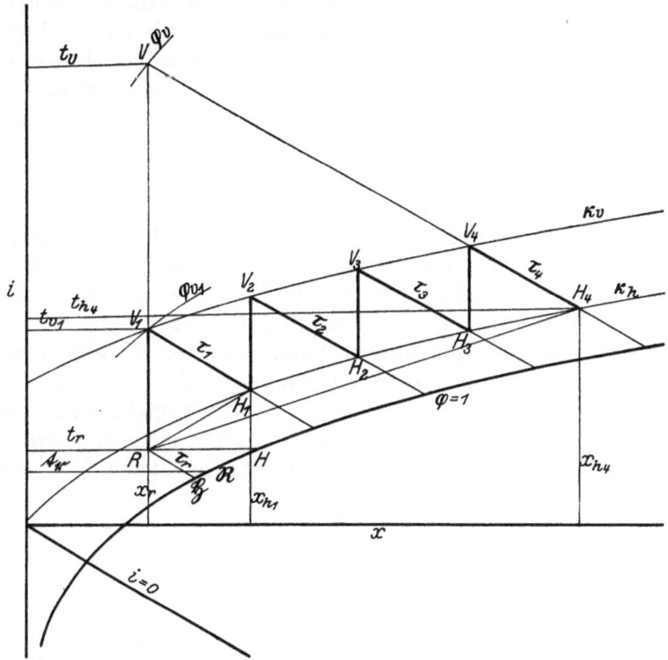

Abb. 73. Stufenheizung zwischen zwei Linien gleicher Trockenkraft.

weitergetrieben werden soll, als sie im Gleichstromtrockner noch wirtschaftlich erreichbar ist.

Es liegt nahe, eine Abstufung in der Weise vorzunehmen, daß nach
Abb. 73 der Zustand des Trockenmittels sich längs einer Zickzacklinie
verändert, die zwischen zwei Linien gleicher Trockenkraft $\varkappa_v$ und $\varkappa_h$
verläuft. Auch hierbei nimmt die Kühlgrenztemperatur ständig zu,
so daß das Verfahren zweckmäßig im Gegenstrom geleitet wird, weil alsdann die durch den anfänglichen Feuchtigkeitsgrad der Luft bedingte
größtmögliche Entfeuchtung hygroskopischen Gutes erreichbar wird
und gleichzeitig die Grenztemperatur des Gutes im getrockneten Zustand
der mäßigen Temperatur des Trockenmittels nach der erstmaligen
Anheizung entspricht. In Abb. 73 bezeichne $\mathfrak{R}$ den Anfangszustand
des nassen Gutes. Verändert sich der Zustand der Trockenluft in der

zuerst betretenen Stufe längs der Linie V_4H_4, so hängt es von der Eigenart des Gutes und dessen anfänglichem Feuchtigkeitsgehalt ab, wie weit sich seine Anfangstemperatur t_r in der zuerst betretenen Stufe der durch V_4H_4 gegebenen Kühlgrenze τ_4 nähert. Wäre die Annäherung eine vollständige und würde ebenso in der zweiten Stufe das Gut die durch den Verlauf V_3H_3 gegebene Kühlgrenze τ_3 erreichen, so würde die durchschnittliche Gutstemperatur in der ersten Stufe unter τ_4, in der zweiten Stufe zwischen τ_4 und τ_3 liegen. Das bedeutet, daß gegenüber der Annahme einer gleichbleibenden Temperatur τ_4, τ_3 usw. in der ersten, zweiten und folgenden Stufe die Trockenkraft der ersten Stufe herabgemindert, die der zweiten und folgenden Stufen erhöht würde. Deshalb ist es unrichtig, allein mit Rücksicht auf die höhere Lufttemperatur der vom nassen Gut betretenen ersten Zone anzunehmen, daß hier die Trockenwirkung besonders lebhaft einsetze. Im Gegenteil wird zunächst Feuchtigkeit aus der Luft auf das Gut solange niederschlagen, bis seine Temperatur den Taupunkt der Luft überschritten hat.

Bei Stufentrocknung im Gleichstrom und Veränderung der Lufttemperatur nach Abb. 73 strebt die anfängliche Temperatur t_r des Gutes in der ersten Stufe dem Werte τ_1 zu, wie er durch den Verlauf V_1H_1 gegeben ist. Die Gutstemperatur in der ersten Stufe liegt daher zwischen t_r und τ_1, also niedriger, als der jeweiligen Kühlgrenze entspricht, ebenso in den folgenden Stufen. Das bedeutet eine Verringerung der Trockenkraft in allen Stufen gegenüber Annahme des Ausgleichzustandes. Beim Gleichstrom wird die durch allmähliche Anwärmung des Gutes bedingte Verminderung der Trockenkraft etwa gleichmäßig auf alle Stufen verteilt. Beim Gegenstrom dagegen steht einer starken Verzögerung der Trockenwirkung in der ersten und gegebenenfalls folgenden Stufe eine Beschleunigung in den letzten Stufen gegenüber. Der Verlust bei „feucht" bleibendem Gut und im übrigen gleichen Verhältnissen ist für Gegenstrom niedriger als für Gleichstrom, weil im ersten Falle das getrocknete Gut mit niedrigerer Temperatur austritt als im letzten.

Die Hauptmerkmale der Stufentrocknung, verglichen mit der einfachen Vorwärmung, ergeben sich nach Abb. 73 wie folgt:

Der Endfeuchtigkeitsgehalt der Luft im Punkte H_4 würde bei einfacher Vorwärmung die hohe Temperatur t_v bedingen, die dem Schnittpunkt der x_r-Linie mit der τ-Linie V_4H_4 entspricht, wenn in beiden Fällen dieselbe Menge Luft bis auf das gleiche Resttrockenpotential ausgenutzt wird. Die Temperatur t_v führt auf die gleiche Kühlgrenze τ_4, wie sie dem letzten Abschnitt der Stufentrocknung zukommt, ergibt daher im Ausgleichzustande für beide Fälle gleiche Temperatur des Gutes, wenn es dauernd als feucht angesehen werden kann. Der Unterschied beider Verfahren macht sich erst dann bemerkbar, wenn die hygroskopischen Eigenschaften des Gutes zur Geltung kommen und die Trocknung im Gegenstrom erfolgt. Im Beharrungszustande nimmt alsdann das Gut bei der einfachen Vorwärmung die hohe Temperatur t_v, bei der Mehrstufentrocknung nur die tiefere Temperatur t_{v_1} an. Sein im Grenzfalle erreichbarer Mindestfeuchtigkeitsgehalt $x_i = \varphi \cdot x_e$ liegt bei der einfachen Vorwärmung niedriger, weil $\varphi_v < \varphi_{v_1}$ ist. Entspricht die

Temperatur t_{v_1} den von dem Gut noch ertragbaren Höchstwert, so ist mit der Mehrstufentrocknung die einfache Vorwärmung auf die gleiche Temperatur t_{v_1} zu vergleichen, die dem Linienzug $V_1 H_1$ folgt. Der Grenzwert χ_i wird alsdann in beiden Fällen gleich.

Abgesehen von dem Einfluß der in den einzelnen Stufen wechselnden Temperatur des Gutes, verändert sich bei der Stufentrocknung nach Abb. 73 das Trockenpotential in jeder Stufe in engen Grenzen, die Trockenwirkung ist daher gleichmäßig. Im Gegensatz hierzu bedeutet der Verlauf der Trocknung mit einfacher Vorwärmung längs $V H_4$ eine ständige Abnahme des Trockenpotentials, besonders lebhafte Trockenwirkung für das von der vorgewärmten Luft zunächst getroffene Gut und eine besondere Verlangsamung des Trockenvorganges dort, wo die Luft das Gut verläßt. Die Unregelmäßigkeit gilt sowohl für Gleichstrom, wo sich die lebhafte Trocknung auf das feuchte Gut bezieht, als auch für Gegenstrom, wo sie auf das getrocknete Gut wirkt. Für solche Stoffe, die in keinem Abschnitt des Trockenvorganges eine besonders rasche Austrocknung vertragen, ist daher die Stufentrocknung im Gebiet niedrigen Trockenpotentials am Platze, obwohl dabei selbstverständlich eine Verlängerung der Trockenzeit in Kauf genommen werden muß. Der Unterschied der Trockendauer und der damit Hand in Hand gehenden Größe der Trockenvorrichtung bei gegebener Trockenleistung verschwindet, wenn zum Vergleich die Vorwärmung auf t_{v_1} herangezogen wird.

Die auf 1 kg Reinluft bezogene spezifische Trockenleistung entspricht beim Mehrstufenverfahren dem Unterschied $x_{h_4} - x_r$. Sie ist bei einfacher Vorwärmung auf die Temperatur t_{v_1} gleich groß, dagegen im Verhältnis $\dfrac{x_{h_1} - x_r}{x_{h_4} - x_r}$ kleiner, wenn die einmalige Vorwärmung durch die bei der Stufentrocknung auftretende Höchsttemperatur t_{v_1} der ersten Stufe begrenzt wird. Der spezifische Luftbedarf ist daher im allgemeinen bei der Stufentrocknung niedriger.

Der spezifische Wärmeverbrauch wird bei dem Mehrstufentrockner genügend genau gekennzeichnet durch die Neigung der Verbindungslinie $R H_4$ zur Wagerechten. Er ist daher für die Mehrstufentrocknung gleich hoch wie für die einfache Vorwärmung auf die Temperatur t_v, dagegen bei der dargestellten Lage von Punkt R niedriger gegenüber einmaliger Vorwärmung auf t_{v_1} als höchste Temperatur. Der Unterschied ist allerdings nicht sehr erheblich, und es genügt eine weitergehende Ausnutzung des Trockenvermögens bei der einfachen Vorwärmung, um ihn auszugleichen. Er wird größer, wenn Punkt R tiefer rückt, und kann in das Gegenteil umschlagen, wenn Punkt R so hoch liegt, daß die Verbindungslinie $R H_4$ die τ-Linie $V_1 H_1$ oberhalb der $\varkappa_h$-Linie schneidet.

Verläuft die Trocknung im Gleich- oder Gegenstrom und erfolgt die Erwärmung der Trockenluft zwischen den einzelnen Teilabschnitten des Trockenvorganges derart, daß jede Stufe der gleichen Weglänge des Gutes bzw., wegen der gleichbleibenden Gutsgeschwindigkeit, dem gleichen Zeitabschnitte entspricht, so ist bei der Untersuchung im i-x-i-$\varkappa$- bzw. Zeitbild zweckmäßig wie folgt zu verfahren:

Bei Gleichstrom von Punkt V, bei Gegenstrom von Punkt H ausgehend, wird im Zeitbilde der Abb. 41 bzw. 43 ein Teilabschnitt abgetrennt, wie er der vom Gut zuerst durchlaufenen Stufe zukommen soll. Er stimmt genau mit dem für den Trockenvorgang mit einmaliger Vorwärmung gefundenen überein. Bezeichnet im i-x-Bilde der Punkt H_1 den Zustand der Luft am Ende der ersten Stufe, so entspricht der Zustand der Luft am Anfang der zweiten Stufe einem Punkte V_2, der um ein Maß senkrecht über dem Punkte H_1 liegt, das durch die zwischen beiden Stufen erfolgende Erhöhung des Wärmeinhaltes der Luft gegeben ist. Mit diesem neuen Punkte ist alsdann die Untersuchung fortzusetzen. Da sie beim Gleichstrom in Punkt H, beim Gegenstrom in Punkt V endigen soll, muß sie beim Gleichstrom mit einem bei einer tieferen Temperatur liegenden Punkt V, beim Gegenstrom mit einem einer höheren Temperatur entsprechenden Punkt H beginnen. Im Grenzfalle wäre für unendliche Stufenzahl beim Gleichstrom t_v, beim Gegenstrom t_h gleich dem Grenzwerte $t_i = t_{max}$ zu wählen. Damit würden beide Verfahren ineinander übergehen. **Die stufenweise Nachwärmung mildert also den Unterschied zwischen Gleich- und Gegenstromtrocknung.**

2. Innenheizung.

Auf eine Stufentrocknung mit unbegrenzter Stufenzahl läuft das Verfahren hinaus, wenn die Anwärmung des Trockenmittels durch Heizvorrichtungen erfolgt, die im Trockenraum selbst untergebracht und so verteilt sind, daß die Wärmezufuhr durchaus gleichmäßig bleibt. Die Zickzacklinie der Abb. 73 geht alsdann in eine stetige Kurve über, deren Verlauf verschieden sein kann. Er kann z. B. der unteren Trockenkraftlinie $\varkappa_h$ entsprechen, wenn die Heizvorrichtung so bemessen und verteilt ist, daß die Temperatur der Luft im Fortschreiten allmählich zunimmt. **Eine derartige Trocknung kann in besonderem Maße als Mildtrocknung bezeichnet werden, weil das Trockenpotential ständig auf niedriger und durchaus gleichbleibender Höhe liegt. Die Trockenzeit ist allerdings besonders groß; der spezifische Luftverbrauch dagegen ergibt sich gleich niedrig wie bei der Mehrstufentrocknung.** Die zuzuführende Wärmemenge ist in beiden Fällen durch den Unterschied des den Punkten H_4 bzw. R zukommenden spezifischen Wärmeinhaltes $i_{h_4} - i_r$ gegeben, wenn von dem Einfluß der Vorwärmung und der hygroskopischen Eigenschaften abgesehen wird. Die Innenheizung mit Veränderung des Luftzustandes längs einer Trockenkraftlinie bietet auch das Mittel, um bei Trockenkammern und ähnlichen Vorrichtungen mit ruhendem oder doch nur umgewälztem Gut ein gleichmäßiges Trocknen des ganzen Inhaltes zu erzielen. Unterschiede ergeben sich allerdings von dem Augenblicke an, mit dem das Gut hygroskopisch wird, weil die Trockenkraftlinie von der φ-Linie abweicht und damit für verschiedene Punkte auf ihr der mögliche Endfeuchtigkeitsgrad $\varkappa$ des Gutes verschieden ist.

Die Innenheizung ermöglicht im Grenzfalle auch, mit gleichbleibender Temperatur t_r zu trocknen, wie sie der Frischluft zukommt, wobei das

Trockenpotential von dem der Frischluft in Punkt R zugeordneten Wert allmählich abnimmt, im Grenzfalle, nach Erreichung vollständiger Sättigung in Punkt H, zu 0 wird. Die Gefährdung des Gutes durch Überhitzung, die bei Innenheizung längs $\varkappa_h$ schon erheblich herabgedrückt und bei Gleichstrom durch die Temperatur t_{h_4} begrenzt ist, wird hierbei noch geringer bzw. verschwindet vollständig. Die Trockenzeit ist wesentlich verlängert, der spezifische Wärmeverbrauch sinkt auf etwa 595 kcal/kg. Verglichen mit der natürlichen Lufttrocknung, die längs der τ_r-Linie verläuft, ergibt die Innenheizung längs t_r eine Verminderung des spezifischen Luftverbrauches.

Die Innenheizung ist neben der Vorwärmung oder auch in Verbindung mit der Stufentrocknung anwendbar. Ein Vorteil kann sich hieraus ergeben, wenn die durch die Innenheizung zugeführte Wärmemenge sich auf die Deckung des Streuverlustes beschränkt, der durch Wärmeabgabe der Trockenvorrichtung an die im allgemeinen kältere Umgebung auftritt. Das richtige Maß für die Innenheizung läßt sich bei der wirklichen Ausführung dadurch bestimmen, daß die mit der Anzeige des feuchten Thermometers übereinstimmende Kühlgrenze im Haupttrockenabschnitt für die zuströmende und abgehende Luft gleich ist, wenn die Nachheizung die Streuverluste gerade deckt.

Würde in dem durch die Abb. 55 dargestellten Falle Innenheizung in einem Maße angewandt, das genau dem jeweiligen Teilbetrage des auftretenden Streuverlustes entspräche, so würde sich dies darin äußern, daß die Kurve VH in Lage VH_0 zurückgehoben würde. Hieraus ergibt sich die Art und Weise, wie der Einfluß der Innenheizung im i-x-Bilde zu berücksichtigen ist. Wird sie so geregelt, daß die Wärmeleistung der zeitlichen Trockenleistung verhältnisgleich bleibt, so wird hierdurch die zunächst ohne Berücksichtigung der Innenheizung gefundene Zustandskurve VH in einem Punkte, dem der Abszissenwert x entspricht, um das Maß $\dfrac{Q_i}{G_L}\cdot\dfrac{x-x_r}{x_h-x_r}$ höher gerückt, wenn Q_i die gesamte stündliche innere Wärmezufuhr bedeutet.

Auf Innenheizung läuft Trocknen unter Anwendung von beheizten Flächen hinaus, wenn die Feuchtigkeit verdunstet (nicht verdampft) und die Erwärmung der die freie Oberfläche berührenden Luft mittelbar durch das Gut hindurch von der beheizten Fläche her erfolgt. Da diese Voraussetzung nur dann erfüllt ist, wenn die Temperatur des Gutes an der freien Oberfläche höher liegt als die dem Zustande der Luft zukommende Kühlgrenze, verändert sich alsdann die Luft nicht nach der ihrer Kühlgrenze entsprechenden τ-Linie, sondern längs einer Linie, die im i-x-Bilde flacher liegt als diese. Tritt zu der mittelbaren Erwärmung noch eine Vorheizung der Luft, so wirkt sie in der Regel günstig, weil sie auf eine Entlastung der in ihrem Ausmaße begrenzten Heizfläche hinausläuft und die der Luftveränderung entsprechende Linie von der Sättigungslinie abrückt, das Trockenvermögen daher vergrößert. Eine Erhöhung der Gutstemperatur muß hierbei in Kauf genommen werden. Der spezifische Luft- und Wärmeverbrauch ist bei verlustlosem Arbeiten unabhängig davon, wie die gesamte Wärmeleistung sich auf Erwärmung der Heizfläche und Vorwärmung der Luft verteilt. Beide hängen nur ab von der Lage der dem Anfangs- und Endzustande entsprechenden Punkte R und H. Wird für den Endzustand der Luft eine bestimmte Trockenpotentiallinie $\varkappa_h$ festgehalten, so bewirkt die Vorwärmung der Luft ein Höherrücken des Endpunktes H auf der $\varkappa_h$-Linie und führt damit zu einer Verminderung des spezifischen Luftverbrauches.

D. Trocknen mit Mischluft.

Bisher war stets angenommen, daß die als Trockenmittel dienende Luft die Trockenvorrichtung einmal durchwandert. Es ist jedoch möglich, einen Teil der Abluft nach der Eintrittsstelle zurückzuführen und dort mit der Frischluft vor oder nach deren Erwärmung zu mischen.

Werden G_{Lr} kg/h Reinluft mit einem dem Frischluftzustande entsprechenden spezifischen Wärmeinhalt i_r und Feuchtigkeitsgehalt x_r und G_{Lh} kg/h Reinluft mit einem dem Abluftzustande entsprechenden spezifischen Wärmeinhalt i_h und Feuchtigkeitsgehalt x_h vereinigt, so entsteht eine Mischung von $G_{Lr} + G_{Lh}$ kg/h Reinluft mit einem Wärmeinhalt von $G_{Lr} \cdot i_r + G_{Lh} \cdot i_h$ kcal/h. Der spezifische Wärmeinhalt der Mischung ergibt sich hiernach zu

$$i_m = \frac{G_{Lr} \cdot i_r + G_{Lh} \cdot i_r}{G_{Lr} + G_{Lh}} \cdot \tag{125}$$

Der Feuchtigkeitsgehalt der Mischung beträgt

$$x_m = \frac{G_{Lr} \cdot x_r + G_{Lh} \cdot x_h}{G_{Lr} + G_{Lh}}, \tag{126}$$

wobei zunächst die Frage offen gelassen sei, ob dieser Feuchtigkeitsgehalt der Mischung ganz in Form von Wasserdampf erhalten bleibt oder teilweise in flüssiger Form ausscheidet.

Die Formeln (125) und (126) lassen sich auch schreiben

$$i_m - i_r = \frac{G_{Lh}}{G_{Lr}} \left(i_h - i_m \right), \tag{125a}$$

$$x_m - x_r = \frac{G_{Lh}}{G_{Lr}} \left(x_h - x_m \right). \tag{126a}$$

Hieraus folgt

$$\frac{i_m - i_r}{x_m - x_r} = \frac{i_h - i_m}{x_h - x_m} \cdot \tag{127}$$

Diese Beziehung ist erfüllt, wenn im i-x-Bilde nach Abb. 74 der dem Mischluftzustande entsprechende Punkt M auf der Verbindungsgeraden der Punkte R und H liegt, durch die der Zustand von Frisch- bzw. Abluft dargestellt wird.

Hiermit ist nachträglich die bisher getroffene Annahme begründet, daß der Zustand der Trockenluft sich im i-x-Bilde in jedem Augenblick in Richtung der Geraden verändert, die den Zustandspunkt der Luft (i, x, t, P_D) mit dem für den gleichen Augenblick geltenden Zustandspunkt des

Gutes ($i_\mathfrak{g}$, $x_\mathfrak{g}$, t, $\mathfrak{P}$) verbindet. Denn auch hierbei handelt es sich um die Mischung von Luft verschiedener Beschaffenheit, deren einer Teil dem Zustande der Trockenluft entspricht, während der andere Teil durch die Eigenschaften $i_\mathfrak{g}$ und $x_\mathfrak{g}$ gekennzeichnet ist, wie sie die Luft in der das Gut unmittelbar begrenzenden Schicht annimmt.

Mit Festlegung des Punktes M ergibt sich auch die Mischtemperatur t_m und der Dampfteildruck der Mischluft P_{Dm}. Liegt Punkt M oberhalb der Sättigungslinie, so bedeutet dies, daß die Feuchtigkeit in Dampfform erhalten bleibt. Fällt M unterhalb der Sättigungslinie, so ist die Mischluft übersättigt und scheidet den Überschuß von Feuchtigkeit in flüssiger Form aus.

Es muß stets als eine Hauptaufgabe künstlicher Trocknung angesehen werden, die Verhältnisse unabhängig von der Witterung zu beherrschen und in der Trockenvorrichtung Bedingungen zu schaffen, die jahraus, jahrein gleichbleiben und den Bestwerten entsprechen. Hierfür ist es beim Trocknen mit Mischluft vor allem nötig, den Anfangszustand der Trockenluft (t_m, x_m) unveränderlich zu halten, um eine feststehende Trockenleistung mit gleichbleibender Trockenluftmenge und gleichartigem Verlauf des Luftzustandes zu erzielen.

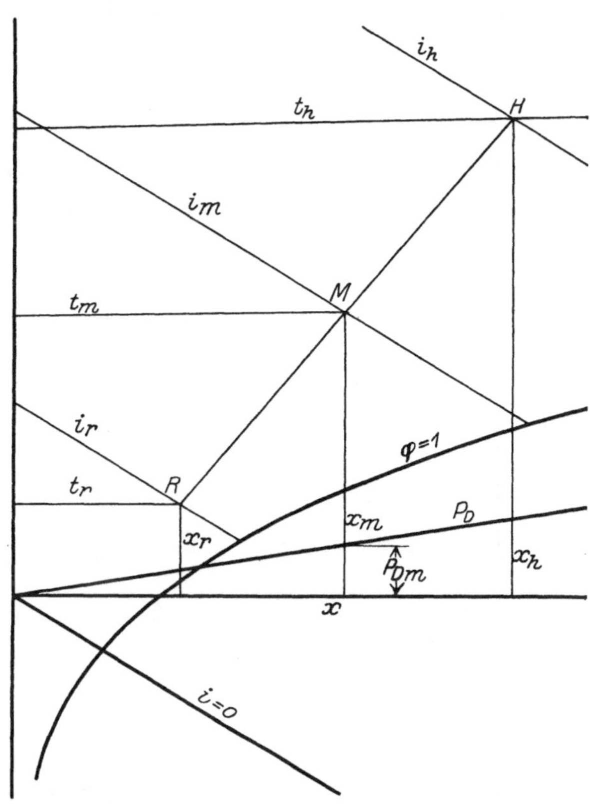

Abb. 74. Mischung von Luft verschiedenen Zustandes.

Die Beimischung von Abluft führt nur dann zum Ziele, wenn der festgelegte anfängliche Feuchtigkeitsgehalt x_m der Mischluft höher liegt als der wechselnde Feuchtigkeitsgehalt x_r der Frischluft, weil ja stets der Feuchtigkeitsgehalt der Abluft $x_h > x_r$ ist. Es ist daher nötig, bei Bestimmung des gleichzuhaltenden Anfangszustandes der Trockenluft x_m in der Höhe zu wählen, der x_r im ungünstigsten Falle bei feuchtem Sommerwetter entspricht.

Zahlenbeispiel 18.

In Abb. 75 ist z. B. für den Anfangszustand der Mischluft ein Wert $x_m = 0,031$ angenommen, wie er gesättigter Luft von $31,7^{\circ}$ zukommt. Die dem Punkte M

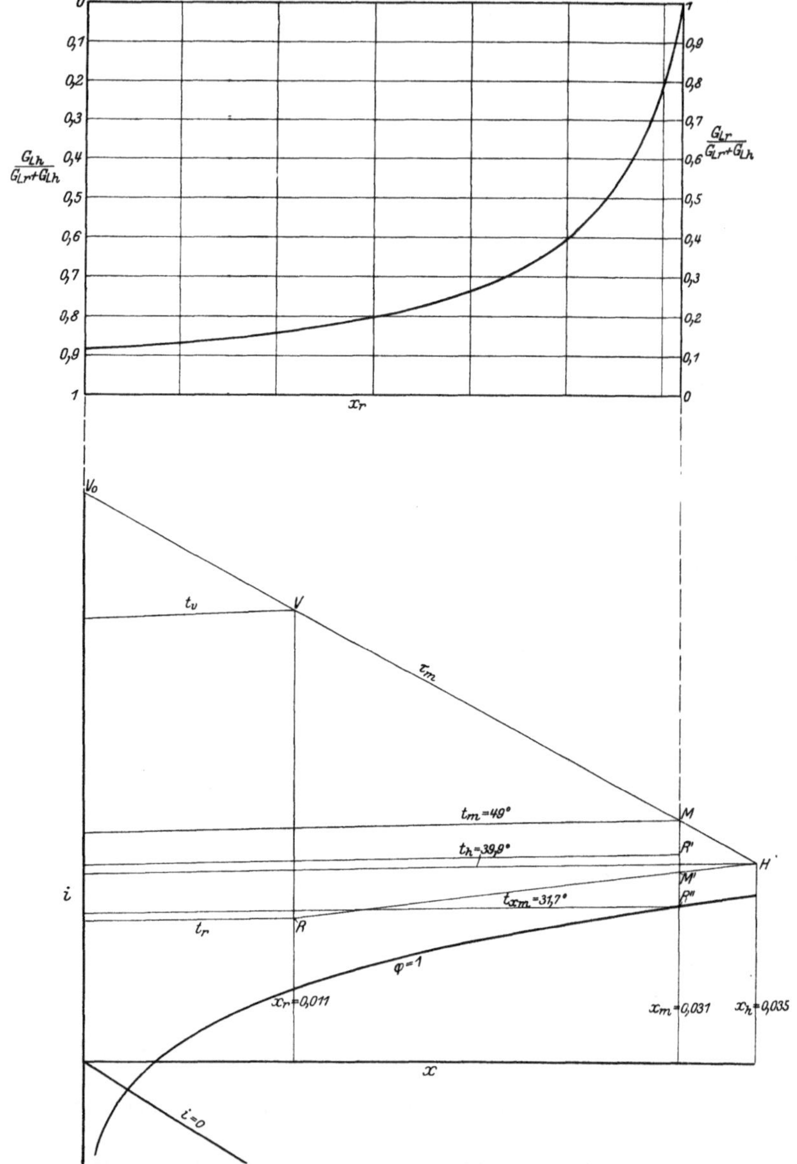

Abb. 75. Veränderung des Mischungsverhältnisses bei gleichbleibendem Mischzustand und veränderlichem Zustand der Frischluft.

entsprechende Temperatur t_m ist mit 49° angesetzt. Der außerdem festzulegende Zustand der Abluft liege auf der durch M gehenden τ_m-Linie bei Punkt H. Nach dem über die Lage des M-Punktes Gesagten muß der Zustand der mit der Abluft zu mischenden Frischluft auf einem Punkt der τ_m-Linie HMV_0 liegen. Die Vorbereitung der Frischluft geschieht durch Erwärmung für alle Verhältnisse, die Punkten unterhalb der τ_m-Linie und links der x_m-Linie entsprechen. Liegt t_m tiefer als die zu erwartende Höchsttemperatur der Frischluft, so kann es in Ausnahmefällen auch nötig werden, die Frischluft vor der Mischung mit der Abluft zu kühlen, nämlich dann, wenn der ihren Zustand wiedergebende Punkt oberhalb der τ_m-Linie und links der x_m-Linie liegt.

Besitzt die Frischluft in dem in Abb. 75 gewählten Beispiele zufällig einen Feuchtigkeitsgehalt $x_r = x_m = 0,031$, d. h. entspricht ihr Zustand z. B. dem Punkt R' oder R'' auf der x_m-Linie, so ist der Fall reiner Frischluftvorwärmung gegeben. Rückt der Zustandspunkt der Frischluft nach R, so muß die Vorwärmung auf die dem Punkt V zukommende Temperatur t_v vor der Mischung erfolgen.

Das Mischungsverhältnis $\dfrac{G_{Lh}}{G_{Lr}}$ folgt hierbei aus Formel (126a) zu

$$\frac{G_{Lh}}{G_{Lr}} = \frac{x_m - x_r}{x_h - x_m}. \tag{126b}$$

Im gewählten Beispiele mit $x_m = 0,031$, $x_h = 0,035$, $x_r = 0,011$ ergibt sich

$$\frac{G_{Lh}}{G_{Lr}} = \frac{0,031 - 0,011}{0,035 - 0,031} = 5,$$

d. h. die Mischluft setzt sich aus 1 Teil Frischluft und 5 Teilen Abluft zusammen,

bzw. 1 Teil Mischluft enthält $\dfrac{1}{6}$ Teil Frischluft und $\dfrac{5}{6}$ Teile Abluft, wobei alle

Zahlen auf den Gehalt an Reinluft bezogen sind. Wird das Verhältnis $\dfrac{G_{Lr}}{G_{Lr} + G_{Lh}}$ abhängig von x_r dargestellt, so ergibt sich nach Abb. 75 oben eine Hyperbel, die jeweils durch den Feuchtigkeitsgehalt x_m der Mischluft und x_h der Abluft festgelegt ist. In der Nullpunktordinate kommt ihr der Wert $\dfrac{G_{Lr}}{G_{Lr} + G_{Lh}} = 1 - \dfrac{x_m}{x_h}$,

in der durch x_m gehenden Ordinate der Wert $\dfrac{G_{Lr}}{G_{Lr} + G_{Lh}} = 1$ zu. Die oberhalb

der Hyperbel bis zur Ordinate 1 gemessenen Höhen stellen das Verhältnis $\dfrac{G_{Lh}}{G_{Lr} + G_{Lh}}$

dar. Die Hyperbel teilt daher die Ordinatenhöhe 1 im Verhältnis $\dfrac{G_{Lr}}{G_{Lh}}$. Die durch sie gelieferte zahlenmäßige Festlegung der Veränderung des Mischungsverhältnisses mit dem Feuchtigkeitsgehalt x_r der Frischluft ermöglicht, die Bedienung anzuweisen, wie stets gleichbleibende Trockenverhältnisse, allein durch Veränderung dieses Mischungsverhältnisses, zu erhalten sind.

Die Verbindungslinie RH bestimmt in ihrer Neigung zur Wagerechten genügend genau den spezifischen Wärmeverbrauch. Verglichen mit der Trocknung durch erwärmte Frischluft allein, ergibt daher das Mischluftverfahren in dieser Beziehung keinen Unterschied, wenn in beiden Fällen die Vorwärmung der Frischluft auf die gleiche Temperatur t_v erfolgt und die Ausnutzung im gleichen Punkt H endigt. Die Kühlgrenze ist in beiden Fällen dieselbe, dagegen die Höchsttemperatur der auf das Gut treffenden Trockenluft bei reiner Frischluftanwendung höher.

Diesem bei Gegenstromtrocknern mit hygroskopischem Gut zur Geltung kommenden Vorteil des Mischluftverfahrens steht der Nachteil gegenüber, daß das ihm zukommende mittlere Trockenpotential niedriger liegt und daher längere Trockenzeiten bedingt. Die Mischlufttrocknung ist daher dann am Platze, wenn das Gut eine lebhafte Trocknung weder im feuchten noch getrockneten Zustande erträgt. Seine Anwendung läßt sich außerdem in allen Fällen damit begründen, daß durch sie der Trockenvorgang unabhängig von den Frischluftverhältnissen bleibt, wenn nur das Mischungsverhältnis in bestimmter Weise verändert wird. Diese Regelung aber läßt sich im Betriebe in einfachster Weise durchführen, da die gesamte Luftmenge und die Temperatur der Mischluft unverändert bleibt.

Im vorstehenden wurde vorausgesetzt, daß eine Vorwärmung der Frischluft vor der Mischung mit der Abluft erfolgt. Es ist ohne Einfluß auf die betrachteten Verhältnisse, wenn die Zufuhr der Wärme nach der Mischung, also in Punkt M' der Abb. 75, geschieht. Im letzten Falle wird die Heizvorrichtung von einer größeren Luftmenge mit höherer Anfangs- und niedrigerer Endtemperatur durchströmt. Die höhere Luftgeschwindigkeit und die niedrigere Endtemperatur verbessern im

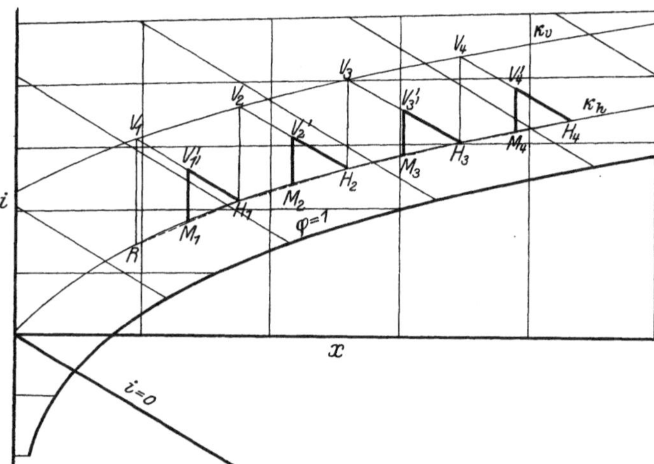

Abb. 76. Mischlufttrocknung mit Stufenheizung.

allgemeinen die Wärmeübertragungsverhältnisse in höherem Maße, als sie die höhere Anfangstemperatur verschlechtert. Anwärmung der Mischluft bildet daher die Regel.

Diese Erörterungen lassen sich auch auf die Verbindung des Mischluftverfahrens mit der Stufenheizung anwenden. Entspricht in Abb. 76 Punkt R dem Zustande der Frischluft, Punkt V_1 dem Zustande der erstmalig vorgewärmten Luft, so stellt der Linienzug $V_1H_1V_2H_2V_3H_3V_4H_4$ die Veränderung des Luftzustandes während der Trocknung bei stufenweiser Erwärmung dar, wenn die Luft nach der einmaligen Berührung mit dem Gut der nächsten Stufe zugeführt und als eine der mannigfaltigen Möglichkeiten z. B. angenommen wird, daß in jeder Stufe der Zustand der Luft sich zwischen zwei Linien gleicher Trockenkraft verändert. Wird jedoch die Luft mehrmals über ein und dieselbe Trockenstufe geführt, so gilt der Linienzug $V_1H_1V_2H_2V_3H_3V_4H_4$ nicht mehr für die aufeinanderfolgenden, sondern nur die erst betrachtete Stufe.

In Wirklichkeit wird der mehrfach kreisenden Luft ständig eine bestimmte Luftmenge beigemischt, die für die erste Stufe aus Frischluft, für die folgenden Stufen aus Abluft der vorausgehenden Stufe besteht. Beträgt z. B. die Zusatzluftmenge, in kg Reinluft verglichen, gleich viel wie die beigemischte Abluftmenge, so bedeutet dies, daß von der in die Trockenstufe eintretenden Luft nur die Hälfte wieder in die zugehörige Heizstufe zurückgeführt wird, die andere Hälfte dagegen nach der nächsten Trockenstufe sich fortbewegt und ihren Ersatz in Luft aus der vorausgehenden Stufe findet. In der ersten Stufe mischt sich daher nach dem erstmaligen Umlauf Luft vom Zustand H_1 mit einer gleichen Menge Frischluft vom Zustande R zu Mischluft, entsprechend Punkt M_1. Beim zweiten Bestreichen der Heizvorrichtung erfolgt Vorwärmung der Mischluft auf die Punkt V_1' entsprechende Höhe. V_1' liegt hierbei im Beharrungszustande auf der durch H_1 gehenden τ-Linie. Der Zustand der Luft folgt in der ersten Stufe dem Kreislauf $V_1' H_1 M_1 V_1'$.

An Stelle der Frischluft tritt für die zweite Stufe Luft, deren Zustand dem Punkte H_1 entspricht. Damit ergibt sich der Mischzustand gemäß Punkt M_2 und der Kreislauf im Beharrungszustande längs $V_2' H_2 M_2 V_2'$, usw. für die folgenden Stufen.

Die auf die Mischluftmenge bezogene spezifische Trockenleistung wird durch die Mischung auf die Hälfte herabgesetzt, das mittlere Trockenpotential nimmt gleichfalls ab. Da Punkt M_1 dem Punkt R um so näher rückt, je größer das Mengenverhältnis der Frischluft zur kreisenden Luft $\dfrac{G_{Lr}}{G_{Lh_1}}$ wird, ist die erste Stufe mit Zunahme dieses Verhältnisses kleiner zu halten. Mit abnehmendem Verhältnis $\dfrac{G_{Lr}}{G_{L'h_1}}$ rückt M_1 gegen H_1 und geht schließlich in H_1 über, wenn Frischluft überhaupt fehlt. Ein Beharrungszustand ist alsdann unmöglich.

Aus Herstellungsgründen wird in der Regel das Fassungsvermögen der einzelnen Trockenstufen untereinander gleich sein. Die Stufeneinteilung muß alsdann so erfolgen, daß das Verhältnis $\dfrac{\text{Trockenleistung}}{\text{mittleres Trockenpotential}}$ für die einzelnen Stufen die gleiche Zahl ergibt. Im bestimmten Falle ist der Anfangszustand der Frischluft gegeben, der Endzustand H_n der aus der letzten Stufe entweichenden Abluft festzulegen, woraus sich der spezifische Wärme- und Luftverbrauch bestimmt. Der Vorgang zwischen diesen beiden Grenzpunkten kann sich in verschiedener Weise abwickeln. Da hiervon vor allem die Trockenzeit und Temperatur des Gutes abhängt, wird es sich in der Regel empfehlen, die Untersuchung versuchsweise im i-x-Bilde mehrfach durchzuführen und je nach den mit den verschiedenen Lösungen verbundenen Kosten die Entscheidung zu treffen.

Abb. 77 stellt die Verhältnisse dar, die sich bei Verbindung des Mischluftverfahrens mit Innenheizung einstellen, wenn z. B. der Verlauf des Luftzustandes dem Linienzug MH auf einer bestimmten Trockenkraftlinie $\varkappa$ entspricht. Liegt der Zustand der Frischluft bei R, so muß Vorwärmung auf die Punkt V entsprechende Temperatur t_v erfolgen, wenn V den Schnittpunkt der x_r-Linie mit der Verlängerung der Verbindungsgeraden MH darstellt. Statt dessen kann auch Luft vom Zustande H und R gemischt und bei der Erwärmung gemeinsam vorgenommen werden. Punkt M' entspricht hierbei dem Zustande der Luftmischung vor, Punkt M nach der Erwärmung.

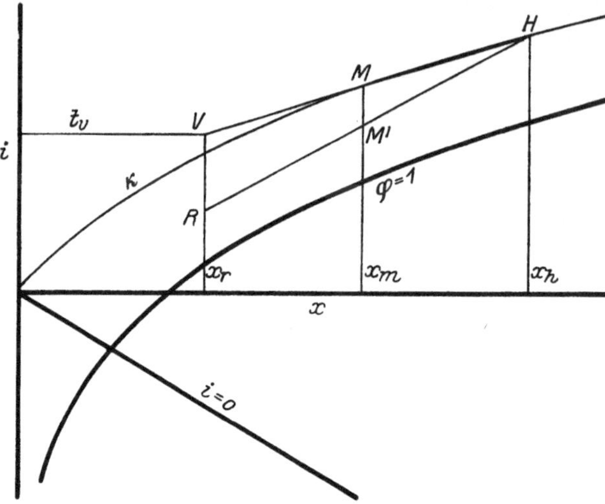

Abb. 77. Mischlufttrocknung mit Innenheizung.

E. Entfeuchtung der Frischluft.

Bewetterungsanlagen.

Das Trocknen mit Mischluft bei stets gleichbleibender Zustandsänderung der Trockenluft hat zur Voraussetzung, daß der anfängliche Feuchtigkeitsgehalt x_m der Mischluft von vornherein nicht niedriger festgelegt ist als der im ungünstigsten Falle zu erwartende Feuchtigkeitsgehalt $x_{r\max}$ der Frischluft. Zusammen mit der gleichfalls bestimmten Höchsttemperatur $t_{r\max}$ der Mischluft ergibt sich alsdann eine Lage des Punktes M der Abb. 75, die höheren Luftbedarf und längere Trockendauer zur Folge hat, als wenn $x_m \leqq x_{r\max}$ gewählt werden könnte. Bei hygroskopischem Gut äußert sich dieser Nachteil der Mischlufttrocknung auch noch darin, daß der schließlich erreichbare Endfeuchtigkeitsgrad χ_i des Gutes eine bestimmte Grenze nicht unterschreiten kann, weil $x_{r\max}$ und $t_{m\max}$ den Wert $\chi_i = \varphi_m \cdot \chi_e$ festlegen. Besonders weitgehende Trocknung wird alsdann unmöglich.

Ein Mittel, um, unter Beibehaltung unveränderlicher Luftverhältnisse im Trockenraum, diesen Nachteilen zu begegnen, bietet sich darin, daß x_m beliebig tiefer als $x_{r\max}$ gelegt und bei Witterungsverhältnissen, unter denen der Feuchtigkeitsgehalt x_r der Frischluft höher liegt als x_m, die Frischluft entfeuchtet wird. Dies geschieht in einfachster Weise durch ihre Abkühlung auf eine Temperatur t''_{x_m}, die nach Abb. 78 dem angestrebten Werte x_m als Taupunkt zugeordnet ist. (Der Einfachheit halber ist im vorstehenden angenommen, daß die abgekühlte Luft gesättigt ist. Daß dies keine notwendige Voraussetzung ist, geht aus Zahlenbeispiel 3 hervor.) Die Abkühlung kann auch weiter, z. B. bis zum Punkt R', fortgesetzt werden, dem ein Feuchtigkeitsgehalt $x_r' \leqq x_m$ zukommt. Abgesehen von der Abkühlung, verläuft hierbei die Trocknung in der früher beschriebenen Weise. Punkt M'' entspricht der reinen Frischluftanwendung, bei der die Vorwärmung auf die Punkt M zugeordnete Temperatur t_m erfolgt. Bei Punkt R' ist der Fall der Mischlufttrocknung gegeben. Die Anwärmung erfolgt entweder vor der Mischung auf die Temperatur t_v' oder nach der Mischung von der Mischtemperatur t_m' auf t_m. Das Mischungsverhältnis bleibt auch hier $\dfrac{G_{Lh}}{G_{Lr}} = \dfrac{x_m - x_r'}{x_h - x_m}$. Seine Veränderung mit x_r' folgt aus dem Verlauf der in Abb. 75 oben dargestellten Hyperbel.

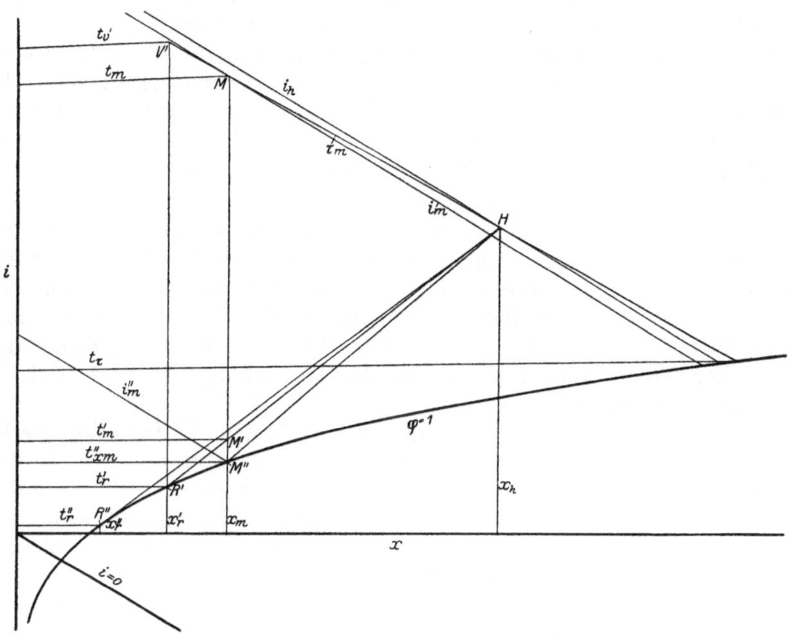

Abb. 78. Trocknen mit entfeuchteter Luft.

Es liegt nahe, $x_r' = x_{r\,\mathrm{min}}$ anzunehmen und festzuhalten, d. h. die Entfeuchtung stets so weit zu treiben, wie sie dem zu erwartenden niedrigsten Feuchtigkeitsgehalt der Frischluft entspricht. Alsdann bleibt auch das Mischungsverhältnis $\dfrac{G_{Lh}}{G_{Lr}}$ jahraus jahrein gleich und die Regelung des Trockenvorganges wird die denkbar einfachste. Diese weitgehende Abkühlung der Frischluft verbietet sich jedoch in der Regel aus wirtschaftlichen Gründen. Denn nur solange die Temperatur t_r' durch Verwendung verfügbaren Wassers erreichbar ist, erfolgt die Abkühlung nahezu kostenlos. Wird diese Grenze unterschritten, so ist die Heranziehung einer Kühlmaschine erforderlich, deren Energieverbrauch mit Senkung der Temperatur t_r' wächst.

13*

Mit der Verschiebung des Punktes R und dem Übergang von reiner Frischluft- zu Mischlufttrocknung verändert sich der spezifische Wärmeverbrauch. In Abb. 78 liegt er bei R' niedriger als bei M'', weil die Neigung zur Wagerechten für die Verbindungslinie $M''H$ größer ist als für $R'H$. Der günstigste Punkt für die Abkühlung mit dem geringsten spezifischen Wärmeverbrauch liegt bei R'' dort, wo eine durch H an die Sättigungslinie gelegte Tangente diese berührt. Ob die Entfeuchtung auf den Grenzwert x_r'' die besten Gesamtverhältnisse ergibt, ist im bestimmten Falle, unter Berücksichtigung des für die Abkühlung erforderlichen Aufwandes, zu entscheiden. So viel kann von vornherein gesagt werden, daß die Entfeuchtung zweckmäßig so weit getrieben wird, wie dies durch Anwendung von verfügbarem Wasser noch möglich ist, jedoch keinesfalls tiefer als bis zu dem Grenzwerte x_r''.

Die Verbindung einer Entfeuchtungsanlage mit der Trockenvorrichtung läuft darauf hinaus, den Einfluß der Witterungsverhältnisse, der z. B. bei der Malzerzeugung zur Unterbrechung während des Sommers führt, vollständig auszuschalten. Es sei daher vorgeschlagen, sie als „Bewetterungsanlage" zu bezeichnen und sinngemäß der betreffenden Vorrichtung den Namen „Wetterfertiger" beizulegen. Die Bedeutung solcher Einrichtungen ist bei uns noch keineswegs voll erkannt. Es muß daher betont werden, daß es sich dabei nicht nur um die Möglichkeit einer nebensächlichen Verbesserung handelt, sondern um die Forderung, den Trockenvorgang in allen Teilen und zu allen Zeiten zu beherrschen. Erst damit geht der Fortschritt gegenüber der natürlichen Trocknung, mit der sich die Technik bisher bescheidet, in die vollendete Trockenkunst über.

Die Entfeuchtung der Frischluft muß nach Abb. 78 für alle Frischluftverhältnisse vorgenommen werden, die einem Punkt unterhalb der Kühlgrenzlinie MH und rechts der x_m-Linie entsprechen. Sie kann darüber hinaus in den gekennzeichneten Grenzen nützlich sein, wenn der Zustandspunkt der Luft unterhalb der von H an die Sättigungslinie gezogenen Tangenten HR'' und links der x_m-Linie liegt.

Bei niedrigem Feuchtigkeitsgehalt der Außenluft, wie er im Winter auftritt, kann der Fall vorkommen, daß die Vorwärmung ein Trockenpotential ergibt, das eine übermäßige Trockengeschwindigkeit und Gefährdung des Gutes befürchten läßt. Im allgemeinen schafft hier das Mischverfahren Abhilfe. Es ist jedoch nicht anwendbar, wenn, wie z. B. bei der Auftrocknung von Lösungsmitteln, die Abführung des Gasgemisches auf schnellstem Wege erfolgen soll, oder wenn, wie bei der Öllacktrocknung, der Luftsauerstoff für die Härtung in bestimmter Menge benötigt wird. Alsdann bleibt nur übrig, durch Erniedrigung des Vorwärmungsgrades die Trockenkraft zu verringern. Der naheliegende Gedanke, die stärker vorgewärmte Luft nachträglich künstlich zu befeuchten, und die Bewetterungsvorrichtungen als Befeuchtungsanlage zu benutzen, ist im allgemeinen zu verwerfen. Denn die Befeuchtung stellt eine teilweise Vorwegnahme der beabsichtigten Trocknung dar. Wenn z. B. die eingeführte Feuchtigkeitsmenge der nachträglich bei der Nutztrocknung aufgenommenen gerade entspricht, wird nur die

Hälfte der aufgewandten Wärme ausgenutzt. Dagegen ist es denkbar, die Befeuchtung in der Weise vorzunehmen, daß mit der Trocknung des Gutes, dessen Eigenart die Anwendung eines zu hohen Trockenpotentials verbietet, die Trocknung eines weniger empfindlichen Gutes verbunden wird, oder auch eines stark hygroskopischen Gutes, bei dem die Trockenkraft sich nicht auswirkt, und daß beide Vorrichtungen hintereinander geschaltet werden.

F. Trocknen mit Luft in geschlossenem Kreislauf.
Kalte Trocknung.

Entspricht der Zustand der Frischluft in Abb. 78 einem Punkte, der oberhalb der Kühlgrenzlinie MH liegt, so ist ihre Entfeuchtung im Sinne der vorausgehenden Erörterung mit einer größeren Abkühlleistung verbunden, als wenn Abluft vom Zustande H verwandt wird. In diesem Falle ist es daher zweckmäßiger, den Trockenvorgang in geschlossenem Kreislauf derart zu vollziehen, daß stets ein und dasselbe Trockenmittel verwendet wird. Hierbei folgen nacheinander Abkühlung der Abluft vom Zustande H auf den Zustand M'', Erwärmung auf den Zustand M und Trocknung unter Veränderung des Luftzustandes längs der Kühlgrenzlinie MH. Die Abkühlleistung wird gleich der Anwärmeleistung und die Bedingung kleinsten spezifischen Wärmeverbrauches gleichbedeutend mit der Forderung, die zu entziehende Wärmemenge möglichst niedrig zu halten. (Genau genommen ist die spezifische Abkühlleistung nicht gleich dem Unterschiede der spezifischen Wärmeleistung $i_m - i''_m$, sondern gleich $i_h - [i''_m + (x_h - x_m) t''_{x_m}]$, weil das i-x-Bild nur den Wärmeinhalt der feuchten Luft wiedergibt und der in dem ausgefallenen Wasser noch enthaltene Wärmeinhalt $(x_h - x_m) t''_{x_m}$ im i-x-Bilde nicht zum Ausdruck kommt. Da $i_h - i_m = (x_h - x_m) \tau_m$ ist, kann die Abkühlleistung gleich $i_m - i''_m + (x_h - x_m)(\tau_m - t''_{x_m})$ gesetzt werden. Das letzte Glied stellt den Unterschied dar, um den die Abkühlleistung die Anwärmeleistung $i_m - i'''_m$ überwiegt. Es entspricht der Abkühlung der aus dem Gut entzogenen Feuchtigkeitsmenge $x_h - x_m$ von der Temperatur τ_m des Gutes auf die Temperatur t''_{x_m}. Daß Abkühlleistung und Anwärmeleistung nicht genau einander entsprechen, ist damit begründet, daß es sich nicht um einen vollkommen geschlossenen Vorgang handelt, vielmehr die Wärmemenge $\tau_m(x_h - x_m)$ von außen, nämlich aus dem Gut, zugeführt und die Wärmemenge $t''_{x_m}(x_h - x_m)$ als Niederschlag bei der Entfeuchtung der Luft nach außen abgegeben wird.)

Auch bei dem geschlossenen Kreislauf kann es vorteilhaft sein, mit Mischluft in dem Sinne zu arbeiten, daß nur ein Teil der Abluft, diese aber weitergehend, abgekühlt und mit dem Rest der Abluft in einem bestimmten Verhältnis gemischt wird. Die Beziehungen der Abb. 78 bleiben gültig und Punkt R'' ergibt den günstigsten Entfeuchtungsgrad bei einem Feuchtigkeitsgehalt x''_r. Hieraus folgt das Mischungsverhältnis. Von der Abluftmenge G_{Lh} wird nur der Teil $G_{Lh} \cdot \dfrac{x_h - x_m}{x_h - x_r''}$ auf die

Temperatur t_r'' entfeuchtet und der Rest $G_{Lh} \cdot \dfrac{x_m - x_r''}{x_h - x_r''}$ damit gemischt.

Auch hier ist der bei tieferen Temperaturen auftretende Energieverbrauch für künstliche Kühlung in Betracht zu ziehen. Er wird im allgemeinen zu einer Beschränkung der Entfeuchtung auf die Grenze führen, die ohne künstliche Kühlung mit verfügbarem Wasser allein erreichbar ist.

Je empfindlicher ein bestimmtes Gut gegen Anwendung hoher Temperaturen ist, um so mehr wird es bei Ersatz der natürlichen durch

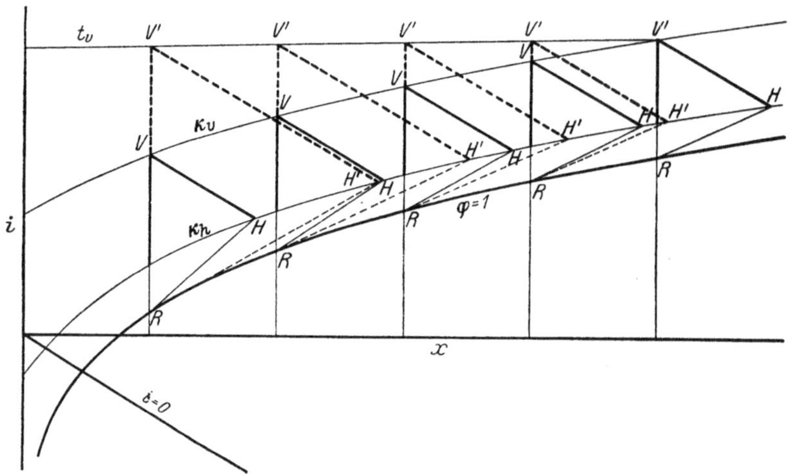

Abb. 79. Einfluß der Temperaturlage auf den spezifischen Wärmeverbrauch.

künstliche Trocknung gefährdet. In solchen Fällen bietet die Trocknung mit Luft in geschlossenem Kreislauf die Möglichkeit, der natürlichen Trocknung nicht nur nahezukommen, sondern sie dadurch zu übertreffen, daß bestimmte günstigste Verhältnisse unabhängig von der Witterung geschaffen werden können.

Der geschlossene Kreislauf, der hierbei zur **kalten Trocknung** führt, ermöglicht es, mit Temperaturen innerhalb der Trockenvorrichtung zu arbeiten, wie sie etwa den umgebenden Arbeitsräumen entsprechen. Infolgedessen erfährt das Gut zwischen Vorbereitung für die Trocknung und Weiterbehandlung nach der Trocknung keine wesentliche Temperaturveränderung, die ihm schädlich sein könnte und zudem mit Wärmeverlusten verbunden ist. Ebenso entfällt die bei höheren Trockentemperaturen unvermeidliche Wärmeabgabe an die Umgebung. Wärmeschutzmittel werden damit entbehrlich.

Für die Beurteilung der Wirtschaftlichkeit der kalten Trocknung bietet die Abb. 79 einen Anhalt. In ihr sind einmal die Verhältnisse dargestellt, wenn der Trockenvorgang zwischen zwei Linien gleicher Trockenkraft und mehr oder weniger tiefen Temperaturen verläuft, ein andermal für den Fall, daß eine bestimmte Höchsttemperatur und für die Abluft eine bestimmte Trockenkraftlinie festgehalten wird. Es ergibt sich alsdann, daß die Verbindungslinie der R- mit den H-Punkten zur Wagerechten um so weniger geneigt ist, je höher die Temperaturen liegen, in denen sich der Trockenvorgang vollzieht. Die Rücksicht auf den spezifischen Wärmeverbrauch läßt es daher empfehlenswert erscheinen, das ganze Trockenbild bei nicht zu tiefen Temperaturen abzuwickeln. Diese Beziehung gilt auch für den zweiten Vergleichsfall mit gleichbleibender Höchsttemperatur. Er ergibt zudem gegenüber dem ersten für gleiche R-Punkte, also gleiche Mindesttemperatur, einen niedrigeren spezifischen Wärmeverbrauch. Da die Abkühlleistung der Wärmeleistung gleichgesetzt werden kann, ist in jeder Richtung auch bei der geschlossenen kalten Trocknung der Verlauf bei möglichst hohen Temperaturen der wirtschaftliche.

Als Kühlmittel für die Entfeuchtung der Luft kommt in erster Linie Wasser in Betracht, und zwar in der Weise, daß entweder wasserdurchflossene Kühlkörper in den Luftstrom eingefügt werden oder, was billiger und einfacher ist, das Wasser in Düsenkammern, Fülltürmen oder ähnlichen Vorrichtungen mit der Luft in unmittelbare Berührung tritt. Die bei der Anwendung von Kühlwasser erzielbare Entfeuchtung entspricht in gemäßigten Zonen einem Taupunkt, der sich zwischen 10 und 15° bewegt.

Wird neben der Vorkühlung durch Wasser eine Kältemaschine herangezogen, um eine weitergehende Entfeuchtung zu erzielen, so liegt für mittlere Verhältnisse deren Arbeitsverbrauch etwa so hoch, daß bei Verwendung von Dampf als Betriebskraft der entfallende Abdampf die erforderliche Wärmeleistung gerade deckt. In solchen Fällen braucht der Energieaufwand für die künstliche Kühlung in der Regel nicht besonders berücksichtigt zu werden.

Da bei einer Kältemaschine die entzogene Wärme zusammen mit dem Wärmewert des Arbeitsbedarfes in dem Verflüssiger bei höheren Temperaturen wieder frei wird, bietet sie die Möglichkeit, die für die Anwärmung der Luft erforderliche Heizleistung als Abfallwärme aufzubringen. In diesem Falle wirkt die Kälteanlage als Heizmaschine und der für ihren Betrieb aufzuwendende Arbeitsbedarf wird ausschlaggebend für die Wirtschaftlichkeit. Steht daher billige elektrische Energie zur Verfügung, so kann die kalte Trocknung am Platze sein, weil sie eine wirtschaftlichere Umwandlung des elektrischen Stromes in Wärme ermöglicht als bei unmittelbarer elektrischer Heizung. Noch weitergehende Aussichten eröffnen sich, wenn an die unmittelbare Ausnutzung von Wasserkräften zu Trocknungszwecken gedacht wird (vgl. auch Hirsch: Kalte Trocknung. Z. ges. Kälteind. 1919).

G. Trocknen mit veränderlicher Luftmenge.

Bisher war angenommen, daß der Gesamtstrom des Trockenmittels in einer gleichbleibenden Reinluftmenge vom Eingang zum Ausgang der Trockenvorrichtung geführt wird. Es ist jedoch möglich, unterwegs

Teilströme des Trockenmittels zu- oder abzuleiten und damit den Trockenvorgang zu beeinflussen. In der Wirkung läuft dieses Verfahren auf eine Art Stufentrocknung hinaus, wobei jedoch nicht, wie dort zunächst angenommen, durch nachträgliche Wärmezufuhr der spezifische Wärmeinhalt des Trockenmittels eine allmähliche Erhöhung erfährt, sondern sich in beliebiger Weise verändern kann.

Nach Abb. 80 kann z. B. der einem Trommeltrockner zugeführte Heißluftstrom in drei etwa gleichen Teilen, einer am Trommelanfang, der zweite in einiger Entfernung vom Anfang, der dritte jenseits der Mitte eingeführt werden. Die Temperatur des Trockenmittels nehme hierbei den in Abb. 80 oben dargestellten Verlauf. Sie sinkt im ersten

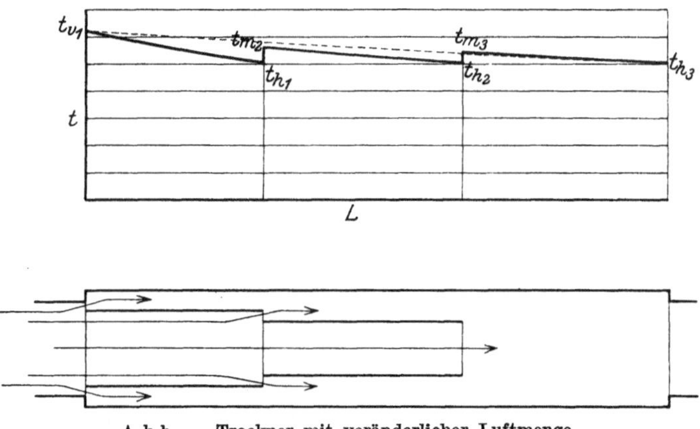

A b b.   Trockner mit veränderlicher Luftmenge.

Abschnitt von t_{v_1} auf t_{h_1}, hebt sich nach Beimischung des zweiten Teilstromes auf t_{m_2}, die Temperatur der verdoppelten Menge sinkt im zweiten Abschnitt auf t_{h_2}, steigt nach der Beimischung des dritten Teilstromes auf t_{m_3} und sinkt schließlich bis zum Austritt auf t_{h_3}.

Bei Verfolgung dieses Vorganges im i-x-Bild nach Abb. 81 verändere sich der Zustand der Luft längs der τ-Linie zunächst von Punkt V_1 nach H zwischen den Trockenkraftlinien $\varkappa_{v_1}$ und $\varkappa_h$. Die Mischung bringt den Zustand der doppelten Luftmenge auf Punkt M_2. Er ist in Abb. 81 so gewählt, daß er in der Mitte zwischen $\varkappa_{v_1}$ und $\varkappa_h$ zu liegen kommt. Die Mischluft bewege sich vom Zustand M_2 abermals nach H. Da ihre Feuchtigkeitsaufnahme $x_h - x_{m_2}$ nach der getroffenen Annahme halb so groß ist wie $x_h - x_{v_1}$, ist die Trockenleistung, wegen der verdoppelten Luftmenge, im zweiten Abschnitt die gleiche wie im ersten. Für den dritten Abschnitt ist in ähnlicher Weise Punkt M_3, der dem Anfangszustande der Luft nach der zweiten Beimischung entspricht, auf der Kühlgrenzlinie V_1H so gewählt, daß $\dfrac{M_3H}{V_1H} = \dfrac{1}{3}$. Die Feuchtigkeitsaufnahme $x_h - x_{m_3}$ wird daher im dritten Abschnitt nur $\dfrac{1}{3}$ so groß wie im ersten. Die Trockenleistung erreicht, wegen der dreifachen Luftmenge, die gleiche Höhe.

Bei der getroffenen Voraussetzung kommen die Punkte M_2 bzw. M_3 auf Trockenkraftlinien $\varkappa_{m_2}$ bzw. $\varkappa_{m_3}$ derart zu liegen, daß genügend genau das Trockenpotentialgefälle $\varkappa_h - \varkappa_{m_2}$ bzw. $\varkappa_h - \varkappa_{m_3}$ $\frac{1}{2}$ bzw. $\frac{1}{3}$ des für den ersten Abschnitt gültigen Wertes $\varkappa_h - \varkappa_{v_1}$ beträgt.

In Abb. 81 ist angenommen, daß $\varkappa_h$ mit der Sättigungslinie zusammenfällt. Die mittlere Trockenkraft in den drei Abschnitten verhält sich alsdann angenähert wie $3:1,5:1$ (genau genommen ist der Unterschied größer, weil nicht die arithmetischen, sondern logarithmischen

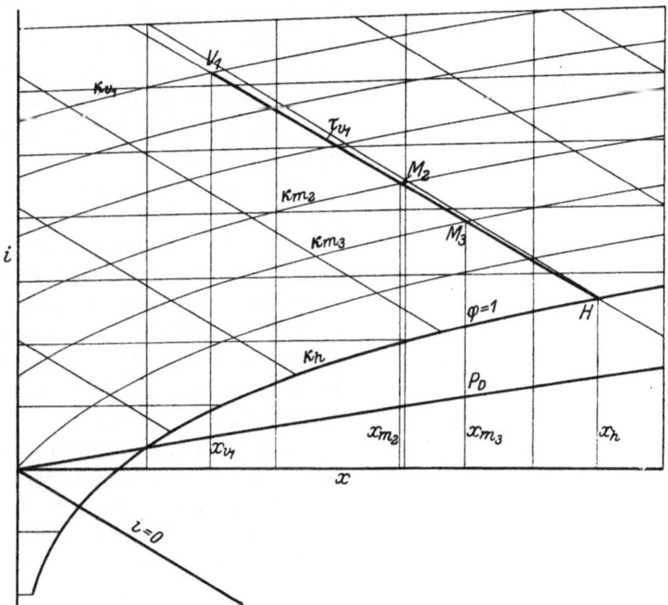

Abb. 81. Trocknen mit veränderlicher Luftmenge.

Mittelwerte maßgebend sind). Im umgekehrten Verhältnis dieser Zahlen verändert sich die Trockenzeit. Da die Leistung in den einzelnen Abschnitten gleich vorausgesetzt ist, folgen hieraus bei gleichmäßiger Fortbewegung des Gutes Weglängen für die einzelnen Abschnitte, die sich wie $1:2:3$ verhalten, also $\frac{1}{6}$, $\frac{1}{3}$, $\frac{1}{2}$ der gesamten Weglänge entsprechen. Die Beimischung des zweiten und dritten Teilstromes muß daher in Abb. 80 in einer Entfernung von $\frac{1}{6}$ bzw. $\frac{1}{2}$ der gesamten Trommellänge erfolgen, wenn der Verlauf sich nach Abb. 81 abspielen soll.

In Wirklichkeit ist es unmöglich, vollkommene Sättigung der Abluft zu erreichen. Der Punkt H rückt daher nach Abb. 82 auf eine höhere Trockenkraftlinie $\varkappa_h$, und der ganze Vorgang spielt sich in engerem Bereich ab. Die Bedingung gleichbleibender Trockenleistung für die drei Teilabschnitte ist auch hier festgehalten. Dabei entspricht das mittlere

Trockenpotential der ersten Stufe etwa $\dfrac{x_h + x_{v_1}}{2} \approx x_{m_2}$, das der zweiten Stufe $\dfrac{x_h + x_{m_2}}{2}$, das der dritten Stufe $\dfrac{x_h + x_{m_3}}{2}$. Der Unterschied des mittleren Trockenpotentials in den einzelnen Abschnitten bleibt dem Sinne nach bestehen, wird jedoch zahlenmäßig geringer, die Unterteilung der Trockenvorrichtung daher gleichmäßiger, wie in Abb. 80, anlehnend an Abb. 82, angedeutet.

Da nach Abb. 81 das gesamte mittlere Trockenpotential etwa halb so hoch liegt wie das des ersten Abschnittes, ergibt sich eine gesamte Weglänge, die doppelt so groß ist, wie wenn der Luftstrom ungeteilt von Anfang zu Ende strömen würde. Diese Verlängerung bleibt auch nach Abb. 82 bzw. 80, wenn auch in geringerem Maße, nötig.

Der in Abb. 80 oben abhängig von der Weglänge L dargestellte Verlauf der Temperaturen zeigt, verglichen mit der gestrichelt angedeuteten Änderung bei ungeteiltem Luftstrom, daß die Trocknung durch die Teilung eine Milderung erfährt, die besonders am Ende des ersten Abschnittes merklich ist.

War im vorstehenden angenommen, daß der Anfangszustand der drei Teilströme derselbe ist, so kann auch ein Verfahren ausgebildet werden, bei dem nachträglich ein Trockenmittel von anderer Beschaffenheit, z. B. niedrigerem Wärmeinhalt als das anfänglich zugeführte, beigefügt wird.

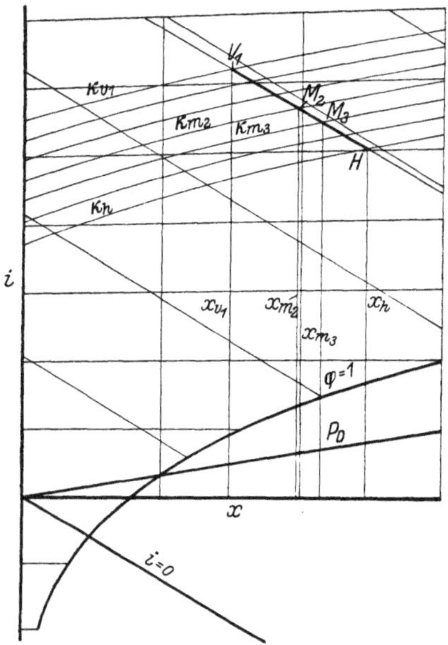

Abb. 82. Trocknen mit veränderlicher Luftmenge.

Der zeitliche Verlauf der Vorwärmung des Gutes läßt sich vorausberechnen, also die Gutstemperatur finden, die bei gegebenen Verhältnissen des Trockenmittels nach einer bestimmten Zeit eintritt. Damit ist die Möglichkeit gegeben, die Wärmezufuhr in einem Augenblick zu ändern, in dem die Temperatur des Gutes die nach seiner Eigenart zulässige Höchstgrenze erreicht. Bis dahin ist die Lufttemperatur insofern gleichgültig, als von ihrer Höhenlage wohl die Schnelligkeit der Vorwärmung abhängt, nicht aber die Vorwärmetemperatur des Gutes. Sie kann unter der Kühlgrenze gehalten werden, wenn nur die Wärmezufuhr rechtzeitig geändert wird. Dies weist auf eine Möglichkeit hin, die Vortrocknung in Fällen, wo die auf sie entfallende Leistung verhältnismäßig erheblich ist, ohne Gefahr dadurch zu beschleunigen, daß Luft mit einer höheren Kühlgrenze verwendet wird, als sie für den Haupttrockenabschnitt nach Erreichung des Ausgleichzustandes zulässig erscheint. Beim Gegenstromstufentrockner läßt sich dies durch Anwärmung der Luft vor der letzten Stufe verwirklichen. Die Verbesserung kann jedoch auch beim Gleichstromverfahren angewendet werden. Die Luft tritt mit höchstem Wärmeinhalt ein. An einer Stelle, wo die Vorwärmung nahezu vollzogen ist, erfolgt eine Herabziehung des Wärmeinhaltes dadurch, daß kalte Luft beigemischt wird. Bei diesem in Abb. 83 dargestellten Verfahren wird der Zuluftstrom in zwei Teile geteilt, deren einer a über die Anwärmevorrichtung geleitet wird, während der zweite b erst später zutritt. Es ist hierbei möglich und in vielen Fällen empfehlenswert, neben der Hauptluftbewegung Querströmungen einzuschalten. Außerdem ist es denkbar, statt einmal, mehrmals Teilströme zuzuführen, wie z. B. bei c angedeutet. Die Bedeutung dieses Verfahrens geht aus dem i-x-Bilde der Abb. 84 hervor. Der Zustand des Gutes bewegt sich von $\mathfrak{R}$ rasch nach $\mathfrak{W}$, die Luft von V nach A. Ihre Kühlgrenze rückt auf den Wert τ und liegt höher als die von dem Gute noch ertragbare Höchsttemperatur. Punkt R entspreche dem Zustande der Frisch-

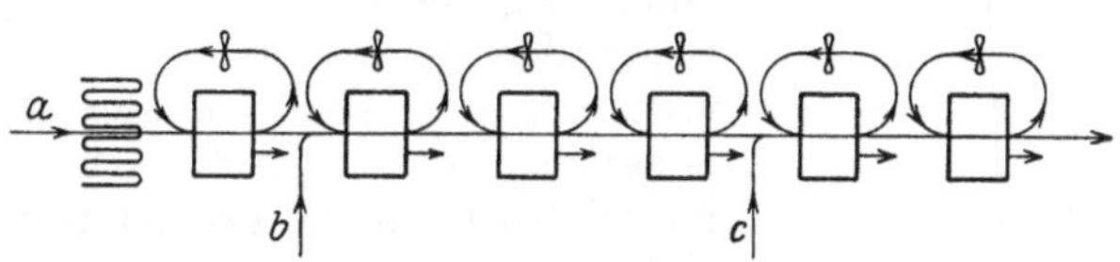

Abb. 83. Gleichstromtrockner mit abnehmendem spezifischen Wärmeinhalt der Luft.

luft. Durch Beimischung solcher zu Luft vom Zustande A entsteht Mischluft vom Zustande M. In Abb. 84 ist Punkt M so angenommen, daß die ihm entsprechende Kühlgrenze mit der Punkt $\mathfrak{W}$ zukommenden Temperatur des vorgewärmten Gutes zusammenfällt, eine Temperaturerhöhung des Gutes daher nicht eintreten kann, solange es noch feucht bleibt. Im weiteren Verlauf bewege sich der Zustand der Luft von M nach E, wobei der Zustand des Gutes bei $\mathfrak{W}$ verharrt. Ist in dem Augenblicke, wo der Luftzustand Punkt E erreicht hat, der Feuchtigkeitsgehalt des Gutes so weit gesunken, daß es hygroskopisch wird, so werde abermals Frischluft beigemischt und Mischluft vom Zustande M' gewonnen. M' liege hierbei so, daß bei dem nachfolgenden Wärmeaustausch zwischen hygroskopischem Gut und Luft die im Grenzfalle sich bei J einstellende Beharrungstemperatur nicht höher liegt als die der Eigenart des Gutes entsprechende Höchsttemperatur. Die Verbindungslinie RJ schneidet die durch M und A gehenden τ-Linien in den Punkten E' und E''. Würde die Trocknung von Punkt A ab in gewöhnlicher Weise fortgesetzt, so entspräche, abgesehen von dem Wärmeaufwand für die Vorwärmung, dem Streuverlust und der Abweichung zwischen τ- und i-Linie, der spezifische Wärmeverbrauch der Neigung der Geraden RE'' zur Wagerechten, wenn Punkt E'' zum Schlusse erreicht würde. Der Abstand $x_e''-x_r$ bezeichnet die spezifische Trockenleistung, bezogen auf die erstmalig zugeführte Reinluftmenge. Durch die Beimischung der Frischluft ändert sich an dem spezifischen Wärmeverbrauch nichts, wenn nur der Endzustand der Luft den Punkten E'' bzw. E' bzw. J entspricht. Da der Punkt A und der durch ihn bedingte Punkt E'' einen günstigen Wert des spezifischen Wärmeverbrauches, d. h. wirtschaftliche Verhältnisse, sichert, bedeutet dies, daß mit dem beschriebenen Verfahren günstigere Verhältnisse erreicht werden können, als wenn Nachheizung im Mehrstufenverfahren erfolgt. Denn im letzten Falle vollzieht sich die Trocknung etwa nach dem Linienzug $V_1A_1H_1V_2J$. Diesem Linienzug kommt geringeres Trockenpotential zu, als dem Verlauf $VAMEM'J$, d. h. die Trocknung erfolgt langsamer, erfordert daher größere und kostspieligere Vorrichtungen.

Eine weitere Möglichkeit für Verfeinerung des Trockenverfahrens besteht darin, daß teilweise mit Frischluft-, teilweise mit Mischlufttrocknung gearbeitet wird, wie in Abb. 85 angedeutet. Die Teilstrecke zwischen den Punkten M und H wird von einer vergrößerten Luftmenge durchlaufen, die jedoch wegen der Herabsetzung der Trockenkraft durch Beimischung der Abluft milder wirkt. Beide Einflüsse heben sich teilweise auf. Arbeitet ein solcher Trockner im Gleichstrom, so erfährt das Gut im getrockneten Zustande eine noch weitergehende Schonung, als sie der Gleichstrom an sich bedingt.

Als Beispiel für die außerordentliche Mannigfaltigkeit von Verbindungen einzelner Trockenverfahren ist in Abb. 86 das Schildesche Mehrstufenumlauftrockenverfahren dargestellt. Die Frischluft wird in zwei Ströme geteilt, deren einer sich mit Abluft vereinigt und die Aufgabe übernimmt, das getrocknete Gut zu kühlen und in gewissem Grade nachträglich wieder anzufeuchten, wie sich dies z. B. bei der Behandlung von Pappen empfiehlt. Luft und Gut wandern im Gleichstrom. Der zweite Luftstrom tritt etwa an gleicher Stelle ein, wandert jedoch dem Gut entgegen und vereinigt sich schließlich teilweise als feuchte Abluft mit dem ersten Strom, während der Rest entweicht. Unabhängig hiervon erfolgt in den einzelnen Abschnitten des Trockners ein Hilfsumlauf der Luft, der in dem eigentlichen Trockenteil mit stufenweiser Erwärmung verbunden ist. Auf diese Weise lassen sich Temperatur- und Feuchtigkeitsverhältnisse in willkürlicher Weise regeln

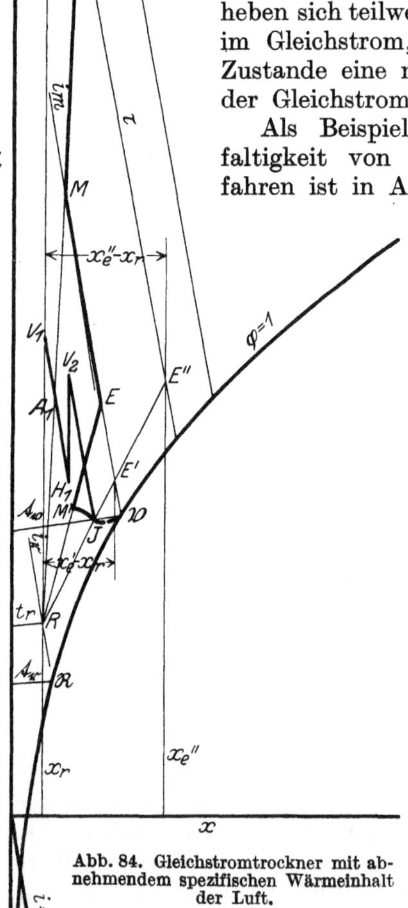

Abb. 84. Gleichstromtrockner mit abnehmendem spezifischen Wärmeinhalt der Luft.

und ein lebhafter Luftumlauf unabhängig von der Menge der Frischluft erhalten. Die in dem Gut enthaltene Überschußwärme wird in dem Kühlfeld teilweise auf den zweiten Frischluftstrom übertragen. Nach Angabe der Herstellerin erfährt in einem derart gebauten Pappetrockner die Luft in den Trockenfeldern eine 20- bis 30malige Erwärmung und wird so gut ausgenutzt, daß sie am Naßende des Kanals bei etwa 60⁰ mit einem Feuchtigkeitsgrad von 0,7 bis 0,8 oder mehr entweicht.

Hierher gehören auch die Trockenverfahren, bei denen das Gut nacheinander mehrere unabhängige Trockenvorrichtungen durchwan-

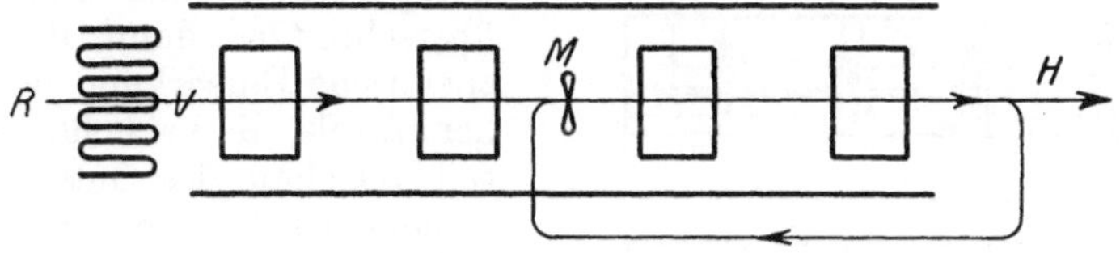

Abb. 85. Frischluft-Mischlufttrockner.

dert. Jede kann hierbei durch einen beliebig geregelten Luftstrom versorgt sein, oder es können überhaupt verschiedenartige Trockenverfahren nacheinander angewandt werden. Beispiele hierfür bietet die Fischmehlherstellung mit getrennter Vor- und Nachtrocknung und die Mälzerei, bei der die Darren oder Trommeln für Vortrocknung und Abdarren hintereinander geschaltet werden. Da die Nachtrocknung hierbei

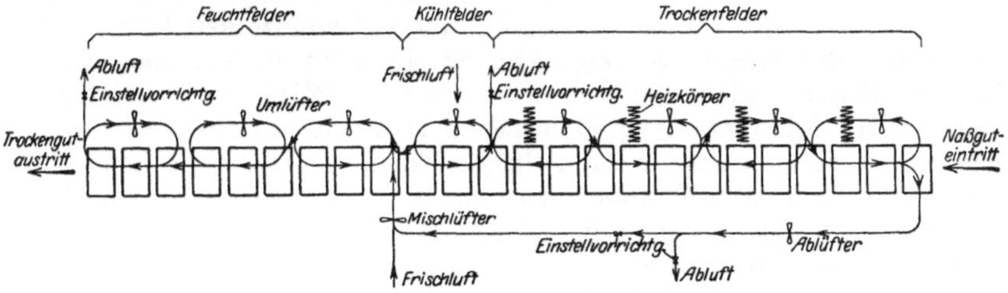

Abb. 86. Mehrstufenumlauftrockner (Schilde).

eine nur teilweise Ausnutzung des Trockenmittels ermöglicht, bleibt in solchen Fällen anzustreben, das Trockenmittel hinter der Nachtrockenstufe noch zur Vortrocknung zu verwenden.

Bei den bisherigen Ausführungen handelt es sich durchweg um Anlagen, bei denen das Trockenbild unveränderlich ist, also örtlicher Beharrungszustand vorliegt. Auch in anderen Fällen, in denen sich das Trockenbild ständig ändert, können Verfeinerungen des Trockenverfahrens eintreten. An Stelle der örtlichen tritt die zeitliche Abstufung der Verhältnisse.

Bei der Kammertrocknung kann z. B. zunächst Luft mit hohem Trockenpotential, also hoher Temperatur und niedrigem Feuchtigkeitsgehalt, für die Vortrocknung angewandt und mit fortschreitender Trocknung durch Luft mit niedrigerem Wärmeinhalt ersetzt werden, oder es kann umgekehrt eine allmähliche Steigerung des Wärmeinhaltes eintreten, z. B. bei einem mit Innenheizung versehenen Trockenraum dadurch, daß zeitweise ein und dieselbe Trockenluft in Umlauf gehalten wird.

Schließlich gehören hierher auch Vorrichtungen, bei denen das Trockenmittel in gewissen Abschnitten wechselt, z. B. die für die Trocknung von Ziegeln dienenden gangartigen Kammern, bei denen zuweilen für die Vertrocknung angewärmte Luft, für die Fertigtrocknung Verbrennungsgase angewandt werden. Begründet wird dieser Wechsel einmal durch die Rücksicht auf langsame Einleitung des Trockenvorganges unter Anwendung von Temperaturen, die 100^0 nicht überschreiten, dann durch die chemische Einwirkung des Trockenmittels, die bei hohem Feuchtigkeitsgehalt des Gutes im allgemeinen besonders lebhaft verläuft.

Eine noch weitergehende Annäherung an die Mehrstufentrocknung bei Vorrichtungen mit ständig wechselndem Trockenbild wird erreicht, wenn statt einer mehrere Kammern zu einer Einheit verbunden sind und die Folge wechselt, in der das Trockenmittel die einzelnen Abteile nacheinander durchströmt. So zeigt Abb. 87 einen für die Verarbeitung von Wolle, Baumwolle, Seide, Kunstseide, Wirkwaren, Stranggarnen u. dgl. dienenden Mehrkammertrockner (Jahr) in verschiedenen Schaltungen. In der Darstellung a strömt die Luft zunächst von der ersten bis zur letzten Kammer, wird vor jedem Abteil erwärmt und tritt hinter der letzten Kammer ins Freie. Hierbei steht das in der ersten Kammer untergebrachte Gut unmittelbar vor der Entleerung. Das Gut der letzten Kammer ist gerade frisch eingeführt. Die Anlage arbeitet in einem zeitlich aufzufassenden Gegenstrom. Die Schaltung b entspricht einem folgenden Zeitabschnitt, in dem die erste Kammer entleert und mit nassem Gut neuerlich gefüllt ist, während die zweite sich dem Zustand der Fertigtrocknung nähert. In der Darstellung c ist die Trocknung um eine weitere Kammer fortgeschritten. Während bei einem Kanaltrockner das Gut allmählich oder ruckweise wandert, erfolgt hier eine ruckweise Veränderung des örtlichen Luftzustandes. Beide Einrichtungen ergeben daher eine um so weniger verschiedene Wirkung, je weiter die Unterteilung getrieben wird. Gegenüber dem Kanaltrockner, bei dem der Durchgang der einzelnen Stücke des Gutes zwangläufig erfolgt, besteht bei dem Mehrkammertrockner die Möglichkeit, ungleichen Eigenschaften des Gutes dadurch Rechnung zu tragen, daß in dem Wechsel des Luftumlaufes eine mit langsamer trocknendem Gut gefüllte Kammer ein- oder mehrmals übersprungen wird.

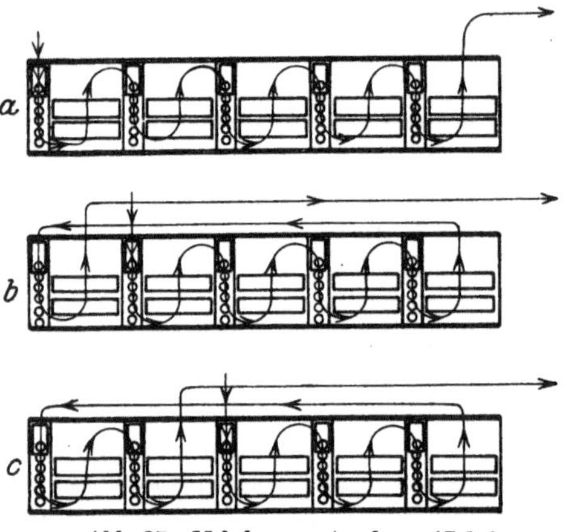

Abb. 87. Mehrkammertrockner (Jahr).

Auch bei der Kammertrocknung kann Mischluft während nur eines Teiles des Trockenvorganges angewandt werden. Der bei dem Kanaltrockner örtliche Wechsel tritt hier zeitlich auf, indem nach einer bestimmten Zeit eine Umschaltung von Frischluft- auf Mischlufttrocknung oder umgekehrt vorgenommen wird.

H. Maßnahmen zur Verteilung der Trockenwirkung. Bewegung von Gut und Trockenmittel.

Zur Vollkommenheit einer Trockenanlage gehört gleichmäßige Erfassung des Gutes hinsichtlich Temperatur und Feuchtigkeitsgehalt. Dies ist restlos bei geometrischen Gebilden, Punkten, Linien, Flächen möglich. Bei dem körperhaften Gut kann eine Annäherung erfolgen. Die maßgebenden Beziehungen hängen in verwickelter Weise von der Gestaltung und den Körpereigenschaften des Gutes ab und spielen bei einer bestimmten Gutsart eine um so wesentlichere Rolle, je größer die Stärkenabmessungen sind, durch die sich der wirkliche Körper von dem geometrischen Gebilde unterscheidet. Bei sehr vielen Arten von Trockengut sind die Dickenabmessungen verhältnismäßig gering. Für die Ausbreitung der Trockenwirkung in die Tiefe kann dann eine solche Schnelligkeit angenommen werden, daß der Zustand der tieferen Schichten stets dem der Oberfläche entspricht. Unter dieser Voraussetzung lassen sich in einfacher Weise die Gesichtspunkte entwickeln, nach denen eine gleichmäßige Verteilung der Trockenwirkung anzustreben ist.

Temperatur und Feuchtigkeitsgehalt des Trockenmittels bestimmen, in dem Begriff des Trockenpotentials zusammengefaßt, den für die Trockenwirkung maßgebenden Zustand. Potentiallinien und Potentialflächen stellen die Verbindung von Punkten des vom Trockenmittel erfüllten Raumes dar, denen gleiches Trockenpotential zukommt.

In derselben Weise kann von einem Trockenpotential des Gutes gesprochen werden, das die für den Trockenvorgang maßgebenden Eigenschaften — Temperatur, Feuchtigkeitsgehalt und Dampfspannung — zusammenfaßt.

Vollkommene Gleichmäßigkeit der Trockenwirkung ergibt sich im Grenzfalle, wenn

a) die punktförmig gedachten kleinsten Teile des Trockengutes sich in einer Stromlinie auf beliebigem Weg durch das Trockenfeld bewegen. Jedes einzelne Teilchen wird hierbei in gleicher Weise beeinflußt wie zuvor das vorauseilende und später das folgende;

b) die als unendlich dünner Stab gedachten kleinsten Teile des Trockengutes sich in einer Stromfläche so durch das Trockenfeld bewegen, daß die Stablinie stets mit Flächen gleichen Trockenpotentials des Trockenmittels zusammenfällt. Die einzelnen Stäbe werden hierbei sowohl in den verschiedenen Punkten ihrer Längenausdehnung als auch im ganzen untereinander gleichmäßig beeinflußt;

c) die als unendlich dünne Platte gedachten kleinsten Teile des Trockengutes sich in einem Stromkörper so durch das Trockenfeld bewegen, daß die Plattenfläche stets mit Flächen gleichen Trockenpotentials des Trockenmittels zusammenfällt. Hierbei werden die Flächen sowohl in den einzelnen Punkten der Platte als auch untereinander im ganzen gleichmäßig beeinflußt.

Als punktförmig kann Gut von Staub-, Pulver- und Körnerform, in weiterem Sinne auch der schaufelbare Körper ganz allgemein, betrachtet werden. Wird die Trockenvorrichtung z. B. durch eine sich drehende Heizfläche gebildet, die in der ganzen Achsenlänge gleiche Querschnittsform besitzt, und besteht längs den zur Achse parallelen Mantellinien gleiches Trockenpotential des Trockenmittels, so wird vollkommen gleichmäßige Trocknung erreicht, wenn die punktförmigen Einzelteile des Gutes sich in beliebiger Linie hintereinander über die Fläche bewegen. In der Regel läuft eine ganze Anzahl derartiger Stromlinien nebeneinander über den Umfang. Die Gleichmäßigkeit der Trocknung bleibt hierbei gewahrt, wenn alle Stromlinien mit gleicher Geschwindigkeit parallel zueinander verlaufen. Bei den hierunter fallenden Ausführungsformen von zylinderförmigen, geheizten Walzen, Röhrenbündeln mit zur Achse parallelen Rohren, Rohrschlangen mit zur Drehachse senkrechten Windungsebenen und Verbindungen dieser Grundformen läuft die Forderung gleichmäßiger Trockenwirkung auf die Bedingungen hinaus, die Heizfläche durch das Gut gleichmäßig zu berieseln, und dem Gut in jedem einzelnen Teil einen in bezug auf die Drehachse gleichen Weg zuzuweisen. Hierzu tritt die weitere Voraussetzung, daß das Gut in dünner Schicht über die Heizfläche verteilt wird. Bei Röhrenbündeln oder Rohrschlangen läßt sich die Bedingung eines in bezug auf die Drehachse gleichen Weges aller Einzelteilchen im allgemeinen nicht erfüllen, weil das Gut in kleinerem oder größerem Abstand zur Achse niederrieselt. Hier sind alsdann Hilfsmaßnahmen erforderlich, die z. B. darin bestehen können, daß die Trocknung unter mehrmaligem Niederrieseln und gründlicher Durchmischung des Gutes erfolgt.

Besteht das Trockenmittel aus einem strömenden Gas, im allgemeinen erwärmter Luft, so bilden in der Regel, wenn für gleichmäßige Verteilung des Trockenmittels gesorgt wird, die zu seiner Bewegungsrichtung senkrechten Ebenen Potentialflächen. Die nebeneinanderlaufenden Stromlinien punktförmigen Trockengutes können sich daher in gleichem oder entgegengesetztem Sinne mit dem Trockenmittel bewegen, um gleichmäßigen Einflüssen unterworfen zu bleiben. Strömt dagegen das Trockenmittel senkrecht zu dem Gut, so wird durch dieses das Trockenfeld gestört und die Potentialflächen in Potentiallinien des Trockenmittels aufgelöst, die zur Bewegungsrichtung sowohl der Luft als auch des Gutes senkrecht stehen. Die Gleichförmigkeit der Trockenwirkung ist alsdann aufgehoben und nur durch Hilfsmaßnahmen, wie oben erwähnt, angenähert zu erreichen. Da die Störung des Trockenfeldes um so geringer wird, je kürzer der Weg des Trockenmittels ist, führt auch eine Verteilung des Gutes in Form eines dünnen Schleiers, dessen Ebene senkrecht zur Bewegungsrichtung des Trockenmittels steht, zum Ziele (Zerstäubungstrocknung). Ein Zwischenbild ergibt sich, wenn bei einer in der Hauptsache quer gerichteten Strömung des Gutes zum Trockenmittel eine ständige Durchmischung in der Weise erfolgt, daß die einzelnen Teile des Gutes sich zickzackförmig bald im gleichen, bald im entgegengesetzten Sinne mit dem Trockenmittel bewegen (Trockensäulen).

Besteht der kanalförmige Trockner aus einer umlaufenden Trommel, so ergibt sich die Forderung, das Gut über den ganzen Querschnitt möglichst gleichmäßig zu verteilen. Die Mittel hierzu sind zellenartige Einbauten, durch die das Gut entweder innerhalb der Einzelzellen ständig gewendet wird oder durch den ganzen Querschnitt von Zelle zu Zelle wandert, ferner Schaufeln am inneren Umfang der Trommel und Rührwerksvorrichtungen, die gegenüber der umlaufenden Trommel entweder feststehen oder im gleichen Sinne mit verschiedener Geschwindigkeit oder entgegengesetzt laufen.

Schwierigkeiten können sich dadurch ergeben, daß die mit der Bewegung verbundene Reibung des schaufelbaren Gutes bei empfindlicher Ware unerwünscht ist. Umgekehrt wirkt sie z. B. bei der Getreidetrocknung reinigend, indem sie die Sporen von der Hülse löst, so daß sie durch den Wind des Lüfters entführt werden können.

Stabförmige Form des Gutes tritt hauptsächlich bei künstlichen Erzeugnissen auf, z. B bei Flachs- und Garnsträngen, bandartigen Geweben, Nudeln, Makkaroni u. dgl. Würde eine sich drehende Heizfläche für die Trocknung verwandt, deren Trockenpotentiallinien mit den Mantellinien zusammenfallen, so ergäbe sich gleichmäßige Trocknung nur dann, wenn die stabförmigen Einzelteile des Gutes mit den Mantellinien gleichlaufen. Solche Trockenvorrichtungen kommen kaum zur Anwendung.

Gleichmäßige Trocknung im Luftstrom ergibt sich bei stabförmigem Gut im allgemeinen dann, wenn die Stabachse senkrecht zur Luftbewegungsrichtung steht und das Gut sich gleich oder entgegengesetzt gerichtet zur Luft bewegt. Voraussetzung ist hierbei, daß, wie in der Regel der Fall, die zur Luftbewegung senkrechten Ebenen Potentialflächen des Trockenmittels darstellen. Dies bedeutet, daß stabförmige Körper zweckmäßig in natürlicher Hängelage den wagerecht geführten Luftstrom durchwandern. Verlaufen die Stabachsen parallel zum Luftstrom, so führt dies zu einer Ungleichmäßigkeit der Trocknung, der dadurch begegnet werden kann, daß das Potentialgefälle des Trockenmittels niedrig gehalten wird. Das bedeutet, daß in solchen Fällen die Trockner eine große Längenausdehnung erhalten, wenn zwischen ein- und austretender Luft ein erhebliches Potentialgefälle besteht. Die Gleichmäßigkeit der Trockenwirkung ist auch dann aufgehoben, wenn Luft und Gut quer zueinander strömen.

Sehr zahlreich sind die Fälle, bei denen das Gut in Flächenform auftritt, z. B. als breites Band aus Papier, Gummi, Gewebe, ausgewalztem Kartoffelbrei. Die übliche Trocknung, bei der das Gut stets in der gleichen Mantellinie auf die beheizte walzenförmige Trockenvorrichtung aufgetragen und an einer anderen stets gleichen Mantellinie abgenommen wird, ergibt keine vollkommene Gleichmäßigkeit des

Trockenvorganges, auch dann nicht, wenn die Stärke des Gutes, senkrecht zu seiner Dicke gemessen, verschwindend klein ist. Diese Gleichmäßigkeit besteht nur längs der Mantellinien, die mit der Bandbreite zusammenfallen, so daß z. B. Spannungen in der Längsrichtung auftreten, denen die Ausbildung der Trockenvorrichtung Rechnung zu tragen hat. Diese Ungleichförmigkeit spielt in der Regel keine Rolle, weil die so behandelten Arten von Gut entweder genügend elastisch oder aber, wie bei Kartoffelbrei, Rißbildungen unbedenklich sind. Ist die Dickenabmessung des Bandes erheblich, so kann bei plastischen Körpern die Gleichmäßigkeit der Trockenwirkung dadurch erhöht werden, daß während der Fortbewegung ein Durchkneten des Gutes erfolgt.

Das bandartige Gut kann auch in strömender Luft getrocknet werden. Dieses Verfahren kommt ferner für Gut von Tafelform, z. B. bei der Trocknung von Pappe, Leder, Leim, lackierten Blechen, photographischen Trockenplatten in Betracht. Im weitesten Sinne fallen hierunter auch Ziegel, Bretter, Zuckerbrote, bei denen allerdings wegen der erheblichen Stärkenabmessungen die Körpereigenschaften wesentlichen Einfluß besitzen.

Bewegen sich plattenartige Körper gleich oder entgegengesetzt dem Luftstrom, so wäre Anordnung der Plattenebene senkrecht zur Luftbewegungsrichtung Voraussetzung für Gleichmäßigkeit der Trockenwirkung. Sie ist im allgemeinen deshalb nicht möglich, weil hierdurch die gleichmäßige Verteilung der Luft über die Plattenflächen gestört und dadurch die Potentialflächen des Trockenmittels verändert werden. Die natürliche Anordnung ist daher Verlauf der Plattenebene parallel zur Luftbewegungsrichtung, bei der allerdings die Trockenwirkung insofern ungleichförmig bleibt, als nur die Schnittlinien der Plattenflächen mit den im allgemeinen senkrecht zur Luftströmung verlaufenden Potentialflächen des Trockenmittels gleichen Bedingungen ausgesetzt sind. Der Mangel wird dadurch behoben, daß das Potentialgefälle um so niedriger gehalten wird, je größer die Plattenausdehnung, in Richtung der Luftbewegung gemessen, ist. Bewegen sich Gut und Luft quer zueinander, und stehen die Plattenebenen parallel zur Luftbewegungsrichtung, so wird die Ungleichmäßigkeit der Trockenwirkung noch größer und jeder einzelne Punkt des Gutes in anderer Weise beeinflußt. Bei so angeordneten Trockenvorrichtungen ist es daher nötig, durch mehrfachen Umlauf der querströmenden Luft das Potentialgefälle in Richtung der Luftbewegung zu erniedrigen. Eine weitere Verbesserung wird dadurch erzielt, daß der Querstrom des Trockenmittels in zahlreiche Teilströme aufgelöst wird und die dem ersten Teilstrom zugeführte Frischluft nacheinander alle Stufen durchläuft. Die von Stufe zu Stufe strömende Luft übernimmt hierbei nur die Aufgabe, die verdunstete Feuchtigkeit wegzuführen, während die Querluftströme die Trockenwirkung hinsichtlich Gleichmäßigkeit, daneben auch, infolge der Verbesserung der Wärmeübertragung durch Steigerung der Luftgeschwindigkeit, hinsichtlich Trockendauer verbessern. Mit der Luftgeschwindigkeit kann hierbei bis zu der Grenze gegangen werden, die durch die Beschaffenheit des Gutes bedingt ist und einerseits durch die Gefahr des Mitreißens im Luftstrom, andererseits durch die zulässige Trockengeschwindigkeit bestimmt wird. Es ist selbstverständlich ein Trugschluß, wenn angenommen wird, daß durch den Hilfsquerumlauf die Aufenthaltsdauer der Luft verlängert werde, denn diese hängt nur von dem Verhältnis $\dfrac{\text{Luftinhalt der Trockenvorrichtung}}{\text{stündliche Abluftmenge}}$, d. h., bei gegebenem Querschnitt der Trockenvorrichtung, nur von der Geschwindigkeit des von Stufe zu Stufe tretenden Hauptluftstromes ab. Günstigere Ausnutzung der Trockenluft durch verlängerte Berührung mit dem Gut ist daher nicht, wie häufig angenommen wird, durch Vergrößerung der Querluftgeschwindigkeit, sondern nur durch Vergrößerung des Fassungsvermögens der Trockenvorrichtung, also z. B. Erweiterung des Querschnittes oder Verlängerung eines kanalartigen Trockners, zu erreichen.

Im vorstehenden war eine ständige Bewegung des Gutes und Trockenmittels vorausgesetzt. Sie findet auch fast ausnahmslos statt, wenn beheizte Flächen das Trockenmittel bilden. Dagegen ruht das Gut nicht selten, wenn Luft oder andere geeignete Gase als Trockenmittel anwandt werden. Bedingung für Gleichmäßigkeit des Trockenvorganges ist alsdann, daß bei punktförmigem Gut Ausbreitung in dünne Schicht erfolgt und gleichzeitig das Trockenmittel senkrecht zu der durch das Gut gebildeten Fläche strömt (Darre). Bei stabförmigem Gut in Hängelage soll die in Richtung der Luftbewegung gemessene Schichtstärke, d. h. die Anzahl Stäbe, in der Stromrichtung gemessen, gering sein. Schließlich lautet für flächenförmiges Gut die Vorschrift, möglichst wenig Flächen in der Stromrichtung aufeinander folgen zu lassen. Um der Ungleichheit zu begegnen, die in allen Fällen trotz der verringerten Schichtstärke verbleibt, sind die erwähnten Mittel anzuwenden, wie mehrfacher Luftumlauf zur Verringerung des Potentialgefälles, in der Richtung der Luftbewegung gemessen, Durcharbeiten schaufelförmigen Gutes. Hierher gehören auch besondere Kunstgriffe, wie zeitweise Umkehr der Luftbewegungsrichtung, dauerndes oder zeitweises Drehen plattenförmigen Gutes u. dgl.

Die gleichmäßige Verteilung des Trockenpotentials im Trockenmittel muß durch besondere Maßnahmen gesichert werden.

Besteht das Trockenmittel aus einer beheizten Fläche, so entspricht der Forderung, das Potential, d. h. hier die Oberflächentemperatur der Heizfläche, möglichst gleichzuhalten, die Verwendung von Stoffen mit hoher Wärmeleitzahl, d. h. Metallen, daneben die Vermeidung von Verschiedenheiten in der Einwirkung des in der Regel aus Dampf bestehenden Heizmittels. Die Temperaturgleichheit kann sich hierbei auf die Teile beschränken, in denen mit gleichem Potential gerechnet wird, also z. B. bei walzenartigen Trockenvorrichtungen die Mantellinien, während über dem Umfang der Walze verschiedene Temperaturen auftreten dürfen. Sie werden an der Auftragestelle des Gutes schon wegen der höheren Wärmeleitzahl, die dem feuchteren Stoff in der Regel zukommt, niedriger sein als an der Abführungsstelle.

Bei Luft oder einem anderen Gas als Trockenmittel sind die im allgemeinen senkrecht zur Luftbewegungsrichtung verlaufenden Flächen

gleichen Potentials vor dem Auftreffen auf das Gut durch innige Durch
mischung des Trockenmittels herzustellen und während des Durch-
strömens des Gutes zu erhalten. Durch Veränderung des Potentials
senkrecht zu den Potentialflächen wird die Voraussetzung nicht gestört. So kann z. B. bei Kanalstufentrocknern zunächst warme und
feuchte, danach warme und trockene, schließlich kalte und feuchte Luft
angewandt werden, ohne daß die gleichmäßige Trockenwirkung auf die
einzelnen Teile des Gutes leidet. Gleichmäßige Luftbeschaffenheit über

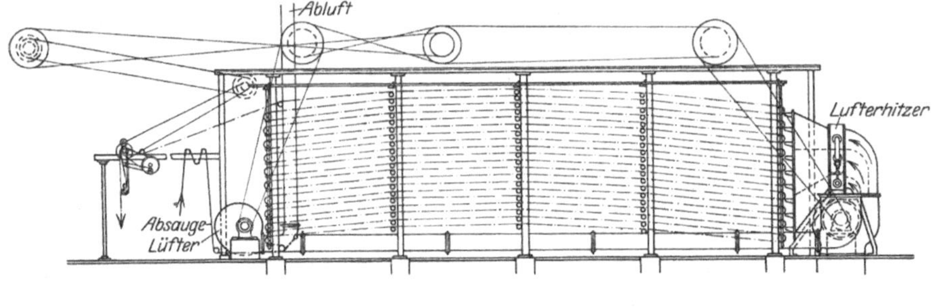

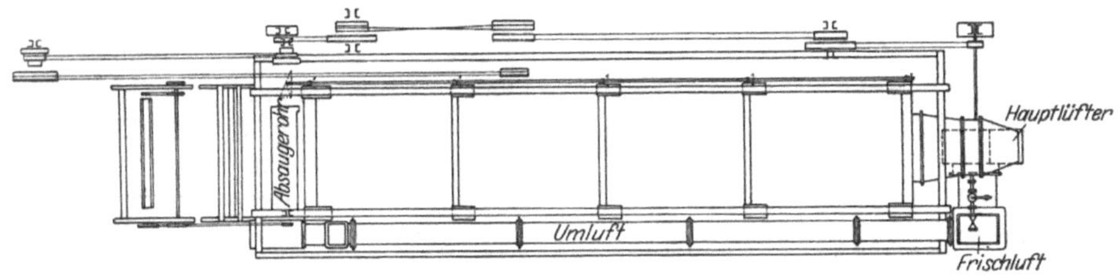

Abb. 88. Gewebetrockner (Zittau).

den Potentialflächen wird im allgemeinen schon durch Anwendung genügend hoher Geschwindigkeiten gesichert. Bei starken Querschnitts-
änderungen, wie sie in der Regel an der Ein- und Austrittsstelle der
Luft auftreten, genügt es nicht, durch schräge Überführung der verschiedenen Querschnitte eine gleichmäßige Luftverteilung vorzutäuschen.
Diese tritt nicht ein, wenn der Neigungswinkel der Seiten zur mittleren
Strömungsrichtung etwa 15° überschreitet. Vielmehr löst sich die Luft
von der Wandung los. Es ist daher zweckmäßig, den Luftstrom durch
eingebaute Leitwände so zu unterteilen, daß der durch zwei benachbarte Leitflächen begrenzte Teilstrom die zulässige Querschnittserweite-
rung nicht überschreitet. In dieser Weise ist die Trockenvorrichtung
der Abb. 88 (Zittau) ausgebildet, bei der die Unterteilung sowohl
zwischen Lüfteraustritt und Lufterhitzer, als auch zwischen dem letzten
und dem Eintritt in die Trockenvorrichtung erfolgt. Ähnliche Maßnahmen sollten auch für die Austrittsstelle der Trockenluft in um so
höherem Maße Anwendung finden, je größer die Luftgeschwindigkeit
ist und je mehr eine künstlich erzwungene Luftbewegung von der natürlichen abweicht; denn eine ungleichmäßige Absaugewirkung kann ein

Zusammendrängen der gleichmäßig verteilt eintretenden Luft gegen
die Austrittsstelle zu zur Folge haben. Die Anwendung von Leitwänden
zur Führung und Verteilung des Querluftstromes bei Stufentrocknern
zeigt Abb. 89 (Zittau). Der Querschnitt des Trockners soll möglichst
gleichmäßig von dem Gut ausgefüllt sein. Wo dies, wegen des Bedürf-
nisses der örtlichen Überwachung, un-
möglich ist, muß die Bildung unaus-
genutzter Luftzonen durch feste oder
nachgiebige Blenden (Drehtüren, hän-
gende Tücher) vermieden werden. Die
Gleichmäßigkeit der Verteilung des
Gutes bezieht sich stets auf die Potentialflächen des Trockenmittels. Bei
einem Kanalstufentrockner mit Hilfsquerumlauf verlaufen sie senkrecht zur
Richtung der Umluft, also parallel zur
Richtung des in der Kanalachse fließenden Hauptluftstromes. Hier ist
daher nicht etwa der ganze Kanalquerschnitt gleichmäßig mit Gut aus-
zufüllen, sondern im Gegenteil ein Ab-
rücken des Gutes von den Kanalwänden
dort wünschenswert, wo der Querluftstrom ein- und austritt, um seine

Abb. 89. Innenansicht des Trockenkanals
mit Leitwänden für den Querluftstrom
(Zittau).

Ausbreitung zu erleichtern. Läuft das Gut in einem kanalartigen
Trockner in mehreren bandartigen Schichten übereinander, so ist es
nach Abb. 90 (Kettling und Braun) nötig, die Luft vor dem Eintritt
über die durch je zwei Schichten gebildeten Teilkanäle gleichmäßig zu
verteilen. Strömt bei einem kammerartigen Trockner die Luft von

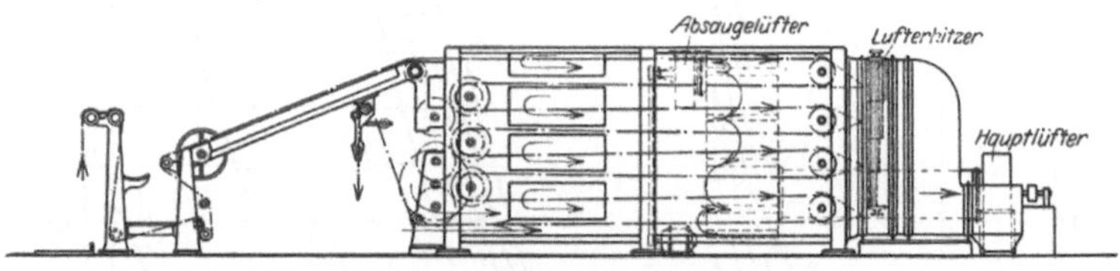

Abb. 90. Gewebetrockner (Kettling & Braun).

einer Wand zur anderen, so ist ihre gleichmäßige Verteilung über die
ganzen Wandflächen zu sichern. Dazu ist es nötig, die Wände mit
zahlreichen, geregelt verteilten Öffnungen zu versehen und jeder Öffnung
die gleiche Luftmenge zuzuführen. Ist die Längenausdehnung eines
solchen Kammertrockners groß und sind die Luftkanäle in der Längsrichtung angeordnet, so kann die gleichmäßige Verteilung über die
ganze Länge entweder dadurch angestrebt werden, daß die Öffnungen
auf eine mit ihrer Entfernung von der Lufteintrittsstelle veränderliche
Weite einstellbar sind oder dadurch, daß nach Abb. 91 der Luftstrom
zerteilt wird. Ein nicht zu kleiner Abstand zwischen Luftverteilungs-

kanal und Trockengut fördert die gleichmäßige Ausbreitung der Luft
über den ganzen Kammerquerschnitt.

Bei den vorausgehenden Erwägungen ist mit Luftgeschwindigkeiten
gerechnet, denen gegenüber die durch den natürlichen Auftrieb bedingte
Luftgeschwindigkeit keine Rolle spielt. Ist dagegen die Luftgeschwindigkeit so niedrig, daß der Einfluß der natürlichen Luftbewegung überwiegt, so sind Maßnahmen für künstliche Erhaltung
von Trockenpotentialflächen nicht nur entbehrlich, sondern
schädlich. Die Luftverteilung soll alsdann so erfolgen, daß der
natürliche Luftlauf unterstützt wird. Der sich durch ihn ergebenden Potentialverteilung hat

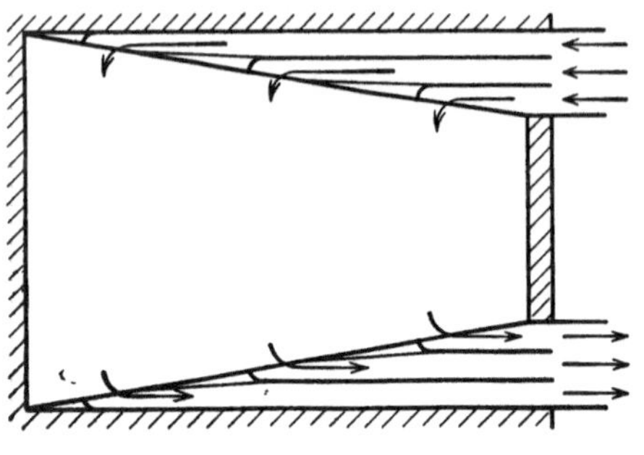

Abb. 91. Kammertrockner.

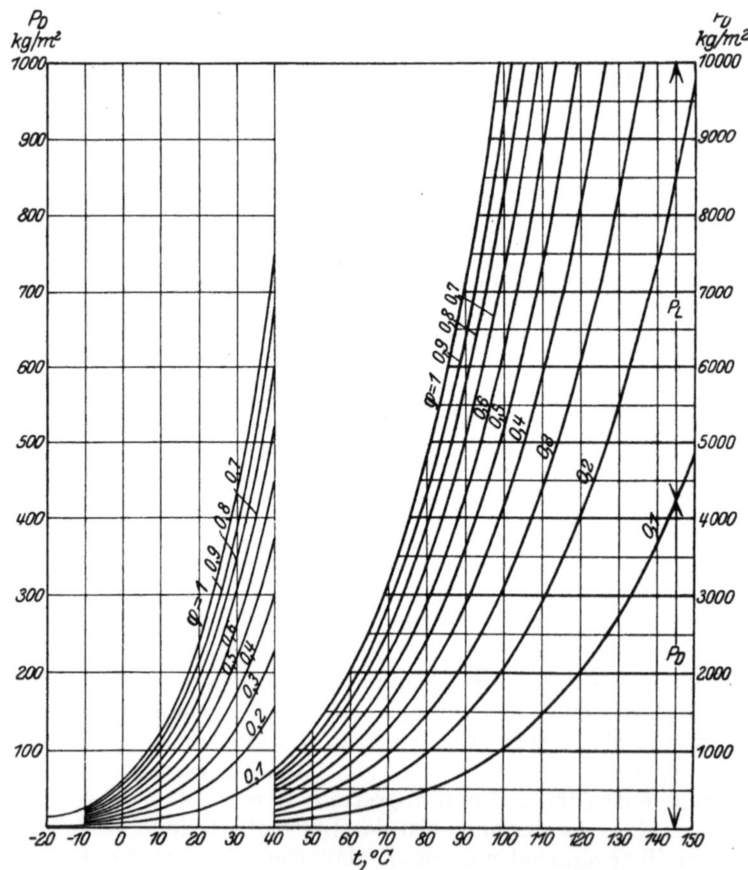

Abb. 92. Teildrücke in feuchter Luft bei $P = 10000$ kg/m² Gesamtdruck.

sich die Verteilung des Gutes anzupassen. In besonderem Maße spielen diese Gesichtspunkte eine Rolle, wenn durch turmartige Ausbildung in der Trockenvorrichtung erhebliche natürliche Luftbewegung entsteht.

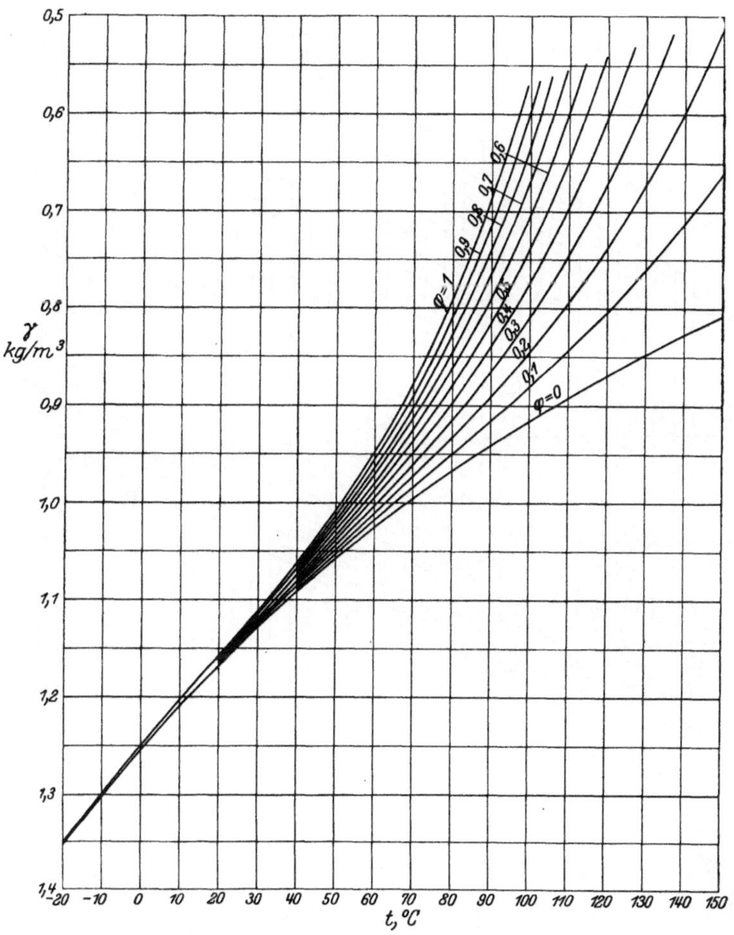

Abb. 93. Spezifisches Gewicht feuchter Luft.

Der natürliche Luftumlauf.

In Abb. 92 ist, abhängig von der Temperatur als Abszisse, der Teildruck $P_D = \varphi \cdot P''$ des in feuchter Luft enthaltenen Dampfes als Ordinate für verschiedene Feuchtigkeitsgrade φ eingetragen. Der Abstand eines beliebigen Punktes von der in einer Ordinatenhöhe $P = 10\,000$ kg/m² gezogenen Parallelen zur Abszissenachse ergibt für diesen Gesamtdruck den Teildruck P_L der Luft. Mit Abb. 92 läßt sich Abb. 93 finden, die, abhängig von der Temperatur als Abszisse, das spezifische Gewicht

$$\gamma = \frac{10\,000}{29{,}27\,(t+273)} - 0{,}0129 \cdot \varphi \cdot P''$$

als Ordinate darstellt. Eine Parallele zur Abszissenachse schneidet die
γ-Kurven in Punkten gleicher γ-Werte. Diese sind in Abb. 94 in das
i-x-Bild übertragen. Aus ihr läßt sich ablesen:

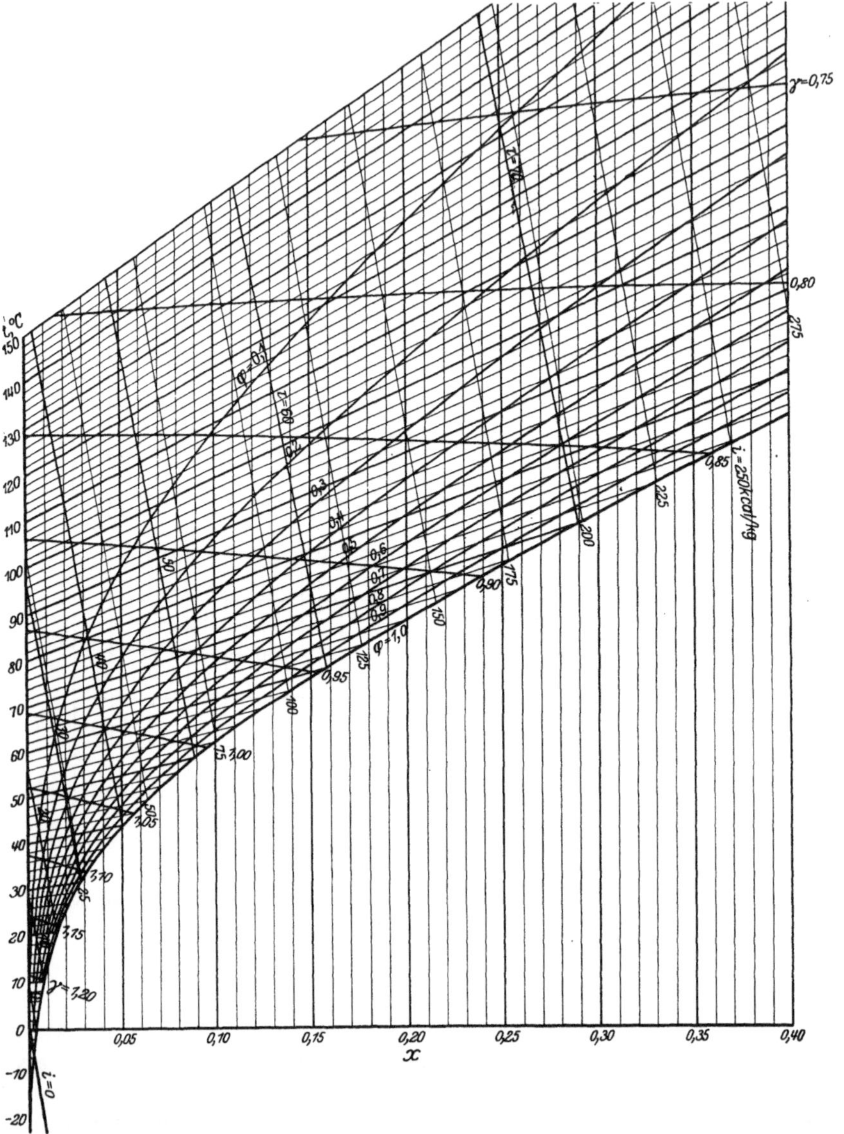

Abb. 94. Linien gleichen spezifischen Gewichts γ im i-x-Bild.

Luft, die erwärmt wird, ohne ihren Feuchtigkeitsgehalt zu verändern, wird leichter. Diese Verhältnisse gelten z. B. für die außerhalb
der Trockenvorrichtung angebrachte Vorwärmekammer. Die Lufteinführung hat hier zweckmäßig unten, die Luftentnahme oben zu erfolgen.

Luft, die Feuchtigkeit aufnimmt, ohne ihren Wärmeinhalt zu verändern, wird schwerer. Das gleiche gilt, wenn der Zustand der Luft sich längs der τ-Linien verändert. Innerhalb der Trockenvorrichtung besitzt die Luft das Bestreben, längs des Gutes niederzusinken, vorausgesetzt, daß Innenheizung fehlt. In solchen Fällen erfolgt naturgemäß die Lufteinführung oberhalb, die Luftentnahme unterhalb des Gutes.

Luft, die Feuchtigkeit aufnimmt, ohne ihre Temperatur zu verändern, wird leichter. Ist daher Innenheizung vorhanden und so verteilt, daß die Temperatur bei wechselndem Feuchtigkeitsgehalt gleich-

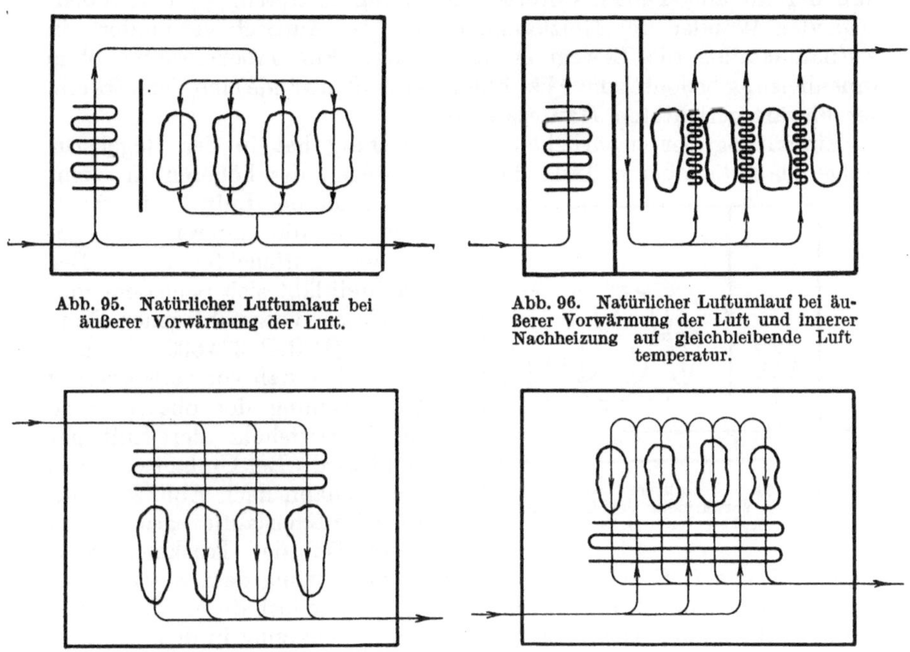

Abb. 95. Natürlicher Luftumlauf bei äußerer Vorwärmung der Luft.

Abb. 96. Natürlicher Luftumlauf bei äußerer Vorwärmung der Luft und innerer Nachheizung auf gleichbleibende Lufttemperatur.

Abb. 97. Natürlicher Luftumlauf bei innerer Vorwärmung der Luft oberhalb des Gutes.

Abb. 98. Natürlicher Luftumlauf bei innerer Vorwärmung der Luft unterhalb des Gutes.

bleibt, so wird zweckmäßig die Einführung der Luft unterhalb, die Ableitung oberhalb des Gutes angeordnet.

Ein Grenzfall zwischen den beiden letzterwähnten Beziehungen tritt dann ein, wenn Nachheizung in geringerem Maße und gerade so stark erfolgt, daß der Luftzustand im i-x-Bild sich längs der γ-Linie bewegt. Es herrscht alsdann Gleichgewicht, und die Stelle des Luftein- und -austritts ist gleichgültig.

Den natürlichen Luftumlauf stellt Abb. 95 für eine außenbeheizte, Abb. 96 für eine außen- und innenbeheizte Trockenvorrichtung dar, wenn im letzten Falle die Temperatur im Trockenraum auf unveränderlicher Höhe gehalten wird. Innenheizkörper, die nicht nach Abb. 96 über das Gut verteilt, sondern nach Abb. 97 oberhalb des Gutes angeordnet sind, wirken nur wie eine Vorheizung im Sinne der Abb. 95.

Anordnung der Innenheizkörper am Boden nach Abb. 98 ergibt einen ungeregelten Luftumlauf, der sich sowohl auf den von der Heizvorrichtung als auch auf den vom Gut eingenommenen Raum erstreckt. Wird aus besonderen Gründen gleichwohl diese Ausführung gewählt, so kann es empfehlenswert sein, unter Anwendung hoher Luftgeschwindigkeit die Luftbewegung der natürlichen entgegengesetzt von unten nach oben über das Gut zu leiten. Dies gelingt bei Verwendung eines Lüfters, der die Abluft an höchster Stelle absaugt.

Eine Störung des natürlichen Luftumlaufes kann durch den Einfluß der im allgemeinen kälteren Umgebung auftreten. An den außenliegenden Wänden der Heizkammer wird der Auftrieb vermindert, in Ausnahmefällen die Bewegung umgekehrt. Für Trockenräume ohne Innenheizung bedeutet die Abkühlung der Außenwände eine Verstärkung der abwärtsgerichteten Hauptbewegung.

Einhaltung der natürlichen Luftbewegung hat in der Regel zur Folge, daß die oberen Teile des Gutes wegen des höheren Trockenpotentials der Luft fertig trocknen, ehe die unteren Teile genügend entfeuchtet sind. Der Nachteil läßt sich nach dem vom Verfasser vorgeschlagenen Verfahren (D.R.P. 374 690) dadurch vermeiden, daß vor vollständiger Austrocknung der oberen Teile die Eintrittshöhe der Luft gesenkt wird. Der Umlauf vollzieht sich alsdann nach Abb. 99. Der aus dem Kreislauf ausgeschaltete obere Teil der Trockenvorrichtung wird von Luft erfüllt, deren Zusammensetzung dem Zustand am Eintritt entspricht. Ihre Trockenwirkung wird jedoch durch die wegfallende Luftbewegung verringert, so daß Fertigtrocknung in den verschiedenen Höhenlagen gleichzeitig gelingt. Dies erklärt sich auch daraus, daß in die stillstehende obere Schicht Feuchtigkeit entgegen der natürlichen Luftströmung diffundiert. In ähnlicher Weise wirkt die Diffusion ausgleichend bei fehlerhafter Luftführung, wenn z. B. bei einer nach Abb. 95 oder Abb. 97 angeordneten Trockenvorrichtung die Abluft nicht unten, sondern oben weggeführt wird.

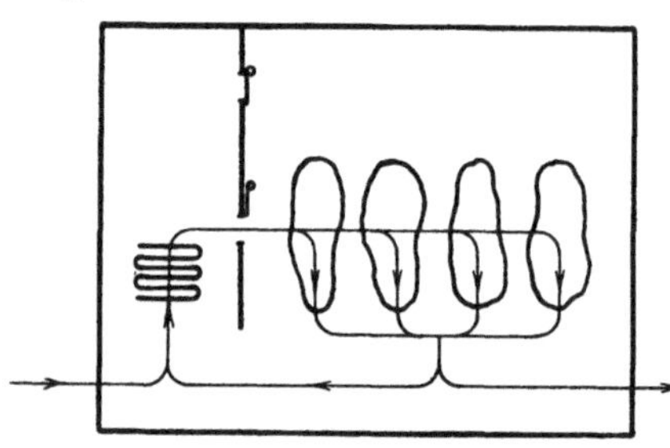

Abb. 99. Natürlicher Luftumlauf bei äußerer Vorwärmung der Luft und gesenkter Lufteintrittshöhe.

Die Lebhaftigkeit des natürlichen Luftumlaufes wird durch die Anordnung von Schächten mitbestimmt, denen Zuführung der Frischluft und Wegschaffung der Abluft zufällt. Der Zug muß im Frischluftschacht negativ, nach dem Innern der Trockenvorrichtung gerichtet, im Ablaufschacht positiv, nach außen wirkend, sein. Die Zugstärke hängt von der Höhe der Luftsäule und dem Unterschied ihres spezifischen Gewichtes gegenüber dem der Außenluft ab. Da γ bei gleicher Temperatur mit Zunahme des Wassergehaltes sinkt, besteht bei dem Abluftschacht positive Zugwirkung auch dann noch, wenn die Temperatur im Trockenraum ebenso hoch ist wie die äußere, da der Feuchtigkeitsgehalt der Außenluft stets niedriger ist als der der Abluft. Beim Frischluftschacht, der von Luft in einer der Umgebung entsprechenden Beschaffenheit angefüllt ist, steht am Austrittsende in die Heizkammer oder den Trockenraum selbst Luft, die wärmer und im letzten Falle auch von höherem Feuchtigkeitsgehalt, daher aus doppelten Gründen leichter ist. Es kann daher eine Umkehr der Luftbewegung eintreten, der

Frischluftschacht als Abluftschacht wirken und umgekehrt. Abb. 100a zeigt, wie verhängnisvoll dies werden kann, wenn die angewärmte Luft aus der Heizkammer ungenutzt nach außen strömt und der Trockenraum selbst nur kalte Luft erhält. Nach Abb. 100b kann

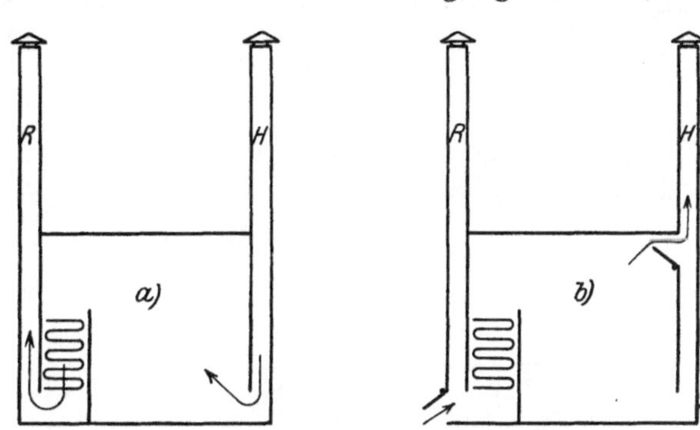

Abb. 100. Falscher Luftumlauf und seine Verhütung durch Hilfsöffnungen.

der falsche Umlauf durch Handhabung von Öffnungen verhütet werden, die das Entstehen einer Zugwirkung im Frischluftschacht verhindern und die Zugwirkung im Abluftschacht dadurch verbessern, daß ihm vorübergehend leichtere Luft zugeführt wird. Wenn auf die nicht ganz unbedenkliche Hochführung des Frischluftschachtes nicht vollständig verzichtet wird, so ist dies dadurch begründet, daß in höheren Schichten die Luft reiner und über Industriegelände außerdem trockner und damit geeigneter ist als in tieferen Schichten. So haben die Untersuchungen der Rombacher Hüttenwerke[1]) in einer Höhe von 42 m über Fabriksohle eine Abnahme des Feuchtigkeitsgrades φ_r um 12% nachgewiesen.

Da bei den Abluftschächten Abkühlung im Sinne einer Zugverminderung wirkt, ist es falsch, außenliegende Abluftschächte aus gutleitendem Metall herzustellen und richtiger, Stoffe mit niedriger Wärmeleitzahl, wie Holz, zu verwenden. Auf gute Abdichtung ist besonders zu achten. In Ausnahmefällen kann die Anbringung einer Wärmeschutzschicht geboten sein.

Der durch einen Schacht von H m Höhe erzielbare Zug $\varDelta P$ kg/m² ergibt sich zu

$$\varDelta P = H \left(\gamma_r - \gamma_h \right),$$

wenn

γ das spezifische Gewicht der Frischluft, in kg/m³,

γ_h das spezifische Gewicht der Abluft, in kg/m³,

---

[1]) Bronn: Möglichkeit zur Beschaffung trockener Luft. Zeitschr. angew. Chem. 1921.

bezeichnen. Hierbei ist von Abkühlungs- und Reibungsverlusten im Schacht abgesehen. Unter der Annahme, daß die Luft in beiden Fällen gesättigt ist, gibt Abb. 101 die Zugstärke für 1 m Überhöhe des Schachtes.

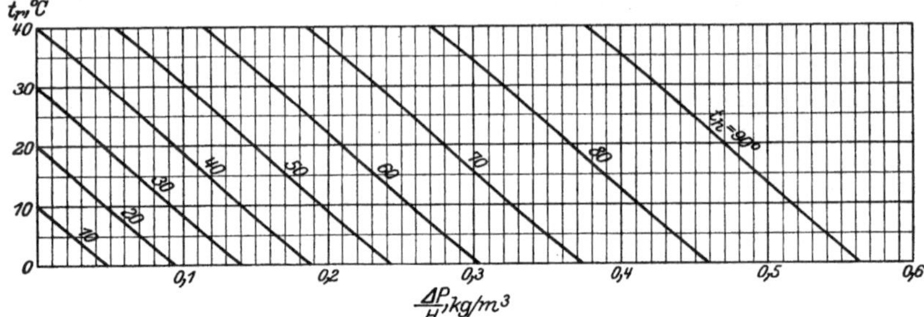

Abb. 101. Zugstärke für 1 m Schachthöhe ($\varphi_r = 1$; $\varphi_h = 1$).

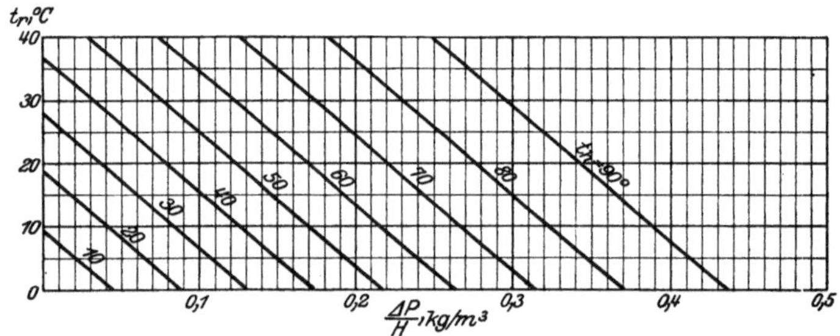

Abb. 102. Zugstärke für 1 m Schachthöhe ($\varphi_r = 0{,}5$; $\varphi_h = 0{,}5$).

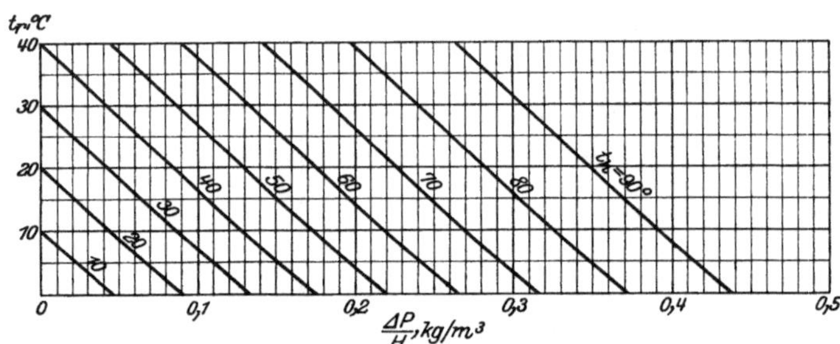

Abb. 103. Zugstärke für 1 m Schachthöhe ($\varphi_r = 1$; $\varphi_h = 0{,}5$).

Ist die Außenluft nicht gesättigt, so bedeutet dies bei gleicher Temperatur t_r höheres spezifisches Gewicht γ_r und Verbesserung der Zugwirkung. Umgekehrt wird, bei gleicher Temperatur, der Zug verschlechtert, wenn die Abluft nicht gesättigt ist und demgemäß ein höheres spezifisches Gewicht γ_h besitzt. Z. B. verändert sich Abb. 101 nach Abb. 102, wenn $\varphi_r = 0{,}5$ und $\varphi_h = 0{,}5$ wird, bzw. nach Abb. 103 für $\varphi_r = 1$, $\varphi_h = 0{,}5$.

Während im Winter die Zugwirkung stets gesichert erscheint, kann im Sommer, besonders bei hohem Feuchtigkeitsgrad der Außenluft, ein

Versagen und sogar Umschlagen eintreten, wenn die Trockenvorrichtung mit mäßigen Temperaturen arbeitet. Die Wegführung der Abluft muß für solche Fälle dadurch gesichert werden, daß der natürliche Zug durch künstlichen ersetzt oder der Schacht ausgeschaltet und an seiner Stelle Öffnungen in der Trockenvorrichtung angebracht werden, durch die die schwerere Abluft unmittelbar in die Umgebung fällt. Eine zusätzliche Beheizung des Schachtes durch anderweitig entfallende Abwärme kann in Ausnahmefällen in Betracht gezogen werden.

Die nutzbare Zugstärke ist wegen des Druckverlustes in den Schächten geringer. Um ihn niedrig zu halten, soll die Innenwand möglichst glatt und die Form so gewählt werden, daß der geforderte Querschnitt mit möglichst kleinen Wandungsflächen erstellt wird. Das bedeutet runde oder, wo dies unmöglich ist, quadratische Schachtform, die bei den Abluftschächten auch die wünschenswerte geringste Wärmeaustauschfläche bietet.

Der künstliche Luftumlauf.

Die dem natürlichen Luftumlauf entsprechende Luftgeschwindigkeit ist bei festliegenden Verhältnissen um so geringer, je weniger der Zustand der Luft zwischen Ein- und Austritt sich ändert. Wird durch Hilfskreislauf die Menge der Luft vergrößert, so läßt sich in der Regel ein mechanisch angetriebener Lüfter nicht umgehen. Seine Anordnung ergibt sich durch die Rücksichtnahme auf den natürlichen Luftumlauf, dem er nicht entgegenwirken soll.

Für die Schaltung des Lüfters bestehen verschiedene Möglichkeiten. Er kann die Luft vor oder hinter der Heizvorrichtung oder schließlich die Abluft ansaugen und weiterführen. Das Gewicht der Reinluft ist in allen drei Fällen dasselbe, ihr Volumen jedoch verschieden und bei Verarbeitung der Luft vor der Heizvorrichtung am kleinsten. In Ausnahmefällen werden zwei Lüfter angewandt, von denen z. B. einer in die Trockenvorrichtung drückt, der andere aus ihr saugt. Eine Vielzahl wird dann nötig, wenn ein mehrfacher Hilfskreislauf in die Hauptbewegung der Luft eingeschaltet ist.

Je nach der Anordnung des Lüfters, der durch ihn zusammen mit dem natürlichen Auftrieb erzielten Druckwirkung und den auftretenden Widerständen ergibt sich in der Trockenvorrichtung gegenüber der Umgebung Über- und Unterdruck oder auch Druckgleichheit. Bei Überdruck entweicht die Trockenluft durch Öffnungen unter Wärmeverlust nach außen. Bei Unterdruck strömt die kältere Außenluft ein. Türen und Fenster sind daher bei Überdruck möglichst dort anzuordnen, wo die Luft das Gut verläßt, bei Unterdruck dort, wo sie einströmt. Ob das eine oder andere den Vorzug verdient, entscheidet der besondere Fall. Führt das Ausströmen der Trockenluft zu einer Belästigung der Umgebung, so ist Unterdruck am Platze.

Auf die Umlaufweise des Trockenmittels übt zuweilen die Einfügung der Trockenvorrichtung in den gesamten Arbeitsgang einen ausschlaggebenden Einfluß aus. Wird z. B. eine Trockenvorrichtung für **Ziegelsteine** oberhalb des Trockenofens angeordnet, um neben Innenbeheizung der Trockengänge die ausgestrahlte Ofenwärme mitzubenutzen, so kann die Luft selbsttätig zunächst über den Ofen, danach durch die Trockenvorrichtung von unten nach oben strömen. Wird dagegen eine derartige Trockenanlage auf gleicher Höhe mit dem Ofen aufgestellt, so bildet Verstärkung des Umlaufes durch Lüfter die Regel.

J. Mischung von feuchten Gasen und gesättigten Dämpfen.

Nebelbildung.

Bei offenen Verdampfungsanlagen mischt sich gesättigter Dampf mit der umgebenden Luft. Er entschwindet dem Blick, wenn die Bindung durch die Luft eine vollständige ist; im anderen Falle deutet mehr oder weniger dichte Nebelbildung auf Übersättigung der Mischung mit Feuchtigkeit.

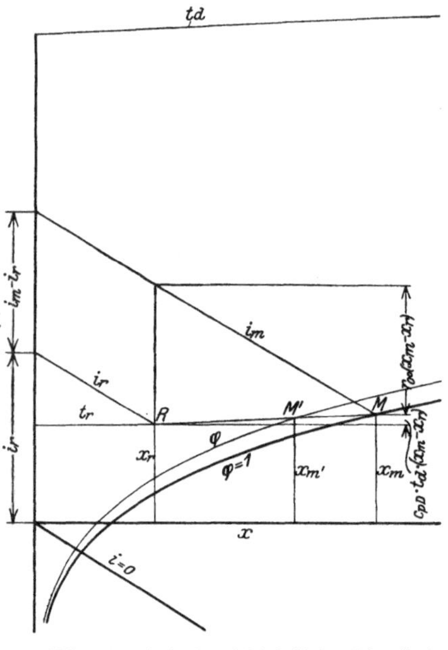

Abb. 104 beantwortet die Frage, wieviel gesättigten Dampf Luft von bestimmter Zusammensetzung aufzunehmen vermag. Liegt der Zustand der Luft bei Punkt R und besitzt der gesättigte Dampf eine Temperatur t_d, also bei Verdampfen in die freie Luft und Wasser als Feuchtigkeit etwa 100^0, so liefert eine durch Punkt R gezogene Parallele zu der t_d-Geraden den Punkt M als Schnittpunkt mit der Sättigungslinie. Der Unterschied zwischen dem Feuchtigkeitsgehalt, der Punkt M und R zukommt, also die Strecke x_m—x_r kennzeichnet alsdann die Menge gesättigten Dampfes, die 1 kg Reinluft aufzunehmen vermag, um gerade gesättigt zu sein; denn der

Abb. 104. Aufnahmefähigkeit feuchter Luft für gesättigten Dampf.

Unterschied des spezifischen Wärmeinhaltes beträgt alsdann

$$i_m - i_r = r_0{}^0\,(x_m - x_r) + c_{pD}\cdot t_d\,(x_m - x_r) = i_{D\,t_d}\,(x_m - x_r),$$

ist also gleich der Vermehrung des Wärmeinhaltes der Luft durch den aufgenommenen Dampf.

Soll die Luft nach der Mischung nicht vollständig gesättigt sein, sondern einen Feuchtigkeitsgrad $\varphi < 1$ besitzen, so ergibt sich mit dem

Schnittpunkt M' der verringerte Wert $x'_m - x_r$, der 1 kg Reinluft beigemischt werden darf. Die Zahl $G_L = \dfrac{G_D}{x_m - x_r}$ bzw. $G_L = \dfrac{G_D}{x'_m - x_r}$ bezeichnet das Gewicht an Reinluft, das erforderlich ist, um G_D kg entstehenden Dampf unter Sättigung, bzw. unter Einhaltung eines Feuchtigkeitsgrades $\varphi < 1$, zu binden, also Nebel zu vermeiden.

Wieviel die Aufnahmefähigkeit der Luft durch Vorwärmung wächst, ergibt sich aus Abb. 105. Tritt Punkt R nach V, d. h. wird die Tem-

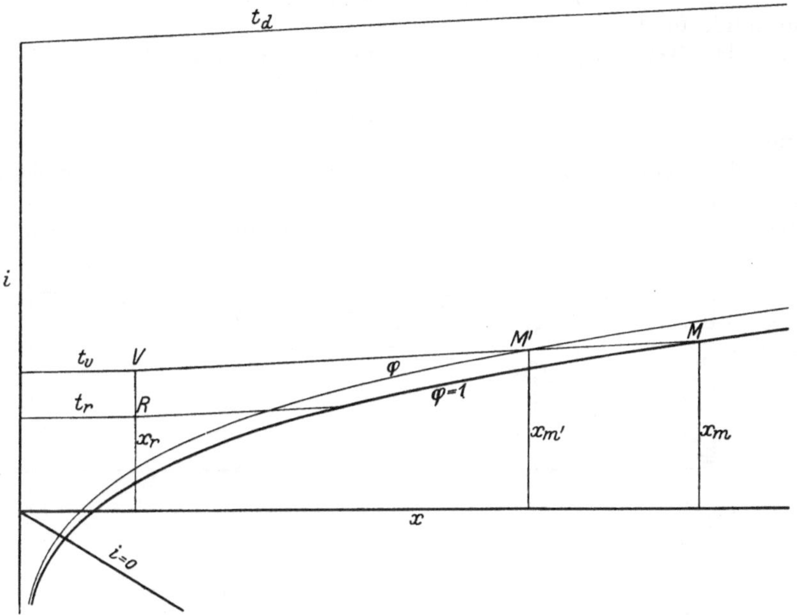

Abb. 105. Aufnahmefähigkeit vorgewärmter feuchter Luft für gesättigten Dampf.

peratur der Luft bei gleichbleibendem Feuchtigkeitsgehalt x_r von t_r auf t_v erhöht, so ergibt die durch V gezogene Parallele zur t_d-Geraden im Schnittpunkt M mit der Sättigungslinie den Feuchtigkeitsgehalt der Mischung bzw. die auf 1 kg Reinluft entfallende mögliche Dampfaufnahme $x_m - x_r$. Umgekehrt ist es hiernach möglich, den Grad der Vorwärmung zu ermitteln, bei dem $x_m - x_r$ gerade einen bestimmten Wert erreicht, d. h. eine verfügbare Reinluftmenge G_L eben genügt, um eine gegebene Dampfmenge zu binden. Soll hierbei nur ein Sättigungsgrad $\varphi < 1$ erreicht werden, so liefert Punkt M' die zugehörigen Werte x'_m und $x'_m - x_r$. Die Verhältnisse ändern sich bei Verdunstungsanlagen, bei denen nicht reiner, sondern mit Luft gemischter Dampf in die äußere Umgebung austritt. Es handelt sich dann um Mischung zweier Luftmengen mit verschiedenem Feuchtigkeitsgehalt. Hierfür gelten die Beziehungen der Abb. 106. Punkt H kennzeichnet den Zustand der von der Trockenvorrichtung abgehenden Luft, wenn ihre Aufnahmefähigkeit bis zur Sättigung gesteigert wird, R den Zustand der

Außenluft, mit der sich der Schwaden mischt. Wird von Punkt H an
die Sättigungslinie die Tangente $H R_2$ gezogen, so kann bei beliebiger
Lage des Luftpunktes R oberhalb der Tangente keine Nebelbildung
auftreten, gleichgültig, welches Mischungsverhältnis gewählt wird. Liegt
dagegen der Zustand der umgebenden Luft bei Punkt R_1 unterhalb
der Tangente, so bezeichnet M den Grenzzustand der Mischung und
$x_m—x_r$ die von 1 kg Reinluft im höchsten Falle aufnehmbare Dampfmenge. Da

$$G_{Lr} \cdot x_r + G_{Lh} \cdot x_h = (G_{Lr} + G_{Lh}) \, x_m$$

sein muß, folgt

G_{Lr} das Reinluftgewicht der beizumischenden Außenluft

zu
$$G_{Lr} = G_{Lh} \cdot \frac{x_h - x_m}{x_m - x_r},$$

wenn

G_{Lh} das Reinluftgewicht des aus der Trockenvorrichtung entweichenden Schwadens

darstellt. Auch in solchen Fällen ist die Vorwärmung der beizumischen-

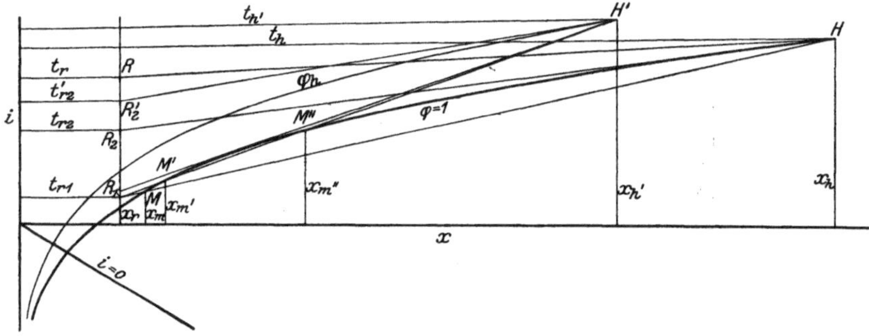

Abb. 106. Aufnahmefähigkeit feuchter Luft für Schwadendampf.

den Außenluft das Mittel, um den Schwaden unsichtbar zu machen
und Niederschlag von Feuchtigkeit aus dem ausströmenden Schwaden
zu vermeiden. Fortsetzung der Vorwärmung über die durch Punkt R_2
gekennzeichnete Höhe t_{r_2} hat jedoch keinen Zweck, da bei Hebung der
Umgebungstemperatur auf diese Höhe der Nebel verschwindet, mag
die beigemischte Luftmenge auch noch so klein sein.

Im allgemeinen entweicht die Abluft nicht gesättigt, sondern mit
einem Feuchtigkeitsgrad $\varphi < 1$, also etwa Punkt H' entsprechend. Für
diesen Fall ergibt sich die obere Grenze der Vorwärmung mit Punkt
R'_2 zu t'_{r_2}, wenn R' den Schnittpunkt der durch Punkt H' an die φ-Linie
gezogenen Tangente mit der x_r-Linie darstellt und die Mischluft auf
keinen Fall den Feuchtigkeitsgrad φ überschreiten soll. Wird die Tangente durch Punkt H' an die Sättigungslinie gezogen, so kommt für
alle Zustandspunkte R, die oberhalb dieser Tangente liegen, niemals
Sättigung der Mischluft zustande. Für darunter liegende Punkte R_1
ergibt sich die benötigte Menge der beizumischenden Rohluft aus

$$G_{Lr} = G'_{Lh} \cdot \frac{x'_h - x'_m}{x'_m - x'_r},$$

wobei x'_m dem R_1 zunächstliegenden Schnittpunkt der Geraden R_1H mit der Sättigungslinie zugeordnet ist. In Abb. 106 kennzeichnet Punkt M'' und der ihm zugeordnete Wert x''_m einen zweiten Grenzfall, für den

$$G_{Lr} = G'_{Lh} \cdot \frac{x'_h - x''_m}{x''_m - x_r}$$

wird. Nur innerhalb der durch M' und M'' gekennzeichneten unteren und oberen Grenze liegt die Gefahr der Nebelbildung vor. Wird $G_{Lr} < G'_{Lh} \cdot \frac{x'_h - x''_m}{x''_m - x_r}$ gehalten, so ist die Dunstgefahr ebenso vermieden, wie wenn $G_{Lr} > G'_{Lh} \cdot \frac{x'_h - x'_m}{x'_m - x_r}$ bemessen wird. Der erste Weg ist der wirtschaftlichere.

Während bei dem Entweichen von gesättigtem Dampf in die Umgebung Beimengung großer Luftmengen die Bedingung ist, um den Dampf unsichtbar zu machen, liegen bei dem Austritt von mit Luft gemischtem Schwaden die Verhältnisse meist umgekehrt. Die sichtbare Nebelbildung wird hier dadurch vermieden, daß die Mischung des austretenden Schwadens mit der umgebenden Luft möglichst eingeschränkt wird. Läßt sich jedoch hierbei eine bestimmte Menge G_{Lr} der beigemischten Rohluft nicht unterschreiten, so kann es nötig werden, noch mehr Luft beizufügen, um die Nebelbildung zu verhüten. Jedenfalls ist die Erscheinung sichtbaren Schwadens kein Beweis für Sättigung der austretenden Luft vor ihrer Mischung.

Arbeitet eine Trockenvorrichtung mit beheizten Flächen und fällt der umgebenden Luft die Aufgabe zu, den entstehenden Dunst unsichtbar zu entführen, so ist die genaue Untersuchung nach Abb. 65 vorzunehmen. Solange die Luft nicht gesättigt ist, besteht keine Gefahr der Nebelbildung. Die Berechnung muß hierbei allerdings den Streuverlust Q_{verl} berücksichtigen, d. h. der Luftzustand darf auch dann noch nicht die Sättigungslinie erreichen, wenn der ohne Berücksichtigung von Q_{verl} gefundene Endzustandspunkt H um das Maß $\frac{Q_{\text{verl}}}{G_L}$ auf der x_h-Linie tiefer rückt. In bezug auf Wärmeverlust sind hierbei alle Teile, mit denen der Schwaden in Berührung kommt, also vor allem Dunsthauben, Decke und Wände als Teile der Trockenvorrichtung anzusehen. Der Wärmeschutz des Aufstellungsraumes gewinnt hierdurch eine häufig übersehene Bedeutung.

Der genauen Untersuchung gegenüber bedeutet es eine, im allgemeinen zulässige, Annäherung, wenn hier nur der Hauptabschnitt der Trocknung ins Auge gefaßt und angenommen wird, daß sich der Luftzustand auf seiner Kühlgrenzlinie bewegt.

Meist ist die Aufgabe gestellt, die Nebelbildung im Raum mit einer bestimmten Höchsttemperatur der Mischluft zu verhindern, wobei die Grenze durch die Rücksicht auf die Bedienungsmannschaft gezogen ist. Dieser Fall liegt z. B. vor bei Papiertrocknern, bei denen nach Mallickh[1]) die Mischlufttemperatur unter der Decke beim Eintritt

---

[1]) Mallickh: Der Dampfverbrauch der Zylindertrockner. W. f. Pap. 1920.

in den Abzugschacht mit Rücksicht auf die Arbeiter und nebenbei auch, um die Ausstrahlungsverluste am Dach nicht zu hoch ansteigen zu lassen, 35 bis 45° nicht überschreiten soll. Damit ist nach Abb. 107 die Lage des Punktes M auf der Sättigungslinie zwischen den Schnittpunkten der Temperaturlinien für 35 und 45° mit der Sättigungslinie gegeben. Mit der Annahme, daß der Schwaden als gesättigter Dampf von 100° entweicht und die Mischung mit der Entnebelungsluft nachträglich erfolgt, ergibt sich die Lage des Vorwärmepunktes V der Luft auf einer durch M parallel zu der $t_d = 100°$-Geraden gezogenen Linie. Der Punkt V selbst liegt auf dem Schnittpunkt dieser Linie mit der durch den R-Punkt gehenden Ordinaten. In Abb. 107 sind die Grenzfälle angedeutet, wenn die Außenluft —20 bzw. 30° besitzt und in beiden Fällen gesättigt ist. Es lassen sich daraus folgende Beziehungen ablesen:

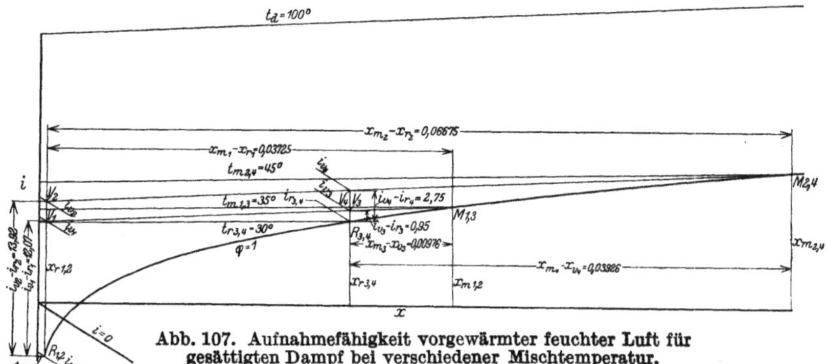

Abb. 107. Aufnahmefähigkeit vorgewärmter feuchter Luft für gesättigten Dampf bei verschiedener Mischtemperatur.

1. Außenlufttemperatur $\qquad t_{r_1} = -20°$
Mischlufttemperatur $\qquad t_{m_1} = 35°$
Aufnahmefähigkeit für 1 kg Reinluft $\qquad x_{m_1} - x_{r_1} = 0{,}03725$
Vorwärmetemperatur $\qquad t_{v_1} = 30{,}5°$
Wärmeaufwand für 1 kg Reinluft $\qquad i_{v_1} - i_{r_1} = 12{,}07 \text{ kcal/kg}$
Wärmeaufwand für 1 kg Dampfaufnahme $\qquad \dfrac{i_{v_1} - i_{r_1}}{x_{m_1} - x_{v_1}} = 324 \text{ kcal/kg}$

2. Außenlufttemperatur $\qquad t_{r_2} = -20°$
Mischlufttemperatur $\qquad t_{m_2} = 45°$
Aufnahmefähigkeit für 1 kg Reinluft $\qquad x_{m_2} - x_{r_2} = 0{,}06675$
Vorwärmetemperatur $\qquad t_{v_2} = 37{,}9°$
Wärmeaufwand für 1 kg Reinluft $\qquad i_{v_2} - i_{r_2} = 13{,}9 \text{ kcal/kg}$
Wärmeaufwand für 1 kg Dampfaufnahme $\qquad \dfrac{i_{v_2} - i_{r_2}}{x_{m_2} - x_{r_2}} = 209 \text{ kcal/kg}$

3. Außenlufttemperatur $\qquad t_{r_3} = 30°$
Mischlufttemperatur $\qquad t_{m_3} = 35°$
Aufnahmefähigkeit für 1 kg Reinluft $\qquad x_{m_3} - x_{r_3} = 0{,}00976$
Vorwärmetemperatur $\qquad t_{v_3} = 33{,}8°$
Wärmeaufwand für 1 kg Reinluft $\qquad i_{v_3} - i_{r_3} = 0{,}95 \text{ kcal/kg}$
Wärmeaufwand für 1 kg Dampfaufnahme $\qquad \dfrac{i_{v_3} - i_{r_3}}{x_{m_3} - x_{r_3}} = 97{,}8 \text{ kcal/kg}$

4. Außenlufttemperatur $\qquad t_{r_4} = 30^0$
Mischlufttemperatur $\qquad t_{m_4} = 45^0$
Aufnahmefähigkeit für 1 kg Reinluft $\qquad x_{m_4} - x_{r_4} = 0,03926$
Vorwärmetemperatur $\qquad t_{v_4} = 41,0^0$
Wärmeaufwand für 1 kg Reinluft $\qquad i_{v_4} - i_{r_4} = 2,75 \text{ kcal/kg}$
Wärmeaufwand für 1 kg Dampfaufnahme $\qquad \dfrac{i_{v_4} - i_{r_4}}{x_{m_4} - x_{r_4}} = 70,1 \text{ kcal/kg}$

Hieraus folgt, daß der Bedarf an gesättigter Frischluft bei höchster Frischluft- und niedrigster Mischlufttemperatur, entsprechend Punkt V_3, am höchsten, dagegen bei niedrigster Frischluft- und höchster Mischlufttemperatur, entsprechend Punkt V_2, am niedrigsten liegt. Der spezifische Wärmeverbrauch für 1 kg Dampfaufnahme ist für Punkt V_4, bei höchster Frischluft- und höchster Mischlufttemperatur, am günstigsten, für Punkt V_1, bei niedrigster Frischluft- und niedrigster Mischlufttemperatur, am höchsten. Dies ist insofern von Bedeutung, als sich danach, mit Rücksicht auf Wärmeersparnis, empfiehlt, im Sommer, unter Aufwand großer Entnebelungsluftmengen, die Ablufttemperatur niedrig zu halten, während im Winter umgekehrt die kleinste Luftmenge den geringsten Wärmeverbrauch bei höchster Mischlufttemperatur ergibt.

Der erhebliche Wärmeverbrauch für die Entnebelung läßt die Forderung berechtigt erscheinen, sie soweit als möglich zu vermeiden. Dies läuft darauf hinaus, den entstehenden Dampf möglichst restlos und unvermischt mit der Luft der Umgebung, ferner ohne Abkühlungsverluste nach außen zu führen, wenn es sich um Verdampfungsanlagen handelt, bei denen der Entnebelungsluft nicht gleichzeitig die Aufgabe zufällt, die Temperatur des Gutes herabzusetzen, wie dies bei Verdunstungsanlagen der Fall ist. Eine weitere, für die Praxis vielleicht noch wichtigere Vorschrift, die sich hieraus ergibt, lautet dahin, in allen Fällen, bei denen die Ableitung des ungemischten Schwadens nicht restlos gelingt, also z. B. bei Papiertrocknern, zwei Gebiete scharf zu trennen, und zwar einmal den Teil, in dem der Schwaden als reiner oder fast reiner gesättigter Dampf entweicht, und den Teil, in dem eine innige Mischung mit der umgebenden Luft erfolgt, entweder weil dies mit Rücksicht auf Entnebelung des Raumes nötig ist, oder weil in diesem zweiten Teil der Vorgang als Verdunstung mit niedrigerer Temperatur des Gutes geführt werden soll. Bisher werden beide Schwadenarten gemeinsam abgeführt; infolgedessen ergibt der zweite kühlere Teil eine Verminderung der Temperatur des ersten Teiles, muß daher vor Mischung mit diesem noch einen bestimmten Wärmeüberschuß besitzen, um Flüssigkeitsausfall aus dem Mischschwaden zu vermeiden. Wird dagegen, entgegen dem bisher üblichen Verfahren, jeder der beiden Teile getrennt für sich abgeführt, so entfällt diese Temperaturerniedrigung des reinen Dampfschwadens, und der mit Luft gemischte Schwaden des zweiten Teiles kann ohne Wärmeüberschuß abgeführt werden. Dem entspricht bei einer bestimmten Mischtemperatur eine geringere Menge der beizumischenden Luft.

15*

K. Nachbehandlung des Gutes.
Der lufttrockene Zustand.

Die Aufgabe der Nachbehandlung läuft darauf hinaus, das getrock nete Gut, wenn es als Fertigerzeugnis zu gelten hat, der Umgebung anzupassen oder gegen störende Einflüsse der Umgebung zu schützen. Schließt sich an die Trocknung die Weiterverarbeitung an, so ist das getrocknete Gut hierfür gegebenenfalls vorzubereiten. Die Nachbehandlung muß dem Grundsatze folgen, den Energieverbrauch des Verfahrens so niedrig wie möglich zu halten. Es handelt sich hierbei in der Hauptsache um folgende Leistungen:

1. Abkühlung,
2. Herstellung des lufttrockenen Zustandes,
3. Umhüllen,
4. besondere Behandlung zum Schutze gegen Verderb.

1. Abkühlung.

Da hohe Temperaturen chemische und biologische Veränderungen begünstigen, ist anzustreben, das Gut unmittelbar nach der Trocknung zu kühlen und möglichst auf die Temperatur der Umgebung zu bringen. Es ist zweckmäßig, die Abkühlung zu einem Teil des eigentlichen

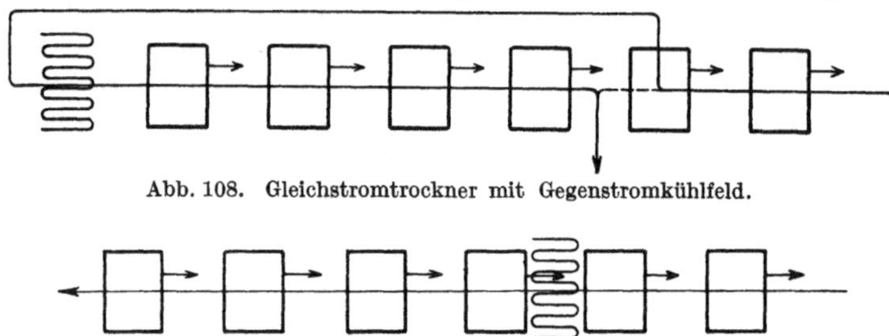

Abb. 108. Gleichstromtrockner mit Gegenstromkühlfeld.

Abb. 109. Gegenstromtrockner mit Kühlfeld.

Trockenvorganges zu machen und so zu leiten, daß die Überschußwärme des Gutes wiedergewonnen wird. Eine Möglichkeit hierfür besteht darin, daß die Frischluft zunächst über das getrocknete Gut streicht und erst danach vorgewärmt wird. Die grundsätzliche Anordnung zeigt Abb. 108 für einen Gleichstromtrockner, Abb. 109 für einen Gegenstromtrockner. Im ersten Falle wird das Kühlfeld im Gegenstrom durchlaufen. Das Bedürfnis nach zusätzlicher Abkühlung ergibt sich beim Gleichstrom in geringerem Maße als beim Gegenstrom, wenn die Trockenluft eine einmalige Erwärmung erfährt; bei stufenweiser Erwärmung liegen die Verhältnisse für beide etwa gleich. In Vorrichtungen, bei denen das Trockenbild sich ständig ändert, also z. B. bei Kammertrocknern, kann die Abkühlung des Gutes, unter teilweiser Wiedergewinnung der Überschußwärme, dadurch bewirkt werden, daß gegen Schluß der Trocknung, unter Inkaufnahme einer Verzögerung, die Trockentemperatur allmählich gesenkt wird. Die äußere

Wärmezufuhr wird hierbei mehr und mehr verringert und schließlich ganz unterbrochen, so daß schließlich die Überschußwärme des Gutes, daneben auch der Wärmevorrat der Trockengestelle und baulichen Umfassungen, die Wärmequellen darstellen.

In Fällen, bei denen der Endfeuchtigkeitsgrad des Gutes unter das Maß der Lufttrockenheit getrieben wird und in dieser Höhe erhalten werden soll, verbietet sich in der Regel die Abkühlung durch Frischluft wegen der Gefahr des Feuchtigkeitsniederschlages. Sie bleibt möglich, wenn die Frischluft vor ihrer Verwendung als Kühlluft entfeuchtet wird. Gut, das auch in getrocknetem Zustande noch als feucht zu gelten hat, kann durch Frischluft stets, selbst dann gekühlt werden, wenn sie gesättigt ist.

2. Herstellung des lufttrockenen Zustandes.

So lange Gut feucht bleibt, ist ein Ausgleich nur in gesättigter Luft möglich. Gut und Luft nehmen gleiche Temperatur an. In ungesättigter Luft stellt sich die Temperatur des feuchten Gutes auf die dem Luftzustande entsprechende Kühlgrenze ein. Die Entfeuchtung schreitet als natürliche Trocknung fort.

Der Beharrungszustand der Lufttrockenheit tritt bei hygroskopischem Gut ein. Er bedeutet, daß Temperatur und Dampfspannung in Gut und umgebender Luft gleich sind, also im i-x-Bild der Zustandspunkt für Gut und Luft im Punkte R zusammenfallen. Da die Witterung beständig wechselt, pendeln auch Temperatur und Feuchtigkeitsgehalt des Gutes ständig um Mittelwerte. Der Feuchtigkeitsgehalt hygroskopischen Guts stellt sich im lufttrockenen Zustand auf einen Wert $x_i = \varphi_r \cdot x_e$ ein, der dem mittleren Feuchtigkeitsgrad φ_r der Luft entspricht, wenn die hygroskopische Wirkung mit einem Feuchtigkeitsgehalt x_e einsetzt. Würde sich φ_r nicht ändern, so wären beliebige Temperaturschwankungen der Luft ohne Einfluß auf den Feuchtigkeitsgehalt des Gutes im Beharrungszustande.

Es erscheint zunächst selbstverständlich, bei Waren, die nachträglich an der offenen Luft lagern sollen, keinesfalls das Maß der Lufttrockenheit zu unterschreiten. Je lebhafter jedoch die Trocknung vor sich geht und je mehr die Dickenabmessungen und Körpereigenschaften des Gutes Temperaturausgleich und damit zusammenhängende Ausbreitung der Trockenwirkung verzögern, um so mehr eilt die Entfeuchtung der Oberfläche und äußeren Schichten der Trocknung im Kern voraus. Der Unterschied gleicht sich im allgemeinen bei der nachfolgenden Lagerung ebenso aus, wie Ungleichheiten der einzelnen Stücke des Gutes untereinander, so daß es bei richtig geleitetem Verfahren möglich bleibt, den durchschnittlichen Endfeuchtigkeitsgrad dem Zustande der Lufttrockenheit entsprechend zu wählen und damit eine Übertrocknung und anschließende Wiederbefeuchtung, die auf Energieverlust hinausläuft, zu vermeiden. Bei bestimmten Waren jedoch, z. B. Pappe und Garnen, wird aus stofftechnischen Gründen eine weitergehende Trocknung absichtlich durchgeführt und durch anschließende Befeuchtung ausgeglichen. Diese erfolgt im allgemeinen mit mäßig warmer, angefeuchteter Luft oder dem abziehenden Schwaden. Bei hygroskopischem Gut muß die Befeuchtungsluft einen Feuchtigkeitsgrad $\varphi > \frac{x}{x_e}$ besitzen, bei „feuchtem" Gut durch schwebende Tröpfchen übersättigt sein.

3. Umhüllen.

Bei allen Waren, bei denen die Entfeuchtung wesentlich unter das dem lufttrockenen Zustande entsprechende Maß fortgesetzt wird und in der erzielten Höhe bis zur Verwendung erhalten werden soll, ist luftdichte Umhüllung — Paraffinpapier, Zellophan, verlötete Büchsen u. dgl. — geboten.

4. Besondere Behandlung zum Schutze gegen Verderb.

Die unter 3. erwähnte Maßnahme dient gleichzeitig als Schutz gegen Insekten, z. B. bei getrockneten Früchten. Zum gleichen Zweck erfolgt ihre Behandlung mit überhitztem Dampf, dessen Verwendung während 2 bis 4 Minuten vor dem Verpacken, z. B. für getrocknete Äpfel, empfohlen wird. Die Temperatur der Frucht steigt hierbei auf etwa 80^0, was genügt, um Insekten, Larven und Eier zu zerstören. Die daneben einherlaufende Erweichung der Frucht ergibt ein gutes Anschmiegen in der Packung. In anderer Weise wird dies bei getrockneten Zwetschen dadurch erreicht, daß sie während kurzer Zeit in eine verdünnte angewärmte Sole eingetaucht bleiben.

Nach der Auftrocknung von Lacken empfiehlt sich mehrtägige Lagerung bei gleichbleibender Luftbeschaffenheit, ehe das Polieren vorgenommen wird. Zu diesem Zwecke kann der Trockenraum als Lagerraum weiterbenutzt und die Heizvorrichtung zur Regelung der Luftbeschaffenheit verwendet werden.

II. Ausführung der Trockenvorrichtungen in Anpassung an das Trockenverfahren.

Die Bauweise der Trockenvorrichtungen ist von übergroßer Mannigfaltigkeit. Sie wird bestimmt einmal durch die Bedingungen für Durchführung eines in bestimmtem Sinne geleiteten Trockenvorganges, daneben durch die Eigenart des verarbeiteten Gutes, in vielen Fällen auch durch Nichterkennen des Wesentlichen und Sichverlieren in Spielarten, denen die Berechtigung fehlt. Es ist zu erhoffen, daß mit der tieferdringenden Erkenntnis der maßgebenden Gesetze auch hier sich allmählich eine Vereinheitlichung durchsetzt.

In großen Zügen lassen sich alle Trockenvorrichtungen in wenigen Gruppen unterbringen, deren kennzeichnende Formen durch das angewandte Trockenverfahren allein bedingt sind. Denn die Eigenschaften des Gutes bestimmen ihrerseits das Trockenverfahren. Wenn hier gleichwohl der Formengebung des Trockners ein weiter Raum gelassen wird, so geschieht dies deshalb, weil das Wagnis der Typisierung zurzeit noch verfrüht erscheint.

Wird von der in Abschnitt I. B. durchgeführten Einteilung der Haupttrockenverfahren ausgegangen, so zerfallen die Trockenvorrichtungen in folgende Gruppen:

A. Vorrichtungen zur Durchführung eines Trockenverfahrens, bei dem Beharrungszustand vorliegt,

B. Vorrichtungen zur Durchführung eines Trockenverfahrens, bei dem das Trockenbild ständig wechselt.

Eine Untergruppierung ergibt sich aus der Art des Trockenmittels, das aus

1. Luft oder einem anderen vollkommenen Gas,
2. beheizter Fläche zusammen mit Luft,
3. beheizter Fläche allein

bestehen kann.

A. Vorrichtungen zur Durchführung eines Trockenverfahrens, bei dem Beharrungszustand vorliegt.

1. Vorrichtungen zur Durchführung eines Trockenverfahrens, bei dem Beharrungszustand vorliegt, mit Luft oder einem anderen vollkommenen Gas als Trockenmittel.

a) Kanaltrockner. Hierher gehören die Kanaltrockner, wenn unter Kanal im weitesten Sinne ein umgrenzter Raum verstanden wird, den Gut und Trockenmittel in bestimmter Richtung durchwandern, wobei in einem beliebigen, senkrecht zu der Bewegungsrichtung liegenden Querschnitt ein durch gleiches Trockenpotential gekennzeichneter Beharrungszustand vorliegt.

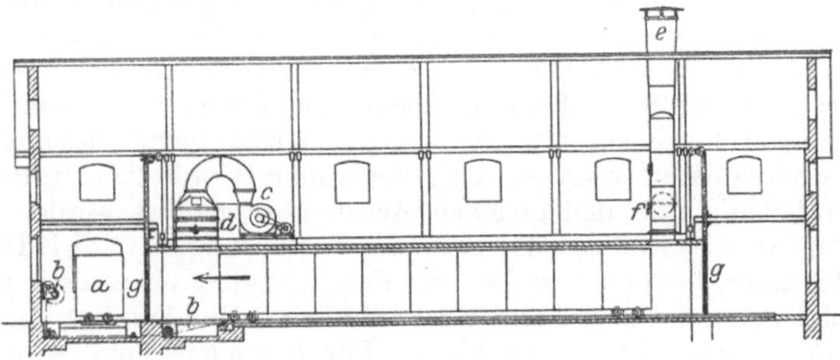

Abb. 110. Kanaltrockner (M. A. N.). a Trockenwagen, b Zugvorrichtung, c Lüfter, d Lufterhitzer, e Abluft, f Regelklappe, g Verschlußtüren.

Abb. 110 (M. A. N.) stellt einen Kanaltrockner mit wagerechter Achse dar; das Gut wird auf Wagen hindurchgeführt, die vorgewärmte Trockenluft strömt ihm entgegen. Zur Bewegung der Trockenwagen dient ein durch Handwinde betätigter Seilzug; sie kann auch nach Abb. 111 (Zittau) durch endlose Ketten und Mitnehmer für die einzelnen Wagen, oder durch Bewegung der Gutsträger an hochliegenden Schienen, oder schließlich durch geneigte Anlage der Schienenbahn erfolgen. Die Enden des Kanaltrockners Abb. 110 sind durch Zugtüren verschlossen. An ihre Stelle können aufrollbare Vorhänge aus luftdichtem Gewebe treten, die leicht zu bewegen sind und die Gefährdung durch schwebende Gewichte vermeiden. Aus dem letzten Grunde verdienen wagerecht laufende Schiebetüren vor auf- und abbewegten den Vorzug, wo sie aus örtlichen Gründen anwendbar sind. Da innerhalb des Trockenkanals gegenüber der Umgebung Über- oder Unterdruck herrscht, strömt beim Beschicken und Entleeren die Trockenluft aus oder die Außenluft ein. In besonderen Fällen kann es daher geboten sein, an den Enden Luftschleusen anzubringen, z. B. Doppeltüren in einem Abstande, der die Aufnahme eines Trockenwagens gestattet.

Abb. 111. Wagenvorschub (Zittau).

Lange Kanäle müssen häufig eine Unterteilung erfahren, um nicht zu weitgehende Ansprüche an die Länge des Trockenraumes zu stellen. Hierbei besteht die Möglichkeit, die zweite Hälfte des Kanals neben oder über der ersten Hälfte umkehren zu lassen und damit Beschickungs- und Entleerungsstelle neben- bzw. übereinander anzuordnen. Dies empfiehlt sich vor allem dann, wenn so wenig Bedienung erforderlich ist, daß Be- und Entladen durch den gleichen Arbeiter ausgeführt werden kann. Beachtenswert ist in dieser Hinsicht die Ausführung der Schildeschen Kanaltrockner, bei denen zudem die Fahrbewegung ebenso wie Öffnen und Schließen der Kanaltüren selbsttätig durch Handhabung einer einzigen Einrückvorrichtung geschieht. Für besonders hohe Ansprüche werden diese Vorgänge sogar durch Uhrwerk gesteuert, wenn der Trockenvorgang so regelmäßig verläuft, daß er sich zeitlich vollkommen beherrschen läßt.

b) Trommeltrockner. Der Form nach durchaus verschieden, der Wirkungsweise nach jedoch ganz nahe verwandt hiermit ist der in Abb. 112 (Manlove-Alliott) wiedergegebene Trommeltrockner. Das Gut wandert selbsttätig, der Trommelneigung entsprechend, von einem zum anderen Ende, die vorgewärmte Luft wird ihm entgegengeführt. Während der Kanaltrockner nach Abb. 110 für Gut von regelmäßiger, stab- oder flächenartiger Form in zweckentsprechender Schichtung geeignet ist, kommt der Trommeltrockner Abb. 112 für schaufelfähiges Gut in Frage, das einer ständigen Durchmischung bedarf. Sie wird durch die

Abb. 112. Trommeltrockner (Manlove & Alliot).

Drehung der Trommel gesichert, die im innern Umfang Schaufeln trägt oder mit Rieseleinbauten versehen ist.

Die Verwendung von Luft als Trockenmittel bildet bei dem Trommeltrockner die Ausnahme. In der Regel wird ihm eine unmittelbar wirkende Feuerungsanlage vorgeschaltet, deren Verbrennungsgase

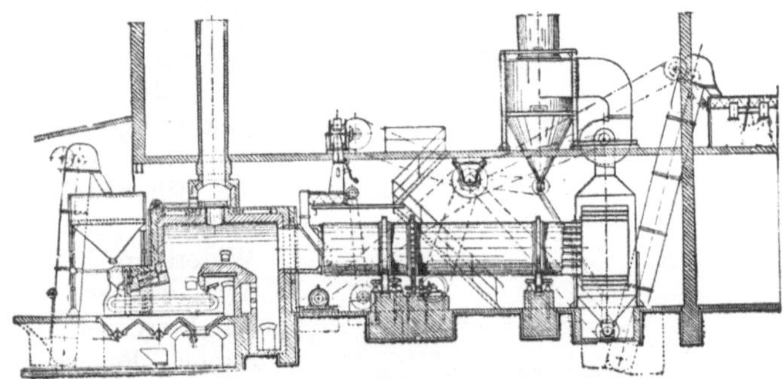

Abb. 113. Trommeltrockner (Büttner).

als Trockenmittel dienen. Sie werden vor dem Eintritt in die Trommel mit Luft gemischt und auf eine dem Gut zuträgliche Temperatur gebracht. Abb. 113 (Büttner) stellt eine derartige Anlage dar, wobei Gut und Trockenmittel sich im Gleichstrom bewegen. Der Kamin der Feuerung dient nur für die Inbetriebsetzung; während des Arbeitens bewirkt ein hinter den Trockner geschalteter Lüfter die Absaugung der Trockengase. Eine Ausbringkammer am Ende des Trockners dient zur Aufnahme des fertigen Gutes, ein an den Lüfter anschließender Abscheider zur Entstaubung der Abgase und Wiedergewinnung mitgerissener

Teilchen. Am Ausfallende ist eine Stauvorrichtung angeordnet, die aus einem Leitrad mit verstellbaren Flügeln besteht und zur Regelung der Trockendauer dient.

Sollen Trommeltrockner für verschiedene Zwecke verwendet werden, so kann Umdrehungsgeschwindigkeit und Neigung veränderlich gehalten werden. Die senkrechte Verstellung befindet sich am Auslaufende. Die Abdichtung der sich drehenden Trommel muß der Verschiebung folgen. Sie geschieht meist in Form einer Labyrinthdichtung, z. B. nach Abb. 114 (Fellner und Ziegler).

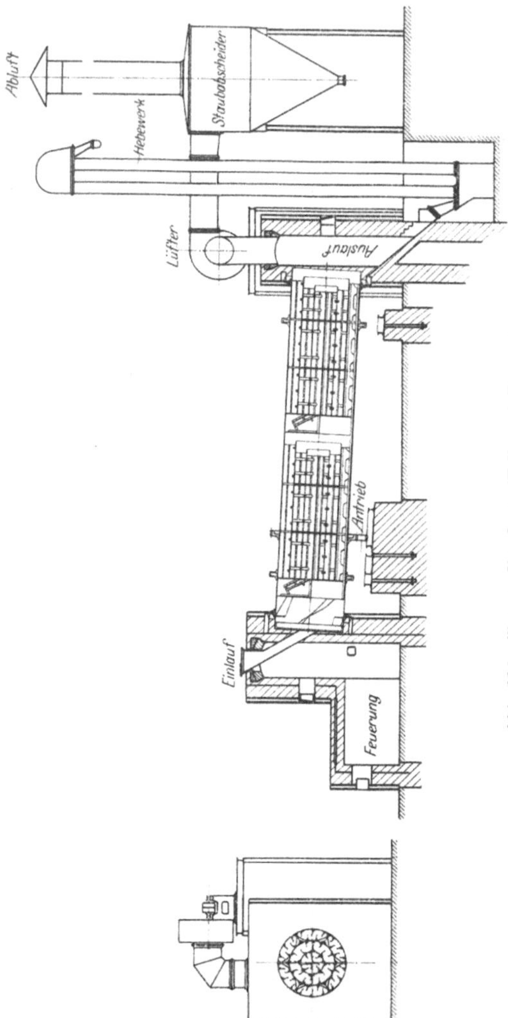

Um Verschmutzungen und Entzündungsgefahr des Gutes zu vermeiden, werden zwischen Feuerung und Trommel Abscheidevorrichtungen für die Flugasche eingeschaltet. Noch günstiger ist es, wenn die Feuergase durch eine geschlossene, aus unverbrennlichem Stoff bestehende Filterschicht hindurchgetrieben werden (Schlatter). Um die Filterfläche hierbei nicht zu groß und den Widerstand nicht zu hoch werden zu lassen, durchströmen nur die reinen Feuergase die Filterschicht, während die Zusatzluft hinter ihr beigemischt wird.

Bei den mit heißen Gasen arbeitenden Trommeltrocknern ist die Sicherung einer ständigen Durchmischung des Gutes von besonderer Bedeutung. Die Ausführung des hierfür dienenden Einbaues ist sehr verschieden. Da es sich um schaufelbares Gut handelt, das von dem Trockengas bei richtiger Arbeitsweise durchdrungen und nicht oberflächlich bestrichen werden soll, ist in erster Linie die Raumwirkung maßgebend. Bei der Einbauweise der Abb. 115 (Büttner) entspricht jeder Drehung der angedeutete kreuzförmige Weg des Gutes mit viermaligem Abrieseln und Wenden. Da das Gut hierbei in ein und derselben Zelle wandert, ist für die Verteilung über den ganzen Querschnitt gleichmäßige Aufgabe am Einlauf Voraussetzung. Eine größere Freiheit ergibt sich, wenn nach Abb. 116 (Petry und Hecking) eine Riesel-

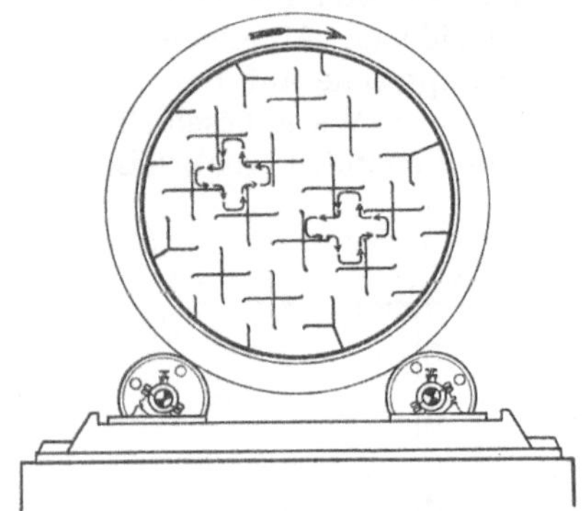

Abb. 115. Trommeleinbau (Büttner).

Abb. 116. Trommeleinbau
(Petry & Hecking)

vorrichtung so ausgebildet wird, daß das Gut allmählich den ganzen Querschnitt durchzieht. Es läßt sich hierbei kaum vermeiden, daß, ebenso wie bei einfachen Schaufelwerken, die oberen Teile weniger gefüllt sind als die unteren, die Raumwirkung daher eine schlechtere ist. Demgegenüber stellt der geringere Strömungswiderstand der Trockengase einen nur scheinbaren Vorzug dar.

Eine Zwischenlösung kann nach Abb. 114 gewählt werden, indem durch eingebaute Kreuzwände eine Unterteilung des ganzen Querschnittes erfolgt und die Rieselwirkung sich innerhalb der Großzellen vollzieht. In der Trommelmitte ist hier der Einbau unterbrochen, um die gesamte Gutsmenge nachträglich nochmals zu durchmischen und neuerlich zu verteilen. Das in Abb. 117 dargestellte Trockenrohr (Pfeiffer) strebt vollkommene Verteilung des Gutes dadurch an, daß die am Umfang sitzenden Schaufeln eine mit dem

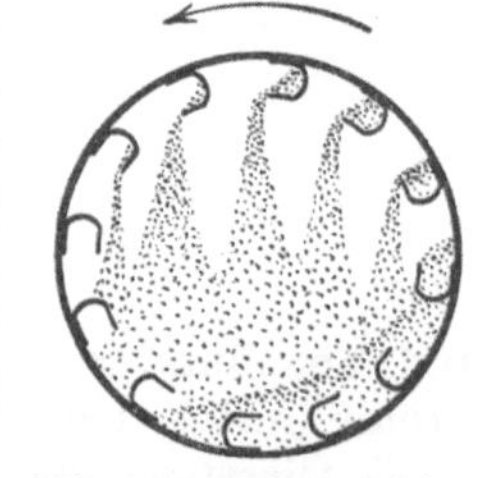

Abb. 117. Trommeleinbau
(Pfeiffer).

Böschungswinkel des Gutes wechselnde Form erhalten und über die wagerechte Mittelebene der Trommel eine gleichmäßige Ausbreitung stattfindet. Die in der Abbildung ersichtlichen freibleibenden Querschnitte im oberen Teil der Trommel lassen sich durch Vermehrung der Schaufelzahl, gegebenenfalls unter Verminderung des Querschnittes der Einzelschaufel, verkleinern.

Je verwickelter der Trommeleinbau ist, um so mehr kommt die Frage der schwierigen Reinigung zur Geltung. Daher wird zuweilen auf den festen inneren Einbau verzichtet. Die Förderung des Gutes erfolgt mit Hubleisten und verstellbaren Schaufeln. Genau wagerechte

Anordnung der Trommel stellt hierbei einen Vorzug für die mechanische Beanspruchung dar.

c) **Trockentürme.** Bewegt sich das Gut senkrecht, so entstehen Trockentürme. Sie haben vor allem in den Vereinigten Staaten Bedeutung gewonnen, u. a. wohl auch aus dem Bestreben heraus, Arbeits- und Förderweg zu vereinigen und hierbei das Erzeugnis von oben nach unten sinken zu lassen. In Europa sind bis jetzt die senkrecht arbeitenden Trockenvorrichtungen bei bescheidenen Anfängen stehen geblieben. Sie beschränken sich in der Hauptsache auf Hordentrockner für schaufelbares Gut. Die mit nasser Ware beschickte Horde wird durch Hebewerk hochgezogen, oben eingeführt, ruckweise gesenkt

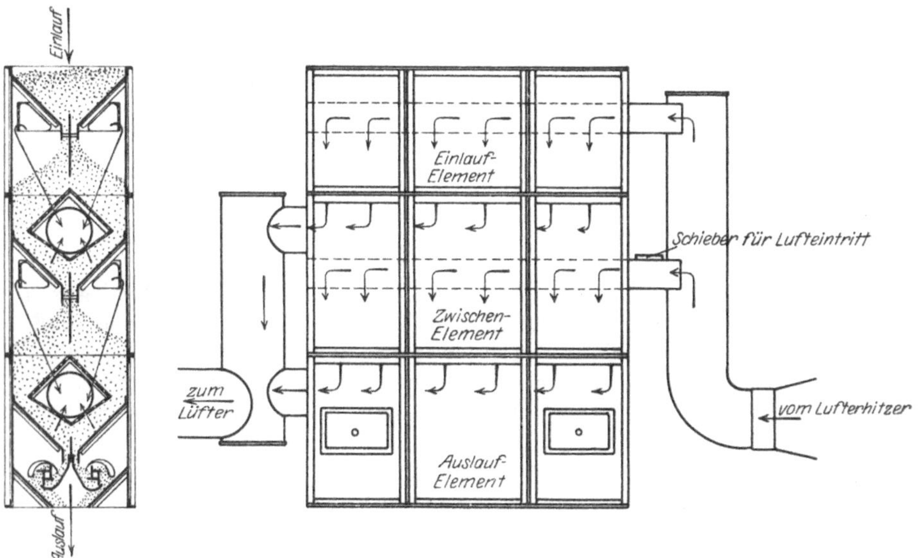

Abb. 118. Rieseltrockner (Luther).

und am unteren Ende entnommen. Die vorgewärmte Trockenluft strömt in der Regel dem Gut entgegen von unten nach oben.

d) **Rieseltrockner.** Fällt schaufelbares Gut, unter Ausnutzung seiner natürlichen Schwere, von oben nach unten, so ergeben sich Rieseltrockner, nach Abb. 118 (Topf-Trockner, Ausführung Luther). Die in mehreren parallelen Strängen geführte Luft durchdringt mehrmals im Gleichstrom das niederrieselnde Gut. Die Unterteilung des Trockners erfolgt in einzelne Gruppen und ermöglicht Anpassung an die stark schwankenden Leistungen.

e) **Schachttrockner.** In allen beschriebenen Trockenvorrichtungen ist die Bewegung von Gut und Trockenmittel gleich oder entgegen gerichtet. Bei dem in Abb. 119 wiedergegebenen Schachttrockner (Luther) bewegt sich der Luftstrom quer durch die Säule des Gutes hindurch von innen nach außen. Zu- und Ablauf werden selbsttätig geregelt. Eingebaute Wendevorrichtungen leiten das Gut abwechselnd an die Innen-

und Außenseite der aus gelochtem Blech bestehenden Fallschächte. Abb. 119 stellt ein Beispiel für die Rückgewinnung der im Gut enthaltenen Überschußwärme dar. Der untere Teil wird nur von kalter Luft bespült, die das getrocknete Gut abkühlt und sich danach mit der Heißluft vereinigt Die innere, zur Ablenkung der Kühlluft dienende Trennwand trägt einen Schieber, durch dessen Öffnung der darüber lagernde Staub abgelassen wird.

Zuweilen wird bei derartigen Schachttrocknern auf die Ummantelung verzichtet. Alsdann sind zwei oder mehr Lüfter erforderlich.

Eine ähnliche Wirkungsweise ergibt sich, wenn das Gut wagerecht auf einem Hordenband geführt wird und das Trockenmittel senkrecht hierzu strömt. In Ausnahmefällen wird das Band durch einzelne Wagen nach Abb. 120 (Schlatter) gebildet, die, gegenseitig abgedichtet, den eigentlichen Trockenraum durchlaufen. Sie werden am Ende des Kanals zur Entleerung gehoben und rollen über dessen Decke leer nach dem Eingangsende zurück. Der Betrieb erfolgt ruckweise. Durch das aus Abb. 120 ersichtliche Gestänge wird die Laufbahn der Wagen gesenkt, so daß ihre Seitenfläche sich dichtend auf die Kanalwand aufsetzt. Derartig verwickelte Vorrichtungen eignen sich naturgemäß nur für hochwertiges Gut, bei dem sich eine besonders sorgfältige Behandlung lohnt.

f) Zerstäubungstrockner. Bei der Trocknung von Flüssigkeiten wird das Gut vielfach in einer schleierartigen Fläche durch Zerstäubung ausgebreitet und der quer durch die Tropfenwand strömenden Trockenluft ausgesetzt. Dem Grundsatz nach ergibt sich hierbei ein Verfahren wie bei dem Bandtrockner. Der Unterschied liegt jedoch einmal in der unvergleichlich feineren Verteilung, dann in der außerordentlich kurzen Trockenzeit für das auf kurzem Wege durch den Trockenraum geschleuderte Gut.

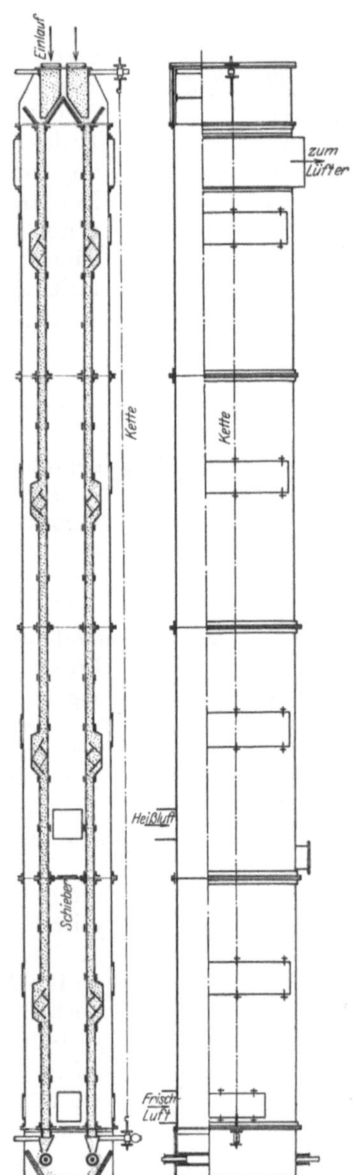

Abb. 119. Schachttrockner (Luther).

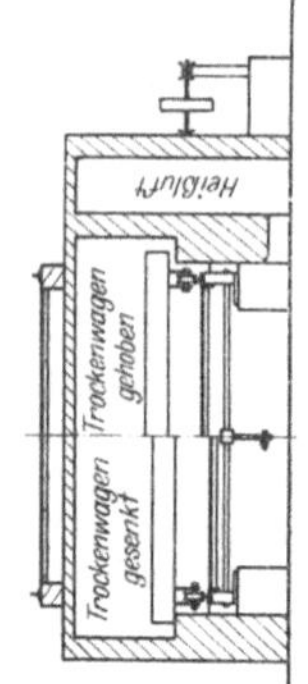

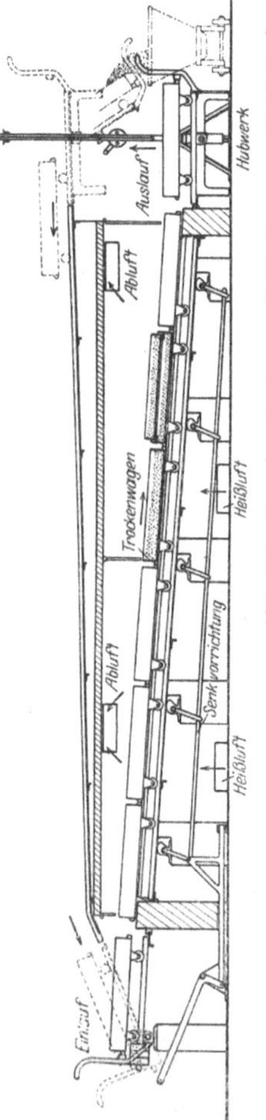

Abb. 120. Querstromtrockner mit Hordenwagen (Schlatter).

Bei der Krause-Trocknung wird nach Abb. 121 (Rohstoff-Trocknungs-Ges.) die Zerstäubung durch die Schleuderkraft einer rasch umlaufenden Scheibe bewirkt. Ihr Antrieb erfolgt zweckmäßig durch Dampfturbine, deren Abwärme zur Heizung der Trockenluft dient. Das getrocknete Gut besitzt Staubform. Es fällt teilweise zu Boden, um von da durch Räumer und Schnecke abgeführt zu werden; teilweise wird es durch den Luftstrom mitgerissen und nachträglich mittels Filter getrennt. Die in der Abb. 121 ersichtliche Eindampfanlage bewirkt eine Voreindickung unter Luftleere.

Bei dem Zerstäubungsverfahren nach Ebers erfolgt die Vernebelung des flüssigen Gutes durch Preßluft. Die Zerstäubungs- und Trocknungs-G. m. b. H. bewirkt die Auflösung durch Düsen, denen die Flüssigkeit durch Pumpe zugepreßt wird.

Bei dem Vergleich der verschiedenen Zerstäubungsmittel — Schleuderkraft, Preßluft, Flüssigkeitsdruck — sind Feinheit der entstehenden Tröpfchen und Gleichmäßigkeit des gebildeten Schleiers maßgebend. Einwandfreie Versuche sind nicht bekannt geworden. Bei hochviskosen Lösungen, für deren Zerstäubung Düsen versagen, bleibt das Krause-Trockenverfahren anwendbar. Die Zerstäubung durch Preßluft bewirkt eine innige Mischung zwischen Gut und Luft. Ihre Anwendung ist bei Waren bedenklich, die vor der Einwirkung des Luftsauerstoffes zu schützen sind.

Bei den beschriebenen Trockenvorrichtungen erfolgt die Heizung des gasförmigen Trockenmittels durch einfache Vorwärmung außerhalb der Trockenvorrichtung. Ein Beispiel für stufenweise Nachheizung des gasförmigen Trockenmittels bietet der in Abb. 122 (Beth) dargestellte Kanaltrockner. Er arbeitet mit ausgeglichenem Druck, so daß die Enden offen gehalten werden können, ohne große Verluste in Kauf zu nehmen. Der Kanal ist der Längsrichtung nach in Gruppen unterteilt, zu deren jeder ein besonderer Lüfter und eine besondere Heizvorrichtung gehören. Die in der Gesamtwirkung sich vorschraubende Trockenluft bewegt sich im Gegenstrom zu den das Gut tragenden Wagen, deren Vorwärtsbewegung ununterbrochen erfolgt.

Die Menge der Frischluft wird durch den am Eintrittsende des Gutes angeordneten Abluftschacht geregelt. Der eigentliche innere Kanal ist beiderseits aus dem umgebenden Mantel herausgezogen, um am Eintritt des Gutes die Luftverluste gering zu halten und eine Kühlung des austretenden Gutes, unter gleichzeitiger Vorwärmung der Frischluft, zu erzielen. Die senkrechte Achsenanordnung der Lüfter ergibt einfache Ausfüh-

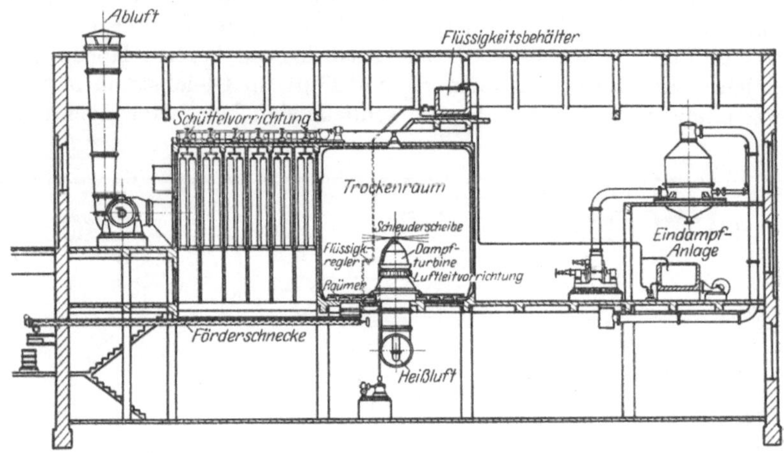

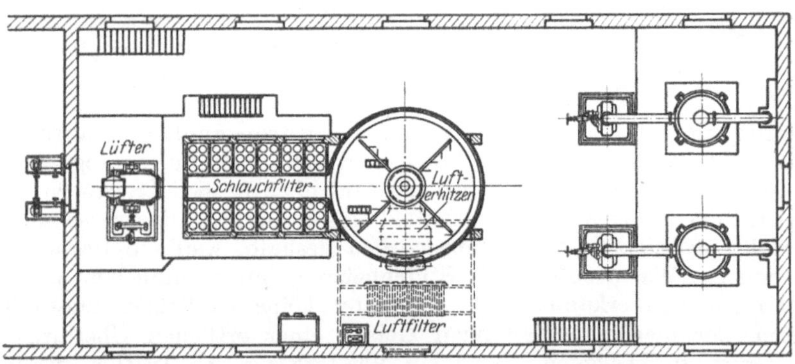

Abb. 121. Krause-Trockner (Rohstoff-Trocknungs-Gesellschaft.)

rung. Um die Vorteile des wegfallenden diffusorartigen Gehäuses nicht zu verlieren, sind besondere Maßnahmen bei der Formengebung der Lüfterflügel, gegebenenfalls Leitschaufelringe, geboten.

Abb. 123 (Zittau) zeigt für einen ähnlich arbeitenden Kanaltrockner die wechselnde Abstufung der Heizvorrichtung. Die Frischluftmenge wird hier nicht durch natürlichen Zug, sondern dadurch geregelt, daß ein Teil der vom letzten Lüfterpaar verarbeiteten Luft aus dem Gehäuse nach außen geführt wird. Wenn bei solchen Stufentrocknern die Trockenluft der natürlichen Schichtung entgegengesetzt von unten nach oben durch das Gut strömt, so ist dies, wegen der hier angewandten hohen Querluftgeschwindigkeit von 7 bis 8 m/s, unbedenklich. Die bei der Außenansicht des gleichen Trockners, Abb. 124, erkennbare Unterteilung in gleichartige Baugruppen macht es möglich, Kanäle von beliebiger Länge aus Elementen zusammenzusetzen, die sich wirtschaftlich herstellen lassen.

Die Anwendung der Stufenheizung bei einem senkrecht arbeitenden Trockner zeigt Abb. 125 (Schilde). Die an dem Heizkörper a vorgewärmte Luft strömt über die zur Ausbringung bereite Horde b, erfährt bei c eine weitere Erwärmung und läuft im Gleichstrom mit dem zuletzt eingebrachten Gut. Hieran schließt sich bei d eine nochmalige

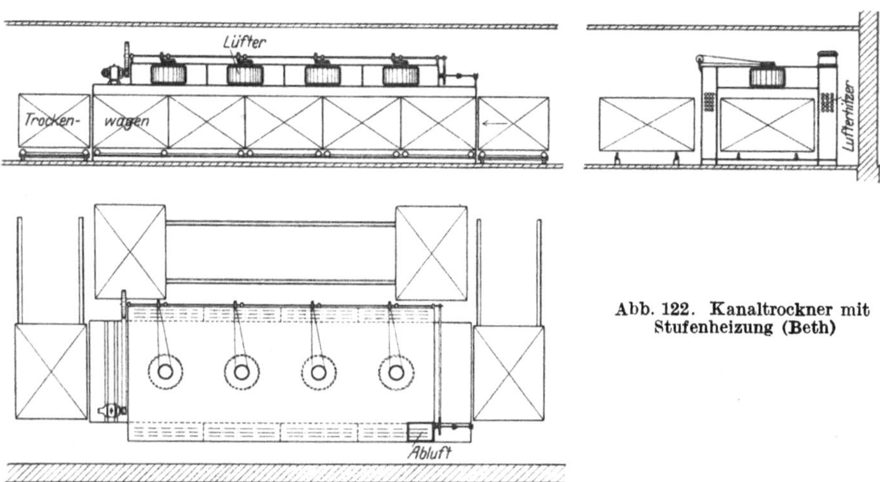

Abb. 122. Kanaltrockner mit Stufenheizung (Beth)

Erwärmung. Die Luft bewegt sich im Gegenstrom zu dem fortgeschrittenen Gut weiter und wird schließlich durch einen Lüfter abgezogen.

Für die Durchführung reiner Innenheizung bei Trocknern mit örtlich unveränderlichem Trockenbild liegen merkwürdigerweise wenig Ausführungsbeispiele vor, offensichtlich deshalb, weil die Bedeutung der inneren Wärmezufuhr als Stufenheizung mit unendlicher Stufenzahl nicht voll erkannt wird. Es bietet keine baulichen Schwierigkeiten, der hierbei auftretenden Gefahr einer örtlichen Überhitzung des Gutes zu begegnen. Wird zur Verstärkung der Trockenwirkung ein Hilfsquerlauf der Trockenluft vorgesehen, so besitzt die Innenheizung kaum Vorzüge vor der äußeren Mehrstufenheizung. Sie kommt vielmehr erst zur Geltung, wenn die äußere Vorwärmung der geradeaus strömenden Trockenluft durch innere Heizvorrichtungen ergänzt wird.

Bei allen beschriebenen Trockenvorrichtungen kann durch entsprechenden Ausbau Arbeiten mit Mischluft ermöglicht werden. Abb. 126 (Balcke) zeigt die Durchführung bei einem im Gegenstrom arbeitenden mehrfachen Kanaltrockner.

Ein Beispiel für Arbeiten mit veränderlicher Luftmenge

bildet der Stufentrockner der Abb. 127 (Haas). Der Querschnitt zeigt die Wagen einmal mit Horden zur Aufnahme von losen Stoffen,

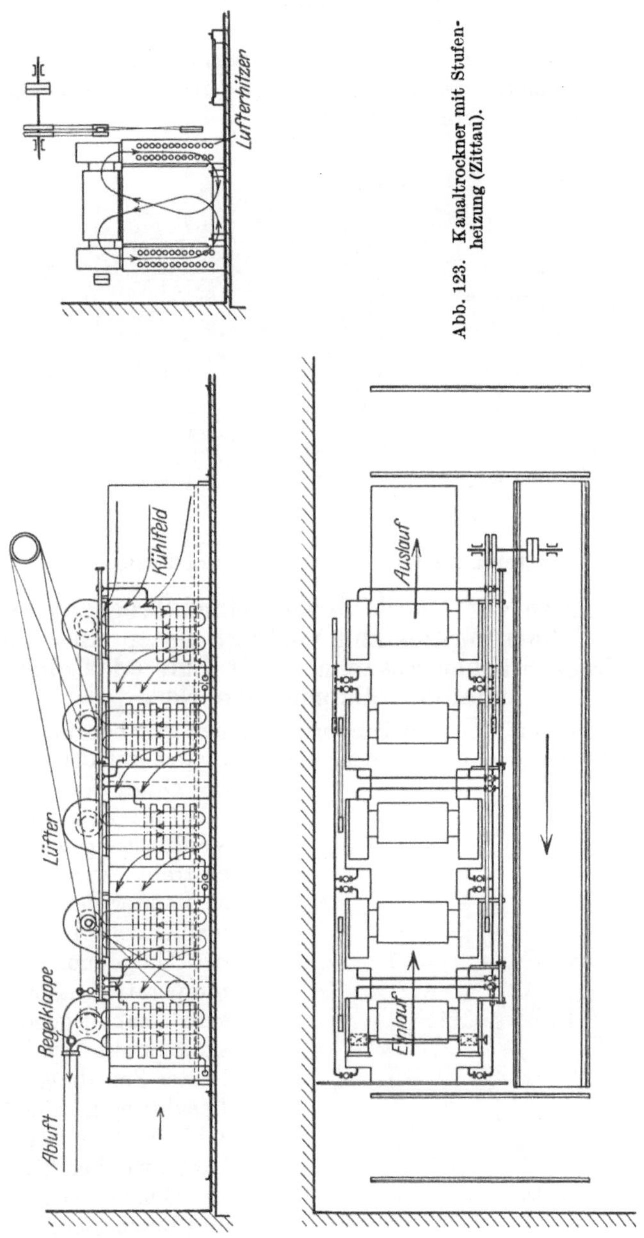

Abb. 123. Kanaltrockner mit Stufenheizung (Zittau).

ein andermal mit Rahmen ausgerüstet, die zur Trocknung von strangartigem Gut dienen. Der Luftstrom wird vor dem Auftreffen auf das

Gut geteilt und dadurch ein Ausgleich der Trockenwirkung in verschiedener Höhenlage herbeigeführt. Die untere Hälfte erhält weniger Luft von höherer mittlerer Trockenkraft, die obere Hälfte mehr Luft von niedrigerer mittlerer Trockenkraft.

Nach dem Verfahren mit stufenweiser Einführung der Trockenluft arbeitet der in Abb. 128 (Louisville) wiedergegebene unmittelbar beheizte Trommeltrockner.

Abb. 124. Kanaltrockner mit Stufenheizung (Zittau).

2. Vorrichtungen zur Durchführung eines Trockenverfahrens, bei dem Beharrungszustand vorliegt, unter Anwendung beheizter Flächen zusammen mit Luft oder einem anderen vollkommenen Gas.

Bei dem Entwurf von Trockenvorrichtungen mit beheizten Flächen ist die Abführung der ausgetriebenen Feuchtigkeit auf der freien Seite des Gutes durch Umspülen mit Luft zu sichern, wenn Verdunstungswirkung angestrebt wird, das Gut also unter der Temperatur bleiben soll, die dem Druck der Umgebung als Siedetemperatur entspricht. Diesem naheliegenden Gesichtspunkt wird erst in letzter Zeit die gebührende Beachtung geschenkt. Der zahlenmäßige Zusammenhang zwischen Temperatur des Heizmittels, des Gutes und Beschaffenheit der umgebenden Luft liegt mit den Ausführungen in Abschnitt VIII des ersten Teiles fest und ermöglicht nunmehr eine mehr als gefühlsmäßige Berücksichtigung bei der baulichen Ausführung.

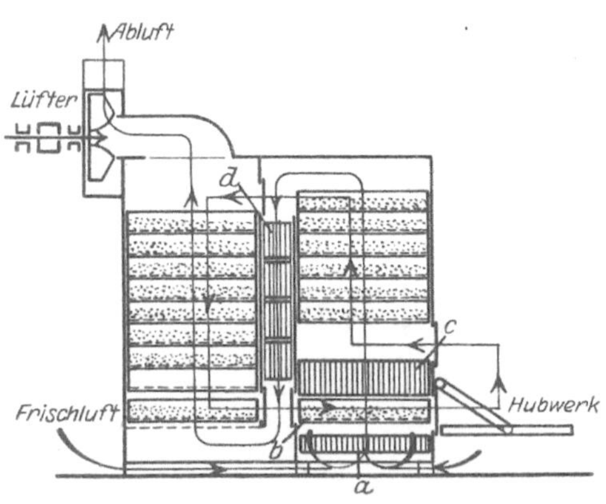

Abb. 125. Hordentrockner mit Stufenheizung (Schilde).

Die hier betrachteten Trockenvorrichtungen zerfallen in zwei an Ausführungen reiche Gruppen, bei denen

1. das Gut bandartig die zylinderförmige Trockenvorrichtung umschlingt und in gleicher Geschwindigkeit mit dieser, also ohne Relativbewegung zu ihr, fortläuft,

2. die Bewegung von Gut und Trockenvorrichtung verschieden ist.

Zu der ersten Gruppe gehören die Zylindertrockner für Verarbeitung von bandartigem Gut, vor allem Papier, oder in Bandform ausgebrei-

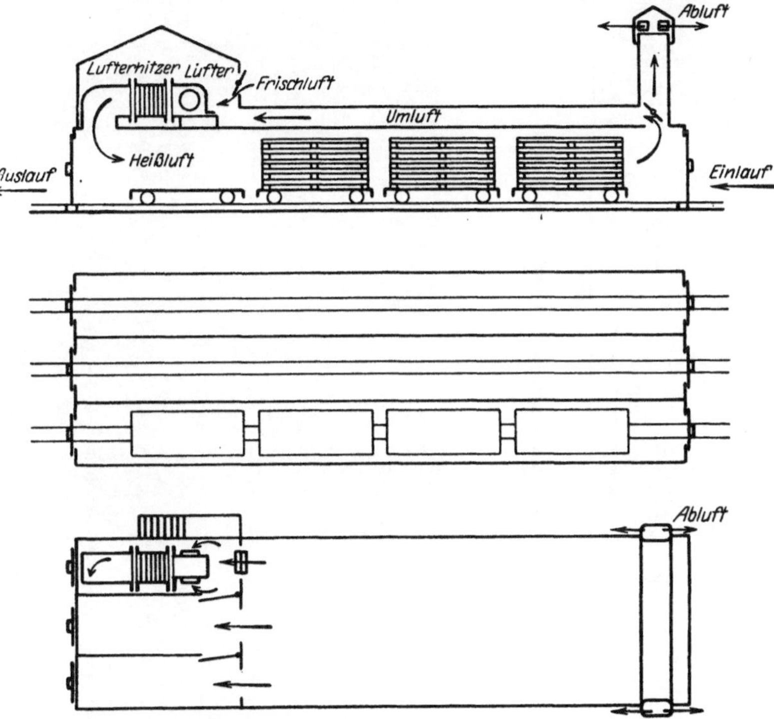

Abb. 126. Mehrfacher Kanaltrockner für Arbeiten mit Mischluft (Balcke).

tetem Gut, wie die Walzentrockner für Herstellung von Kartoffelflocken, und die Tauchtrommeltrockner zur Entwässerung von mehr oder minder flüssigem Stoff. Die zweite Gruppe umfaßt Röhren- und Trommeltrockner, bei denen das Gut um oder durch röhrenförmige, auf der Gegenseite beheizte Vorrichtungen wandert, Muldentrockner, bei denen das Gut in einer Rinne bewegt wird, wobei entweder die Rinne oder die Bewegungsvorrichtung oder beide als Heizkörper ausgebildet sind; schließlich Tellertrockner, bei denen die Heizfläche eben gestaltet ist und das Gut sich, meist in axialer Richtung, darüber bewegt.

a) Trockenzylinder. Die Bearbeitung des Papiers erfolgt durch innen beheizte Trockenzylinder, die nach Abb. 129 (Voith) in großer Anzahl hintereinander geschaltet sind. Das Papier umspannt die Heizfläche so, daß bei zwei aufeinanderfolgenden Zylindern abwechselnd beide Seiten auflaufen. Beheizte und freie Fläche wechseln daher von einem zum anderen Zylinder. Um das Papier in innige Berührung mit dem Trockenzylinder zu bringen, laufen mit ihm Filzbänder, die das Anpressen bewirken. Zum Austrocknen des von ihnen aufgenommenen Feuchtigkeitsgehaltes dienen besondere Trockenzylinder. Da das Papierband

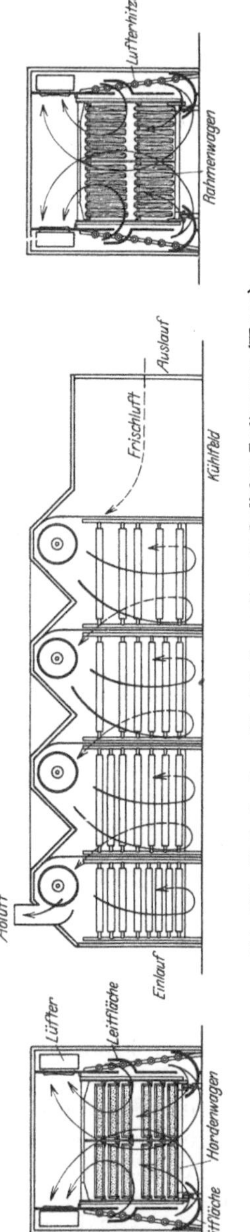

Abb. 127. Stufentrockner für Arbeiten mit veränderlicher Luftmenge (Haas).

Abb. 128. Trommeltrockner mit stufenweiser Einführung der Luft (Louisville).

das Durchstreichen der Trockenluft von unten nach oben hindert, ist eine durchschlagende Verbesserung aus doppelten Gründen bei Anwendung von Filzen zu erwarten, wenn nach dem Verfahren von Grewin, Abb. 130 (Voith), wagerechte Luftströme in die freien Räume zwischen den oberen und unteren Zylindern und zwischen die Filzläufe eingeführt werden.

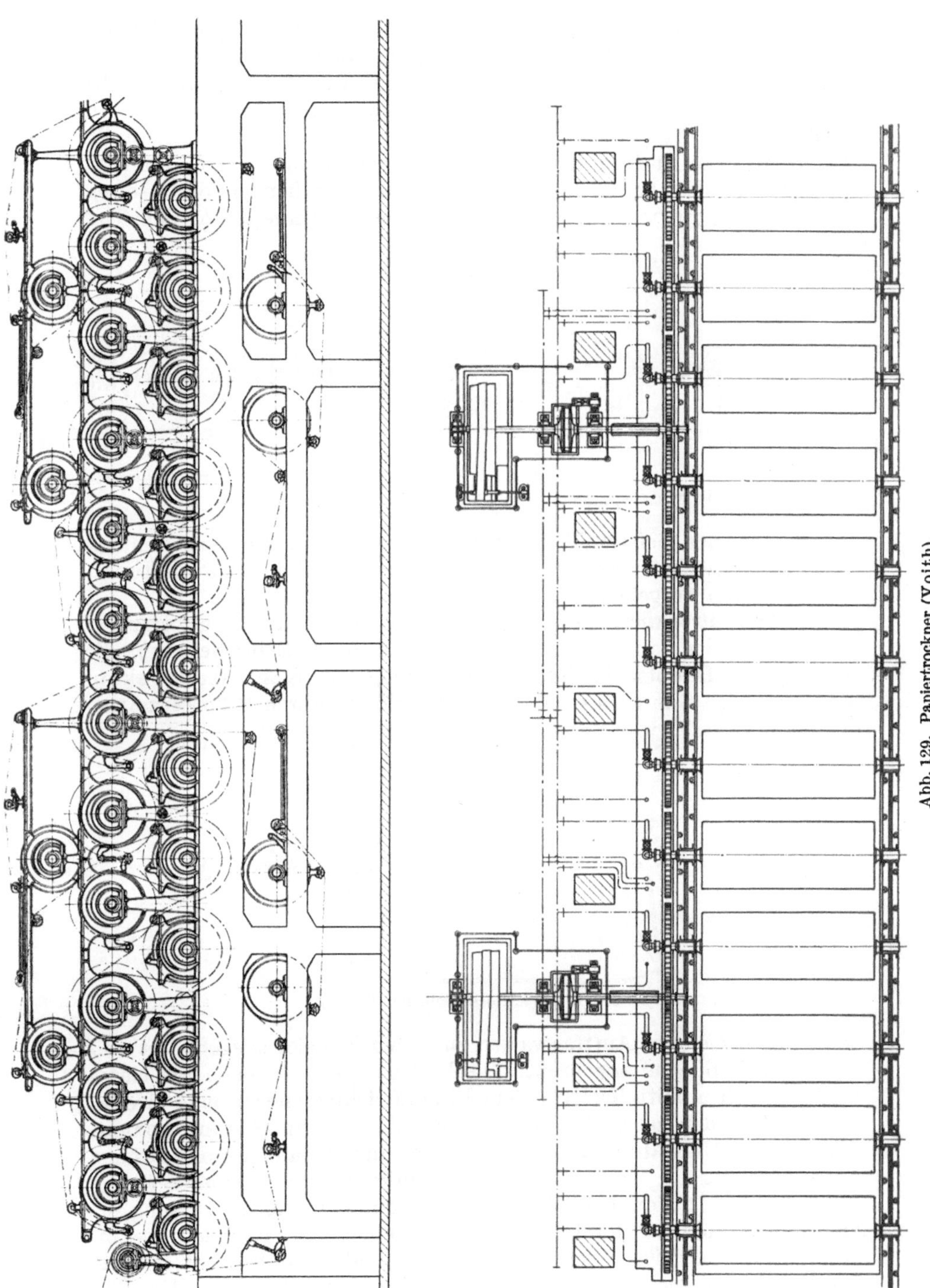

Abb. 129. Papiertrockner (Voith).

Bei allen dampfbeheizten umlaufenden Zylindern ergibt sich die Einführung des Dampfes und Ableitung des Niederschlagwassers durch eine doppelte Stopfbüchse als Notwendigkeit. Zur Abführung des Niederschlagwassers von der tiefsten Stelle dienen Schöpfwerke, wie z. B. in Abb. 131 (Voith) für einen Papiertrockenzylinder dargestellt. Da die restlose Entfernung des Niederschlagwassers kaum möglich ist, empfiehlt es sich, bei teilweise beaufschlagten Trockenzylindern, soweit dies angängig ist, vor allem den höher liegenden Umfang von dem Gut

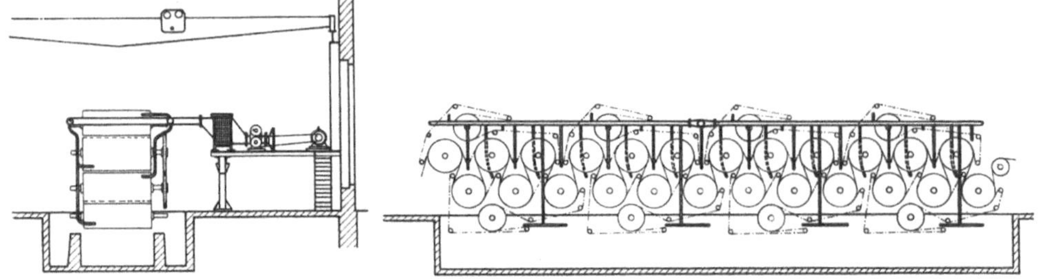

Abb. 130. Papiertrockner mit Blaseinrichtung (Grewin-Voith).

bestreichen, den tiefsten Teil dagegen frei zu lassen. Der Ansammlung von Luft an höchster Stelle des Zylinderinnern muß durch Entlüftungsvorrichtungen vorgebeugt werden.

b) Walzentrockner. Einen Walzentrockner mit einem einzigen Trockenzylinder zeigt Abb. 132 (Venuleth und Ellenberger). Er dient in der Hauptsache für die Herstellung von Kartoffelflocken. Das breiartige Gut wird oben seitlich zugeführt, durch Rührwerke ver-

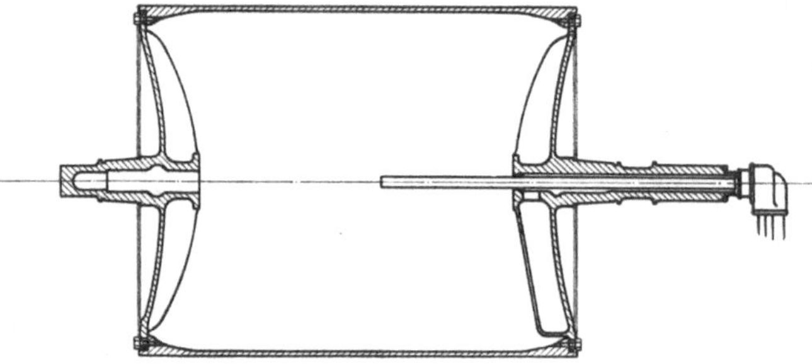

Abb. 131. Papiertrockenzylinder (Voith).

teilt, durch mehrere Auftragwalzen zu einem Schleier ausgebreitet und an die Walzenfläche angepreßt. Die Loslösung des getrockneten Gutes erfolgt durch unmittelbar vor dem Einlauftrichter angeordnete Messer, so daß fast der ganze Umfang als Nutzfläche zur Geltung kommt. Wird durch Ummantelung des Trockners und Absaugung der Brüden nach Abb. 132 die Trockenluft zwangläufig und in regelbarer Menge geleitet, so läßt sich hohe Leistung mit guter Wärmeausnutzung erzielen. Die Führung der Luft erfolgt zweckmäßig so, daß sie dort eintritt, wo der losgelöste Schleier niederfällt und dort abströmt, wo das frisch aufgetragene Gut den stärksten Schwaden entwickelt. Um einwandfreies Zusammenarbeiten des Hauptzylinders mit den Andrückwalzen trotz der in der Regel sehr kleinen Schichtstärke zu sichern, sollen die Zylinder unter Dampf geschliffen werden.

Aus baulichen Gründen werden häufig zwei Trockenzylinder in Zweiwalzentrocknern vereinigt, wie in Abb. 133 (Kletzsch) dargestellt. Der ausgewalzte Trockenschleier bedeckt nur die Hälfte der Zylinderfläche, während über dem Rest die ungeformte Masse vortrocknet. Die Absaugung des Schwadens erfolgt an dem ummantelten oberen Teil. Sie wird durch zwei untere Absaugrohre, die hinter den Auftragwalzen angeordnet sind, unter Vermeidung der Ummantelung des unteren Teiles, unterstützt. Ohne Ummantelung und nur mit einer den Trockner überdachenden Abzughaube arbeitet der Zweiwalzentrockner der Abb. 134 (Förster, Magdeburg), bei dem die Walzen sich nach außen drehen und die Messer an tiefster Stelle angeordnet sind. Die bei gegenläufigen Walzen unter der Stelle ihrer größten Annäherung eintretende Stauung des Schwadens ist hierbei weniger zu befürchten.

Werden bei Zweiwalzentrocknern die Zylinder einander genügend weit genähert und der eine Zylinder zur Regelung der Schichtstärke verstellbar gelagert, so kommen die Auftragwalzen in Wegfall. Dem stehen jedoch Nachteile insofern gegenüber, als die Ausnutzung der Zylinderfläche un-

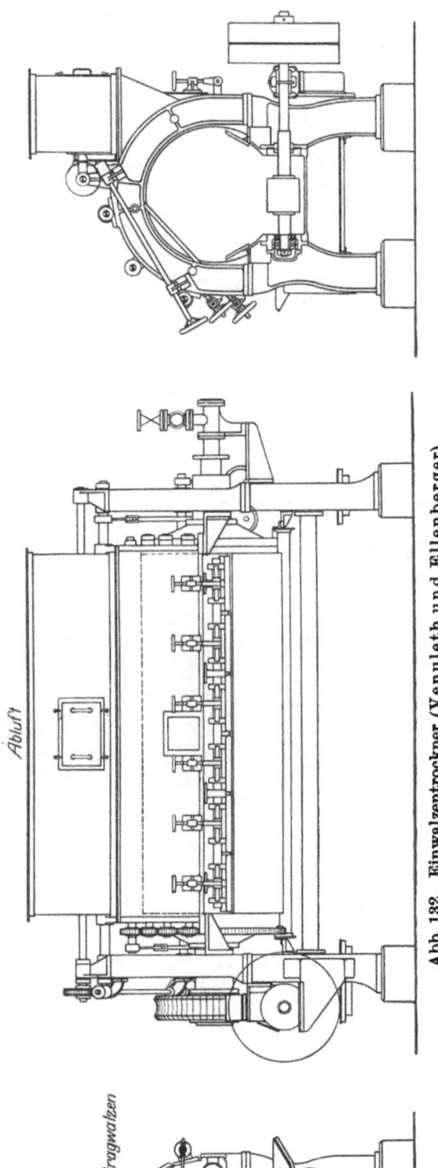

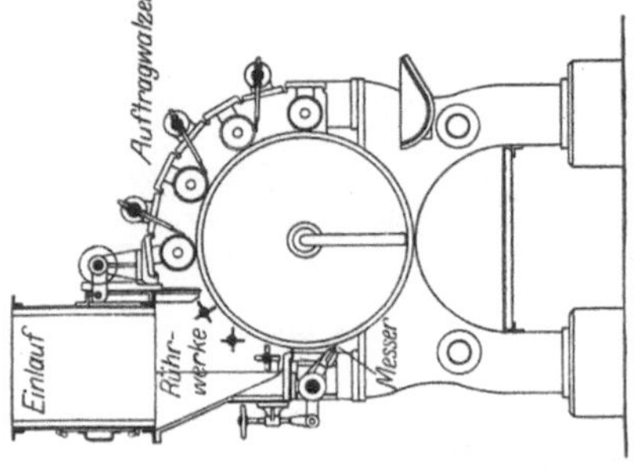

Abb. 132. Einwalzentrockner (Venuleth und Ellenberger).

günstiger ist, außerdem die Walzen durch Fremdkörper gefährdet sind, schließlich die Schleierschicht an der Trennstelle leicht reißt.

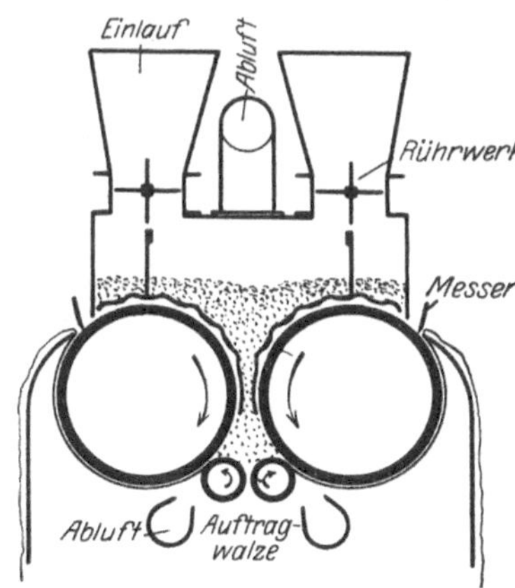

Abb. 133. Zweiwalzentrockner (Ketzsch).

c) Tauchtrommeln. Bei den zum Trocknen von fließendem Gut dienenden Tauchtrommeln wird mit verschiedener Eintauchtiefe gearbeitet. Reicht sie bis nahe an die Achse, so ist Abstreifen des Gutes auch von den Stirnflächen wichtig; soll dies vermieden werden, so kann die Wirksamkeit der Stirnflächen durch doppelmantelige Ausführung mit zwischenliegender Wärmeschutzschicht ausgeschaltet werden. Das tiefe Eintauchen kommt nur dann in Frage, wenn das Gut die hierbei sich ergebende Erwärmung und Eindickung erträgt. Unterschiede in der Zusammensetzung lassen sich nicht vermeiden, jedoch auf ein zulässiges Maß herabsetzen, wenn die Tauchmulde zur Verringerung des In-

Abb. 134. Zweiwalzentrockner (Förster, Magdeburg).

haltes eng an den Trockenzylinder anschließt oder dadurch, daß nach Abb. 135 (Oschatz) ein seitlicher Sammelbehälter angeordnet und eine Umlaufpumpe zwischen diesen und die Mulde eingefügt wird. Die Pumpenleistung ist hierbei größer, als der Trockenleistung entspricht, so daß ständig ein Überschuß von der Mulde in den Sammelbehälter zurückläuft, um dort durch eine Rührvorrichtung durchmischt zu werden. Beachtenswert ist die Ummantelung des Sammelbehälters, durch die

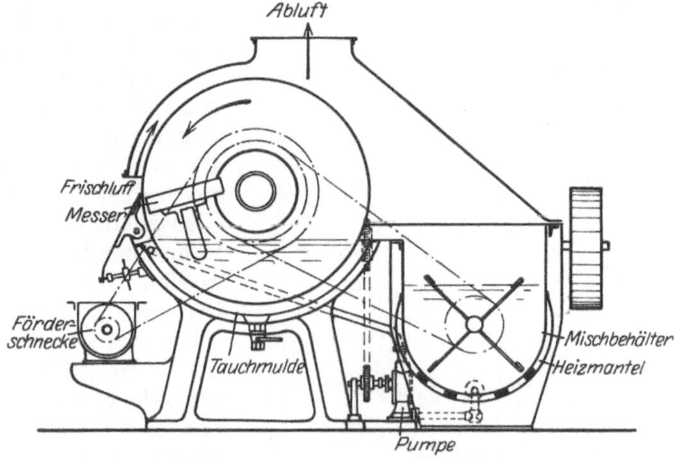

Abb. 135. Tauchtrommeltrockner (Oschatz).

das Niederschlagwasser der Trockentrommel geleitet wird. Der Trockenzylinder ist so umkleidet, daß die Trockenluft im Gegenstrom zu dem Gute strömt.

d) Röhrentrockner, bei denen das Gut die von außen durch Dampf beheizten bündelartig angeordneten Röhren durchrieselt, gelangen fast

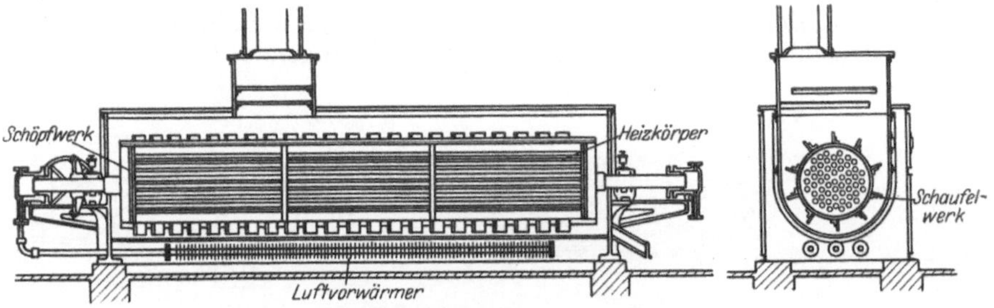

Abb. 136. Muldentrockner (Soest).

ausschließlich bei der Trocknung von Rohbraunkohle zur Verwendung.

e) Tellertrockner. Das gleiche gilt für diese, die aus wagerechten, hohlen, mit Dampf beheizten Scheiben bestehen, über die die zu trocknende Kohle abwechselnd von der Achse zum Umfang und vom Umfang zur Achse läuft.

f) Muldentrockner. Im Gegensatz hierzu sind Muldentrockner in zahlreichen Abarten für verschiedene Gutsarten in Verwendung. Sie unterscheiden sich voneinander vor allem durch die Formengebung des Heizkörpers. Bei dem in Abb. 136 dargestellten Muldentrockner (Soest) besteht er aus einem beiderseits in Dampfkammern endigenden wagerechten Röhrenbündel, das gleichzeitig mit einem Schaufelwerk umläuft. Die Abführung des Niederschlagwassers erfolgt am einen Ende durch ein in der Dampfkammer eingebautes Schöpfwerk. Zur Vorwärmung der in die Mulde eingeführten Trockenluft dienen Rippenheizkörper, die unterhalb der Mulde angeordnet und mit dem Niederschlagwasser des Röhrenbündels gespeist werden. Bei dem in Abb. 137 wiedergegebenen Muldentrockner (T.A.G.) sind die Heizröhren schlangenartig gewunden. Die mit ihnen umlaufenden Wendeschaufeln bewirken neben der dauernden Durchmischung und Überrieselung gleichzeitig eine Längsbewegung des Gutes. Die Trockenluft wird auch hier durch unterhalb der Mulde angeordnete Rippenheizkörper vorgewärmt, um danach das Gut von unten nach oben zu durchströmen. Durch die Schraubenform der Heizrohre ist beabsichtigt, ein Herausschrauben des Niederschlagwassers und damit eine befriedigende Entwässerung

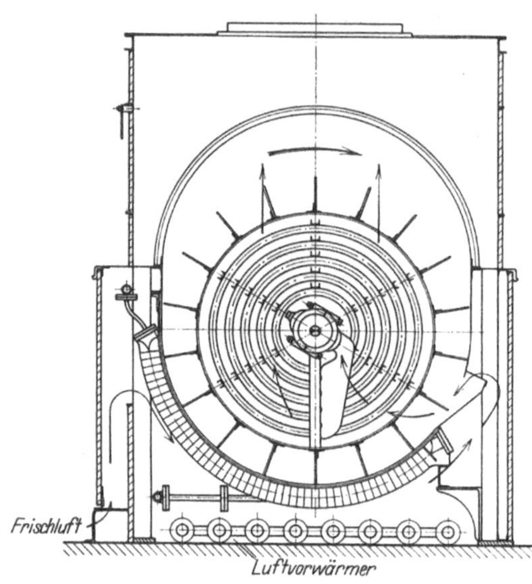

Abb. 137. Muldentrockner (T.A.G.).

zu bewirken, was allerdings nicht geschehen kann, ohne daß, wegen der Länge des Weges, ein erheblicher Teil der Heizfläche durch das Niederschlagwasser bedeckt wird.

Es ist einleuchtend, daß bei gleicher Leistung Vergrößerung der Heizfläche die Möglichkeit bietet, niedrigere Temperaturen des Heizmittels anzuwenden, und damit ein höherwertiges Erzeugnis zu gewinnen. In diesem Sinne wird nach Abb. 138 (Petry und Hecking) außer dem ringförmig gestalteten, sich drehenden Heizkörper eine dampf-

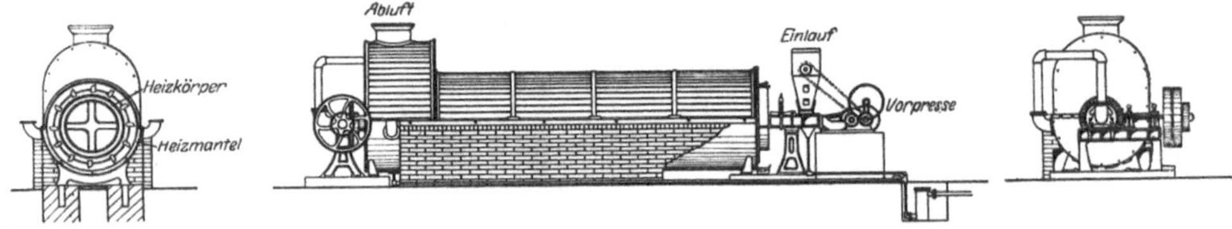

Abb. 138. Muldentrockner (Petry und Hecking).

beheizte Mulde angewandt. Das Trockengut durchwandert zunächst das Zylinderinnere, danach die Mulde. Noch weiter geht die Ausführung der Abb. 139 (Petry und Hecking), bei der die vorbeschriebenen Heizvorrichtungen durch ein Röhrenbündel ergänzt werden. Der äußere Mantel der beheizten Mulde bewirkt, ebenso wie die darunter

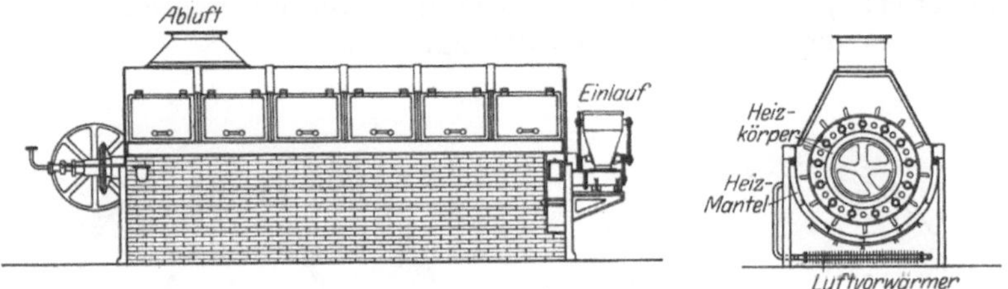

Abb. 139. Muldentrockner (Petry und Hecking).

angeordneten Rippenrohre, die Vorwärmung der Trockenluft, die am Auslaufende in die Mulde einströmt und sich im Gegenstrom zu dem Gut fortbewegt.

g) Trommeltrockner. Wird bei einem Muldentrockner die Rinne zum Zylinder erweitert und gleichzeitig mit der Heizvorrichtung in

Abb. 140. Dampfbeheizter Trommeltrockner (Louisville).

Umlauf gebracht, so entsteht der in Abb. 140 (Louisville) wiedergegebene Trommeltrockner. Das dampfbeheizte Röhrenbündel besteht aus einseitig eingewalzten Doppelrohren. Luft und Gut bewegen sich im Gegenstrom. Eine weitere Abart stellen die Abb. 141 und 142 (Manlove-Alliott) dar, bei denen umlaufende, mit Schaufelwerk ausgestattete Trommeln von dem äußeren Doppelmantel oder einem inneren Rohr her beheizt werden. Die vorgewärmte Trockenluft durchströmt das Trommelinnere bzw. den Ringraum entgegen dem der Trommelneigung folgenden Gut.

Ausnahmsweise erfolgt die Beheizung von Trockentrommeln von außen durch Feuergase, wenn hohe Temperaturen an sich zulässig sind, Verunreinigung durch Flugasche aber auf alle Fälle vermieden werden soll. Für die Abführung des Feuchtigkeitsgehaltes muß hierbei Luft die von dem Gut erfüllte Trommel durchziehen. Ihre Vorwärmung erfolgt zweckmäßig mittelbar durch die Feuergase nach deren Austritt aus der Trommelummantelung.

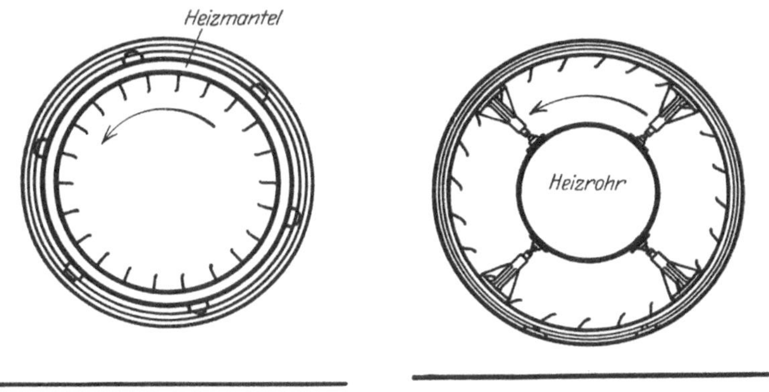

Abb. 141.   Abb. 142.

Abb. 141 und 142. Dampfbeheizte Trommeltrockner (Manlove-Alliott).

In anderen Fällen werden die Feuergase selbst als Trockenluft benutzt, z. B. bei Ausführung nach Abb. 143 (Fellner und Ziegler), bei der die Heizgase zunächst die Trommel umspülen, um danach ganz oder teilweise ihr Inneres im Gegenstrom zu dem Gut zu durchlaufen. Geringer Raumbedarf ist ein Vorzug dieser Bauweise.

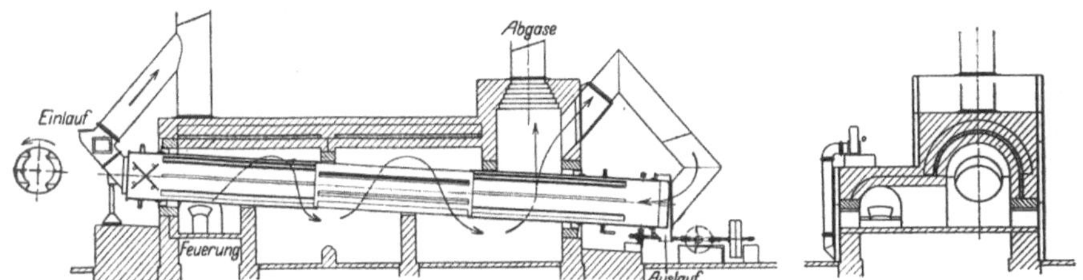

Abb. 143. Trommeltrockner mit Außenheizung (Fellner und Ziegler).

3. Vorrichtungen zur Durchführung eines Trockenverfahrens, bei dem Beharrungszustand vorliegt, unter Anwendung beheizter Flächen allein. (Verdampfungsanlagen.)

Auch bei den hier zu betrachtenden Trocknern, die auf Anwendung von Luft und anderen vollkommenen Gasen zur Abführung der Feuchtigkeit verzichten und mit der dem Druck der Umgebung entsprechenden Siedetemperatur arbeiten, sind zweierlei Bauweisen zu unterscheiden, bei denen

1. das Gut sich in gleicher Geschwindigkeit mit der heizenden Fläche bewegt,

2. die Bewegung von Gut und Heizvorrichtung verschieden ist.

Abb. 144 (Neubäcker) stellt eine Vakuumtauchtrommel dar. Um das Eindicken in der Speisemulde zu verhüten, befindet sich die zu entfeuchtende Flüssigkeit in einem außerhalb des Trommelgehäuses angeordneten Behälter und fließt von da in die eigentliche Tauchmulde, deren Fassungsvermögen so gering gehalten ist, daß mit einer ständigen Erneuerung ihres Inhaltes gerechnet werden kann. Die in der Tauchmulde befindliche Flüssigkeit kocht mit Bläschen von 1 bis 4 mm Durchmesser und verteilt sich auf der Trommel in Form dichten Schaumes, liefert daher ein leicht lösliches Erzeugnis. Die Schaber sind, von dem Üblichen abweichend,

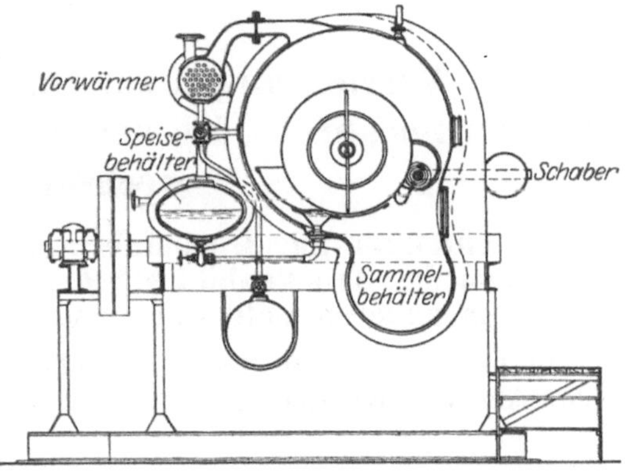

Abb. 144. Vakuumtauchtrommel (Neubäcker).

hakenförmig und federnd ausgebildet, um eine Bremsung der Trommel zu verhindern.

Soll das Schäumen des Gutes vermieden werden, so wendet Paßburg Kühlung des Flüssigkeitsbades unter den der Luftleere entsprechenden Siedepunkt an.

Überhitzung des Gutes tritt leicht an den beheizten Stirnflächen der Tauchtrommel auf, die deshalb nach Abb. 145 (Paßburg) flüssigkeitsdicht von dem Gut abgeschlossen werden.

Ein- und Zweiwalzentrockner können mit reiner Verdampfung arbeiten, wenn sie gegen die Umgebung durch Ummantelung abgeschlossen werden. Zur Beobachtung des Gutes dienen Schaugläser.

Abb. 145. Vakuumtauchtrommel (Paßburg).

Flüssiges Gut kann bei Vakuumwalzentrocknern, unter Ausnutzung der Luftleere, eingesaugt werden. Das in Brocken- oder Pulverform gewonnene Erzeugnis fällt in Sammelkammern und wird, unter zeitweiser Absperrung von der eigentlichen Trockenvorrichtung, aus diesen ausgebracht.

Bei allen Vakuumtrocknern bietet die Anwendung eines Oberflächenkondensators zum Niederschlagen der Brüden die Möglichkeit, das Niederschlagwasser zu beobachten und damit Fortgang und Beendigung der Trocknung festzustellen. Bei wärmeempfindlichem Gut bedeutet dies einen Vorzug.

Für die Trocknung von Stoffen, die in der losen Form von Pulver oder Schuppen gewonnen werden sollen, verwendet Volckmar-Hännig eine Vakuumvorrichtung mit mehreren übereinander angeordneten Bändern, die am einen Ende das Gut aufnehmen, am anderen Ende abwerfen und sich über heheizte Platten bewegen.

Auch bei den Muldentrocknern verschiedener Art läßt sich durch luftdichte Ummantelung und Anwendung von Luftleere an Stelle der Verdunstung eine Verdampfung mit niedriger Temperatur erzielen.

B. Vorrichtungen zur Durchführung eines Trockenverfahrens, bei dem das Trockenbild ständig wechselt.

1. Vorrichtungen zur Durchführung eines Trockenverfahrens, bei dem das Trockenbild ständig wechselt, mit Luft oder einem anderen vollkommenen Gas als Trockenmittel.

Hierher gehören die Trockner einfachster Bauweise in Form von Schränken und Kammern.

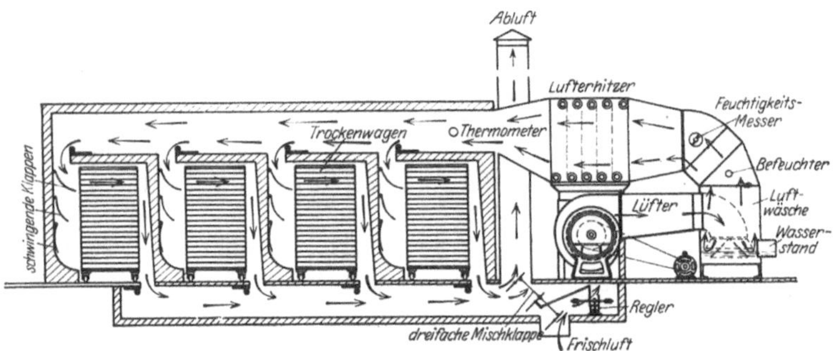

Abb. 146. Mehrkammer-Trockenschrank (Drying-Systems).

a) Trockenschränke. Sie kommen in Betracht bei geringen Gutsmengen oder auch bei Forderung besonders sorgfältiger und gleichmäßiger Führung des Trockenvorganges. Die Verbindung mehrerer Schränke zeigt Abb. 146 (Drying Systems), bei der die Einzelkammer gerade groß genug bemessen ist, um einen Trockenwagen aufzunehmen. Bemerkenswert sind die auf der Lufteintrittsseite angeordneten Leitvorrichtungen, die ständig auf und ab schwingen, um den Luftstrom abwechselnd durch die oberen, mittleren und unteren Schichten des Gutes zu leiten. Hiermit wird angestrebt, die Trocknung zeitweise abzuschwächen, um der Feuchtigkeit Zeit zu lassen, vom Kern des Gutes nach der äußeren Oberfläche zu diffundieren. Die Regelung der Luftmischung erfolgt durch drei miteinander gekuppelte Drehklappen. Wird die Frischluftzufuhr gedrosselt, so verringert sich in gleichem Maße der Abluftquerschnitt, während der Umluftweg weiter geöffnet wird.

b) Trockenkammer. Ein Beispiel für die zweckmäßige Ausbildung einer Trockenkammer zeigt der nach Entwurf des Verfassers ausgeführte Wäschetrockner der Abb. 147, der mit natürlichem Luftumlauf arbeitet. Die Vorwärmung der Luft erfolgt durch seitlich angeordnete, von dem eigentlichen Trockenraum durch Scheidewände getrennte Heizvorrichtungen. Innerhalb des Trockenraumes wird die Luft, ihrem natürlichen Bestreben entsprechend, von oben nach unten

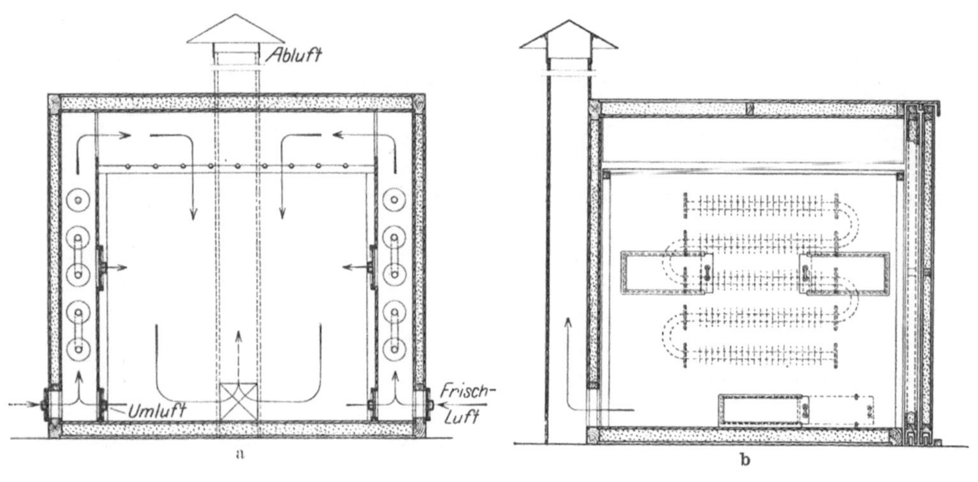

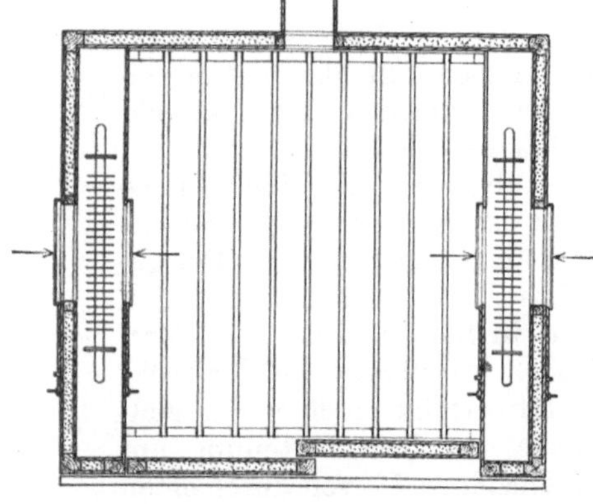

Abb. 147 a—c. Trockenkammer.

geführt und an tiefster Stelle dem Abzugschacht zugeleitet. Schieber in mittlerer Kammerhöhe und am Boden ermöglichen, die Luft auch an tieferer Stelle eintreten zu lassen bzw. die an tiefster Stelle sich ansammelnde feuchteste Luft neuerlich in den Kreislauf zu bringen.

Eine nach Entwurf des Verfassers ausgeführte Trockenkammer für die Behandlung von hängenden oder auf Rahmen gespannten Fellen stellt Abb. 148 dar. Saug- und Druckkanäle sind hierbei durch äußere Doppelwände gebildet, die auf der Saugseite im unteren Teile durch Bedienungstüren unterbrochen werden. Luftaustritts- und Rückströmöffnungen befinden sich in drei verschiedenen Höhenlagen, um die Führung des Luftstromes mit fortschreitender Trocknung verändern zu können. Geschieht dies nicht, so erfahren die obersten Teile der Felle eine Übertrocknung, ehe die unteren Teile genügend entfeuchtet sind. Der Antrieb des Lüfters erfolgt im dargestellten Falle durch eine Dampfturbine, deren Abdampf als Heizmittel für den Lufterhitzer dient.

Die bei der Ziegeltrocknung angewandten Trockengänge erinnern nur hinsichtlich ihrer Längenverhältnisse an Kanaltrockner, sind aber in Wirklichkeit Kammertrockner mit ruhendem Gut.

c) Darre. Die zweite hierher gehörige große Gruppe von Trocknern stellen die festen oder beweglichen Darren dar, bei denen die Trockenluft durch eine gelochte Trennwand zum Gut gelangt und dieses durch-

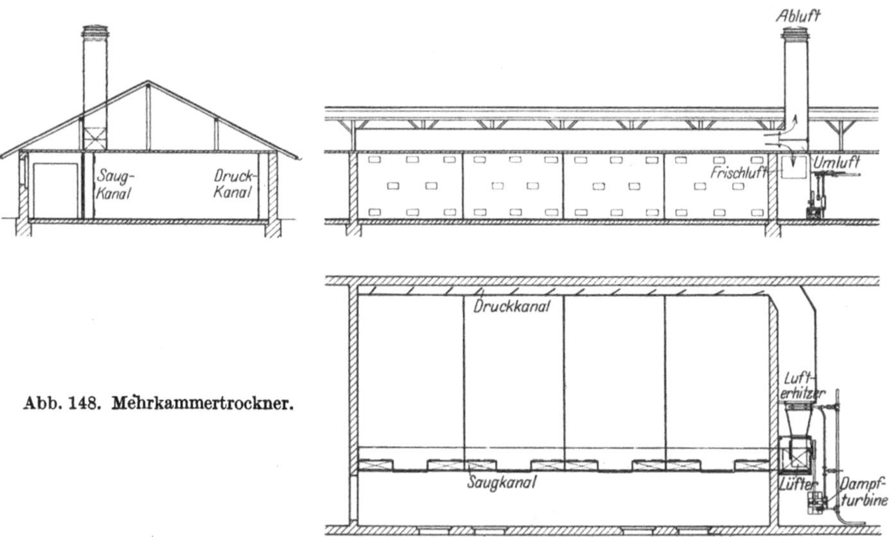

Abb. 148. Mehrkammertrockner.

dringt. Bei den einfachsten Darren haben sich allmählich Normen herausgebildet. So besteht z. B. ein Zimmermannsches Darrfeld aus 4 Tafeln von 2×1 m und besitzt eine Fläche von 8 m². Zusammenfassung von 4 solchen Darrfeldern nach Abb. 149 stellt eine übliche Anordnung dar. Damit lassen sich bei etwa 0,2 m Schütthöhe 3000 bis 4000 kg Naßgut fassen. Der gelochte Darrboden befindet sich etwa in halber Höhe des Darrfeldes. Die Erzeugung der Trockenluft erfolgt in einer Sammelanlage und ihre Verteilung auf die einzelnen Darren durch einen an der Stirnseite laufenden Heißluftkanal. Je weiter die Ausnutzung der Trockenluft getrieben

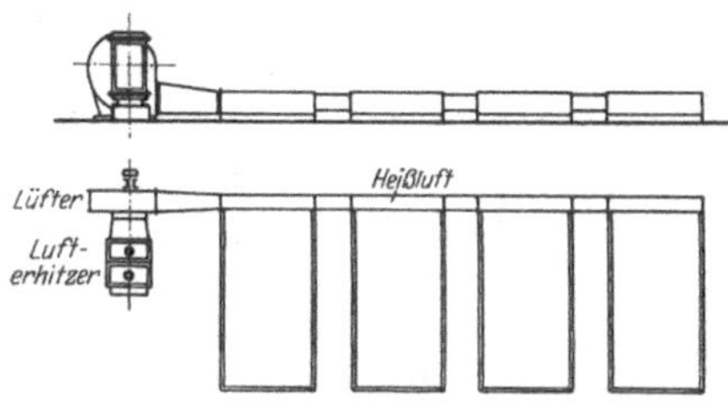

Abb. 149. Vierfelderdarre (Zimmermann).

wird, um so näher liegt die Gefahr der Schwadenbildung im Raum. Aus diesem Grunde werden die Darren häufig abgedeckt und mit einem Dunstabzug versehen. Ein Hauptvorteil der Trockendarre kommt hierbei allerdings in Wegfall, nämlich die leichte Wartung und die einfache Möglichkeit, den Inhalt zweier Felder auf einem zu vereinigen, wenn das Gut mit fortschreitender Trocknung stark schrumpft und ohne dieses Zusammenwerfen die Darre nicht mehr genügend füllt.

Werden mehrere Darren hintereinander geschaltet und die Luft nacheinander durch die einzelnen Lagen geleitet, so läßt es sich nicht vermeiden, daß die zuerst getroffenen Schichten rascher trocknen. Dies gilt vor allem für die zahlreichen schrankförmigen Hordentrockner, wie sie für das Dörren von Obst und Gemüse in kleinerem und mittlerem Ausmaße verwendet werden. Eine Verbesserung wird hier nach dem Verfahren von Schlatter dadurch erzielt, daß die Luftbewegung umgekehrt wird, sobald bie unterste Schicht den gewünschten Endfeuchtigkeitsgrad nahezu erreicht hat. Das erforderliche Umsetzen der Horden kann hierdurch eingeschränkt werden.

Bei der in Abb. 150 (Topf) dargestellten Doppeldarre geschlossener Bauart tritt die Trockenluft in der ersten Kammer von oben durch das Gut unter den Darrboden, strömt nach der zweiten Darre über und durchläuft dort das Gut von unten nach oben. Die erste Kammer ist hierbei mit nassem, die zweite mit vorgetrocknetem Gut gefüllt, so daß sich eine Annäherung an Gleichstromtrocknung mit Beharrungs-

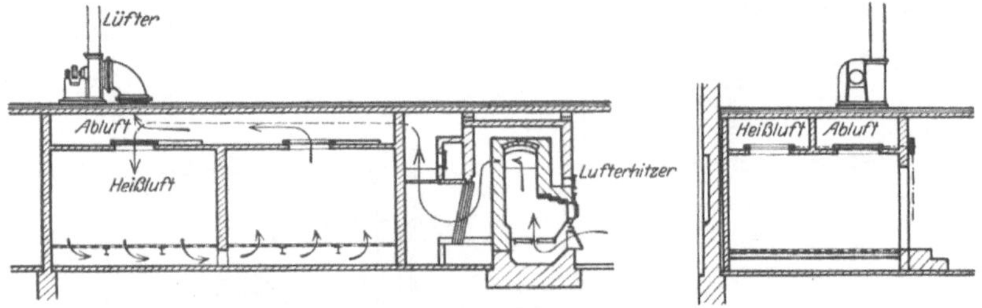

Abb. 150. Doppeldarre (Topf).

zustand ergibt. Nach Entleerung und Neufüllung der zweiten Kammer wird der Luftweg umgekehrt. Die Führung der Luft kann ohne weiteres im Gegenstrom erfolgen, wenn das Gut im Endzustande empfindlich ist und ein niedriger Endfeuchtigkeitsgrad angestrebt wird.

Das zur Vermeidung von Übertrocknung einzelner Teile erforderliche Durchmischen des Gutes erfolgt bei den stillstehenden Darren von Hand durch Umschaufeln oder selbsttätig durch Schaufelwerke, die z. B. bei den Malzdarren über den ganzen Trockenraum hin- und herwandern.

Bei der Trommeldarre bewirkt die Drehung der Darre selbst die Durchmischung des Gutes. Sie besteht nach Abb. 151 (Freund) aus einem geschlossenen Zylinder, an dessen Umfang Luftzuführungskanäle mit durchbrochenen Wänden verteilt sind. Die Abführung der Luft erfolgt durch ein gelochtes Kernrohr. Die Schichtstärke ist durch den Abstand der Luftzuführungskanäle von dem Kernrohr gegeben. Sie ist in dem oberen, im Drehsinn vorauseilenden Ringabschnitt infolge des Schwundes am kleinsten, so daß der hier durchströmende Luftteil weniger gut ausgenutzt wird. Die am Umfang verteilten Kanäle werden entweder an der einen Stirnseite zu einer Kammer vereinigt und diese an eine Rohrleitung angeschlossen, oder der Aufstellungsraum der Trommel wird im ganzen von der Trockenluft erfüllt, die, wie bei der

Ausführung der Abb. 151 unmittelbar in die frei an den Stirnenden ausmündenden Luftverteilungskanäle einströmt. Bei dieser Bauweise liegt die Möglichkeit vor, den Luftkanal ganz oder teilweise abzudecken,

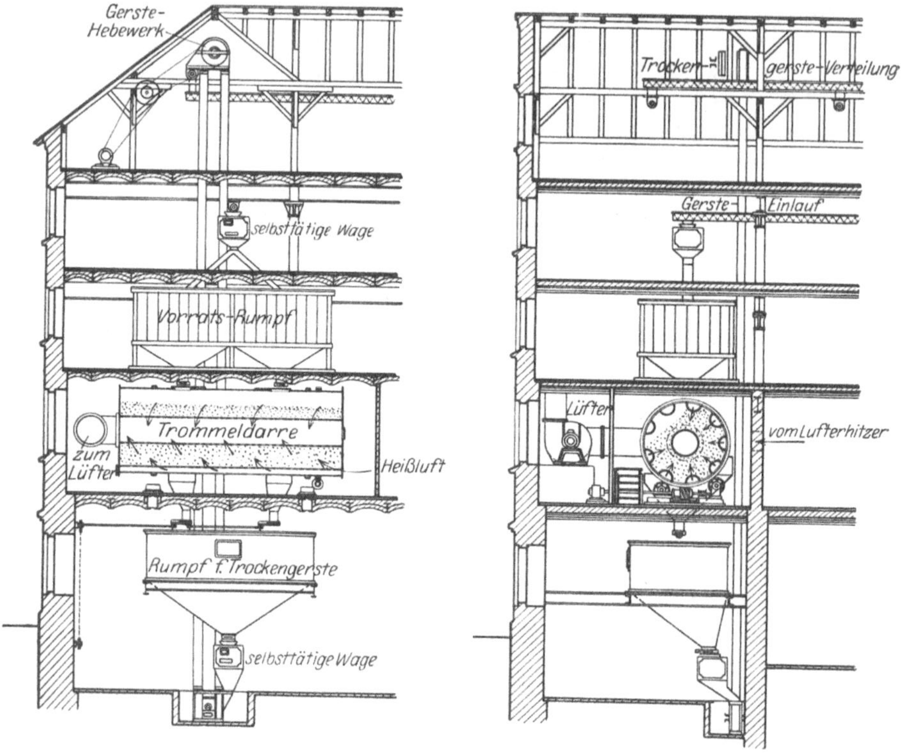

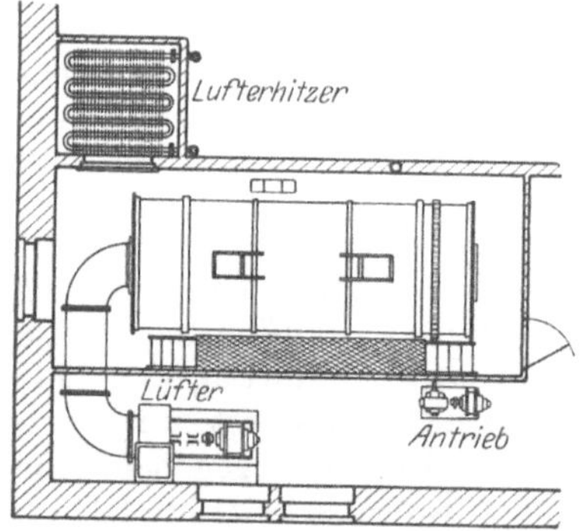

Abb. 151. Trommeldarre (Freund).

sobald er die oben erwähnte Lage der geringsten Schichtstärke des Gutes durchläuft, um auf diese Weise der Ungleichmäßigkeit zu begegnen. Da bei der an die Trocknung sich nach etwa 5 bis 8 Stunden anschließenden Kühlung der Aufstellungsraum von Frischluft durchströmt wird und seinen Wärmeüberschuß großenteils verliert, bildet die Anordnung nach Abb. 151 ein klares Beispiel für die Notwendigkeit, durch Aufbringung einer inneren Wärmeschutzschicht diesen Verlust niedrig zu halten.

2. Vorrichtungen zur Durchführung eines Trockenverfahrens, bei dem das Trockenbild ständig wechselt, unter Anwendung beheizter Flächen zusammen mit Luft oder einem anderen vollkommenen Gas.

Hierher gehört die einfachste, aus einer beheizten Platte bestehende Trocknerform, bei der das Gut an der freien Seite mit der umgebenden Luft in Berührung tritt. Die Beheizung kann durch Feuergase erfolgen, wie bei dem in Abb. 152 (Petry und Hecking) dargestellten Tellertrockner. Das über die flache Schale verteilte Trockengut wird durch Rühr- und Förderflügelwerke in ständiger Bewegung gehalten.

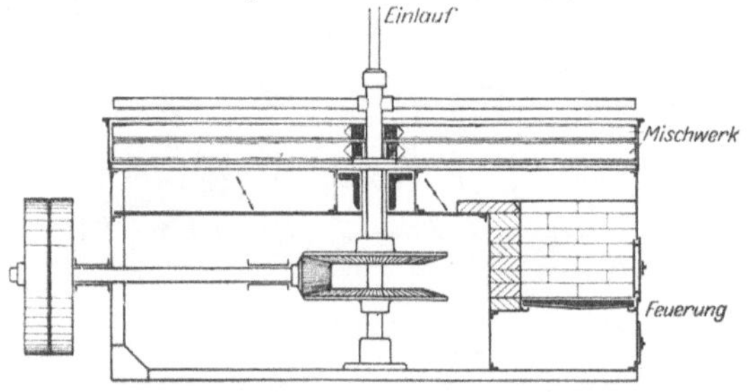

Abb. 152. Tellertrockner (Petry und Hecking). Abb. 153. Vakuumtrockner (Manlove-Alliott).

3. Vorrichtungen zur Durchführung eines Trockenverfahrens, bei dem das Trockenbild ständig wechselt, unter Anwendung beheizter Flächen allein. (Verdampfungsanlagen.)

Hierunter fallen die meist unter Luftleere arbeitenden Trockenschränke mit dampfbeheizten Platten als Gutsträgern. Bei empfindlichen Stoffen muß eine ständige Durchmischung stattfinden, z. B. nach Abb. 153 (Manlove-Alliott) durch zusammenarbeitende Flügel- und Rechenwerke. Neben dem Boden ist hier auch der untere Mantelteil als Heizfläche ausgebildet. Beschickung und Entleerung erfolgen abschnittsweise.

C. Trockenvorrichtungen mit Heißdampf als Wärmeträger.

Eine Sonderstellung nehmen solche Trockenvorrichtungen ein, bei denen als Trockenmittel überhitzter Dampf zur Anwendung gelangt. Auch hier handelt es sich, wie bei den zuletzt beschriebenen, um ein Verdampfen der zu entziehenden Feuchtigkeit bei einer Temperatur, die bei oder über dem durch den Druck der Umgebung bestimmten Siedepunkt liegt. Das wohl zuerst von Hausbrand empfohlene Verfahren findet sich z. B. bei dem Schildeschen Holzschnelltrockner in Anwendung auf den luftverdünnten Raum nach Abb. 154 verwirklicht. Aus dem mit Trockengut gefüllten kesselartigen Behälter wird die Luft abgesaugt und der aus der Feuchtigkeit des Holzes sich immer wieder neu entwickelnde Dampf durch eine Anzahl innen eingebauter Lüfter über Heizvorrichtungen und Gut in Umlauf gehalten. Ein der entwickelten Dampfmenge entsprechender Überschuß entweicht dauernd in die Kondensation. Sie besteht aus einer Kühlvorrichtung, die oberhalb des Kessels angeordnet und gleichzeitig dadurch zur Verbesserung der Luftbewegung benutzt wird, daß ein besonderer zwischen Kühlvorrichtung und Kessel geschalteter Lüfter für Bewegung des Dampfes in der Längsrichtung des Kessels sorgt. Die Heizvorrichtungen erhalten eine nach der Entnahmeseite zu wachsende Größe. Auf diese Weise ergibt sich eine Sonderart von Stufentrocknung. Zur Sicherung einer gleichmäßigen Verteilung der Wirkung wird die Drehrichtung der

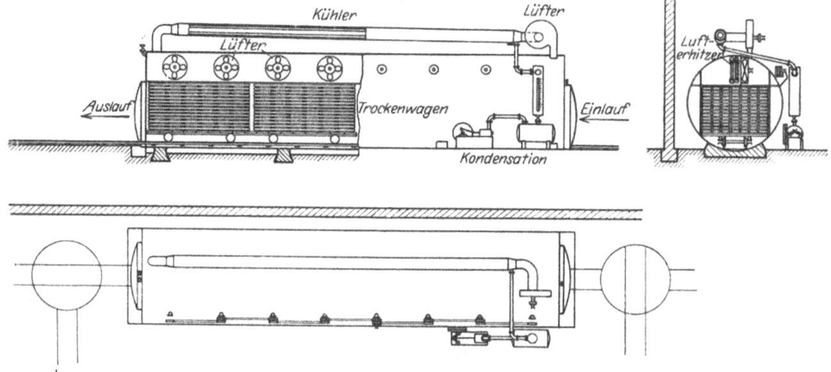

Abb. 154. Heißdampftrockner (Schilde).

inneren Umlauflüfter von Zeit zu Zeit umgeschaltet. Es läßt sich hierbei nicht vermeiden, daß bei dem jedesmaligen Einführen eines neuen Wagens die Luftleere verloren geht.

Eine besondere Verlockung für die Anwendung von Heißdampf als Trockenmittel liegt bei den Zerstäubungstrocknern vor, weil hier, wegen der Kürze der Trockenzeit, hohe Temperaturen des Trockenmittels zulässig erscheinen.

III. Ausführung der Trockenvorrichtungen in Anpassung an die besonderen Eigenschaften verschiedener Gutsarten.

Die für die Trocknung maßgebenden besonderen Eigenschaften des Gutes sind nur lückenhaft bekannt. Damit fehlen aber die bestimmten Grundlagen für die Entwicklung des bestgeeigneten Trockenverfahrens und den Entwurf der jeweils zweckmäßigsten Trockenvorrichtung. Hierin liegt wohl ein Grund, weshalb die Hersteller von Trocknern sich vielfach der Verarbeitung ganz bestimmter Gutsarten zugewandt haben, obwohl zweifellos in den meisten Fällen Trockner gleicher Bauart sich für verschiedene Sorten eignen.

Den folgenden Ausführungen, die von der Eigenart des Gutes im
einzelnen ausgehen, kommt daher in gewissem Sinne mehr geschicht-
liche als rein wissenschaftliche Bedeutung zu, insofern, als sie den
gegenwärtigen Stand der angewandten Trockentechnik schildern. Dieser
aber ist von einer fast verwirrenden Mannigfaltigkeit, so daß in weit-
gehender Einschränkung eine Aufgabe zukünftiger Entwicklung zu
suchen ist.

A. Organische Stoffe.

1. Tierstoffe.

a) Fleisch. Um den wertvollen Eiweißgehalt des Fleisches in löslicher Form zu erhalten, ist es wünschenswert, eine Temperatur von
etwa $t = 40^0$ bei der Trocknung nicht zu überschreiten. Die Trockengeschwindigkeit soll gleichzeitig möglichst groß sein, weil die Quellfähigkeit des getrockneten Erzeugnisses alsdann hoch bleibt. Aus beiden
Gründen ist die Vakuumtrocknung das gegebene Verfahren, zumal
hierbei die Gefahr der unerwünschten Entfärbung des Fleisches durch
den Einfluß des Luftsauerstoffes vermieden wird. Die Trocknung von
Fleisch in großem Maßstabe wird bisher nicht angewendet. An ihre Stelle
tritt die Herstellung von Fleischkonserven und gefrorenem Fleisch.
Bei Fleischkonserven gelangen Temperaturen zur Anwendung, durch
die die Vitamine teilweise zerstört werden. Bei Gefrierfleisch konnten
bisher Gefügeveränderungen nicht vollkommen vermieden werden, die
zu Saftverlust beim nachfolgenden Auftauen führen. Es erscheint daher
möglich, mit der Herstellung von Trockenfleisch Ergebnisse zu erzielen,
die denen der bisher vorliegenden Verfahren nahe liegen oder gar überlegen sind. Allerdings erfordert die Herstellung von getrocknetem Fleisch
eine weitgehende Zerstückelung, kann also das Gefrierverfahren, das
sich auf ganze oder halbe Tiere erstreckt, nicht ersetzen.

Der Wassergehalt des Fleisches schwankt außerordentlich; er sinkt
mit zunehmendem Fettgehalt. Seine Verteilung innerhalb des tierischen
Körpers ist ungleichmäßig, weil das Fettgewebe fast wasserfrei ist. Nach
König beträgt der Wassergehalt je nach Fettgehalt bei

Rindfleisch . . . . $x_r = 1{,}3$ bis $3{,}2$,
Kalbfleisch . . . . $x_r = 2{,}2$,, $3{,}5$,
Schweinefleisch . . . . $x_r = 0{,}82$,, $2{,}7$,
Hammelfleisch . . . . $x_r = 1{,}04$,, $3{,}2$.

Mit dem Trocknen des Fleisches geht bei den bisherigen Verfahren
ein Salzen einher, das die Entziehung der Feuchtigkeit begünstigt.
Wird hierbei auf weitgehende Zerteilung verzichtet und das Trocknen
in freier Luft vorgenommen, so wirkt wegen der langen Trockenzeit
der Luftsauerstoff in ungünstiger Weise auf die Fettbestandteile. Bei
der Herstellung von Rauchfleisch kommt den Rauchgasen in der Hauptsache die Aufgabe der Erhaltung zu, nebenher läuft eine Verminderung
des Wassergehaltes. In all diesen Fällen ergibt die lange Trockenzeit
ein nicht vollwertiges Erzeugnis, weil ungenügende Quellfähigkeit dem
nachträglich eingeweichten Fleisch die leichte Verdaulichkeit des frischen
Fleisches nicht wiederzugeben vermag.

Für die Verarbeitung von Fleischabfällen, die in Großschlächtereien entstehen, zu Futter- und Düngemitteln dienen die für Fischabfälle angewendeten Trockenvorrichtungen (s. i.).

Soll der Magen- und Darminhalt der Schlachttiere getrocknet werden, um als leichtverdauliches Beifutter für Kleinvieh zu dienen, so bildet die Temperatur von 65^0 die obere Grenze, weil hierbei die Verdauungsfermente vernichtet werden.

b) Blut. Trockenblut wird als Nähr-, Futter-, Düngemittel und für technische Zwecke angewendet. Blut besitzt im Rohzustande einen Feuchtigkeitsgehalt von $\chi_r \approx 4{,}2$. Zur Herstellung von Futter- und Düngeblut wird nach Winckel[1] das von Fibrin durch Schlagen befreite frische Blut unter Zusatz von Essigsäure erhitzt und der geronnene eiweißreiche Anteil in Mulden- oder Trommeltrocknern verarbeitet. Für die Kunststoffherstellung wird das von Fibrin befreite, jedoch nicht geronnene Blut in Vakuumvorrichtungen getrocknet. Durch Behandlung des beim Stehen des frischen Blutes sich abscheidenden Flüssigkeitsanteiles, des Serums, in Horden- und Kanaltrocknern wird Blutserum in kristallinischen Blättchen gewonnen, während der verbleibende feste Teil, der Blutkuchen, in Mulden-, Trommel-, Walzen- oder Hordentrocknern zu Dünge- und Futtermitteln, oder in Vakuumschaufeltrocknern zu pharmazeutischen Blut-Eiweißpräparaten verarbeitet wird. Die Zerstäubungstrocknung nach dem Krause-Verfahren ermöglicht volle Erhaltung der natürlichen Eigenschaften des Blutes, kommt daher in Betracht, wenn das Erzeugnis besonders hochwertig sein soll. Der Zerstäubungstrockner der Zerstäubungs-Trocknungs-G. m. b. H. mit Preßpumpe und Düsenring wird für die Herstellung von Trockenblut angewendet, das zu plastischen Massen Verarbeitung finden soll. Die Herstellerin gibt als Dampfverbrauch 2 kg für 1 kg Wasserverdampfung und als Kraftbedarf 3 bis 8 PSe, je nach Größe der Trockenvorrichtung, für 100 kg verarbeitetes Naßgut an.

c) Leder. Dies ist nach Körner[2] tierische Haut, die durch Einlagerung der Gerbstoffe größtenteils das Aufnahmevermögen für Quellwasser verloren hat, während die Aufsaugefähigkeit für Kapillarwasser verblieben ist.

Die zulässige Höchsttemperatur schwankt nach Art des Leders und Gerbverfahrens zwischen $t \approx 30$ bis 50^0. Die niedrigen Temperaturen kommen für vegetabilische, die höheren für mineralische Gerbung in Betracht. Die Empfindlichkeit des Gerbstoffes verbietet Anwendung hoher Temperaturen, wenn es sich um die Herstellung heller Leder handelt.

Die Trockendauer richtet sich nach Stärke und Feuchtigkeitsgehalt. Sie beträgt bei natürlicher Trocknung schwerer Häute mehrere Tage und sinkt bei künstlicher Trocknung leichtester Felle bis auf etwa eine Stunde. Je nasser das Leder ist, um so mehr liegt bei hoher Trocken-

---

[1] Winckel: Die Aufbereitung und das Trocknen von Blut und Schlachthofnebenprodukten. Chemiker-Zeitung 1925.

[2] Körner: Beiträge zur Kenntnis der wissenschaftlichen Grundlagen der Gerberei. Jahresbericht der deutschen Gerberschule Freiberg.

geschwindigkeit die Gefahr vor, daß die äußeren Poren sich vorzeitig schließen und die Fertigtrocknung darunter leidet.

Als Verfahren kommt ausschließlich Trocknen mit erwärmter Luft zur Anwendung. Der Umstand, daß Gerbstoffe unter dem Einfluß des Luftsauerstoffes oxydieren und eine Dunkelung des Leders herbeiführen, weist auf die Möglichkeit hin, durch Anwendung eines geschlossenen Luftkreislaufes die Trocknung zu verbessern. Kalte Trocknung, unter Anwendung von Höchsttemperaturen wenig über dem Gefrierpunkt, schafft die besonders günstigen Verhältnisse natürlicher Winterlufttrocknung.

Der für die Trockenvorrichtung in Betracht kommende anfängliche Feuchtigkeitsgehalt schwankt gleichfalls nach Art des Leders und Gerbverfahrens in den weiten Grenzen von $\chi_r \approx 1$ bis 3. Während der Verarbeitung wird das Leder manchmal nachbefeuchtet, um seine Weichheit wiederherzustellen. Der für die folgende Trocknung in Betracht kommende Anfangsfeuchtigkeitsgehalt liegt bei $\chi_r \approx 0{,}3$ bis 0,5. Der Endfeuchtigkeitsgehalt soll etwa dem Zustand der Lufttrockenheit entsprechen. Auch dieser verändert sich je nach der Art von Leder und Gerbverfahren und kann zu etwa $\chi_b \approx 0{,}15$ bis 0,25 angenommen werden. Die niedrigste Zahl entspricht lohgarem Sohlleder, die höchste Sämischleder, während lohgares Oberleder und mineralisch gegerbtes Leder in der Mitte liegen. Der Feuchtigkeitsgehalt, bei dem die hygroskopischen Eigenschaften einsetzen, dürfte etwa dem 1,3fachen der χ_b-Werte entsprechen, also bei $\chi_e \approx 0{,}2$ bis 0,33 liegen.

Das zu trocknende Leder wird nach der Gerbung durch Pressen mechanisch vorentfeuchtet.

In der Lederindustrie hat es auffallend lange gedauert, bis zeitgemäße Trockenverfahren Einführung fanden. Auch heute sind zahlreiche Betriebe, und nicht die unbedeutendsten, vorhanden, in denen als Trockenvorrichtung Räume bezeichnet werden, die diesen Namen keineswegs rechtfertigen. Hiervon abgesehen erfolgt die Ledertrocknung:

1. als natürliche Lufttrocknung in offenen Böden, unter Regelung des äußeren Luftzutrittes durch allseitige Lattenvorhänge,

2. in Trockenräumen mit vorgewärmter Luft,

3. in Trockenkammern mit reiner Innenheizung,

4. in Trockenräumen mit verbundener Vorwärmung und Innenheizung,

5. in Trockenkanälen.

Die natürliche Lufttrocknung wurde hauptsächlich für lohgares Sohlleder beibehalten. Bei der Kammertrocknung ergeben sich häufig Tiefenmaße in Richtung der Luftströmung, bei denen eine gleichmäßige Verteilung der Trockenwirkung in Frage gestellt ist. Trockenkanäle kommen für gleich schwere und gleichartige Felle in Betracht. Bei der Trocknung wird das Leder entweder über Stangen geschlagen oder an den Enden aufgehängt oder, zur Vermeidung des Schrumpfens, auf hölzerne Spannrahmen genagelt. An den gegen die Unterlage fest anliegenden Lederteilen läßt sich hierbei eine Verzögerung der Trocknung nicht vermeiden. Nach dem Verfahren von Proctor werden daher die Felle durch Klammern gespannt, die mit einer Nase in die siebartige Spannfläche eingreifen und so geformt sind, daß das Fell an keiner Stelle an der Unterlage aufliegt. Der Proctor-Kammertrockner besitzt die Eigentümlichkeit, daß die senkrecht stehenden, luftdicht aneinander gereihten Spannrahmen mit ihrem äußeren Rand die Kammer selbst begrenzen. Der anschließende Bedienungsraum steht infolgedessen außerhalb des Einflusses der Trockenluft, was das jederzeitige Eingreifen und die unterschiedliche Behandlung der einzelnen Felle begünstigt. Ein zur Lederverarbeitung dienender Kammertrockner ist in Abb. 148 dargestellt.

Das Trocknen lackierter Leder erfolgt in Kammern bei einer Temperatur, die mit etwa 30^0 einsetzt und allmählich bis auf etwa 50^0 gesteigert wird. Wegen der Vorschrift vollkommener Staubfreiheit der Luft wird auf künstlichen Luftumlauf meist verzichtet und reine Innenheizung angewandt.

Werden Felle durch Benzol oder andere Lösungsmittel entfettet, so erfolgt anschließend Austreibung des Lösungsmittels in Vorrichtungen, die mit einer Rückgewinnungsanlage für die Lösungsmittel verbunden sind. Die Regel bildet geschlossene Ausbildung und Arbeiten unter Luftleere.

d) Leim. Die zulässige Höchsttemperatur liegt bei $t \approx 30^0$, eine Unterschreitung dieser Grenze ist zweckmäßig. Der geschlossene Kreislauf der Trockenluft bietet auch hier besondere Vorteile.

Beim Leim liegt die Gefahr des Umschlagens durch den Einfluß von Kleinlebewesen vor. Abkürzung der Trockenzeit ist daher erwünscht. Sie bewegt sich bei der üblichen Trocknung in Tafeln in den Grenzen von 3 bis 5 Wochen. Die Herstellung von Leim in Perlenform nach dem Verfahren der A. G. für chemische Produkte vorm. H. Scheidemantel, Berlin, ermöglicht eine Herabsetzung der Trockenzeit auf 8 bis 10 Stunden. Auf etwa 30 Sek. wird sie verringert, wenn die Trocknung auf Tauchtrommeln erfolgt. Der Anfangsfeuchtigkeitsgehalt schwankt zwischen $x_r \approx 2$ bis 6. Der Endfeuchtigkeitsgehalt soll $x_b \approx 0{,}1$ betragen und 0,2 keinesfalls überschreiten.

Für die Herstellung von Leim in Tafeln dienen Trockenkanäle. Die erwärmte Trockenluft tritt hierbei am einen Ende mit den in Horden auf Gleiswagen ruhenden Tafeln ein und etwa in der Mitte des Kanales aus. Gleichzeitig wird Frischluft vom entgegengesetzten Ende her nach der Mitte gesaugt. Hierdurch ergibt sich anschließend an die Haupttrocknung eine Abkühlung des Gutes unter gleichzeitiger Fertigtrocknung.

In feinkörniger Form wird Leim durch Trocknung der Leimbrühen auf Vakuumtauchtrommeln in leicht löslicher Form gewonnen.

e) Gelatine. Für Trockentemperatur, Trockenzeit und Endfeuchtigkeitsgehalt gelten die für die Trocknung von Leim maßgebenden Gesichtspunkte. Der Anfangsfeuchtigkeitsgehalt von $x_r \approx 20$ wird durch Eindampfen auf $x_r \approx 4$ bis 7 herabgesetzt. Neben den für die Leimtrocknung angewandten Verfahren kommt hier die Behandlung in Zerstäubungstrocknern in Betracht.

Dem niedrigen Schmelzpunkt von Gelatine Rechnung tragend, wird in den Vereinigten Staaten das Verfahren der kalten Trocknung ausgiebig angewandt, da sonst bei heißer Sommertemperatur eine zuverlässige Trocknung überhaupt unmöglich ist. Die Luft wird hierbei auf 5 bis 8° abgekühlt, dementsprechend entfeuchtet und anschließend auf 25 bis 30° erwärmt.

f) Trockenplatten und Filme. Die Höchsttemperatur der Trockenluft wird durch den bei $t \approx 30$ bis 40° liegenden niedrigen Schmelzpunkt der Emulsion eng begrenzt. Die Trockendauer darf einerseits, wegen der Gefahr einer Zersetzung bei hohen Temperaturen, nicht zu lang, andererseits nicht zu kurz sein, um Formänderungen der Emulsionsschicht zu verhüten. 2 bis 3 Stunden stellen einen bewährten Mittelwert dar.

Die Forderung vollkommener Staubfreiheit macht Filterung der Luft nötig. Dieser Umstand und die tiefe Trockentemperatur lassen das geschlossene Verfahren, unter Entfeuchtung der rückgesaugten Luft, besonders geeignet erscheinen.

Der Feuchtigkeitsgehalt der Emulsion beträgt $\chi_r \approx 4$. Er soll während der Trocknung mindestens auf den Grad der Lufttrockenheit vermindert werden, dem ein Wert $\chi_b \approx 0{,}15$ entsprechen dürfte.

Bei der Herstellung von Trockenplatten schließt sich an die Aufbringung des aus Chromgelatinelösung bestehenden Untergusses eine oberflächliche Trocknung der unbedeckten Glasseite durch Warmluft an. Sie erfolgt im allgemeinen in einem Kanal, der in zweckmäßiger Weise in den Arbeitsgang eingeschaltet wird. Nach Aufbringung der Emulsion folgt die Haupttrocknung, die sich vor allem auf die bedeckte Glasseite erstreckt und bis jetzt fast ausnahmslos in Trockenkammern erfolgt.

Die Bedingung, die Trocknung in den allgemeinen Arbeitsgang einzuschalten, läßt für die Filmtrocknung die Durchführung des Filmbandes durch den Trockenluftstrom, unter gleichzeitiger Beförderung von der Gieß- zur Abnahmestelle, als zweckmäßig erscheinen. Bei größeren Anlagen erfolgt die Filmtrocknung in Hängevorrichtungen. Da hierbei, ähnlich wie bei der Papiertrocknung, die Abführung des Dunstes nicht ohne weiteres gesichert ist, empfiehlt sich nach dem Verfahren Grewin Führung des Trockenluftstromes in wagerechter Richtung.

Auch für Trockenplatten und Filme ist die unter „Gelatine" erwähnte kalte Trocknung in den Vereinigten Staaten verbreitet.

g) Milch. Die Trocknung der Milch erstreckt sich sowohl auf Vollmilch als auch auf deren Bestandteile: Magermilch, Kasein und Milchzucker.

Die zulässige Höchsttemperatur ergibt sich mit $t \approx 40$ bis 45° aus der Überlegung, daß unterhalb dieser Grenze das Gerinnen von Eiweiß ausgeschlossen ist, das so gewonnene Milchpulver daher in Wasser löslich bleibt. Bei Kasein verringert eine Temperatur $t > 35$ bis 40° die nachträgliche Aufnahmefähigkeit für Füllstoffe und macht das Erzeugnis für die Kunststoffherstellung weniger geeignet.

Je kürzer die Trockenzeit ist, um so höherwertig ist das gewonnene Erzeugnis. Es handelt sich auf alle Fälle stets um Sekunden — bei

Vakuumtrockentrommeln etwa 8 Sekunden — oder — bei der Krause-Trocknung — um Bruchteile hiervon.

Da der Luftsauerstoff auf die Fettbestandteile oxydierend wirkt, soll sein Einfluß vermindert werden. Dies geschieht durch Ausnutzung der zulässigen Temperaturen bis zur Grenze, in Ausnahmefällen Trocknen unter Luftleere.

Der Wassergehalt der Rohmilch beträgt $\chi_r \approx 7$. Der Feuchtigkeitsgehalt der Milchbestandteile weicht von dieser Zahl erheblich ab und beträgt z. B. bei Kasein $\chi_r \approx 1,2$. Der Endfeuchtigkeitsgehalt schwankt zwischen $\chi_h \approx 0,1$ bis 0,05. Soll Milch in Pulverform gewonnen werden, so darf er den Wert 0,05 nicht überschreiten.

Als Trockenvorrichtung kommen vor allem Zerstäubungstrockner nach Krause, daneben Walzentrockner in Betracht. Die letzten arbeiten in der Regel mit Vakuumtauchtrommeln. Bei der Krause-Trocknung sind wegen der außergewöhnlich kurzen Trockenzeit für die Trockenluft hohe Temperaturen zulässig, die bei längerer Einwirkung das Erzeugnis schädigen würden. Hieraus ergibt sich die Möglichkeit, die Trockenluftmenge zu verringern. Läßt sich, wie bei dem Krause-Verfahren, ein verhältnismäßig hoher spezifischer Wärmeverbrauch nicht vermeiden, so ist das vorherige Eindicken der Milch unter Luftleere das gegebene Verfahren, um die Wirtschaftlichkeit zu sichern.

Die Trocknung von Kasein geschieht noch vielfach auf natürlichem Wege durch Horden, die in Schränken, Kanälen oder auch im Freien von Frischluft bestrichen werden. Daneben gelangen Vakuumtrockenschränke und Krause-Zerstäubungstrockner zur Anwendung.

Die aus der Molke abgeschiedenen Albumosen werden auf Walzentrocknern oder auf Horden in Vakuumschränken getrocknet. Das aus der Molke entfallende Milchserum wird zunächst auf einen Feuchtigkeitsgehalt $\chi \approx 3,3$ bis 5 eingedickt und danach unter Luftleere oder nach dem Zerstäubungsverfahren zu Rohmilchzucker verarbeitet. Das gleiche Verfahren kommt für die Herstellung von Fleischextraktersatz aus Magermilch in Frage.

h) Eier. Die Eiertrocknung spielt in China wegen des großen Eierüberschusses eine besondere Rolle, weil die dadurch erreichte Gewichtsverminderung und Haltbarkeit die Versorgung des europäischen und amerikanischen Marktes in ähnlichem Maße erleichtert, wie dies mit künstlich gekühlten oder ausgeschlagenen und danach eingefrorenen Eiern möglich ist. Getrocknet wird entweder Vollei oder Eiweiß und Eigelb getrennt. Die durch Eintauchen in eine 6 bis 8%ige NaCl-Lösung oder vermittels Durchleuchtens gesichteten Eier werden von Hand aufgeschlagen und, soweit nicht das Vollei getrocknet werden soll, in Eiweiß und Eigelb getrennt, danach zur Entfernung der Eifäden gesiebt. Das für die Herstellung von Albumin bestimmte Eiweiß gärt vor der Trocknung mehrere Tage in Bottichen.

Bezüglich Höchsttemperatur, Trockengeschwindigkeit und Trockenverfahren gelten ähnliche Gesichtspunkte wie bei der Herstellung von Trockenmilch.

Der natürliche Wassergehalt ist in den einzelnen Bestandteilen des

Eies verschieden und beträgt beim Eiweiß $\chi_r \approx 6$, beim Eigelb $\chi_r \approx 0{,}6$. Ein Durchschnittsei mit einem Gesamtgewicht von 61 g setzt sich aus etwa 31 g Eiweiß-, 22 g Eigelb- und 8 g Schalengewicht zusammen.

Die Trocknung geschieht für Vollei und Eigelb durch Vakuumtauchtrommeln und Zerstäubungstrockner. Das vergorene Eiweiß wird auf Blechschalen in Trockenkammern, unter möglichster Beschränkung der Trockenluftmenge, während etwa zweier Tage zu Albumin-Kristallblättchen verarbeitet.

i) Fische. Für die obere Begrenzung der Trockentemperatur sind bei der Fischtrocknung dieselben Gesichtspunkte maßgebend wie bei der Fleischtrocknung. Bei Trockenfisch, der für menschliche Ernährung bestimmt ist, handelt es sich vor allem um Erhaltung der Eiweißstoffe in der natürlichen Form. Bei der Kammertrocknung, die eine Trockenzeit von etwa drei Tagen bedingt, ist in dieser Richtung das Mögliche noch keinesfalls erreicht, ebensowenig bei der natürlichen Trocknung. Um die Quellfähigkeit zu erhalten und bei dem nachträglichen Einweichen leicht verdauliche Ware zu erhalten, ist es günstig, die Trockenzeit so weit wie möglich abzukürzen. Der Wassergehalt der Fische schwankt, je nach dem Fettgehalt, zwischen $\chi_r \approx 3{,}5$ bei Weißfischen und $\chi_r \approx 1{,}6$ bei Aalen. Er soll durch die künstliche Trocknung, um den Verderb zu vermeiden, auf etwa $\chi_h \approx 0{,}12$ vermindert werden.

Die Herstellung von getrockneten Klippfischen erfolgt in überwiegendem Maße durch natürliche Lufttrocknung, wobei die Trockendauer oft Monate beträgt. Zur Ausnahme gehört die Anwendung von Trockenkammern oder Trockenkanälen. Die letzten ergeben nach Eisener[1]) Abkürzung der Trockenzeit und Verbilligung des Betriebes infolge Wegfalls der bei Trockenkammern nötigen Handarbeit.

Handelt es sich um die Verarbeitung von für die menschliche Ernährung nicht tauglichen Fischen und Fischabfällen zu Futter- und Düngemitteln, so wird die zu Brei zerquetschte oder zerrissene Ware nach dem Verfahren von Paßburg zunächst auf Walzentrocknern unter Luftleere auf einen Zwischenfeuchtigkeitsgehalt von $\chi \approx 0{,}33$ vorgetrocknet und danach in Vakuumschaufeltrocknern auf den endgültigen Feuchtigkeitsgehalt in Form von Fischmehl gebracht. Anwendung der Luftleere sichert ein hochwertiges Erzeugnis. Wird darauf zum Zwecke der Verbilligung verzichtet, so ist Ummantelung der Trockenvorrichtung erforderlich, um die Ausbreitung des entstehenden widerlichen Geruches zu vermeiden und den von der Trockenluft mitgerissenen Staub zu erfassen. Eine derartige Vakuumtrockenanlage ist in Abb. 155 (Paßburg) dargestellt. Das Gut wird in einem Kessel gedämpft, durch Walzen und Mühlen zerkleinert und der Brei durch eine Kolbenpresse der Vakuumdoppeltrommel ununterbrochen zugeführt. Das vorgetrocknete Gut fällt dem Schaufeltrockner zu und wird diesem als feines Pulver entnommen. Die entweichenden Brüden durchlaufen Staubfänger und treten danach in die Kondensation. Für bescheidenere Ansprüche kommt die Fischmehlbereitung unter Anwendung von Trockentrommeln in Frage. Hierbei ist es nach Eisener[1]) zweckmäßig, aus

---

[1]) Eisener: Fischtrocknung. Die Trocknungs-Industrie 1925.

der ersten Hälfte des Trockners den Zelleneinbau wegzulassen, um bis zum Eintritt in das Zellengehäuse eine für den gleichmäßigen Durchgang hinreichende Zerkleinerung zu erreichen.

k) Seife. Für die Trocknung von Seife können Temperaturen bis $t \approx 60^0$ angewandt werden. Die Trockendauer schwankt, je nach dem Verfahren, zwischen etwa ½ Stunde bei Bandtrocknung, und 8 Sekunden bei Walzentrocknung. Flüssige Seife enthält Feuchtigkeit entsprechend $\chi_t \approx 0{,}5$ bis $0{,}7$. Der Endfeuchtigkeitsgehalt ist abhängig

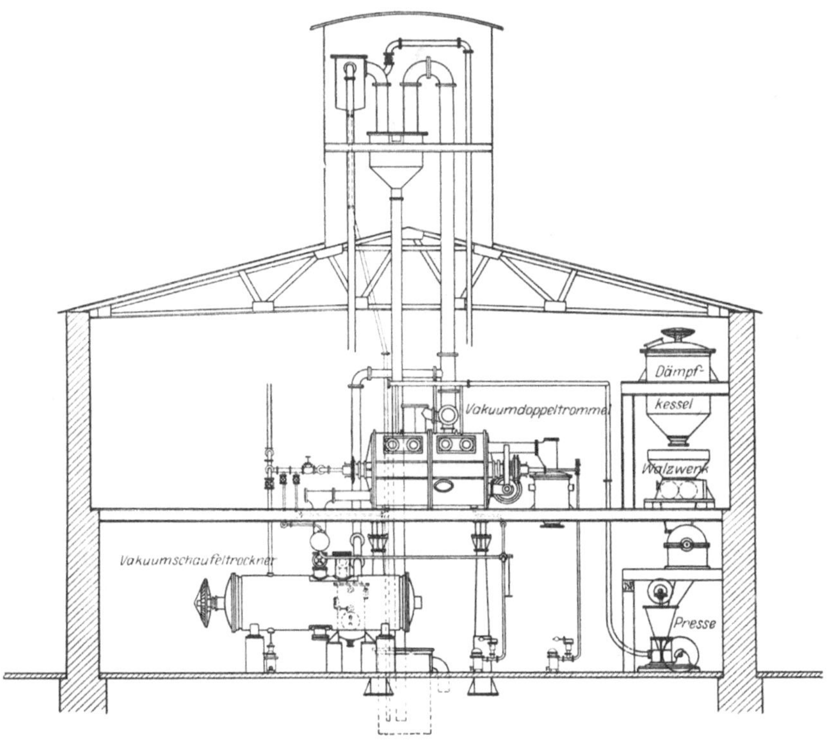

Abb. 155. Fischtrockenanlage (Paßburg).

von der Hochwertigkeit des Erzeugnisses. Er schwankt zwischen $\chi_b \approx 0{,}25$ bis $0{,}1$.

Die Trocknung erfolgt unter Verwendung von Bandtrocknern oder dampfbeheizten Walzentrocknern. Im ersten Falle fließt nach Abb. 156 (Proctor) die flüssige Seife aus einem Verteilbecken über Kühlwalzen, erstarrt darauf, wird am Austritt durch ein sägenartiges Messer in Schnitzel zerteilt und durch ein Hebewerk auf den Trockner gefördert. Dieser besteht aus mehreren übereinander angeordneten, endlosen Siebbändern. Deren Bauweise ist insofern beachtenswert, als einzelne durch Kettenglieder verbundene Hordentafeln verwendet werden, um die bei einem biegsamen Band auftretende mechanische Beanspruchung zu vermeiden.

Bei Walzentrocknern schmilzt die zuvor zu Platten oder Spänen geformte Seife zunächst, um mit beginnender Trocknung wieder zu erstarren und in Schuppenform durch Abstreifer losgelöst zu werden. Durch Steigerung der Trockenleistung läßt es sich ermöglichen, den Wassergehalt so weit zu entfernen, daß ein pulverförmiges Erzeugnis gewonnen wird.

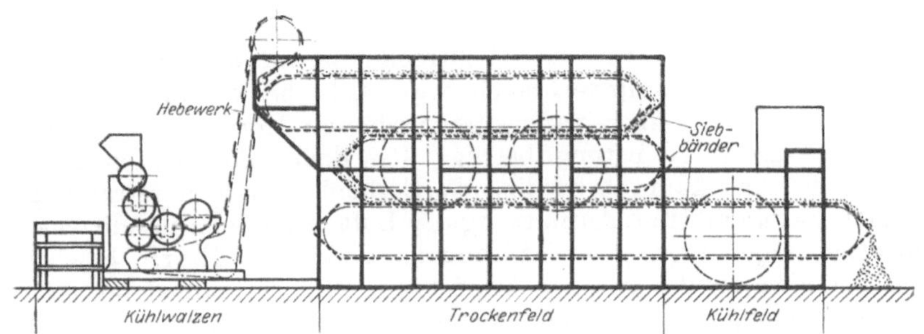

Abb. 156. Trockner für Seifenschnitzel (Proctor).

An die Trocknung schließt in beiden Ausführungsformen eine Kühlung, um Verluste durch Wärmestauung zu vermeiden. Bei Kanaltrocknern kann sie nach Abb. 156 dadurch erfolgen, daß das unterste Hordenband vorgezogen und als Kühlfeld ausgebildet wird. Bei Walzentrocknern wird nach Abb. 157 (T.A.G.) neuerdings ein gekühltes Walzenpaar hinter die Trockenwalze geschaltet, auf dem die Seife erhärtet.

Für die Trocknung von Stückseife wendet Proctor Kanaltrockner an, die nach dem Gegenstrommehrstufenverfahren arbeiten. Die Luft erfährt eine Temperatursteigerung

Abb. 157. Seife-Walzentrockner (T.A.G.).

gegen das Einbringende zu, um die Oberfläche der Seifenstücke für das nachfolgende Pressen und Packen absichtlich äußerlich zu verkrusten. Das Ausbringende ist als Kühlfeld ausgebildet.

l) Haare und Wolle. Die Höchsttemperatur, bei der durch Zersetzung des Säuregehaltes die Gefahr des Spröde- und Stumpfwerdens auftritt, liegt bei Wolle zwischen $t \approx 30$ und 40^0, bei Haaren höher bis 60^0. Wolle und Haare entfallen bie der Gerbung, werden durch

Schleudern zunächst mechanisch entfeuchtet und besitzen danach einen Feuchtigkeitsgehalt $\chi_r \approx 0,43$ bis $0,67$. Sie werden vor allem auf Hordentrocknern verarbeitet, deren Ausführung etwa nach Abb. 125 erfolgt. Die Schichthöhe beträgt 0,2 bis 0,3 m, der Endfeuchtigkeitsgehalt bewegt sich um $\chi_\mathfrak{h} \approx 0,17$. Um eine für die Wärmeübertragung günstige, nicht zu niedrige Luftgeschwindigkeit einhalten zu können, gelangen zuweilen Abdecksiebe zur Anwendung.

Eberle[1]) berichtet über Versuche an Woll- und Tuchtrockenvorrichtungen, wobei für die Wolltrocknung an einem dreilagigen Bandtrockner der Dampfverbrauch etwa 3,33, bei einem einstufigen Kastentrockner mit übereinander angeordneten Horden etwa 7,64 kg für 1 kg Wasserverdunstung betrug. Bei dem untersuchten Bandtrockner ist das kaum befriedigende Ergebnis durch Ausstrahlungsverluste und ungünstige Ausnutzung der Luft erklärlich, die mit einem Feuchtigkeitsgrad von $\varphi_h \approx 0,14$ abging. Zwei von Eberle beschriebene Versuche an der gleichen Vorrichtung ergaben einmal bei reiner Luftvorwärmung und Beschickung mit 314 kg Wolle von $\chi_r = 0,67$ Feuchtigkeitsgehalt eine Wasserverdunstung von 91 kg, entsprechend einem Endfeuchtigkeitsgehalt $\chi_\mathfrak{h} \approx 0,18$, bei einem Feuchtigkeitsgrad $\varphi_h \approx 0,41$ der mit 47⁰ abgehenden Luft; ein andermal, mit Umluft arbeitend, bei Beschickung mit 240 kg Wolle von einem Feuchtigkeitsgehalt $\chi_r \approx 0,7$ die gleiche Verdunstung von 91 kg, entsprechend einem Endfeuchtigkeitsgehalt von weniger als $\chi_\mathfrak{h} \approx 0,06$, bei Abluft von 38⁰ und einem Endfeuchtigkeitsgrad $\varphi_h \approx 0,41$. Bei dem untersuchten Kastentrockner strömte die Abluft mit 59⁰ und einem Feuchtigkeitsgrad $\varphi_h \approx 0,24$ ab. Nach diesen Versuchen läßt sich eine Verbesserung durch Vermehrung der übereinander angeordneten Hordenschichten erwarten. Das Arbeiten mit Umluft ermöglicht, eine Trocknung unter den erwünschten Endfeuchtigkeitsgehalt zu vermeiden.

Eine Trockenvorrichtung für die Behandlung gewaschenen Kopfhaares stellt die unter dem Namen Föhn verbreitete Verbindung eines Lüfters mit einer elektrischen Heizvorrichtung dar. Es ist auffallend, daß sich mit ihm die Trockentechnik bisher kaum befaßt hat, obwohl es sich dabei doch um die Erhaltung von Werten handelt, die über tierischen Erzeugnissen stehen sollten. Solche Haartrockner können erst dann als vollkommen betrachtet werden, wenn sie folgende Bedingungen erfüllen:

Selbsttätiges Abschalten des Heizstromes, sobald die Lufttemperatur etwa 50⁰ beträgt,

Regelbarkeit des Luftstroms, um eine zu rasche Trocknung zu vermeiden.

Es ist einleuchtend, daß der scharfe Heißluftstrom die Trocknung wohl beschleunigt, aber ungünstiger wirkt als ein fächelnder Wind, der sich durch Ausbreitung des Luftstroms ergibt, und die Trockenwirkung mildert, wenn auch verlangsamt.

---

[1]) Eberle: Wärmewirtschaft in der Textilindustrie. Z. V. d. I. 1923.

2. Pflanzenstoffe.

a) Kartoffeln. Die Trockenweise von Kartoffeln hängt davon ab, ob das getrocknete Gut für menschliche Ernährung oder Futterzwecke bestimmt ist, dann von der Form, in der es gewonnen werden soll, ob als Schnitzel, Scheibe oder Flocke.

Die obere Grenztemperatur scheint dadurch gegeben, daß eine Verkleisterung des Stärkegehaltes bei über etwa 60° eintritt. Diese Bedingung ist jedoch bei dem üblichen Verfahren gegenstandslos, weil dem Trocknen in der Regel ein Dämpfen der Rohkartoffel bei höheren Temperaturen vorausgeht. Das Gut darf deshalb während der Trocknung unbedenklich einer Temperatur von $t \approx 80°$ unterworfen werden bzw. einer noch höheren, wenn es zur Verfütterung dienen soll, und die Vorschrift, eine Geschmackschädigung auf alle Fälle zu vermeiden, weniger in Betracht kommt. Die Trockendauer schwankt, je nach dem Verfahren, zwischen wenigen Sekunden bei der Herstellung von Flocken, und mehreren Stunden bei der Erzeugung von Schnitzeln. Der Feuchtigkeitsgehalt der Rohkartoffel liegt zwischen $\chi_r \approx 2$ und 4. Er soll auf ein Maß vermindert werden, das $\chi_b \approx 0,175$ nicht überschreitet. Spezifisches Gewicht, Trockenstoff- und Stärkegehalt stehen bei der Kartoffel in bestimmtem, durch Abb. 158 nach Foth wiedergegebenem, Zusammenhang. Der Unterschied zwischen Trockenstoff- und Stärkegehalt ist bei allen Kartoffeln fast gleichbleibend 5,752%. Er entfällt auf Holzfaserteile, Stickstoffgehalt, Mineralstoffe u. dgl.

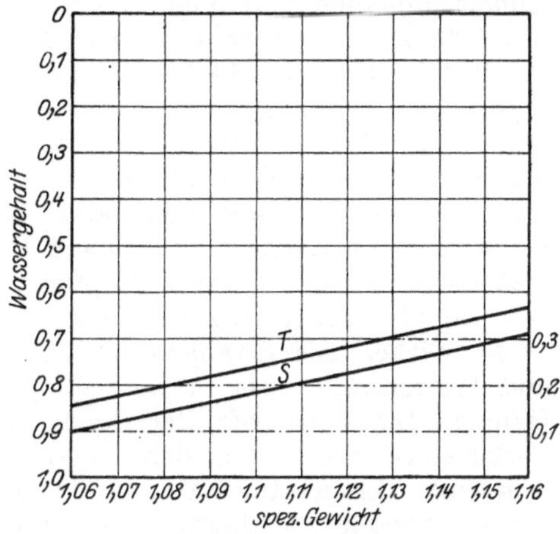

Abb. 158. Abhängigkeit des spezifischen Gewichts der Kartoffel vom Stärkegehalt (Foth).
(T = Trockenstoffgehalt, S = Stärkegehalt).

Bei der Erzeugung von Kartoffelschnitzeln und -scheiben wird die gereinigte Kartoffel in Schnitzelmaschinen zerkleinert und durch Dämpfung oder chemische Behandlung von den ein Blauwerden der zerteilten Kartoffel bewirkenden Oxydasen befreit. Die Trocknung erfolgt für Schnitzel und Scheiben zu Futterzwecken in umlaufenden Trommeln durch Feuergas-Luftgemische oder auch auf Darren. Soll das Erzeugnis zur menschlichen Ernährung dienen, so schließt sich an das Waschen der Rohkartoffel ein Schälen an. Die Trocknung erfolgt dann zweckmäßig durch Heißluft in Kanaltrocknern.

Der Trocknung zu Kartoffelflocken geht eine äußere Reinigung in fließendem Wasser und eine Dämpfung voraus, bei der die Poren aufgeschlossen werden. Die danach zu Brei zerdrückten Kartoffeln werden Walzentrocknern nach Abb. 132, 133, 134 zugeführt, das in Bandform entfallende Gut durch Kühlschnecken befördert, die gleichzeitig der

Vorzerkleinerung dienen. Anschließend erfolgt Auflösung in Flocken und Absiebung der Schalen in einer Sichttrommel, an die eine zum Lagerraum führende Fördervorrichtung anschließt. Neuerdings wird die Bewegung der Flocken bei großen Anlagen durch Preßluft bewirkt, die hierbei gleichzeitig die Nachkühlung übernimmt. Eisener[1]) weist auf die Wichtigkeit hin, die Förderluft aus dem Flockenboden anzusaugen, einmal um dort Überdruck zu vermeiden, dann um Niederschlag zu verhüten, wie er bei Entnahme warmer und feuchter Luft aus dem Trockenraum leicht entsteht.

Über die Durchbildung der verschiedenen Trockenverfahren und Versuchsbeobachtungen an ausgeführten Anlagen werden von Parow[2]) zahlreiche wertvolle Angaben gemacht, auf die hier verwiesen sei. Als Anhalt kann dienen, daß eine Vierfelderdarre von $4 \cdot 2$ m² in 12 Stunden aus 5000 kg nassen Schnitzeln 3500 kg Wasser bei einer Temperatur der Trockenluft von 70 bis 80° austreibt und etwa 12000 kg Dampf verbraucht. Walzentrockner besitzen eine Leistung, die zwischen 40 und 75 kg/h Wasserverdampfung für 1 m² Walzenoberfläche schwankt, wobei die niedrigen Zahlen für die heute weniger in Betracht kommenden Zweiwalzentrockner mit unmittelbar benachbarten Walzen gelten. Der Dampfverbrauch beträgt bei einem Dampfdruck von 5 bis 6 at 1 bis 1,25 kg für 1 kg Wasserverdampfung, worin der Wärmeverbrauch für das Dämpfen nicht eingeschlossen ist.

b) Stärke. Als Strahlen- und Stückenstärke kommt Mais-, Reis- und Weizenstärke, als Stärkemehl Kartoffel- und Maisstärke in den Handel. Die Vorschrift, der Stärke ihre Weiße zu erhalten und eine Verkleisterung zu vermeiden, begrenzt die bei der Trocknung anzuwendende Temperatur auf $t \approx 50°$. Daneben kommt der Verkürzung der Trockendauer Bedeutung zu. Das Trocknen unter Luftleere bietet auch hier besondere Vorteile, wenn es sich um hochwertiges Erzeugnis handelt.

Vor der eigentlichen Trocknung wird die Stärke mechanisch auf einen Feuchtigkeitsgehalt $x_r \approx 0,6$ bis 0,8 ausgeschleudert. Der Endfeuchtigkeitsgehalt schwankt zwischen $x_b \approx 0,02$ bis 0,04, wenn es sich um lösliche Trockenstärke handelt, und 0,16 bis 0,25 für gewöhnliche Handelsware. Über das hygroskopische Verhalten der Stärke liegen die in Abb. 1 niedergelegten Beobachtungen nach Hoffmann vor.

Die Verarbeitung der Stärke zu Krümel- und Puderstärke erfolgt in dampfbeheizten Vakuumschaufeltrocknern. Besondere Trennvorrichtungen halten hierbei die mit den Brüden entweichenden Staubteilchen zurück. Daneben kommen für Strahlen- und Stückenstärke Kammer-, Kanal- und Bandtrockner zur Anwendung. Die letzten sind häufig so ausgebildet, daß die Stärke in dünner Schicht über ein Tuch ausgebreitet ist, das sich über die als Hohlkörper ausgebildeten Heizflächen bewegt.

Die bei der Stärkeherstellung sich ergebenden Abfälle müssen wegen des hohen Wassergehalts $x \approx 20$ vor der Trocknung weitestgehend

---

[1]) Eisener: Flockengebläse. Die Trocknungs-Industrie 1926.
[2]) Parow: Handbuch der Kartoffeltrocknerei. Berlin 1916.

mechanisch entfeuchtet werden. Dies geschieht bei Kartoffelpülpe, Maiskeimen, Mais- und Weizenstärke durch Schneckenpressen, bei Kartoffelpülpe im Großbetrieb durch Walzenpressen. Zusatz von Kalkmilch erleichtert die Vorentwässerung. Sollen Reis- und Maisprotein, Reiszellulose und ähnliche, aus feinen Teilen bestehende, Rückstände getrocknet werden, so dienen Filterpressen zur mechanischen Entfeuchtung. Bei der Vorbehandlung, die zu einem Feuchtigkeitsgehalt $\chi_r \approx 3$ bis 8 führt, gehen lösliche Bestandteile mit dem Wasser verloren; ihre Erhaltung durch Eindampfen ohne vorherige mechanische Entfeuchtung ist kaum lohnend.

Neben Zerkleinerung der zusammenbackenden ausgepreßten Rückstände ist es wichtig, die Trockenvorrichtung so auszubilden, daß Klumpenbildung, besonders bei Beginn der Trocknung, vermieden wird. Uhland verteilt bei stark backenden Waren die Trocknung auf einen Vor- und Nachtrockner mit zwischengeschalteter Zerkleinerungsvorrichtung.

Für wenig empfindliche und wenig wertvolle Rückstände kommen feuerbeheizte Trommeltrockner zur Anwendung, bei hohem Proteingehalt dampfbeheizte Röhrenbündeltrockner. Als Versuchsergebnis mit einem unmittelbar beheizten Trommeltrockner von 1,6 m Durchmesser und 7 m Länge gibt die Herstellerin Venuleth und Ellenberger eine Leistung von 950 kg nasser Kartoffelpülpe von einem Anfangsfeuchtigkeitsgehalt $\chi_r \approx 2{,}33$, einem Endfeuchtigkeitsgehalt $\chi_\eta \approx 0{,}67$ bei einem Brennstoffverbrauch von 130 kg Koks, entsprechend einer Verdampfungsleistung von 3,65 kg für 1 kg Koks.

c) **Getreide.** In feuchten Sommern trocknet das Getreide am Halm nicht genügend aus, um während des folgenden Lagerns und Versands vor Verderb sicher zu sein. Von dem spät geernteten Mais und Reis gilt dies in besonderem Maße. Während in unseren Gegenden mit der künstlichen Nachtrocknung nur in Ausnahmefällen zu rechnen ist, wird sie in England und den nordischen Ländern wegen des Klimas, z. B. bei der für Vermälzung bestimmten Gerste, regelmäßig angewandt.

Die zulässige Temperatur liegt bei Roggen und Weizen, mit Rücksicht auf Erhaltung der Back- und Keimfähigkeit, bei $t \approx 45^0$, bei Braugerste und Saatgetreide in ähnlicher Höhe. Die Baustoffe der Trockenvorrichtung spielen hierbei nach Hoffmann insofern eine Rolle, als bei hölzernem Einbau die Temperatur um etwa 5^0 überschritten werden darf, während bei Ausführung in Eisen es sich empfiehlt, etwa 5^0 darunter zu bleiben. Sind dagegen Gerste, Hafer und Erbsen zur Vermahlung bestimmt, so kann eine Steigerung der Temperatur bis 70^0 und darüber in Kauf genommen werden.

Durch rasche Trocknung wird die Güte herabgesetzt. Die Trockenzeit soll für je 5% Verminderung des Feuchtigkeitsgrades $\varphi_\mathfrak{g}$ nach Hoffmann nicht weniger als eine Stunde, bei Braugerste sogar nicht weniger als zwei Stunden betragen.

Von den verschiedenen Trockenverfahren bietet die Vakuumtrocknung besondere Vorzüge, demnächst kommt die Verwendung von vorgewärmter Luft in Frage, in Ausnahmefällen die Benutzung von Feuergas-Luftgemischen, das letzte vor allem dann, wenn das getrocknete Gut nicht zur menschlichen Nahrung bestimmt ist. Hoffmann empfiehlt, die Trocknung zu Anfang im Gleichstrom erfolgen zu lassen, um die an dem Getreide haftenden Kleinlebewesen abzutöten und danach durch den Trockenwind abzublasen, da sie sonst die Poren verstopfen und die weitere Trocknung erschweren.

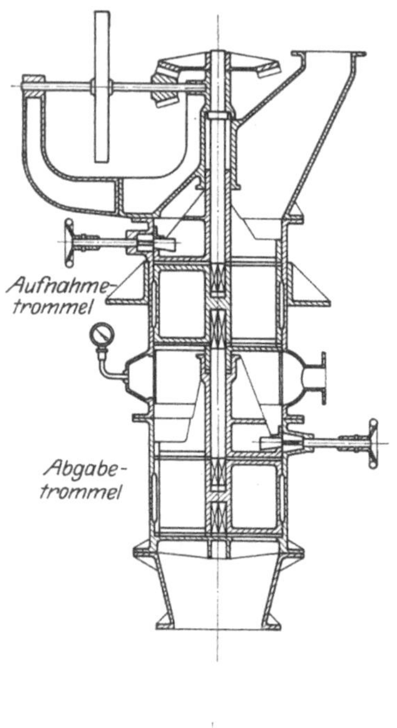

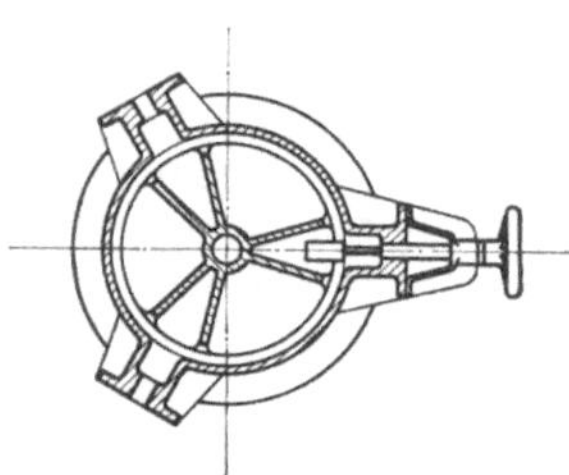

Abb. 159. Luftschleuse für Getreidetrockner (Paßburg).

Bei hohem Anfangsfeuchtigkeitsgehalt, wie er z. B. bei gebeiztem Getreide künstlich herbeigeführt wird, erfolgt die Trocknung in der Regel unter mehrmaligem Durchgang des Gutes.

Der anfängliche Feuchtigkeitsgehalt steigt im allgemeinen bei naturfeuchtem Getreide nicht über $\chi_r \approx 0{,}27$. Schiffsunfälle erhöhen ausnahmsweise die Zahl auf $\chi_r \approx 0{,}4$ bis $0{,}65$. Die natürliche Feuchtigkeit von Mais schwankt zwischen $\chi_r \approx 0{,}28$ bis $0{,}4$. Das als Saatgut bestimmte gebeizte Getreide erfährt durch das Weichen eine Erhöhung des Feuchtigkeitsgehalts bis auf $\chi_r \approx 0{,}32$, bei Heißbeize sogar bis $0{,}61$, im letzten Falle unter gleichzeitiger Erwärmung auf etwa 50^0.

Der Zustand der Lufttrockenheit entspricht nach Hoffmann[1]) einem Feuchtigkeitsgehalt $\chi \approx 0{,}22$ bis $0{,}25$. Der Feuchtigkeitsgehalt am Ende der Trocknung soll nicht wesentlich tiefer liegen. Für die übliche Lagerzeit empfiehlt Hoffmann einen Wert $\chi_b \approx 0{,}19$, dagegen nur $0{,}11$ bis $0{,}135$ bei langer Lagerdauer, wie sie in Mälzereien vorkommt, wenn das Getreide übersommern soll, außerdem dann, wenn die Lagerung in großen Silos erfolgt. Bei Saatgetreide stellt $\chi_b \approx 0{,}16$ den wünschenswerten Endzustand dar. Die Versandfähigkeit von Mais verlangt eine Verminderung des Feuchtigkeitsgehaltes auf $\chi_b \approx 0{,}15$ bis $0{,}16$.

Bei den für die Getreidetrocknung vorteilhaften Vakuumschaufeltrocknern, die für den Großbetrieb in Größen bis 2 m Durchmesser und 11 m Länge bei einer Heizfläche bis 200 m² gebaut werden, ist es zweckmäßig, an Stelle unterbrochener Beschickungsweise Luftschleusen als selbsttätige Ein- und Ausbringvorrichtungen anzuwenden. Bei der

---

[1]) Hoffmann: Versuchsbericht über die Hauptprüfung der Getreidetrockner. 1913.

in Abb. 159 (Paßburg) dargestellten Bauweise bestehen sie aus einer Aufnahmetrommel und einer Abgabetrommel, die gegen den zwischenliegenden Raum abwechselnd abdichten und öffnen. An diesen schließt eine besondere Luftpumpe an, die mit Rücksicht auf die Wirtschaftlichkeit des Verfahrens die mit dem Gut eindringende Luft bei höherem Saugdruck abführt, als wenn sie erst in die eigentliche Trockenvorrichtung gelangen würde. Bei großen Anlagen werden mehrere Vakuumschaufeltrockner hintereinander geschaltet. Von dem letzten läßt Paßburg das Getreide mit etwa 45⁰ in mehrere wechselweise arbeitende Kühlgefäße laufen. Diese stehen unter besonders hoher Luftleere, etwa 0,05 at, und ergeben, unter Ausnutzung der aufgespeicherten Überschußwärme des Gutes allein, Trocknung und Kühlung der Ware auf den für die weitere Lagerung geeigneten Grad. Wird durch Schiffsunfälle stark beschädigtes Getreide in Vakuumschaufeltrocknern behandelt, so erfährt es eine Verbesserung durch starke Minderung des ihm anhaftenden üblen Geruches.

Der in Abb. 160 dargestellte Jalousietrockner (Jaeger) arbeitet mit Heißluft, die etwa auf halber Höhe eingeführt wird, und durch das über die Lenkflächen niederrieselnde Getreide hindurchtritt. Ein zweiter Lüfter saugt die sich ansammelnde feuchte Luft am höchsten Punkte ab. Weitere Beispiele für mit vorgewärmter Luft arbeitende Getreidetrockner sind in den Abb. 118 und 119 wiedergegeben. Hierzu gehört auch Abb. 151 eines Getreidetrommeltrockners, der schichtweise mit 5 bis 8 Stunden Trockendauer arbeitet. Das Auffüllen der Trommel erfolgt jeweils aus den hoch angeordneten Vorratsrümpfen, die Entleerung in den tief angeordneten Sammelrumpf, von dem aus das getrocknete Gut über eine selbsttätige Wage durch Becherwerk auf den Lagerboden gehoben und dort durch Schnecken verteilt wird. An die Trocknung schließt sich Abkühlung durch Frischluft an. Der für die Absaugung dienende Lüfter fördert durch eine Staubkammer ins Freie. Der in Abb. 112 dargestellte Brownell-Trockner dient für die Verarbeitung von Leinsaat, Kopra, Bohnen, Mais u. dgl. und enthält eine Anzahl nebeneinanderliegender, durch Drahtwände getrennter Spiralführungen, durch die das Gut abwechselnd von außen nach innen und von innen nach außen fließt.

Die ausnahmsweise durchgeführte Anwendung von Feuergas-Luftgemischen zur Trocknung von Getreide erfolgt in Trommeltrocknern.

Als Ergebnis einer großen Getreidetrockenanlage, die mit vier Vakuumschaufeltrocknern von 1,5 m Durchmesser, 9 m Länge arbeitet, gibt Paßburg an, daß in 24 Stunden aus 285000 kg Weizen mit einem anfänglichen Feuchtigkeitsgehalt von $\chi_r = 0{,}297$ 35000 kg Wasser entzogen und ein Endfeuchtigkeitsgehalt von $\chi_b = 0{,}137$ erzielt wurde. Der gleichzeitig auftretende Dampfverbrauch wurde bei einer verminderten Trockenleistung gemessen und ergab einschließlich Betriebskraft bei einer Verminderung des Feuchtigkeitsgrades $\varphi_\mathfrak{G}$ um 7% 120 kg Dampf für je 1000 kg feuchtes Getreide, d. i. rund 1,7 kg Dampf für 1 kg aufgetrocknete Feuchtigkeit.

Als Leistung seiner mit Heißluft arbeitenden Getreidejalousietrockner gibt Jaeger 1 kg/h Wasserverdunstung für 1 m² Trockenfläche an, die als Summe der innen- und außenseitigen Oberfläche gerechnet ist, wobei auf 1 m² bei Weizen etwa 50 kg Fassungsvermögen kommt. Vorausgesetzt ist ein Feuchtigkeitsgehalt des Gutes $\chi_r = 0,235$ zu An-

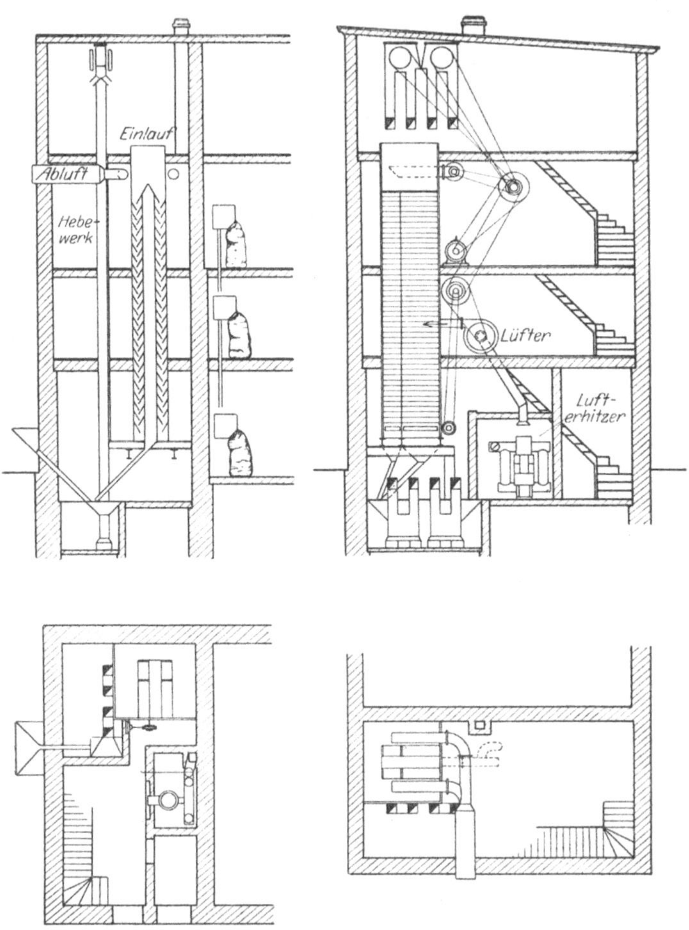

Abb. 160. Getreidetrockner (Jaeger).

fang, $\chi_b = 0,163$ zu Ende, eine höchste Lufttemperatur von 70° und eine Auslauftemperatur des Gutes von 44°.

Luther gibt den Dampfverbrauch für einen Gleichstromtrockner Bauart Topf, bei einem Dampfdruck von 6,5 at, im mittel zu 7,5 kg für 100 kg feuchtes Getreide an, wenn sein Feuchtigkeitsgehalt von $\chi_r = 0,25$ auf $\chi_b = 0,177$ vermindert und dementsprechend 6 kg Wasser entzogen werden. Die höchste Lufttemperatur liegt bei etwa 70°.

Über Versuche an einem Getreidetrockner der Firma Winde und Kleist, bei dem das Trockengut in dünnen Schichten niederfällt und vorgewärmte Luft durch das Getreide hindurchgesaugt wird, berichtet Fischer[1]). Zur Verarbeitung gelangte naturfeuchter Roggen bei folgenden Verhältnissen: Lufttemperatur $t_v = 45^0$, $t_h = 39^0$, Feuchtigkeitsgehalt $\chi_r = 0,185$, $\chi_h = 0,151$, Ausbringtemperatur $t_h = 28^0$, Höchsttemperatur des Gutes innerhalb der Trockenzellen 29,5°, Wärmeverbrauch 4470 kcal für 1 kg Wasserentziehung. Günstiger waren die Verhältnisse bei benetztem Roggen: Lufttemperatur $t_v = 49^0$, $t_h = 19^0$, Feuchtigkeitsgehalt $\chi_r = 0,356$, $\chi_h = 0,182$, Ausbringtemperatur $t_h = 23,5^0$, Höchsttemperatur des Getreides 28°, Wärmeverbrauch 1130 kcal für 1 kg Wasserentziehung. Ein dritter Versuch mit in der Warmwasserbeize aufgequollener Gerste ergab: Lufttemperatur $t_v = 46,5^0$, $t_h = 22,5^0$, Feuchtigkeitsgehalt $\chi_r = 0,46$, $\chi_h = 0,258$, Auslauftemperatur $t_h = 23,5^0$, Höchsttemperatur der Gerste 39°, Wärmeverbrauch 1345 kcal für 1 kg Wasserentziehung. Der Endfeuchtigkeitsgehalt im letzten Falle ist ungenügend und macht eine Nachtrocknung erforderlich. Bei Beurteilung der Versuche ist zu beachten, daß die Raumtemperatur in den beiden ersten Fällen 2°, im dritten Falle ½° betrug. Die Temperatur des feuchten Getreides lag in den beiden ersten Fällen mit 2°, bzw. 2,5° ganz nahe bei der Temperatur der Luft, im dritten Falle mit 19° wesentlich darüber. Der verwandte Heizdampf besaß einen Druck von 8,9 bzw. 9,3 bzw. 8,5 at. Das Niederschlagwasser lief mit 95,5° ab. In den Wärmeverbrauchszahlen ist der Verlust in einer langen ungeschützten Dampfleitung mitenthalten, so daß die Wirkungsweise zu ungünstig erscheint. Die Leistung betrug 932 bzw. 822 bzw. 684 kg/h nasses Gut, der Kraftbedarf 7,1 bzw. 7,54 bzw. 7,32 PSe. Die erheblichen Unterschiede zwischen den drei Versuchen werden erklärlich durch die absichtlich unterlassene Regelung der Luftmenge. Infolgedessen war der gesamte Wärmeverbrauch mit 116400 bzw. 117200 bzw. 124000 kcal/h bei allen drei Versuchen nahezu gleich, die Feuchtigkeitsaufnahme, bezogen auf 1 kg Reinluft, um so niedriger, je höher ihre Abgangstemperatur lag, statt richtiger umgekehrt.

Der Bericht der A/S. Tuborgs Fabrikker, Kopenhagen, über eine mit zwei übereinander angeordneten und hintereinander geschalteten Freundschen Trommeltrocknern umfaßt eine Beobachtungszeit von etwa fünf Wochen, während deren durchschnittlich 50000 kg Gerste in 24 Stunden getrocknet wurden. Der Feuchtigkeitsgehalt betrug $\chi_r = 0,226$, $\chi_h = 0,123$, die Getreidetemperatur in der oberen Trommel 32°, in der unteren 38 bis 40°. Der Wärmeverbrauch ergibt sich aus dem beobachteten Aufwand von 0,208 kg Kohle für 1 kg Wasserauftrocknung und dem unteren Heizwert des Brennstoffes von 7136 kcal/kg zu 1484 kcal für 1 kg Wasserentziehung. Er ist bemerkenswert niedrig, zumal wenn berücksichtigt wird, daß er sich auf die verheizte Kohle bezieht und das Durchschnittsergebnis einer längeren Betriebszeit darstellt. Die Zahl ist nur erklärlich durch das Zusammenwirken eines hohen Feuerungswirkungsgrades mit guter Ausnutzung der mittelbar angewärmten Trockenluft.

---

[1]) Fischer: Mitteilungen der deutschen landwirtschaftlichen Gesellschaft 1925.

Für einstufig arbeitende Trommeltrockner gibt Freund den Kohlenverbrauch zu 0,34 kg für 1 kg Wasserverdampfung bei einem unteren Heizwert von 7000 kcal/kg an, wenn Gerste von $\chi_r = 0,19$ auf $\chi_h = 0,136$ getrocknet wird. Die Innentemperatur soll hierbei 50 bis 55° nicht überschreiten.

Ein Versuchsergebnis über den in Abb. 116 dargestellten Brownell-Trockner bringt Alliott[1]). In einer Trommel von 2,75 m Durchmesser und 4,57 m Länge, die 14 Spiralen enthält und mit vier Umdrehungen pro Minute läuft, wurden 3000 bis 4000 kg/h Leinsaat von einem Feuchtigkeitsgehalt $\chi_r = 0,333$ auf $\chi_h = 0,053$ mit Luft getrocknet, die am Eintritt 90, am Austritt 45° besaß und mit Umlauf arbeitete.

Wertvolle Beobachtungen liefern auch die von der D.L.G. 1913 vorgenommenen Untersuchungen verschiedener Getreidetrockner.

d) Malz. Die Malztrocknung hat nahe Verwandtschaft mit der Getreidetrocknung, unterscheidet sich jedoch vor allem dadurch, daß bei ihr chemische und biologische Veränderungen vor sich gehen und das Verfahren erheblich beeinflussen. Bei der Herstellung von Malz sind zwei Abschnitte zu unterscheiden: das eigentliche Trocknen und das Abdarren zur Bildung aromatischer Stoffe.

Im ersten Abschnitt wird die Trockentemperatur allmählich mit etwa 45° auf die Grenze gesteigert, bei der das Leben des Kornes aufhört. Die bei dem Abdarren angewandten Temperaturen hängen von der Art des Erzeugnisses ab; sie liegen zwischen 70 und 110°, bei hellem Malz tiefer als bei dunklem. Die Bildung von Geschmacksstoffen beginnt mit etwa 75°, wobei Voraussetzung ist, daß der Feuchtigkeitsgehalt bei beginnender Einwirkung dieser Temperatur 0,16 bis 0,22 nicht überschritten hat.

Hohe Trockengeschwindigkeit führt zu der unerwünschten Bildung von Glasmalz infolge Lösung von Eiweiß- und Gummistoffen. Die gesamte Trocknung dauert zwischen 24 und 48 Stunden, wovon etwa 2 bis 3 Stunden auf das Abdarren bei hohen Temperaturen entfallen.

Die Verarbeitung des Malzes erfolgt heute nur noch selten auf Rauchdarren, die unmittelbar von Feuergasen durchzogen werden. Die Regel bilden Luftdarren.

Der Feuchtigkeitsgehalt des Grünmalzes beträgt $\chi_r \approx 0,67$ bis 0,82. Er wird auf einen schließlichen Wert von $\chi_h \approx 0,015$ bis 0,04 herabgesetzt, im einzelnen nach Lintner auf 0,015 bei Münchener, 0,025 bei Wiener und 0,035 bei Pilsener Malz.

Die Luftdarren werden bei neuzeitlichen Anlagen meist als Dreihordenböden übereinander angeordnet und erfüllen nach Abb. 161 (Topf) die ganze Grundfläche des ihnen in allen Teilen angepaßten Baus. Auf der oberen Schwelghorde erfolgt die Vortrocknung, auf der mittleren Trockenhorde die vollständige Austrocknung, auf der untersten Abdarrhorde findet kein eigentliches Trocknen mehr statt. Während die beiden oberen Horden von der hochsteigenden Heißluft nacheinander durchströmt werden und zu diesem Zweck zwischen mittlerer

---

[1]) Alliott: Drying by heat in conjunction with mechanical agitation and spreading. Journ. of the Soc. of Chem. Ind. 1919.

und unterer Horde eine besondere Luftverteilungskammer angeordnet ist, erhält die untere Horde besondere Heißluftzufuhr. Die Luftheizungsvorrichtung besteht überwiegend aus Rohren, die von Feuergasen durchströmt und von Luft umspült werden, neuerdings mehr und mehr aus Dampfrohrnetzen. Um eine günstige Ausnutzung des Brennstoffes zu erreichen, wendet Topf das Gegenstromverfahren an und

läßt die Feuergase die beiden Rohrschichten von oben nach unten durchziehen. Die erwärmte Luft strömt zum Teil unmittelbar nach der unteren Horde, zum Teil durch einen an der Wand hochsteigenden Kanal nach der mittleren Luftverteilungskammer. Hierbei wird die Verbindung zwischen dem seitlichen Kanal und der warmen Luftkammer durch einstellbare Schieber hergestellt, die in verschiedener Höhenlage liegen, und so ermöglicht, daß die untere Horde mit wenig Luft von hoher Temperatur, die beiden oberen Horden mit viel Luft von niedriger Temperatur arbeiten. Der Abzug des Schwadens erfolgt durch einen Dunstschacht, in Ausnahmefällen, um von den Witterungsverhältnissen unabhängig zu werden, durch einen Sauglüfter. Dieser wird zweckmäßig mit einem beweglichen Ringschieber, Abb. 162 (Topf), verbunden, um

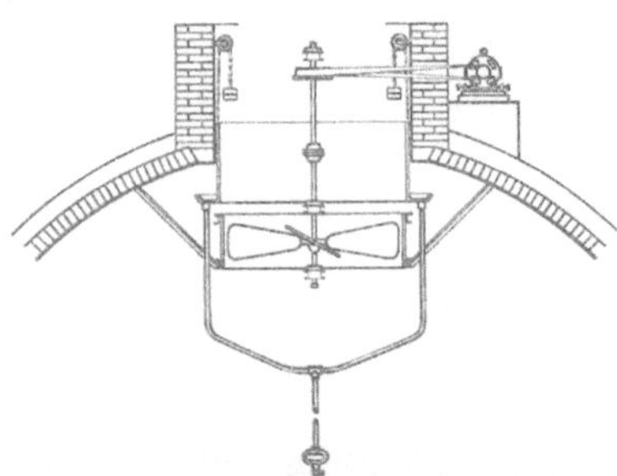

Abb. 161. Dreihordendarre
(Topf).

Abb. 162. Lüfter mit Ringschieber (Topf).

bei Stillstand des Lüfters den natürlichen Zug unbehindert ausnutzen zu können.

Eine Abart stellt die Brüne-Darre dar, bei der unter jeder Horde eine besondere Luftkammer angeordnet ist, um die Abhängigkeit der Darren voneinander aufzuheben und das Malz während des Trocknens und Darrens nach Belieben zu beeinflussen.

Das notwendige Wenden des Malzes während des Trocknens und Darrens erfolgt durch selbsttätige Schaufelvorrichtungen, die längs der Darren wandern. Das Beschicken der obersten Darre geschieht durch Hängebahn oder Luftförderanlage, das Abräumen der untersten entweder durch besondere Abräumvorrichtungen, die die ganze Darrenbreite bestreichen, oder durch Anordnung von klappbaren Horden.

Um die kostspieligen Wende-, Verteil- und Abräumvorrichtungen zu umgehen, hat Topf eine senkrecht angeordnete Darre, Abb. 163, entwickelt, die neben der Herstellung von Malz auch für die Trocknung von Gerste Verwendung finden kann. Das Malz rieselt hierbei zwischen Wänden aus Drahtgewebe nieder. Die ganze Höhe ist in drei Teile zerlegt, die durch Verschlüsse voneinander trennbar sind. Die Heißluft durchdringt die durch das Malz gebildete senkrechte Wand abwechselnd von der einen nach der anderen Seite, um eine gleichmäßige Wirkung zu erzielen. Besondere Luftkanäle ermöglichen, für jede Abteilung verschiedene Temperaturen anzuwenden. Der Betrieb der Senkrechtdarren gestaltet sich bei der Malzherstellung so, daß etwa alle zwölf Stunden die untere Abteilung vermittels einer unter dem Malzschacht liegenden Schnecke ausgeräumt, danach der Inhalt der mittleren nach unten und schließlich das in der obersten Abteilung befindliche Malz nach der mittleren entladen wird.

Die Leistung einer Dreihordenmalzdarre beträgt nach Topf 90 bis 110 kg fertiges Malz für 1 m² Hordengrundfläche in 24 Stunden, der Brennstoffverbrauch schwankt zwischen 11 und 18 kg

Abb. 163. Vertikaldarre (Topf).

Kohle von 7500 kcal/kg unterem Heizwert für 100 kg fertiges Malz. Die Höhe der Grünmalzschicht bewegt sich, je nach Eigenart des Malzes, zwischen 0,1 und 0,2 m, wobei die niedrigen Zahlen für helles, die hohen für dunkles Malz gelten.

Wendet eine Brauerei Trommeltrockner für Trocknung der Gerste an, so bietet sich ihre Ausnutzung zur Malztrocknung im Frühjahr von selber. Wegen des starken Schwindens des Grünmalzes erfolgt Vortrocknung und Abdarren in zwei getrennten Trommeln, die zweckmäßig untereinander angeordnet werden. Der Grund, weshalb die arbeitsparenden Trommeltrockner die Hordendarren noch nicht zu verdrängen vermochten, liegt darin, daß die ersten mit stärkeren Malzschichten arbeiten und infolgedessen nicht die gleichmäßige Einwirkung der Trockenluft sichern wie die dünne gleichmäßige Malzschicht auf der Hordendarre.

e) Hefe. An Hefe entfällt auf 1 hl Bier mit 12 bis 14% Extraktgehalt etwa 1 kg mit einem Feuchtigkeitsgehalt $\chi \approx 4$ bis 6. Die gewonnene Trockenhefe ist um so wertvoller, je niedriger die bei ihrer Herstellung angewandte Temperatur liegt. $t \approx 50^0$ stellt die obere Grenze dar, wenn die Hefe für menschliche Ernährung Verwendung finden soll. Bei Verarbeitung zu Futterzwecken erscheinen höhere Temperaturen zulässig.

Der natürliche Feuchtigkeitsgehalt der Rohhefe wird durch Pressen auf $\chi_r \approx 2,3$ bis 3 vermindert. Bezüglich des wünschenswerten Endfeuchtigkeitsgehaltes besteht ein Unterschied zwischen deutscher und englischer Hefe. Er liegt im ersten Falle bei $\chi_h \approx 0,083$, im zweiten Falle bei $\chi_h \approx 0,133$.

Für die Trocknung von Hefe kommen Walzentrockner zur Anwendung. Sie wird in vorgewärmtem Zustande zugeführt und entfällt in Form von Schuppen.

Eine von der Versuchs- und Lehranstalt für Brauereien, Berlin, vorgenommene Prüfung von Hefetrocknern ist in nachstehender Tafel zusammengestellt:

Hersteller	Büttner	Paßburg	Schilde	Soest	T.A.G.
Bauweise	Zwei-walzen	Vakuum-tauch-trommel	Ein-walzen	Ein-walzen	Zwei-walzen
Anzahl der Trommeln	2	1	1	1	2
Trommeldurchmesser . . . . . m	0,4	1	1,2	0,8	0,65
Trommellänge . . . . m	0,6	2	1,1	1,1	1,2
Heizfläche insges. . . . . m²	1,51	6,28	4,15	2,76	4,9
Drehzahl . . . . U. p. M.	6	2,3	4	4	4
Heizdampfdruck . . . . .at	4,7	1,95	1,72	2,93	3,47
Druck um die Trommel . . . . .at	1	0,15	1	1	1
Wassergehalt des Gutes:					
am Anfang. . . . . χ_r	6,9	7,5	7,5	7,25	7,4
am Ende. . . . . χ_h	0,0545	0,0733	0,1325	0,0635	0,095
Leistung Naßgut . . . . . . kg/h	67,2	277	80,73	49,02	203,3
Leistung an abgedampftem Wasser kg/h	54,5	235,8	67,22	40,8	171
Dampfverbrauch . . . . . . kg/h	82,6	326,5	87,73	58,08	288
Spezifischer Dampfverbrauch für 1 kg abgedampftes Wasser . . . kg/kg	1,52	1,39	1,3	1,43	1,33
Spezifische Verdampfungsleistung kg/m²/h	36,1	37,5	16,2	18,8	34,9

Hieraus ergibt sich zusammenfassend folgender Rückschluß: Zur Trocknung von Hefe mit einem mittleren Wassergehalt $\chi_r \approx 7,31$ zu Anfang, $\chi_h \approx 0,083$ zu Ende wird für 1 kg Wasserverdampfung 1,3 bis 1,52 kg Dampf verbraucht und, bezogen auf 1 m² gesamte Heizfläche der Trommeln, eine Leistung von 16,2 bis 37,5 kg/h abgedampftes Wasser erzielt. Im allgemeinen geht die höhere Leistung auf Kosten höheren Dampfverbrauchs. Mit Ausnahme der Vakuumtauchtrommel bedeutet die Leistungssteigerung in der Regel höhere Temperatur des Gutes und damit Minderung von dessen Güte. Die Versuche sind übrigens insofern nicht ausgeglichen, als der Endfeuchtigkeitsgehalt der Hefe stark — zwischen 0,0545 und 0,1325 — schwankt, was die Verschiedenheit der Dampfverbrauchs- und Leistungszahlen mitbegründet.

f) Treber. Mit Rücksicht auf Erhaltung des Nährwertes sollen bei der Trocknung der im Brauereibetrieb entfallenden Treber Temperaturen von $t = 60$ bis 70^0 nicht überschritten werden. Der Anfangs-

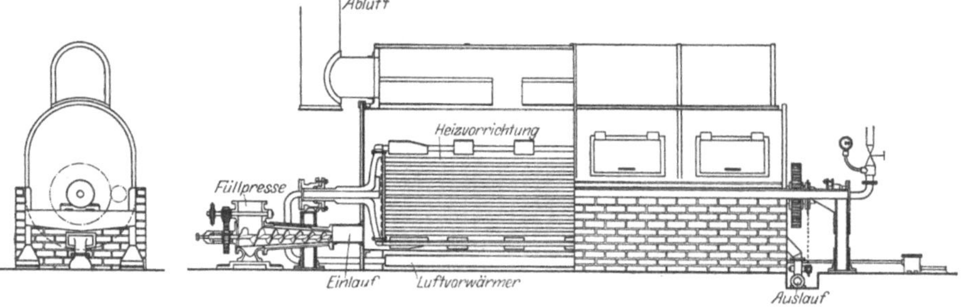

Abb. 164. Trebertrockner (Ponndorf).

feuchtigkeitsgehalt beträgt $\chi \approx 4$ bis 5. Er wird durch Vorpressen möglichst auf $\chi_r \approx 1,5$ bis 2 herabgesetzt. Der Endfeuchtigkeitsgehalt soll $\chi_\mathfrak{h} \approx 0,1$ nicht überschreiten. Für die Trocknung kommen in der Hauptsache dampfbeheizte Muldentrockner nach Abb. 136, 137, 138, 139, zur Anwendung. Die Ausführung der Abb. 164 (Ponndorf) zeigt die Verbindung mit der Füllpresse, die gleichzeitig zur Vorentfeuchtung

Abb. 165.
Schöpfwerk
(Ponndorf).

dient. Für die Entfernung des Niederschlagwassers ist der Deckel am Dampfaustrittsende mit einem · Schöpfwerk nach Abb. 165 ausgestattet. Das Niederschlagwasser fließt Heizkörpern zu, die zur Vorwärmung der Trockenluft dienen. Diese strömt mit dem Naßtreber durch die Füllpresse ein. Wegen des hier auftretenden Widerstandes ist kräftiger Zug nötig, wenn die Möglichkeit, die Seitenklappen des Muldenaufbaus zu öffnen, nicht regelmäßig benutzt wird. Als Baustoff hat sich Gußeisen gegenüber Blech bewährt, weil es bei saurem Treber weniger leicht zerstört wird.

Die Leistung eines Röhrenbündeltrockners von 100 m² Heizfläche nach Abb. 164 gibt die Herstellerin zu etwa 1600 kg Naßtreber mit einem Feuchtigkeitsgehalt $\chi = 5$, entsprechend 1250 kg Einmaischung, an. Der Feuchtigkeitsgehalt der vorgepreßten Treber beträgt anfangs $\chi_r = 1,63$, schließlich $\chi_\mathfrak{h} = 0,1$ bis 0,125. Dies ergibt eine Verdampfungsleistung von etwa 5 kg auf 1 m² Heizfläche. Der Dampfdruck liegt bei 2,5 bis 3 at, der Dampfverbrauch nahe an der Grenze von 1 kg für 1 kg Wasserverdampfung.

Die im gärungstechnischen Betrieb bei Verarbeitung von Malz, Mais, Reis, Roggen und Weizen entfallende Schlempe besitzt einen anfänglichen Wassergehalt von $\chi \approx 15$ bis 50. Wegen des verhältnismäßig geringen Wertes des Trockengutes kommen für das der eigentlichen Trocknung vorausgehende Eindicken nur Verfahren ohne großen Kostenaufwand in Betracht, z. B. Anwendung anderweitig nicht ausnutzbarer Abdämpfe und Abgase einer Feuerung. Die Fertigtrocknung von dem so auf $\chi_r \approx 4$ verminderten Feuchtigkeitsgehalt auf $\chi_{tr} \approx 0,1$ kann in Trommel- und Walzentrocknern erfolgen.

g) Teigwaren. Die zulässige Temperatur liegt bei Teigwaren mit $t \approx 50^0$ höher, als sie im allgemeinen angewandt wird. Der Grund ist wohl darin zu suchen, daß bisher nur selten mit Umluft gearbeitet wird und bei Steigerung der Vorwärmetemperatur der Luft bis zu dieser Grenze sich Trockengeschwindigkeiten in unzulässiger Höhe um so mehr ergeben, je dicker die Teigwaren sind. Die Trockenzeit beträgt bei Nudeln, je nach Stärke, 1 bis 2, bei Makkaroni sogar 3 bis 6 Tage.

Im Winter ist die künstliche Trocknung nicht zu entbehren, wenn sie auch zuweilen dadurch scheinbar umgangen ist, daß die wärmere Luft der Arbeitsräume der Trockenvorrichtung zugeführt wird. Im Sommer wird die Vorwärmung der Trockenluft häufig unterlassen und natürliche Trocknung, unter künstlicher Erhöhung der umlaufenden Frischluftmenge, angewandt.

Der Anfangsfeuchtigkeitsgehalt schwankt erheblich und liegt im Durchschnitt bei $\chi_r \approx 0,4$. Er soll durch die Trocknung auf $\chi_{tr} \approx 0,05$ bis 0,1 herabgesetzt werden.

Die Trocknung von Teigwaren erfolgt zuweilen in den Arbeitsräumen selbst, unter Beheizung und Belüftung der Arbeitstische. Während der nächtlichen Unterbrechung darf alsdann die Raumtemperatur nicht zu tief sinken, um Niederschlag auf die angetrocknete Ware, Entfärben und Sauerwerden zu vermeiden. Neben diesem Notbehelf kommen Schränke, Kammern und Kanäle in Frage. Nudeln werden im allgemeinen auf Wagengestellen mit einer großen Anzahl übereinander angeordneten Hordenflächen in nebeneinanderliegende Kammern geschoben, deren jede durch Öffnung von Schiebern an die ober- und unterhalb laufenden Luftkanäle angeschlossen ist. Zuweilen werden auch die Hordenwagen durch einzelne Horden ersetzt, die Schubladenform erhalten und zu mehreren übereinander angeordnet sind. In beiden Fällen strömt die Luft in senkrechter Richtung durch die Horden hindurch. Für die Trocknung von Makkaroni kommt neben der Unterbringung in Horden Aufhängung an Stäbchen zur Anwendung.

h) Obst. Die Trocknung von Obst spielt in den Vereinigten Staaten und anderen Überschußländern eine bedeutendere Rolle als bei uns. Hierdurch kommt es, daß dort das Trockenverfahren eine Ausbildung erfahren hat, die der hier üblichen Arbeitsweise überlegen ist.

Die zulässige Höchsttemperatur liegt bei $t = 50$ bis 100^0. Das untere Temperaturgebiet, zwischen 50 und 70^0, wird bei der eigentlichen Trocknung unter allmählicher Steigerung der Temperatur angewandt. Das höhere Temperaturgebiet, zwischen 70 und 100^0, kommt ausnahmsweise, z. B. bei Pflaumen während des Abdarrens, zur Anwendung und bewirkt die Entwickelung von Geschmacksstoffen und den Glanz der Ware. Die Luftdichtheit der Fruchthülle spielt hierbei insofern eine Rolle, als die dichte Haut von Kirschen und Pflaumen alsbald nach Beginn der Trocknung platzt, wenn sie mit einer Temperatur über 60° einsetzt.

Die Trockendauer steht in engem Zusammenhang mit dem angewandten Trockenverfahren. Apfelschnitten auf künstlich belüfteten, amerikanischen Darren werden z. B. während 5 bis 6 Stunden bei einer Gutstemperatur von etwa 50 bis 60° vorgetrocknet, danach gewendet und bei verstärkter Luftbewegung während weiterer 6 Stunden bei einer um etwa 10° höheren Gutstemperatur fertig getrocknet. Die Schichtstärke beträgt hierbei 0,12 bis 0,15 m. Gevierteilte Äpfel erfordern etwa die doppelte, ganze Äpfel die dreifache Zeit. Bei Verwendung von Kanaltrocknern mit einer Schichtstärke von 0,04 m sinkt die gesamte Trockendauer für Apfelschnitten auf etwa die Hälfte. Für Pfirsiche und Aprikosen schwankt die Trockenzeit bei Anwendung von Kanaltrocknern, je nach dem Wassergehalt, zwischen 5 und 15 Stunden, wenn mit etwa 45° vor- und mit etwa 60° fertig getrocknet wird.

Bei Pflaumen wird in bulgarischen Feueröfen während etwa 6 Stunden mit 40 bis 50° vorgetrocknet, daran schließt ein mehrfach unterbrochenes Trocknen mit stufenweise gesteigerter Temperatur zwischen 60 und 90° und Abkühlung der Früchte während der einzelnen Abschnitte. Das scharfe Abdarren unter Steigerung der Temperatur bis schließlich 100° dauert etwa eine halbe Stunde, der gesamte Trockenvorgang 24 Stunden. Ähnlich ist die Trocknung für amerikanische Pflaumen, bei denen jedoch die Behandlung auf Heißluftdarren und in Trockenkanälen vorgenommen und eine Temperatur von etwa 75° nicht überschritten wird.

Eine zu weitgehende Ausdehnung der Trockenzeit wirkt ungünstig, weil bei hohen Temperaturen die Früchte alsdann dazu neigen, im eigenen Saft zu kochen.

Der Feuchtigkeitsgehalt des rohen Obstes liegt für Kernobst im mittel bei $\chi_r \approx 5{,}4$, bei Steinobst im nicht entsteinten Zustande bei etwa 3,4, ohne Stein gerechnet dagegen ebenfalls bei etwa 5,4. Für die zur Trocknung besonders geeigneten Heidelbeeren kann mit $\chi_r \approx 4{,}5$ gerechnet werden. Während diese auf einen Endfeuchtigkeitsgehalt $\chi_h \approx 0{,}1$ getrocknet werden, liegt der Endfeuchtigkeitsgehalt bei den übrigen Obstarten wesentlich höher und erreicht $\chi_h \approx 0{,}47$. In den Vereinigten Staaten ist der Endfeuchtigkeitsgehalt gesetzlich mit einem höchsten Wert 0,316 festgelegt. Zur Beurteilung des richtigen Trockenheitsgrades dient die Vorschrift, daß getrocknete, in der Hand zusammengeballte Früchte beim Loslassen auseinanderfallen, und unter Druck keinen freien Saft aus der Schnittfläche austreten lassen, außerdem sich weich und samtig anfühlen sollen.

Um die Ungleichmäßigkeiten, die sich bei der Trocknung nicht vermeiden lassen, auszugleichen, wird das getrocknete Gut durch tägliches Wenden während längerer Zeit auf dem Lagerboden gemischt. Dieser soll auf einer gleichmäßigen Temperatur von etwa 20° gehalten und zur Abhaltung von Sonnenlicht und Insekten mit dicht schließenden Vorhängen versehen werden.

Die Vorbereitung der Früchte besteht in: Auslesen nach Güte und Größe, Waschen, Entkernen. Pflaumen werden zweckmäßig zur Entfernung der oberflächlich anhaftenden Wachsschicht zunächst in eine kochende Laugelösung getaucht, bisweilen auch zur Erleichterung des Feuchtigkeitsaustrittes durchstochen. Äpfel werden vor der Entkernung geschält. Die Teilung der Frucht erfolgt unmittelbar vor Beginn des Trocknens, um den schädlichen Einfluß des Luftsauerstoffes abzukürzen. Hierzu gehört auch das Bleichen der zu trocknenden Äpfel durch Schwefeldampf. Das deutsche Gesetz beschränkt den zulässigen Gehalt der zu trocknenden Frucht an schwefliger Säure auf 0,125%.

Das in Bulgarien weitverbreitete Trocknen der Pflaumen erfolgt in einfachen Dörröfen. Zwischen zwei Dörräumen ist der eigentliche holzgefeuerte Ofen angeordnet. Die Luft strömt über den Außenmantel, ehe sie in die Feuerräume eintritt. Auf jeder Seite können sechs Horden von 1 m Breite, 2,3 m Tiefe für je etwa 80 kg rohe Früchte eingeschoben werden. In kleineren Betrieben werden häufig ähnliche Vorrichtungen (Mayfarth) angewandt, bei denen um einen doppelmanteligen Ofen die Luft zur Vorwärmung und danach über und durch die Horden geführt wird. Die heißeste Luft strömt hierbei zum Teil über das frisch eingebrachte, zum Teil über das fertig getrocknete Gut. Zu diesem Zweck werden die Horden in zwei Lagen angeordnet und laufen zunächst von der Feuerstelle im Gleichstrom mit dem einen Teil der Heißluft nach dem entgegengestzten Ende, danach im Gegenstrom mit dem Rest der Heißluft nach der Feuerstelle zurück.

Für die Ausführung der zur Trocknung von Äpfeln dienenden Darren gibt die Landwirtschaftskammer der Vereinigten Staaten[1]) die in Abb. 166 wiedergegebene Anweisung. Zur Heizung dient ein gußeiserner Ofen, der, zwecks gleichmäßiger Luftzuströmung und Ausnutzung der Strahlwirkung, eine unten von Öffnungen durchbrochene Ummauerung

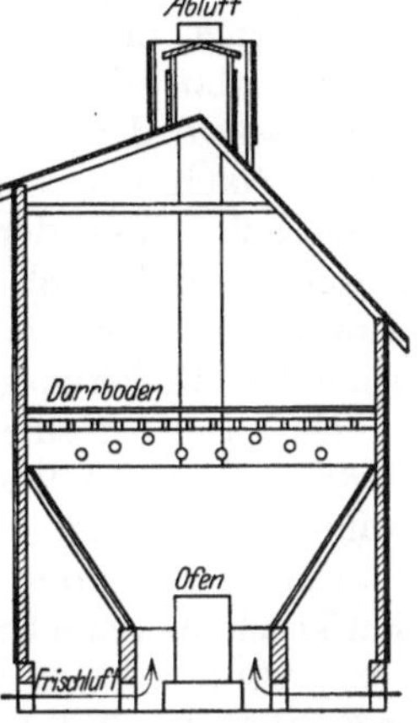

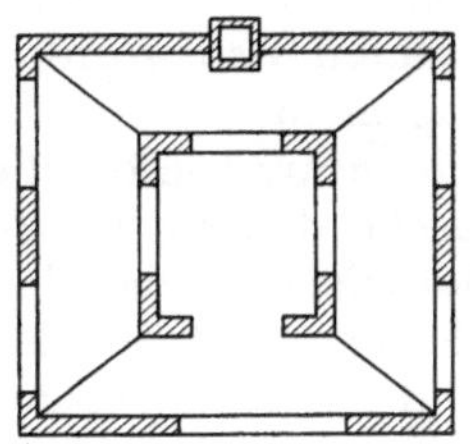

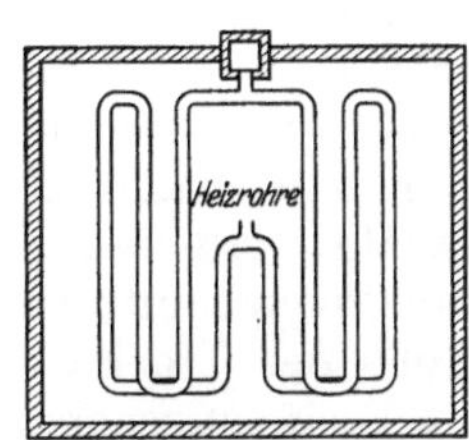

Abb. 166. Amerikanische Äpfeldarre.

erhält, die sich kegelförmig bis nahe unter den Darrenboden fortsetzt. Die Abgase des Ofens werden durch ein Röhrennetz geleitet, das leicht ansteigend in den Kamin mündet und unterhalb des Darrenbodens liegt. Bemerkenswert ist die Anordnung des Daches, das auf der einen, für die Bedienung vorgesehenen Seite mit geringer, auf der entgegengesetzten Seite mit starker Neigung verläuft und den in ganzer Länge

---

[1]) United States Department of Agriculture, Bulletin Nr. 1141. 1923.

der Darre sich erstreckenden Abzug trägt. Er ist mit einer über seinen höchsten Punkt reichenden, unten mit Öffnungen versehenen Schutzwand umgeben, um den Wind zur Verbesserung des Zuges auszunutzen und den Regen über das Dach abzuführen. Bei der Wahl der Baustoffe ist auf die Empfindlichkeit des Gutes gegen fremde Gerüche Rücksicht zu nehmen. Insbesondere muß das für die Darre verwendete Holz frei von Geruch und Harz sein und darf sich unter dem Einfluß der Hitze nicht werfen oder splittern. In den Vereinigten Staaten wird whitewood oder basswood verwendet, das mehrmals mit sehr heißem Öl gestrichen wird. Nach der Inbetriebnahme wird die Ölung mehrmals jährlich wiederholt. Bei der Wahl der Baustoffe für das Gebäude und insbesondere das Dach sind Metalle, mit Rücksicht auf den ungünstigen Einfluß der Schwefeldämpfe, die sich bei dem der Trocknung vorausgehenden Bleichvorgang entwickeln, möglichst zu vermeiden.

Die Leistung einer Darre von der üblichen Größe 6 × 6 m wird mit 1000 bis 1500 kg frische Äpfel in 24 Stunden angegeben und eine Vereinigung mehrerer Darren, mindestens 4, empfohlen.

Für die Trocknung von Zwetschen, Pfirsichen, Aprikosen, Beeren, werden Trockenkanäle angewandt, die auch zur gelegentlichen Verarbeitung von Äpfeln dienen, bei ausschließlicher Trocknung von Äpfeln jedoch gegenüber den billiger arbeitenden Darren zurückstehen. Die Bauweise ergibt sich aus der von der Landwirtschaftskammer der Vereinigten Staaten[1]) entworfenen Abb. 167. Die Heizung bewirkt ein Ofen, der im allgemeinen drei nebeneinander laufende Kanäle versorgt und in einem mit Öffnungen für die Frischluft versehenen Raum eingebaut ist, dessen Decke den Boden der eigentlichen Trockenkanäle bildet. Die Abgase des Ofens werden durch ein allmählich ansteigendes, unter den Kanälen gleichmäßig verteiltes Röhrennetz geführt. Die eigentlichen Kanäle sind mit einer Neigung von etwa 1 : 6 so angeordnet, daß die Trockenluft am tiefsten Punkte durch einen etwa 1 m langen Schlitz eintritt, um am höchsten Punkte in den Abzug zu strömen. Um die beim Entschlacken des Feuers entstehenden schlechten Gase nicht über das Trockengut kommen zu lassen, wird der Eintrittschlitz durch eine Schiebetür während des Entaschens abgesperrt. Die Stirnenden der Kanäle werden durch dicht schließende Türen in einer dem vollen Kanalquerschnitt entsprechenden Größe gebildet. Die zweckmäßige Größe der Trockenkanäle wird mit etwa 7 m Länge, 2 m Höhe und 1 m Breite angegeben. Für Wände und Decke wird Holz oder verzinktes Eisen, für den Boden nur das letzte verwandt. Innerhalb der Kanäle laufen auf etwa 18 Bahnen übereinander jedesmal fünf Horden aus verzinktem Drahtgeflecht mit etwa 6 mm Maschenweite, deren jede etwa 12 kg frische Äpfel oder Zwetschen, 8 kg Beeren, 6 kg Pfirsiche oder Aprikosen (geteilte Früchte, die mit der Schnittfläche nach oben getrocknet werden,) faßt. Die gesamte Trockenfläche der Horden beträgt für jeden Kanal etwa 100 m². Die Horden sind in den einzelnen Lagen so gestaffelt, daß die Trockenluft von unten nach oben auf der Ein-

---

[1]) United States Department of Agriculture, Bulletin Nr. 1141. 1923.

trittseite abnehmenden, auf der Austrittseite zunehmenden freien Querschnitt findet und infolgedessen veranlaßt wird, gleichmäßig zwischen den einzelnen Reihen hindurchzustreichen und hierbei das Gut von beiden Seiten zu trocknen. Dieses wandert, der Neigung entsprechend, von oben nach unten und wird zunächst von der verhältnismäßig kalten und feuchten Trockenluft erfaßt.

Eine Verbesserung ergibt sich, wenn neben der natürlichen Luftbewegung ein Lüfter wirkt, der die Trockenluft am höchsten Punkte des Kanalbodens absaugt und über den Ofen und die Ofenrohre in den Eintrittschlitz am tiefsten Ende des Kanals zurückdrückt. Zur Regelung von Frisch- und Umluft

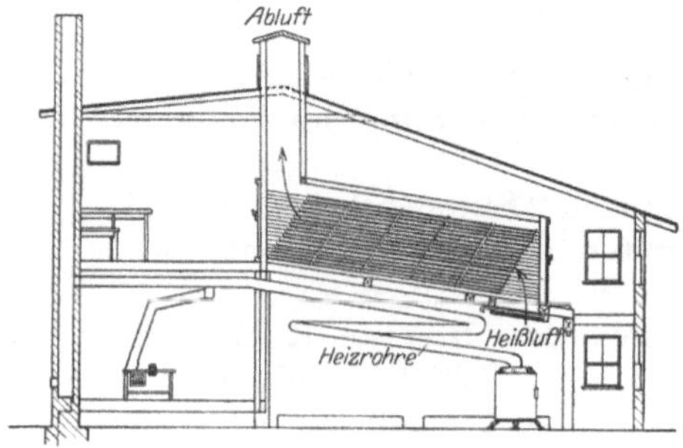

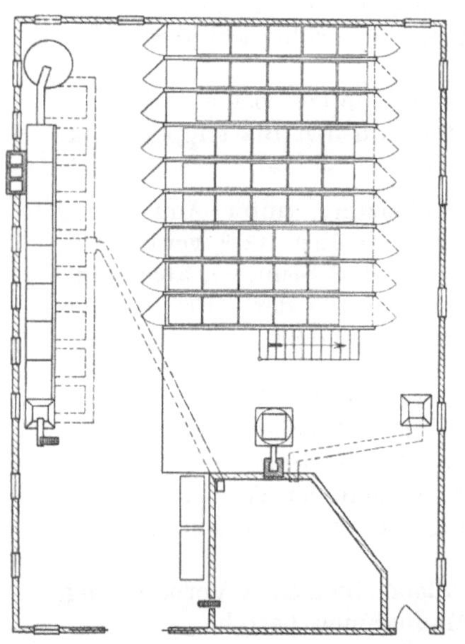

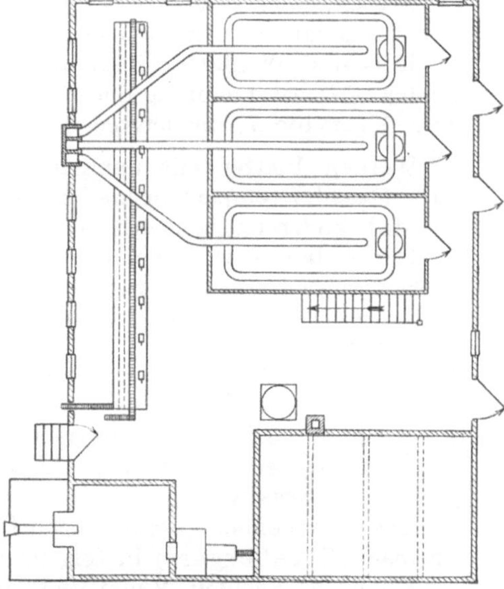

Abb. 167. Amerikanischer Kanaltrockner für Obst.

sind hierbei Klappen an den Luftzutrittsöffnungen zu der Feuerung und dem Rücksaugschlitz angeordnet.

Um das Festkleben des Gutes an den Hordendrähten zu verhindern, werden sie vor jeder Benutzung mit einem leicht eingefetteten Lappen abgerieben.

i) Gemüse. Der Trocknung von Gemüse kommt für die Versorgung des Heeres mit Dauerware besondere Bedeutung zu. Mangelhafte Verfahren in der Zeit des Weltkrieges haben dem Markte ungeeignete Erzeugnisse zugeführt und die Trocknungsindustrie geschädigt. Gemüse für menschliche Ernährung soll eine gleich pflegliche Behandlung erfahren wie Obst. Dagegen ist für Futterpflanzen in Großbetrieben die einfache Behandlung mit Feuergas-Luftgemischen statthaft.

Die zulässige Höchsttemperatur liegt mit $t \approx 50$ bis 70^0 in den gleichen Grenzen wie bei Obst. Auch bei Gemüse schließt sich an die längere Vortrocknung mit niedrigen Temperaturen das Abdarren mit höherer Temperatur während kürzerer Zeit an.

Die Trockendauer und Temperaturfolge beträgt bei Anwendung von Hordendarren in der unter h) beschriebenen Verbindung mit Heißluftmantelöfen nach Kleeberger[1]) für

Kohlrabi: 5 bis 6 Stunden bei 50^0, danach 2 Stunden bei 80 bis 85^0.

Gelbe Wirsingblätter und Blattspreiten des Römisch-Kohls: insgesamt 4 bis 5 Stunden.

Grüne Wirsingblätter und Blattstiele des Römisch-Kohls: insgesamt 6 bis 8 Stunden bei anfangs 50^0, zum Schluß 85 bis 90^0.

Bohnen: 5 bis $7\frac{1}{2}$ Stunden bei 50^0, $2\frac{1}{2}$ bis 3 Stunden bei 80^0 für die im ganzen verarbeiteten, an der Luft vorgetrockneten Bohnen, insgesamt 6 bis 7 Stunden für geschnittene abgebrühte Bohnen.

Erbsen, ganz: insgesamt 7 bis 9 Stunden, abgebrüht: 4 bis 5 Stunden, bei Temperaturen wie Bohnen.

Rot- und Weißkohl: insgesamt 8 bis 9 Stunden, bei anfangs 60^0, später 95^0; bei Trennung der Blattspreiten von den Blattrippen erfordern die ersten 7, die letzten 9 Stunden.

Werden Blätter mit unmittelbarer Beheizung, unter Anwendung einer Mischlufttemperatur am Eintritt von nicht über 100^0, verarbeitet, so wird die Trockenzeit erheblich, bis auf etwa 3 Stunden, abgekürzt.

Der Anfangsfeuchtigkeitsgehalt ist sehr verschieden. Er liegt mit $\chi_r \approx 16,5$ bei Kopfsalat besonders hoch, beträgt jedoch im allgemeinen, z. B. bei Wirsing, Kohl, Spinat, Rüben, grünen Bohnen, Erbsen und Zwiebeln $\chi_r \approx 6$ bis 8. Futterrüben werden bei Verarbeitung zu Rübenschnitzeln auf der Schnitzelpresse bis auf einen Feuchtigkeitsgehalt von $\chi_r \approx 2,5$ entfeuchtet. Der Endfeuchtigkeitsgehalt soll $\chi_b \approx 0,16$ bis $0,175$ nicht überschreiten. Wegen der Wiederaufnahme von Feuchtigkeit während der Lagerung ist eine Trocknung unter $\chi_b \approx 0,12$ zwecklos.

Das zu trocknende Gemüse bedarf im allgemeinen einer Vorbereitung, die nach Kleeberger[1]) in folgenden Maßnahmen besteht:

Kohlrabi: Schälen, 2 mm dick in Scheiben schneiden.

Wirsing: Entblättern, grüne Randblätter von den gelben Innenblättern trennen.

Römisch-Kohl: Blattrippen entfernen und mehrmals aufschneiden.

Grüne Bohnen und Erbsen: $1\frac{1}{2}$ bis 2 Tage in der Luft vortrocknen oder schneiden und in kochendem Salzwasser brühen.

Rot- und Weißkohl: wie Wirsing vorbehandeln, jedoch Blätter zerschneiden, dicke Rippen entfernen und spalten.

---

[1]) Kleeberger: Versuche über Trocknung von Gemüse und Obst. Mitt. d. D. L. G. 1917.

Lupinen müssen vor der Trocknung entbittert werden. Bei den zu Futtermitteln bestimmten Feldfrüchten beschränkt sich die Vorbereitung meist auf eine weitgehende Zerteilung.

Die getrocknete Ware bedarf in der Regel einer Abkühlung unter mehrmaligem Umschaufeln.

Als Trockenvorrichtungen kommen die für die Obstverarbeitung angewandten Horden, Darren und Kanaltrockner in Betracht, außerdem für zu Futterzwecken bestimmte Rübenschnitzel und Rübenblätter Trommeltrockner, die mit Feuergasen arbeiten. Der Brennstoffverbrauch für die Trocknung von Gemüse auf Hordendarren mit durch Ofenheizung erzeugter Heißluft erreicht nach Kleeberger[1]) bei etwa 0,03 m Schichtstärke, einem Feuchtigkeitsgehalt zwischen $\chi_r = 7{,}35$ bis 11,5 anfangs, $\chi_h = 0{,}112$ bis 0,163 am Ende die bedeutende Höhe von 70 bis 110 kg Braunkohlenbriketts für 100 kg Naßgut.

k) Flachs. Die Temperatur ist mit $t \approx 55^0$ dadurch begrenzt, daß Flachs bei höheren Temperaturen infolge Zersetzung des Säuregehaltes stumpf und spröde wird. Der natürliche Feuchtigkeitsgehalt von $\chi \approx 2{,}5$ wird durch Vortrocknen in freier Luft auf etwa $\chi_r \approx 0{,}2$ bis 0,25 vermindert und in der Trockenanlage auf $\chi_h \approx 0{,}1$ gebracht. In anderen Fällen erstreckt sich die künstliche Trocknung auf den nassen Röstflachs. Sie erfolgt in Gegenstromkanaltrocknern mit stufenweiser Nachwärmung bei einer Trockenzeit, die im mittel 3 Stunden beträgt.

l) Holz. Bei der Trocknung von Holz sind die natürlichen Eigenschaften insofern von Einfluß, als wertvolle Bestandteile, wie Holzöle, Harze und Terpene, erhalten werden sollen. Durch die Erwärmung wird Harz weniger löslich. Der im Saft enthaltene Albumin-, Stärke- und Zuckergehalt führt bei Wiederaufnahme von Feuchtigkeit nach der Trocknung zu Gärungserscheinungen und Zerfall, wird daher meist durch den Auslaugungsvorgang beim Dämpfen des Holzes vor der Trocknung entfernt. Bei der Behandlung von verleimtem Furnierholz ist die Rücksicht auf die Verleimung meist weitergehend als die auf das verwandte Holz und daher maßgebend.

Die Mannigfaltigkeit der verschiedenen zur Trocknung gelangenden Hölzer hinsichtlich Form, Stärke, Größe und Art ist besonders groß. Um trotzdem gleichmäßige Ergebnisse bei der nicht einfachen künstlichen Trocknung zu erreichen, soll sie sich stets nur auf Gruppen mit Gut gleicher Art erstrecken. Die Unterscheidung hat hierbei von verschiedenen Gesichtspunkten auszugehen:

Frisch geschnittenes Holz wird im allgemeinen vor der Trocknung durch unmittelbare Berührung mit Dampf ausgelaugt. Die tiefgehende Erwärmung bewirkt ein Öffnen der Poren und ein teilweises Auslaufen der Feuchtigkeit. Die Dämpfung erfolgt bei einer Temperatur von etwa 70 bis 80°, wird während der Trocknung mehrfach wiederholt mit immer weiter abnehmender Dauer. Die zwischen die Dämpfung eingeschalteten eigentlichen Trockenabschnitte verlaufen bei allmählicher Verringerung von Temperatur und Feuchtigkeitsgrad der Luft. Bei lufttrockenem

---

[1]) Kleeberger: Versuche über Trocknung von Gemüse und Obst. Mitt. d. D. L. G. 1917.

Hirsch, Trockentechnik. 19

Holz setzt im allgemeinen die eigentliche Trocknung sofort ein. Hier wird jedoch zweckmäßig mit niedrigen Lufttemperaturen begonnen und erst allmählich eine Steigerung vorgenommen. Eine besondere Art stellt Floßholz dar, das durch Wasser ausgelaugt ist. Es verhält sich bei der Trocknung günstig, verlangt jedoch ein besonders langsames Einsetzen der Erwärmung, um Rißbildung zu vermeiden.

Unterschieden nach ihrer Härte, stellen z. B.: Linde und Lärche weiche, Tanne, Fichte und Kiefer mittelharte, Ahorn, Esche, Ulme, Eiche und Buche harte Hölzer dar.

Wichtig ist auch das Schwindmaß des Holzes, besonders in Richtung des Halbmessers gerechnet, da mit ihm die Gefahr der Rißbildung und damit die zu fordernde Trockenzeit zunimmt. Es liegt z. B. unter 2% bei Mahagoni, über 5% bei Kastanie, Birne, Buche und Nuß, zwischen 2 und 5% und etwa in der angeführten Folge zunehmend bei Lärche, Fichte, Pappel, Tanne, Erle, Ulme, Kiefer, Eiche, Ahorn, Linde, Esche, Birke.

Abb. 168. Holzstapelung für Kanaltrockner mit Längsströmung der Luft.

Eine unbegrenzte Möglichkeit liegt in den Stärkenabmessungen und der Formengebung des Holzes. Besitzen die Hölzer die Form von Brettern, Bohlen und Balken, so werden die einzelnen Lagen durch zwischengeschobene Latten getrennt. Diese bewirken eine örtliche Verzögerung der Trocknung. Anordnung der ersten Latten an den Stirnenden bedeutet daher eine Schutzmaßnahme, um das hier in besonderem Maße drohende Reißen zu vermeiden. Da die zwischengelegten Latten untereinander angeordnet sind, muß Vorsorge getroffen werden, daß der Luftdurchgang frei bleibt. Strömt daher die Trockenluft in einem Kanaltrockner längs, so sollen nach Abb. 168 (American Blower) die Bretter quer, die Latten längs laufen, umgekehrt ist die Stapelung vorzunehmen, wenn die Luftbewegung senkrecht zur Fahrtrichtung erfolgt. Bei der Stapelung empfiehlt es sich, die stärkeren Hölzer unten, die schwächeren oben anzuordnen und die Innenseite nach unten zu richten. Furniere verlangen bei der Trocknung eine mit Dicke und Zahl der verleimten Schichten zunehmende Sorgfalt.

Über die zulässige Temperatur schwanken die Angaben außerordentlich, offensichtlich deshalb, weil sie in der Regel auf die am trockenen Thermometer beobachtete Lufttemperatur bezogen werden, die nur beim Gegenstromtrockner die Höchsttemperatur des Holzes selbst bedingt. Wird diese bestimmt, so stellt für Weichholz $t \approx 70^{\circ}$, für Hartholz $t \approx 85^{\circ}$ die obere Grenze dar. Bei verleimten Furnierhölzern liegt sie, mit Rücksicht auf die Verleimung, wesentlich niedriger, bei etwa 30°.

Die Trockenzeit beträgt bei der natürlichen Trocknung mehrere Jahre. In der Möglichkeit, sie bei der künstlichen Trocknung erheblich herabzusetzen, liegt deren wirtschaftliche Bedeutung. Ganz allgemein ist auch hier die Trockendauer nach der Empfindlichkeit des Gutes abzustufen, die zahlenmäßig einmal durch das Schwindmaß, dann durch die Härte erfaßt wird. Für durchschnittliche Verhältnisse beträgt sie bei nachts unterbrochenem Betriebe etwa 5 bis 10 Tage für Hölzer, deren Stärke 2,5 cm nicht überschreitet, und nimmt bis auf 14 bis 30 Tage mit wachsender Stärke zu, wobei die längste Dauer für etwa 10 cm starke Bohlen gilt. Je dicker die Hölzer sind, um so mehr äußert sich der Unterschied zwischen Hart- und Weichholz in der Trockendauer. Während sie sich bei 1 cm dicken Hölzern kaum unterscheidet, sinkt sie z. B. für 5 cm Stärke bei Weichholz auf etwa die Hälfte der für Hartholz erforderlichen Zeit. Für Furniere mit dreifacher Verleimung kann eine Trockenzeit von 12 bis 17 Stunden angenommen werden, die bei siebenfacher Verleimung auf 20 bis 40 Stunden ansteigt.

Der Feuchtigkeitsgehalt ist bei Floßholz mit $\chi_r \approx 1{,}5$ am höchsten. Er kann im Mittel für Nadelholz im frischgeschnittenen Zustande zu $\chi_r \approx 1{,}2$, im waldtrockenen Zustande zu $\chi_r \approx 0{,}55$ angenommen werden. Für Laubholz beträgt er im frischgeschnittenen Zustande $\chi_r \approx 0{,}7$, im waldtrockenen Zustande $\chi_r \approx 0{,}43$. Bei verleimten Furnieren hängt er mit der Anzahl der Leimschichten zusammen und kann bei dreifacher Verleimung zu $\chi_r \approx 0{,}14$ bis 0,16, bei fünffacher Verleimung zu $\chi_r \approx 0{,}16$ bis 0,22, bei siebenfacher Verleimung zu $\chi_r \approx 0{,}22$ bis 0,25 angenommen werden. Der Endfeuchtigkeitsgehalt soll bei Holz, das bei seiner späteren Verwendung der äußeren Umgebung ausgesetzt ist, etwa dem Gleichgewichtszustand der Lufttrockenheit, bei Nadelholz $\chi_\mathfrak{h} \approx 0{,}175$, bei Laubholz $\chi_\mathfrak{h} \approx 0{,}22$, entsprechen. Für Hölzer, die zur Ausstattung trockener Räume (Bodenbelag beheizter Wohnungen, feine Möbel, Umbau von Trocknern) oder zur Benutzung in tropischer Gegend bestimmt sind, muß die Trocknung bis auf einen etwa halb so hohen Endfeuchtigkeitsgehalt fortgesetzt werden. Im letzten Falle besteht besonders an den Stirnholzflächen während der Zwischenlagerung die Gefahr der Feuchtigkeitsaufnahme und, hieraus folgend, eines Werfens, Verziehens oder Reißens. Bei Furnierhölzern wird mit einem Endfeuchtigkeitsgehalt von $\chi_\mathfrak{h} \approx 0{,}1$ stets unter das Maß der Lufttrockenheit gegangen und der Gefahr der nachträglichen Feuchtigkeitsaufnahme durch Aufbringung undurchlässiger Schichten, Lackierung u. dgl., vorgebeugt. Der Endfeuchtigkeitsgehalt ist insofern von Bedeutung, als mit zunehmender Trockenheit die Festigkeit wächst. Soll das Holz als Wärmeschutzmittel verwandt werden, so spielt der Feuchtigkeitsgehalt eine große Rolle, weil mit ihm die Wärmeleitzahl stark wächst.

Für die Holztrocknung kommen Kammern und Kanäle in Betracht. Kammern eignen sich für die Behandlung von Brettern, Bohlen und Kanthölzern, außerdem für das empfindliche Tür- und Fensterholz, weil sie eine Berücksichtigung der Eigenart in besonderem Maße ermöglichen. Kanaltrockner kommen für die Verarbeitung von Hölzern in Betracht, die, wie Fußbodendielen, unter sich nach Art und Abmessung vollständig gleich sind.

Für Trockenkammern empfiehlt Daqua eine Länge, um zwei Bretter hintereinander zu stapeln, eine Breite von nicht über 4 m, und eine Höhe von etwa 2,5 m. Das Bild eines Kammertrockners für Holz gibt

Abb. 169 (Balcke). Die erwärmte Luft wird hierbei hinter Doppelwände geleitet, denen auf der Gegenseite gleichfalls Doppelwände entsprechen.

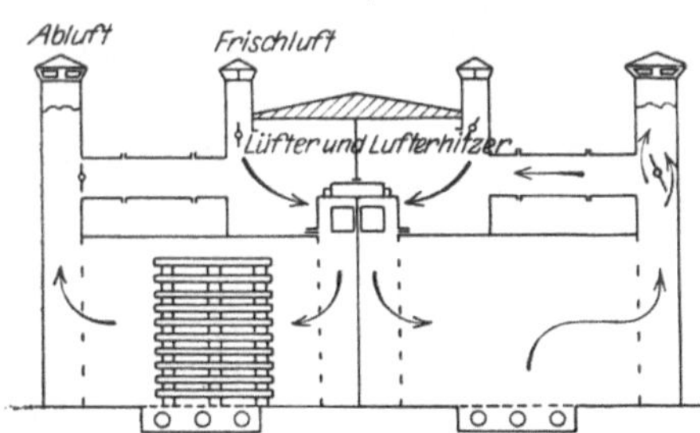

Abb. 169. Kammertrockner für Holz (Balcke).

Anordnung von Schlitzen in verschiedenen Höhenlagen ergibt gleichmäßiges Durchströmen der Luft durch die Holzstapel. Unter dem rostartigen Boden liegt eine Zusatzheizvorrichtung. Eine Mischklappe ermöglicht Umschaltung von reiner Frischlufttrocknung in Mischlufttrocknung. Bei dem in Abb. 170 dargestellten Doppelkammertrockner (M.A.N.) werden die Luftkanäle gleichfalls durch Doppelwände in der Längsrichtung der Kammer gebildet. Die Wärme des in der Heiz-

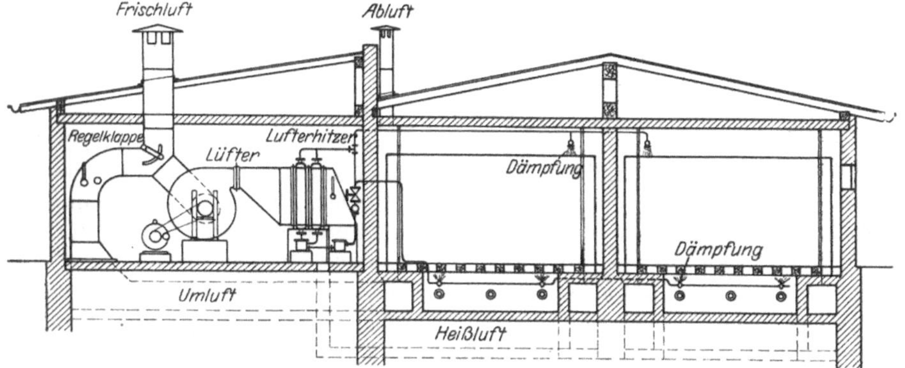

Abb. 170. Doppelkammertrockner für Holz (M.A.N.).

vorrichtung gebildeten Niederschlagwassers wird in Rippenröhren ausgenutzt, die unterhalb des rostartigen Kammerbodens liegen. Der Eigenart der Holztrocknung Rechnung tragend, sind die Kammern mit

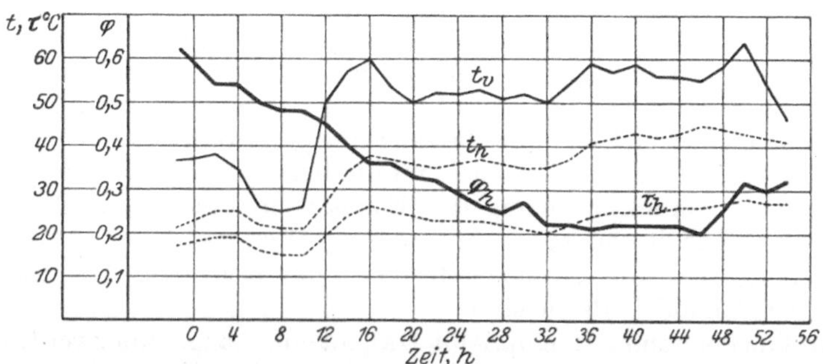

Abb. 171. Veränderung der Trockenluft im zweiten Teil der Trocknung von Fichtenbrettern (M.A.N.).

Dämpfungsröhren ausgestattet. Das zur Trocknung bestimmte Holz wird entweder unmittelbar vom Kammerboden aus hochgestapelt oder auf Wagen fertig gestapelt eingeführt.

Über die zweite Hälfte des Trockenvorganges von 2,5 cm starken Fichtenholzbrettern gibt Abb. 171 (M.A.N.) Aufschluß. Beachtenswert ist, daß trotz erheblicher Schwankungen der Heißlufttemperatur t_v der Feuchtigkeitsgrad φ_h der Abluft mit fortschreitender Trocknung ziemlich gleichmäßig sinkt. Die Führung des Trockenvorganges trägt damit

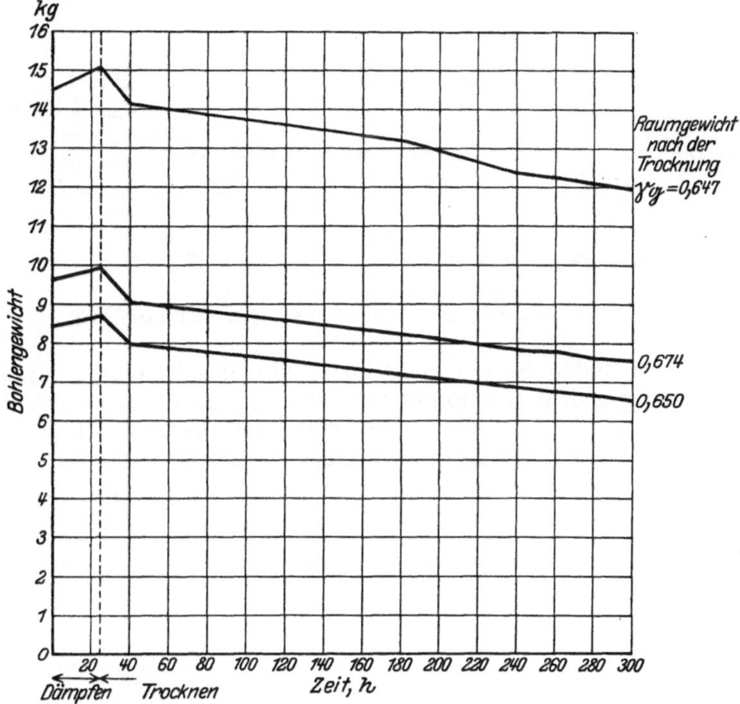

Abb. 172. Gewichtsveränderung bei Trocknung von Rotbuchenbohlen (M.A.N.).

der zunehmenden hygroskopischen Eigenschaft des Gutes Rechnung. Für einen zweiten Versuch gibt Abb. 172 (M.A.N.) die Veränderung des Raumgewichtes von Rotbuchenbohlen wieder. Dem zunächst vorgenommenen Dämpfen entspricht eine Gewichtszunahme, ihr folgt eine rasche Gewichtsabnahme und weiterhin eine verminderte, fast gleichmäßige Gewichtssenkung bis zur Erreichung des gewünschten Endzustandes. Die drei Beobachtungslinien gelten für drei an verschiedenen Stellen der Trockenkammer entnommene Bohlen und zeigen den gleichmäßigen Verlauf über den ganzen Rauminhalt.

Einen Kanaltrockner in einfachster Form stellt Abb. 173 (American Blower) dar. Er ist für die Trocknung von Furnierhölzern in warmen Gegenden bestimmt und bleibt am Eintrittsende des Gutes vollkommen offen. Die vorgewärmte Luft strömt dem Gut entgegen, das, auf Wagen gelagert, allmählich dem Trocknerende zugeführt wird. In kälteren Gegenden wird das Naßende mit einem Abzugschacht versehen und durch eine Tür verschließbar gehalten. Ein beachtenswertes Verfahren wird bei dem Kanaltrockner der Abb. 174 (American Blower) an-

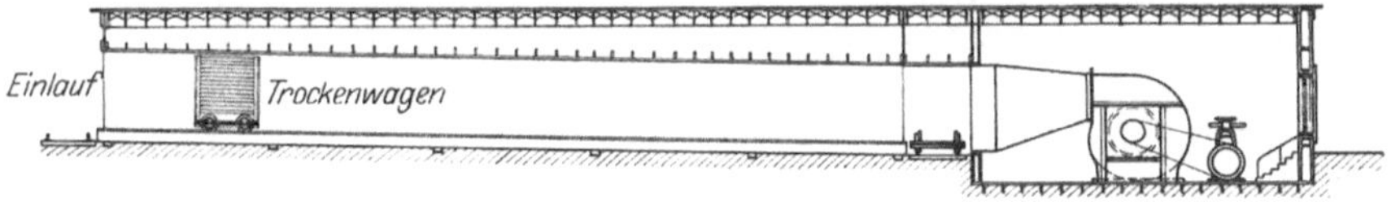

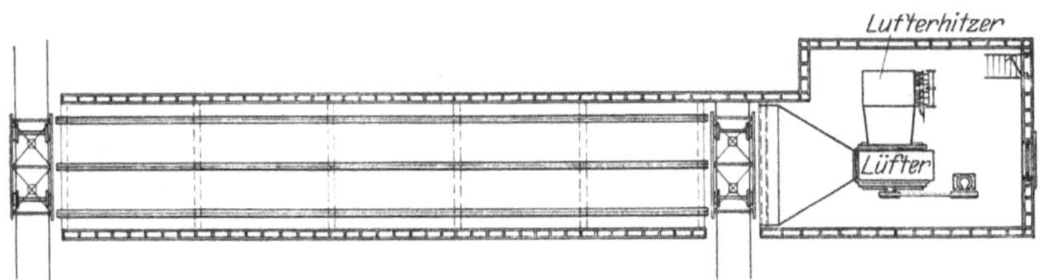

Abb. 173. Kanaltrockner für Furnierholz (American Blower).

gewandt. Der Boden ist auf der Eintrittseite des Naßgutes in ganzer Breite rostartig geöffnet, dahinter mit weiten, jedoch kurzen Schlitzen versehen und schließlich mit einem Rost von mittlerer Breite aus-

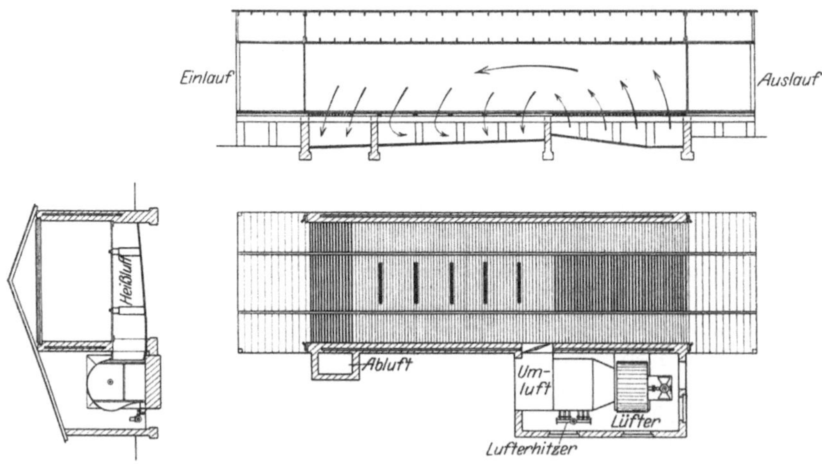

Abb. 174. Kanaltrockner für Holz (American Blower).

gestattet. Die erwärmte Luft tritt unter dem letzten Rost zu, ein Teil wird durch die breiten Schlitze der zweiten Gruppe als Umluft zurückgesaugt, der Rest entweicht durch den am Eingang sitzenden Rost nach außen. Infolgedessen erhält das Naßgut Trockenluft mit niedriger Trockenkraft und außerdem in verringerter Menge. Die Wirkung der feuchten Luft auf das Gut soll hierbei die Dämpfung ersetzen. Eine weitere Regelung erfolgt durch Umstellung in der Weise, daß bei Hartholz die Abluft nahezu geschlossen, die Umluft fast ganz offen gehalten, bei nassem Weichholz die Einstellung umgekehrt vorgenommen wird.

Gewisse Kanaltrockner (National) verzichten auf künstliche Luftbewegung und ordnen Dunstabzüge auf der Einbringseite an. Die Holzstapel gelangen zunächst in eine Zone mit feuchter, kühler Luft und erst nach Durchlauf der halben Kanallänge in eine Zone mit vorgewärmter Trockenluft, die durch Roste von unten eintritt und über die unter den Stapeln liegenden Heizkörper geleitet wird. Der Abzug ist am äußersten Einbringende angeordnet, wenn es sich um Weichholz handelt, bei Hartholz etwas nach der Kanalmitte zu zurückversetzt, so daß im letzten Falle das eingebrachte Holz zunächst in einer toten Dunstzone eine Dämpfung erfährt.

Eine eigentümliche Bauweise besitzt der in Abb. 175 (Proctor) dargestellte, für die Behandlung von Furnieren dienende Trockner. Er besteht aus mehreren übereinander angeordneten, endlosen Bändern, die durch nahe beieinander liegende Drahtschlingen gebildet werden. Die Furniere werden durch das tiefer liegende Band getragen und durch das darüber laufende so belastet, daß das Werfen vermieden wird. Die Drahtschlingen sind seitlich und in der Längsrichtung beweglich, um das Schwinden des trocknenden Holzes zu ermöglichen und Reißen zu verhüten. An den beiden Stirnenden treten die Furniere abwechselnd zwischen zwei benachbarten Bändern ein und aus. Auf die unterschiedliche Behandlung des feuchten und des trockenen Holzes wird daher verzichtet und durch Anwendung zahlreicher großer Lüfter für Aufrechterhaltung einer gleichmäßigen Luftbeschaffenheit im ganzen Trockner gesorgt.

Ein Beispiel für Anwendung von überhitztem Dampf zur Holztrocknung bietet Abb. 154.

m) Zellstoff und Papier. Die Temperaturempfindlichkeit von Zellstoff und Papier ist verhältnismäßig gering, so daß Temperaturen nahe an $t = 100^0$ angewandt werden dürfen. Bei geleimten Papieren ist sogar eine Mindesttemperatur von etwa 70^0 aus Festigkeitsgründen nach der Vortrocknung erforderlich.

· Der Feuchtigkeitsgehalt nach der durch Pressen und Absaugen erfolgenden mechanischen Vorentwässerung beträgt bei Zellstoff $x_r \approx 1{,}2$ bis 1,5 und nimmt bis etwa 2,5 bei Papiermaschinen zu. Im einzelnen ergibt sich nach Mallickh[1]):

Selbstabnahmemaschinen mit 1 Presse: $x_r = 2{,}85$ für geleimte, schmierige Lumpen- und Zellstoffpapiere, abnehmend bis $x_r = 2{,}33$ für schwach geleimte, stark holzschliffhaltige Papiere.

Langsieb-Maschinen mit 2 bis 4 Pressen: $x_r = 1{,}94$ bis 2,33 für Spinn-, Kraft-, Pergamin-, Seiden-, Zigaretten- und ähnliche Papiere von stark kolloidaler Eigenschaft; $x_r = 1{,}63$ bis 1,94 für stark geleimte Papiere, ganz oder überwiegend aus Zellulose, wie Schreib-, Zeichen-, feine Druck- und Kunstdruckpapiere, Chromokartone; $x_r = 1{,}27$ bis

---

[1]) Mallickh: Der Dampfverbrauch der Zylindertrockner. W.f.Pap. 1920.

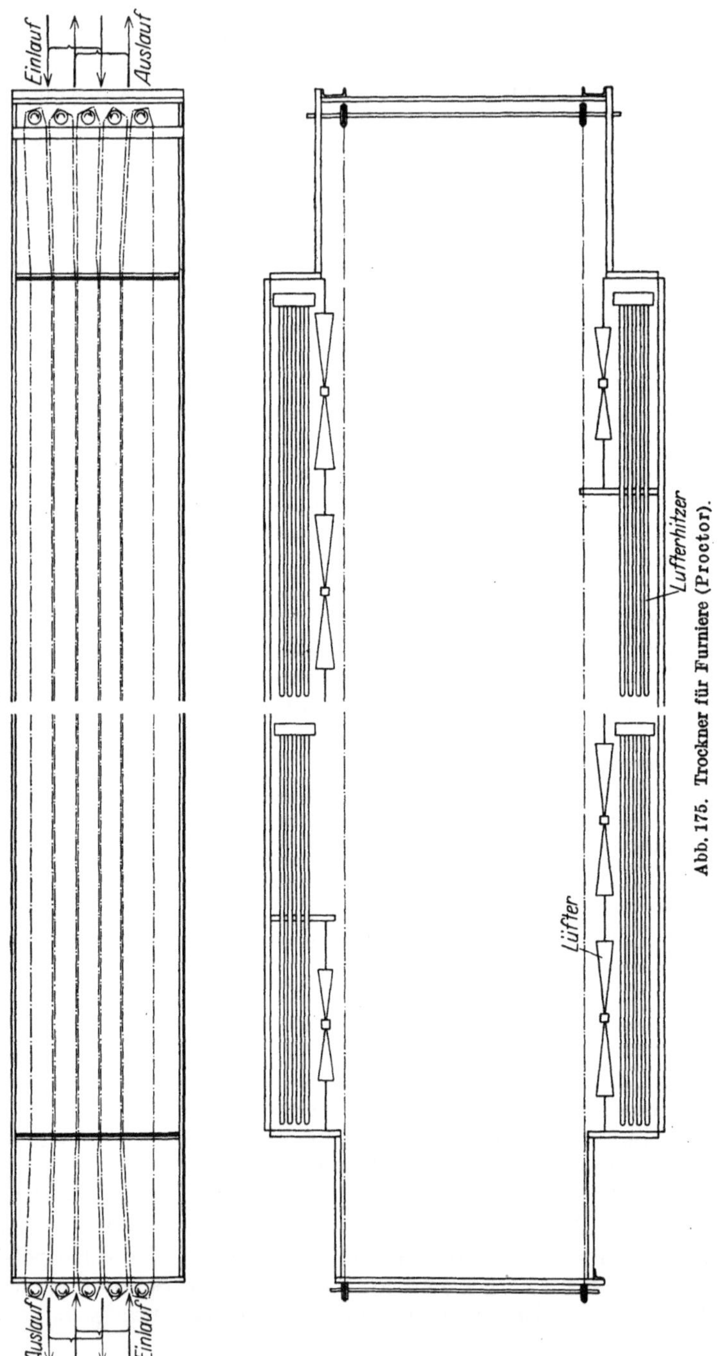

Abb. 175. Trockner für Furniere (Proctor).

1,63 für gewöhnliche Druckpapiere, Packpapiere, Schrenzpapiere und ähnliche stark holzschliffhaltige Papiere. Wassergehalt um so niedriger, je röscher der Stoff, je niedriger die Leimung und je mehr Pressen vor-

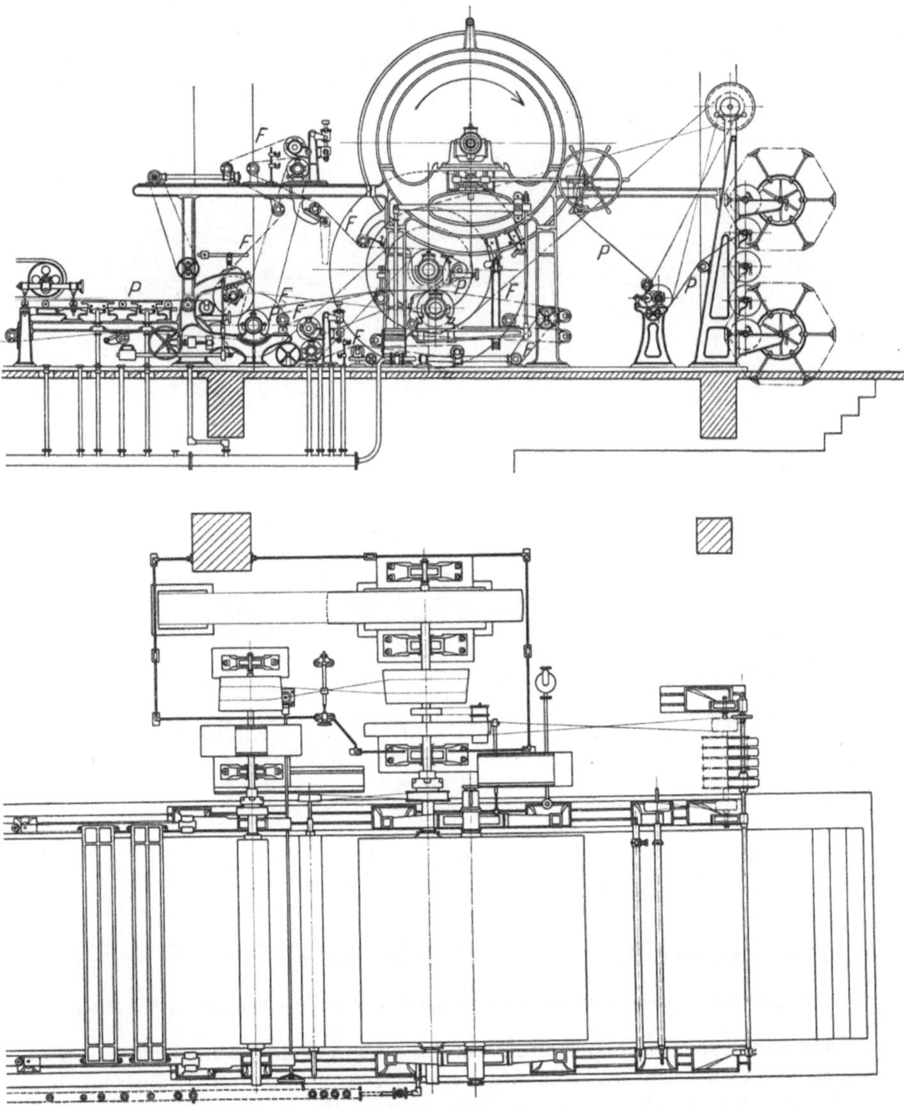

Abb. 176. Trockenteil einer Selbstabnahmemaschine (Füllnerwerk). P = Papierbahn, F = Filzläufe.

handen; $\chi_r = 1$ bis $1,5$, je nach Stoffcharakter, für Maschinen mit Vorwärmezylinder vor letzter Presse.

Pappen-, Karton-, Zellstoffentwässerungsmaschinen; $\chi_r = 1,27$ bis $1,63$ für Zellstoff- und Holzschliffpappen und Kartons, die niedrigeren

Zahlen für röschen Stoff mit viel Holzschliffzusatz; $\chi_r = 1{,}5$ bis $1{,}63$ für Zellstoffbahnen.

Im letzten Falle wird der Feuchtigkeitsgehalt durch Vorschaltung eines Vorwärmezylinders und Vermehren der Pressen bis auf $\chi_r \approx 1$ vermindert.

Der Endfeuchtigkeitsgehalt bewegt sich bei Zellstoff mit $\chi_h \approx 0{,}14$ bis 0,25 nahe dem Zustand der Lufttrockenheit, bei Papiermaschinen sinkt er auf $\chi_h \approx 0{,}1$ bis 0,05.

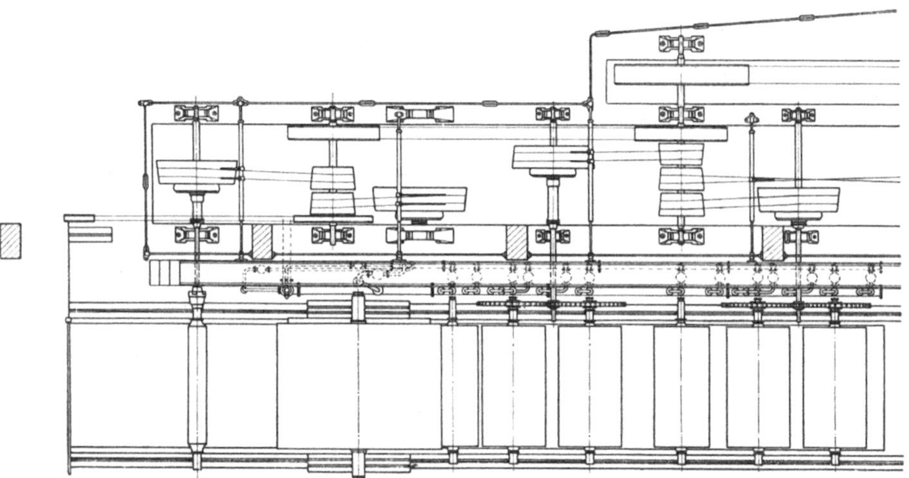

Abb. 177. Trockenteil einer Papiermaschine (Füllnerwerk). P = Papierbahn, F = Filzläufe.

Als wichtige Stoffeigenschaft ist die spezifische Wärme des wasserfreien Holzschliffes bekannt und von Dietze mit 0,327 angegeben.

Bei der Vorentwässerung von Zellstoff und Papier durch mechanische Mittel kommt der Temperatur besondere Bedeutung zu, insofern, als mit ihr der Durchflußwiderstand des Wassers abnimmt. Vorwärmezylinder vor dem eigentlichen Trockenteil wirken daher günstig.

Die Trockner selbst bestehen aus geheizten Trockenzylindern, die hintereinandergeschaltet werden. Anzahl und Durchmesser der Trokkenzylinder werden durch die Eigenschaften des verarbeiteten Stoffes bedingt. Abb. 129 zeigt die Ausführung einer Vielzylindertrockenmaschine in Verbindung mit Filztrocknern, wie sie für die Verarbeitung von Druckpapieren angewandt wird. Selbstabnahmemaschinen nach Abb. 176 (Füllnerwerk) besitzen einen einzigen großen Trockenzylinder, gegen den die Papierbahn durch Andrückwalzen gepreßt wird. Zwei Filzläufe nehmen das Papier eine Strecke weit zwischen sich auf und verlassen die Bahn, unmittelbar nachdem sie mit dem Trockenzylinder in Berührung getreten ist. Solche Maschinen gelangen meist für dünne Papiere bis zu einem Gewicht von etwa 40 g/m² zur Verwendung. Die Anpressung der Papierbahn ergibt günstige Wärmeübertragungsverhältnisse. Das freie Entweichen des Schwadens nach oben ist nicht behindert, so daß eine besonders gute Ausnutzung der Heizfläche zu erwarten steht.

Zur Herstellung von Packpapieren dient eine Zwischenart nach Abb. 177 (Füllnerwerk), bei der hinter eine Mehrzahl von kleineren Trockenzylindern ein großer Glättzylinder geschaltet und das Papier gegen ihn durch Walzen angepreßt wird.

An Stelle von Haarfilzen werden für Papiertrockenmaschinen Asbestfilze (von Asten & Co., Eupen) empfohlen. Im Gegensatz zu dem hygroskopisch wirkenden Haarfilz beschränkt sich bei dem Asbestfilz die Wasseraufnahme auf die kapillare Wirkung der Hohlräume, während

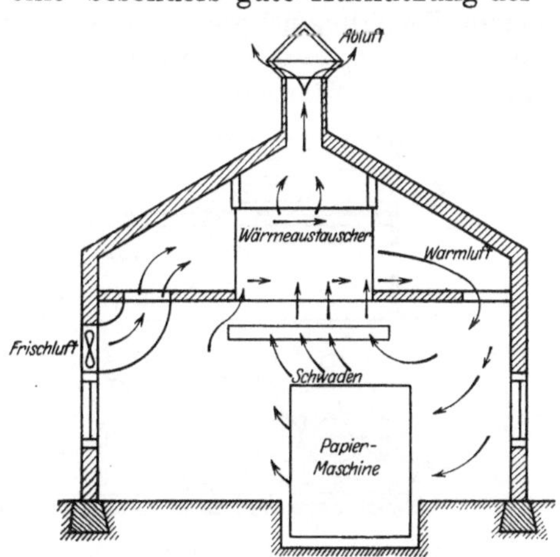

Abb. 178. Ausnutzung der Schwadenwärme zur Vorwärmung der Luft (Grewin).

die mineralischen Kristalle selbst keine Feuchtigkeit aufnehmen. Der Asbestfilz kann daher über einen weiteren Trockenbereich als „feucht" gelten. Günstig wirkt auch der größere Wärmeinhalt.

Von besonderem Einfluß auf die Wirkungsweise der Papierzylindertrockner ist die Ausbildung ihrer Entnebelungsanlage. Häufig wird nicht klar erkannt, daß es sich hierbei um zwei getrennt zu behandelnde Aufgaben dreht: einmal durch Wärmezufuhr an die Luft ihre Tragfähigkeit für Wasserdampf zu erhöhen — eigentliche Entnebelung —, dann, durch Veränderung der Kühlgrenze der Luft, die Temperatur der Papierbahn zu heben oder zu senken und damit die Trockenleistung zu beeinflussen. Die letzte Aufgabe hat mit der eigentlichen Entnebelung nur mittelbar zu tun und ist stets zu beachten, auch wenn die Forderung, den abziehenden Dampf durch die Luft binden zu lassen, teilweise oder ganz entfällt.

Die Vorwärmung der Luft kann unter Verwendung des den Trockenzylindern entnommenen Niederschlagwassers erfolgen. Grewin schlägt vor, nach Abb. 178 die Luft vor ihrem Eintritt in den Trockenraum in Wärmeaustausch mit dem von der Papiermaschine hochsteigenden

Schwaden treten zu lassen. Ein ähnlicher Gedanke liegt dem in Abb. 179 dargestellten Entwurf (Voith) zugrunde. Er geht insofern weiter, als das entweichende Dampf-Luftgemisch nicht nur als Heizmittel für die Vorwärmung der Trockenluft benutzt, sondern danach in entfeuchtetem Zustande neuerlich dem Trockner wieder zugeführt wird. Um die Entfeuchtung hierbei möglichst weit zu treiben, ist hinter die Wärmeaustauschvorrichtung eine Düsenkammer geschaltet. So verlockend eine solche Verbindung erscheint, so bestehen für ihre praktische Bewährung doch Bedenken, einmal wegen der notwendigen großen Austauschfläche und hohen Beschaffungskosten, dann aber wegen der Unmöglichkeit, die Dampfwärme des abziehenden Schwadens in ihr einigermaßen vollkommen auszunutzen. Wird z. B. Abluft von $t_h = 40^0$ und einem Feuchtigkeitsgrad $\varphi_h = 0,8$, entsprechend einem Feuchtigkeitsgehalt von $x_h = 0,04$ und einem Taupunkt $t_x'' \approx 36^0$, zurückgesaugt und in dem Wärmeaustauscher auf $t = 28^0$ abgekühlt, so nimmt der

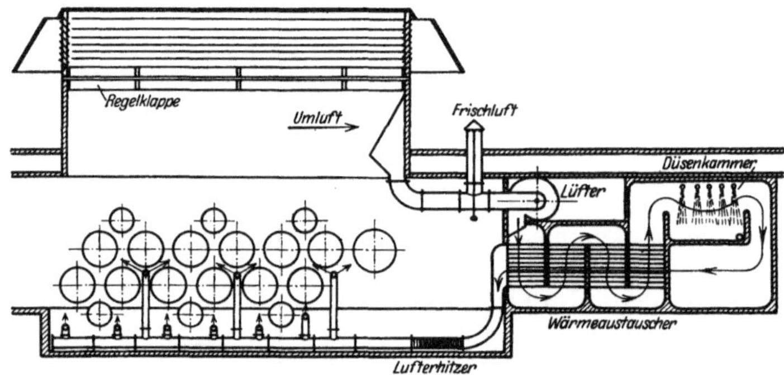

Abb. 179. Ausnutzung der Schwadenwärme zur Vorwärmung der Luft (Voith).

Feuchtigkeitsgehalt auf $x = 0,025$ ab. Der spezifische Wärmeinhalt, bezogen auf 1 kg Reinluft, wird gleichzeitig von $i_h = 34,2$ auf $i = 21,9$, d. h. um 12,3 kcal/kg, erniedrigt. Im Düsenraum möge eine weitere Temperaturerniedrigung auf $t_0 = 12^0$, entsprechend einem Feuchtigkeitsgehalt $x_0 = 0,009$, erfolgen. Erhöht der Wärmeaustauscher die Temperatur der entfeuchteten Luft auf $t_v = 30^0$, so entspricht dem eine Wärmerückgewinnung von 4,4 kcal/kg, also nur etwa 36% der auf 1 kg Reinluft entfallenden verfügbaren Abwärme.

Einen besonders wertvollen Aufschluß über die zahlenmäßigen Verhältnisse bei der Entnebelung liefern die Untersuchungen von Mallickh[1]). Die nachstehenden Zahlen geben einen Auszug der Mallickhschen Aufstellung.

Hierbei bezieht sich

I auf eine neuzeitliche Druckpapiermaschine,

II auf eine Karton- (Entwässerungs-) Maschine,

III auf eine schwach belastete neuzeitliche Feinpapiermaschine für Herstellung von Pergamin- und Spinnpapieren,

---

[1]) Mallickh: Über die Wirtschaftlichkeit der Papierzylindertrockner und ihre Entnebelungsanlagen. W. f. Pap. 1921.

	I	II	III	IV	V
Arbeitsbreite . . . . . m	3,3	3,3	2,2	2,2	2,2
Zylinderlänge . . . . m	3,8	3,8	2,6	2,6	2,6
Anzahl und Durchmesser der Zylinder:					
a) Vortrockner	$1 \times 0,75$	—	$1 \times 0,75$	—	—
b) Papiertrockner . . .	$24 \times 1,5$	$24 \times 1,5$	$10 \times 1,5$	$10 \times 1,25$	$1 \times 3,2$
c) Filztrockner	16×1	—	$10 \times 0,75$	4×1	—
$\dfrac{\text{Nutzfläche}}{\text{Freie Heizfläche}}$	$\dfrac{1}{2,22}$	$\dfrac{1}{1,16}$	$\dfrac{1}{2,39}$	$\dfrac{1}{1,7}$	$\dfrac{1}{1,39}$
Feuchtigkeitsgehalt am Einlauf . . . . x_r	1,38	1,38	1,64	1,63	2,33
Spezifische Leistung, getrocknetes Papier, kg/m²/h	7,5	7,5	6	9	13
Spezifische Trockenleistung, verdampftes Wasser, kg/m²/h	9,9	9,9	11,3	14,1	29,5
Trockenleistung insgesamt, verdampftes Wasser, kg/h	2430	2580	730	920	522
Dampfdruck, ... at	2	2,5	2,5	3	3,5
Rechnerischer Wärmeaufwand für Entnebelung, kcal/h, bei 40° Abzugstemperatur und einer Außenlufttemperatur von . . . —20°	663000	704000	213000	250000	143000
30°	119000	127000	38500	45500	26000
Von den freien Flächen abgegebene Wärmemenge, kcal/h, bei einer Außenlufttemperatur von . . . . —20°	537000	283000	164000	116000	22000
30°	414000	222000	129000	92500	17700
Wärmeverlust des Trocknerraums, kcal/h, bei einer Außenlufttemperatur von . . . . —20°	779000	779000	39300	37400	22200
30°	5600	5600	2100	2000	1200
Überschuß der von den freien Flächen abgegebenen Wärmemenge gegenüber dem Wärmebedarf für Entnebelung und Deckung des Gebäudeverlustes, kcal/h, bei einer Außenlufttemperatur von . . . . —20°	—203900	—498900	—88800	—171400	—143200
30°	288900	89400	88400	45000	500
Errechneter Wärmeaufwand für Verdampfen, . kcal/h	1568000	1667000	449000	590000	332000
Wärmewirkungsgrad, . % bei einer Außenlufttemperatur von . . . . —20°	68	68	66,4	67,3	93,9
30°	79,2	88,3	79,5	86,4	95,2

IV auf eine stark belastete Feinpapiermaschine älterer Bauart,
V auf eine Einzylinder-Selbstabnahmemaschine.

Mallickh weist an Hand dieser Aufstellung darauf hin, daß die Maschinen I und II durch ihre freien Flächen im Sommer erheblich mehr Wärme verlieren, als für Deckung des Wärmeverbrauchs für Entnebelung und Gebäudeverluste erforderlich ist. Bei etwa 0^0 Außentemperatur ergeben diese schwach belasteten Maschinen noch Nebelfreiheit. Bei den Maschinen II, III und besonders IV ist die Wärmeabgabe durch die freien Flächen gering und genügt auch bei mäßigen Temperaturen nicht mehr zur Vermeidung von Nebel. Hierin liegt jedoch andererseits ein Grund für den günstigen Wärmewirkungsgrad bei hohen Temperaturen. Dieser ist von Mallickh verstanden als das Verhältnis des für die Verdampfung errechneten Wärmeverbrauches zu dem gesamten bis zur Nebelfreiheit erforderlichen tatsächlichen Wärmeverbrauch, wobei in den letzten auch der darüber hinaus von den freien Flächen bei hohen Außentemperaturen abgegebene Wärmeüberschuß eingeschlossen ist. Bei der Selbstabnahmemaschine V ist Wrasenabsaugung vorausgesetzt. Sie stellt hiernach die wirtschaftlichst arbeitende Papiermaschine dar. Die errechneten Wirkungsgrade setzen guten Wärmeschutz der Zylinderstirnflächen, dampfdichte Stopfbüchsen und einwandfrei arbeitende Kondenstöpfe voraus. Im praktischen Betrieb liegen sie meist 5% niedriger.

Einen Betriebsversuch mit besonderer Vertiefung in alle Einzelheiten, vorgenommen in einer Sulfat-Schwefelstoff-Trockenanlage der Aktiebolag Carlstadt, veröffentlicht Nilson[1]). Die untersuchte Anlage benutzt das Niederschlagwasser der Trockenzylinder zur Vorwärmung der Luft, die unter die Maschine tritt. Der Wärmeverbrauch betrug in dem eigentlichen Trockenteil 1165 kcal für 1 kg verdampftes Wasser bei ungebleichtem Stoff, 1000 kcal/kg für gebleichten Stoff. Der Feuchtigkeitsgehalt war beim Einlauf $\mathfrak{x}_r = 1{,}325$, beim Auslauf $\mathfrak{x}_b = 0{,}18$. Die Trockenzylinder wurden zum Teil mit Abdampf, zum Teil mit trockenem Frischdampf gespeist. Für die der Trocknung vorausgehende Stoffanwärmung durch Aufspritzen von Warmwasser im Siebteil und Vortrocknung zwischen zwei Pressen ergibt sich ein Wärmeverbrauch von 286 bzw. 244 kcal, bezogen auf 1 kg Wasserverdampfung. Die Strahlungsverluste der Maschinenteile belaufen sich auf 10,1%, die des Stoffes auf der Maschine auf 2,8%. Die in dem auslaufenden Papier mitgeführte Überschußwärme beträgt 9,8%. Ein großer Teil des Verlustes entfällt auf das Niederschlagwasser. Der Versuchsbericht erwähnt, daß Anwärmung der Luft durch das Niederschlagwasser eine Leistungssteigerung von 15,2% ergab, ohne jedoch den spezifischen Wärmeverbrauch zu beeinflussen.

n) Zucker. Bei der Herstellung von Rohzucker wird der eingedickte Saft in Vakuumvorrichtungen bis zum Auskristallisieren eingedampft. Die ausgeschleuderten Kristalle wandern entweder unmittelbar in die Lagerräume oder über Trockentrommeln zu den Mühlen.

---

[1]) Nilson: Svensk Pappers Tidning 1918.

Bei der Trocknung der Zuckerbrote und Zuckerplatten soll die Temperatur $t \approx 70^0$ nicht überschreiten.

Die Trockendauer ist vor allem von der Stärkenabmessung abhängig. Die Trocknung muß, um ein Zerspringen zu vermeiden, so milde erfolgen, daß ein vorzeitiges Austrocknen der Oberfläche nicht eintritt. Aus diesem Grunde haben sich eigenartige Trockenverfahren herausgebildet.

Durch Abnutschen und Schleudern wird der Feuchtigkeitsgehalt auf $\chi_r \approx 0,03$ herabgesetzt, so daß nur noch wenig Wasser während der Trocknung zu entziehen bleibt.

Als Trockenvorrichtung dienen für Zuckerbrote Trockenstuben, deren Temperatur ganz allmählich auf etwa 50^0 gesteigert und ebenso

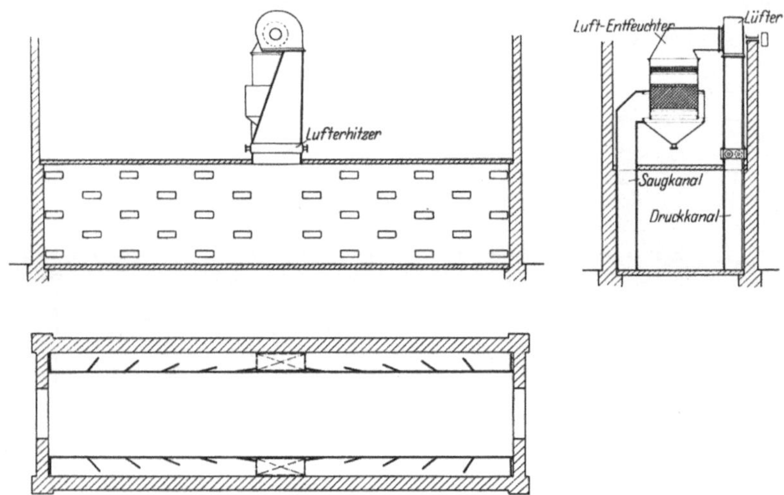

Abb. 180. Trockner für Gummifelle mit geschlossenem Kreislauf der Luft.

langsam wieder auf die der Umgebung entsprechende Höhe gesenkt wird. Das Verfahren Paßburg arbeitet mit großen Vakuumzylindern, in die Wagen mit Zuckerbroten hineingeschoben werden, nachdem die Luft zuvor auf etwa 70^0 erwärmt wurde. Die Eigentemperatur der Brote wird innerhalb 12 bis 14 Stunden auf 50 bis 65^0 gesteigert. Im Anschluß daran erfolgt die Trocknung ohne äußere Wärmezufuhr, unter Ausnutzung der Überschußwärme des Gutes selbst, dadurch, daß die Zylinder allmählich unter einen verminderten Druck von etwa 0,025 at gebracht werden. Im weiteren Verlauf wird die Luftleere noch mehr, auf 0,015 bis 0,007 at, gesteigert. Die Eigentemperatur der Brote sinkt hierbei auf etwa 15 bis 20^0. Dieser Vorgang wiederholt sich mehrfach, indem während weiterer 10 bis 12 Stunden durch vorgewärmte Luft von 55^0 die Eigentemperatur der Brote auf 40 bis 50^0 gebracht wird, worauf abermals die Luftleere einsetzt.

In ähnlicher Weise werden die Platten und Streifen in 4 bis 6 Stunden getrocknet.

Zuckerhaltige Flüssigkeiten können in Vakuumtrockentrommeln mit Auftragwalzen bearbeitet werden. Die Schicht wird hierbei besonders dünn gehalten und die Umfangsgeschwindigkeit der Trommeln entsprechend gesteigert. Zur Erhöhung der Leistungsfähigkeit gelangt in der Regel Dampf von höherer Spannung zur Anwendung.

In gleicher Weise werden malzextrakthaltige Flüssigkeiten behandelt, nachdem sie zuvor auf einen Feuchtigkeitsgehalt von $\mathfrak{x}_r \approx 0{,}35$ eingedampft sind.

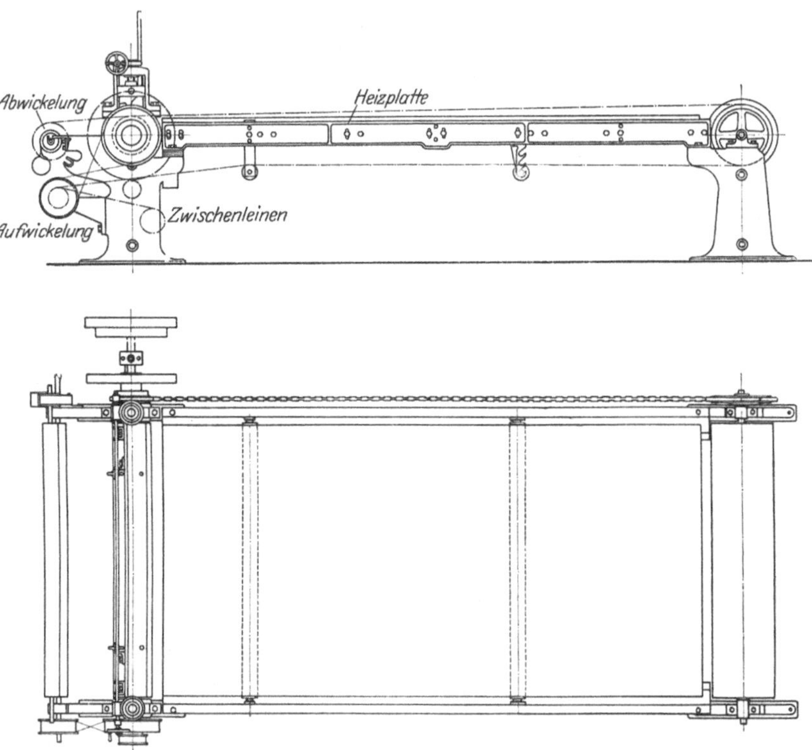

Abb. 181. Streichmaschine für Gummistoffe (Fries).

o) Gummi, Kautschuk. Bei der Verarbeitung von Gummi wirken Temperatur und Luftsauerstoff insofern zusammen, als die Oxydationsgefahr mit höherer Temperatur wächst. Die üblichen Verfahren wenden daher Lufttemperaturen von möglichst $t \leq 25^0$ an und vermeiden vielfachen Luftwechsel. Handelt es sich um das Trocknen von Gummifellen, die Feuchtigkeit in der Hauptsache als fein verteiltes Haftwasser enthalten, so kann ein wesentlicher Fortschritt dadurch erzielt werden, daß nach Abb. 180 an Stelle des mit Luftwechsel arbeitenden offenen ein geschlossener Kreislauf, unter Zwischenschaltung einer Luftentfeuchtungsvorrichtung, tritt. Es ergibt sich hierbei ein von den äußeren Wetterverhältnissen unabhängiger Betrieb und Ausschaltung der Oxydationsgefahr.

Bei der Herstellung von Gummistoffen werden nach Abb. 181 (Fries) einseitig gummierte Bänder so über Heizplatten geführt, daß die gummierte Oberseite der Heizvorrichtung abgewendet ist. Der Luft fällt hierbei die Ableitung der aus der Gummimasse entweichenden Dämpfe des Lösungsmittels zu. Wegen des schädlichen Einflusses des Luftsauerstoffes wird auf eine künstliche Verstärkung des Luftumlaufes im allgemeinen verzichtet. Zweckmäßige Luftzuführung ist gleichwohl wichtig, um eine Belästigung der Bedienung durch die Gase des Lösungsmittels zu vermeiden. Eine hohen Ansprüchen gerecht werdende Lösung der hier sich ergebenden Aufgabe stellt Abb. 182 (Streichsaal der **Kölnischen Gummifäden-Fabrik A. G., Köln**) dar. Die nach

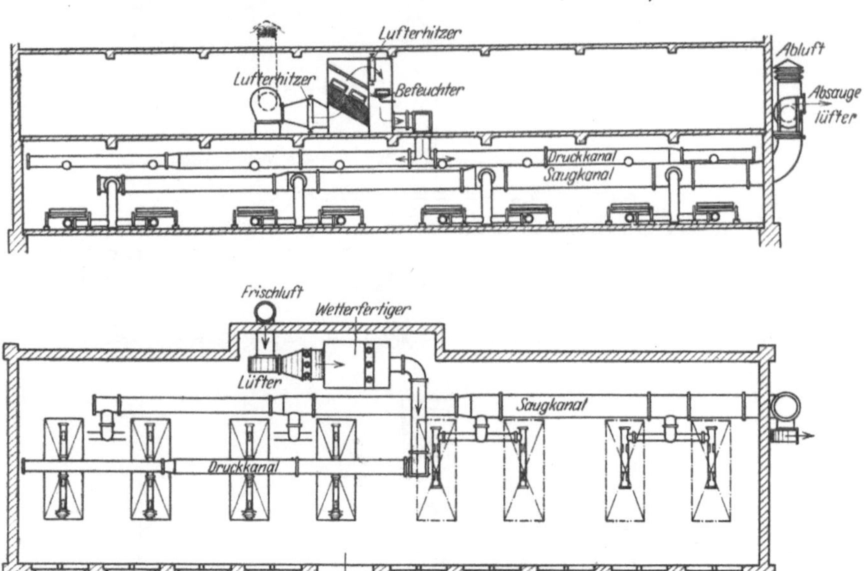

Abb. 182. Bewetterungsanlage eines Streichmaschinensaals.

Entwurf des Verfassers ausgeführte Belüftung des Arbeitsraumes wird mit der Beschaffung geeigneter Trockenluft dadurch verbunden, daß in einem „Wetterfertiger" die Frischluft, unabhängig von der äußeren Witterung, auf gleichbleibend etwa 25° und einen Feuchtigkeitsgrad $\varphi \approx 0{,}6$ gebracht wird. Der niedrige Luftfeuchtigkeitsgrad bezweckt einerseits, die Trockenkraft bei niedriger Temperatur hoch zu halten, andererseits die Entstehung statischer Elektrizität zu verhindern.

Gestatten es die Betriebsverhältnisse, so ist es bei allen Einrichtungen, die die Rückgewinnung des Lösungsmittels bezwecken, richtig, den Einfluß der umgebenden Luft durch möglichst dichte Ummantelung fern zu halten. Denn erfahrungsgemäß gelingt die Rückgewinnung um so leichter, je weniger die Dämpfe durch Luft verdünnt sind. Abb. 183 (Fries) stellt eine so ausgebildete Streichmaschine für gummierte Stoffe dar. Die Rückgewinnungsanlage besteht aus der über der Maschine angeordneten abhebbaren Haube, die seitlich dicht aufliegt und an den Schmalseiten Schlitze für den Durchgang des Stoffes besitzt, dem Absaugelüfter, dem Kondensator und einer Anwärmevorrichtung. Die letzte dient dazu, die aus dem Kondensator austretenden, in der Hauptsache aus Luft bestehenden Gase auf hohe Temperatur zu bringen, um sie so am Austrittsende der Stoffbahn unter die Haube zu blasen.

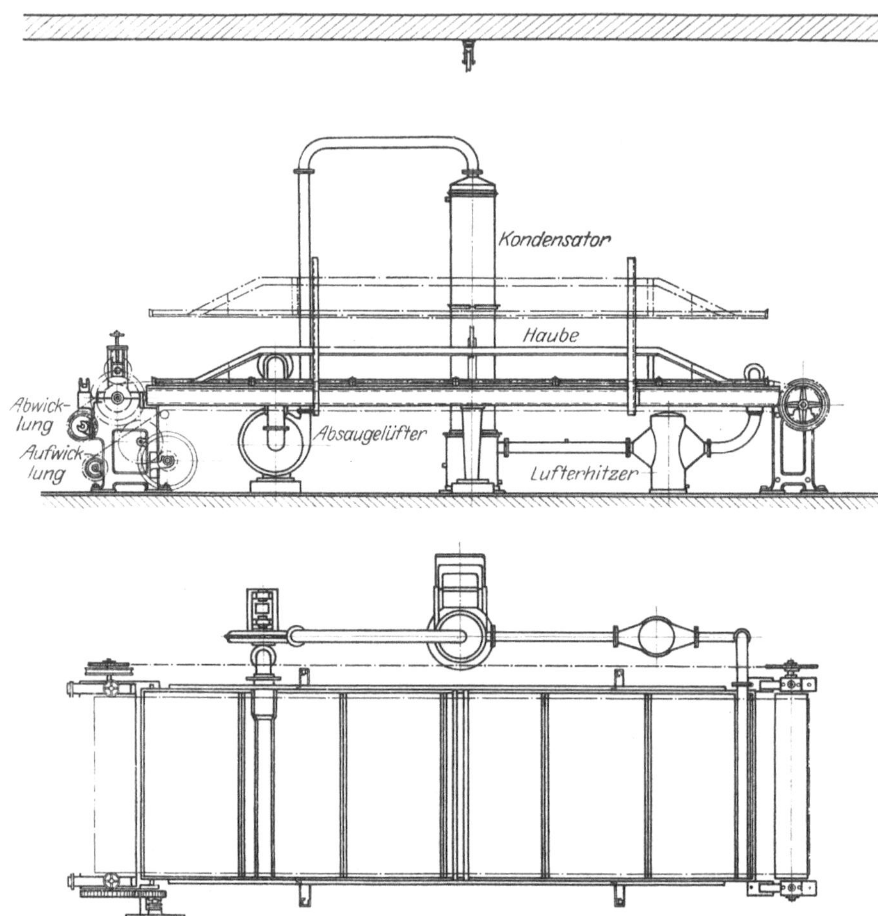

Abb. 183. Streichmaschine für Gummistoffe mit Rückgewinnung des Lösungsmittels (Fries).

Versuche an derartigen Maschinen haben nach Angabe der Herstellerin folgendes Ergebnis gezeitigt:

Heizplattengröße m × m	zugeführte Benzinmenge kg/h	hiervon zurückgewonnen %	Lüfterleistung m³/h
4 × 1,205	7	66	250
4,2 × 1,81	8,5	75	250
4 × 1,635	6,6	75,5	250
4,01 × 1,175	6,3	86	250

Soll Kautschukmilch mit Farb- und Füllstoffen innig durchmischt werden, so bietet die Krause-Zerstäubungstrocknung die Möglichkeit, den Arbeitsvorgang zu leiten und eine Entmischung zu verhüten.

3. Garne und Stoffe.

a) Garne. Die zulässige Höchsttemperatur liegt bei Garnen zwischen $t = 50$ und 70^0. Die Trockendauer schwankt zwischen $^3/_4$ und 2 Stunden. Der Feuchtigkeitsgehalt beträgt nach dem Ausschleudern $\mathfrak{x}_r \approx 1$. Der Endfeuchtigkeitsgehalt soll nach den bestehenden gesetzlichen Vorschriften folgende Zahlen nicht überschreiten:

Streichgarne, Kunstwollgarne . . . . $\mathfrak{x}_\mathfrak{h} = 0{,}17$,
Kammgarne . . . . $\mathfrak{x}_\mathfrak{h} = 0{,}1825$,
Baumwollgarne . . . . $\mathfrak{x}_\mathfrak{h} = 0{,}085$,
Leinen-, Hanf- und Ramiegespinst . . . . $\mathfrak{x}_\mathfrak{h} = 0{,}12$,
Jutegarne . . . . $\mathfrak{x}_\mathfrak{h} = 0{,}1375$,
Mischgarne aus Wolle und Baumwolle. . . $\mathfrak{x}_\mathfrak{h} = 0{,}1$,
Mischgarne aus Wolle und Seide . . . . . $\mathfrak{x}_\mathfrak{h} = 0{,}16$.

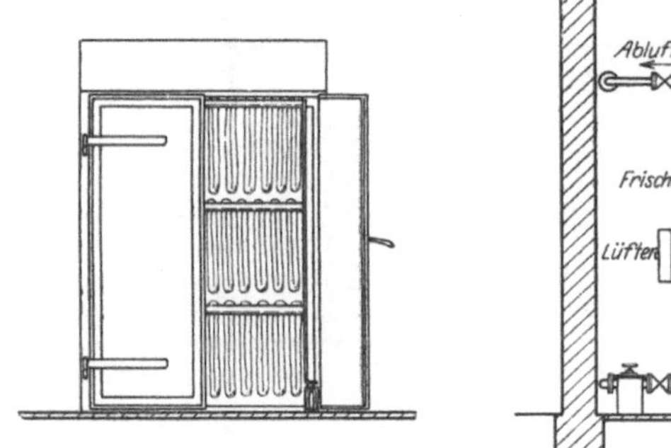
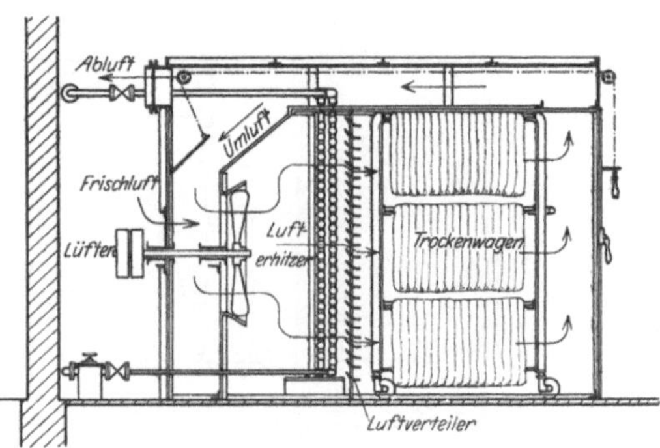

Abb. 184. Trockenschrank für Garnstränge (Schilde).

Die Trocknung erfolgt für kleinere Leistungen in Schränken und Kammern, für größere in Kanaltrocknern und meist unter stufenweiser Erwärmung der Trockenluft. Bei dem in Abb. 184 (Schilde) wiedergegebenen Trockenschrank für die Verarbeitung hängender Garnstränge ist die zwischen Heizvorrichtung und Gut eingeschaltete Leitwand beachtenswert, die neben der gleichmäßigen Luftverteilung den Schutz des Gutes gegen die strahlende Wärme der Heizvorrichtung bezweckt. Für den in Abb. 122 dargestellten mehrstufigen Kanaltrockner gibt die Herstellerin einen Dampfverbrauch von 1,4 und 1,7 kg für 1 kg Wasserentziehung an, wobei die abgehende Luft eine Temperatur t_h zwischen 70 und 50^0 und einen Feuchtigkeitsgrad φ_h zwischen 0,75 und 0,5 besitzt. Auch der in Abb. 127 dargestellte Stufenkanaltrockner wird für die Verarbeitung von Garnsträngen benutzt. Der Garntrockner nach Abb. 185 (Philadelphia) arbeitet gleichfalls nach dem Mehrstufenverfahren unter Anwendung besonders großer Lüfter für den Querumlauf der Luft. Die Garnstrangträger werden durch eine endlose Kette im Gegenstrom zu der langsam vorrückenden Luft durch den Kanal geführt. Am Ende schließt zunächst eine Kühlstufe, dahinter eine Befeuchtungsstufe an. Die Luft strömt zuerst durch den Kühlteil, danach durch die verschiedenen Stufen. Ehe sie den Befeuchtungsteil erreicht, wird sie über einer Kühlvorrichung entfeuchtet. Die in Abb. 185 ersichtliche schräge Leitfläche dient zur Regelung der Luftverteilung. Der in Abb. 186 (Gruschwitz) dargestellte doppelte Kanaltrockner dient zur Verarbeitung von Leinen-, Flachs- und Kunstseidengarnen nach einem besonderen Mischluftverfahren. Frischluft vereinigt sich mit einem Teil der zurückgeblasenen Abluft, wird gemeinsam mit ihr über einer kleineren Heizvorrichtung erwärmt und strömt dem Gut entgegen. Etwa in der Mitte des Kanals wird ein zweiter Luftstrom zugeführt. Er besteht aus Abluft, die durch eine größere Heizvorrichtung vorgewärmt ist. Das Gut wird hierdurch anfangs von einer großen Luftmenge mit hohem spezifischen Wärmeinhalt, im zweiten Teil der

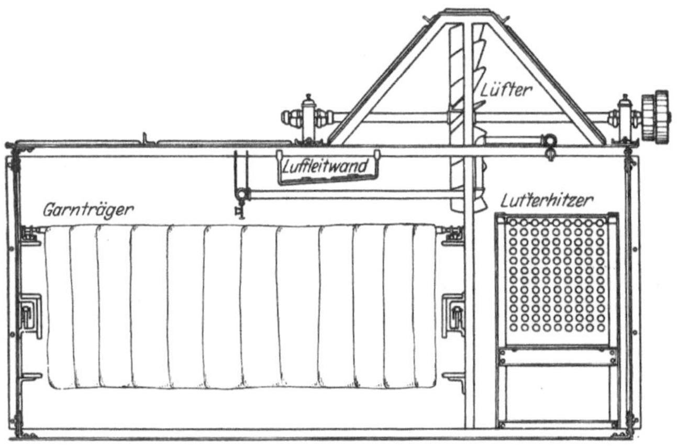

Abb. 185. Querschnitt durch Kanalstufentrockner für Garnstränge (Philadelphia).

Trocknung von einer kleineren Luftmenge mit niedrigerem spezifischen Wärmeinhalt bestrichen. Lebhafte Vortrocknung und schonende Nachtrocknung finden sich hier in vorteilhafter Weise verbunden.

Bei den für die Entfeuchtung von Garnen dienenden Kanaltrocknern läuft neben dem eigentlichen, im Gegenstrom arbeitenden Trockenkanal häufig ein „kalter" Kanal. In ihm treten die mit trockenen, stark erwärmten Garnen gefüllten Gestelle so ein, daß zwischen je zwei ein Gestell mit feuchtem Garn geschoben wird, an das die überschüssige Wärme übergeht, während gleichzeitig die getrockneten Garne eine teilweise Wiederbefeuchtung erfahren. Sie werden am Ende des kalten Kanals der weiteren Verarbeitung zugeführt, die feuchten, angewärmten Garne dagegen in den eigentlichen Trockenkanal übergeleitet.

Stufenweise schaltbare Mehrkammertrockner nach Abb. 87 werden gleichfalls für Garne verwandt. Die Herstellerin gibt den Dampfverbrauch zu 1,5 bis 2 kg für 1 kg verdunstetes Wasser an, wenn das Gut einen Feuchtigkeitsgehalt von $x_r \approx 0{,}75$ anfangs, $x_h \approx 0{,}175$ schließlich besitzt.

b) Stoffe, Wäsche, Kunstleder. Die zulässige Höchsttemperatur hängt von der Art des Rohstoffes ab und dem Grade der Schonung, den der fertige Stoff aus Festigkeitsrücksichten verlangt. $t \approx 70^0$ sollen nicht überschritten werden. In gleichem Sinne ist die Trockengeschwindigkeit verschieden und z. B. bei Kunstseide besonders niedrig zu halten. Geht die Geschwindigkeit der Trockenluft über die Fächelwirkung hinaus, so wird der „Strich" der Ware gestört, wenn die Luft nicht in der Strichrichtung strömt. Eine Luftgeschwindigkeit von etwa 8 m/s stellt die obere Grenze dar. Der Anfangsfeuchtigkeitsgehalt liegt zwischen

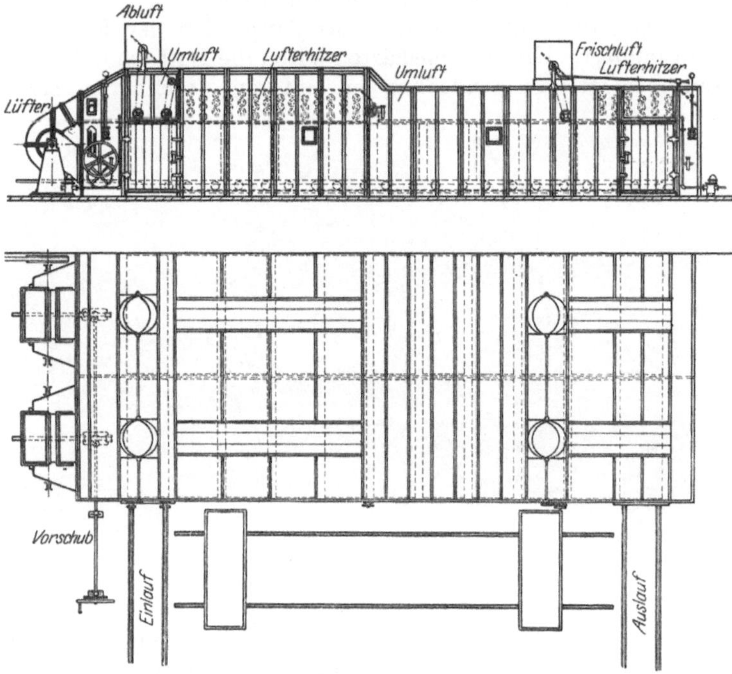

Abb. 186. Doppelter Kanaltrockner (Gruschwitz).

$\chi_r \approx 0{,}5$ bis 1. Er hängt ab von der vorausgehenden Entfeuchtung durch mechanische Mittel. Der Endfeuchtigkeitsgehalt liegt mit etwa $\chi_h \approx 0{,}15$ bis 0,2 in der Nähe des lufttrockenen Zustandes.

Beispiele für hierher gehörige Trockenvorrichtungen stellen die Abb. 88, 90, 123, 124 dar. Für Heißlufttrockner mit senkrechtem Warenlauf nach Abb. 123 gibt die Herstellerin als Maß der Leistungsfähigkeit eine Warengeschwindigkeit von etwa 3000 m/h an, wenn die anfängliche Lufttemperatur 60 bis 80⁰ beträgt. Sie sinkt im Verlauf der Trocknung auf etwa 35⁰ und entspricht in der Kühlabteilung der Raumtemperatur. Der gleichzeitig auftretende Dampfverbrauch wird zu 1,3 bis 1,5 kg für 1 kg Wasserentziehung angegeben. Bei dem wagerechten Warenlauf der Abb. 88 sinkt die Leistungsfähigkeit, entsprechend einer Warengeschwindigkeit von etwa 1500 m/h. Wird die Vorrichtung

Abb. 88 als Oxydationsmaschine benutzt und dementsprechend mit einer höchsten Lufttemperatur von 40 bis 45⁰ betrieben, so nimmt die Leistung noch weiter auf eine Warengeschwindigkeit von 350 bis 500 m/h ab, während sich gleichzeitig der Dampfverbrauch auf 2 bis 2,3 kg für 1 kg Wasserentziehung erhöht. Der in Abb. 90 im Schnitt und in Abb. 187 (Kettling und Braun) in äußerer Ansicht dargestellte Bandtrockner für Verarbeitung von Wolle- und Halbwollestoffen besitzt eine Heizvorrichtung, bei der durch verschieden starke Berippung eine für die höheren Lagen zunehmende Lufttemperatur angestrebt wird. Die Leitflächen zwischen Heizvorrichtung und eigentlichem Trockenraum bezwecken, neben der Luftverteilung, das Aufprallen der Luft auf das Gewebe zu mildern. Umführungskästen leiten die Luft nach der inneren Warenseite, sie strömt schließlich im unteren, trockneren Teil dem

Abb. 187. Gewebetrockner (Kettling und Braun).

Hauptlüfter als Umluft, im oberen, feuchteren Teil dem Absaugelüfter zu, der sie ins Freie wirft. Die Frischluft strömt der austretenden Warenbahn entgegen und dient gleichzeitig als Kühlluft. In die Druckleitung zwischen Lüfter und Lufterhitzer ist eine Filterkammer eingeschaltet, um eine Verstaubung des Lufterhitzers zu vermeiden. Die Seitenwandungen der Trockenvorrichtungen sind in der ganzen Länge quer fahrbar ausgebildet, um die Breite des Trockenraums der jeweiligen Warenbreite anzupassen. Die in Abb. 188 (Jahr) dargestellte Spann-, Rahm- und Trockenmaschine arbeitet als sogenannte Überblasmaschine, wenn es sich um die Verarbeitung dichter und wenig luftdurchlässiger Gewebe handelt. Die Abstufung der Heizleistung für die einzelnen Höhenlagen wird durch allmähliche Vermehrung der Zahl der wagerecht liegenden Rohre erreicht. Leitbleche sichern die richtige Verteilung des Luftstromes auf die Heizrohrgruppen und verschiedenen Stofflagen. Um das Aufblasen des Striches zu verhindern, werden bei den Jahrschen Maschinen die unteren Strichbleche verlängert, wie punktiert angedeutet. Bei luftdurchlässigem Gewebe kommt nach Abb. 189 die

Ausführung als sogenannte Durchblasmaschine in Betracht. Die Umführungskästen sind hierbei nur am einen Ende angeordnet. Auskleidung der äußeren Blechwände mit Korksteinplatten sorgt für guten Wärmeschutz. Den Dampfverbrauch gibt die Herstellerin mit 1,8 bis 2 kg für 1 kg verdunstetes Wasser an, wenn der Feuchtigkeitsgehalt des nassen Gutes $\chi_t \approx 0,5$ beträgt und die Luft eine Temperatur von anfangs

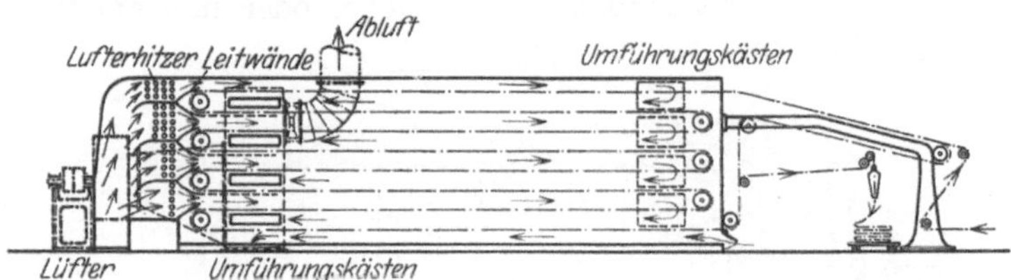

Abb. 188. Spann-, Rahm- und Trockenmaschine. Überblasmaschine (Jahr).

100^0, zum Schlusse 50^0 besitzt. Der Feuchtigkeitsgrad der Abluft beträgt hierbei 0,3 bis 0,5.

Bei den Karbonisiermaschinen nach Abb. 190 (Jahr) liegt Verbindung einer Trocken- mit einer Sengvorrichtung vor. Die Ware läuft in der Vortrockenkammer wagerecht, in den folgenden Trockenkammern und der letzten Brennkammer senkrecht hin und her. Die Luft strömt

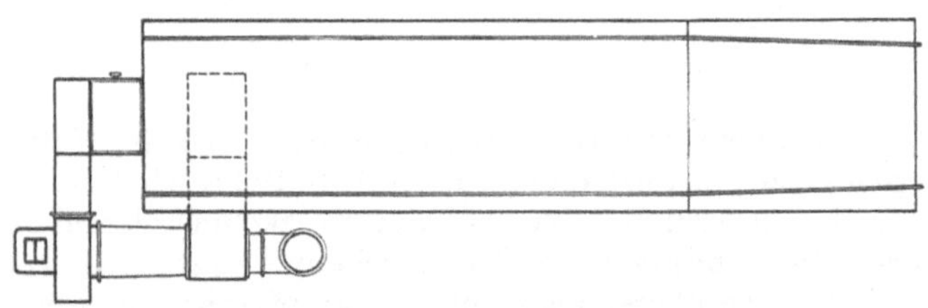

Abb. 189. Spann-, Rahm- und Trockenmaschine. Durchblasmaschine (Jahr).

in der Vorkammer durch die Ware, in den drei Hauptkammern längs, im ganzen entgegengesetzt der Hauptfortbewegung des Stoffes und erfährt eine stufenweise Nachheizung. Ihre Temperatur liegt in der mit angewärmter Frischluft beheizten Brennkammer am höchsten. Besondere Formengebung der Kammerdecken dient zur guten Luftverteilung unter Vermeidung toter Ecken, in denen eine örtliche Abkühlung der Luft bis zur Tropfenbildung erfolgen könnte. Nach Angabe der Herstellerin liegt der Dampfverbrauch bei 2,5 kg für 1 kg verdunstetes Wasser, wenn die Temperatur in der Brennkammer 110^0 beträgt und allmählich auf 50° in der Vortrockenkammer abfällt. Ihr Endfeuchtigkeitsgrad φ_h wird zwischen 0,25 und 0,6 schwankend angegeben. Der in Abb. 191 (Schilde) dargestellte Bandtrockner dient zur Verarbeitung von Segeltuchen und dgl. Die Luft strömt quer zum Kanal längs der Stoffflächen. In anderen Fällen werden die Gewebestoffe lose eingehängt, wie Trikotschläuche, Leinen- und Baumwollgewebe, steif appretierte Gewebe, Wachstuche, Filtertuche, oder in Kammern fest gespannt gehalten und ruhend getrocknet.

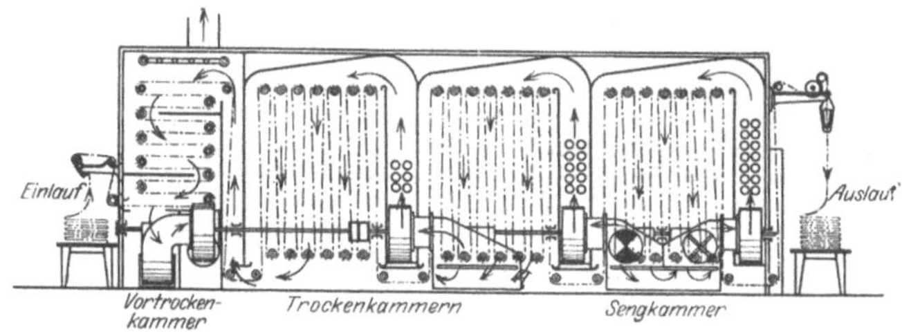

Abb. 190. Karbonisiermaschine (Jahr).

Für die Trocknung von Damenkleiderstoffen, Trikots, Futter- und Schirmstoffen gelangen Filzkalander nach Abb. 192 (Jahr) zur Verwendung, die nach den Grundsätzen der Papiertrockenmaschinen arbeiten.

Versuche, die Eberle[1]) an Tuchtrockenvorrichtungen vornahm, ergaben bei 8 Bahnen übereinander einen Dampfverbrauch von 6,31 kg, bei 10 Bahnen übereinander von 2,09 und 3,52 kg für 1 kg Wasserverdampfung. Der erste Trockner arbeitete mit vorgewärmter Frischluft, der letzte mit Umluft. Der zehnbahnige Trockner ergab den niedrigen

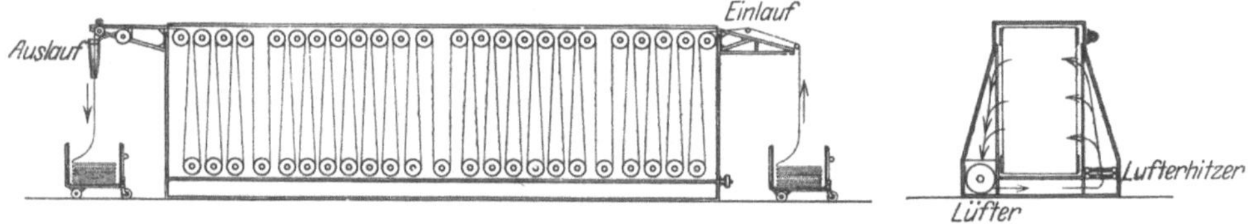

Abb. 191. Gewebetrockner (Schilde).

Dampfverbrauch von 2,09 kg bei Beschickung mit 364 kg nassem Tuch, dessen anfänglicher Feuchtigkeitsgehalt $\chi_r = 1,04$ zum Schluß nahezu restlos ausgetrieben wurde. Die höhere Zahl von 3,52 kg wurde bei Beschickung mit 297 kg nassem Tuch gefunden, das anfangs einen Feuchtigkeitsgehalt $\chi_r = 0,885$ besaß und gleichfalls nahezu vollständig entfeuchtet wurde. Die Luft ging im ersten Falle mit 54° und einem Feuchtigkeitsgrad 0,42, im zweiten Falle mit 61° und einem Feuchtigkeitsgrad 0,27 ab.

Die einfachste Vorrichtung für künstliches Trocknen feuchter Wäsche stellt das Plätteisen dar. Seine Wirkung läuft auf eine Vorwärmung des Gutes hinaus, das damit selbst zum Wärmeträger wird und erst nach

---

[1]) Eberle: Wärmewirtschaft in der Textilindustrie. Z. V. d. I. 1923.

dem Vorbeigleiten des Heizkörpers in Wechselwirkung mit der Luft
tritt. Ein Teil der Feuchtigkeit wird von der aus Filz oder anderen durchlässigen Stoffen bestehenden Unterlage in Form von Dampf aufgenommen, wenn die Temperatur der Wäsche 100⁰ überschreitet. Sobald das
Wäschestück fertig ist, entweicht die Feuchtigkeit aus der Unterlage
in die Umgebung. Das Eindringen des Dampfes in die Unterlage wird
vermieden, wenn die Temperatur unter 100⁰ liegt, weil alsdann ein Verdampfen unmöglich ist und nur ein Verdunsten nach der luftberührten
Seite zu in Betracht kommt.

Ein vervollkommnetes Plätteisen stellt die Muldenmangel dar.
Auch hier ist während der eigentlichen Erwärmung zwischen der beheizten Mulde und der auf der Plättwalze befindlichen Unterlage aus

Abb. 192. Filzkalander (Jahr).

Filz und Nessel die äußere Luft abgesperrt. Liegt die Temperatur der
Wäsche über 100⁰, so findet ein Eindringen des entstehenden überhitzten
Dampfes in die Unterlage statt. Sobald die Wäsche aus der Mulde herauskommt, bildet sie zusammen mit der Unterlage den Wärmeträger und
ermöglicht dadurch erst die Verdunstung in die Umgebung.

Die in Abb. 193 (Engelhardt und Förster) dargestellte Muldenmangel mit innerer Absaugung der Dämpfe durch den aus gelochtem
Blech bestehenden Walzenmantel hindurch ergibt demgegenüber eine
nicht unwesentliche Veränderung der Arbeitsweise. Für die Wäscheteile,
die gerade zwischen Mulde und Walze laufen und durch die beheizte
Mulde erwärmt werden, ist eine Überhitzung nicht zu befürchten, wenn
Trocknung über den hygroskopischen Punkt vermieden wird. Die
Wäsche nimmt bei atmosphärischem Druck etwa 100⁰ an. Ihre Feuchtigkeit verdampft und entweicht in die hohle Walze. An dem Walzenumfang außerhalb der Mulde findet kein Verdampfen, sondern ein Verdunsten statt, wobei Unterlage und Wäsche den Wärmeträger bilden.

Für das künstliche Trocknen aufgehängter Wäsche kommen Trockenkammern nach Abb. 147 zur Anwendung, außerdem sogenannte Kulissentrockner mit ausziehbaren Wäscheträgern. Bei den letzten ist die Heizvorrichtung am Boden, der Abzug an der Decke angeordnet, während die Luft von unten eintritt. Auf diese Weise kommt eine milde Trocknung zustande, allerdings auf Kosten langer Trockenzeit und hohen Wärmeverbrauches.

Kunstleder besteht aus Gewebe mit mehrfach aufgelegter pastenartiger Masse, die das Gewebebild verdeckt. Künstliche Trocknung kommt bei seiner Herstellung zunächst in Form von Lufttrocknung bei dem vorgefärbten, gespannten Gewebe in Betracht, das möglichst vollkommen entfeuchtet sein muß, ehe die Deckmasse aufgebracht wird. Diese besteht nach Münzinger[1]) aus Nitrozellulose mit durch Alkohol verdünntem Essigäther als Lösungsmittel, unter Zusatz von Erdfarben und Rizinusöl. Die bestrichene Stoffbahn wird in Kanaltrocknern bei etwa 70 bis 90° behandelt und

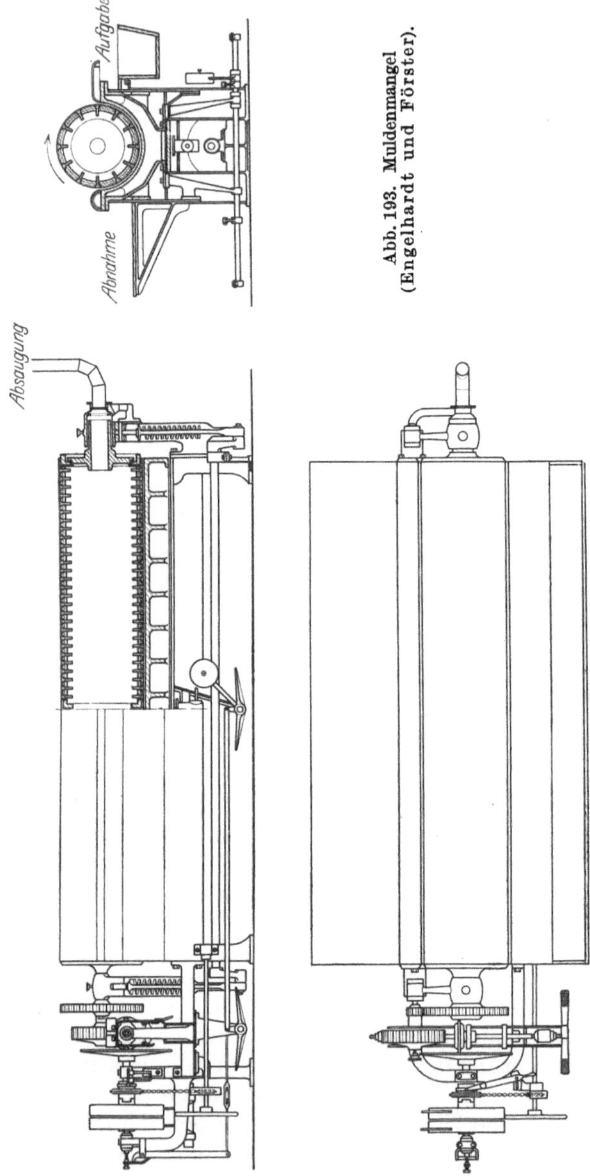

Abb. 193. Muldenmangel (Engelhardt und Förster).

---

¹) Münzinger: Die Kunstlederfabrikation. Das Technische Blatt 1926.

der Vorgang mehrfach wiederholt. Das ausgetriebene Lösungsmittel wird wiedergewonnen. Dieser zweite Abschnitt besitzt alle Eigentümlichkeiten der Lacktrocknung.

4. Lacke.

a) Lackierte Gegenstände. Lacke werden als Überzug auf Metall- und Holzteilen verwandt. Ihre Auftrocknung läuft bei flüchtigen Lacken auf ein Verdunsten des Lösungsmittels hinaus, bei Öllacken auf eine Erhärtung des Lösungsmittels unter dem Einfluß des Luftsauerstoffes.

Je nachdem es sich um lackierte Holz- oder Blechteile handelt, sind die zulässigen Temperaturen verschieden. Außerdem spielt die Zusammensetzung des Lackes selbst eine Rolle. Lackierte Holzteile sollen eine Temperatur von $t \approx 70^0$ nicht überschreiten. Bei Anwendung weißer Lacke liegt die Grenze wegen der Vergilbungsgefahr mit $t \approx 60^0$

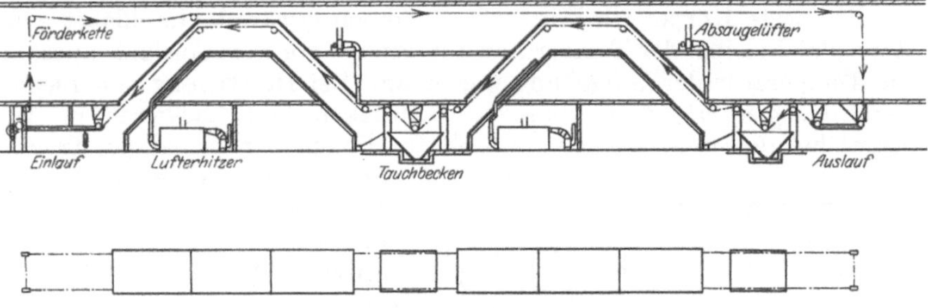

Abb. 194. Kanaltrockner für lackierte Blechteile (Lefèbre).

noch niedriger. Viel höher steigen die Temperaturen, wenn Asphaltlacke auf Stanz- und Schmiedeteilen aufgebracht werden. Die genaue Zahl hängt hier von dem Lack selber ab und schwankt zwischen $t = 150$ bis 250^0. Mehrmaliges Tauchen und Trocknen bildet hierbei die Regel.

Die Menge der aufzutrocknenden Lösungsmittel läßt sich zahlenmäßig nur in besonderen Fällen festlegen. Gleiches gilt für die Trockendauer. Im allgemeinen hört nach einer Trockenzeit von etwa 6 Stunden das Anhaften von Staub auf. Die gesamte Trockenzeit liegt durchschnittlich bei etwa 10 Stunden.

Den weitesten Raum nehmen lackierte Gegenstände bei dem Bau von Kraftfahrzeugen ein. Die Forderung wirtschaftlicher Arbeitsweise verlangt hier rasche Trocknung und geschickte Einfügung der Trocknung in den gesamten Arbeitsgang. Für die Herstellung im großen bedeutet daher der Kanaltrockner die geeignete Form. Abb. 194 stellt nach Lefèbre[1]) einen für die Behandlung von lackierten Schutzblechen und kleinen Metallteilen bei der Chevroled Motor Co., Detroit, verwandten hintereinandergeschalteten Doppelkanaltrockner dar. Beachtenswert ist die geknickte Bauweise. Die angewärmte Trockenluft

---

[1]) Lefèbre: Process of, and Equipment for, Fender and Body Enameling. Journ. of the Soc. of Aut. Eng. 1924.

steigt im Gegenstrom zu den lackierten Körpern hoch, fällt am jenseitigen Ende nieder und wird an tiefster Stelle abgesaugt. Trotz des Offenbleibens der Kanalenden vermeidet die besondere Kanalführung das Eindringen falscher Luft. Für die Trocknung von lackierten Kraftfahrzeugaufbauten werden nach der gleichen Quelle Doppelkanäle nach Abb. 195 verwandt, jedoch zur Umgehung übermäßiger Längenausdehnung nebeneinander angeordnet. Über die Wirkungsweise des

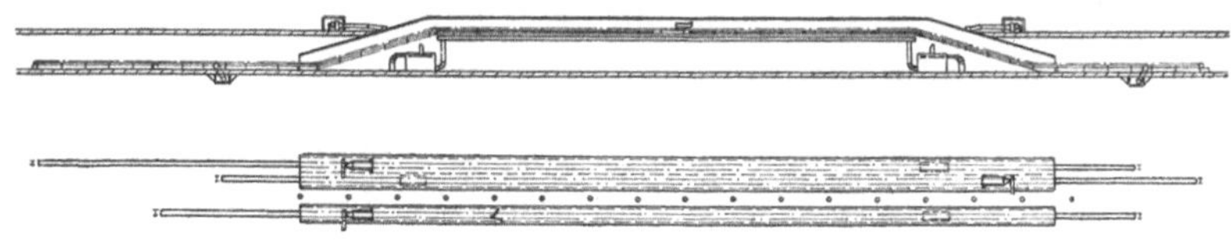

Abb. 195. Kanaltrockner für lackierte Blechteile (Lefèbre).

Trockners Abb. 194 gibt das Temperaturbild der Abb. 196 Aufschluß. Der lackierte Körper wird danach allmählich erwärmt, durchläuft eine Zone gleichbleibender Temperatur und nimmt vor dem Auslauf langsam die Temperatur der Umgebung wieder an. Bei Herstellung von Blechverpackungen erfolgt Grundieren, Bedrucken und Lackieren in der Regel bei der ungebogenen Blechplatte, die einer mehrmaligen Trocknung unterworfen wird. Neben Trockenkammern, die mehrere mit Blechtafeln gefüllte Wagen besitzen, kommen Trockenkanäle zur Verwendung. Eine Vervollkommnung stellen die Lehmannschen Kettenöfen (Werner und Pfleiderer) dar, in denen die Tafeln von einem mit senkrechten Zinken versehenen Kettenpaar getragen werden.

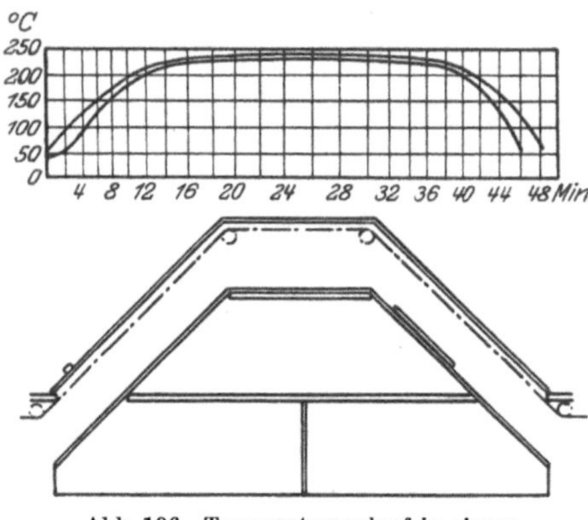

Abb. 196. Temperaturverlauf in einem Lacktrockner (Lefèbre).

Bei allen Fördermitteln, die den hohen Temperaturen der Lacktrockner ausgesetzt sind, muß die erhebliche Längenänderung durch selbsttätige Spannvorrichtungen o. dgl. berücksichtigt werden. Für die Schmierung kommt, wegen der Entzündungsgefahr, nur Öl von hohem Flammpunkt in Frage.

Kleinere lackierte Teile, wie Spulen, Knöpfe, Nadeln, können auf Horden getrocknet werden.

Eine Mehrfach-Trockenkammer für die Behandlung lackierter, aus verleimtem Holz bestehender Fahrzeugaufbauten zeigt Abb. 197 (Balcke). Die Schaltung des Luftweges kann hierbei so erfolgen, daß mit vorgewärmter Luft allein oder mit Mischluft oder nur mit Umluft gearbeitet wird. Außerdem ist eine Befeuchtung der Luft vorgesehen, um mit verhältnismäßig hohen Temperaturen trocknen zu können, ohne daß die Leimung reißt. Die Trocknung wird in sechs Arbeitsgängen vorgenommen, deren jeder nach einem mitgeteilten Versuch 33 bis 40 Min. dauert, wenn die Luft bei einer Temperatur von 50 bis 67⁰ einen Feuchtigkeitsgrad $\varphi \approx 0{,}3$ bzw. $0{,}52$ besitzt.

Bei Lacktrockenanlagen ist der spezifische Wärmeverbrauch in der Regel deshalb verhältnismäßig hoch, weil die in dem austretenden Gut enthaltene Wärmemenge in ungünstigem Verhältnis zu dem Wärmeverbrauch für die Nutztrocknung steht, einmal wegen der in der Regel

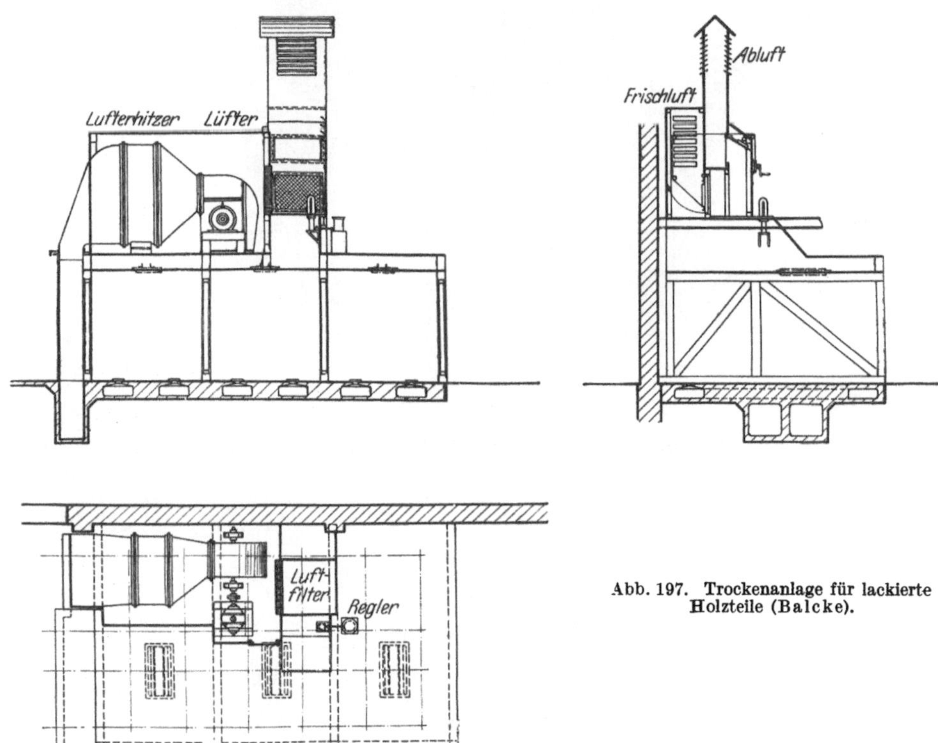

Abb. 197. Trockenanlage für lackierte Holzteile (Balcke).

hohen Zahl des Verhältnisses $\dfrac{\text{Trockenstoffgewicht}}{\text{Feuchtigkeitsmenge}}$, dann wegen der hohen Temperaturen. Die letzten bilden auch die Ursache, weshalb bei Dampf als Heizmittel mit dem Niederschlagwasser eine erhebliche Wärmemenge abgeht, deren Ausnutzung hier in besonderem Maße anzustreben bleibt.

b) Elektrische Kabel. Der Widerstand der Kabelisolierung nimmt mit dem Feuchtigkeitsgehalt ab. Dieser ergibt sich durch die Herstellung in der stark wechselnden Höhe $\chi_r \approx 0{,}08$ bis $0{,}4$ und soll möglichst restlos entfernt werden. Die Trocknung erfolgt daher unter Anwendung von Luftleere in viereckigen oder zylindrischen Trockenschränken. Die Heizvorrichtung besitzt mannigfaltigeForm und paßt sich der Gestalt des zu trocknenden Gutes an. Abb. 198 und 199 (Paßburg) stellen einen für die Verarbeitung von Kabeltrommeln angewandten Vakuumtrockner dar,

Abb. 198. Vakuumtrockner für Kabeltrommeln (Paßburg).

Abb. 199. Vakuumtrockner für Kabeltrommeln (Paßburg).

bei dem das Mantelinnere durch Heizrohre belegt ist, zu denen noch ein innerer Heizkörper hinzutritt, um den sich die Kabeltrommel legt.

Abb. 120 (Paßburg) zeigt eine Umformertrockenanlage, bei der wegen
der zu handhabenden hohen Gewichte besondere Fördervorrichtungen,
Schiebebühne für Aufnahme der Umformer und Schwenkkran für Bewegung der großen Verschlußtüren, nötig werden.

Die Trockendauer hängt von den Abmessungen und der Beschaffenheit der Isolierung ab und schwankt zwischen 12 und 24 Stunden. An
die Trocknung schließt sich die Durchtränkung der Wicklung an. Werden hierzu Lacke mit flüchtigen Lösungsmitteln verwandt und der
Trockner selbst gleichzeitig zum Tränken benutzt, so bietet sich in einem
Oberflächenkondensator die Möglichkeit zur Rückgewinnung der Lösungsmittel. Verbundlacke kommen in Betracht, wenn die Wicklungen
im Betrieb starker Erwärmung ausgesetzt sind. Sie bedürfen zum Fest-

Abb. 200. Vakuumtrockenanlage für Umformer (Paßburg).

trocknen hoher Temperaturen, bis 200° und — bei Anwendung von
Dampf als Heizmittel — Spannungen bis 25 at. Da die Verbundlacke
wasserfrei sind, handelt es sich hierbei nicht um eine eigentliche Trocknung. Tränkung mit Firnis verlangt Zutritt von Luft bei der anschließenden Nachtrocknung, um die Erhärtung unter der Wirkung des
Sauerstoffs zu erreichen.

Die fast wasserfreien Wicklungen wirken, soweit sie nicht luftdicht
überzogen werden, stark hygroskopisch und bedürfen besonderer Vor-
sichtsmaßnahmen, um Wiederaufnahme von Feuchtigkeit aus der Luft
zu verhindern. Die weitere Verarbeitung erfolgt daher zweckmäßig in
Arbeitsräumen, die mit Luft von sehr niedrigem Feuchtigkeitsgrad versorgt werden.

5. Brennstoffe.

Die künstliche Trocknung hat bei der Verarbeitung von Rohbraunkohle zu Briketts besondere Bedeutung gewonnen. Daneben kommt

sie für weitgehende Entfeuchtung von Steinkohle in Betracht, die als Staubkohle verfeuert werden soll. Die künstliche Trocknung von Torf und anderen minderwertigen Brennstoffen harrt noch der Lösung.

Die obere Temperaturgrenze bei der Trocknung ist durch die Bedingung gegeben, daß ein Abgasen unter Verlust wertvoller Bestandteile vermieden werden soll. Die beginnende Entgasung der Braunkohle liegt bei etwa 115°, so daß also ein Verdampfen unter atmosphärischem Druck bei 100° noch unbedenklich erscheint. Im allgemeinen wird bei den mit lufthaltigem Schwaden arbeitenden Trocknern eine niedrigere Temperatur von 80 bis 90° nicht überschritten.

Die Trockengeschwindigkeit ist von Einfluß auf die Gleichmäßigkeit der Trockenwirkung bei der verschiedenen Korngröße. Nach den Untersuchungen von Seidenschnur[1] an liginitischer Rohbraunkohle mit einem anfänglichen Feuchtigkeitsgehalt $\chi_r = 1,12$ ergaben sich bei Trocknung durch sauerstoffreies Spülgas mit einer Höchsttemperatur von $t_v = 200$ bis $250°$ und einer Auslauftemperatur der getrockneten Kohle von $t_h = 60$ bis $80°$ folgende Zahlen des Endfeuchtigkeitsgehaltes χ_h:

durchschnittlich	0,475	0,277	0,240	0,087	0,065	0,067
des Anteils mit Korngröße unter 5 mm	0,224	0,160	0,130	0,069	0,056	0,073
Korngröße 5 bis 15 mm	0,285	0,177	0,105	0,067	0,059	0,047
Korngröße 15 bis 35 mm	0,730	0,416	0,365	0,101	0,081	0,085

Je weiter die Trocknung getrieben wird, um so mehr verringert sich mit abnehmendem Feuchtigkeitsgehalt die Trockengeschwindigkeit und um so mehr verwischt sich der Unterschied des Feuchtigkeitsgehaltes bei den verschiedenen Korngrößen. Dagegen ergibt bei einem Feuchtigkeitsgehalt, der nicht in das hygroskopische Gebiet hineingreift, die verhältnismäßig hohe Trockengeschwindigkeit eine Verschiedenheit des Wassergehaltes der Einzelteile. Der Durchschnittswert liefert alsdann kein Bild über die Trockenwirkung im einzelnen.

Noch weitergehende Unterschiede beobachtete Grunewald[2]. Bei einer Grubenfeuchtigkeit von $\chi_r = 2,65$ und einem durchschnittlichen Wassergehalt der Briketts von $\chi_h = 0,227$ schwankte der Wassergehalt im einzelnen zwischen 0,131 und 0,72. Um diesem Mißstand zu begegnen, werden auf Grube Hürtenberg neuerdings die Knorpel nach Aussieben der feineren Teile nachgebrochen und nochmals durch die Ummantelung des Röhrentrockners geschickt.

Feuchtigkeit und Heizwert der Rohbraunkohle schwankt, je nach dem Fundort, und beträgt nach Foos[3]:

	Rheinland	Mitteldeutschland	Anhalt, Magedeburg, Helmstedt	Niederlausitz
Feuchtigkeitsgrad . . .	0,58 bis 0,62	0,52 bis 0,54	0,45 bis 0,52	0,55 bis 0,58
Feuchtigkeitsgehalt . .	1,38 bis 1,63	1,08 bis 1,17	0,82 bis 1,08	1,22 bis 1,38
unterer Heizwert kcal/h	1900 bis 1700	2500 bis 2300	3000 bis 2700	2100 bis 1900

[1] Seidenschnur: Braunkohle 1924.
[2] Grunewald: Die rheinische Braunkohle. Z. V. d. I. 1925.
[3] Foos: Die Wärmewirtschaft in der Brikettfabrik. Braunkohle 1923.

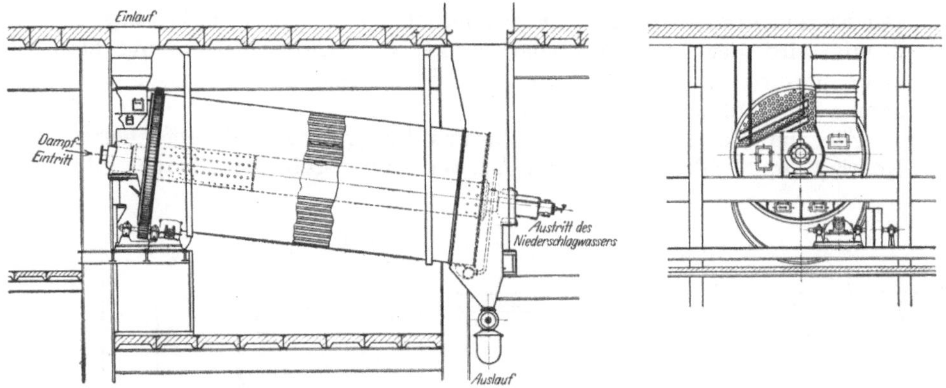

Abb. 201. Röhrentrockner für Rohbraunkohle (Zeitz).

Der Endfeuchtigkeitsgehalt der zu Briketts bestimmten Rohbraunkohle soll etwa dem Zustande der Lufttrockenheit entsprechen. Er liegt im Durchschnitt bei $\chi_\mathfrak{h} = 0{,}175$. Wird dagegen die Braunkohle verschwelt, so sinkt der Endfeuchtigkeitsgehalt bis auf $\chi_\mathfrak{h} = 0{,}005$.

Über das hygroskopische Verhalten von Braunkohle hat Rammler[1]) Untersuchungen durchgeführt, nach denen in gesättigter Luft der dem hygroskopischen Punkte entsprechende Feuchtigkeitsgehalt χ_e sich zwischen 0,186 und 0,237 bewegt.

Bei der Trocknung von Rohbraunkohle wird der Raumschwund merklich. Nach Kegel[2]) nimmt z. B. Rohbraunkohle von $\chi_r = 1{,}22$ Anfangsfeuchtigkeitsgehalt bis zur Erreichung eines Feuchtigkeitsgehalts von $\chi_\mathfrak{h} = 0{,}667$ um 20%, bei Erniedrigung des Feuchtigkeitsgehalts auf $\chi_\mathfrak{h} = 0{,}111$ um weitere 20% an Rauminhalt ab.

Bei Steinkohle schwankt der natürliche Feuchtigkeitsgehalt mit dem Alter, und beträgt im Durchschnitt für junge Sorten, z. B. Schlesische Stückkohle, $\chi_r = 0{,}065$, für ältere Sorten, z. B. Westfälische Magerkohle, $\chi_r = 0{,}005$ bis 0,01.

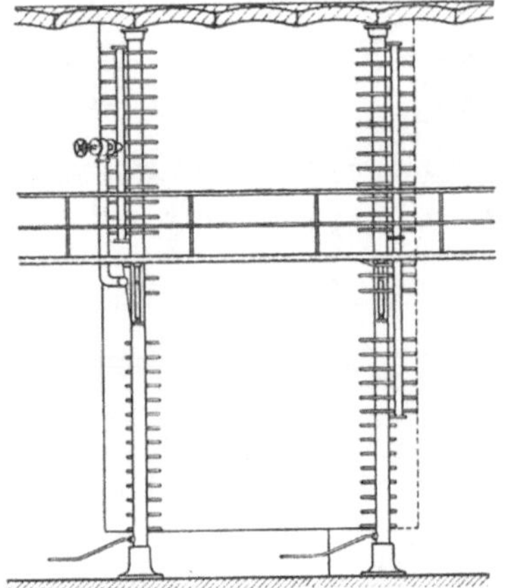

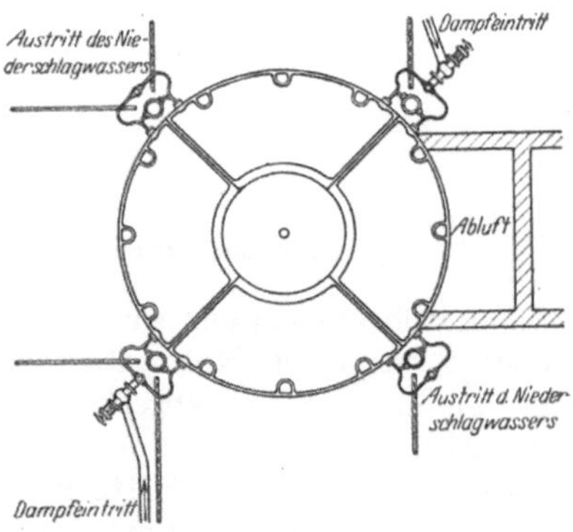

Abb. 202. Tellertrockner für Rohbraunkohle (Zeitz).

---

[1]) Rammler: Kohlenstaubfeuerung und hygroskopische Eigenschaften der Braunkohle. Arch. f. Wärmewirtschaft 1926.

[2]) Kegel: Braunkohle 1921.

Der Endfeuchtigkeitsgehalt der Staubkohle soll bei $\chi_b \approx 0{,}0175$ liegen. Damit wird der hygroskopische Punkt weit unterschritten und bei nicht unmittelbarer Verwendung der Staubkohle Schutz gegen Aufnahme der Luftfeuchtigkeit notwendig.

Für die Verarbeitung von Braunkohle gelangen dampfbeheizte Röhren- und Tellertrockner zur Verwendung. Abb. 201 (Zeitz) gibt

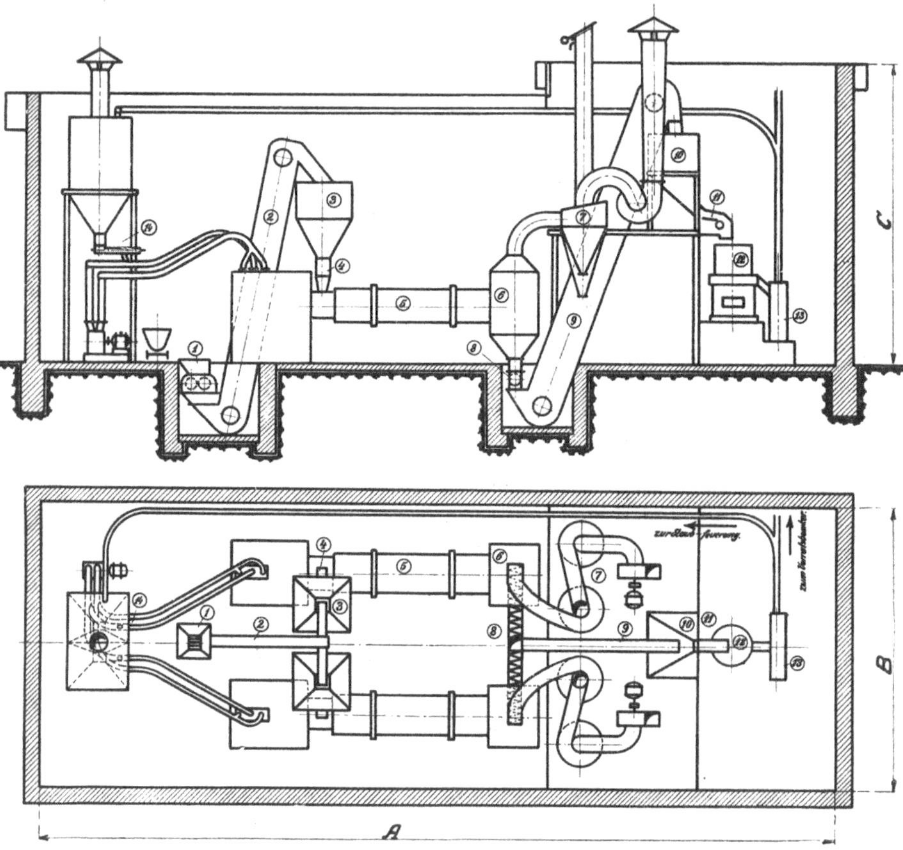

Abb. 203. Trommeltrockner für Kohlenstaub (Büttner).

einen Röhrentrockner wieder, bei dem die Kohle durch die außen von Dampf bespülten Röhrenbündel im Gleichstrom mit dem Dampf, der Trommelneigung entsprechend, wandert. Bei dem Tellertrockner, wie ihn Abb. 202 (Zeitz) darstellt, wird die Kohle auf den Tellerflächen abwechselnd von der Mitte nach dem Rand, bzw. vom Rand nach der Mitte, geschoben und tritt durch Öffnungen nach dem unten folgenden Teller über. Für die unmittelbare Beheizung des Gutes kommt die obere Fläche des von Dampf durchströmten Tellers in Betracht. Die untere Fläche wirkt durch Strahlung und Erwärmung der zur Aufnahme des Schwadens dienenden Trockenluft.

Die Ausführung einer Kohlentrockenanlage durch unmittelbar beheizte Trommeln zeigt Abb. 203 (Büttner) in der besonderen Anwendung als Sammelanlage für Kohlenstauberzeugung. Die aus dem Brechwerk *1* durch ein Förderwerk *2* in den Bunker *3* hochgedrückte Naßkohle wird über eine Zuteilvorrichtung *4* dem Trockner *5* zugeleitet. Die trockene Kohle läuft aus der Kammer *6* über die Förderschnecke *8* und das Förderwerk *9* nach dem Bunker *10*, von da über den Elektro-

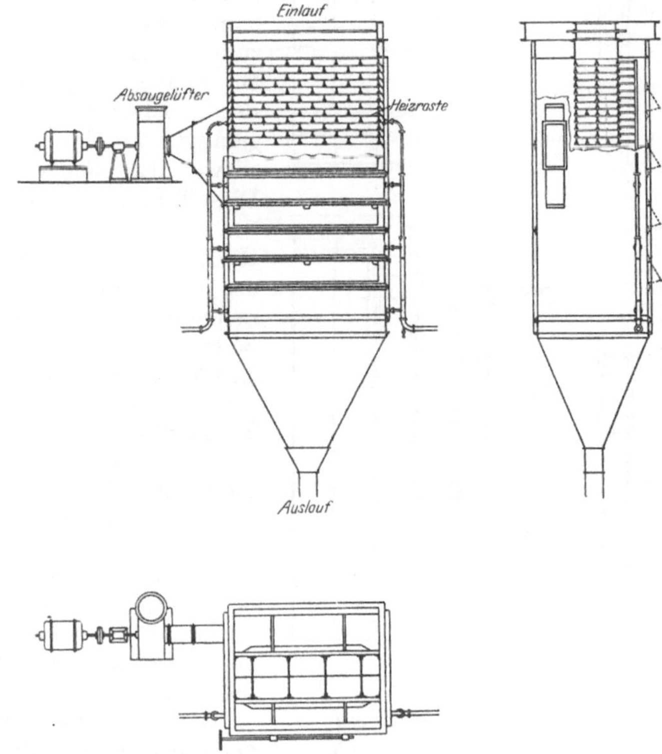

Abb. 204. Dampftrockner für Kohlenstaub (Kohlenscheidungs-Ges.).

magneten *11* nach der Staubmühle *12* und schließlich zur Staubpumpe *13*. Die Beheizung der Trockentrommeln ist als Staubfeuerung *14* vorgesehen. Die Heizgase laufen im Gleichstrom mit der Kohle und werden aus der Kammer *6* über den Sichter *7* durch Lüfter ins Freie abgeführt. Für Einschaltung zwischen Kohlenbunker und Kohlenstaubmühle verwendet die Kohlenscheidungs-G. m. b. H., Berlin, die in Abb. 204 und 205 wiedergegebenen Trockner. Der erste arbeitet mit Dampf. Dieser durchströmt rostartige, übereinander angeordnete Heizvorrichtungen, über die die Kohle niederrieselt. Die zur Aufnahme der Feuchtigkeit bestimmte Trockenluft wird in mittlerer Höhe außerhalb des eigentlichen Rieselraumes abgesaugt. Der Trockner nach Abb. 205 verwendet die Abgase einer Feuerung, die Kohle läuft zwischen jalousieartigen Wänden nieder und wird quer von den Trockengasen durchdrungen. Diese strömen etwas unter dem Einlauf zu und werden in mittlerer Höhe abgesaugt.

In ähnlicher Weise verwendet die Lurgi G. m. b. H. Wärmetechnik, Frankfurt a. M., nach Oetken-Hubmann[1]) Feuergase in Jalousietrocknern. Zur Erniedrigung ihrer Temperatur auf etwa 250⁰ werden die Abgase teilweise mit den Brenngasen gemischt. Die Zuführung der Trockengase erfolgt zum Teil an unterster Stelle, zum Teil in mittlerer Höhe. Die Abgase werden nicht an der gleichen Stelle zurückgesaugt, wo der Schwaden entweicht, sondern tiefer. Diese Teilung des Gasstromes bewirkt, daß in der unteren Hälfte eine geringere Menge des Trockenmittels mit abnehmender Trockenkraft arbeitet. Im oberen Teil der Trockenschicht wirkt die gesamte Gasmenge mit einer Trockenkraft, die hier in engeren Grenzen abnimmt. Die niedrige Gasgeschwindigkeit im unteren Teil vermindert, ebenso wie die Absaugung des größeren Teiles der Abgase an einer Stelle unterhalb des Schwadenabzugs, die Menge mitgerissenen Trockenstaubs.

Bei dem Schwelverfahren nach Limberg[2]) wird gleichfalls ein Jalousietrockner angewandt. Als Trockenmittel dient hier überhitzter Wasserdampf, der mit 220 bis 240⁰ durch die Rieselsäulen hindurchgeführt wird.

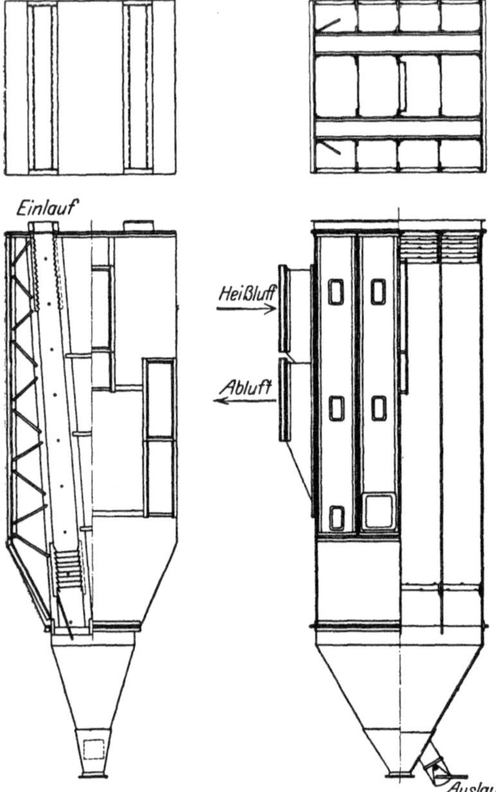

Abb. 205. Rieseltrockner für Kohlenstaub
(Kohlenscheidungs-Ges.).

Eine geschlossene Trockenvorrichtung, die mit Heißluft als Trockenmittel unter Druck arbeitet, schlägt Gerke[3]) für die Verwertung von Torf vor. In einer Kesselanlage erfolgt Vorwärmung und Trocknung des Torfes durch Heißdampf, der aus dem Torfwasser gewonnen wird.

---

[1]) Oetken-Hubmann: Schwelung mit Innenheizung nach dem Lurgiverfahren. Z. V. d. I. 1925.

[2]) Limberg: Die Praxis des wirtschaftlichen Verschwelens und Vergasens. Halle 1925.

[3]) Gerke: Z. V. d. I. 1925.

Für den Umlauf des Trockenmittels dient ein Dampfstrahlgebläse, dessen Arbeitsdampf von einem besonderen, mit höherer Spannung arbeitenden Dampfkessel geliefert wird. Eine derartige Anlage hat das Bestechende, daß die gesamte Abwärme des aus luftfreiem Dampf bestehenden Schwadens nicht nur für Heizzwecke ausgenutzt werden kann, sondern daß die Entspannung des Dampfes unter Arbeitsleistung möglich ist, ohne daß der Wärmeaufwand für die Dampferzeugung sich wesentlich von dem des offenen Abdampfverfahrens unterscheidet. Schwierigkeiten sind jedoch insofern zu erwarten, als der Dampf Staubteilchen mitreißt und dadurch die Kraftanlage gefährdet. Tatsächlich hat sich auch das Verfahren in Wirklichkeit nicht als brauchbar erwiesen.

Die wichtige Wrasenentstaubung erfolgt in Staubkammern, denen bei verschiedenen Anlagen elektrische Entstaubungsvorrichtungen folgen. Die ursprünglich vorhandene Gefahr von Entzündungen scheint allmählich überwunden zu werden. Das Gefahrengebiet für Explosionen bei elektrischer Entstaubung liegt nach den Untersuchungen von Fischer[1]) bei besonders niedrigem Feuchtigkeitsgehalt der Brüden, wie er sich nach Abstellen der Kohlenzufuhr zum Trockner alsbald — im untersuchten Falle nach etwa 20 Min. — einstellt. Da die Kurve des Dampfverbrauchs ähnlichen Verlauf nimmt wie die des Wassergehaltes der Brüden, wird von Grube Ilse N. L. eine Dampfuhr als Warner benutzt, um vor Eintreten einer Gefahr den elektrischen Strom zur Entstaubungsanlage abstellen zu können.

Die Ausnutzung der Abwärme ist bei der Briketterzeugung in doppelter Richtung in Angriff genommen worden. Der überschüssige, in der getrockneten Kohle enthaltene Wärmeinhalt wird auf dem Weg zu den Brikettpressen zur Nachtrocknung benutzt. Die Kohle wandert in besonderen Kühlhäusern durch Schnecken. Ihre Temperatur nimmt hierbei von etwa 90 auf 50⁰ ab. Grunewald[2]) weist auf den Mangel hin, daß hierbei Staub entsteht, der zusammen mit den an den Deckeln der Schneckengehäuse entwickelten Wassertropfen Schlamm bildet und Verluste bringt. Durch Zuführung von Luft längs der Schneckenwege läßt sich diesem Mangel begegnen. Die in den Brüden entweichende Abwärme wirksam zu fassen, ist bisher in wirtschaftlicher Weise noch nicht gelungen. Durch Überwindung der hierbei auftretenden, nicht zu unterschätzenden Schwierigkeiten würde erst die Überlegenheit der Briketts gegenüber Rohbraunkohle über weite Entfernungen entschieden. Bei dieser Gelegenheit sei darauf hingewiesen, daß als Vergleichswert der Kohle unter den hier betrachteten Gesichtspunkten der untere Heizwert angenommen werden muß, solange es unmöglich erscheint, die Ausnutzung der Abgase von Feuerungen bis unter ihren Taupunkt vorzunehmen.

Abb. 206 gibt nach Grunewald[3]) den Wärmestrom an Hand eines

---

[1]) Fischer: Elektrische Reinigung von Brüden in Braunkohlen-Brikettfabriken. Z. V. d. I. 1926.

[2]) Grunewald: Die Rheinische Braunkohle. Z. V. d. I. 1925.

[3]) Grunewald: Die Wärmewirtschaft auf der I. Rheinischen Braunkohlenmesse. Arch. f. Wärmewirtschaft 1924.

Büttnerschen Trommeltrockners für die Erzeugung von Brennstaub wieder. Von der zu trocknenden Kohle dienen 19,2% zur Beheizung der Trommel. Hiervon kommen jedoch 13,98% der getrockneten Kohle zugute. 3,45% dienen zur Deckung des Kraftbedarfes von Mahlanlage und Trommel. Der Gesamtverlust beträgt danach 8,67%. Zahlenmäßige Angaben über die Aufbereitung rheinischer Braunkohle zu Staub vermittels eines Büttnerschen Trommeltrockners machen Weiss und Haering[1]). Bei einem anfänglichen Feuchtigkeitsgehalt $\chi_r = 1,02$ und Entfeuchtung bis $\chi_\mathfrak{h} = 0,22$ betrug der Wärmeverbrauch 1114 kcal für 1 kg entzogenes Wasser. Die Trommel arbeitete hierbei ohne Wärmeschutz. Die Temperatur der Kohle wurde während des ersten Drittels zu 50 bis 52°, am Austritt zu 60 bis 64°, die Temperatur der Abgase zu 90 bis 100° gemessen. Für den in Abb. 204 dargestellten Dampftrockner gibt die Herstellerin an, daß bei einem Dampfdruck von 1,35 bis 2,5 at, einem Feuchtigkeitsgehalt der Kohle von $\chi_r = 0,11$ bis 0,127 anfangs, $\chi_\mathfrak{h} = 0,017$ bis 0,02 schließlich, der Verbrauch sich auf 1000 kcal für 1 kg ausgetriebenes Wasser beläuft. Der Feuchtigkeitsgrad der austretenden

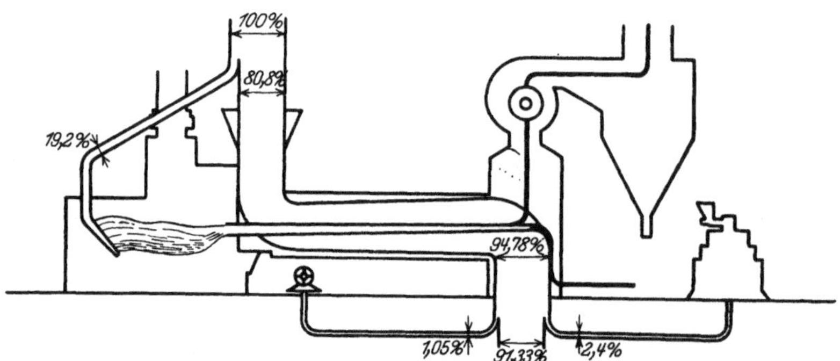

Abb. 206. Wärmebild der Kohlentrocknung (Grunewald).

Luft erreicht hierbei $\varphi_h = 0,8$ bis 0,9. Über die bei der Brikettherstellung maßgebenden Verbrauchszahlen liegen zahlreiche Ermittelungen vor. Der Verbrauch an Feuerkohlen beträgt nach Berner[2]), bei einem Feuchtigkeitsgehalt der Rohkohle von $\chi_r = 0,817$ bis 1,5, 0,275 bis 0,892 kg für 1 kg Brikett mit $\chi_\mathfrak{h} = 0,1765$ und entspricht einschließlich Staubverlust in Höhe von 3%, 17,2 bis 31% der Rohkohlenmenge. Zu etwas höheren Zahlen gelangt Foos[3]). Er gibt für einen Feuchtigkeitsgehalt

der Rohbraunkohle von . . . . . . $\chi_r =$ 0,817   1,082   1,63
den Verbrauch an Feuerkohle zuzüglich
   2% Verlust mit 0,31   0,51   1,2   kg
für 1 kg Brikett, entsprechend 16   21,5   33,8   %
des Rohkohlenverbrauchs an.

---

[1]) Weiß und Haering: Braunkohle 1922.
[2]) Berner: Der Brennstoffverlust durch die Brikettierung der Braunkohle. Leipzig 1921.
[3]) Foos: Die Wärmewirtschaft in der Brikettfabrik. Braunkohle 1923.

In weiten Grenzen schwanken die Angaben über das Maß der bei der Brikettherstellung zu schaffenden Abfallkraft. Berner berücksichtigt sie in der Weise, daß er den Feuerkohlenverbrauch bei einem Feuchtigkeitsgehalt von $\chi_r = 0{,}817$ bis $1{,}5$ von $17{,}2$ bis 31% auf $16{,}2$ bis 23% des Rohkohlenverbrauches ermäßigt. Nach Foos ergibt sich bei einer mittleren Dampfspannung von $2{,}5$ at für eine Leistung von 1000 Tonnen Briketts ($\chi_b = 0{,}1765$) in 24 Stunden eine Fehlmenge an Trocken-

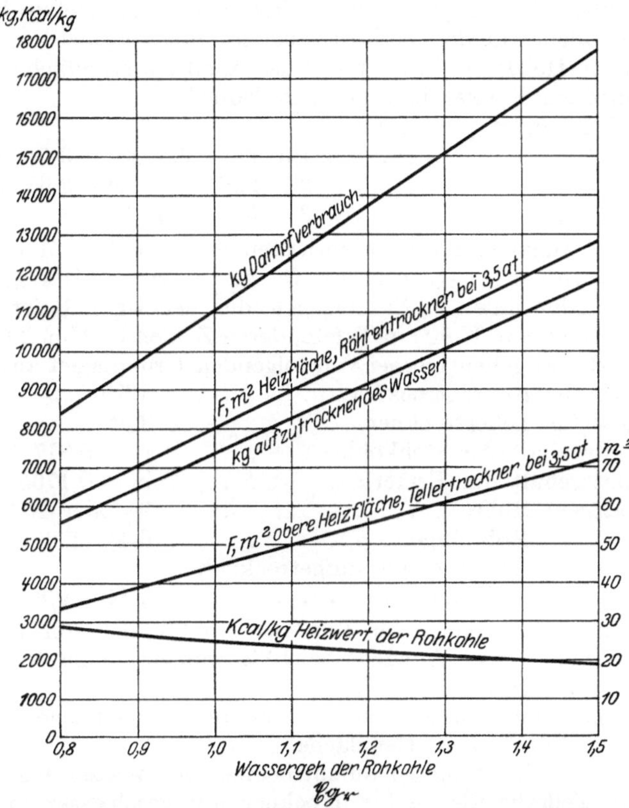

Abb. 207. Heizfläche, Dampfverbrauch, Trockenleistung bei der Briketttrocknung, Heizwert der Rohbraunkohle (Mitteldeutsches Braunkohlensyndikat).

dampf nach Ausnutzung des Abdampfes von Brikettpresse und Kesselspeisevorrichtung, die bei einem Feuchtigkeitsgehalt der Rohkohle

$$\chi_r = \quad 0{,}817 \qquad 1{,}082 \qquad 1{,}63$$

$$17\,500 \qquad 31\,460 \qquad 60\,360 \quad \text{kg/h}$$

$$\text{oder} \quad 50 \qquad 64 \qquad 76 \quad \%$$

des verfügbaren Dampfes beträgt. Die hieraus gewinnbare Abfallkraft kommt nicht ausschließlich für Versorgung fremden Bezugs in Frage, sondern dient vorweg zur Deckung des Nebenkraftverbrauches des Brikettwerkes.

Beim Vergleich zwischen Rohbraunkohle und Brikett rechnet Berner bei einem Feuchtigkeitsgehalt der Rohkohle von $\chi_r = 0{,}817$

bis 1,5 zugunsten des Briketts, außer den erwähnten Ersparnissen
für Kraftabgabe in Höhe von . . . . 1 bis 8 %,
noch bei Beförderung über 200 km . . . . 1,4 „ 2,7%,
bei der Verfeuerung . . . . 6,9 „ 12 %,
$$\text{insgesamt} . . . . 9{,}3 \text{ bis } 22{,}7\%$$
und kommt damit zu einem ungedeckten Feuerkohlenverbrauch in Höhe von . . . . 7,9 bis 8,3%
des Rohkohlenaufwandes. Die für die Verfeuerung angesetzte Ersparnis
beruht vor allem auf der Verbesserung des Feuerungswirkungsgrades.
Die mit 1 m² Heizfläche des Trockners erzielbare stündliche Leistung
an verdampftem Wasser beträgt nach Foos[1]):
bei einer Trockendampfspannung

von . . . . 1,5 2 2,5 3 3,5 at
für Röhrentrockner . . . . 2,7 2,95 3,2 3,45 3,65 kg/m² · h
für Tellertrockner . . . . 3 5 6,5 7,5 8 kg/m² · h

Ausführliche Angaben hierüber enthalten die von dem **Mitteldeutschen Braunkohlen-Syndikat G. m. b. H., Leipzig**, herausgegebenen „Richtlinien". Sie bringen die benötigte Heizfläche für
10000 kg getrocknete Kohle in Tafeln, deren Zahlen in Abb. 207 wiedergegeben sind und gehen hierbei von folgenden Grundlagen aus:
Dampfdruck für Röhrentrockner . . . . 3;5 at
Dampfdruck für Tellertrockner . . . . 3 at
Feuchtigkeitsgehalt der Rohkohle . . . . . . $\mathfrak{x}_r = 0{,}817$ bis 1,5
Feuchtigkeitsgehalt der Briketts . . . . $\mathfrak{x}_b = 0{,}1765$
Röhrentrockner: Rohre . . . . 94 oder 102 mm l.W.
$\qquad\qquad$ Rohrlänge . . . . 6,4; 7; 8 m
$\qquad\qquad$ Leistung an aufgetrocknetem
$\qquad\qquad$ Wasser . . . . 3,845 kg/h
für 1 m² innere Rohrfläche für Trockner mit Wendeleisten und Nachfüllvorrichtung. Ohne Wendeleisen 10% weniger, ohne Nachfüllvorrichtung 5% weniger.
Tellertrockner: 5 m Durchmesser, 16,5 m² obere Heizfläche oder 3,8 m
Durchmesser, 10 m² obere Heizfläche.
$\qquad\qquad$ Leistung an aufzutrocknendem Wasser 6,8 kg/h für
1 m² obere Tellerheizfläche für Trockner mit geschlossenem Mantel,
Schleppleisten, Staubabsiebung und mehrfacher Dampfzuführung.
Ohne geschlossenen Mantel 5% weniger, ohne Schleppleisten 8% weniger,
ohne Staubabsiebung 5% weniger, mit einfacher Dampfzuführung 3%
weniger.

An gleicher Stelle finden sich auch Angaben über die Leistung der
Kühlanlagen. Die hierbei erzielbare Nachverdampfung wird mit 2 bis
2,5% angegeben. Als benötigte Kühlflächengröße geben die Richtlinien
0,15 m² für 1 m² Trocknerfläche an, und zwar sowohl für Jalousiekühlanlagen als auch für Tellerkühlanlagen. Die Trocknerfläche ist hierbei
als Gesamtheizfläche, für Tellertrockner also als obere und untere
Fläche zusammen betrachtet.

---

[1]) Foos: Die Wärmewirtschaft in der Brikettfabrik. Braunkohle 1923.

6. Farbstoffe, Gerbstoffe, Harnstoff.

Es fällt außerhalb des Rahmens dieser Arbeit, die mannigfaltigen Eigenschaften der hierunter zählenden Stoffe festzulegen. Allgemein kann gesagt werden, daß Farb- und Gerbstoffe, ebenso wie Harnstoff, temperaturempfindlich sind und eine rasche Trocknung verlangen.

Für das Trocknen von Alizarin, Bleiweiß und Zyankali werden Vakuumtrockenschränke verwandt. Im Großbetrieb finden sich Vakuumschaufeltrockner für die Verarbeitung von Bleiweiß, Anilin- und Erdfarben, bei den weniger empfindlichen Erdfarben genügen Schaufeltrockner, die unter atmosphärischem Druck arbeiten. In anderen Fällen, z. B. bei der Verarbeitung von Preußisch-Blau, kommen dampfbeheizte Vakuumtrockner nach Abb. 153 zur Anwendung. Als Leistung gibt die Herstellerin für einen Kessel von 1,8 m Durchmesser 350 bis 500 kg Preußisch-Blau an, die einschließlich Be- und Entladung in $4^1/_2$ Stunden ihren Feuchtigkeitsgehalt von $\chi_r = 1,7$ auf $\chi_\mathfrak{h} = 0,05$ ermäßigen. Der Dampfverbrauch beträgt etwa $1^1/_2$ kg für 1 kg entzogene Feuchtigkeit. Mit abnehmendem Feuchtigkeitsgehalt verändern sich die Verhältnisse nach Alliott[1]) gemäß Abb. 208, die in der ausgezogenen Kurve die wirkliche Veränderung des Feuchtigkeitsgehaltes und punktiert den theoretischen Verlauf bei gleichbleibender Trockengeschwindigkeit angibt. Beide Linien fallen bis zu einem bei etwa $\chi_e \approx 0,143$ liegenden Feuchtigkeitsgehalt zusammen. Danach tritt eine zunehmende Verzögerung des Trockenvorganges ein, eine restlose Entfeuchtung erfolgt überhaupt nicht. Beachtenswert ist auch die gleichfalls von Alliott ermittelte Versuchskurve der Abb. 209, die den Dampfverbrauch für 1 kg entzogene Feuchtigkeit, abhängig von dem anfänglichen Feuchtigkeitsgrad $\varphi\,\mathfrak{G}_r$, darstellt.

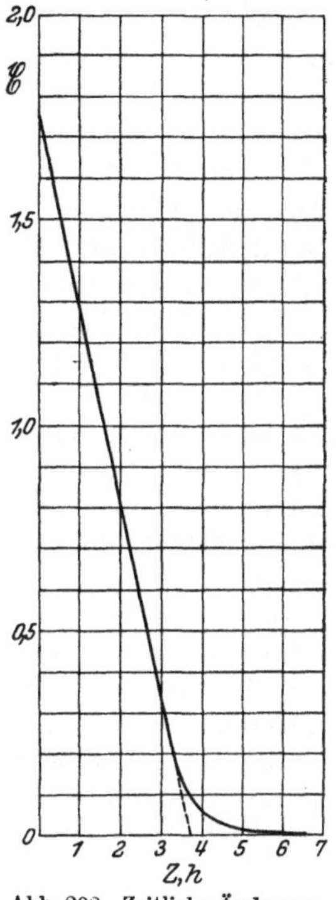

Abb. 208. Zeitliche Änderung des Feuchtigkeitsgehaltes bei der Trocknung von Preußisch-Blau (Alliott).

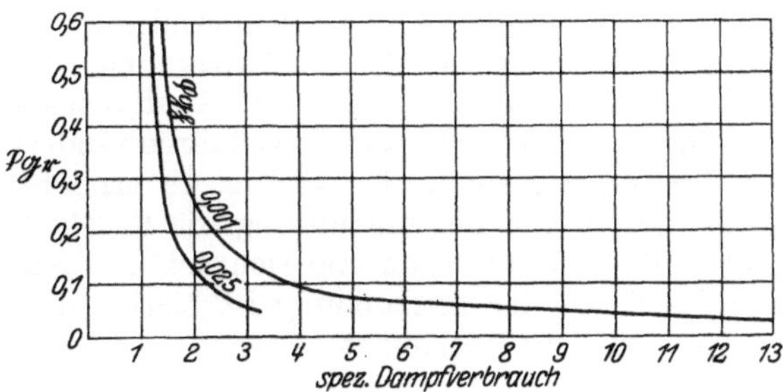

Abb. 209. Abhängigkeit des spezifischen Dampfverbrauchs von dem Feuchtigkeitsgrad $\varphi\,\mathfrak{G}$ bei der Trocknung von Preußisch-Blau (Alliott).

Der spezifische Dampfver-

---

[1]) Alliott: Drying by heat in conjunction with mechanical agitation and spreading. J. of the Soc. of Chem. Ind. 1919.

brauch verändert sich wenig, wenn der anfängliche Feuchtigkeitsgrad zwischen 0,6 und 0,3 schwankt und der Endfeuchtigkeitsgrad $\varphi_{\mathfrak{G}_\mathfrak{h}} = 0,025$ beträgt. Er wächst jedoch stark in dem Maße, in dem der Anfangsfeuchtigkeitsgrad sich dem Endfeuchtigkeitsgrade nähert. Bei der besonders weitgehenden Trocknung bis zu einem Endfeuchtigkeitsgrad $\varphi_{\mathfrak{G}_\mathfrak{h}} = 0,001$ ist die Zunahme des spezifischen Dampfverbrauches auch bei höherem Anfangsfeuchtigkeitsgrad $\varphi_{\mathfrak{G}_\mathfrak{r}}$ deutlich zu erkennen. Sie führt zu besonders ungünstigen Verhältnissen bei einem anfänglichen Feuchtigkeitsgrad, der unter $\varphi_{\mathfrak{G}_\mathfrak{r}} = 0,1$ liegt. Handelt es sich daher darum, einer Ware den Feuchtigkeitsgehalt innerhalb solcher Grenzen zu entziehen, die zu Anfang und Ende tief im hygroskopischen Gebiete liegen, so ist mit einem besonders hohen Wärmeaufwand zu rechnen.

Der unter II. A. 3. erwähnte Vakuumbandtrockner der Firma Volckmar, Hänig und Co., Heidenau, dient u. a. zur Verarbeitung von Eichenholz-Gerbstoffextrakt, der in Schuppenform gewonnen wird. Als das Ergebnis eines Versuches mit Extrakt von 40° Bé, bei einem Druck von 0,055 at und einer Heizdampfspannung von 2 at gibt die Herstellerin an, daß stündlich 8,2 kg getrocknetes Gut mit einem Feuchtigkeitsgehalt von $\mathfrak{x}_\mathfrak{h} = 0,08$ auf 1 m² nutzbare Heizfläche aus feuchtem Gut von $\mathfrak{x}_\mathfrak{r} = 0,54$ Feuchtigkeitsgehalt gewonnen wurde, entsprechend einer Wasserverdampfung von rund 13,5 kg/m² · h. Zur Verarbeitung empfindlicher Farbstoffe dient der Zerstäubungstrockner nach Krause. Er erfüllt die schwierigen Bedingungen, die bei der Entfeuchtung von Harnstoff vorliegen.

Künstliche Trocknung wird im Druckereibetrieb angewandt, um bei rasch laufenden Maschinen das Trocknen der Farben zu beschleunigen. Es handelt sich hierbei in der Regel um Austreiben der leicht flüchtigen Lösungsmittel. Das Papierband wird zu diesem Zwecke über beheizte Flächen geführt und gleichzeitig einem Warmluftstrom ausgesetzt.

7. Sprengstoffe.

Bei der Trocknung rauchlosen Pulvers handelt es sich in der Hauptsache um Austreibung von Lösungsmitteln. Die Verarbeitung erfolgt unter Anwendung der Vakuumtrocknung.

Das gleiche Verfahren dient bei Knallquecksilber und Zündsatz dazu, um eine, mit Rücksicht auf die Gefahrenminderung, wichtige Abkürzung der Trockenzeit auf 30 bis 45 Min. zu erreichen. Die Trockenvorrichtungen erhalten in der Ausführung von Paßburg besondere Sicherheitsdeckel, die lose aufliegen und sich bei Explosionen nach außen öffnen. Die Stoßkraft der Entzündung ist hierbei durch den niedrigen Druck im Trockenraum verringert.

B. Anorganische Stoffe.

1. Salze.

Die in großem Maßstabe technisch verarbeiteten Salze Chlornatrium, Chlorkalzium, Chlormagnesium, Chlorbarium, besitzen keinen einheitlichen Charakter hinsichtlich ihres Verhaltens bei der Trocknung. Im allgemeinen weist große Unempfindlichkeit gegen höhere Temperaturen neben stark hygroskopischer Eigenschaft auf Anwendung hoher Temperaturen hin, wenn ein niedriger Endfeuchtigkeitsgehalt angestrebt wird. Der eigentlichen Trocknung geht meist ein Eindampfen der Lauge voraus. Als Trockenvorrichtung kommen unmittelbar beheizte Trommeln, z. B. für Chlorkalzium, Chlorkalium, oder dampfbeheizte Tauchtrommeln in Betracht. Hierbei wird bei der Trocknung von Chlorbarium, Chlornatrium, Cyankalium, und Ätzkalilauge unter Luftleere gearbeitet, wenn die Neigung zum Auskristallisieren umgangen werden soll. Während der Anfangsfeuchtigkeitsgehalt in weitesten Grenzen schwankt, liegt der Endfeuchtigkeitsgehalt mit $\chi_r \approx 0{,}005$ nahe bei dem Zustand der vollkommenen Trocknung und tief im hygroskopischen Gebiet. Die getrockneten Salze sind daher weit unter das Maß der Lufttrocken-

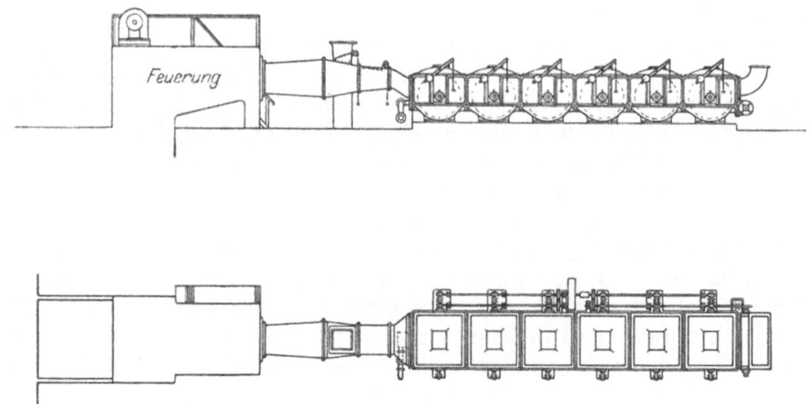

Abb. 210. Laugenverdampfer (Balcke).

heit entfeuchtet und müssen gegen nachträgliche Wiederaufnahme von Feuchtigkeit geschützt werden.

Eine ungewöhnliche Form besitzt der in Abb. 210 (Balcke) wiedergegebene Scheibentrockner, der mit unmittelbarer Feuerung arbeitet und zur Gewinnung trockener Kalisalze dient. Auf einer Anzahl paralleler Wellen sitzen Gruppen von umlaufenden Scheiben, die zu einem Drittel in das Laugebad eintauchen. Die Eintrittstemperatur der Feuergase beträgt hierbei $t_v \approx 600$ bis $800^{\,0}$. Es steht jedoch nichts im Wege, einen derartigen Trockner auch mit niedrigeren Temperaturen für allgemeine Flüssigkeiten, unter Anwendung von Luft als Trockenmittel, zu betreiben.

Bei der Salztrocknung ist Angliederung einer Staubkammer zum Niederschlagen mitgerissener feinster Teilchen deshalb besonders wichtig, weil die Pflanzenwelt durch sie stark geschädigt werden kann. Hierfür wenden die Maschinen- und Fahrzeugfabriken Alfeld-Delligsen A. G., Alfeld a. d. L., neuerdings Elektroentstaubung an. Für einen Gleichstromtrockner von 2 m Durchmesser, 10 m Länge, beträgt nach deren Angabe die stündliche Leistung 10 000 kg getrocknetes Chlorkalium bei einem Feuchtigkeitsgehalt von $\chi_r \approx 0,11$ zu Anfang, $\chi_h \approx 0,005$ zum Schluß, entsprechend einer Verdampfungsleistung von etwa 1100 kg/h. Der Verbrauch an Braunkohlenbriketts von 4500 kcal/kg unterem Heizwert ergibt sich hierbei mit 4 kg für 100 kg getrocknetes Salz, entsprechend einer etwa 2,75fachen Verdampfung.

Die Leistungsfähigkeit einer Vakuumtauchtrommel von 1,3 m Durchmesser, 3,2 m Länge, beim Eindampfen alkalischer Lauge mit einem anfänglichen Feuchtigkeitsgehalt von $\chi_r = 1$ und Verarbeitung zu fast wasserfreiem Trockenpulver beträgt nach Paßburg 500 kg/h Lauge, entsprechend etwa 250 kg/h Wasserverdampfung.

Für einen Trommeltrockner, der zum Trocknen von Chlorkalzium dient, gibt Büttner den Wärmeverbrauch zu 1060 kcal für 1 kg verdampftes Wasser an, wobei Mischkohle von 2870 kcal/kg unterem Heizwert verwendet wird und der Feuchtigkeitsgehalt anfangs $\chi_r = 0,165$, zum Schluß $\chi_h = 0,011$ beträgt.

Ammonsalze besitzen eine hohe Temperaturempfindlichkeit und verlangen daher besonders schonende Behandlung. Für ihre Verarbeitung kommt Zerstäubungstrocknung nach dem Krause-Verfahren und Anwendung von Vakuumtrockentrommeln in Betracht. Auch der in Abb. 112 dargestellte, mit Heißluft arbeitende Gegenstromtrommeltrockner findet Anwendung. Nach Angabe der Herstellerin beträgt die Leistung bei 1,2 m Durchmesser, 6,7 m Länge, etwa 1000 kg/h, wenn der Feuchtigkeitsgehalt anfangs $\chi_r = 0,036$, zum Schluß $\chi_h = 0,004$ beträgt und die Luft mit 82° ein-, mit 30° austritt. Der gleichzeitig auftretende Dampfverbrauch beläuft sich auf etwa 4 kg für 1 kg Wasserentziehung. Er erklärt sich daraus, daß in dem mit etwa 60° austretenden Gut ein erheblicher Teil der aufgewandten Wärme verloren geht, der bei dem geringen Feuchtigkeitsgehalt besonders ins Gewicht fällt.

2. Mineralien und keramische Erzeugnisse.

Bei der Trocknung von Mineralien und keramischen Erzeugnissen liegt die zulässige Temperatur so hoch, daß das Trockenverfahren hierauf an und für sich keine Rücksicht zu nehmen hätte. Sie wird gleichwohl bei den geformten Erzeugnissen dadurch begrenzt, daß sie die Trockengeschwindigkeit mitbestimmt, die gerade hier wegen der geringen Elastizität des verarbeiten Stoffes niedrig sein muß, um ein Reißen zu vermeiden. Anfangs 60°, zum Schluß 250° stellen vielfach übliche Temperaturen dar.

Für die Trockenzeit der nach Stärke und Form stark schwankenden keramischen Erzeugnisse lassen sich keine allgemein gültigen Zahlen nennen. Dies gilt vor allem für Porzellan- und Tonwaren und Gießereiformen. Bei Dachziegeln verändert sich die Trockendauer, je nach Empfindlichkeit des bearbeiteten Tons, zwischen 2 und 8 Tagen. Ziegelsteine üblicher Abmessung können in etwa 4 Tagen fertig getrocknet werden, soweit dies von der Empfindlichkeit der Ware selbst abhängt. Die wirkliche Trockenzeit schwankt zwischen 4 und 9 Tagen. Die erhebliche Überschreitung dieser Zeiten bei der natürlichen Lufttrocknung ist daher kaum mit Rücksicht auf Schonung der Ware zu begründen, stellt vielmehr gegenüber einer zweckmäßig gebauten künstlichen Trockenanlage einen wirtschaftlichen Nachteil dar. Bei der Trocknung von Porzellan wird mit der Ausdehnung der Trockendauer besonders weit gegangen, um Spannungen und Ausschuß bei dem nachfolgenden Brennen zu vermeiden. Zu diesem Zwecke wird mit Luft von dem ungewöhnlichen Feuchtigkeitsgrad $\varphi \approx 0{,}9$ bis $0{,}95$ gearbeitet.

Der für die Trocknung maßgebende Feuchtigkeitsgehalt kann für Kalkstein zu $\chi_r \approx 0{,}1$ bis $0{,}18$, für vorgewalzten Ton zu $\chi_r \approx 0{,}25$ bis $0{,}45$, für Dach- und Mauerziegel zu $\chi_r \approx 0{,}18$ bis $0{,}25$ angenommen werden. In fertig getrocknetem Zustande soll der freie Wassergehalt möglichst restlos verschwunden sein. Dies ist auch ohne weiteres möglich, da die zum Schluß auf die Waren wirkende Temperatur den Siedepunkt überschreitet, also Verdampfen eintritt. Dem Ofen fällt anschließend die Aufgabe zu, das gebundene Wasser auszutreiben.

Bei Beurteilung des Trockenverfahrens ist von der Wirkungsweise des gleichzeitig betriebenen Brennofens auszugehen. Sein Wirkungsgrad liegt im allgemeinen niedrig. Mehr als die Hälfte der vom Brennstoff erzeugten Wärme strahlt durch die Ofenwandungen in die Umgebung aus oder wird beim Ringofenbetrieb zur Vorwärmung der Verbrennungsluft und der frischen Formlinge herangezogen. Hierbei verbleibt ein Überschuß, dessen Ausnutzung zu Trockenzwecken nahe liegt. Das einfachste Verfahren besteht darin, die Außenluft über die fertig getrockneten heißen Ziegel zu leiten und zu den Trockenräumen weiterzuführen. Die erhebliche Wärmemenge, die in die Umgebung ausstrahlt, wird in der Regel dadurch für die Trocknerei aufgefangen, daß diese oberhalb des Ofens angeordnet ist. An sich besteht hierzu keine Notwendigkeit, denn es ist möglich, die Trockenluft über den Ofen streichen zu lassen und nach einer seitlich liegenden Trocknerei zu führen. Der naheliegende Weg, diesen Teil des Ofenverlustes niedrig zu halten und zu diesem Zwecke Wärmeschutzstoffe auf die Ofenwände aufzubringen, läßt sich nicht gehen, ohne eine verminderte Lebensdauer der Ofenbaustoffe, wegen der alsdann fehlenden Kühlwirkung, in Kauf zu nehmen. Ein dritter Verlustteil der Ofenwärme geht mit den Abgasen der Feuerung verloren. Die unmittelbare Ausnutzung durch zeitweise Trocknung mit diesen Abgasen kommt in Frage, sobald die Ziegel genügend weit vorgetrocknet sind und der weiße Gipsanflug, der sich bei hohem Feuchtigkeitsgehalt der Steine aus der Einwirkung der in den Feuergasen enthaltenen schwefligen Säure auf den Kalkgehalt der Steine bildet, nicht mehr zu befürchten ist. In der Regel verbleibt jedoch stets eine Schädigung der Farbe, so daß für hochwertige Erzeugnisse der mittelbare Weg gewählt und die Abgaswärme zur Beheizung von Lufterhitzern verwandt wird, die die Trockenanlage versorgen. Das gleiche gilt für die Abgase der im allgemeinen vorhandenen Dampfkesselfeuerung, die jedoch zahlenmäßig eine untergeordnete Rolle spielen und nicht mehr als etwa 2% der für die Trocknung benötigten Wärme zu decken gestatten. Dient eine Dampfmaschine zur Krafterzeugung, so kommt auch deren Abdampf als Heizmittel für die Trocknerei in Frage. Es führt im allgemeinen zu unwillkürlicher Energievergeudung, wenn aus diesem Grunde auf die wirtschaftliche Arbeitsweise der Kraftanlage wenig Wert gelegt wird. Jedenfalls läßt sich die für die Pressen und Hilfsmaschinen benötigte Kraft mit einer Dampfmenge erzeugen, die, je nach dem Druck, 5 bis 10% der benötigten Trockenwärme im Abdampf liefert. Wird die vom Brennofen verfügbare Wärme zu 50% der benötigten Trockenwärme angesetzt, so läßt sich zusammenfassend sagen, daß bei einer richtig arbeitenden Anlage sich insgesamt nicht mehr als zwei Drittel durch Abwärme decken lassen und ein zusätzliches Heizmittel aufgewandt werden muß. Wo dies nicht geschieht und der Trockenbetrieb allein durch Abwärme versorgt wird, liegt die Vermutung nahe, daß Ofen, Kessel oder Kraftmaschine weniger wirtschaftlich arbeiten, als dies möglich wäre. Damit wird die Ziegelei mit künstlicher Trocknung zu einem Betriebe, der Abfallkraft zu liefern gestattet, wie dies in größerem Ausmaß bei der Braunkohlentrocknung geschieht. Die hierbei angenommene Zahl für die erforderliche Trockenwärme rechnet nicht mit

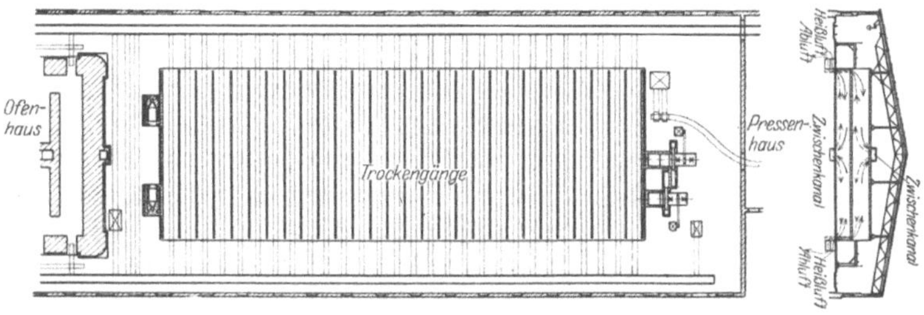

Abb. 211. Ziegeltrockenanlage (Bührer).

Wiedergewinnung der in dem abziehenden Schwaden enthaltenen Dampfwärme. Ihre Ausnutzung wird bei dem unten erwähnten Kanaltrockner der Firma Möller und Pfeifer verwirklicht und damit die Möglichkeit gewonnen, mit Abwärme allein auszukommen. Die Gelegenheit zur Lieferung von Abfallkraft entfällt alsdann.

Die Ausführung der Trockenvorrichtung für Ziegel und Ziegelsteine erfolgt entweder in Form von Gängen, die in ihrer Wirkungsweise auf Trockenkammern hinauslaufen, oder von ausgesprochenen Trockenkanälen mit ständiger Bewegung des Gutes. Im letzten Falle wird die Luft quer zu dem Gute oder auch längs im Gleich- oder Gegenstrom geleitet.

Für die Ausführung von Trockengängen mit umschaltbarem Luftweg ist der Vorschlag von Jakob Bührer vorbildlich geworden. Er ordnet an den Stirnseiten der Trockengänge je zwei Kanäle an, von denen einer die Heißluft zuführt, der andere die Abluft entfernt. Außerdem sind durch abschließbare Öffnungen benachbarte Trockengänge so miteinander verbindbar, daß die Luft durch Gruppen von beliebiger Anzahl zickzackförmig in der einen oder anderen Richtung hindurchgeführt werden kann. Eine solche Gruppe umfaßt in benachbarten Kammern frische, halb- oder nahezu fertig getrocknete Ziegel. Die Luft wird so geführt, daß sie zunächst über die fertig getrockneten, danach über die halb getrockneten und schließlich über die neu eingebrachten Formlinge strömt. Abb. 211 gibt eine Bührersche Trockenanlage in Anordnung neben dem Brennofen wieder. Sie arbeitet unter Hintereinanderschaltung je zweier Trockengänge. Die Luft nimmt ihren Weg im einen Gang aus dem Heißluftkanal von den beiden Enden nach der Mitte zum Zwi-

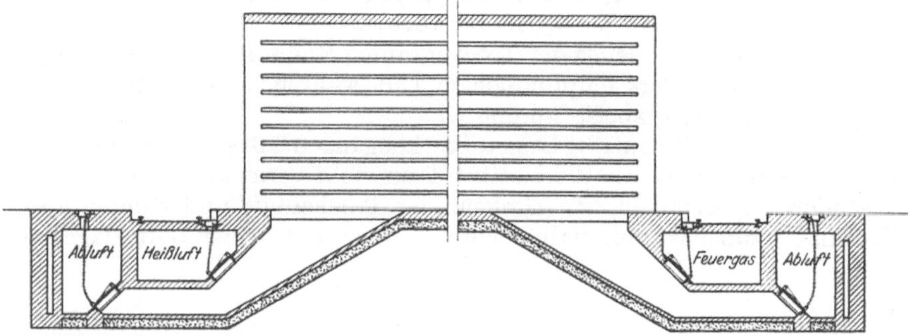

Abb. 212. Wechselstrom-Ziegeltrockner (Zehner).

schenkanal, im anderen Gang aus dem Zwischenkanal von der Mitte nach den beiden Enden zum Abluftkanal.

Der Zehnersche Wechselstromtrockner nach Abb. 212 besitzt gleichfalls an den beiden Stirnenden Kanäle. Bei Beginn der Trocknung wird Heißluft zugeführt, die am entgegengesetzten Ende entweicht.

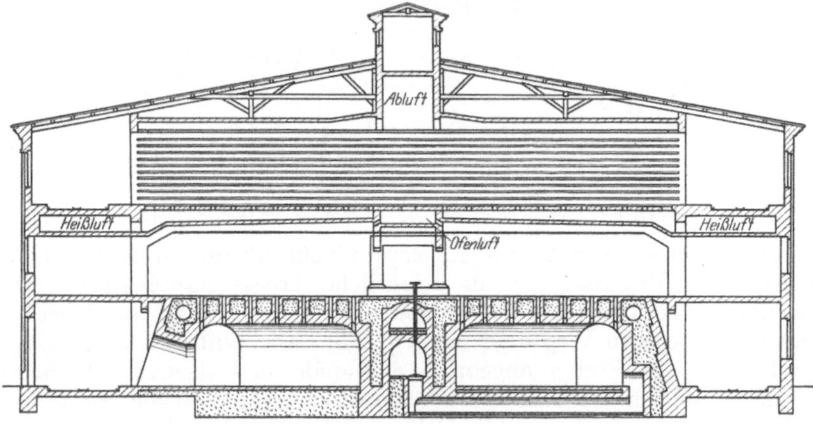

Abb. 213. Wechselstrom-Ziegeltrockner über Brennofen (Zehner).

Nach dem Antrocknen des Gutes erfolgt Umschaltung so, daß nunmehr Feuergase eintreten und in entgegengesetztem Sinne abgehen.

Den Querschnitt einer über dem Ofen angeordneten Trockenanlage nach Ausführung Zehner zeigt Abb. 213. Die äußere Verlustwärme des Ofens wird dem Trockengang durch Luft zugeführt, die nach dem Bestreichen der Ofenoberfläche durch den Mittelkanal eintritt. Die beiden seitlichen Kanäle dienen zur Zuführung von Heißluft, die aus der Abwärme von Ofen, Kessel und Maschinenanlage gewonnen wird. Die

Abführung des Schwadens erfolgt durch den in der Mitte über den Trockengängen liegenden Kanal, an den ein Lüfter anschließt. Auch hier findet ein Wechsel in der Richtung der Trockengase statt. Die Vortrocknung geschieht von der Mitte nach den beiden Enden zu. Danach erst werden die beiden äußeren Kanäle in Tätigkeit gesetzt.

Reine Innenheizung wendet die Baugesellschaft für künstliche Trocknereien m. b. H., Duderstadt, bei ebenerdigen Trocknereien an, indem sie längs der Trockenräume Rohre laufen läßt, die mit Dampf, bei besonders empfindlichem Gut während der Vortrocknung mit Warmwasser, gespeist werden.

Bei den verhältnismäßig langen Trockengängen läßt sich eine ungleichmäßige Wirkung auf die Ware selbst dann nicht vermeiden, wenn durch besondere Kunstmittel, wie Umkehr der Trockenluft und stufenweises Trocknen, zunächst mit halbfeuchter, danach mit heißer Luft, dagegen

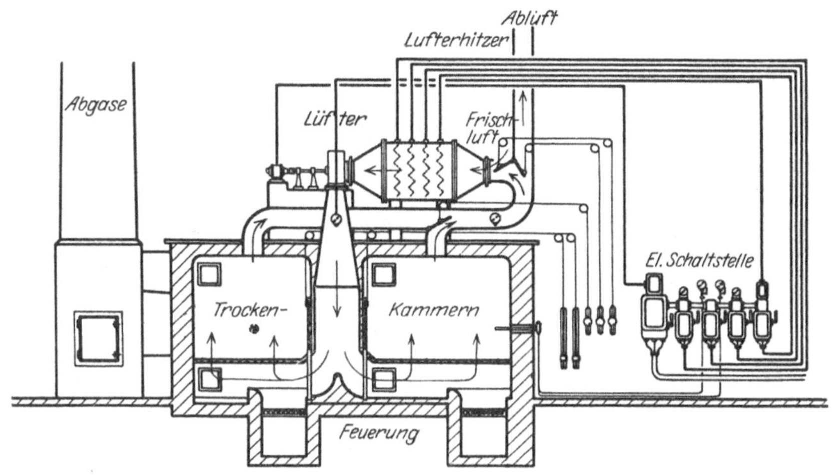

Abb. 214. Elektrisch- oder feuerbeheizte Trockenkammer für Gießereiformen (Sulzer).

gearbeitet wird. Für besonders empfindliche Tonwaren bildet daher Bührer die Trockengänge als eigentliche Trockenkammern dadurch aus, daß er die Trockenluft statt den weiten, in der Ganglänge verlaufenden, den kurzen Weg quer nehmen läßt. Die Luftverteilung erfolgt durch zwei am Boden angeordnete Kanäle und darauf aufgebaute Schächte, an den Stirnseiten schließen diese Kanäle an die Hauptluftverteilkanäle an, und zwar die Belüftungskanäle abwechselnd an einen Feuchtluft- und Heißluftkanal, die Entlüftungskanäle abwechselnd an einen Naßluft- und Feuchtluftkanal. Die Anordnung ist so getroffen, daß auch eine Mischung von Feucht- und Heißluft zugeführt werden kann. Bei besonders empfindlichen Waren wird die Möglichkeit des Umluftbetriebes dadurch geschaffen, daß der Lüfter Naßluft anzusaugen und in den Frischluftkanal zurückzufördern vermag.

Ausgesprochene Kanaltrockner verwendet die Firma Möller und Pfeifer, Berlin. Das auf Wagen angeordnete Gut wird durch Windwerk der längs strömenden Luft entgegenbewegt. Neben dem Hauptlüfter bewirken verschiedene Einzellüfter eine verstärkte Querluftströmung. Die Heizvorrichtungen sitzen an den Seitenwänden. Sie werden am Austrittsende des Gutes mit Feuergasen oder Frischdampf, in der Mitte mit Abdampf, gespeist. Für das Eintrittsende dient der von der Gegenseite her abgesaugte Schwaden als Heizmittel. Die Wirkung läuft auf eine Gegenstromstufentrocknung hinaus. Das austretende Gut trifft mit hoch erwärmter trockener Luft zusammen. Das feuchte Gut findet beim Eintritt kühle Luft mit hohem Wärmeinhalt vor. Das Ergebnis ist am Eintrittsende rasche Temperatursteigerung bei mildem Einsatz der Trockenwirkung, am Austrittsende höchste Trockenkraft bei geringem Temperaturgefälle und daher Vermeidung von gefährlichen Spannungen.

Die in Abb. 214 (Sulzer) dargestellte Trockenkammer für die Verarbeitung von Gießereiformen benutzt als Heizmittel Feuergase oder Heißluft, die in einem elektrischen Lufterhitzer gewonnen wird. Solche Anlagen können in Betracht kommen, wenn elektrische Kraft im Überschuß vorhanden ist, und bieten alsdann wegen der leichten Regelung besondere Vorzüge.

IV. Ausführung der Heizvorrichtung.

Die Vorrichtungen zur Erwärmung von Luft oder anderen als Trockenmittel dienenden Gasen laufen auf Heizvorrichtungen allgemeiner Art heraus und fallen damit aus dem engeren Rahmen des eigentlichen Trockenvorganges. Kurz erwähnt bestehen sie aus:

1. Heizvorrichtungen zur Temperaturerhöhung von Luft oder anderen Gasen, wobei als Heizmittel Feuergase oder meist Dampf dienen.

Ölbeheizte Lufterwärmer haben sich für Lacktrockenanlagen bewährt, weil die hier geforderten Temperaturen mit der nötigen genauen Regelbarkeit dauernd festgehalten werden können.

2. Feuerungen zur Erzeugung von Feuergasen als Wärmeträger.

Da die günstigste Verbrennungstemperatur fast ausnahmslos höher liegt als die für das Gut zulässige Höchsttemperatur, erfolgt eine Mischung der Feuergase mit Frischluft vor Eintritt in die Trockenvorrichtung. Das Arbeiten mit hohem Luftüberschuß ist demgegenüber weniger günstig, weil hierdurch der Wirkungsgrad der Feuerung erheblich herabgezogen wird.

3. Heizvorrichtungen zur Erzeugung von Heißdampf als Wärmeträger, wobei als Heizmittel Feuergase oder hoher gespannter Dampf dienen.

4. Daneben kommt die Möglichkeit der Anwendung einer Heizmaschine in Frage, bei der, unter Aufwendung von Arbeit, Wärme erzeugt wird.

Hierunter fallen die Brüdenkompressoren, bei denen die Verdichtung entweder durch mechanische Arbeitsleistung in Turbokompressoren oder durch Ausnutzung der Spannungsenergie von Arbeitsdampf in Dampfstrahlkompressoren erfolgt. Der Weg, durch Verbindung eines Kompressors mit einer arbeitgewinnenden Expansionsmaschine der

Hirsch, Trockentechnik. 22

vollkommenen Trocknung näherzukommen, ist bisher noch nicht beschritten worden.

In Ausnahmefällen kann auf eine besondere Heizvorrichtung für das Trockenmittel verzichtet werden, wenn das Gut außerhalb der Trockenvorrichtung eine Vorwärmung erfährt, die zur Deckung des Wärmebedarfes bei der nachfolgenden Lufttrocknung ausreicht. Dies ist in der Regel nur dann der Fall, wenn die spezifische Trockenleistung $\chi_r - \chi_b$ klein ist und die eigentliche Trocknung sich bei niedrigen Temperaturen, also vor allem unter Luftleere, vollzieht. Beispiele hierfür bieten das Fertigtrocknen von Getreide unter gleichzeitiger Abkühlung in Vakuumtrocknern und die Trocknung von vorgewärmten Zuckerbroten im Vakuum.

Die Bauweise der Heizvorrichtungen ist vor allem abhängig von der Art des angewandten Heizmittels. Bei freier Wahl ist davon auszugehen, daß die Wärmeübertragung einen nicht umkehrbaren Vorgang darstellt, der in um so höherem Maße auf Energieentwertung hinausläuft, je weiter die Temperatur des Heizmittels über der für das Trockenmittel geforderten Höchsttemperatur liegt. Bei niedrigen Trockentemperaturen sind daher in erster Linie Dampf und erwärmte Flüssigkeiten heranzuziehen, und zwar möglichst in Form von Abwärmeträgern, d. h. der Dampf nach vorheriger Arbeitsleistung, die erwärmte Flüssigkeit mit der Temperatur, mit der sie bei einem anderen Arbeitsvorgang entfällt. Für höhere Trockentemperaturen kommen Dampf von höherer Spannung oder Flüssigkeiten mit entsprechendem Siedepunkt in Frage. Bei dem heutigen Stand des Dampfkesselbaues, für den Spannungen von 20 at und mehr bei Neuanlagen als Regel gelten, wird die Anwendung von Frischdampf für die Heizvorrichtung ausnahmslos auszuschließen und dessen vorherige Ausnutzung zur Arbeitsleistung selbst dann zu verlangen sein, wenn durch die Trockentemperatur Dampf von mittlerer Spannung, z. B. 6 bis 8 at, benötigt wird. Für besonders hohe Trockentemperaturen steigt bei Verwendung von Dampf als Heiz mittel dessen Druck schließlich so hoch, daß für die Dampferzeugung Kessel üblicher Bauart ausscheiden. Wird von der Anwendung überhitzten Dampfes abgesehen, so stellt bei dem heutigen Stande der Technik eine Dampftemperatur von 300° die obere Grenze dar. Auf ähnliche Temperaturen führt die Anwendung schwer siedender Flüssigkeiten, wie Öl mit hohem Siedepunkt. Neue Aussichten in dieser Beziehung eröffnen die in letzter Zeit auch für Kraftanlagen angewandten Quecksilberdämpfe. Für noch höhere Temperaturen kommen Feuergase, elektrische Energie und unmittelbare Flammenwirkung in Betracht. Der rein energetische Gesichtspunkt, daß ihre Anwendung bei tieferen Trockentemperaturen eine Verschwendung darstellt, ist für elektrische Energie ganz allgemein gültig, da sie zur Krafterzeugung unmittelbar verwendet werden kann. Ähnliches gilt für die aus flüssigen oder gasförmigen Brennstoffen erzeugten Verbrennungsgase, die z. B. in einer Verbrennungskraftmaschine ausgenutzt werden können. Bei Brennstoffen ist die unmittelbare Anwendung der aus ihnen gewonnenen Feuergase so lange der mittelbaren Verwendung des aus ihnen erzeugten Dampfes ebenbürtig, wie in beiden Fällen gleiche Abwärmeverluste auftreten und die Ausnutzung der festen Brennstoffe zur Krafterzeugung noch über dem Umweg der Dampferzeugung das übliche Verfahren bleibt. Bei Heizmitteln, die sich ohne weiteres zur Krafterzeugung eignen, ist der Umweg über die Heizmaschine der gegebene. Sie stellt das Mittel dar, um in umkehrbarer, d. h. verlustloser Form die verfügbare Wärme von der höheren auf eine tiefere Temperatur sinken zu lassen und eine der Entwertung entsprechende Vermehrung der Wärmemenge zu erzielen[1].

Bei Anwendung von Dampf als Heizmittel entsteht eine Verlustquelle dadurch, daß das Niederschlagwasser im allgemeinen mit der Sättigungstemperatur des Dampfes entweicht. Dieser Verlust ist um so geringer, je niedriger der angewandte Dampfdruck liegt. Erfolgt die Abführung des Niederschlagwassers unter Entspannung auf den Druck der Umgebung, so wird der Überschuß der Flüssigkeitswärme in Dampfform frei und geht auch dann verloren, wenn das heiße Dampfwasser Verwendung findet. Zuführung kalten Wassers hinter den Ableitern schafft hier Abhilfe. Richtiger ist es jedoch, in solchen Fällen eine Unterkühlung des Niederschlagwassers vor der Entspannung in der Weise anzustreben, daß seine Wärme innerhalb der Trockenvorrichtung, z. B. zur Vorwärmung der Trockenluft, benutzt wird.

Steht ausnahmsweise elektrischer Strom zu billigem Preise zur Verfügung, weil seine Ausnutzung zu Kraftzwecken zeitweise in dem verfügbaren Überschuß nicht möglich ist, so ergibt sich in der Form elektrischer Heizwiderstände eine besonders einfache Ausführungsweise. In manchen Fällen, wo ihre Anwendung wegen der geforderten hohen Temperaturen gegeben scheint, wie bei der Trocknung lackierter Eisenteile, tritt sie, mit Rücksicht auf die Entzündungsgefahr, gegenüber anderen Heizmitteln zurück.

Bei Innenheizvorrichtungen liegt die Versuchung nahe, neben der Wärmeübertragung durch die sich darüber bewegende Luft die Wärmestrahlung auszunutzen. Die Verwirklichung scheitert im allgemeinen daran, daß dies nur unter ungleichmäßiger Verteilung der Trockenwirkung möglich ist. Die Abblendung der Innenheizvorrichtung bildet daher die Regel. Die innere Heizvorrichtung besteht meist aus glatten oder mit Rippen versehenen dampfgespeisten Rohren, die gleichmäßig verteilt und so angeordnet sein sollen, daß sich ein geregelter Luftkreislauf ergibt. Für höhere Temperaturen wird die bei Backöfen übliche Einzelrohrheizung angewandt, bei der teilweise mit Wasser gefüllte Rohre einerseits in den Trockenraum, andererseits in eine von diesem getrennte Feuerung reichen. Die zur Verwendung kommenden, beiderseits zugeschweißten Rohre sind mit Neigung nach der Feuerung zu verlegt und bei einer Temperatur von 300° einem Betriebsdruck von etwa 100 at unterworfen. Daneben kommt Umlaufheißwasserheizung in Betracht, der höheren Beanspruchung entsprechend unter Berücksichtigung besonderer Sicherheitsmaßnahmen. Bei der Schmidtschen

---

[1] Hirsch: Grundsätze der Wärmeumwandlung. Z. f. d. ges. Turbinenwesen. 1920.

Heizung von Werner und Pfleiderer werden die Ausdehnungsgefäße in kaltem Zustande mit Preßluft gefüllt, um bei nicht zu großem Inhalt den erforderlichen Sicherheitsraum zu schaffen.

Für alle Heizvorrichtungen ist eine Unterteilung in abschaltbare Gruppen vorteilhaft, wenn das angewandte Trockenverfahren die Abhängigkeit von den wechselnden Witterungsverhältnissen in Kauf nimmt.

V. Vorrichtungen zur Ausnutzung der Abwärme. Wetterfertiger.

Die Rückgewinnung der in dem getrockneten Gute enthaltenen Überschußwärme gelingt, soweit es sich lohnt, meist innerhalb des eigentlichen Trockenverfahrens durch Übertragung auf das eintretende kalte Naßgut, und zwar in der Regel mittelbar durch Vorwärmung der Frischluft. Diese bestreicht im Gegenstrom das austretende Gut. In ähnlicher Weise wird ein Teil der in der Abluft enthaltenen Überschußwärme zur Vorwärmung des Naßgutes benutzt, wenn die feuchte Luft das eintretende Gut im Gegenstrom bestreicht. Im letzten Falle geht mit der Übertragung der Überschußwärme ein Niederschlag auf das Gut Hand in Hand, sobald seine Temperatur niedriger liegt als der Taupunkt der austretenden Luft. Die hierbei erfolgende Übertragung der Dampfwärme aus der Luft auf das Gut kommt als Rückgewinnung der Abwärme nicht in Betracht, weil ihr im weiteren Verlaufe der Trocknung ein mindestens ebenso hoher Wärmeverbrauch für die vermehrte Trockenleistung entspricht. Die nutzbare Verwendung der in der Abluft enthaltenen Dampfwärme muß daher besonderen Vorrichtungen übertragen werden. Wegen der niedrigen Wärmeübergangszahl zwischen Luft und metallenen Flächen scheitert die Ausführung von Austauschvorrichtungen mit getrennter Führung von Abluft und anzuwärmendem Stoff in der Regel an den hohen Kosten. Danach empfiehlt sich die Zusammenführung der Abluft mit Wasser in Mischvorrichtungen von selber. Das erwärmte Wasser dient entweder allgemeinen Zwecken oder in Oberflächenaustauschvorrichtungen zur Vorwärmung der Trockenluft. Im letzten Falle bieten die Kosten immer noch eine Schwierigkeit, obwohl sich hierbei Flächen von etwas mehr als der halben Größe ergeben, wie sie ohne Verwendung von Wasser als Zwischenmittel nötig wären. Mit einer Verunreinigung des Warmwassers muß stets gerechnet werden, da in der Abluft kleinste Staubteilchen, z. B, bei der Kohlentrocknung, oder schädliche Gase, z. B. Schwefligsäuredämpfe, entweichen.

Dient Heißdampf als Trockenmittel, so besteht der entweichende Schwaden aus fast luftfreiem Dampf. Die Rückgewinnung der Abwärme gestaltet sich alsdann besonders einfach, da der Schwaden unmittelbar als Heizmittel verwendet werden kann und wegen der günstigen Wärmeübergangszahl mäßige Heizflächen erfordert. Seine Ausnutzung ist auch zur Krafterzeugung, z. B. in Kondensationsturbinen, denkbar, wobei allerdings vorherige Entfernung der Verunreinigungen Vorbedingung ist. Die Verdichtung des Schwadens durch Dampfstrahl- oder Turbokompressoren stellt keine eigentliche Verwertung der Abwärme dar, sondern bildet einen Teil des ganzen Trockenverfahrens,

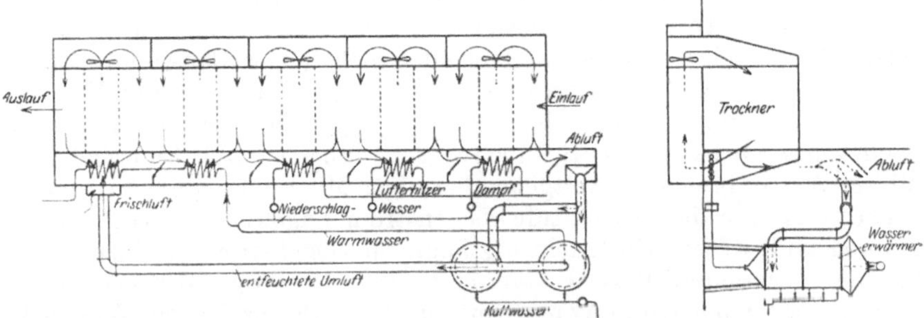

Abb. 215. Rückgewinnungsanlage für Schwadenwärme (Wießner).

das dadurch umgestaltet und dem umkehrbaren Vorgang näher gebracht wird.

Ein Beispiel für die Ausbildung einer Vorrichtung zur Rückgewinnung

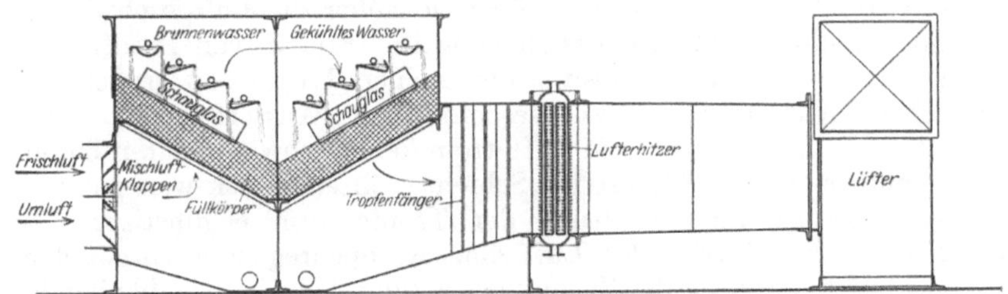

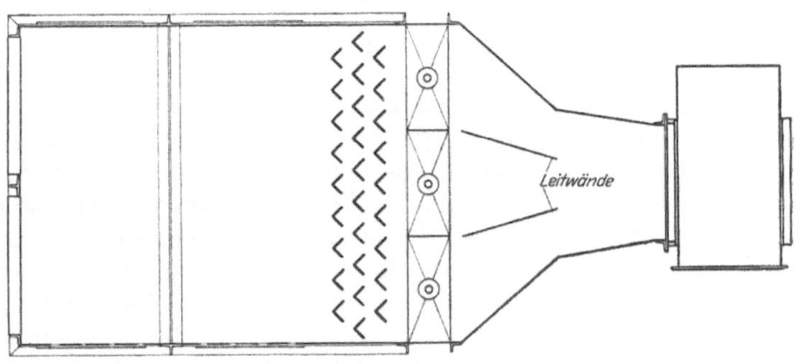

Abb. 216. Wetterfertiger.

der Abluftüberschußwärme stellt Abb. 215 (Wießner) dar. Sie besteht aus einem Düsenturm, in dem fein zerstäubtes Wasser der von unten nach oben strömenden Abluft entgegenfließt. Bei der angedeuteten Schaltung wird das erwärmte Wasser mit dem Niederschlagwasser der dampfbeheizten Luftvorwärmer vereinigt und zur Beheizung der letzten Kammern einer Stufentrockenvorrichtung benutzt. Da die Abluft gleichzeitig mit der Kühlung eine Entfeuchtung erfährt, wird sie für Wiederverwendung im geschlossenen Kreislauf tauglich.

An Stelle des Düsenraumes kann auch ein Kühlturm mit Füllkörpern Verwendung finden. Beide unterscheiden sich in der Bauweise grundsätzlich nicht von „Wetterfertigern“, die zur Entfeuchtung der Frischluft dienen. Abb. 216 stellt einen Wetterfertiger dar, bei dem die Entfeuchtung zunächst durch Brunnenwasser, danach durch künstlich gekühltes Wasser besonders weitgehend erfolgt. Mit Rücksicht auf Wasserersparnis ist für die erste Stufe Gegenstrom angewendet. Die Nachkühlung und weitere Entfeuchtung kann im Gleichstrom erfolgen, weil das hier verwendete Wasser ständig kreist. Derartige Wetterfertiger bewirken neben der Kühlung und Entfeuchtung gleichzeitig ein Waschen der Luft und machen sie für Verwendung bei Trockenanlagen, die vollkommene Staubfreiheit verlangen, wie Film-, Trockenplatten- und Lacktrockenvorrichtungen, besonders geeignet. Zwischen Füllkörperraum und Heizvorrichtung müssen mitgerissene schwebende Wassertropfen sicher entfernt werden. Die Tragfähigkeit bewegter Luft für fein zerteiltes Wasser ist um so größer, je höher die Luftgeschwindigkeit und je kleiner die Tropfenabmessung ist. Einbau von Prallflächen in den Luftweg bewirkt Auflösung der kleinen Tropfen zu großen, bei erheblichen Wassermengen zu geschlossenen Wasserflächen, deren dauernde Abscheidung aus dem Luftstrom keine Schwierigkeiten bietet. Demgegenüber erfüllen filterartige Schichten ihren Zweck weniger vollkommen, weil sie die Erhaltung der Tropfenform begünstigen. In Abb. 216 ist am Eintritt der Luft eine Klappenregelung vorgesehen, um Mischluft in wechselnder Zusammensetzung, jedoch gleichbleibender Gesamtmenge, einzuführen.

VI. Einfügung der Trocknung in den allgemeinen Arbeitsgang.

In der Regel stellt die Trocknung eine Hilfsarbeit dar, deren Einreihung in den gesamten Arbeitsgang so zu erfolgen hat, daß unnötige Wege vermieden werden. Wird das Gut durch Kanäle geleitet, so ist es meist ohne Schwierigkeit möglich, diese Bedingung zu erfüllen. Der Kanaleingang liegt dann an der Stelle, der die vorbereitenden Arbeiten zufallen, sein Ausgang dort, wo die weitere Behandlung anschließt. Bei Trockenkammern ist Anpassung in ähnlichem Sinne schwieriger, vor allem deshalb, weil die Trocknung mit Unterbrechungen erfolgt. Der fortlaufende Arbeitsgang läßt sich jedoch auch hier einhalten, wenn mit mehreren Kammern und verschobenen Füll- und Leerzeiten gearbeitet wird. Zweckmäßig ist es, die Kammergruppen quer zu dem Arbeitsweg nebeneinander zu reihen und Füll- und Entleerungstüren auf entgegengesetzten Seiten anzubringen. Ein Arbeitsplan nach dem Beispiel der Abb. 217 tut hierbei gute Dienste. Die durch ihn festgelegte Arbeitseinteilung stellt ein ähnliches Mittel wirtschaftlicher Leistung dar, wie das Band, das in der Werkstätte zwangläufig die Arbeitsstücke durch die verschiedenen Arbeitsgänge führt.

Zuweilen wird es nötig, Trockenkammern zeitweise als Arbeitsräume zu benutzen. Alsdann ist besonderes Gewicht darauf zu legen, den Wärmeinhalt der Umfassungswände, baulichen Innenteile, Trockengestelle u. dgl. möglichst niedrig zu halten, da er meist verloren geht, wenn vor Aufnahme der Arbeit die erforderliche Auskühlung vorgenommen wird. Durch geeignete Schaltung kann allerdings bei mehreren Kammern dieser Wärmeinhalt zur Vorwärmung der Frischluft ausgenutzt werden. In dieser Weise werden Lackierräume nachts als Trockenräume benutzt, um die Bewegung des Trockengutes zu vermeiden. Bei der Ledererzeugung kann es wünschenswert sein, die auf die erste scharfe Trocknung folgende Befeuchtung und anschließende milde Trocknung im gleichen Raume vorzunehmen.

Zweckmäßig ist es, wenn die Begehung unterbrochen arbeitender Trockenräume dadurch vermieden wird, daß das Gut vor Einführung auf Wagen oder anderen Fördervorrichtungen verladen und so ein- und ausgeschoben wird. Zum gleichen Zwecke kommen bei unterbrochen arbeitenden Darren selbsttätige Belade- und Abräumevorrichtungen zur Verwendung.

Ein Vorbild für Einreihung mehrerer Trockenabschnitte in den allgemeinen Arbeitsgang bietet Abb. 194. Die zu lackierenden Körper hängen an einer Kreisfördervorrichtung, werden selbsttätig getaucht, getrocknet, abermals getaucht und nochmals getrocknet. Abb. 218 (Werner und Pfleiderer) gibt eine Trockenanlage für bedruckte Bleche wieder. Hierbei reichen Förderketten bis unmittelbar an die Schnellpresse, nehmen die Blechtafeln selbsttätig auf und bewegen sie durch den Trockenkanal hindurch dem jenseits liegenden Ende zur weiteren Behandlung zu. Bei der Lacktrockenanlage für landwirtschaftliche Maschinenteile, Abb. 219 (Drying Systems), werden die gefüllten Wagen getaucht, durch die Kanäle geführt, nach der Trocknung entladen und leer den Füllstellen zugeführt, die in unmittelbarer Nähe der Tauchbecken liegen.

Bei der Trocknung von Massengut, wie Ziegelsteinen, ist es besonders wichtig, die Trocknung so vorzunehmen, daß unnötige Wege vermieden, Hand-

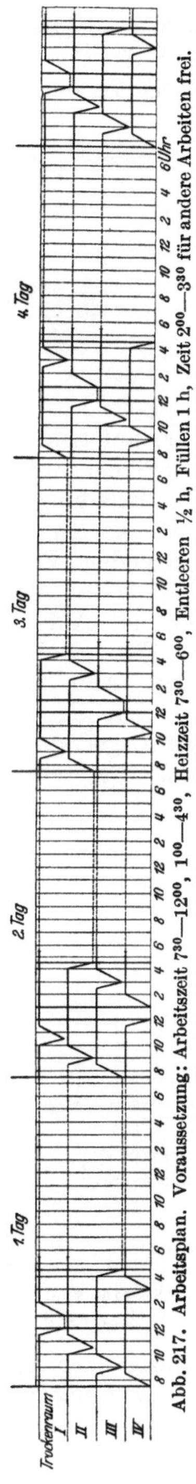

Abb. 217. Arbeitsplan. Voraussetzung: Arbeitszeit 7^{30}—12^{00}, 1^{00}—4^{30}, Heizzeit 7^{30}—6^{00}, Entleeren ½ h, Füllen 1 h, Zeit 2^{00}—3^{30} für andere Arbeiten frei.

arbeit eingeschränkt und Verluste verhütet werden. Hieraus ergibt sich die Forderung, die Trockenanlage möglichst zwischen Presse und Ringofen einzuschalten. Die Förderwagen laufen nach Abb. 220 (Kel-

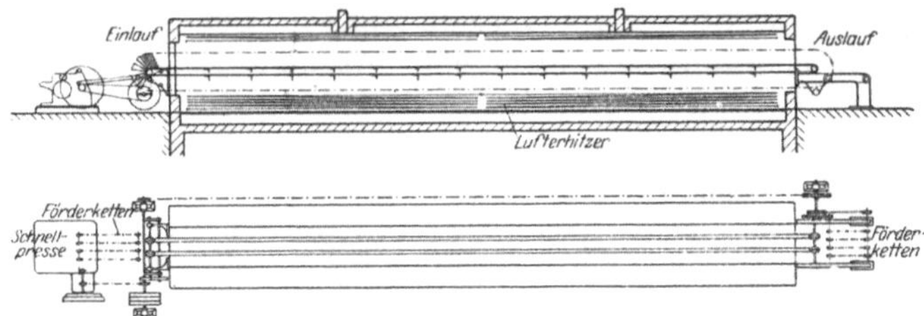

Abb. 218. Blechtrockner (Werner und Pfleiderer).

ler) auf Schiebebühnen, die zur Querbewegung längs der Stirnseiten der Trockengänge dienen. Durch Niederdrücken eines Hebels erfolgt die Beladung, ebenso nach dem Einfahren in die Trockengänge das Senken der die Formlinge tragenden Rahmen auf die seitlich angebrachten Tragleisten (Abb. 221, Keller).

Für Holztrockenanlagen zeigt Abb. 222 (National) zweckmäßige Einordnung in den Lagerraum. Bei der linken Darstellung sind die

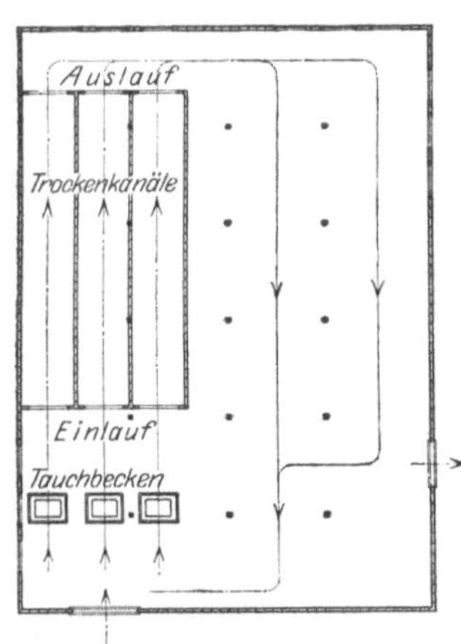

Abb. 219. Lacktrockenanlage (Drying Systems).

Abb. 220. Absetzwagen für Ziegelsteine (Keller).

Hölzer quer, bei der rechten längs gestapelt. In beiden Fällen ist die Verwendung von langen Kanaltrocknern neben kürzeren Kammertrocknern angenommen. Das grüne Holz lagert vor der Einbringseite, das getrocknete vor der Ausbringseite der Trockner. Das ganze Lager wird von einem Schienennetz durchzogen, das durch die Trockner hindurchgeführt und darüber hinaus verlängert ist, während Geleise an der Ausbringseite der Trockner und an den äußeren Enden des Lagers die Querförderung ermöglichen.

Den bei der Kupplung der Trockenanlage mit dem übrigen Betrieb maßgebenden wärmewirtschaftlichen Fragen kommt eine Bedeutung zu, die nicht genug betont werden kann. Hauptgesichtspunkt bleibt, daß der Trockner Energie fast ausschließlich in Form von Wärme verlangt. Andererseits bedingt Vorbereitung und Nachbehandlung des Gutes, ebenso wie die meisten Trockner selbst, Aufwand mechanischer Arbeit. Es erwächst daher die Aufgabe, nach Möglichkeit die Kraft so zu erzeugen, daß dabei die benötigte Wärme als Abfallenergie entfällt. Dies ist dann möglich, wenn entwertete Wärme zur Durchführung des Trockenvorganges genügt und gleichzeitig der Arbeitsbedarf zahlenmäßig so hoch ist, daß er die Abfallwärme in ausreichender Menge zu liefern vermag.

Die Abstimmung der Verhältnisse bei Dampfanlagen ist Aufgabe des besonderen Falles. Entfällt Abwärme in ungenügendem Maße, so muß Verwendung für gesteigerte Kraftleistung gesucht werden, die alsdann Abfallkraft darstellt. Ein großzügiges Beispiel hierfür bietet die Braunkohlentrocknung in Brikettwerken, die

Abb. 221. Trockengang für Ziegelsteine (Keller).

gleichzeitig als elektrische Lieferwerke ausgebildet sind. Ergibt sich Abfallwärme im Überschuß, so bietet Steigerung des Kesseldruckes ein Mittel, um den Dampfverbrauch der Kraftanlage herabzusetzen. Weitere Möglichkeiten für die Abstimmung der Wärme-Kraftverhältnisse ergeben sich durch Verwendung von Anzapfdampf aus der Kraftanlage und Veränderung ihres Gegendruckes.

Es ist selbstverständlich ein Fehler, wenn der „engste Querschnitt" des Trockenbetriebes bei dem Trockenmittel liegt und die von dem Betriebe in jedem Augenblick geforderte höchste Trockenleistung deshalb nicht erzielt werden kann, weil alsdann z. B. Dampfmangel eintritt oder die Leistung der Lüfter nicht ausreicht. Aufspeicherung der angewandten Heizmittel, also vor allem Dampfspeicher, sind daher ein

notwendiges Mittel, um Ausgleich in Betrieben zu schaffen, bei denen
starke Schwankungen, sei es in der geforderten Trockenleistung, sei
es in der verfügbaren Heizmittelmenge, auftreten. Fehlen sie, so muß
notgedrungen die Zuführung des Gutes bei einem Heizmittelbedarf,
der die verfügbare Menge überschreitet, sich so anpassen, daß der
Trockenvorgang mit verringerter Geschwindigkeit weiterläuft. Die
Schwierigkeiten, die sich hierbei für einen gleichmäßigen Güteerfolg
beim getrockneten Gut ergeben, dürfen nicht unterschätzt werden.

Steigerung der Temperatur des Trockenmittels führt zu einer Verkleinerung der Trockenvorrichtung, bei Lufttrockenanlagen außerdem

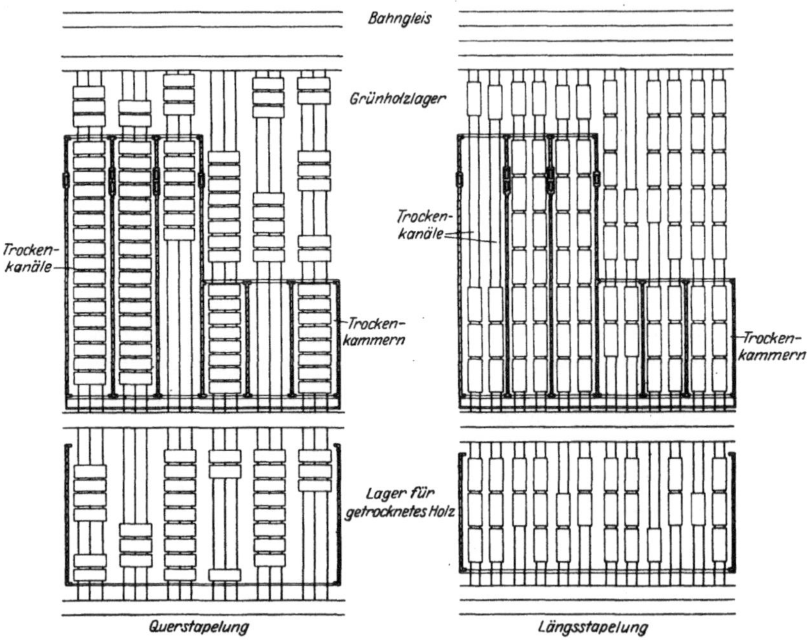

Abb. 222. Holzlager mit Trocknern (National).

zu einer Verminderung der Luftmenge und in den meisten Fällen zu
einer Erhöhung der den Trockenbetrieb allein angehenden Wirtschaftlichkeit. Bei verhältnismäßig großem Arbeitsverbrauch des Werkes
können jedoch die Verhältnisse umgekehrt darauf hinweisen, möglichst
niedrige Trockentemperaturen anzuwenden, um die Dampfenergie zuvor weitestgehend für Krafterzeugung auszunutzen.

Bei Trocknereien muß, wenn die Kraftversorgung durch Verbren-
nungskraftmaschinen erfolgt, in der Regel mit einem Mangel an Abfallwärme gerechnet werden. Bei Wasserkraftanlagen fehlt die Abwärme
überhaupt. In solchen Fällen kommt, neben den üblichen Trockenverfahren mit möglichst hohen Trockentemperaturen, die Möglichkeit in
Frage, durch Anwendung der kalten Trocknung einen Ausweg zu
suchen. Sie ist dann am Platze, wenn die benötigte Kraft hierfür sich
billiger stellt als die bei üblicher Arbeitsweise geforderte Wärme.

Die Verfolgung der Wege, auf denen Erfüllung der energiewirtschaftlichen Forderung zu suchen ist, muß dem bestimmten Falle überlassen bleiben. Sie ist für einzelne Gebiete in Sonderarbeiten, z. B. für die Papiertrocknung durch v. Laßberg[1]) durchgeführt, außerdem für verschiedene Anwendungsgebiete bei Schneider[2]) zu finden.

VII. Betriebsregelung bei Trockenanlagen.

Zweckmäßige Führung des Trockenvorganges bedingt laufende Beobachtung des veränderlichen Zustandes von Trockenmittel und Gut. Als Beobachtungsmittel kommen in Frage:

1. Thermometer zur Feststellung der Temperaturen von Trockenmittel und Gut.

Bezüglich der maßgebenden Gesichtspunkte darf auf einschlägige Werke, u. a. Knoblauch-Hencky[3]), verwiesen werden. Bei Luftthermometern ist Strahlungsschutz durch glänzenden Edelmetallbelag auf der Quecksilberkugel empfehlenswert. Für die Beobachtung der Gutstemperatur ist die Thermometerkugel bei schaufelfähigem Gute in dieses einzubetten, bei flächenartigem Gute satt aufzulegen und an der freien Seite durch Wärmeschutzmittel abzudecken.

2. Luftfeuchtigkeitsmesser.

Haarfeuchtigkeitsmesser stellen ein zuverlässiges Beobachtungsmittel dar, solange sie nicht hohen Temperaturen ausgesetzt sind. Auch bei Temperaturen unter 0^0 zeigen sie richtig. Häufige Prüfung des Sättigungspunktes ist allerdings erforderlich und die Einstellmöglichkeit stets vorzusehen.

Ableitung des Feuchtigkeitsgrades der Luft aus dem Unterschiede der Temperaturanzeige eines trockenen und feuchten Thermometers ist nur dann statthaft, wenn die Luftgeschwindigkeit gleich ist mit der, für die die herangezogenen Tafeln berechnet sind. (Die vom Staatl. Preuß. Meteorologischen Institut ausgearbeiteten Psychrometertafeln gelten z. B. für Messung des Temperaturunterschiedes mittels des Assmannschen Aspirationspsychrometers.) Wegen der Fehleranzeige bei verschiedenen Luftgeschwindigkeiten vgl. Abb. 8.

Feuchtigkeitsmessungen bei Temperaturen in der Nähe des Eispunktes können bei Anwendung der kalten Trocknung in Betracht kommen. Alsdann ist zu berücksichtigen, daß, sobald die Sättigungsspannung der Luft den über Eis gemessenen Wert erreicht, die Feuchtigkeitsabgabe des als gefroren anzunehmenden Gutes aufhört. Für Beurteilung des Trockenvermögens sind daher bei Lufttemperaturen unter dem Eispunkte die über Eis gemessenen Werte der Sättigungsspannung

---

[1]) v. Laßberg: Die Wärmewirtschaft in der Zellstoff- und Papierindustrie. Berlin: Julius Springer 1923.
[2]) Schneider: Die Abwärmeverwertung im Kraftmaschinenbetrieb. Berlin: Julius Springer 1923.
[3]) Knoblauch-Hencky: Anleitung zu genauen technischen Temperaturmessungen. München-Berlin 1926.

nach Abb. 223 zugrunde zu legen und nicht, wie dies bei den Psychrometertafeln geschieht, die über Wasser gemessenen Zahlen zu verwenden. Während diese z. B. bei einer für trockenes und feuchtes Thermometer gleichen Temperatur von —10° einen Feuchtigkeitsgrad 0,91 angeben (und hierbei von der Erwägung ausgehen, daß auf —10° unterkühltes Wasser noch eine Feuchtigkeitsabgabe ermöglicht), liefert Abb. 223 für gleiche Anzeige von trockenem und feuchtem Thermometer den Feuchtigkeitsgrad 1. Mit der Annahme, daß von der Wirkung unterkühlter Wasserflächen abgesehen werden darf, erscheint es richtig, Abb. 223 auch für die Beurteilung des Feuchtigkeitsgrades der Außenluft zugrunde zu legen.

Nach dem Verfahren von Felten und Guilleaume[1]) wird eine bestimmte Menge des Luft-Dampfgemisches in ein abschließendes Gefäß gesaugt, durch einen hygroskopischen Stoff, z. B. Phosphor-Pentoxyd, getrocknet und aus der Druckabnahme der Luftfeuchtigkeitsgehalt bestimmt. Auch die Ermittelung des Taupunktes der Luft vermittelst Taupunktspiegel bietet die Möglichkeit, ihren Feuchtigkeitsgehalt festzustellen.

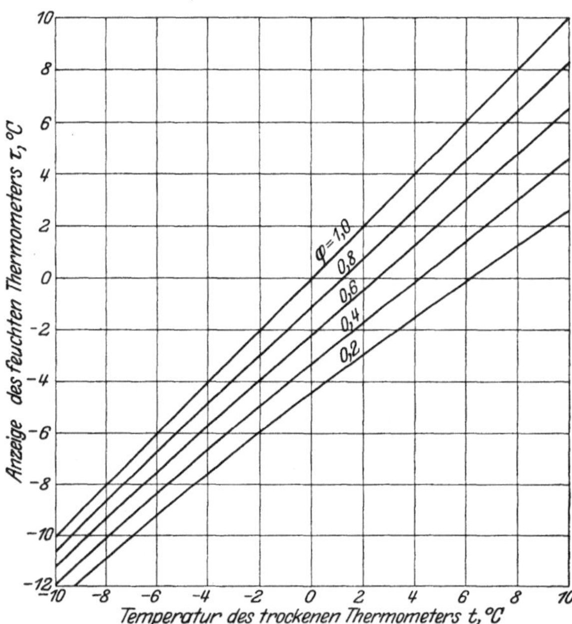

Abb. 223. Ermittelung des Luftfeuchtigkeitsgrades φ aus der Anzeige des trocknen und feuchten Thermometers in der Nähe des Eispunktes.

Eine zusammenfassende Darstellung der gebräuchlichen Verfahren zur Messung der Luftfeuchtigkeit findet sich bei Bongards[2]).

3. Luftmengenmesser.

Diese kommen vor allem in Frage, wenn Mischluft in wechselndem Verhältnis aus Frischluft und rückgesaugter Luft gebildet werden soll. Wenn die Durchgangsquerschnitte in den Kanälen sich nicht ändern, genügen Differenzzugmesser, die ein Ablesen der Luftgeschwindigkeit ermöglichen und sich daher bei festliegenden Querschnitten für Ablesung der Luftmengen eichen lassen. Wird die gesamte Luftmenge von einem Lüfter verarbeitet, so kann dessen Leistung für wechselnde Widerstandshöhen durch Versuch ein- für allemal festgestellt und im

---

[1]) Vogel: Prüfverfahren für Trockenprozesse. Z. f. techn. Physik 1925.
[2]) Bongards: Feuchtigkeitsmessung. München-Berlin 1926.

Betriebe aus der Beobachtung der Widerstandsdrücke allein auf die Gesamtluftmenge geschlossen werden.

Die Gleichmäßigkeit der Luftbewegung innerhalb des Trockners läßt sich durch künstliche Rauchentwicklung sichtbar machen, z. B. dadurch, daß Salzsäuredämpfe über Ammoniak geblasen werden.

4. Trockenkraftmesser.

Wird das feuchte Thermometer in den Luftstrom der Trockenvorrichtung gebracht, so stellt es sich auf die Kühlgrenztemperatur des feuchten Gutes ein. Seine Anzeige, verglichen mit der am trockenen Thermometer abgelesenen Temperatur, gibt einen Anhaltspunkt für die Trockenkraft der Luft. Eine Berichtigung im Sinne der Abb. 8 darf hierbei nicht vorgenommen werden, da ja mit erhöhter Luftgeschwindigkeit die Trockenkraft zunimmt, genau wie der Temperaturunterschied zwischen feuchtem und trockenem Thermometer.

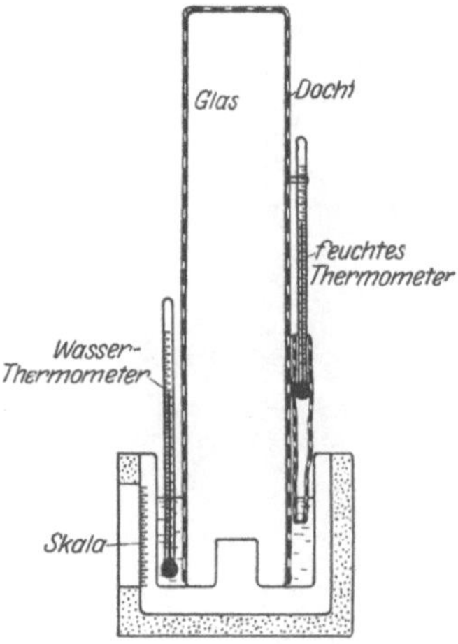

Dem Bedürfnis nach einem Beobachtungsmittel, um die Trockenkraft unmittelbar festzustellen, könnte durch die in Abb. 224 wiedergegebene Einrichtung entsprochen werden, wenn als absolute Trokkenkraft das Maß verstanden wird, das gegenüber Wasser von der Temperatur der Kühlgrenze verbleibt. Ein über einen Glasstab gezogener Docht saugt sich aus einem doppelmanteligen Glasgefäß feucht. Dieses ist mit einer Skala versehen. Wird der Docht mit bestimmtem Flächenmaß gewählt, so ergibt die Zeit, innerhalb der bei Einbringen in den Luftstrom der Wasserspiegel zwischen zwei Punkten der Skala sinkt, ein Maß der absoluten Trockenkraft. Ein in dem Wasserbecken befindliches Thermometer ermöglicht die Feststellung, daß das Wasser die der Kühlgrenze entsprechende Temperatur besitzt, die durch das zweite feuchte Thermometer angezeigt wird. Unter relativer Trockenkraft kann das Maß verstanden werden, das gegenüber Gut von einem bestimmten Zustand verbleibt. Hierfür läßt sich nach Abb. 225 eine Vorrichtung bauen, bestehend aus einer Feinwage, die auf der einen Seite Gut von dem zu untersuchenden Zustande in bestimmtem Ausmaß, z. B. Würfel von bestimmter Kantenlänge, trägt. Wird auf der Gegenseite ein bestimmtes Untergewicht angebracht, so gibt die Zeit bis zum Ausschlag der in den Luftstrom gebrachten Wage ein Maß der relativen Trockenkraft.

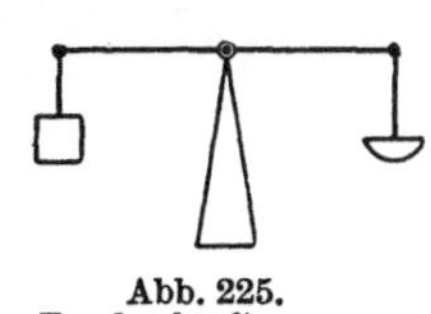

Abb. 225.
Trockenkraftmesser.

Abb. 224. Trockenkraftmesser.

Über der Beobachtung des Trockenmittels darf selbstverständlich die ständige Prüfung des Gutes nicht vergessen werden. Sie ist bei Kammern,

Schränken und offenen Walzentrocknern leicht möglich, schwieriger
jedoch bei Trommel- und Kanaltrocknern und ganz besonders bei
Vakuumtrocknern. Als Maßnahmen, die in den letzten Fällen die Beobachtung ermöglichen, kommen Türen, Klappen, Fenster, bei Vakuumtrocknern Probenehmer mit Luftschleusen in Frage.

Die Untersuchung des Trockengutes auf seinen Feuchtigkeitsgehalt erfolgt unter Anwendung kleiner Trockenöfen. Hierbei

Abb. 226. Trockenstoffmeßvorrichtung (Schopper).

ist es nötig, Temperaturen über 100° anzuwenden, um restloses Abdampfen des Wassergehaltes zu sichern. Das Verfahren ist in der einfachen Ausführungsform einer durch Gas, Dampf, Benzin oder elektrisch
beheizten, gegen Eindringen von falscher Luft geschützten Kammer
nur dann anwendbar, wenn das Entweichen anderer flüchtiger Bestandteile als Wasser in beachtenswerter Menge nicht zu befürchten
steht. Entspricht die angewandte Temperatur der bei der wirklichen
Trocknung im großen herrschenden, so ermöglicht die Aufhängung
an einem Wiegebalken nach Abb. 226 (Schopper) Bestimmung des
Trockenstoffgehaltes z. B. von Seide, Wolle, Baumwolle und Webe-

stoffen unter laufender Beobachtung der Wasserverdampfung und einen gewissen Rückschluß auf den Verlauf des wirklichen Trockenvorganges.

Bei empfindlichem Gut, z. B. Getreide, Mehl, empfiehlt es sich, die Einwirkung der hohen Temperaturen abzukürzen. Zu diesem Zwecke wird nach Abb. 227 (Korant) die Prüfvorrichtung in eine Vortrockenkammer (rechts) geteilt, in der der größte Teil des Wassergehaltes bei niedriger Temperatur aufgetrocknet wird und eine Fertigtrockenkammer (links), in der die restliche Feuchtigkeit entzogen wird. Hierbei hängt die Probe an der einen Seite einer Wage, deren Ausschlag die fortschreitende Trocknung und, nach dem schließlichen Stand des Zeigers, den ursprünglichen Feuchtigkeitsgrad unmittelbar abzulesen gestattet. Die Vortrocknung kann durch Luft erfolgen.

Bei Anwendung einer Temperatur von etwa 105° im Trockenschrank kommt die nicht chemisch gebundene Feuchtigkeit zu restloser Verdampfung, soweit sie reines Wasser darstellt. Sind in dem Wasser Feststoffe gelöst, so hängt der über 100° liegende Siedepunkt der Lösung von der Art des gelösten Stoffes und Stärke der Lösung

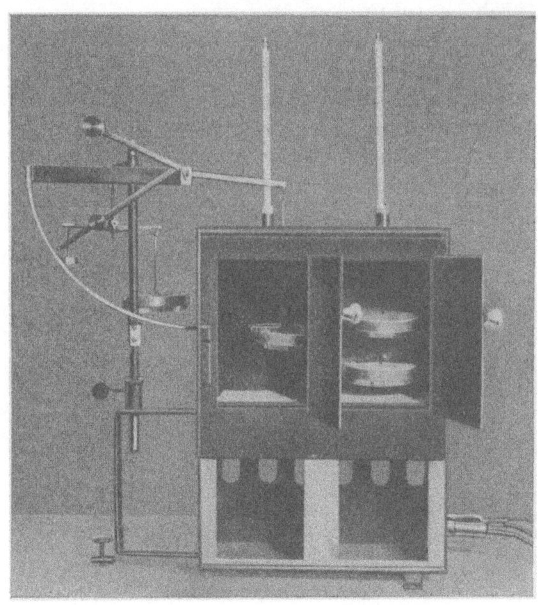

Abb. 227. Trockenstoffmeßvorrichtung mit Vortrockenkammer (Korant).

ab. In solchen Fällen ist daher eine Steigerung der Temperatur im Trockenschrank um einige Grade über den Siedepunkt der Lösung hinaus zu fordern, damit die Feststellung den wirklichen Wassergehalt ergibt.

Bei bestimmten Untersuchungen, z. B. wenn es sich darum handelt, den Wassergehalt in Quark festzustellen, wird dem zu prüfenden Stoff nach Teuchert[1]) eine bestimmte Menge wasserfreien Fettes beigegeben und die Mischung solange erhitzt, bis der sich bildende Schaum einfällt, Knistern des ausgetriebenen Wassers aufhört und der Bodensatz sich zu bräunen beginnt. Die Beimischung des Fettes ermöglicht Anwendung höherer Temperaturen. Eine derartige Vorrichtung, wie sie

---

[1]) Teuchert: Methoden zur Untersuchung von Milch und Molkereiprodukten.

in Abb. 228 (Funke) für elektrische Heizung dargestellt ist, kann sich auch für eine weitergehende allgemeine Anwendung empfehlen, da bei ihr Temperaturen weit über 100° zulässig sind, ohne daß ein falsches Ergebnis durch teilweises Verkohlen von Feststoffen zu befürchten wäre.

Nimmt das Gut beim Eintauchen kein Wasser auf, so läßt sich aus dem Auftrieb einer bestimmten Gewichtsmenge das spezifische Gewicht ableiten und daraus der Trockenstoffgehalt festlegen. In dieser Weise wird z. B. der Stärkegehalt von Kartoffeln durch eine Tauch- und Wiegevorrichtung nach Abb. 229 (Schopper) ermittelt. Anhaftende Schmutzteile sind selbstverständlich zuvor durch Waschung zu entfernen.

Die Bestimmung des Trockenstoffgehaltes von Lösungen ist auch durch Beobachtung der Lichtbrechung mit dem Refraktometer möglich. Dieses findet bisher Anwendung bei Zuckerlösungen und ist besonders wertvoll in der Ausführung als Betriebsrefraktometer Abb. 230 (Zeiss),

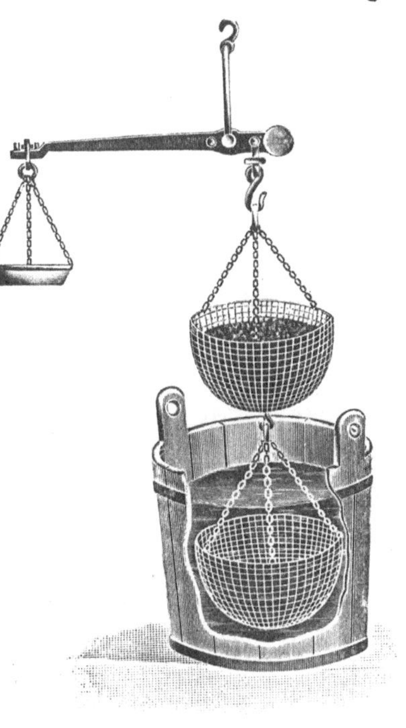

Abb. 228. Trockenstoffmeßvorrichtung (Funke).

Abb. 229. Meßvorrichtung für spezifisches Gewicht (Schopper).

wobei es unmittelbar an dem die Lösung enthaltenden Gefäß angebracht und zur ständigen Beobachtung des Trockenstoffgehaltes ohne Probeentnahme benutzt werden kann.

In Fällen, wo mit dem Entweichen flüchtiger Bestandteile neben den Wasserdämpfen zu rechnen ist, können die Dämpfe in einen Oberflächenkondensator geleitet und der Niederschlag auf seinen Gehalt an reinem Wasser untersucht werden.

Unter Umgehung hoher Temperaturen ist vollständige Trocknung im Prüfschrank zu erreichen, wenn er als Vakuumtrockner ausgebildet wird. Ein anderes Mittel bietet die Anwendung von Chemikalien, z. B. wasserfreier Schwefelsäure.

Wird der Feuchtigkeitsgehalt des Gutes im Anfangs- und Endzustande gemessen, um bei einem Versuch die verdampfte Wassermenge zu ermitteln, so müssen die Proben nicht nur dem gesamten Durchschnitt entsprechen, sondern sollen auch am Ende der Vorrichtung um die Durchlaufzeit später entnommen werden, als am Eingange. Der Feuchtigkeitsgehalt des getrockneten Gutes ist in seinen einzelnen Teilen im allgemeinen verschiedener als der des Naßgutes, weil bei diesem durch die vorausgehende Lagerung die Möglichkeit zum Feuchtigkeitsausgleich gegeben war, während sie beim getrockneten Gute sich erst bei der nachfolgenden Lagerung ergibt.

Die Feststellung des hygroskopischen Punktes ist dadurch möglich, daß bis zu seiner Erreichung die Temperatur des Gutes der des feuchten Luftthermometers entspricht, bei Verringerung des Feuchtigkeitsgehaltes unter das Maß χ_e jedoch darüber steigt. Im Beharrungszustande ist der erreichte Feuchtigkeitsgehalt $\chi_b = \varphi \cdot \chi_e$. Wird daher φ, der Feuchtigkeitsgrad des Untersuchungsraumes, gleichgehalten und χ_b ermittelt, so folgt daraus χ_e als wichtige Eigenschaft des Gutes.

Häufig muß die Bedienung auch dafür sorgen, daß die Trocknung sich gleichmäßig auf alle Teile des Gutes erstreckt. Dies ist um so mehr der Fall, je verschiedener die einzelnen Teile des Gutes nach Art und Größe sind und je weniger sie sich zu einheitlicher Verarbeitung eignen. Hierbei sind Eingriffe nötig, um rascher trocknendes Gut zu entfernen und vor Übertrocknung zu schützen, während langsamer trocknende Ware noch weiter im Trockenraum verbleibt. Der wirtschaftlich arbeitende Großbetrieb wird solche Fälle, bei denen der Erfolg in hohem Maße von der Aufmerksamkeit der Bedienung abhängig ist, ausschließen und durch Sortierung des Gutes vor der Trocknung und getrennte Behandlung von Gut verschiedener Beschaffenheit die Anwendung

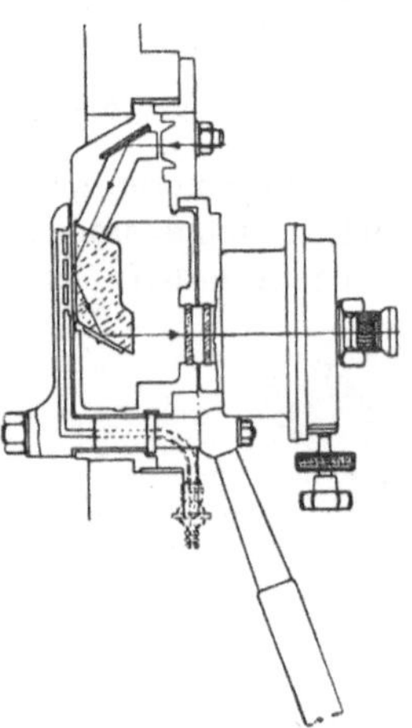

Abb. 230.
Betriebsrefraktometer (Zeiss).

ununterbrochener Arbeitsweise erzwingen. Aber auch dann erwächst für die Bedienung noch die wichtige Aufgabe, den Trockenvorgang, der, abgesehen von Verdampfungsanlagen und Arbeiten in geschlossenem Kreislauf, stets von der wechselnden Witterung abhängig bleibt, richtig zu leiten. Hierzu ist es nötig, daß ihr für jeden möglichen Zustand der Außenluft eine Anweisung zur Verfügung gestellt wird, in der alle für den Trockenerfolg maßgebenden Grundlagen enthalten sind. Als solche kommen in Betracht: Temperatur des Heizmittels, wie Vorwärmetemperatur der Luft bei reinen Lufttrockenanlagen, Dampfspannung bei Anwendung beheizter Flächen, Menge der zugeführten Frischluft und der kreisenden Umluft. Es ist kaum zweckmäßig, die Angaben hierfür nur von der Beschaffenheit der Außenluft abhängen zu lassen und richtiger, bei Trocknern mit Beharrungszustand die Beobachtung der Abluft, bei Vorrichtungen mit wechselndem Trockenbild den Feuchtigkeitsgehalt des Gutes hierfür maßgebend zu machen.

<table>
<tr><td>Hirsch, Trockentechnik.</td><td>23</td></tr>
</table>

Es liegt nahe, für die Beeinflussung der Trocknung selbsttätige Regelvorrichtungen heranzuziehen. Für ihre Beeinflussung wird meist das Trockenmittel vor seinem Auftreffen auf das Gut benutzt. Die Regelvorrichtungen laufen alsdann darauf hinaus, bei Lufterhitzern

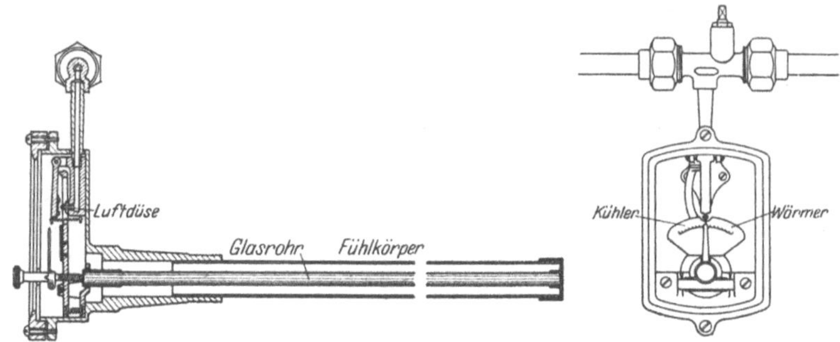

Abb. 231. Temperaturregler (Ges. für selbstt. Temperaturregelung).

die Vorwärmetemperatur auf gleicher Höhe zu halten, bei beheizten Flächen Menge und Temperatur (bei Dampf Spannung) des Heizmittels zu beeinflussen. Eine solche Regelung ist selbstverständlich alles weniger als vollkommen. Sie bedarf daher einer Ergänzung, wobei in vielen Fällen der Feuchtig-

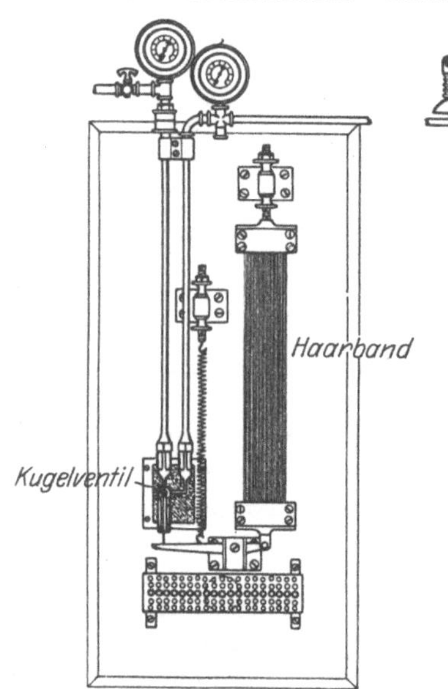

Abb. 232. Feuchtigkeitsregler (American Blower).

keitsgrad der Abluft sich als zweckmäßiges Beeinflussungsmittel bietet. Ist er zu niedrig, so kann er durch Verminderung der zugeführten Luftmenge gehoben werden und umgekehrt. Eine andere Möglichkeit besteht darin, daß mit abnehmendem Feuchtigkeitsgrad der Abluft ein zunehmender Teil, mit erwärmter Frischluft gemischt, dem Trockenraum neuerlich zugeführt, also das Verhältnis Frischluft- zu Umluftmenge beeinflußt wird. Im letzten Falle bleibt die Geschwindigkeit der Luftbewegung im Trockenraum selbst und damit die von ihr abhängige Trockenleistung ungeändert.

Es arbeiten daher zweckmäßig stets zwei Regler zusammen. Die Beeinflussung der Trockenmitteltemperatur läuft meist auf die Betätigung des Heizmittelventils durch einen Temperaturregler hinaus, dessen Aufnahmekörper hinter der Heizvorrichtung angeordnet ist. Soll das Heizmittel von einer in größerer Entfernung gemessenen Temperatur beeinflußt werden, so kommt für Übertragung der Steuerkraft Druckwasser oder Preßluft in Frage. Nach Abb. 231 (Ges. für selbsttätige

Temperaturregelung) enthält der Regler einen Fühlkörper aus Metall und eine in ihm angeordnete Glasröhre. Durch die verschiedene Ausdehnung beider wird eine Luftdüse gesteuert. Ist sie geschlossen, so wirkt die Preßluft auf die Membrane eines Steuerventils und verändert dessen Stellung. Bei offener Luftdüse ist die Membrane entlastet und das Steuerventil geht zurück.

Eine ähnliche Vorrichtung der gleichen Herstellerin, bei der an Stelle der Metallhülse ein Holzrohr als Fühlkörper tritt, dient als Aufnahmekörper, wenn der Feuchtigkeitsgrad der Luft die Regelung beeinflussen soll. Statt des Steuerventils können auch Drossel- oder Wechselklappen im Luftlauf betätigt werden. Der Umwandlung einer motorischen Kraft durch wechselnden Feuchtigkeitsgehalt dient auch der in Abb. 232 wiedergegebene Regler (American Blower), bei dem als Aufnahmekörper ein aus Frauenhaar bestehendes Band verwendet wird. Es bewegt am freien Ende einen zweiarmigen Hebel, der ein Kugelventil steuert. Dieses gibt, wenn das Haarband sich mit abnehmendem Feuchtigkeitsgrad zusammenzieht, eine Öffnung frei, durch die Preßluft nach einer Membrane überströmt. Deren große Stellkraft ermöglicht die Bewegung von Luftklappen.

Die Drosselvorrichtung für die Luft ist zweckmäßig unmittelbar hinter dem Lüfter anzubringen. Dadurch wird vermieden, daß in der Trockenvorrichtung eine Erhöhung des Über- oder Unterdruckes entsteht, wenn der maßgebende Lüfter an der Lufteintrittsstelle bzw., wie dies bei Mehrstufentrocknern die Regel bildet, an der Luftaustrittsstelle angeordnet ist.

Rieselt Wasser in fein verteiltem Zustande genügend lange durch die Luft, so stellt sich seine Temperatur auf die Kühlgrenze ein. Diese Tatsache läßt sich benutzen, um den Aufnahmekörper eines Temperaturreglers zu beeinflussen, der alsdann auf Erhaltung einer gleichen Kühlgrenzhöhe wirkt. Es erscheint richtiger, diese Anzeige für die Beeinflussung des Heizmittelzutritts zu benutzen, als die übliche Anzeige der am trockenen Thermometer gemessenen Temperatur, da von der Kühlgrenze die Temperatur des Gutes abhängt. Durch entsprechende Verteilung des Wasserregens läßt sich die motorische Kraft des Aufnahmekörpers, die von dem Wärmeinhalt des speisenden Wasserbades abhängt, beliebig verstärken. Nebenbei ergibt sich hierdurch ein zuverlässiges Mittel, um die Kühlgrenze durch Beobachtung eines Wasserthermometers zu verfolgen, ohne die sonst bei feuchten Luftthermometern auftretenden Störungen in Kauf zu nehmen.

Alle diese Regelvorrichtungen eignen sich zunächst nur für Trockner mit Beharrungszustand. Bei Kammern und allgemein bei Vorrichtungen mit wechselndem Trockenbild muß eine weitergehende Beeinflussung stattfinden, insofern, als alle Einstellungen sich ständig oder ruckweise verändern. Die Möglichkeit, diese Verstellung Uhrwerken zu übertragen, wird nur ausnahmsweise zu benutzen sein. Denn die Anwendung der Kammertrocknung bleibt schließlich für solches Gut vorbehalten, das eine besonders aufmerksame Überwachung verlangt, daher vernünftiges Eingreifen der Bedienung voraussetzt.

23*

VIII. Gesundheitliche Erfordernisse bei Trockenanlagen.

Belästigung der Bedienung entsteht bei geschlossenen Trockenvorrichtungen durch die nach außen abgegebene Wärme. Ihr kann im allgemeinen durch Anbringen eines Wärmeschutzes in genügendem Maße begegnet werden. Außerdem ergibt sich eine Wirkung des Trockenraumes auf die Umgebung durch Luftaustausch, der bei Unterdruck in der Trockenvorrichtung auf eine Unterstützung der Raumbelüftung, bei Überdruck auf eine im allgemeinen nicht gewünschte Beheizung hinausläuft. Die Querschnitte, von denen, neben der Höhe des Druck- und Temperaturunterschiedes, die Stärke der Wechselwirkung abhängt, werden bei ununterbrochenem Betriebe vor allem durch die Öffnungen für Ein- und Ausbringung des Gutes dargestellt. Außerdem kommt, wenn die Nebenwirkung der Raumbelüftung erwünscht ist, bei Überdruckanlagen die Ansaugewirkung des Lüfters, bei Unterdruckanlagen die Öffnung für Einlaß der Außenluft in den Trockner in Betracht. Hierbei entsteht allerdings die Frage, ob die Luft des Umgebungsraumes gegenüber der verfügbaren, über Dach entnommenen Frischluft hinsichtlich der Trockenwirkung nicht Nachteile bietet, durch die die Verbesserung der Raumbelüftung aufgehoben wird.

Entwickeln sich bei der Trocknung schädliche Gase oder lästige Gerüche, so muß Unterdruck in der Trockenvorrichtung die Regel bilden. In solchen Fällen, die z. B. bei der Trocknung von Fischen, Fleischabfällen und Dünger vorliegen, soll außerdem für eine solche Abführung der Abluft in die äußere Umgebung gesorgt werden, daß auch die weitere Nachbarschaft nicht belästigt wird. Im allgemeinen kann angenommen werden, daß die Unannehmlichkeiten um so geringer bleiben, je niedriger die bei der Trocknung angewandten Temperaturen sind, weil dann flüchtige Bestandteile in vermindertem Maße ausgetrieben werden. Besonders vorteilhaft ist es, wenn die Trocknung unter Luftleere vor sich geht und die Abgase mit den niederschlagenden Wasserdämpfen den löslichen Teil ihrer Dämpfe in flüssiger Form abzuführen gestatten. Nach dem Vorbild von Anlagen zur Rückgewinnung flüchtiger Bestandteile empfiehlt es sich, die Abgase durch einen Düsenraum oder Füllkörperturm zu leiten, um die Niederschlagwirkung zu verbessern. Ob der Abzugschacht besonders hoch und verhältnismäßig eng auszuführen ist, um die Abdämpfe mit großer Geschwindigkeit in größere Höhe zu stoßen, hängt von den Verhältnissen ab. Ein hoher Kamin wird auf alle Fälle eine größere Verdünnung der verunreinigten Luft herbeiführen, diese aber über weitere Räume ausbreiten.

Ähnliche Schwierigkeiten bietet die Abscheidung der von der Abluft mitgerissenen Staubteilchen, die in Staubabscheidekammern zu bewirken ist, u. a. auch deshalb, weil es sich hierbei meist um Gutsteilchen handelt, deren Rückgewinnung sich lohnt. Neben mechanischer Wirkung kommt elektrische Luftfilterung in Betracht. Bei der Vakuumtrocknung ergibt sich, besonders bei Einspritzkondensation, eine Entstaubung durch die

Waschwirkung des Einspritzwassers, in anderen Fällen ist die Anbringung eines besonderen Luftwäschers hinter dem mechanischen Abscheider zu erwägen.

Trockenräume gleichzeitig als Arbeitsräume auszunutzen, wird stets möglichst zu vermeiden sein. Denn beide verlangen verschiedene Luftbeschaffenheit. In den Fällen, in denen in den Trockenräumen gearbeitet werden muß oder eine dauernde Beaufsichtigung eines beheizten Trockners nötig bleibt, können die Luftverhältnisse nicht allein durch wirtschaftliche Gesichtspunkte und Rücksicht auf das Gut bestimmt werden, vielmehr ist die gesundheitliche Forderung zuträglicher Luftverhältnisse voranzustellen. Was hierunter zahlenmäßig zu verstehen ist, ergibt sich aus Abb. 233, in der eine für verschiedene Luftgeschwindigkeiten geltende Schar von „Behaglichkeitslinien" den Zusammenhang zwischen Lufttemperatur und Luftfeuchtigkeit für den Fall festlegen, daß das menschliche Wohlbehagen gesichert sein soll. Die dargestellten Linien entsprechen den Versuchsermittelungen der American Society of Heating and Ventilating und verstehen sich für den ruhenden Körper. Sie zeigen die bekannte Tatsache, daß mit zunehmender Luftgeschwindigkeit bei gleicher Temperatur ein höherer Feuchtigkeits-

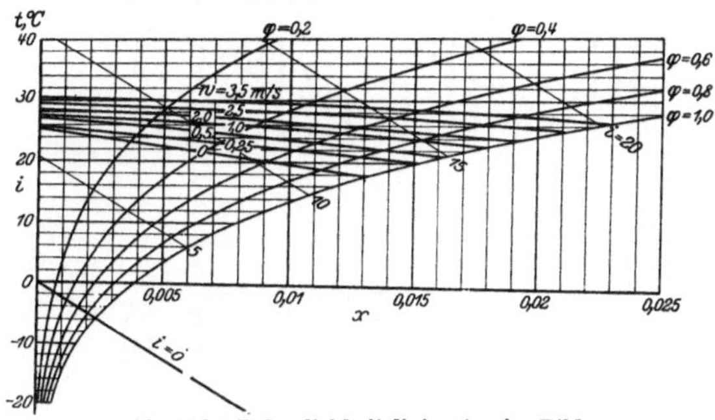

Abb. 233. Behaglichkeitslinien im i-x-Bild.

gehalt, bei gleichem Feuchtigkeitsgehalt eine höhere Temperatur dem Behaglichkeitsgefühl entspricht. Für den arbeitenden Menschen, um den es sich in den hier betrachteten Fällen handelt, verschieben sich die Linien nach unten. Aus Abb. 233 geht hervor, daß für Trockenräume, die gleichzeitig als Arbeitsräume dienen, verhältnismäßig niedrige Temperaturen anzustreben sind. Selbstverständlich kann an diesen Bedingungen nicht sklavisch festgehalten werden. Ein Beispiel dafür, wie den verschiedenen Anforderungen entsprochen werden kann, bietet die Bewetterung der Arbeitsräume der Western Electric Co., in denen, mit Rücksicht auf die verarbeitete Ware, die hohe Temperatur von 45° mit dem niedrigen Feuchtigkeitsgrad $\varphi = 0,05$ eingehalten wird, ohne daß die Bedienung darunter leidet.

Bei reinen Lufttrockenanlagen verändert sich der Zustand der Trockenluft, wenn Nachheizung fehlt, etwa nach den i-Linien des i-x-Bildes. Von diesen weichen die Behaglichkeitslinien wesentlich ab. Infolgedessen soll in den Lufttrockenanlagen, mit Rücksicht auf die gleichzeitig notwendige Bedienung, die Luft sich nur innerhalb enger Grenzen verändern, um nicht allzusehr von der Behaglichkeitslinie abzuweichen. Das ergibt große Luftmengen und hohe Luftgeschwindigkeiten, die wünschenswert sind, weil nach der Behaglichkeitslinie ihr eine höhere Lufttemperatur entspricht. Eine solche Trockenanlage muß aus wirtschaftlichen Gründen mit reichlicher Umluftbeimengung und hohem durchschnittlichen Feuchtigkeitsgrad der Luft arbeiten und verhältnismäßig lange Trockenzeit in Kauf nehmen. Für alle während des Jahres eintretenden Wettermöglichkeiten kann den gesundheitlichen Bedingungen nur dann voll entsprochen werden, wenn künstliche Entfeuchtung in einer Bewetterungsanlage vorgesehen wird. Die Menge der zugesetzten Frischluft ist hierbei nicht nur durch die Rücksicht auf niedrigen Wärmeverbrauch bestimmt, sondern muß vor allem groß genug sein, um einwandfreie Luftbeschaffenheit zu erhalten. Anders liegen die Verhältnisse, wenn bei Lufttrockenanlagen Nachheizung innerhalb des Trockenraumes erfolgt. Der Bereich, innerhalb dessen der Luftzustand sich verändern kann, wird hierbei dadurch weit ausgedehnt, daß seine Veränderung bei entsprechender Verteilung der Innenheiz-

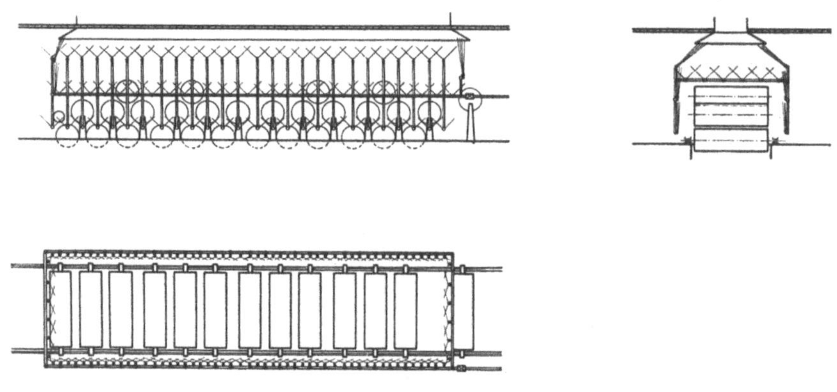

Abb. 234. Luftschleier an Papiermaschinen.

vorrichtung genügend genau längs der Behaglichkeitslinien erfolgen kann. Besitzt z. B. die Außenluft eine Temperatur $t_r = 8^0$ und einen Feuchtigkeitsgrad $\varphi_r \approx 0{,}7$ und wird die Luft mit 3,5 m/s umgetrieben, so kann nach Abb. 233 die Anheizung auf $t_v = 30^0$ erfolgen und Nachheizung sich in einem Maße anschließen, daß bei einem Endfeuchtigkeitsgrad $\varphi_h \approx 0{,}7$ die Lufttemperatur auf $t_h = 28^0$ sinkt, also sich kaum verändert. Dem entspricht, bezogen auf 1 kg Reinluft, eine Wärmeaufnahme von etwa 12,7 kcal/kg, eine Feuchtigkeitsaufnahme von etwa 0,013 und ein spezifischer Wärmeverbrauch von 980 kcal/kg, der durchaus innerhalb wirtschaftlicher Grenzen liegt. Der Einwand, daß in solchen Fällen Beachtung gesundheitlicher Vorschriften wegen Gefährdung der Wirtschaftlichkeit unmöglich sei, beruht häufig auf mangelhafter Erfassung der maßgebenden Gesichtspunkte und Unkenntnis der zu ihrer Verwirklichung verfügbaren Mittel. Wenn angenommen werden darf, daß die aus subjektivem Massenurteil gewonnene Abb. 233 auch objektiv den Bedingungen der Behaglichkeit gerecht wird, so lassen sich daraus für die Anzeigeweise eines „Behaglichkeitsmessers" gewisse Rückschlüsse ziehen. Würden die Behaglichkeitslinien mit den

Linien gleicher Temperatur zusammenfallen, so würde das trockene Thermometer das gegebene Beobachtungsmittel sein. Würden sie, was noch weniger der Fall ist, mit den Kühlgrenzlinien übereinstimmen, so träfe dies für das feuchte Thermometer zu. Beide bleiben daher ungeeignet, um die richtige Lösung zu finden.

Bei offenen, im Bedienungsraum stehenden Trocknern, wie sie die Papiermaschinen darstellen, ist anzustreben, daß die auf die Behaglichkeitsbedingung gebrachte Luft vor weiterer Erwärmung den Bedienungsraum durchströmt. Die Aufrechterhaltung verschiedener Luftbeschaffenheit in dem von der Trockenvorrichtung selbst eingenommenen Raum und dem daran angrenzenden Bedienungsgang wird dadurch teilweise möglich. Um die Wirkung zu vervollkommnen, könnte zwischen Trockenvorrichtung und Bedienungsgang nach Abb. 234 ein Luftschleier angeordnet werden, der den Austausch von Wärme durch Strömung zwischen den beiden zu trocknenden Gebieten vermindert. Es handelt sich hierbei darum, eine kleine Luftmenge mit hoher Geschwindigkeit durch feinste Schlitze zu verteilen und durch entsprechende Anordnung der Luftdüsen eine geschlossene Luftwand zu errichten.

Firmenverzeichnis.

Alfeld-Delligsen A.-G., Maschinen- und Fahrzeugfabriken, Alfeld 331

American Blower Company, Detroit 290, 293, 294, 354, 355

v. Asten & Co., A.-G., Eupen 299

Balcke, Maschinenbau-A.-G., Bochum 240, 243, 292, 316, 317, 331

Baugesellschaft für künstliche Trocknereien m. b. H., Duderstadt 336

Beth A.-G., Maschinenfabrik, Lübeck 238—240, 307

Bührer, Jakob, Kommanditgesellschaft, Konstanz 334—336

Büttnerwerke A.-G., Uerdingen 233, 235, 281, 322, 323, 326, 332

Chevrolet Motor Company, Detroit 315

Danneberg & Quandt, Berlin 291

Drying Systems Inc., Chicago 254, 343, 344

Engelhardt & Förster, G. m. b. H., Bremen 313, 314

Fellner & Ziegler A.-G., Frankfurt a. M. 234, 235, 252

Felten & Guilleaume, Carlswerk, A.-G., Köln-Mülheim 348

Försterwerke, Imperial-, Maschinenfabrik, G. m. b. H., Magdeburg 247, 248

Freund & Co., J. G., A.-G. für Eisengießerei und Maschinenfabrikation, früher, Charlottenburg 257, 258, 277, 278

Fries Sohn, J. S., Frankfurt a. M. 304 bis 306

Füllnerwerk (Linke-Hofmann-Lauchhammer A.-G.), Bad Warmbrunn 297 bis 299

Funke & Co., Paul, G. m. b. H., Berlin 352

Gesellschaft für selbsttätige Temperaturregelung m. b. H., Berlin 354, 355

Gruschwitz, C. A., A.-G., Olbersdorf 308, 309

Haas, Friedrich, Maschinenfabrik, Gesellschaft Neuwerk, Lennep 241, 244

Hürtherberg, Gewerkschaft, Braunkohlen-Brikettwerk, Hermülheim 320

Jäger, Wilhelm, Maschinenfabrik für Speicherbau, Halle 275, 276

Jahr, M. Rudolf, Maschinenfabrik, Gera 206, 308, 310—313

Keller & Co., C., G. m. b. H., Laggenbeck 344, 345

Kettling & Braun, Crimmitschau 213, 310

Kletzsch, Edmund, Coswig 143, 247, 248

Kohlenscheidungs-Gesellschaft m. b. H., Berlin 323, 324, 326

Kölnische Gummifädenfabrik A.-G., vorm. Ferd. Kohlstadt & Co., Köln-Deutz 305

Korant, Richard, Berlin 351

Louisville Drying Machinery Company, Inc., Louisville 242—244, 251

Lurgi G. m. b. H. für Wärmetechnik, Frankfurt a. M. 324

Luther, G., A.-G., Maschinenfarbik & Mühlbauanstalt, Braunschweig 236, 237, 276

Manlove Alliott & Co., Ltd. Nottingham 232, 233, 235, 251, 252, 259, 329, 332

Maschinenfabrik Augsburg-Nürnberg A.-G. 231, 292, 293

Mayfarth & Co., Ph., Frankfurt a. M. 285

Mitteldeutsches Braunkohlensyndikat G. m. b. H., Leipzig 327, 328

Möller & Pfeifer, Berlin 334, 336, 337

The National Dry Kiln Company, Indianopolis 295, 344, 346

Neubäcker, Paul, Apparatebauanstalt, Danzig 253

Oschatz, Max, Dresden 248, 249

Passburg, Emil, Maschinenfabrik, Berlin 146, 147, 168, 253, 267, 268, 274, 275, 281, 303, 318, 319, 330, 332

Petry & Hecking G. m. b. H., Maschinenfabrik, Dortmund 235, 250, 251, 259

Pfeiffer, Gebr., A.-G., Barbarossawerke, Kaiserslautern 235

The Philadelphia Drying Machinery Company, Philadelphia 307, 308

Ponndorf, Wilhelm, Maschinenfabrik, Kassel 282

Proctor & Schwartz, Inc., Philadelphia 263, 264, 268, 269, 295, 296

Rohstoff-Trocknungs-Gesellschaft, Frankfurt a. M. 238, 239

Scheidemandel, H., A.-G. für chemische Produkte, vorm., Berlin 264
Schilde, Benno, Maschinenbau-A.-G., Hersfeld 204, 205, 232, 240, 242, 259, 260, 281, 307, 312
Schlatter, Etablissements, Zürich 234, 237, 238, 257
Schopper, Louis, Leipzig 350, 352
Soest & Co., Louis, G. m. b. H., Reisholz 249, 250, 281
Sulzer, Gebr., A.-G., Winterthur 336, 337

Topf & Söhne, J. A., Erfurt 126, 236, 257, 276, 278—280
Trocknungs-Anlagen-Gesellschaft m. b. H., Berlin 250, 269, 281
A/S Tuborgs Fabrikker, Kopenhagen 277

Uhland, W. H., G. m. b. H., Leipzig 273

Venuleth, Ellenberger & Leuchs A.-G., Darmstadt 147, 246, 247, 273
Voith, J. M., Maschinenfabrik, Heidenheim 243—246, 300
Volkmar Hänig & Co., Heidenau 254, 330

Werner & Pfleiderer, Cannstatt 316, 340, 343, 344
Wiessner, Carl, Kommanditgesellschaft, Maschinenfabrik, Görlitz 341, 342
Winde & Kleist, Berlin 276, 277

Zellner, Georg, Wiesbaden 335
Zeiss, Carl, Jena 352, 353
Zeitzer Eisengießerei & Maschinenbau-A.-G., Zeitz 321, 322
Zerstäubungs-Trocknungs-Gesellschaft m. b. H., Berlin 238, 262
Zimmermann & Co., Ludwigshafen 256
Zittauer Maschinenfabrik A.-G., Zittau 212, 213, 231, 232, 239, 241, 242

Namenverzeichnis.

Adams 51
Alliott 148, 278, 329, 330
American Society of Heating and Ventilating Engineers 357
Assmann 347

van Bemmelen 14
Berner 326, 327
Blasius 167
Bongards 348
ten Bosch 143
Boyle 3
Bronn 219
Brownell 275, 278
Brüne 279

Carrier 28, 29
Cloake 78, 84

Dalton 4, 23
Deutsche Landwirtschaftliche Gesellschaft 126, 278
Dietze 298

Eberle 270, 312
Ebers 238
Eisener 267, 272

Fischer 116, 117, 277, 325
Foos 144, 320, 326—328
Foth 271
Fromm 46
Frost 142, 143

Gensecke 23
Gerke 324
Gillroth 81
Grewin 244, 246, 265, 299, 300

Gröber 45, 46, 51—53, 142
Grubenmann 28
Grunewald 320, 325, 326

Haering 326
Hausbrand 2, 259
Hencky 164, 347
Hoffmann 14, 77, 81, 272—274
Höhn 23
Hubmann 324

Josse 23
Jürges 44

Keats 47
Kegel 321
Kleeberger 288, 289
Klemm 76
Knoblauch 347
Körner 262
Krause 238, 262, 266, 307, 330, 332

von Lassberg 347
Lefèbre 315, 316
Lehmann 316
Lewis 57—59
Limberg 324
Lindsay 28, 29
Lintner 278

Mc Adams 142, 143
Mallickh 163, 225, 295, 297, 298, 300—302
Mariotte 3
Merkel 65
Mezger 14
Mollier 23—25, 27, 38, 41
Müller 23

Münzinger 314

Nilson 302
Nusselt 44—46, 142, 143

Oetken 324

Parow 272

Rammler 321
Reiher 46
Reynolds 42

Schmidt 165, 339
Schneider 347
Schüle 23
Schwalbe 85
Seidenschnur 50, 320
Smith 1
Soennecken 142
Sprockhoff 147
Stender 142, 144

Teschner 85
Teuchert 351
Thoma 46, 48

United States Department of Agriculture 285—287

Versuchs- und Lehranstalt für Brauereien 281, 282
Vogel 348

Wagner 116, 117
Weiss 23, 326
Whitman 47
Williamson 51
Winckel 262
Wollny 14

Sachverzeichnis.

Abfall 80, 82, 169, 205, 262, 267, 268, 272, 273, 282, 283, 356

Abfallenergie s. Energiewirtschaft

Abkühlen (s. a. Kalte Trocknung) 6, 7, 39, 40, 51—53, 191, 194, 195, 197 bis 199, 204, 205, 228, 229, 237, 239, 241, 269, 275, 289, 303, 308, 310, 325, 328, 340—342

Absorption s. Physikalisch-chemische Trocknung

Abzugschacht s. Bewegung des Trockenmittels

Albumin s. Ei

Alizarin s. Farbstoff

Alkohol s. Lösungsmittel

Ammonsalz s. Salz

Anheizzeit 165

Arbeitsverbrauch (s. a. Energiewirtschaft) 166—168, 199

Ausgleichzustand 28—31, 39, 40, 66 bis 75, 99, 101, 117—121, 127, 131, 132, 154—156

Bakterien s. Kleinlebewesen

Barometerstand s. Gesamtdruck

Baumwolle 206, 350, 351

Baustoffe 80, 163—165, 167, 211, 219, 273, 282, 286

Befeuchtung des Gutes (s. a. Quellfähigkeit) 39, 40, 77, 78, 84—86, 204, 229, 230, 263, 308, 343

Beharrungszustand 33, 84, 96, 97, 99, 100, 103, 104, 132, 229

Beleuchtung 166

Benzin s. Lösungsmittel

Bewetterung 39, 40, 48, 61—63, 66, 69, 75, 194—199, 304, 305, 308, 340—342, 357, 358

Biologische Veränderung des Gutes 80—82

Blut 79, 169, 262

Brennstoff 50, 76, 249, 319—328, 345

Briketts s. Brennstoff

Bewegung (des Gutes) 6, 10, 47, 48, 166, 167, 171—173, 178—181, 207—211, 231—254, 257—259, 279, 280, 309, 310, 343—345

Bewegung (des Trockenmittels, der Luft) 6, 28, 29, 42—47, 121, 144, 156, 166, 167, 173, 178—181, 192, 203, 207 bis 222, 231—260, 279, 287, 305, 309, 348, 349, 354, 356—358

Brüdenverdichtung s. Energiewirtschaft

Butter s. Fett

Chemische Veränderung des Gutes 78—80

Chlorbarium s. Salz

Chlorkalium s. Salz

Chlorkalzium s. Salz

Chlormagnesium s. Salz

Chlornatrium s. Salz

Cyankalium s. Salz

Dachziegel s. Ziegel

Dämpfen (Holz, Kartoffel, Obst) 53, 54, 77, 169, 170, 230, 271, 289

Darre s. Hordentrockner

Diffusion 6, 9—11, 50, 218, 254

Dünger s. Abfall

Ei 79, 80, 169, 266, 267

Eindampfen (s. a. Verdampfen) 170, 266, 331

Eingeweide s. Abfall

Eiweiß 79

Elektrisches Kabel s. Lack

Emulsion 76, 210, 265, 342

Energiewirtschaft 20—23, 144, 152, 199, 205, 228, 229, 237, 238, 264, 300, 308, 325—328, 333—335, 337—343, 345, 346

Entstauben 78, 233, 234, 237—239, 265, 310, 315, 322—325, 331, 340, 342, 356, 357

Enzyme 81

Farbstoff 307, 329, 330

Färbung 79, 81, 263, 271, 283, 315, 333

Fell s. Leder

Ferment 80, 81

Fett 80, 351, 352

Feuchtigkeitsgehalt (des Gutes) 7—15, 31—36, 50, 82—86, 94, 96, 97, 103, 105, 106, 114—121, 132, 173—181, 183—186, 194, 203, 207, 229, 230, 261—278, 281—284, 288, 289, 291, 295, 297, 298, 303, 304, 307, 309, 317. 320—322, 326, 327, 329, 331—333, 350—353

Feuchtigkeitsgehalt (des Trockenmittels, der Luft) 4, 25—27, 57, 86, 87, 97, 99, 101, 103, 105, 106, 173—175, 178, 179, 181, 188, 189, 194, 212, 222—227

Feuchtigkeitsgrad (des Gutes) 13, 82 bis 85

Feuchtigkeitsgrad (des Trockenmittels, der Luft) 4, 25—27, 32—34, 94, 96, 97, 99, 100, 121, 177, 179, 184, 186, 194, 219, 222—224, 229, 347, 348, 354—359

Feuerung 233, 234, 285, 286, 322, 323, 328, 333, 337, 339

Film s. Emulsion

Filz 77, 244, 299, 312, 313

Fisch 78, 80, 84, 85, 146, 147, 169, 205, 267, 268, 356

Flachs 79, 209, 289

Fleisch 261, 262, 356

Formengebung s. Körpereigenschaft

Frucht 78—81, 138—141, 169, 230, 257, 283—287

Furnier s. Holz

Gallerte 82, 169, 264, 265
Garn 206, 209, 229, 307, 308
Gegenstrom-Gleichstrom 81, 90, 91, 94, 96—119, 123—127, 159, 161, 164, 165, 170, 171, 173—180, 182—186, 191, 203, 204, 206, 228
Gemüse 77, 79—81, 169, 257, 287—289
Geschmacksveränderung 78—80, 271, 278, 283
Gerbstoff 262, 263, 330
Gerinnen 79
Gerste s. Getreide
Gesamtdruck 25—27, 75, 95, 215
Getreide 33, 77—81, 116, 117, 126, 127, 196, 205, 209, 257, 273—281, 338, 351
Gewebe s. Stoff
Gießereiform s. Keramik
Gleichstrom s. Gegenstrom-Gleichstrom
Gummi 80, 169, 209, 303—307
Gut s. Trockengut

Haar 34, 269, 270
Haftflüssigkeit 7—11
Harnstoff 330
Hauptabschnitt der Trocknung s. Ausgleichzustand
Haut s. Leder
Heißdampftrocknung 2, 144, 259, 260, 324, 325
Heizmaschine 199, 337, 339
Heizmittel (s. a. Trockenmittel) 2, 6, 143, 144, 149, 154, 158, 165, 172, 173, 180, 211, 246, 250, 282, 317, 319, 337—340, 353—355
Heizvorrichtung 2, 6, 121, 141—149, 186—188, 310, 317, 318, 336—340
Heizwert 320
Hefe 80, 281, 282
Holz 52—54, 76, 77, 81, 169, 170, 210, 259, 260, 289—295, 344, 346
Hordentrockner 136, 138—141, 181, 205, 210, 236, 237, 240, 256—258, 262, 268—272, 278—281, 284—286, 289, 316
Hygrometer s. Feuchtigkeitsgrad des Trockenmittels
Hygroskopischer Zustand 7, 12—15, 31—36, 41, 42, 53, 54, 90, 94, 96, 106—112, 114—121, 132, 229, 353
Humus 14, 32, 33

Innenheizung 124, 186—188, 193, 194, 206, 217, 218, 240, 358
Insekten s. Kleinlebewesen

Jalousietrockner s. Trockensäule

Kabel s. Lack
Kali s. Salz
Kalkstein s. Mineral

Kalte Trocknung 198, 199, 263, 265, 346
Kammertrockner 127—136, 181, 206, 207, 213, 214, 228, 255, 256, 263—265, 267, 272, 283, 291, 292, 303, 307, 308, 312, 314, 316, 334—337, 342—345, 349, 355
Kanaltrockner 173, 206, 212, 213, 231, 232, 238—244, 263—267, 269, 271, 272, 283, 284, 286, 287, 289, 291, 293—295, 307—312, 315, 316, 334, 336, 337, 342, 344, 350
Kaolin s. Mineral
Kapillarflüssigkeit 8, 9, 11
Kartoffel 80, 81, 147, 148, 151, 152, 169, 209, 210, 243, 246—248, 271, 272, 352
Kasein 79, 266
Kautschuk s. Gummi
Keramik (s. a. Ziegel) 77, 332—337
Kieselsäure 14, 15, 32
Kleinlebewesen 81, 82, 84, 85, 209, 230, 264, 274, 284
Knallquecksilber s. Sprengstoff
Kohle s. Brennstoff
Kondensieren 6
Körpereigenschaft des Gutes 49—54, 121, 145, 146, 163, 165, 168, 169, 207, 210, 221, 229, 290, 320, 332, 333, 353
Kritische Geschwindigkeit 42—44
Kühlgrenze 28—30, 155, 156, 355
Kulissentrockner 314
Kunstleder s. Stoff
Kunststoff s. Stoff
Lack (s. a. Leder) 78, 80, 163, 196, 210, 230, 291, 315—319, 339, 342—344
Leder 69—75, 77, 79, 132—136, 210, 255, 256, 262—265, 343
Leim 76, 77, 169, 210, 264, 289—291, 317
Löslichkeit 10, 12, 79, 265, 289
Lösungsmittel 2, 8, 11, 12, 196, 264, 304—306, 314—316, 330, 352
Luft s. Trockenmittel
Luftbewegung s. Bewegung des Trockenmittels
Lüfter s. Bewegung des Trockenmittels
Luftmenge s. Menge des Trockenmittels
Luftschacht s. Bewegung des Trockenmittels
Lufttrocken s. Feuchtigkeitsgehalt des Gutes
Lufttrocknung s. Bewetterung
Lüftung s. Bewegung des Trockenmittels

Mais s. Getreide
Makkaroni s. Teigware
Malz s. Getreide
Mechanische Trocknung 1, 2, 169
Menge des Trockenmittels, der Luft 87—93, 98, 100, 121, 123—125, 171,

174—177, 179, 180, 182, 185—188, 192, 193, 199—207, 223, 224, 227, 348, 349, 353—355, 357
Milch 79, 81, 169, 265, 266
Mineral 14, 32, 33, 333
Mischluft 94, 188—198, 200—205, 207, 222—225, 240, 348, 354, 358
Mittelwert des Feuchtigkeitsgefälles 68
Mittelwert des Spannungsgefälles 116
Mittelwert des Temperaturgefälles 67
Mittelwert des Unterschiedes (allgemein) 73, 74
Mittelwert3des Wärmeinhaltsgefälles 67
Muldentroc kner 147, 168, 173, 180, 181 249—251, 254, 262, 282

Natürliche Trocknung 6, 33, 89, 156, 187, 263, 266, 267, 290, 332
Nebel 34, 100, 148, 149, 163—165, 177, 184, 189, 222—227, 229, 246, 247, 256, 283, 299—302
Niederschlag s. Nebel
Nudel s. Teigware

Obst s. Frucht
Osmose 11
Oxydieren 80, 165, 196, 238, 261, 263 266, 285, 304, 305, 315

Papier 34, 76, 77, 144, 152, 159, 163, 164, 209, 225—227, 243—246, 295 bis 302, 347, 358, 359
Pappe 204, 210, 229
Photographische Platte s. Emulsion
Physikalisch-chemische Trocknung 7, 352
Physikalische Veränderung des Gutes 76—78
Porzellan s. Keramik
Psychrometer s. Feuchtigkeitsgrad des Trockenmittels
Pülpe s. Abfall
Pulver s. Sprengstoff

Quellfähigkeit 78, 84—86, 261
Quellflüssigkeit 9, 11
Querstrom 91, 94, 136—141, 178—180, 208—210

Rahm 80
Randmaßstab 36—38
Reis s. Getreide
Rieseltrockner s. Trockensäule
Röhrentrockner 173, 208, 249, 273, 282, 321, 322, 327, 328
Rübe 80, 81, 288
Rückgewinnung der Abfallenergie s. Energiewirtschaft

Salz 7, 15, 330—332
Sand 8
Säuern (s. a. Oxydieren) 80, 283

Schacht s. Bewegung des Trockenmittels
Schachttrockner s. Trockensäule
Scheibentrockner 331
Schießbaumwolle s. Sprengstoff
Schimmel s. Kleinlebewesen
Schlempe s. Abfall
Schmelzpunkt 76, 265
Schornstein s. Bewegung des Trockenmittels
Schranktrockner 181, 254, 283, 307, 317—319, 329, 350
Schwefelsäure 7
Seide s. Stoff
Seife 169, 268, 269
Siedepunkt 2, 8—12
Silica-Gel 7
Spezifische Wärme 16, 17, 24, 25, 27, 34, 49—52, 57, 65
Spezifisches Gewicht 3—5, 12, 13, 215—220, 271, 293, 352
Sprengstoff 79, 330
Stärke 14, 32, 33, 77, 79, 147, 168, 272, 273
Stoff 79, 86, 206, 209, 212, 213, 265, 270, 309—312, 314, 315, 350, 351
Stoffeigenschaft s. Körpereigenschaft
Strahlung s. Wärmeübertragung
Streuverlust s. Verlust
Stufentrocknung 21, 182—186, 192, 196, 200, 204—206, 212, 213, 238 bis 242, 260, 307, 308, 337, 341, 342

Tauchtrommel 248, 249, 253, 264, 266, 267, 281, 282, 304, 331, 332
Taupunkt 6, 164, 165, 348
Teigware 169, 209, 283
Teilung (des Gutes) 6, 43, 48—51, 146, 169, 208—211, 213, 285, 288, 320
Teilung (des Trockenmittels, der Luft) 199—207, 212—214, 227, 240—242, 254, 307, 308, 310, 324
Tellertrockner 173, 180, 249, 259, 321, 322, 327, 328
Temperatur (des Gutes) 28, 29, 31, 76—81, 99, 101, 103, 105, 106, 112—114, 119—121, 129—131, 137, 145, 149—161, 173—187, 193, 198, 202, 203, 207, 261—273, 275—279, 281—284, 288—290, 295, 303, 304, 307, 309, 313, 315, 319, 320, 325, 331, 332, 347, 353
Temperatur (des Trockenmittels, der Luft) 86—96, 98—100, 103, 121, 123, 154, 173, 178, 179, 181—186, 189, 192, 198, 199, 202, 203, 212, 223—227, 316, 346, 353, 354, 359
Thermometer 28—30, 65, 347, 348, 355, 359
Ton s. Mineral

Tonware s. Keramik
Torf 320, 324, 325
Treber 282, 283.
Trockengeschwindigkeit s. Trockenzeit
Trockengut 7—13, 76—86, 169, 175, 176, 180, 185, 191, 260—337
Trockengutsbewegung s. Bewegung des Gutes
Trockengutsstärke s. Körpereigenschaft des Gutes
Trockengutstemperatrr s. Temperatur des Gutes
Trockenkraft s. Trockenzeit
Trockenleistung 18, 36, 40, 50, 56, 69, 82—84, 90, 116, 131, 132, 138, 158, 160, 185, 193, 200, 201, 203
Trockenmittel (s. a. Heizmittel) 1—7, 23—28, 48, 78, 80, 82, 172, 173, 206, 219, 233, 252, 259, 273, 274, 278, 279, 323, 324, 331, 333
Trockenmittelbewegung s. Bewegung des Trockenmittels
Trockenmittelmenge s. Menge des Trockenmittels
Trockenmitteltemperatur s. Temperatur des Trockenmittels
Trockenpotential s. Trockenzeit
Trockensäule 173, 209, 236, 275, 276, 280, 323, 324
Trockenstoff 12, 13, 82—84
Trockenturm 236
Trockenzeit 40—42, 54, 67, 68, 72, 77—82, 86—94, 99, 100, 108—112, 120, 121, 123, 124, 131, 132, 137, 138, 171, 173, 175—179, 181—188, 191, 193, 196, 197, 201—214, 261, 262, 264—268, 270—273, 275, 278, 283, 284, 288, 303, 309, 315, 317, 319, 330, 332, 333, 349, 358
Trockenzylinder s. Walzentrockner
Trommeltrockner 146, 166, 173, 200, 209, 232—236, 251, 252, 262, 267, 271, 275, 280, 283, 289, 302, 322, 323, 331, 332, 350

Überdruck-Unterdruck 78, 124, 125, 165, 166, 221, 232, 238, 355, 356
Überhitzter Dampf s. Heißdampf
Umhüllen (des Gutes) 230
Umkehrbare Trocknung 21—23, 337, 338, 341
Umluft s. Mischluft
Unterdruck s. Überdruck-Unterdruck

Vakuumtrocknung 2, 95, 96, 100, 146, 147, 166—168, 170, 172, 173, 180, 181, 252, 254, 259—262, 264, 266 bis 268, 272—275, 281, 282, 303, 304, 317—319, 329—332, 338, 350, 352, 356
Verdampfen (s. a. Eindampfen) 2, 8—11, 18, 19, 180, 181

Verdunsten 2—6, 8—11, 16—18
Verdunstungszahl 58
Verkleistern 79
Verkrusten 77, 181, 182, 269
Verlust 16—21, 121—127, 148, 149, 162—166, 184, 187, 198, 219—221, 225, 258, 301, 302, 333, 339
Verteilen s. Teilen
Vitamin 1, 80—82
Vollkommen s. umkehrbar
Vorwärmung (des Gutes) 1, 2, 90, 105—114, 119—121, 131, 169—171, 177, 202—206, 338, 351

Walzentrockner 143, 147, 148, 151, 159, 169, 173, 180, 208, 209—211, 243 bis 246, 253, 262, 266—269, 271, 272, 281, 283, 298—302, 312—314, 350
Wärmeinhalt 17, 18, 25, 34, 64, 103, 105, 106, 165, 188, 197, 202—206
Wärmeschutz 141, 149, 163—165, 198, 219, 225, 248, 258, 291, 302, 311, 333, 356
Wärmespeicher 345, 346
Wärmeübertragung 2, 6, 30, 38—40, 42, 44—75, 141—163, 167, 192, 210, 221, 339, 340
Wärmeverbrauch 17—23, 36—38, 87 bis 96, 121, 122, 124, 125, 132, 147 bis 151, 153, 154, 158, 160—166, 170, 171, 174, 175, 177, 179, 180, 185, 186 bis 188, 191, 193, 196—199, 203, 226, 227, 262, 270, 272, 273, 275—278, 280—282, 289, 301, 302, 307—312, 317, 325—330, 332, 345, 358
Wärmeverlust s. Verlust
Wäsche 255, 312—314
Wasserverhältnisse 76
Wasserwert 65
Webstoff s. Stoff
Wetterfertiger s. Bewetterung
Wetterverhältnisse 75, 76, 86, 87, 91, 92, 121, 148, 149, 164, 189, 191, 192, 194, 196, 218—221, 227, 340, 353, 358
Winkelmesser 37, 38
Wolle 79, 206, 269, 270, 350, 351

Zeit s. Trockenzeit
Zellstoff (s. a. Papier) 7, 86, 295—302
Zersetzung 78—80, 84
Zerstäubungstrockner 136, 169, 173, 208, 237—239, 262, 264, 266, 267, 307, 330, 332
Zerteilung s. Teilung
Ziegel 52, 77, 80, 206—210, 222, 256, 332—337, 343—345
Zug s. Bewegung des Trockenmittels
Zucker 77, 170, 210, 302—304, 338, 352
Zylindertrockner s. Walzentrockner.

Das Trocknen mit Luft und Dampf. Erklärungen, Formeln und Tabellen für den praktischen Gebrauch. Von Baurat **E. Hausbrand,** Berlin. Fünfte, stark vermehrte Auflage. Mit 6 Textfiguren, 9 lithographischen Tafeln und 35 Tabellen. VIII, 185 Seiten. 1920. Unveränderter Neudruck. 1924. Gebunden RM 8.—

Theorie der Heißlufttrockner. Ein Lehr- und Handbuch für Trocknungstechniker, Besitzer und Leiter von gewerblichen Anlagen mit Trockenvorrichtungen. Für den Selbstunterricht bearbeitet von **W. Schule.** Mit 34 Textfiguren und 9 Tabellen. IV, 174 Seiten. 1920. Unveränderter Neudruck. 1921. RM 5.50

Die Lehre vom Trocknen in graphischer Darstellung. Von Ing. **Karl Reyscher.** Mit 33 Textfiguren. IV, 67 Seiten. 1914. RM 2.80

Verdampfen, Kondensieren und Kühlen. Erklärungen, Formeln und Tabellen für den praktischen Gebrauch. Von Baurat **E. Hausbrand.** Sechste, vermehrte Auflage. Mit 59 Figuren im Text und 113 Tabellen. XIX, 540 Seiten. 1918. Unveränderter Neudruck. 1924. Gebunden RM 16.—

Die Wirkungsweise der Rektifizier- und Destillier-Apparate mit Hilfe einfacher mathematischer Betrachtungen dargestellt von Baurat **E. Hausbrand,** Berlin. Vierte, völlig neubearbeitete und sehr vermehrte Auflage. Mit 14 Textfiguren, 16 lithographischen Tafeln und 68 Tabellen. X, 270 Seiten. 1921. Gebunden RM 14.—

Hilfsbuch für den Apparatebau. Von Baurat **E. Hausbrand,** Berlin. Dritte, stark vermehrte Auflage. Mit 56 Tabellen und 161 Textfiguren. V, 132 Seiten. 1919. Unveränderter Neudruck. 1924. Gebunden RM 4.50

Neue Tabellen und Diagramme für Wasserdampf. Von Prof. Dr. **Richard Mollier,** Dresden. Vierte, durchgesehene und ergänzte Auflage. Mit 2 Diagrammtafeln. 26 Seiten. 1926. RM 2.70

JS-Tafel für Wasserdampf berechnet und aufgezeichnet von Prof. **A. Bantlin,** Stuttgart. Dritte, unveränderte Auflage. 1926. In Umschlag RM 1.50

JS-Tafel für Wasserdampf. (Sonderausgabe aus „Stodola, Dampf- und Gasturbinen". Sechste Auflage.) 1924. In doppelter Größe der Buchbeilage. Unveränderter Neudruck. 1926. RM 1.20

Jx-Tafeln feuchter Luft und ihr Gebrauch bei der Erwärmung, Abkühlung, Befeuchtung, Entfeuchtung von Luft, bei Wasserrückkühlung und beim Trocknen. Von Dr.-Ing. **M. Grubenmann,** Zürich. Mit 45 Textabbildungen und 3 Diagrammen auf 2 Tafeln. IV, 46 Seiten. 1926. RM 10.50

Kälteprozesse. Dargestellt mit Hilfe der Entropie-Tafel. Von Prof. Dipl.-Ing. **P. Ostertag,** Winterthur. Mit 58 Textabbildungen und 3 Tafeln. II, 118 Seiten. 1924. RM 6.—; gebunden RM 6.80

Kolben- und Turbo-Kompressoren. Theorie und Konstruktion. Von Prof. Dipl.-Ing. **P. Ostertag.** Winterthur. Dritte, verbesserte Auflage. Mit 358 Textabbildungen. VI, 302 Seiten. 1923. Gebunden RM 20.—

Die Entropietafel für Luft und ihre Verwendung zur Berechnung der Kolben- und Turbokompressoren. Von Prof. Dipl.-Ing. **P. Ostertag,** Winterthur. Zweite, verbesserte Auflage. Mit 18 Textfiguren und 2 Diagrammtafeln. 46 Seiten. 1917. Unveränderter Neudruck. 1922. RM 2.50

Zentrifugal-Ventilatoren. Ihre Berechnung und Konstruktion. Von Ingenieur **Erich Gronwald.** Mit 108 Textabbildungen. VIII, 178 Seiten. 1925. Gebunden RM 12.60

Grundzüge der Schmiertechnik. Gestaltung und Berechnung vollkommen geschmierter Maschinenteile auf Grund der hydrodynamischen Theorie. Praktisches Handbuch für Konstrukteure, Betriebsleiter, Fabrikanten und Studierende des Maschinenbaufaches. Von Oberingenieur **E. Falz.** Mit 84 Textabbildungen, 21 Zahlentafeln und 31 Rechnungsbeispielen. VIII, 292 Seiten. 1926. Gebunden RM 22.50

Technische Thermodynamik. Von Prof. Dipl.-Ing. **W. Schüle.**

Erster Band: **Die für den Maschinenbau wichtigsten Lehren nebst technischen Anwendungen.** Vierte, neubearbeitete Auflage. Mit 225 Textfiguren und 7 Tafeln. X, 559 Seiten. 1921. Berichtigter Neudruck. 1923. Gebunden RM 18.—

Zweiter Band: **Höhere Thermodynamik** mit Einschluß der chemischen Zustandsänderungen nebst ausgewählten Abschnitten aus dem Gesamtgebiete der technischen Anwendungen. Vierte, erweiterte Auflage. Mit 228 Textfiguren und 5 Tafeln. XVIII, 509 Seiten. 1923. Gebunden RM 18.—

Die Wärmeübertragung. Ein Lehr- und Nachschlagebuch für den praktischen Gebrauch von Prof. Dipl.-Ing. **M. ten Bosch,** Zürich. Zweite, stark erweiterte Auflage. Mit 169 Textabbildungen, 69 Zahlentafeln und 53 Anwendungsbeispielen. VIII, 304 Seiten. 1927. Gebunden RM 22.50

Einführung in die Lehre von der Wärmeübertragung.
Ein Leitfaden für die Praxis. Von Dr.-Ing. **Heinrich Gröber.** Mit 60 Textabbildungen und 40 Zahlentafeln. X, 200 Seiten. 1926.

Gebunden RM 12.—

Abwärmeverwertung zu Heiz-, Trocken-, Warmwasserbereitungs- und ähnlichen Zwecken.
Von Ingenieur **M. Hottinger,** Privatdozent, Zürich. Mit 180 Abbildungen im Text. X, 240 Seiten. 1922.

RM 8.—; gebunden RM 10.—

Die Abwärmeverwertung im Kraftmaschinenbetrieb
mit besonderer Berücksichtigung der Zwischen- und Abdampfverwertung zu Heizzwecken. Eine wärmetechnische und wärmewirtschaftliche Studie von Dr.-Ing. **Ludwig Schneider.** Vierte, durchgesehene und erweiterte Auflage. Mit 180 Textabbildungen. VIII, 272 Seiten. 1923.

Gebunden RM 10.—

Technische Wärmelehre der Gase und Dämpfe.
Eine Einführung für Ingenieure und Studierende. Von **Franz Seufert,** Studienrat a. D., Oberingenieur für Wärmewirtschaft. Dritte, verbesserte Auflage. Mit 26 Textabbildungen und 5 Zahlentafeln. II, 83 Seiten. 1923. RM 1.80

Über Wärmeleitung und andere ausgleichende Vorgänge.
Von Prof. Dr. **Emil Warburg,** Berlin. Mit 18 Abbildungen X, 106 Seiten. 1924.

RM 5.70

Die Wärmewirtschaft in der Zellstoff- und Papierindustrie.
Von Dr.-Ing. **J. Frhr. v. Laßberg.** Zweite, völlig neubearbeitete Auflage. Mit 68 Textabbildungen. VI, 282 Seiten. 1926.

Gebunden RM 24.—

Die chemische Betriebskontrolle in der Zellstoff- und Papierindustrie
und anderen Zellstoff verarbeitenden Industrien. Von Prof. Dr. phil. **Carl G. Schwalbe,** Eberswalde, und Dr.-Ing. **Rudolf Sieber,** Kramfors, Schweden. Zweite, umgearbeitete und vermehrte Auflage. Mit 34 Textabbildungen. XIV, 374 Seiten. 1922.

Gebunden RM 20.—

Betriebseinrichtungen der Textilveredelung.
Von Prof. Dr. **Paul Heermann,** Berlin-Dahlem, und Ingenieur **Gustav Durst,** Fabrikdirektor, Konstanz a. B. Zweite Auflage von „Anlage, Ausbau und Einrichtungen von Färberei-, Bleicherei- und Appretur-Betrieben" von Dr. Paul Heermann. Mit 91 Textabbildungen. VI, 164 Seiten. 1922.

Gebunden RM 7.50

Chemische Technologie der Emailrohmaterialien für den
Fabrikanten, Emailchemiker, Emailtechniker usw. Zweite, verbesserte und erweiterte Auflage. Von Dr.-Ing. **Julius Grünwald,** gew. Fabrikdirektor, beratender Ingenieur für die Eisenemailindustrie. Mit 25 Textabbildungen. VIII, 276 Seiten. 1922.

Gebunden RM 10.—

Additional information of this book

(Die Trockentechnik; 978-3-662-27397-5) is provided:

http://Extras.Springer.com